本书源于国家知识产权局学术委员会2024年专利分析普及推广项目
"人工智能芯片先进封装关键技术专利分析研究"（FX202404）

人工智能芯片先进封装关键技术专利分析报告

国家知识产权局专利局专利审查协作河南中心◎组织编写
朱振宇◎主　编
张　谦　孙　健◎副主编

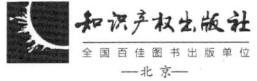

图书在版编目（CIP）数据

人工智能芯片先进封装关键技术专利分析报告 / 国家知识产权局专利局专利审查协作河南中心组织编写；朱振宇主编；张谦，孙健副主编. -- 北京：知识产权出版社，2025.9. -- ISBN 978-7-5245-0093-3

Ⅰ．TN430.5-18

中国国家版本馆 CIP 数据核字第 2025RR3510 号

内容提要

本书聚焦人工智能芯片先进封装关键技术领域，基于全球专利大数据开展系统性分析。通过解析国内外专利申请态势、技术分布格局及竞争主体布局，结合主要国家与跨国企业专利壁垒研究，全面梳理技术演进路径与产业发展现状。本书采用"纵横结合"分析框架，既从定量维度揭示技术热点与竞争格局，又从定性维度分析挖掘技术融合方向与协同创新路径，为产业突破技术封锁、优化专利布局提供决策支撑，是企业制定研发战略和开展专利预警的权威指南。

| 责任编辑：王瑞璞 | 责任校对：谷 洋 |
| 封面设计：杨杨工作室·张冀 | 责任印制：孙婷婷 |

人工智能芯片先进封装关键技术专利分析报告

国家知识产权局专利局专利审查协作河南中心　组织编写

朱振宇　主　编　　张　谦　孙　健　副主编

出版发行：知识产权出版社有限责任公司	网　　址：http://www.ipph.cn
社　　址：北京市海淀区气象路 50 号院	邮　　编：100081
责编电话：010-82000860 转 8116	责编邮箱：wangruipu@cnipr.com
发行电话：010-82000860 转 8101/8102	发行传真：010-82000893/82005070/82000270
印　　刷：北京建宏印刷有限公司	经　　销：新华书店、各大网上书店及相关专业书店
开　　本：787mm×1092mm 1/16	印　　张：23.75
版　　次：2025 年 9 月第 1 版	印　　次：2025 年 9 月第 1 次印刷
字　　数：530 千字	定　　价：148.00 元
ISBN 978-7-5245-0093-3	

出版权专有　侵权必究

如有印装质量问题，本社负责调换。

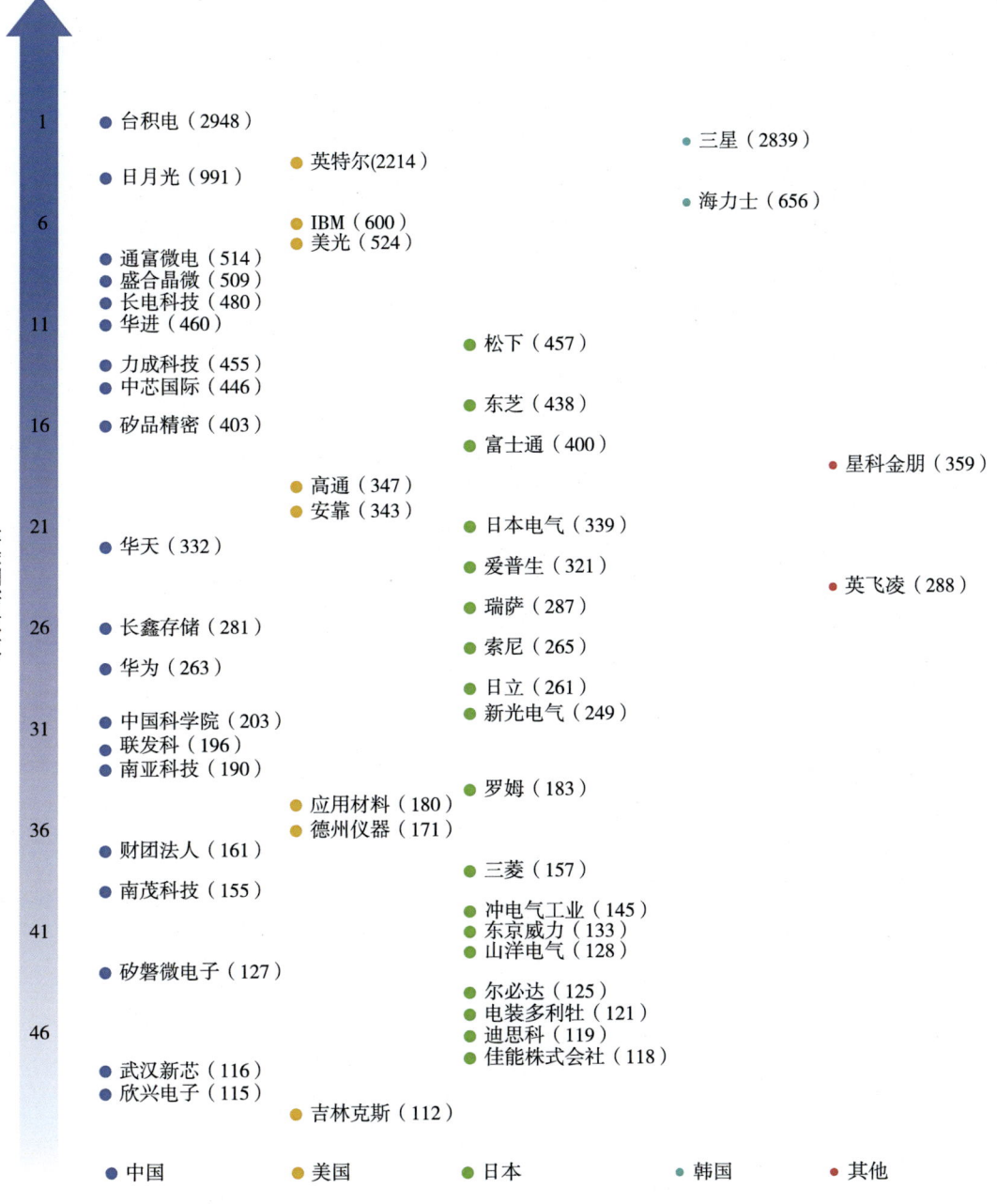

图3-3-1　AI芯片先进封装技术专利申请量前50名的创新主体

注：图中数字表示申请量，单位为项。

（正文说明见第40~41页）

架构	2000年以前	2001—2010年	2011—2020年	2021年至今
单面架构	US4811082A 硅基转接板 IBM；US20020081838A1 TSV内插器内插器件中并入元件 英特尔	JP2004071719A 硅插入器 索尼；CN101632170A 捷菲电；JP2004356618A 生片中开孔 NTK	CN101295691B 内插器包括硅和介电层的叠层结构 台积电；CN105845636B 不同尺寸的TSV；CN102254897A 模制化合物的中介层 台积电	US20220032003A1 CoWoS-L；CN118629999A CoWoS-L
			JP2014139963A 玻璃转接板 NTK；JP2015507372A 多个内插器的堆叠式结构 赛灵思	US8519543B1 克服掩膜板面积限制的硅中介层 华为；CN112802809B 硅铝合金 上海航天电子通讯设备研究所；CN11280809B；CN113066778B 浙江集迈；CN113078133A
			US2019088582A1 电介质插入层 CoWoS-R	CN112908860A 水冷散热 华进；CN112928107A 竖直转接板 华进
双面架构	US5567654A IBM	JP2002270762A 索尼	US11011249B2 英伟达；US9250403B2 具有内插器混合集成光子芯片封装 甲骨文	CN117316939A 光电共封装 中兴通讯；CN116631978A 超导转接板 上海微系统及信息研究所；CN116631977A
嵌入架构	US6618267B1 IBM	DE102005014094A1 半导体元件插入转接板 BOSCH	KR20180011433A 转接板的双面分别堆叠多个存储器管芯 三星；US8483253B2 光电封装 芯片嵌入 IBM；CN114203674A 内插器有凹槽芯片设置管两面 英特尔	KR20230045368A KR20220150093A 三星
		US20090267238A1 多芯片转接板的硅桥接器 IBM	US20132999982A1 具有开口容纳芯片的中介板 星科金朋；US10943869B2 扇出内插器 苹果	CN11428239A 倾斜桥接 日月光
桥接架构	JPS62219651A 富士通	JP2006261311A 硅衬底上设置芯片互连，连接两个芯片 索尼；US20090244874A1 英特尔提出EMIB技术	US20140117552A1 互连经由多个至连结构附连至管芯 英特尔；US20180358296A1 在互连桥的背面设置散热器	US20222037586A1 桥接、玻璃转接板 组合；CN114334945A 桥接管芯 长电科技；US2023197697A1 US20240632127A1 桥接入玻璃衬底

图4-5-22 2.5D封装架构各技术分支发展路线

（正文说明见第94~101页）

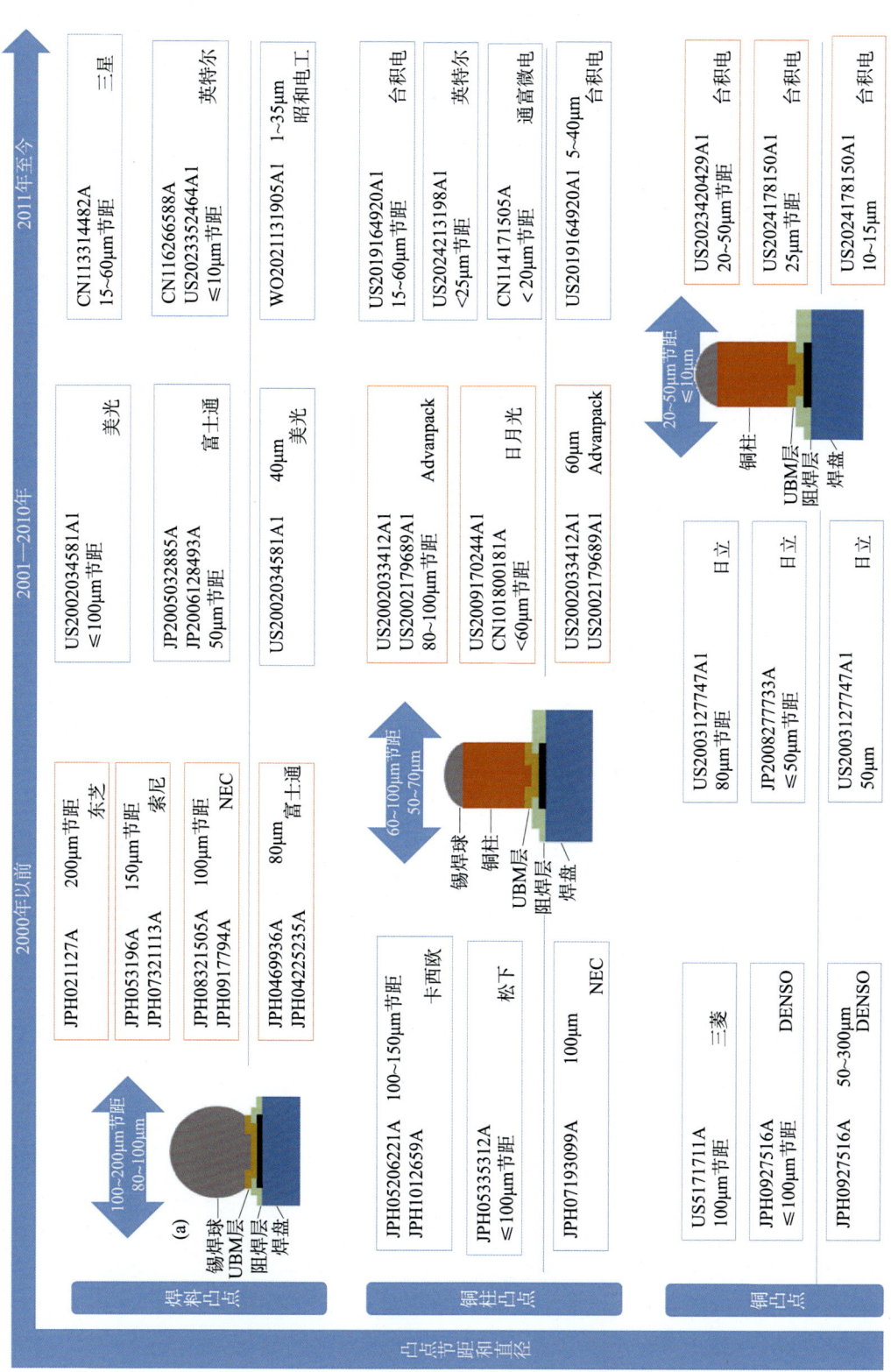

图5-5-20 凸点技术发展路线图

（正文说明见第162~163页）

分类	2000年前	2001—2010年	2011—2020年	2021年至今
热沉	JPS6249989B2 在多个芯片的背面设置散热器 1979年 日本电气	US6665187B1 用于多芯片模块的具有蒸汽室的散热器 2002年 IBM	KR20180079202A 包括绝缘层和导热层热沉增大散热面积 2016年 华为	DE102019116376A 嵌入虚设结构增强散热 2018年 台积电	US20230253288A1 管上设置多孔硼材料改善浸入式冷却的热传递 2022年 英特尔
通孔	JP3107539A 堆叠多芯片模块的芯片之间设置散热通孔 1997年 电装	US2009302445A1 在三维封装的密封剂中形成散热的通孔提供增强散热 2008年 星科金朋	TW(CN)I681531B 第二管芯表面上与第一管芯相邻地设置多个穿过密封剂的热通孔 2018年 台积电	US11473074GA 由导热柱体改善堆叠结构底部管芯的散热 2019年 英特尔	US11854935B2 设置具有导热通孔的虚设芯片 2020年 英特尔
黏胶	US6117797A 管芯与散热器之间填充无硬胶弹性体 1998年 美光	US7394657B2 导热膏中颗粒堆积降低热阻 2006年 IBM	US20150130047A1 由导热粘合剂创建热量的耗散路径 2013年 台积电	US20200211920A1 多孔金属层黏合层形成的散热黏胶薄膜 2018年 三星	CN116868332A 含碳纤维成氮化硼的散热黏胶 2021年 迪睿合株式会社
凸点	JP2656120B2 IC产生的散热经由形成于IC搭载部的导热膜、散热用通孔传递至基板 1989年 日本特殊陶业株式会社	KR20030060436A 封装对封装之间设置散热金属凸块 2002年 三星	CN113314482A 芯片间设置有散热凸块、芯片内部设置有散热通孔、凸块与散热块直接接触以更好地传导热量 2020年 三星		CN116469870A 在封装与芯片之间的中介层中设置散热结构,散热结构为散热凸块、散热柱均匀间隔排布的方式 2023年 鼎道智芯
金属层	US5102829A 安装在主体的回路中的集成电路芯片与金属散热器接触 1991年 AT&T	TW(CN)I375996B 在芯片封装外部金属层上 2007年 日月光	CN104867908A 散热金属层位于芯片之间的中介层上 2014年 南茂科技	CN112086437A 在芯片和芯片之间设置散热金属层,并在布线层中设置散热通孔、散热金属板同层布置直接接触 2020年 长电科技	CN220672564U 散热金属层设置在芯片与散热盖之间 2023年 通富超威
TIM	US5396403A 芯片通过钢焊料的第一热界面热耦合剂导热板、板通过加热膏的第二热界面热耦合剂散热器 1993年 惠普	US6617683B2 低模量热界面材料设置在芯片与散热器之间 2001年 英特尔	US20142467704A1 在芯片上集成热界面材料的导热米棒TIM 2013年 英特尔	US11774190B2 适于填充热交换器和芯片间的不平坦间隙的穿孔TIM结构 2020年 IBM	TW(CN) 202328371A 内部TIM1、外部TIM和中部TIM;其散热界面薄片材料包括:自上面下为第一导热胶层、第一导热功能层、第二导热胶层 2022年 宸寰科技

图6-4-2 被动热管理的技术分支路线图

（正文说明见第225~230页）

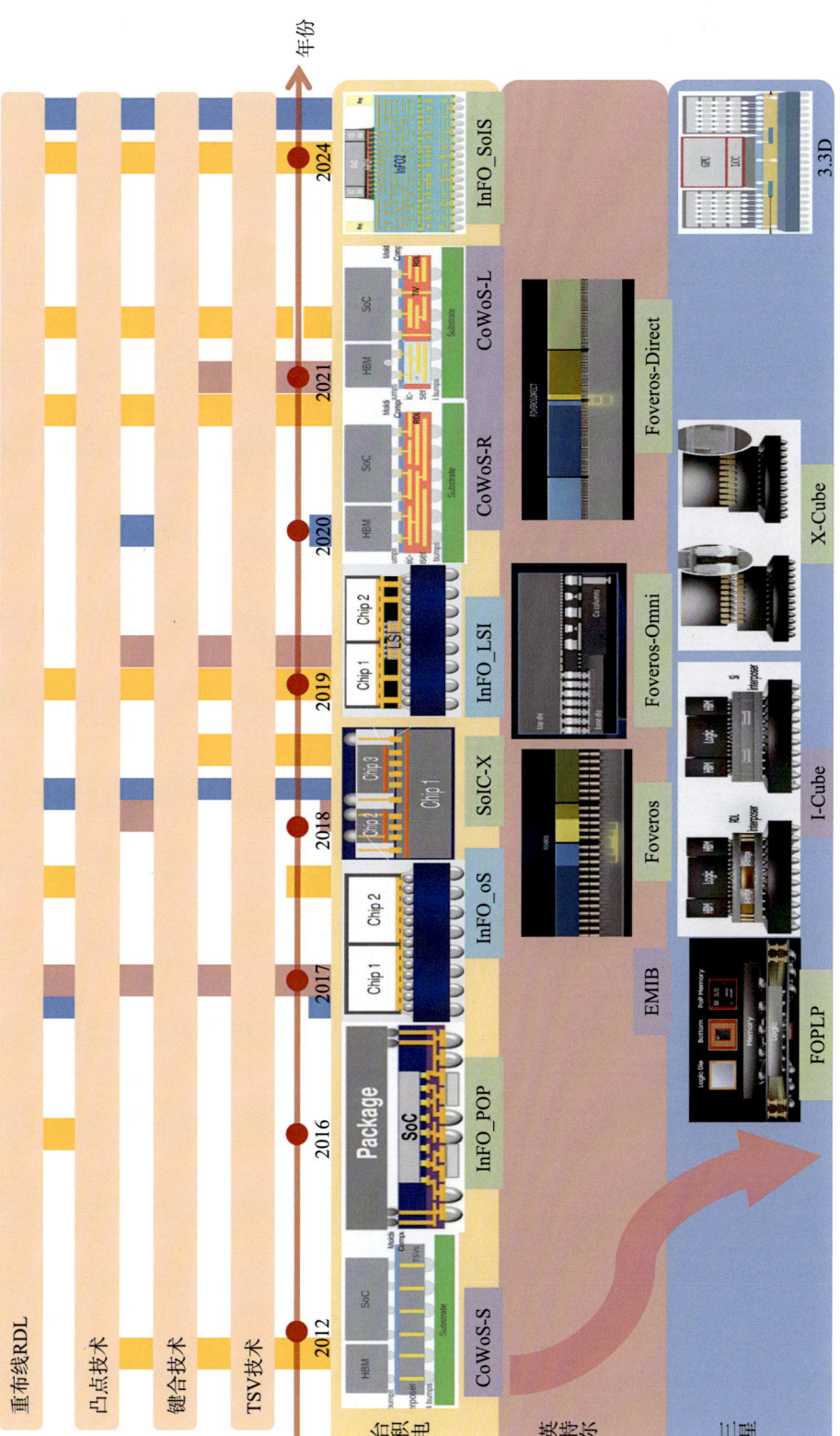

图7-1-14 "三巨头"关键架构与关键工艺关联技术路线
（正文说明见第263页）

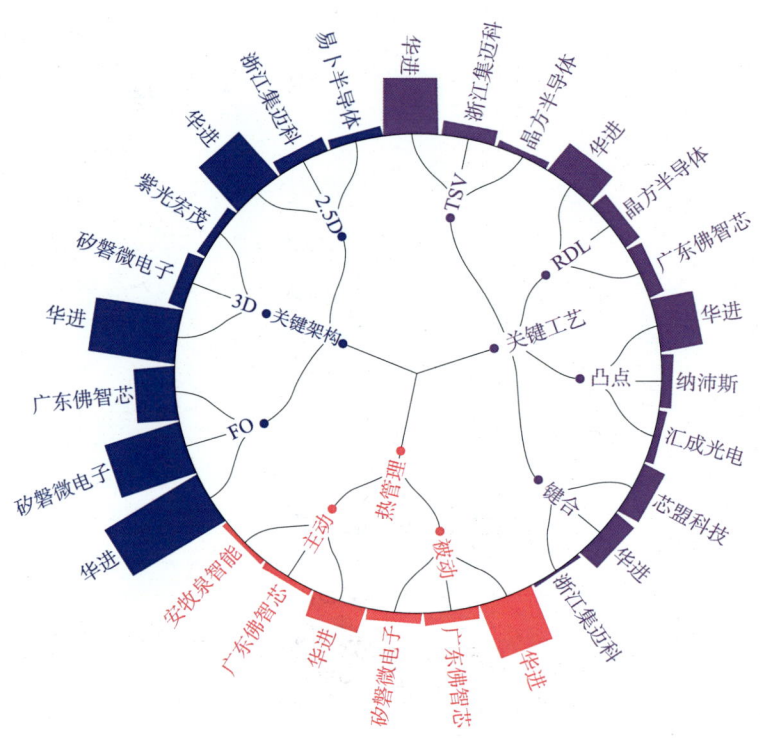

图7-3-4 "专精特新"企业各二级分支专利数量前三名

（正文说明见第331页）

课题组

课题组负责人： 朱振宇

课题组组长： 张　谦

课题组成员： 张　莉　戴永超　吕　媛　李明娟

　　　　　　　刘　乐　孙　健　薛　源　汪　灵

　　　　　　　王建霞　袁　丽　张伟兵　徐晓雷

　　　　　　　刘志新

数据与图表

数据检索： 孙　健　薛　源　汪　灵　吴艳艳
数据清洗： 郭学军　梁明明　赵　玄　靳苹苹　隗仁然
数据标引： 孙　健　薛　源　汪　灵　王建霞　张伟兵
　　　　　　徐晓雷　刘志新　郭学军　梁明明　赵　玄
　　　　　　靳苹苹　刘俊娜　程晓莉
图表制作： 刘志新　王　克

指导专家
（排名不分先后）

于大全　教授/博士　　　　　厦门大学
　　　　董事长　　　　　　厦门云天半导体科技有限公司
马盛林　教授/博士　　　　　厦门大学
陈　钏　副研究员/博士　　　中国科学院微电子研究所
陈　成　工艺、供应链总监　　博尔芯（上海）半导体科技有限公司
何　涞　半导体投资经理/博士　湖州吴兴东城投资发展集团有限公司
袁　海　副总工艺师/博士　　西安微电子技术研究所
李男男　高级工程师/博士　　中国航天时代电子有限公司

前　言

在人工智能（AI）技术加速迭代与地缘政治博弈交织的复杂局面下，AI芯片作为数字经济时代的核心基础设施，其技术自主性与产业竞争力已成为国家战略安全的重要支柱。2024年，国家知识产权局专利局专利审查协作河南中心（以下简称"审协河南中心"）立足知识产权强国建设全局，承担了国家知识产权局学术委员会的"人工智能芯片先进封装关键技术专利分析研究"课题。该课题通过对专利情报的深度挖掘与系统分析，为突破"卡脖子"技术封锁、构建自主可控的产业链生态提供科学决策支撑。

本书正是这一课题的核心成果，它以专利数据为线索，系统梳理全球技术竞争图谱，为创新主体破解技术瓶颈、优化专利布局提供实战指南，更致力于为政府决策、产业规划和企业创新提供战略参考。

当前，全球AI芯片产业正处于技术架构重构与产业格局重塑的关键转折点。在摩尔定律逼近物理极限与极紫外（EUV）光刻机技术垄断的双重压力下，传统制程工艺微缩之路愈发艰难。在此背景下，我国探索"低制程工艺＋先进封装"的协同创新路径，成为突破高端芯片技术封锁、实现"弯道超车"的战略选择。

审协河南中心在承担该课题研究过程中，充分发挥其在专利分析、政策研究和产业服务领域的专业优势，以高质量专利导航成果服务国家战略发展大局。课题组以问题为导向，构建了"纵横结合"的专利分析模型。在纵向维度上，课题组穿透全球专利数据，从技术演进、市场竞争、专利布局等多个维度，揭示AI芯片先进封装技术的发展规律与未来趋势；在横向维度上，课题组联动产业链上下游企业、高校科研院所的专利信息，提炼技术融合与协同创新的路径与模式。这一方法论创新，不仅为政府决策提供了量化依据，更为企业技术攻关指明了突破方向，为高校科研选题提供了战略指引。

审协河南中心始终将服务国家战略需求作为核心使命，依托专利导航，面向地方政府、产业园区和企业提供定制化专利情报服务，推动专利导航从"学术工具"向"产业引擎"转化，为地方产业规划、企业技术创新提供有力支撑。本书的出版，正是审协河南中心以专利导航服务国家战略的实践结晶，它凝聚着课题组的心血与智慧，更承载着服务国家战略、助力产业创新的使命与担当。

本书的内容主要来源于"人工智能芯片先进封装关键技术专利分析研究"课题的研究成果。具体执笔情况如下：孙健主要执笔第1章、第2章、第3章、第8章；薛源主要执笔第4章；汪灵主要执笔第5章第5.1—5.5节、第5.7节；王建霞主要执笔第6章、第7章第7.3节；张伟兵主要执笔第7章第7.1节；徐晓雷主要执笔第5章第5.6节，第7章第7.2节、第7.4节。

我们期待，本书能够为创新主体突破技术封锁、政府部门优化产业政策提供有益参考，共同书写知识产权强国建设的新篇章，为构建新发展格局、实现高质量发展贡献知识产权力量。

2025年6月

目 录

第1章　研究概述 / 1
　　1.1　AI芯片概述 / 1
　　　　1.1.1　AI芯片 / 1
　　　　1.1.2　AI芯片发展面临的技术瓶颈与封锁 / 1
　　　　1.1.3　先进封装可以助力AI芯片突破技术瓶颈与封锁 / 3
　　1.2　先进封装概述 / 4
　　　　1.2.1　半导体工艺链的巅峰之作 / 4
　　　　1.2.2　AI芯片的效能引擎 / 4
　　1.3　先进封装产业链概况 / 5
　　　　1.3.1　先进封装产业链 / 5
　　　　1.3.2　国内产业发展面临的问题 / 7
　　1.4　研究内容与方法 / 9

第2章　问题导向的纵横结合特色专利分析法 / 15
　　2.1　特色专利分析法 / 15
　　　　2.1.1　定　义 / 15
　　　　2.1.2　确定原则 / 16
　　2.2　特色专利分析法 / 16
　　　　2.2.1　以技术问题导向确定边界与分支 / 16
　　　　2.2.2　以产业问题导向开展纵横结合研究 / 18
　　2.3　特色分析的优势 / 22
　　　　2.3.1　问题导向的优势 / 22
　　　　2.3.2　纵横结合分析的优势 / 22

第3章　AI芯片先进封装专利全景分析 / 24
　　3.1　全球创新态势分析 / 24
　　　　3.1.1　申请态势分析 / 24
　　　　3.1.2　技术构成态势分析 / 25
　　　　3.1.3　小　结 / 26
　　3.2　全球主要国家或地区竞争格局分析 / 26
　　　　3.2.1　专利技术创新能力分析 / 26

3.2.2 专利技术市场保护分析 / 37
3.2.3 小　　结 / 40
3.3 创新主体分析 / 40
3.3.1 创新主体概况 / 40
3.3.2 中国创新主体类型分析 / 44
3.3.3 小　　结 / 46

第 4 章　AI 芯片先进封装关键架构专利分析 / 47
4.1 研究概况 / 47
4.2 关键架构创新态势分析 / 48
4.2.1 专利申请态势分析 / 48
4.2.2 专利技术构成态势分析 / 50
4.2.3 小　　结 / 52
4.3 关键架构竞争格局分析 / 53
4.3.1 专利技术创新能力分析 / 53
4.3.2 专利技术市场保护分析 / 59
4.3.3 小　　结 / 60
4.4 FO 架构分析 / 61
4.4.1 研究概况 / 61
4.4.2 创新能力分析 / 65
4.4.3 市场保护分析 / 72
4.4.4 技术路线与创新方向分析 / 72
4.4.5 小　　结 / 82
4.5 2.5D 架构分析 / 83
4.5.1 研究概况 / 83
4.5.2 创新能力分析 / 85
4.5.3 市场保护分析 / 91
4.5.4 技术路线与创新方向分析 / 94
4.5.5 小　　结 / 101
4.6 3D 架构分析 / 102
4.6.1 研究概况 / 102
4.6.2 创新能力分析 / 103
4.6.3 市场保护分析 / 109
4.6.4 技术路线与创新方向分析 / 110
4.6.5 小　　结 / 112

第 5 章　AI 芯片先进封装关键工艺专利分析 / 114
5.1 研究概况 / 114
5.2 关键工艺创新态势分析 / 115

5.2.1　全球专利申请态势分析 / 115
5.2.2　专利技术构成态势分析 / 116
5.3　关键工艺竞争格局分析 / 121
5.3.1　专利技术创新能力分析 / 121
5.3.2　专利技术市场保护分析 / 127
5.4　RDL 工艺分析 / 128
5.4.1　研究概况 / 128
5.4.2　创新能力分析 / 130
5.4.3　市场保护分析 / 139
5.4.4　技术路线与创新方向分析 / 141
5.4.5　小　结 / 149
5.5　凸点工艺分析 / 150
5.5.1　研究概况 / 150
5.5.2　创新能力分析 / 152
5.5.3　市场保护分析 / 159
5.5.4　技术路线与创新方向分析 / 162
5.5.5　小　结 / 164
5.6　键合工艺分析 / 164
5.6.1　研究概况 / 164
5.6.2　创新能力分析 / 166
5.6.3　市场保护分析 / 175
5.6.4　技术路线与创新方向分析 / 177
5.6.5　小　结 / 184
5.7　TSV 工艺分析 / 185
5.7.1　研究概况 / 186
5.7.2　创新能力分析 / 187
5.7.3　市场保护分析 / 192
5.7.4　技术路线与创新方向分析 / 195
5.7.5　小　结 / 203

第 6 章　AI 芯片先进封装热管理专利分析 / 204

6.1　研究概况 / 204
6.2　热管理创新态势分析 / 204
6.2.1　专利申请量态势分析 / 204
6.2.2　专利技术构成态势分析 / 206
6.3　热管理竞争格局分析 / 209
6.3.1　专利技术创新能力分析 / 209
6.3.2　专利技术市场保护分析 / 214

6.4 热管理技术路线分析 / 222
  6.4.1 主动热管理冷却方式技术路线 / 222
  6.4.2 被动热管理冷却方式技术路线 / 225
  6.4.3 热管理重点创新主体发展路线 / 230
6.5 热管理前沿技术创新趋势分析 / 236
  6.5.1 基于基础技术（热沉）融合方式的分析 / 236
  6.5.2 热管理多维度融合方式的分析 / 238
  6.5.3 新界面材料分析 / 238
6.6 中国创新主体技术合作分析 / 243
6.7 小　　结 / 245

第7章　横向技术协同融合发展分析 / 252

7.1 国际巨头技术协同融合发展分析 / 252
  7.1.1 专利申请态势 / 253
  7.1.2 技术分布概况 / 254
  7.1.3 技术协同融合分析 / 257
  7.1.4 国际巨头技术协同融合策略 / 303
7.2 中国重点企业技术发展与协同分析 / 307
  7.2.1 重点企业概述 / 307
  7.2.2 长电科技 / 309
  7.2.3 华　　天 / 311
  7.2.4 盛合晶微 / 316
  7.2.5 华　　进 / 321
  7.2.6 华　　为 / 324
  7.2.7 小　　结 / 327
7.3 "专精特新"企业专利技术特色发展分析 / 328
  7.3.1 概　　述 / 328
  7.3.2 专利技术分布 / 330
  7.3.3 地域分析 / 332
  7.3.4 代表性"专精特新"企业分析 / 333
  7.3.5 小　　结 / 338
7.4 产业协同合作方式分析 / 339
  7.4.1 全球创新主体合作方式分析 / 339
  7.4.2 中国产学研合作分析 / 341
  7.4.3 小　　结 / 345

第8章　主要结论及措施建议 / 347

8.1 AI芯片先进封装技术与产业调查结论 / 347
8.2 专利全景分析主要结论 / 347

8.3 关键技术创新发展的结论 / 348
8.4 关键技术融合发展的结论 / 351
8.5 产业协同发展的结论 / 352
8.6 措施建议 / 354

附　录　申请人名称约定表 / 359

第 1 章　研究概述

1.1　AI 芯片概述

1.1.1　AI 芯片

在人工智能（Artificial Intelligence，AI）与数字化浪潮的交汇点上，AI 芯片正成为驱动智能时代演进的核心引擎。它不仅承载着技术迭代的期待，更勾勒出未来计算范式的轮廓。中国凭借数据规模与场景优势，正在这场全球算力竞赛中构筑起独特生态位。

从广义视角观察，任何能承载 AI 算法的硅基载体皆可归入 AI 芯片范畴，无论是通用架构的中央处理器（CPU）、图形处理器（GPU），还是可编程的现场可编程门阵列（FPGA），乃至专用神经网络处理器（NPU）。但在严格定义下，AI 芯片特指那些针对矩阵运算、并行计算等 AI 任务特征进行架构优化的专用集成电路。这类芯片通过定制化指令集、存储架构与互联设计，在能效比层面实现数量级突破。

制程演进正在重塑 AI 芯片的竞争力边界。7nm、5nm 乃至更先进工艺节点，不仅带来单位面积晶体管密度的指数增长，更通过三维封装、Chiplet 技术等创新，构建起层次化的算力供给体系。这种硬件革新与算法优化的协同进化，催生出自动驾驶、智慧城市等场景的落地应用，展现出技术赋能产业的强大张力。

中国 AI 芯片产业在"双循环"格局下，正沿着"云端训练—边缘推理"的技术路径加速突破。面对算力需求的指数爆炸，如何通过封装架构创新与工艺演进构建自主可控的算力基础设施，已成为关乎产业话语权的关键命题。在这场没有终点的竞赛中，AI 芯片既是技术攀登的阶梯，更是智能时代文明演进的地基。

1.1.2　AI 芯片发展面临的技术瓶颈与封锁

（1）摩尔定律的边界与 AI 芯片的突围

自戈登·摩尔（Gordon Moore）1965 年预言半导体行业将遵循"每 18 个月性能翻倍"的黄金法则以来，集成电路产业便沿着这条技术演进曲线创造了半个世纪的奇迹。从微米级制程到台积电 3nm 工艺的量产，晶体管密度的指数增长印证了人类突破物理极限的雄心。然而，当硅基器件迈入纳米尺度的量子世界，摩尔定律的"铜墙铁壁"开始显现裂痕。

在 3nm 制程节点，晶体管沟道仅容数个硅原子排列，量子隧穿效应让电子逸出既定轨道，功耗与散热如幽灵般侵蚀着计算效能。更严峻的是，深度学习算法对算力的吞噬速度已超越摩尔定律的预测曲线——每 3.43 个月翻倍的算力需求，正在撞击传统计算架构的效能天花板。这道横亘在 AI 芯片发展道路上的"四重高墙"，正倒逼产业界寻求范式革新。

存储墙：内存访问速度与计算单元性能剪刀差持续扩大，存内计算架构通过模拟电路实现数据就地处理，近存计算则借由三维堆叠技术将内存与处理器融合，构建纳秒级响应的数据通道。

面积墙：极紫外光刻机光罩尺寸的物理限制，催生出芯粒异质集成技术。台积电 SoW 技术通过硅中介层实现多芯片无缝拼接，Cerebras 晶圆级处理器以 46 225 mm^2 的超级芯片突破单芯片面积桎梏。

功能墙：单一衬底的功能局限性被多物理场异构集成打破。华为鲲鹏处理器集成 NPU 与 CPU，构建全栈协同计算平台；英特尔 Ponte Vecchio 将 x86 核与 Xe 核异构封装，打造高性能计算新范式。

功耗墙：热设计功耗逼近材料极限，液态金属散热、热管阵列等先进热管理技术成为突围关键。AMD Zen 3 架构通过优化电源门控技术，在提升性能的同时降低 25% 的能耗。

在这场与物理法则的角力中，先进封装技术正成为破解"四重高墙"的金钥匙。芯粒异质集成通过模块化组合，既延续了摩尔定律的经济性，又开辟了超越传统缩微的新路径。当单芯片集成遭遇量子效应瓶颈，系统级集成创新正在重构计算世界的底层逻辑。这场始于纳米尺度的革命，终将突破经典物理的边界，在量子计算与神经拟态计算的交汇点，开启算力文明的新纪元。

（2）全球 AI 芯片权力版图的重构

全球半导体产业正经历着百年未有之变局。中国、美国、日本、韩国四大力量在晶圆制造、设备供应、材料研发等环节构建起错位的竞争优势，形成了既相互依存又充满博弈的产业生态。美国作为技术策源地，掌握着电子设计自动化（EDA）工具、核心 IP 和芯片设计的战略制高点，但其本土制造产能的萎缩迫使产业重心向亚洲转移。这种"头脑在美国，躯干在亚洲"的产业分工，既成就了台积电、三星等代工巨头的崛起，也为技术封锁埋下伏笔。

2021 年美国半导体联盟（SIAC）的应运而生，标志着美国半导体战略从自由市场向"技术政治"的转向。64 家行业巨头的联合，构建起涵盖设计、制造、设备、应用的完整产业链护城河。当芯片四方联盟（CHIP4）将日韩纳入战略同盟，美国完成了对全球半导体关键节点的布局：日本掌控着 56% 的晶圆材料与 70% 的光刻胶市场，韩国垄断着 70% 的动态随机存取存储器（DRAM）产能，而美国自身保持着设计领域的绝对话语权。这种"铁三角"联盟不仅强化了技术垄断，更形成对华技术封锁的"铜墙铁壁"。

（3）技术铁幕下的中国突围困境

美国对华半导体封锁呈现出"立体作战"态势。在高端算力芯片领域，通过出口管制清单构筑起精密的技术围栏。

算力断供：英伟达 A100/H100、AMD MI250 等高端 GPU 被纳入禁运清单，直接切断中国 AI 训练集群的算力补给线。这些被禁芯片的数字处理单元算力超过 4800TOPS，I/O 带宽达 600GB/s，正是支撑智能算法演进的关键引擎。

制造断链：应用材料、泛林集团等美国设备商构筑的"外国直接产品规则"，使任何采用美国技术的海外代工厂都不敢承接中国高端芯片订单。中芯国际的 14nm 工艺虽已量产，但 7nm 以下先进制程仍受制于人。

设计断流：新思科技、楷登电子等 EDA 巨头对华禁售 GAAFET 设计工具，相当于锁死了中国向 3nm 工艺演进的大门。国内 EDA 工具在 14nm 节点尚能自给，但先进制程设计仍依赖进口。

服务断网：云计算服务限制、技术交流禁令将中国半导体产业隔绝于全球创新网络之外。谷歌云、AWS 等服务商的退出，使中国 AI 企业失去重要的算力支撑平台。

这种全方位封锁迫使中国半导体产业进入"准战时状态"。2022 年 10 月美国商务部将先进制程芯片纳入出口管制清单，14nm 成为新的封锁红线。中国虽已掌握 28nm 成熟工艺，但在 14nm FinFET 技术上仍存在代际差距，而美国 3nm 工艺已实现量产，技术代差达四代之遥。

1.1.3 先进封装可以助力 AI 芯片突破技术瓶颈与封锁

当摩尔定律在 1nm 节点遭遇量子隧穿效应的物理铁壁，先进封装（Advanced Packaging，AP）技术正成为超越摩尔定律的重要突破口。这种通过系统级集成实现性能跃迁的新范式，为中国半导体产业提供了"换道超车"的战略机遇。

突破面积桎梏：Chiplet 技术将大芯片拆解为模块化芯粒，通过硅中介层实现超大规模集成。台积电 SoW 技术可使多个 12nm 芯粒组合出等效 7nm 的性能，Cerebras 晶圆级处理器更以单 die 面积 46 225mm^2 突破物理极限。

跨越功耗鸿沟：3D 堆叠技术配合液冷散热方案，使单位面积功耗降低 40%。AMD Zen 3 架构通过优化电源门控，在性能提升 19% 的同时降低 25% 能耗，展现出先进封装的能效优势。

融合多元功能：多芯片异构集成将传感器、存储器、处理器等器件封装成系统级芯片。华为鲲鹏 920 集成 NPU 与 CPU，构建全栈协同计算平台；英特尔 Ponte Vecchio 将 x86 核与 Xe 核异构封装，打造高性能计算新范式。

破解存储瓶颈：HBM 技术通过硅通孔实现垂直堆叠，使 DRAM 带宽提升 15 倍。英伟达 A100 搭载的 HBM2e 显存，带宽达 1.6TB/s，显著缩短数据搬运时间，为 AI 训练加速提供存储支撑。

尤为重要的是，先进封装技术不依赖先进制程的光刻精度，而是通过系统级优化实现性能突破。中国企业在 28nm 成熟工艺基础上，通过 Chiplet 技术组合多个芯粒，即可实现等效 14nm 乃至 7nm 的性能，有效绕过美国的技术封锁线。长电科技、通富微电等封装企业在扇出、2.5D/3D 封装领域已具备国际竞争力，为自主 AI 芯片提供了产业化通道。

美国精心构筑的技术铁幕，既是中国半导体产业的至暗时刻，也是自主创新的黎明前夜。先进封装技术的崛起，为中国 AI 芯片产业打开了一扇突围之窗。从"能用"到"够用"再到"好用"的进阶之路，需要政策扶持、资本助力与产学研协同创新的共振。

1.2 先进封装概述

1.2.1 半导体工艺链的巅峰之作

在半导体技术的浩瀚宇宙中，封装工艺扮演着至关重要的角色。作为连接精密芯片与外部世界的桥梁，封装技术不仅为脆弱的芯片披上坚固的铠甲，抵御物理冲击与化学侵蚀，更承担着实现芯片间高效通信的重任。随着电子器件向高性能、微型化、低功耗方向迈进，传统封装技术已难以满足日益严苛的需求。在此背景下，先进封装应运而生，成为推动半导体产业跨越式发展的关键力量。

从防护到赋能：先进封装的使命升级。传统封装的核心价值在于保护芯片并提供基础的电气连接。然而，在 AI、5G 通信、高性能计算等前沿领域，芯片集成的复杂度与密度达到了前所未有的高度。先进封装技术通过重构封装设计理念，将简单的"保护壳"转化为提升芯片性能的"加速器"。其核心突破在于：

I/O 密度革命：通过倒装芯片（Flip Chip）、晶圆级封装（WLP）等技术，将输入输出（I/O）间距缩小至微米级，显著提升信号传输效率。

三维集成创新：采用硅通孔（Through Silicon Via，TSV）、多层重布线层（RDL）等工艺，实现芯片在垂直方向上的高效堆叠，突破平面集成的物理极限。

系统级整合：通过系统级封装（SiP），将处理器、存储器、传感器等多种功能组件集成于单一封装体内，构建高度复杂的电子系统。

1.2.2 AI 芯片的效能引擎

AI 的蓬勃发展，对算力提出了近乎贪婪的需求。先进封装技术，作为突破摩尔定律瓶颈的关键路径，正在重塑 AI 芯片的设计范式。以下三大技术流派，正引领着 AI 芯片封装的革新潮流。

（1）台积电：3D Fabric 织就 AI 算力网络

全球晶圆代工龙头台积电，凭借其"3D Fabric"技术平台，构建了覆盖 2.5D 与 3D 封装的完整技术生态。其中：

InFO（Integrated Fan-Out）技术：通过扇出型晶圆级封装，实现芯片与基板的直接互连。苹果 A10 处理器正是借助 InFO 技术，在 16nm 工艺节点下实现了性能与功耗的完美平衡。该技术通过重布线层（RDL）扩展 I/O 连接，为 AI 芯片的高密度集成提供了可能。

CoWoS（Chip-on-Wafer-on-Substrate）技术：作为 2.5D 封装的典范，

CoWoS通过硅中介层实现多芯片的灵活集成。英伟达A100 GPU、赛灵思高端FPGA等AI加速利器，均依托CoWoS技术实现了算力与存储资源的协同优化。

SoIC（System – on – Integrated – Chips）技术：作为3D封装的创新之作，SoIC通过芯片堆叠技术，在垂直维度上集成多个异构芯片。AMD锐龙7000X3D系列处理器，正是借助SoIC技术实现了核心密度的飞跃。

（2）英特尔：EMIB与Foveros的异构融合之道

面对AI算力的爆发式增长，英特尔祭出了EMIB（Embedded Multi – die Interconnect Bridge）与Foveros两大技术利器。

EMIB技术：通过在有机基板中嵌入高密度硅桥，实现多芯片间的高效互连。该技术已广泛应用于英特尔Agilex FPGA及Direct RF FPGA，为AI算法提供了灵活的硬件加速平台。

Foveros技术：作为一种革命性的3D堆叠技术，Foveros允许不同制程节点的芯片层通过微型互联线实现无缝对接。英特尔Ponte Vecchio GPU，作为首个百亿亿次级计算加速卡，正是依托Foveros技术实现了算力与能效的双重突破。

当EMIB与Foveros技术融合时，诞生了EMIB – Foveros这一异构集成解决方案。该技术允许在单一封装内集成多个3D堆栈，为AI训练、科学计算等复杂场景提供了前所未有的算力密度。

（3）三星：I – Cube与X – Cube的异构交响曲

在异构集成领域，三星同样展现出深厚的技术积淀。

I – Cube技术：通过硅中介层实现逻辑芯片与高带宽存储器（High Bandwidth Memory，HBM）的并行集成。百度昆仑AI处理器正是借助I – Cube技术，实现计算与存储资源的协同优化，显著提升了AI推理效率。

X – Cube技术：作为Z轴堆叠技术的创新之作，X – Cube通过微凸块（u – bump）与铜混合键合（Hybrid Copper Bonding）技术，实现了逻辑芯片在垂直方向上的高密度集成。该技术不仅提升了封装密度，更为AI芯片的热管理提供了全新解决方案。

先进封装技术，作为半导体工艺链的巅峰之作，正在重塑AI芯片的设计规则。从台积电的3D Fabric平台到英特尔的异构集成解决方案，再到三星的I – Cube与X – Cube技术，这些创新成果不仅推动了AI算力的极限突破，更为智能时代的到来奠定了坚实的硬件基础。随着先进封装技术的持续演进，我们有理由相信，未来的AI芯片将更加高效、更加智能，为人类社会的数字化转型注入不竭动力。

1.3 先进封装产业链概况

1.3.1 先进封装产业链

（1）产业链：重构半导体产业生态的技术革命

自集成电路产业诞生以来，其发展模式经历了从垂直整合到专业化分工的深刻嬗变。全球化浪潮与制程技术跃迁的双重驱动，促使产业链解构为设计、制造、封装等独立环节，如图1-3-1所示。在这场产业重构中，封装环节正从传统配套工艺蜕变为价值创造的核心节点，尤其当AI芯片遭遇制程与成本的"天花板"时，先进封装技术正以革新者的姿态重塑产业格局。

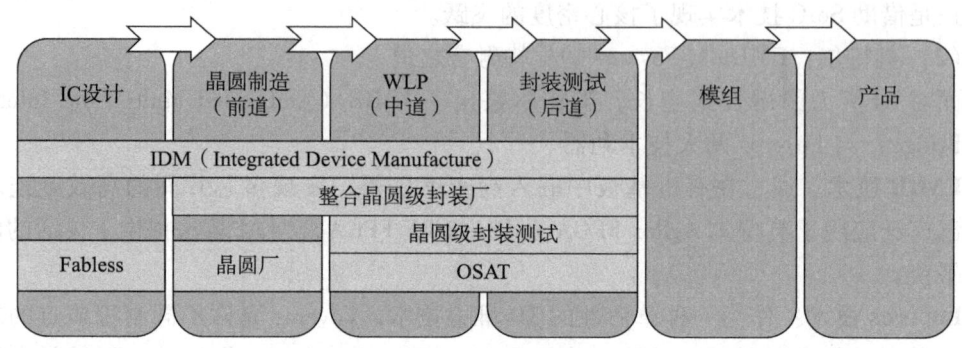

图1-3-1 半导体产业链

先进封装技术的突破本质是一场空间维度的革命。从平面互连的2D封装，到引入中介层的2.5D硅转接板技术，再到突破物理极限的3D堆叠，每次技术跃迁都在摩尔定律趋缓的背景下，开辟出性能提升的新维度。这种异构集成范式使AI芯片得以突破单一制程的桎梏：通过混合不同工艺节点的功能裸片，在成本可控的前提下实现算力与能效的指数级突破。晶圆厂在硅基转接板领域的技术沉淀，与后道封装企业在多维互连工艺上的创新，共同构筑起先进封装的技术护城河。

在先进封装平台的构建中，行业正经历从封闭创新到开放协作的范式转变。AMD、华为等芯片设计企业初期通过自研芯粒构建技术壁垒，而专业封装平台正在演变为产业级基础设施。这种标准化趋势预示着，未来先进封装将像晶圆代工一样，成为支撑AI芯片创新的公共技术底座。当封装技术从幕后走向台前，半导体产业的权力版图正在被重新书写，而中国企业在这一轮技术浪潮中，已占据至关重要的生态位。

（2）产业竞争图谱：壁垒森严下的生态重构

全球先进封装市场正呈现出"三足鼎立"的竞争格局。据2022年数据，日月光（25.0%）、安靠（12.4%）、台积电（12.3%）占据前三甲，Top10企业垄断了近九成市场份额，产业集中度之高可见一斑。技术壁垒成为核心门槛：从纳米级工艺精度到晶圆级协同设计，从TSV的三维重构到混合键合（HB）的材料突破，每个环节都需要前道制造与后道封装的深度融合。晶圆代工厂与集成器件制造商（IDM）企业凭借光刻机、刻蚀设备等硬件优势，在重布线层（RDL）、硅中介层等复杂工艺中占据先机，而委外封测厂（OSAT）则更多承担着成熟制程配套角色。这种技术分层导致产业链话语权向上游集中，形成"设备—工艺—订单"的闭环壁垒。

市场呈现三足竞逐态势：OSAT厂商占据65.1%份额，但主要集中在中国；Foundry企业掌握12.3%市场，IDM企业占据22.6%。技术路径差异显著：OSAT在晶圆级封装（WLP）和系统级封装（SiP）领域经验丰富，而Foundry企业凭借前道技术优势主导 2.5D/3D 封装技术路线，IDM 巨头则通过垂直整合进军高端异构集成市场。值得警惕的是，技术迭代正在打破传统分工边界，台积电、三星等已启动"制造—封装"一体化战略，OSAT 领域可能出现强者愈强的马太效应。

产业演进呈现双重趋势：技术维度上，先进封装正从"工艺补充"转向"系统集成"，芯片设计需提前介入封装方案；市场维度上，龙头企业的生态整合能力将成为胜负手。对于中国企业而言，长电科技、通富微电等虽已突破关键工艺，但需加强上下游协同，避免陷入低端产能陷阱。当封装技术成为延续摩尔定律的新战场时，这场没有硝烟的竞争，正在重塑半导体产业的权力版图。

（3）产业突围：政策护航与标准破局

战略驱动：政策托举产业跃迁。面对高端芯片"卡脖子"的困境，中国以政策组合拳构建产业突围通道。2020 年《新时期促进集成电路产业和软件产业高质量发展若干政策》确立 2025 年 70% 芯片自给率目标，将 AI 芯片列为战略级发展方向。随后"十四五"规划进一步明确高端芯片攻坚重点，形成"国家战略—专项政策—五年规划"的政策闭环。国家发展和改革委员会两度修订产业指导目录，将 2.5D/3D 封装、系统级封装等先进封装技术纳入重点支持范畴，为技术发展提供明确的政策路标。

资本赋能：千亿基金撬动生态。国家集成电路产业投资基金以"三期接力"展现战略定力。一期基金（2014 年）首募 1387 亿元，撬动长电科技、通富微电等通过海外并购实现技术跃升；二期基金（2019 年）规模超 2000 亿元，强化产业链协同；三期基金（2024 年）注册资本达 3440 亿元，凸显对先进封装的重点布局。这种"政府引导+市场运作"的资本创新，不仅破解了半导体产业重资产投入难题，更通过资本纽带促进上下游整合，为先进封装构筑产业生态底座。

标准突围：双轨并进构建话语权。在国际标准领域，中国企业参与通用芯粒互连技术（UCIe）联盟建设。与此同时，国内标准建设另辟蹊径：中国科学院计算所牵头的《小芯片接口总线技术要求》成为首个原生 Chiplet 标准，其本土化设计既与 UCIe 形成互补，又通过物理层兼容预留国际标准接口，展现出"自主进化+开放兼容"的智慧。

协同进化：产研融合塑造新动能。在政策、资本、标准三驾马车驱动下，中国先进封装产业呈现"三位一体"发展态势。政策端持续完善税收优惠、人才支持等配套机制，资本端通过基金投资引导技术攻关与产能建设，标准端则推动形成"中国方案"与"国际规则"的双向互认。这种立体化的产业培育模式，正在打破先进封装领域的技术壁垒，加速实现从"跟随者"到"并行者"的战略转变。当全球半导体产业进入异构集成时代时，中国封装企业已站上技术浪潮之巅，以开放姿态重构全球产业版图。

1.3.2 国内产业发展面临的问题

（1）产业技术问题：突破精密制造的桎梏

AI 芯片先进封装产业中的关键技术，诸如架构设计、TSV、键合节距、凸点、RDL 等，对提升芯片性能及满足复杂应用需求至关重要。然而，这些关键技术正面临严峻的技术封锁挑战,具体表现为知识产权壁垒、高精度制造工艺限制、材料及设备限售、工艺兼容性难题等。

架构设计受知识产权壁垒制约。先进的封装架构设计常涉及复杂的知识产权网络,技术领先者利用专利丛林策略限制竞争,导致后来者创新受阻。此外,特定工艺、材料或设备的依赖也易受技术封锁、知识产权壁垒或供应链中断影响,增加实现难度与成本。

TSV高精度制造技术封锁。TSV技术需严格控制尺寸、深度以及高质量绝缘层、导电层制备,要求极高制造精度。长期研发投入与经验积累是掌握相关工艺的关键,而中国企业正面临技术封锁,难以进入该领域。

键合节距微细化技术挑战。随着芯片集成度提升,键合节距需不断缩小,面临精确对准、可靠连接及避免短路、断路等难题。不同工艺节点与封装技术间的兼容性问题亦影响键合节距缩小,技术难度加大,跨节点技术交流与合作受阻。

凸点高质量制备难题。凸点制备需精确控制形状、尺寸、分布密度等参数,确保互连可靠性。技术封锁限制高质量制备技术的掌握与应用,高性能材料受专利保护或禁售的限制,增加材料选择与成本难度。

RDL高密度布线挑战。RDL技术需实现高密度、高精度布线,支持高密度I/O端口与高速数据传输。设计中需平衡信号完整性、可靠性及成本。综合优化与平衡是RDL工艺面临的重大挑战。

(2)产业发展问题:协同困境,产业链断裂的隐忧

先进封装产业的协同创新面临结构性矛盾。从AI芯片架构到晶圆制造,再到封装测试,本应无缝衔接的产业链各环节,在现实中却形成技术孤岛。GPU的2.5D封装需要TSV技术支撑,而高端存储器3D堆叠又依赖微凸点工艺突破,这种技术耦合性对产业链协同提出极高要求。现实困境在于,封装企业擅长工艺开发却缺乏芯片设计理解,设计企业精通架构创新却不懂封装限制,热管理方案往往成为性能瓶颈而非优化推手。这种割裂状态导致重复投入与资源浪费。某头部封装厂在开发高密度RDL技术时,因缺乏与芯片设计方的协同,导致信号完整性测试三次返工;而某AI芯片初创企业设计的创新架构,因现有封装工艺限制不得不大幅降频使用。这种"双向不兼容"现象,暴露出产业链协同机制缺失的深层危机。

(3)产业发展问题:人才鸿沟,供需错配的深层危机

尽管教育部早在2007年就设立电子封装技术专业,但人才培养的滞后效应正在显现。现有培养体系存在三重错位:课程体系滞后于技术迭代,实验设备落后国际主流工艺两代,产教融合深度不足导致"纸上谈兵"现象普遍。

高端人才短缺问题更为严峻。既能统筹芯片架构设计,又精通封装工艺,同时具备热管理能力的复合型人才,在业界属于"稀缺资源"。这种人才结构失衡,正在制约从"跟随式创新"向"引领式突破"的战略转型。

1.4 研究内容与方法

（1）研究目的

随着 AI 技术的飞速发展，AI 芯片对算力和功耗要求的不断提升，先进封装技术成为提升芯片性能的关键路径。本书以问题为导向，在 AI 芯片先进封装产业调研和专利分析的基础上分析中国产业发展面临的"卡脖子"难题，寻找中国在该行业中受限的技术痛点；通过全球专利分析梳理技术发展脉络并定位各技术分支的基础专利和重要专利，为中国 AI 芯片先进封装技术的突破提供技术参考和创新抓手，明确中国面临的风险和发展机遇，寻找解决产业问题的办法，提出国家宏观政策建议以及中国企业技术和专利保护、运营建议。

（2）研究思路

专利是评估国家或地区、创新主体创新能力与市场保护强度的关键指标。深入分析揭示其研发实力与市场竞争格局，促进专利链驱动产业链与创新链的融合发展，为确保产业链供应链自主安全可控提供知识产权支撑。

本书创造并使用了"问题导向的纵横结合分析法"。该方法以解决问题的主要领域和关键技术手段界定研究范畴与技术分支，纵向运用定量数据分析解决产业核心技术突破的问题，横向通过定性研究解决技术与产业协同及人才培养难题。本书从宏观角度的专利布局和态势分析到微观角度的国内外重点申请人的专利布局、技术发展路线以及重点专利等均进行了较为详细的分析。

本书的研究过程主要包括以下四个阶段：①前期准备阶段，包括 AI 芯片先进封装基础背景资料收集、行业及企业调研、项目分解、检索策略的初步制定；通过课题调研、技术研究和专利数据检索等多方面的反复论证与修改，力求确定科学的 AI 芯片先进封装技术分解表，为后续专利检索工作奠定基础。②数据采集阶段，包括完善检索策略、进行专利检索，在尽可能查全、查准专利数据的基础上力求减少噪声专利，再进行数据清洗和数据标引，来确保检索数据的完整性和准确性。③专利分析阶段，包括选择合适的专利分析工具（比如 HimmPat 专利智能检索分析平台和 WPS Excel 等）对采集的专利数据综合运用数理统计、时间序列等方法处理，并采用归纳和推理、抽象、概括等多种分析方法进行分析，以解读专利情报，挖掘专利信息所反映出的本质问题。④报告撰写阶段，包括在报告初稿完成后，课题组组织相关领域专家对报告的主要内容、重要结论、措施建议等内容进行研讨，协助课题组完善报告内容、梳理报告结构、突出重要结论，使报告的措施建议更有针对性。

（3）研究内容

课题组通过在互联网广泛检索并了解 AI 芯片先进封装面临的主要技术问题及解决技术问题采用的主要技术手段，将 AI 芯片先进封装技术分解为关键架构、关键工艺和热管理三大分支。基于专利分析研究的需求，经过多次企业、专家调研，结合面临的问题，逐步修订并最终确定了 AI 芯片先进封装技术的整体框架。随后，针对全球 AI

芯片先进封装技术专利申请进行检索，对检索结果进行人工标引，并根据标引结果对分解表作最终完善处理。课题组对上述经过人工标引的专利数据进行详细分析，得到本书第1—8章。

第1章对AI芯片、先进封装、AI芯片先进封装产业链概况以及专利对AI芯片先进封装产业链的影响进行了概述。

第2章通过深入研究AI芯片先进封装领域的技术特点和产业特点，提出了一套针对性的基于问题导向的纵横结合特色专利分析法。

第3章围绕全球创新态势、全球主要国家或地区竞争格局以及创新主体对AI芯片先进封装进行了专利全景分析。

第4章对AI芯片先进封装关键架构的创新态势、竞争格局进行了分析，并对三项关键架构——FO架构、2.5D架构、3D架构及其创新能力、市场保护、技术路线和创新方向进行了具体分析。

第5章对AI芯片先进封装关键工艺的创新态势、竞争格局进行了分析，并对四项关键工艺——RDL工艺、凸点工艺、键合工艺、TSV工艺及其创新能力、市场保护、技术路线和创新方向进行了具体分析。针对中国企业在RDL技术上具有突出优势的盛合晶微和甬矽电子，分别梳理了两家企业的技术路线和创新方向。

第6章对AI芯片先进封装热管理技术的创新态势、竞争格局进行了分析，并对热管理包含的主动热管理下的两项技术分支——流道、热电制冷，以及热管理包含的被动热管理下的六项技术分支——热沉、散热通孔、散热黏胶、散热凸点、散热金属层、热界面层，共计八项技术分支的技术路线进行了具体分析。该章还对热管理前沿技术创新趋势以及中国创新主体技术合作进行了分析盘点。

第7章首先从关键架构、关键工艺和热管理各技术分支之间的横向协同发展角度筛选全球先进封装技术领域中巨头申请人和中国重要申请人进行深入研究，具体选择台积电、三星和英特尔这三家巨头申请人和长电科技、华天、盛合晶微、华进和华为等重要申请人，分析了各巨头申请人和重要申请人的关键架构、关键工艺以及热管理的横向协同发展现状，还分析了各重要申请人的自主核心先进封装技术并寻求高校/科研院所、企业之间的潜在合作。其次梳理了先进封装领域的"专精特新"企业以及上述企业的技术特长。最后分析了技术协同合作方式。

第8章是课题组在专利分析基础上给出的结论和建议。

（4）技术分解

通过前期调研、专家交流和技术研究等多种形式对AI芯片先进封装技术进行了解，课题组将该技术分解为关键架构、关键工艺和热管理三个一级技术分支，并对一级技术分支进行进一步细分，各一级分支的技术分解表分别如表1-4-1、表1-4-2、表1-4-3所示。

表 1-4-1 关键架构一级分支分解及专利文献检索结果

一级分支	二级分支	三级分支	四级分支	五级分支	文献量/件
关键架构	FO 架构	芯片内埋式晶圆级扇出	嵌入树脂扇出型		3167
			嵌入硅/玻璃扇出型		517
			嵌入载体扇出型		364
		芯片集成式晶圆级扇出	多芯片集成		2441
			堆叠集成		2651
			芯片-天线集成		791
		芯片面板级扇出			742
	2.5D 架构	单面			5601
		双面			1226
		桥接			3113
		嵌入			971
	3D 架构	封装-封装			7566
		芯片-芯片	无凸点		6750
			有凸点		4629

表 1-4-2 关键工艺一级分支分解及专利文献检索结果

一级分支	二级分支	三级分支	四级分支	五级分支	文献量/件
关键工艺	凸点技术	铜柱凸点			3872
		铜凸点			3291
		焊料凸点			13 450
	RDL 技术	RDL 制备方法	添加物		1686
			减少物		1477
			局部沉积		348
			预成型		476
			自组装		125
		RDL 结构	多层结构		4878
			凸块		1655
			自由站立		365
		RDL 配置			13 822

续表

一级分支	二级分支	三级分支	四级分支	五级分支	文献量/件
关键工艺	键合技术	介质键合			650
		金属键合	焊料		3542
			高熔点金属		1869
		混合键合	Cu/SiO$_2$		4281
			Cu/有机物		515
			微凸点/聚合物		89
	TSV技术	电可靠性	博世工艺		6941
			非博世工艺		2973
		热可靠性	应力缓冲	空气隙	140
				缓冲介质	310
			填充材料		575
			通孔形状		197

表1-4-3 热管理一级分支分解及专利文献检索结果

一级分支	二级分支	三级分支	四级分支	五级分支	文献量/件
热管理	主动热管理	流道			1701
		热电制冷			450
	被动热管理	热沉			7043
		散热凸点			492
		散热金属层			1434
		散热通孔			1395
		热界面层			3760
		散热黏胶			1247

先进封装技术通过优化封装架构，将多个芯片进行集成，进而增加I/O端子数量，提高AI芯片算力；通过优化工艺来降低互连长度，使得主要受互连传输影响的信号时延降低，进而降低功耗，显著提高带宽。此外，随着先进封装中集成度的不断提高，芯片单位面积上的总功率增大，热管理成为重要的问题。在此基础上，设置三个一级分支，分别是关键架构、关键工艺以及热管理。

在关键架构方面，应用到AI芯片的主要包括FO（扇出）架构、2.5D架构以及3D架构，据此划分二级分支。其中，FO架构根据封装工艺包括芯片内埋式晶圆级扇出、集成式晶圆级扇出以及面板级扇出；2.5D封装按照转接板的位置分为单面、双面、桥接以及嵌入；3D封装按照集成的元件类型分为芯片-芯片三维集成、封装-封装三维集成，在此基础上划分三级分支。进一步地，芯片内埋式晶圆级扇出根据芯片埋入的不同位置，可以分为嵌入树脂扇出型、嵌入硅/玻璃扇出型以及嵌入载体扇出型；集成式晶圆级扇出，可以分为堆叠集成式晶圆级扇出、多芯片集成式晶圆级扇出以及芯片-天线集成式晶圆级扇出；根据互连结构，芯片-芯片集成结构分为有凸点堆叠和无凸点堆叠，因此对相应三级分支细分得到四级分支。

在关键工艺方面，包括以下二级分支：TSV 技术、凸点技术、RDL 技术以及键合技术。其中 TSV 技术是核心和关键，可以实现芯片与芯片间距最小的互连，能够提高传输速度，以更低的功耗完成芯片之间的电连接。TSV 技术面临热可靠性和电可靠性双重挑战，在此基础上以问题为导向划分三级分支；凸点技术是实现芯片与芯片或者芯片与晶圆之间直接接合的重要手段，按照凸点的类型划分三级分支，分别为焊料凸点、铜柱凸点和铜凸点；键合技术是将芯片与芯片进行堆叠的手段，按照键合技术的类型划分三级分支，主要是介质键合、金属键合和混合键合。关于 RDL 技术，其技术发展主要围绕 RDL 制备方法、RDL 结构和 RDL 配置，据此划分三级分支。在此基础上，部分分支依照技术特点和行业习惯进一步细分至五级分支。

热管理根据散热方式的不同，可以分为被动热管理和主动热管理。被动热管理即自然对流散热，是依靠物体间存在的温度场梯度进行热量转移。被动散热方式主要指热沉散热，适用于热流密度较小的芯片。主动热管理即强制对流散热，是借助外部动力使热量快速转移，主要包含流道散热、热电制冷散热。据此，在热管理一级分支下设置被动热管理、主动热管理两个二级分支，并在被动热管理下设置热沉、热界面层、散热凸点、散热金属层、散热通孔、散热黏胶共计六个三级分支，在主动热管理下设置流道、热电制冷两个三级分支。

（5）数据检索

1）数据来源

本书使用的检索工具为 HimmPat 专利智能检索分析平台，其数据库收录全球 170 个国家、组织和地区自 1800 年以来超过 1.76 亿项专利技术，同时还在以每周新增约 20 万项最新专利的速度不断更新。

2）检索策略

中英文数据库的检索策略由课题组所有成员和指导专家协商确定。通过检索—验证—分析原因—继续检索—验证，实现数据查全和查准。采用关键词和多种分类号相结合的检索方式，先确定一个技术分支的范围；然后利用分类号、关键词或两者的结合进行初步检索，通过阅读相关专利文献来进一步扩展关键词，调整检索策略，并用申请人进行补全，归纳噪声文献特点，进行初步去噪；其次进行查全率和查准率验证，根据验证的结果分析漏检和引入噪声的原因，再进一步调整检索式，如此反复至查全率和查准率满足要求。各分支文献量如表 1-4-1、表 1-4-2、表 1-4-3 所示。

3）查全和查准评估

课题组共人工标引专利 14 万件，其中噪声 4.8 万件，共标引出有效专利 92 553 件，简单同族合并共 35 859 项。由于课题组对每篇中文及英文文献的检索结果均进行了人工查阅和标引，因此 AI 芯片先进封装下各分支的中文检索和英文检索的查准率都接近 100%。查全评估主要是基于申请人和/或发明人和基于中英文反证来构建查全测试样本专利文献集合，即在阅读的专利文献中搜集非重要申请人和/或发明人所申请的专利文献作为测试样本，以及将中文及英文检索结果中经过清理、标引后的数据作为样本。选取多个非重要申请人的其他抽样，得到查全率结果。查全率计算公式为：查全率＝测试样本/检索结果集合×100%。

本书根据上述评估查全率的方法对中文及英文检索结果的查全率进行了验证，得到 AI 芯片先进封装专利申请检索结果的查全率为 89%。可见，中英文检索结果的查全率能够满足研究需要。

（6）相关事项说明

为保证本书表述内容的一致性，在此对相关内容作以下约定。

项：同一项发明创造可能在多个国家或地区提出专利申请，德温特世界专利索引（DWPI）数据库将这些相关的多件申请作为一条记录。在进行专利申请数量统计时，对应数据库中以一族（这里的"族"指的是同族专利中的"族"）数据的形式出现的一系列专利文献，计算为一"项"。一般情况下，专利申请的项数对应于技术的数目。

件：在进行专利申请量统计时，例如为了分析申请人在不同国家或地区所提出专利申请的分布情况，将同族专利申请分开进行统计，所得到的结果对应于申请的件数。一项专利申请可能对应于一件或多件专利申请。

专利族：同一项发明创造在多个国家或地区申请专利而产生的一组内容相同或基本相同的专利文献出版物，称为一个专利族。从技术角度看，属于同一专利族的多件专利申请可视为同一项技术。在本书中，针对技术和专利技术原创国或地区分析时对同族专利进行了合并统计，针对专利在国家或地区的公开情况进行分析时对各件专利进行了单独统计。

涉讼专利：涉及诉讼的专利。

全球申请：申请人在全球范围内的各专利局提出的专利申请。

多边申请：因为同一项发明创造可能在多个国家或地区提出专利申请，本书中的"多边"申请是指同时在两个或两个以上国家或地区提出的专利申请。

专利被引频次：指专利文献被在后申请的其他专利文献引用的次数。

国内申请：在中国提出的专利申请。

海外申请：中国以外申请人在中国的专利申请。

日期规定：依照最早优先权日确定每年的专利数量，无优先权日以申请日为准。

本书所涉及的专利数据检索截止日期为 2024 年 7 月 21 日。由于不同国家或地区的专利公布时间不同，在对申请人、来源国家或地区等项目比较时，为了确保数据更具可比性，部分数据的截止时间更早。

第 2 章　问题导向的纵横结合特色专利分析法

专利分析法，又称专利信息或情报分析法，系一种系统化手段，旨在将专利文献内繁复的信息加以分析、加工及整合，并借助统计学方法，转化为兼具全局视角与预测功能的竞争情报。此过程涉及专利数据的全面收集、系统整理、深度挖掘与精准解读，其核心目的在于揭示技术发展趋向、市场动态变化及竞争格局等核心信息，为企业评估技术竞争力、预判技术发展趋势提供有力支撑，并据此制定策略以有效应对潜在竞争。同时，专利分析亦为政府部门在制定相关政策法规时提供坚实的科学依据。

在全球科技竞争日益激烈的背景下，专利分析作为重要管理工具的价值愈发显著。然而，面对浩如烟海的专利信息，如何高效且精确地进行分析，已成为亟待攻克的关键难题。特别是在不同技术领域与产业环境下，技术特性与产业差异显著，传统分析方法常难以适应。因此，分析人员需紧密结合专利分析领域的特定技术与产业特征，以及明确的分析目标，量身定制专属的专利分析方法。

本章旨在深入探究 AI 先进封装领域的技术与产业特性，以期提出一套有针对性的专利分析法，有效应对该领域面临的独特挑战。

2.1　特色专利分析法

2.1.1　定　义

特色专利分析法系针对特定领域、问题或目标精心设计的专利分析手段，具备鲜明的独特性与高度的针对性。该分析法融合并优化了多种传统分析方法，其核心竞争力的构建基于若干关键要素。这些要素共同塑造了其独特价值与高效能。

首先，针对性乃特色专利分析法的坚固基石。该法聚焦于某一特定领域、技术或市场，旨在精准满足特定的决策需求，确保分析工作的有的放矢。其次，独特性体现为其从新颖视角对专利数据进行深度解读与挖掘，综合考量行业趋势、技术演进、市场需求等多维度因素，揭示其他分析方法可能遗漏的关键信息与内在联系。综合性是特色专利分析法的又一显著特征，整合定量分析、定性分析、技术-功效分析、技术生命周期分析等多种分析手段，确保分析结果的全面覆盖与深入洞察。创新性亦是不可或缺的关键一环，该法在传统分析方法的基础上，引入新颖的分析工具、模型或指标，有效提升分析的精准度与实效性。可视化呈现则是将复杂数据与信息通过图表、气泡图、技术功效矩阵等直观工具进行展现，使分析结果更加清晰易懂，便于决策者快速把握核心要点。最后，定制化服务根据分析目标、领域特性及客户需求，构建专属的分析框架,明确分析维度与指标,融入特定逻辑与假设,确保分析结果的精确性与针对性。上述关键要素协同作用,使得特色专利分析法在专利分析领域展现出独特价值。

2.1.2 确定原则

明确问题导向与紧密贴合领域特性,是确立特色专利分析法的两大核心原则。它们共同作用于分析过程,确保分析工作能够紧密结合技术与产业现状,深度剖析核心问题,为技术创新提供科学的决策依据,为产业升级与可持续发展提供有力支撑。

明确问题导向,应对专利分析复杂性。在科技迅猛发展的背景下,专利数据呈现爆炸式增长,信息冗余与噪声成为制约分析效能的关键因素。因此,确立特色专利分析法需坚持鲜明的问题导向,以应对这一复杂性。精准定位分析目标,聚焦于技术创新与产业发展中的核心议题,借助针对性的数据收集与分析手段,快速锁定与关键问题紧密相关的专利信息,从而直接响应实际需求,提升分析的实效性与针对性。

紧密贴合领域特性,服务技术创新与产业发展。专利分析的核心在于将专利信息转化为具有全局洞察与预测能力的竞争情报,而这一过程离不开对分析领域特性的深刻理解。不同领域拥有独特的技术发展轨迹、市场需求结构、竞争格局及产业生态,这些特性构成了专利分析方法选择与应用的根本依据。在确立特色专利分析法时,必须充分考虑分析领域的技术特点与产业特性,以准确把握技术创新的难点与产业发展的瓶颈,为技术创新提供有针对性的策略建议,为产业升级与可持续发展奠定坚实基础。

2.2 特色专利分析法

2.2.1 以技术问题导向确定边界与分支

由于先进封装技术的快速发展和不断演进,相关规范和标准的制定往往滞后于技术发展的步伐。这种滞后性使得AI芯片先进封装技术的边界和技术分支在一段时间内处于模糊和不确定的状态。课题组以解决AI芯片主要技术问题"四重高墙"的主要领域和关键技术手段,确定研究边界与技术分支。

2.2.1.1 以解决问题的主要技术领域划定研究边界

如图2-2-1所示,业界针对AI芯片面临的"四重高墙"挑战,已聚焦于以Chiplet异质集成为核心的先进封装技术作为关键解决路径。该路径的核心技术手段主要包括封装架构、封装工艺及热管理三大领域,本书亦将此三者作为重点研究边界。

封装架构,涉及芯片封装的总体布局与结构设计,是决定芯片与外部连接、信号传输、散热及保护等功能实现的关键。在设计时,需综合考虑芯片的功能需求、性能标准、成本控制及应用场景,旨在通过优化封装架构,提升芯片的集成度,优化数据流路径,降低成本与能耗,从而有效应对"四重高墙"的挑战。

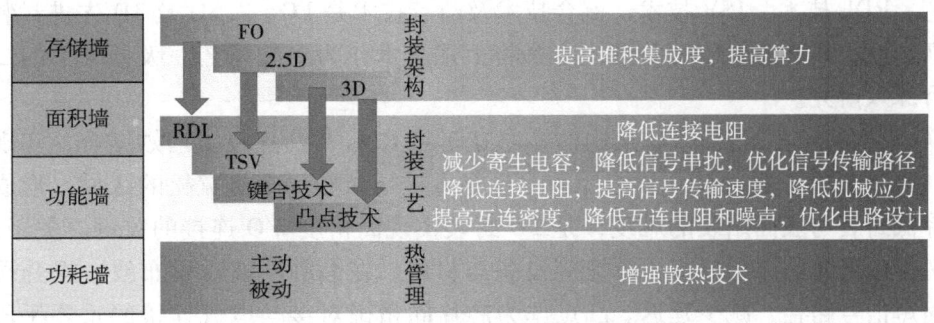

图2-2-1 主要技术手段作为研究边界

封装工艺，涵盖从晶圆切割、测试、材料选择到成品测试等将芯片转化为最终产品的全过程。先进的封装工艺能够显著缩短数据传输距离，提供高密度电气连接与信号连接，进而提升数据传输速率，为破解"四重高墙"难题提供有力支撑。

热管理，针对AI芯片的高功耗特性，主动与被动手段调节芯片温度，确保其在适宜的工作温度下稳定运行。这不仅有助于降低功耗，提升芯片性能，还能有效延长芯片的使用寿命。

2.2.1.2 以主要技术领域中的关键技术细分技术分支

（1）封装架构中的关键架构

跨越"存储墙"的核心架构：先进封装架构通过超紧密集成处理器与存储器，显著缩短数据传输路径，降低延迟与能耗。台积电等行业领军企业推出的3D封装架构，如将高带宽存储器（HBM）直接堆叠于处理器之上，实现近存计算，有效应对"存储墙"挑战。FO、2.5D及3D封装架构进一步推动存算融合，实现数据即时处理，消除数据移动带来的延迟与能耗。

突破"面积墙"的核心架构：2.5D和3D封装架构通过芯粒垂直堆叠，在不扩大单个芯片面积的前提下，显著提升整体计算能力。赛灵思的FPGA、英伟达的A100及苹果的M1 Ultra芯片均采用2.5D架构，HBM则为3D封装的典型应用，均成功跨越"面积墙"。

消除"功能墙"的核心架构：FO、2.5D及3D封装架构通过多芯片异质集成和模块化设计提供有效途径。台积电InFO_SoW（集成扇出型晶圆上系统）基于FO架构，实现多颗优质晶粒、供电、散热模块及连接器的集成。英特尔EMIB（嵌入式多芯片互连桥接）技术基于2.5D架构，已应用于Agilex FPGA和Direct RF FPGA等产品，提供灵活的芯片间局部高密度互连。

综上，FO、2.5D及3D封装架构作为解决AI芯片"四重高墙"困境的关键技术，正引领着封装技术的革新与发展。课题组也将上述架构作为深入研究的关键分支。

（2）关键架构依赖的核心工艺

封装工艺是支撑封装架构的基石，直接影响封装架构的设计。同时，封装工艺的不断进步也为封装架构的创新开辟了新路径，每种先进的封装架构都依赖于特定的核心工艺。RDL 技术、TSV 技术、键合技术及凸点技术是 FO、2.5D 及 3D 先进封装架构实现高密度、高性能封装的关键。本书将上述技术作为封装工艺一级分支下的二级分支进行深入研究。

FO 架构的核心工艺：FO 架构的核心在于将 RDL 与凸点技术巧妙结合，实现扇出布线。关于 RDL：通过 RDL，芯片的 I/O 触点被重新布局至更宽松的区域，形成面阵列，降低封装与表面贴装的难度，是 FO 封装实现高密度 I/O 连接的关键。关于凸点：利用高精密曝光、离子处理、电镀等设备与材料，在晶圆上实现重布线，提升端口密度，缩短信号路径，减少延迟。凸点作为芯片间精确对接与电气连接的重要手段，其尺寸不断缩小，材料日益多样化，如焊料凸点、铜凸点等。

2.5D 架构的核心工艺：2.5D 架构将多个裸芯片精确置于中介层上，通过凸点、RDL 及 TSV 技术实现高速互连与短距离通信。其中，TSV 技术尤为关键，它通过硅片打孔并填充导电材料，实现低电阻、低电容、低电感的垂直电气连接，显著提升信号传输速度与稳定性。

3D 架构的核心工艺：3D 架构通过垂直堆叠多个芯片实现三维集成。其核心工艺涵盖凸点、TSV 及键合技术。其中，键合技术尤为值得关注，它使多层芯片或晶圆紧密堆叠，形成高度集成的三维结构。

（3）以热管理中的关键技术作为技术分支

随着 AI 芯片技术的持续演进，热管理技术面临着日益严峻的挑战。为满足不同应用场景下对散热效率、成本控制及结构复杂性的多样化需求，AI 芯片先进封装热管理技术被划分为主动热管理与被动热管理两大分支。

主动热管理通过引入外部动力设备，如液体冷却系统，强化流体流动，从而高效移除热量。在 AI 芯片封装中，主动散热以其高效性、高稳定性和广泛的适用性脱颖而出。相反，被动热管理则依靠材料自身的导热性能和环境温度差异实现散热，无需额外动力支持。在 AI 芯片封装领域，被动热管理因成本低廉、结构紧凑而备受青睐。

2.2.2 以产业问题导向开展纵横结合研究

AI 芯片先进封装产业作为半导体行业中一个蓬勃发展的细分领域，对其产业特点及所面临问题的系统梳理，对于深化课题研究、提升研究质量具有重要意义。国内该产业在发展过程中主要遭遇了以下几方面的挑战。

在产业技术层面，关键技术遭受封锁，亟待取得突破性进展。这一现状不仅制约了产业的技术创新步伐，也对整体产业升级构成了不小的障碍。

在产业发展层面，关键技术的融合协同应用呼唤更加紧密的产业合作。产业内部尚未形成充分有效的技术协同机制，一定程度上阻碍了技术优势的充分发挥和产业链的整体优化。此外，人才培养力量的相对薄弱也是一个制约产业发展的重要因素。随着产业技术的不断革新和市场竞争的日益激烈，对高素质、专业化人才的需求愈发迫切，而现有的人才培养体系尚难以满足这一需求，从而制约了产业的持续健康发展。

针对上述产业特点与问题,开展具有针对性的特色专利分析,不仅能够为产业技术创新提供有力支撑,还能够为产业合作与人才培养提供有益的参考和借鉴,进而为 AI 芯片先进封装产业的持续、健康发展贡献重要力量。

2.2.2.1 立足产业关键技术攻关　开展纵向定量分析

课题组聚焦产业关键技术攻关的核心任务,以推动各技术分支的创新发展为目标,对各技术分支实施纵向定量分析。

纵向定量分析的核心在于,通过剖析专利数据,揭示技术演进的内在逻辑、未来趋势及潜在的创新契机,从而为技术革新与突破提供坚实的理论与数据支撑。

课题组针对突破技术封锁的紧迫目标,规划了纵向定量分析的具体内容与框架,追溯了各技术领域的历史发展脉络,预测了未来技术的可能走向,评估了技术的成熟度水平,并精准识别了技术空白区域或热点领域。这一系列举措旨在解决技术分支的发展瓶颈与封锁壁垒,加速推动国内关键技术的自主突破与升级。

具体地,课题组针对各个技术分支分析的目标规划的研究内容如图 2-2-2 所示。

封装架构方面:解决架构设计中的知识产权壁垒问题。深入剖析 FO、2.5D 及 3D 架构,包括内埋式扇出、面板级扇出、集成式扇出等多种 FO 架构变体,以及桥接、嵌入、双面、单面等多种 2.5D 架构类型,还有封装-封装、芯片-芯片等 3D 架构形式,以期找到突破知识产权壁垒的有效途径。

封装工艺方面:解决关键工艺技术突破的问题。针对 TSV 高精度制造工艺的挑战,特别是国内蚀刻机在精度、稳定性和效率上的不足导致的热可靠性和电可靠性问题,深入研究了填充材料、应力缓冲、通孔形状等提升热可靠性的技术手段,并探讨了博世工艺和非博世工艺等增强电可靠性的方法,以期提高 TSV 制造工艺的精度和可靠性;在解决键合节距微细化难题方面,广泛探讨了混合键合、金属键合和介质键合等多种方案,以期找到实现键合节距微细化的最佳途径;针对凸点高质量制备的挑战,详细分析了焊料凸点、铜凸点和铜柱凸点等制备技术,以期提高凸点的制备质量和性能;为解决 RDL 高密度布线的挑战,深入研究了 RDL 的制备方法、结构设计与配置优化,以期提高 RDL 的布线密度和可靠性。

热管理方面:解决提散热效能低的问题。全面分析了主动热管理中的流道与热电制冷技术,以及被动热管理中的热沉、凸点、金属层、通孔、热界面层和黏胶等关键要素,以期找到实现高效热管理的最佳方案。

2.2.2.2 立足产业协调发展　开展横向定性分析

(1) 对封装平台分析,解决技术融合协同问题

先进封装平台作为连接芯片设计、制造及封装等多个关键环节的桥梁,其成功构建不仅要求各项核心技术的紧密整合,还需确保产业链上下游企业间的高效协作与联动机制。AI 芯片领域的领军企业凭借其独特的封装平台,已在架构创新、工艺优化及热管理领域构建了深度的技术融合协同体系。这一协同机制不仅显著增强了 AI 芯片的性能表现与可靠性,更为后续的技术迭代与长期发展奠定了坚实的基石。

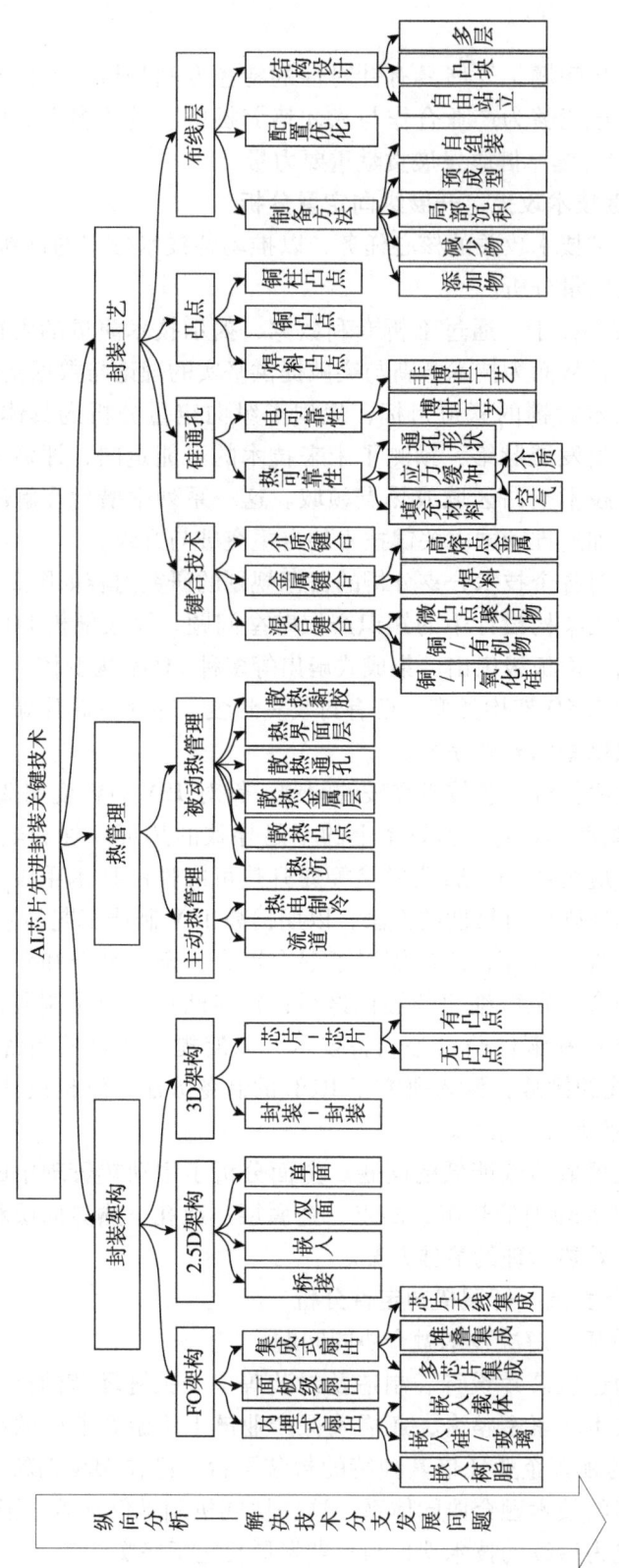

图 2-2-2 纵向定量分析技术分支

课题组聚焦于技术融合协同的核心挑战，通过全面横向定性分析主流企业的 AI 芯片先进封装平台，精准识别出支撑这些平台运行的关键核心技术专利。在此基础上，进一步梳理主流企业依据关键核心技术专利布局的架构、工艺和热管理的外围专利，分析核心架构技术、核心工艺技术与热管理技术之间的融合协同关系，并深入剖析了核心技术的发展历程及其相关的专利布局，揭示了主流企业的技术融合协同发展策略。

课题组通过这一系列横向定性分析，如图 2-2-3 所示，旨在为国内封装产业的技术融合提供有益指导，助力产业实现更高水平的协同发展。

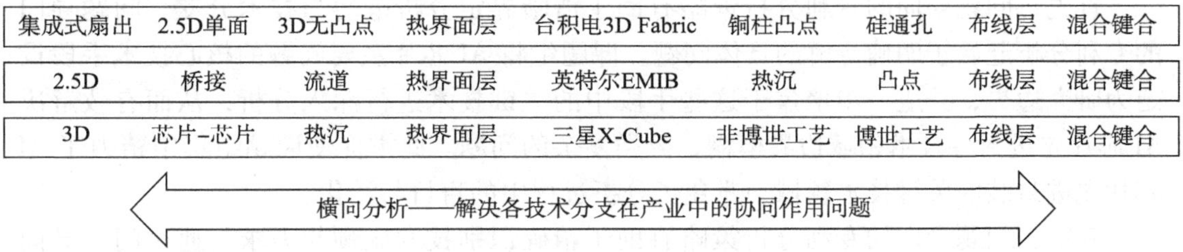

集成式扇出	2.5D单面	3D无凸点	热界面层	台积电3D Fabric	铜柱凸点	硅通孔	布线层	混合键合
2.5D	桥接	流道	热界面层	英特尔EMIB	热沉	凸点	布线层	混合键合
3D	芯片–芯片	热沉	热界面层	三星X-Cube	非博世工艺	博世工艺	布线层	混合键合

⟵ 横向分析——解决各技术分支在产业中的协同作用问题 ⟶

图 2-2-3　横向定量分析

（2）对专利创新团队与合作关系分析，解决人才培养问题

专利合作关系与专利创新团队对解决 AI 芯片先进封装产业人才培养问题至关重要。

专利合作关系是衡量创新主体合作紧密度的关键指标，它能揭示先进封装领域"产学研"合作实况及潜在的人才培养路径。在专利合作网络中，发明人与专利权人通过联合研发构建联系，此网络不仅体现合作的存在，还映射出合作的强度与广度。在我国 AI 芯片先进封装领域，高校、研究机构与企业间已经形成了一定规模的专利合作网络，展现了"产学研"合作的现状与未来趋势。

课题组对此网络进行分析，有助于精准定位关键合作节点与潜在伙伴，强化"产学研"联动，开辟"产教"融合新通道。具体作用包含以下几个方面：有助于加速知识共享与交流，为人才提供丰富的实践机会与学习资源，解决 AI 芯片先进封装领域人才培养的滞后问题；有助于促进人才流动与成长，吸引更多优秀人才投身技术研发与成果转化；有助于高校科研人才接触前沿技术与市场动态，拓宽视野，提升综合素质与竞争力。

专利创新团队不仅是技术创新的源泉，也是人才培养的基石。团队的技术成果与专利在推广运用中促进了技术传承与扩散，对产业人才培养起到了关键作用。

课题组通过对国内重要专利创新团队进行分析，揭示了"产学研"合作与人才培养的潜在路径，助力"产学研教＋知识产权"合作模式的拓展。

2.3 特色分析的优势

2.3.1 问题导向的优势

课题组实施问题导向的专利分析策略。这是一种高效且具有针对性的方法，核心在于围绕特定的技术与产业问题，深入解析专利信息。此方法具备目标明确、定位精确及高效执行等多重优势。

首先，问题导向的专利分析策略有助于清晰界定分析范畴与技术分支。问题导向的专利分析起始于明确待解的具体问题。课题组将 AI 芯片主要问题的核心技术手段设定为研究边界，并进一步聚焦于这些手段中的关键技术进行深入分析，从而有效解决 AI 芯片先进封装技术领域边界模糊、分类复杂的问题。此举促使课题组集中精力于 AI 芯片先进封装的关键技术领域，避免了分析过程中的盲目与泛化。

其次，问题导向的专利分析策略有助于精确识别技术瓶颈与需求。通过问题导向的专利分析，课题组能够深入挖掘 AI 芯片先进封装领域内的技术障碍，包括但不限于解决架构设计中的知识产权壁垒、TSV 高精度制造工艺难题、键合节距微细化挑战、凸点高质量制备问题、RDL 高密度布线难题以及散热性能问题等。这些瓶颈的识别为后续技术研发提供了清晰的方向与目标。

最后，问题导向的专利分析策略有助于提高分析效率与准确性。通过减少不必要的分析工作，该策略使课题组能够集中资源于关键问题与技术领域，从而更准确地评估不同技术方案的优劣与可行性。问题导向不仅提升了课题组的分析效率，也增强了分析的准确性。

2.3.2 纵横结合分析的优势

本书通过结合纵向定量分析与横向定性分析的方法，实现了两种分析手段的优势互补。纵向定量分析在核心技术攻关与专利风险预警方面展现出强大的能力，而横向定性分析则在揭示技术融合协同关系、把握行业发展规律、挖掘产学研信息及培养产业人才方面独具特色。

纵横结合的分析法，有助于精确且系统地把握技术发展趋势，为技术攻关提供坚实的支持。

课题组通过深入纵向技术分支，运用数理统计和科学计量手段，对大量专利数据进行定量研究，精准描绘了 46 个技术领域的发展轨迹。这不仅清晰展现了各技术分支在不同时间段的发展趋势，包括技术的兴起、成熟与衰退，还准确预测了技术发展的未来走向，为企业制定技术战略提供了科学依据，有力推动了国内关键技术的突破。同时，纵向定量分析还能有效揭示竞争态势，为产业发展提供预警。通过专利数量、增长率、引文数量等量化指标，课题组全面比较了不同企业、不同创新国家或地区的技术实力和竞争态势。这不仅帮助国内企业和产业了解竞争对手的技术实力、研发重点和市场策略，还通过分析国际巨头如三星、英特尔、台积电等的专利布局，识别潜在的技术和市场风险，为风险管理和应对提供了有力支持。

此外，课题组通过全面的横向定性分析，揭示技术分支间的融合协同关系和产学研合作关系。

对先进封装平台涉及的专利技术进行横向定性分析，清晰展示了关键架构、关键工艺及热管理技术分支间的内在联系和协同作用。这不仅为我国申请人把握 AI 芯片先进封装技术的协同发展特点提供了借鉴，也为构建全球领先的 AI 芯片先进封装平台奠定了坚实基础。

课题组通过横向定性分析，整合了不同产学研主体的专利信息，揭示了产学研合作的热点和趋势。这不仅有助于挖掘合作的潜力和空间，还为产业人才的培养提供了方向性指导。此外，还对专利发明人的深入分析，为构建"产学研教＋知识产权"合作新生态、推进教育科技人才体制机制改革提供了宝贵建议。

第3章 AI芯片先进封装专利全景分析

本章针对涉及 AI 芯片先进封装技术领域的整体专利技术进行了分析，以呈现全球及主要国家或地区在该领域方面的发展情况。在技术分支分析中，主要涉及一级技术分支，对于二级及以上技术分支，则将在后续章节中进行详细、深入的分析。本章还分析了主要国家或地区的创新能力以及专利技术的市场保护能力，以便展示全球竞争格局。针对创新主体，主要分析了全球主要申请人的相关专利申请总量以及历年申请量的变化情况等，以便了解全球范围内主要申请人专利申请量的迁移情况。

3.1 全球创新态势分析

3.1.1 申请态势分析

图 3-1-1 揭示了全球 AI 芯片先进封装专利申请量的趋势，该领域的技术积累历经多个阶段。AI 芯片先进封装专利申请的发展可大致划分为以下三个阶段：

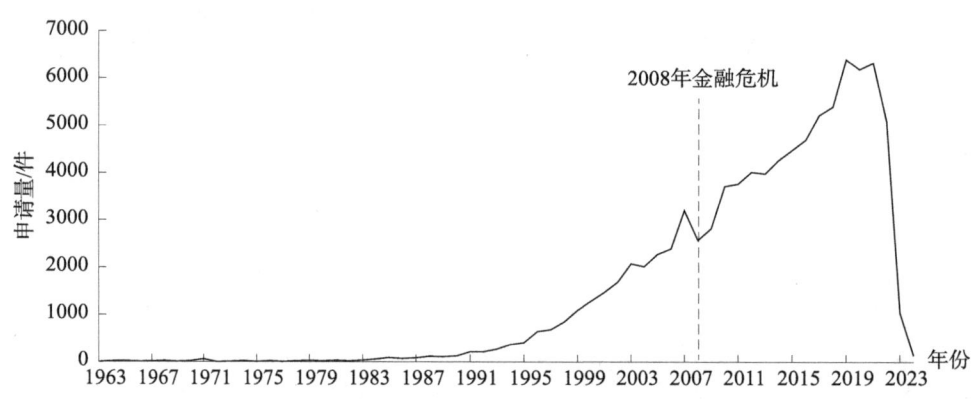

图 3-1-1 全球 AI 芯片先进封装专利申请量趋势

第一阶段：技术萌芽期（1990 年以前）

在此阶段，适用于 AI 芯片先进封装的专利数量较少，到了 1988 年专利申请量才突破 100 件。此时，AI 芯片先进封装技术尚处于萌芽阶段，主要采用传统的双列直插式封装（DIP）等针脚插装技术，难以满足高效自动化生产的需求。随后，小外形封装（SOP）和四方扁平封装（QFP）等引线贴装技术逐渐兴起，提高了封装密度并减小了体积。❶

---

❶ 田文超，谢昊伦，陈源明，等. 人工智能芯片先进封装技术 [J]. 电子与封装，2024，24（1）：17-29.

第二阶段：快速增长期（1991—2008 年）

20 世纪 90 年代，栅格阵列封装（LGA）和球栅阵列封装（BGA）等新型阵列封装产品相继问世，大幅降低了工艺难度和生产成本，并推动了下游组装企业生产效率的提高。❶ 随着这些技术的出现，AI 芯片先进封装专利的年申请量进入快速增长期，1999 年突破 1000 件；2000 年后，先进封装技术从二维向三维发展，并出现了晶圆级封装技术。2003 年全球专利申请量突破 2000 件，2007 年突破 3000 件。然而，受 2008 年金融危机影响，当年专利申请总量有所下降。

第三阶段：加速增长期（2009 年至今）

自 2009 年以来，随着全球经济的复苏，AI 芯片先进封装专利的全球申请量持续上升，且增速加快。2019 年，专利申请量已突破 6000 件。ChatGPT 等 AI 模型的推出进一步推动了 AI 芯片先进封装市场的发展，该领域的专利申请量预计将持续增长。在"后摩尔时代"，先进封装已成为推动半导体产业发展的关键技术之一。❷ 2024 年，台积电、英特尔和三星等企业正加大投入，推动了 AI 芯片先进封装技术的研发和应用。需要注意的是，2023 年后的申请量下降可能与专利数据公开不完整有关，需综合其他信息进行分析判断。

3.1.2 技术构成态势分析

图 3-1-2 展示了全球 AI 芯片先进封装各技术分支专利申请量的历年占比及总量占比情况。从中可见，关键工艺技术的起始时间较早，可追溯至 1963 年，且其专利总量占比高达 50%，显示出该领域的深厚技术积累。然而，由于关键工艺历经长时间发展，早期专利占比显著，技术已相对成熟，1998 年以来，其专利申请占比呈现下降趋势。

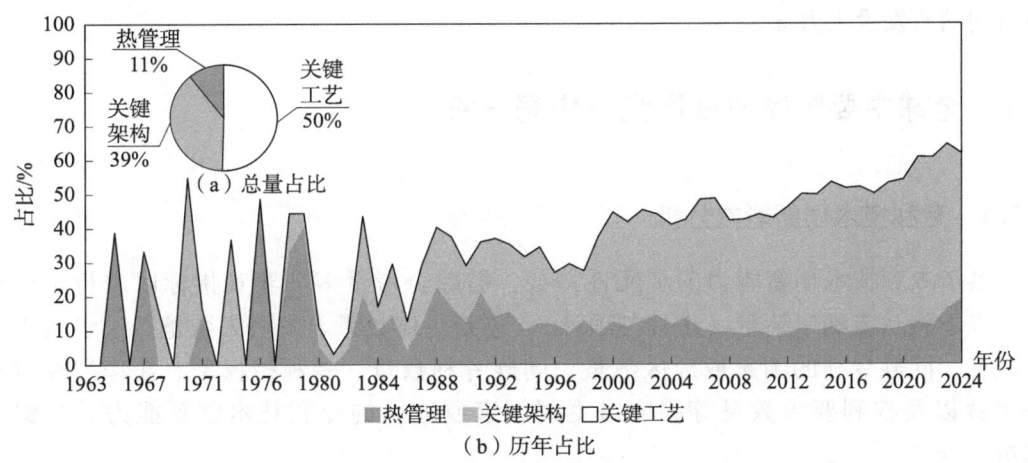

图 3-1-2 全球 AI 芯片先进封装各技术分支专利申请量历年占比和总量占比

---

❶ 曹立强，侯峰泽，王启东，等. 先进封装技术的发展与机遇［J］. 前瞻科技，2022，1（3）：101-114.

❷ 袁渊，张志模，朱媛，等. 基于硅桥芯片互连的芯粒集成技术研究进展［J］. 微电子学，2024，54（2）：255-263.

热管理技术专利最早出现于 1965 年，其历年专利申请量占比相对平稳，自 1992 年以来基本维持在总申请量的 10%。这表明热管理一直是研究关注的重点方向之一，但相较于关键工艺和关键架构，其热度略低。

关键架构技术专利则最早出现于 1968 年。近 20 年来，关键架构日益受到重视，其专利申请量历年占比持续攀升。特别是在 2015 年之后，关键架构专利的年度申请量已超越总申请量的 50%，并呈现出进一步增长的趋势。截至 2024 年，关键架构的总申请量已占全部申请量的 39%，预计在未来几年内，其总申请量占比将超过 50%。这一趋势主要归因于 AI 芯片对算力的需求日益提升，而关键架构对 AI 芯片性能的提升具有显著作用，因此人们愈发重视关键架构的改进与优化。

3.1.3 小　结

全球 AI 芯片先进封装专利的发展热度正持续攀升，其中生成式人工智能的兴起进一步加速了该领域专利的发展步伐。

从历史角度看，关键工艺相关专利的出现时间较早，早期专利占比相对较高。然而，1998 年以来随着技术迭代和市场变化，关键工艺专利的占比逐渐减小。相比之下，热管理相关专利自 2000 年以来发展较为平稳，其年申请量基本保持在 AI 芯片先进封装专利年申请量的 10%。

值得注意的是，关键架构相关专利虽然出现时间相对较晚，但其年占比却持续上升。2015 年之后，关键架构相关专利的年申请量已经超过 AI 芯片先进封装专利年申请量的一半，成为全球重点布局的技术方向。鉴于关键架构对芯片性能具有显著提升作用，且 AI 领域对芯片性能的需求日益高涨，因此应当重视关键架构的发展，并加大在该方向的研发投入力度。

3.2　全球主要国家或地区竞争格局分析

3.2.1　专利技术创新能力分析

鉴于专利技术创新能力的多元性特征，需综合考量多项客观指标以进行全面评估。以下将从专利申请量（按件与项计）、创新主体数量、发明人数量、引证与被引证数量、同族专利的国家或地区数量、同族专利数量、专利授权率、在华授权专利的字数以及权利要求数量等维度对主要国家或地区的专利技术创新能力进行深入剖析。

专利申请量，作为衡量国家或地区创新能力的重要指标，直接反映了其创新活动的活跃程度。专利申请量的增长，通常预示着科技领域投入的加大和创新产出的增多。其中，专利申请量（按件计）更侧重于体现市场热度，而专利申请量（按项计）则更能凸显创新能力，因为同一项创新可能包含多项在不同国家或地区申请的专利，尽管其发明内容大致相同。

创新主体，涵盖企业、高校及科研院所等，是推动科技创新的核心力量。创新主体数量的增加，促进了知识、技术、人才等创新要素的流动与共享，加速了产学研深度融合，推动了科技成果的快速转化与应用。

发明人，作为科技创新的直接参与者和贡献者，其数量与质量直接影响着科技创新的层次与成效。发明人数量的增加，反映了国家或地区在科技创新人才培养与引进方面的显著成果。

在统一审查标准下，引证数量的多少，体现了与该专利相关的现有技术丰富程度，增加了其被应用的可能性。而被引证数量，则能直观反映专利的重要性。高被引证专利往往标志着技术领域内的重大创新或突破性进展，其技术方案、设计思路或创新点被后续研究者广泛认可并作为研究基础，因此频繁被引用。这些专利极有可能成为基础性或核心关键技术。

同族专利的国家或地区数量及同族专利数量越高，表明该专利对专利权人的重要性越大，技术保护越完善，市场价值也越高。同时，同族专利的国家或地区数量还能反映专利布局的广泛程度。

专利授权率，即成功获得专利权的申请数量占总申请数量的比例，其高低直接反映了专利的质量及创新主体的创新能力。

此外，专利授权时的字数与权利要求数量同样重要。权利要求字数越少，限定的特征通常越少，保护范围则越大；权利要求数量越多，专利技术的覆盖范围更广，能够针对技术创新的多个层面提供保护，从而增强了专利的整体价值。

如图3-2-1所示，中国、美国、日本、韩国这四个国家在AI芯片先进封装专利申请量上呈现出显著优势，其专利合计占比已逾全球总量的90%。以下将聚焦于这四个国家的专利状况进行深入剖析。

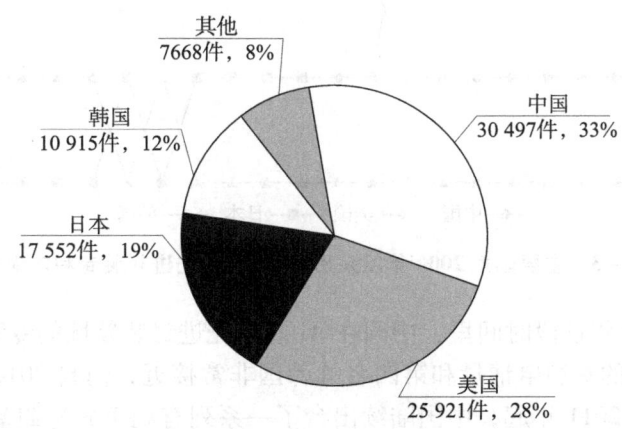

图3-2-1　全球主要国家或地区AI芯片先进封装专利申请量占比

具体而言，中国与美国的专利申请量分别位居全球第一、第二，占比分别为33%与28%。两者专利申请量之和已超过全球总量的半数，充分彰显了AI芯片先进封装技术的高度集聚性。

(1) 专利申请量对比分析

图 3-2-2 与图 3-2-3 分别展示了自 2000 年以来主要国家 AI 芯片先进封装专利申请量的趋势以及历年排名情况。

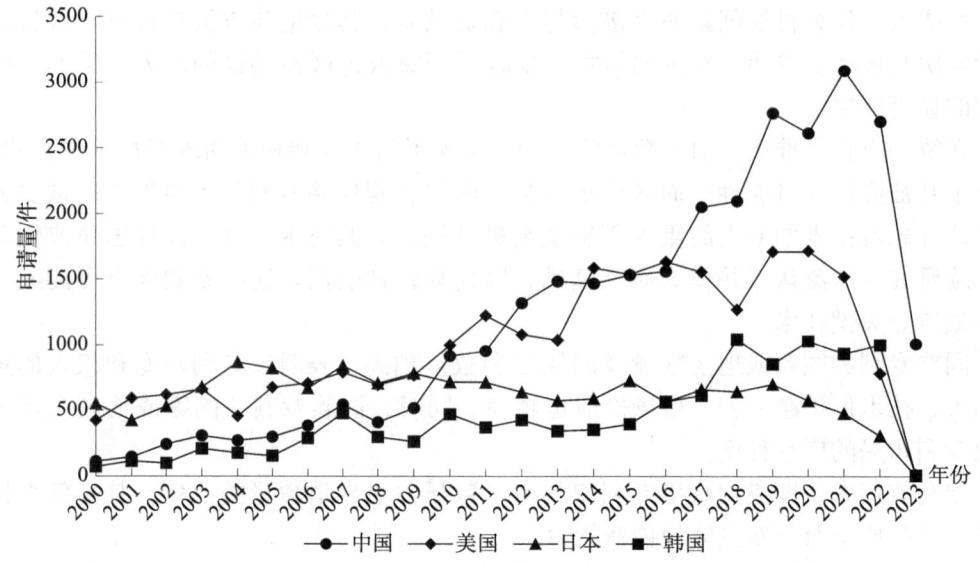

图 3-2-2　主要国家 2000 年以来 AI 芯片先进封装专利申请量趋势

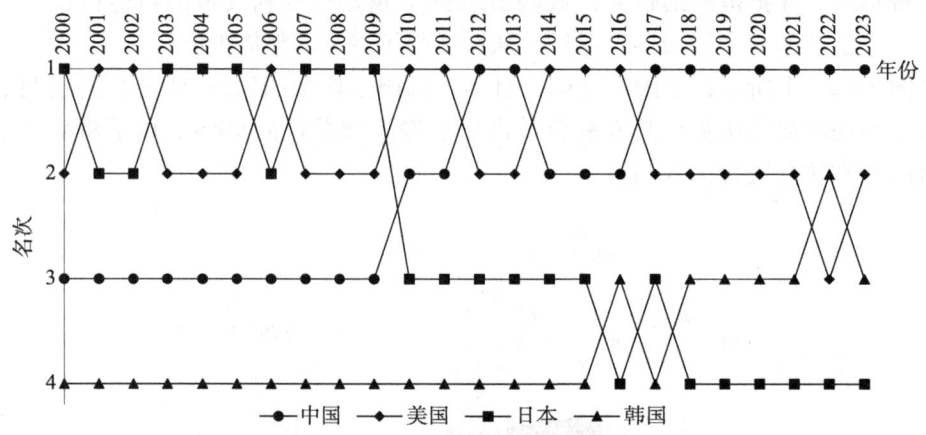

图 3-2-3　主要国家 2000 年以来历年 AI 芯片先进封装专利申请量排名

在 2000—2009 年这段时间里，中国在 AI 芯片先进封装领域的专利申请量一直排名在第三，中国每年的专利申请量和第四名的韩国非常接近，但自 2010 年以来，其年申请量增长迅猛。自 2011 年起，中国陆续出台了一系列有利于先进封装技术发展的政策措施。得益于这些政策的推动，2012 年，中国的专利申请量首次达到全球第一。在随后的几年时间里，中国的专利申请量排名在第一名与第二名之间波动。

2018 年，中美贸易争端正式拉开序幕，美国时任总统特朗普指示美国贸易代表对中国进口商品加征关税。同年 4 月，美国商务部宣布未来七年内禁止向中兴通讯出售任何电子技术和通信元件。这一系列事件引发了业界对中国芯片产业机会的广泛关注。

在政策引导与市场需求的双重驱动下,芯片行业在中国迅速升温。2018 年以后,中国的专利申请量已稳居全球首位,并且和世界第二名的差距有增大的趋势,充分展示了其在 AI 芯片先进封装领域的强劲发展势头。

自 2000 年以来,美国的专利申请量排名几乎一直维持在第一和第二的位置,可见美国在 AI 芯片先进封装领域也有着重要的影响力。而日本的专利申请量排名趋势则在不断地下降,其在 2000 年时专利申请量还在第一名;而 2018 年之后,其专利申请量排名始终维持在第四名。

图 3-2-4 呈现了主要国家自 2000 年以来 AI 芯片先进封装专利申请量趋势,图 3-2-5 则展示了主要国家 2000 年以来 AI 芯片先进封装专利申请量占比。从图中可以清晰看出,自 2017 年以来,中国的专利申请量显著高于其他国家。就 2000 年以来的专利总申请量而言,中国的专利申请量占比高达 48%,且 2016 年以来其专利申请量增速较快。美国的专利申请量占比为 22%,日本和韩国的总专利申请量比较接近,占比分别为 16% 和 14%。

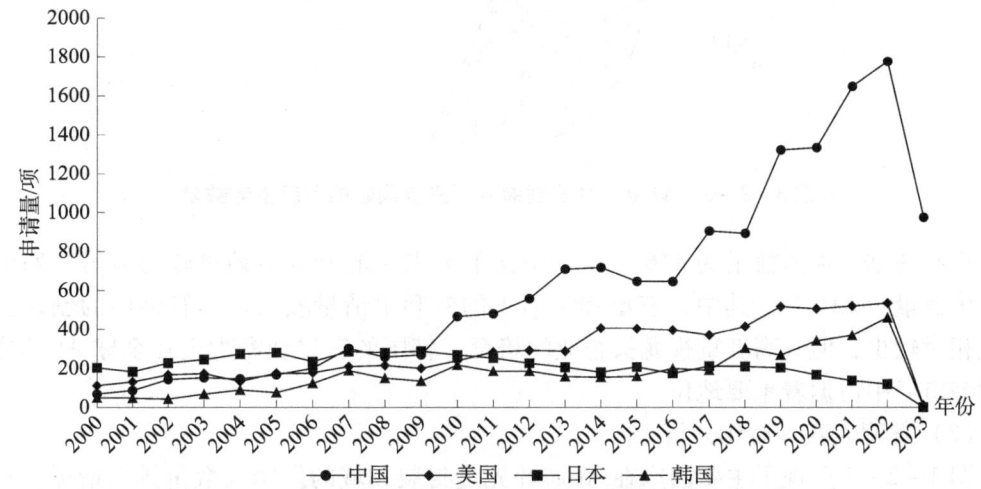

图 3-2-4 主要国家 2000 年以来 AI 芯片先进封装专利申请量趋势

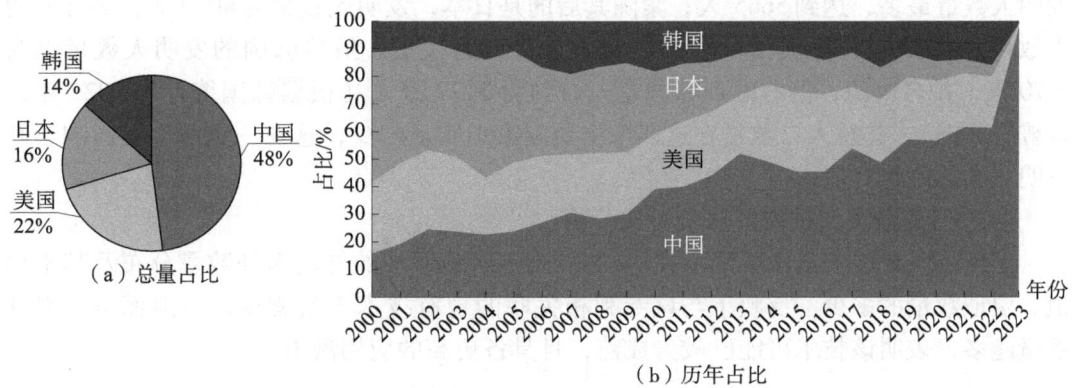

图 3-2-5 主要国家 2000 年以来 AI 芯片先进封装专利申请量占比

虽然中国的专利总量占优,但仍需要警惕其他国家形成专利联盟。一旦其他主要国家形成专利联盟,那么中国的专利优势将不再那么明显。

(2) 创新主体数量对比分析

图3-2-6展示了主要国家在AI芯片先进封装领域的创新主体数量情况。从图中可见,中国、美国、日本、韩国的创新主体数量分别位居第一至第四。具体而言,中国的创新主体数量为1344个,数量最多,占比为44%,其中台积电和日月光的专利申请量较大。美国的创新主体数量达到1050个,占比为35%,其中英特尔与IBM的专利申请量尤为突出。中国与美国的创新主体数量均相当可观,明显高于其他国家。

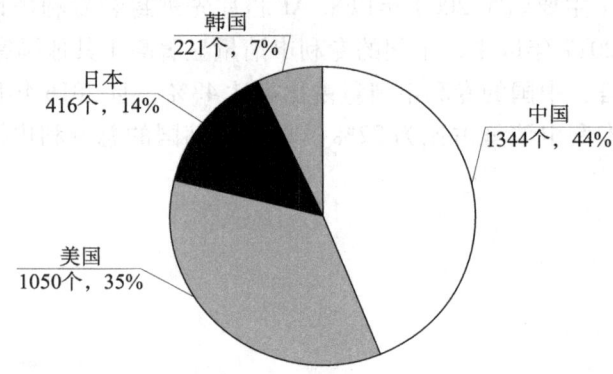

图3-2-6　AI芯片先进封装专利主要国家的创新主体数量

日本的创新主体数量为416个,其中松下与东芝的专利申请量较为显著。韩国创新主体数量为221个,其中,三星和海力士的专利申请量较大。尽管韩国的创新主体数量相对较少,但其高度重视龙头企业的培育,韩国的三星和海力士在全球AI芯片先进封装市场中占据着重要地位。

(3) 发明人数量对比分析

图3-2-7呈现了主要国家在AI芯片先进封装领域的发明人数量排名情况。从图中可见,中国、日本、美国、韩国的发明人数量分别位居第一至第四。其中,中国的发明人数量最多,达到5665人;紧随其后的是日本,发明人数量为4090人;美国发明人数量为4073人,美国和日本的发明人数量极为接近。虽然韩国的发明人数量仅为1970人,排名第四,但考虑到韩国总人口约为5177万人(根据韩国统计局2023年人口普查数据),其总人口数量在这四个主要国家中明显较少,这在一定程度上影响了其发明人数量的绝对值。

(4) 引证数量和被引证数量对比分析

图3-2-8展示了主要国家在AI芯片先进封装领域的专利引证数量分布及其平均值。引证数量的多少,反映了与该专利相关联的现有技术丰富程度。一般而言,引证数量越多,表明该技术可能已较为成熟,且具备更高的应用潜力。

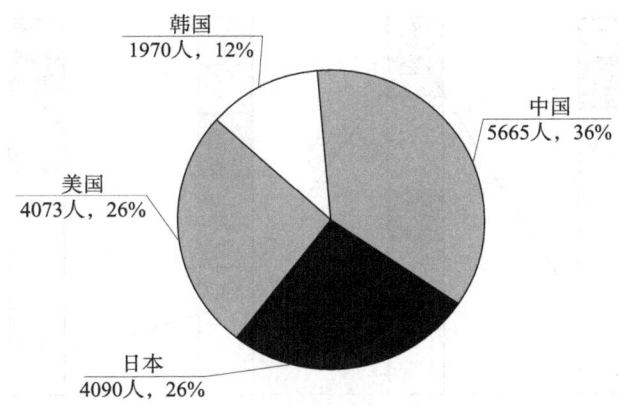

图 3-2-7 AI 芯片先进封装专利主要国家的发明人数量

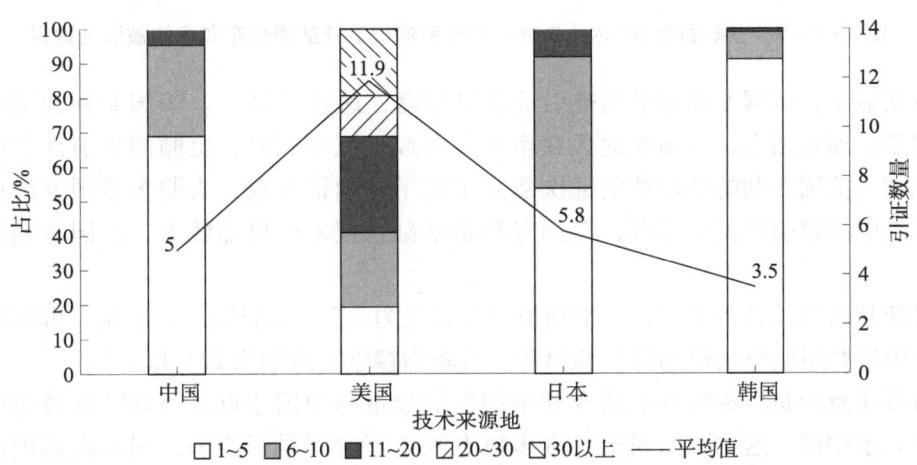

图 3-2-8 主要国家 AI 芯片先进封装专利的引证数量分布和平均引证数量

从图中数据可见，美国专利的平均引证数量位居首位，高达 11.9。尤为突出的是，美国专利中引证数量超过 30 的占比达到了 20%，而其他国家的专利在此区间内的占比则微乎其微。

韩国的专利平均引证数量相对较低，专利平均引证数量为 3.5，且专利引证数量大多集中在 1~5 的区间内。中国与日本的专利平均引证数量较为接近，分别为 5 和 5.8。尽管这两者的专利引证数量也主要分布在 1~5 的区间，但引证数量在 9~10 的专利占比亦较多，因此二者的专利平均引证数量高于韩国。

图 3-2-9 展示了主要国家在 AI 芯片先进封装领域专利的被引证数量分布及其平均值。被引证数量的高低，反映了专利在审查过程中受到的关注度及其与其他专利的关联性，高被引证专利往往蕴含着基础性技术和核心关键技术，因此应给予重点关注。

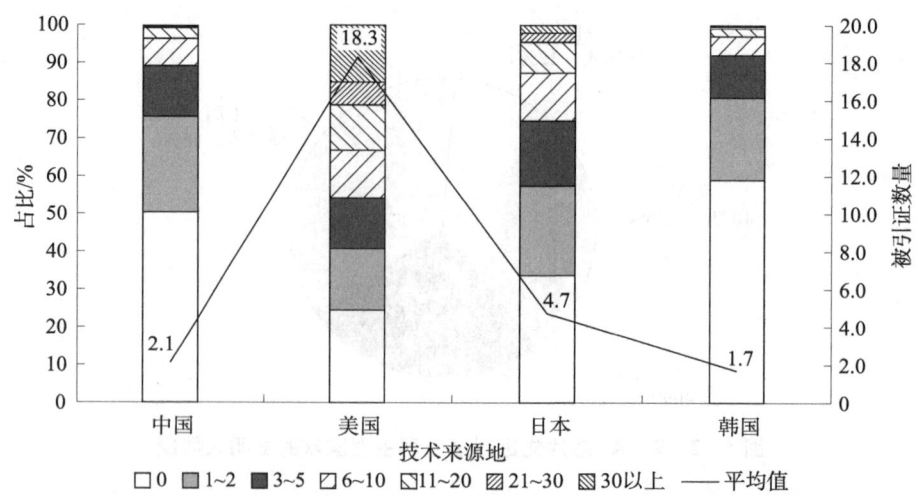

图3-2-9 主要国家AI芯片先进封装专利的被引证数量分布和平均被引证数量

数据显示，美国专利的平均被引证数量最高，达到了18.3。美国专利的引证数量本身较多。通常而言，一国或地区在审查本国或地区专利时，更倾向于引证本国或地区的专利。美国专利的平均被引证次数高于其平均引证次数，表明多数国家或地区在专利审查中频繁引证美国专利，美国专利是基础性技术的可能较大，美国专利的价值较高。

紧随其后的是日本专利，其平均被引证数量为4.7，位居第二。中国、韩国的专利平均被引证数量则分别位列第三和第四，且较为接近，分别为2.1和1.7。

值得注意的是，尽管日本的专利平均引证数量与中国相近，但其平均被引证数量却明显高于中国。这主要归因于日本多数专利申请时间早于中国，因此在基础性技术的掌握上更具优势。

（5）同族国家数量及同族数量对比分析

专利同族是指基于相同优先权文件，在不同国家或地区多次申请且内容相同或基本相同的专利文献集合。此类专利布局能够拓宽创新主体在全球市场的商业机遇，增强其国际竞争力。

表3-2-1对比了主要国家或地区专利同族的分布国家或地区数量（不含世界知识产权组织登记的专利）。数据显示，中国67.63%的专利同族仅布局于单一国家或地区，26.88%的专利同族布局于2~3个国家或地区，而布局于4个及以上国家或地区的专利数量较少，平均每个专利同族涉及的国家或地区数量为1.6。

表3-2-1 主要国家或地区AI芯片先进封装专利同族分布国家或地区数量对比

技术来源地	同族国家或地区数量					
	1	2~3	4~5	6~7	8及以上	平均值
中国	67.63%	26.88%	4.99%	0.49%	0.01%	1.6

续表

技术来源地	同族国家或地区数量					
	1	2~3	4~5	6~7	8及以上	平均值
美国	52.10%	23.89%	14.81%	7.49%	1.72%	2.7
日本	47.23%	29.54%	18.50%	4.35%	0.39%	2.4
韩国	28.56%	55.94%	14.57%	0.81%	0.12%	2.3

美国52.10%的专利同族布局于单一国家或地区，23.89%的专利同族布局于2~3个国家或地区，平均值为2.7；日本47.23%的专利同族布局于单一国家或地区，29.54%的专利同族布局于2~3个国家或地区，平均值为2.4；韩国28.56%的专利同族布局于单一国家或地区，55.94%的专利同族布局于2~3个国家或地区，平均值为2.3。

通常情况下，专利在单一国家或地区布局时，首选为本国或本地区；当布局于2个及以上国家或地区时，则必然包含了本国或本地区以外的市场。由此可见，韩国是重要的技术输出地，其大量专利同族布局于2~3个国家或地区。美国和日本的专利同族分布相似，约半数专利仅布局于单一国家或地区，20%以上布局于2~3个国家或地区，且各有10%以上布局于4~5个国家或地区。当专利布局于4个及以上国家或地区时，通常能覆盖主要市场，此类专利往往是创新主体的核心专利。

值得注意的是，美国还有一定数量的专利同族布局于6个及以上国家或地区，在布局8个及以上国家或地区的专利方面，美国具有明显优势。相比之下，中国在多个国家或地区布局的专利比例较低，反映出中国创新主体在海外专利布局的意识相对薄弱。

表3-2-2呈现了主要国家或地区AI芯片先进封装专利同族数量的对比情况。从表中数据可见，中国专利同族数量为1的占比高达62.47%，同族数量为2~4的占比则为31.62%。尽管中国有67.63%的专利同族仅布局于单一国家或地区，但同族数量为1的专利仅占全部专利的62.47%，这表明中国的部分专利在同一国家或地区内会存在多个同族专利。

表3-2-2 主要国家或地区AI芯片先进封装专利同族数量对比

技术来源地	同族数量					
	1	2~4	5~7	8~10	10及以上	平均值
中国	62.47%	31.62%	0.91%	4.84%	0.16%	1.9
美国	38.08%	44.14%	7.73%	6.65%	3.40%	3.9
日本	48.92%	39.47%	2.92%	7.70%	1.00%	3.0
韩国	27.50%	65.57%	0.41%	6.41%	0.12%	2.7

相比之下，美国专利同族数量为1的占比为38.08%，同族数量为2~4的占比为44.14%，平均值为3.9，美国专利的平均同族数量最多。日本专利同族数量为1的占比为48.92%，同族数量为2~4的占比为39.47%。而韩国专利同族数量为1的占比为27.50%，同族数量为2~4的占比则达到65.57%。

综合来看，中国相较于其他国家或地区，专利同族数量偏少。在主要国家或地区中，韩国更擅长采用同族专利的方式进行布局，其专利同族数量大于1的专利占比为72.50%，是主要国家或地区中占比最高的。此外，专利同族分布国家或地区数量与专利同族数量之间存在高度相关性，即专利同族分布的国家或地区数量越多，专利同族数量也相应越多。

（6）专利授权情况对比分析

图3-2-10揭示了AI芯片先进封装技术主要国家的专利授权状况。其中，中国的专利授权率最高，达到了80.7%，位居榜首。美国紧随其后，专利授权率为80.3%，排名第二。韩国则以76.5%的授权率位列第三。而日本的专利授权率在主要国家或地区中最低，仅为71.4%。在结案授权专利数量方面，中国独占鳌头，数量最多。美国紧随其后，排名第二。日本位列第三，韩国第四。

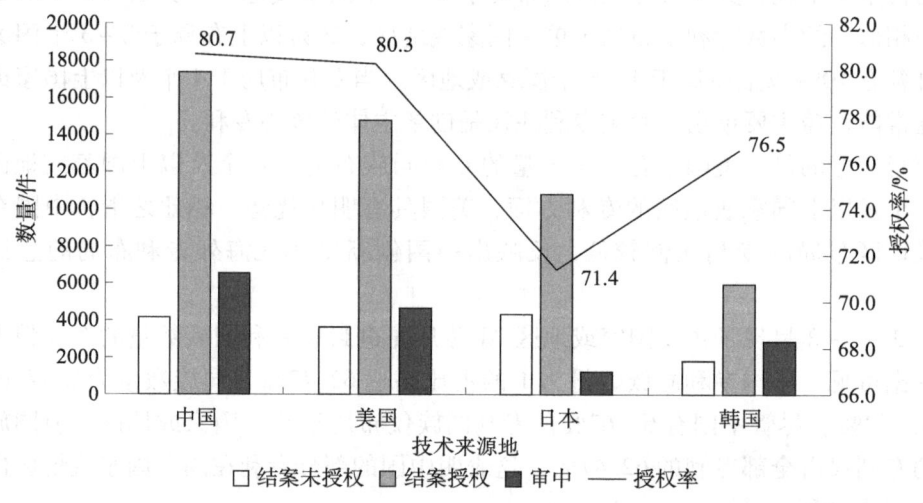

图3-2-10 AI芯片先进封装技术主要国家专利授权情况

此外，值得注意的是，中国和美国尚有较多未结案的专利，而日本的未结案专利数量最少，这在一定程度上反映了近年来日本专利申请量相对减少。

（7）在华授权专利分析

图3-2-11呈现了在华授权专利的首项权利要求字数分布情况及其平均首权字数。数据显示，授权专利的首项权利要求字数主要集中在201~300字区间，其次是101~200字区间。在主要国家或地区中，美国的平均首项权利要求字数最少，仅为263字；而韩国的平均字数最高，达到307字。针对在华授权专利数量前十名申请人，其授权专利首项权利要求的平均字数为262字，相对而言字数较少。

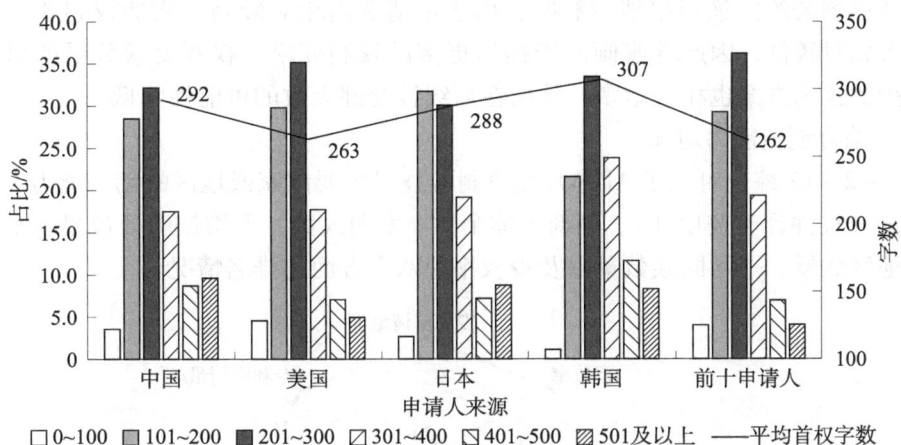

图 3-2-11　在华授权专利的首项权利要求字数分布及平均首权字数

申请人倾向于采用精简描述、更少的技术特征的方式，旨在避免未来在侵权认定时产生争议，并期望获得更广泛的保护范围。一般而言，权利要求字数越少，其保护范围较大的可能性越高。

图 3-2-12 描绘了在华授权专利的权利要求数量分布及其平均值。数据显示，中国的平均权利要求数量最少，仅为 11 个，且有 46% 的专利在授权时权利要求数量不足 10 个。相比之下，美国的平均权利要求数量最多，达到 20 个。此外，前十位申请人的授权专利平均权利要求数量也达到 17 个，处于较高水平。

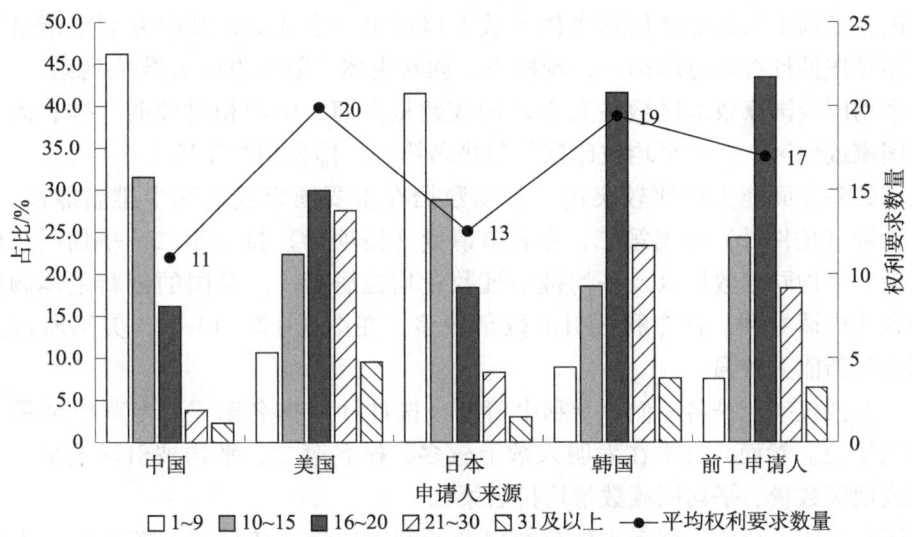

图 3-2-12　在华授权专利的权利要求数量分布和平均权利要求数量

部分中国企业可能基于成本控制等因素，在申请专利时倾向于将权利要求数量控制在 10 个以内。在答复审查意见并修改权利要求的过程中，还可能存在合并权利要求的情况，导致最终大部分专利在授权时权利要求数量少于 10 个。而海外申请人通过

PCT或《巴黎公约》途径申请专利时，由于申请费用相对较高，增加权利要求所占的费用比例相对较低，因此普遍倾向于提出更多的权利要求。权利要求数量的增多意味着所保护的技术方案也相应增多，从而在后续被全部无效的可能性降低。

（8）综合创造能力对比

图3-2-13综合对比了AI芯片先进封装技术主要国家或地区的创新能力，涵盖专利申请量（按件计、按项计）、创新主体个数、发明人数、平均被引证数量、平均同族国家或地区数量、平均同族数量以及授权率等八个方面的排名情况。

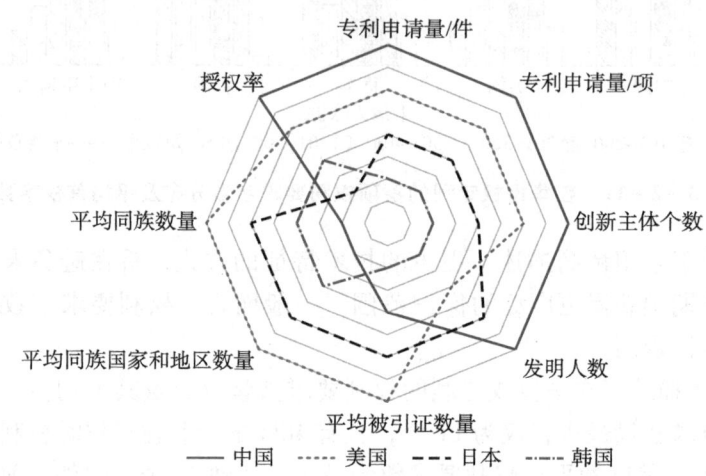

图3-2-13 AI芯片先进封装技术主要国家或地区创新能力综合对比

中国在专利申请总量和创新主体个数上展现出一定优势，其中专利申请量无论是按项计还是按件计都是位居第一，授权率、创新主体个数和发明人数位列第一。然而，在专利平均同族国家或地区数量及平均同族数量方面，中国相对较弱，排名落后于其他主要国家或地区；专利平均被印证数量排名第三，排名相对靠后。

美国的各方面能力均比较突出，各项数据在主要国家或地区中排名靠前。其中，专利申请量（按件计）排名第二，专利申请量（按项计）排名第二，平均同族国家或地区数量、平均同族数量以及平均被引证数量均位居第一。美国的创新主体倾向于通过同族方式申请专利，且专利被引证数量较多。在图3-2-13中，美国所占面积较大，综合创新能力较强。

日本在授权率上排名最低，专利申请量（按件计）排名第三，专利申请量（按项计）排名第三。然而，日本在发明人数上较多，排名第二。平均被引证数量、平均同族国家或地区数量、平均同族数量均排名第二。

韩国在发明人个数、创新主体个数以及专利申请量（按件计、按项计）上相对较少，均排名垫底。但韩国的授权率、平均同族数量和平均同族国家或地区数量相对较高，均别排名第三。在图3-2-13中，韩国所占面积较小，综合能力相对较弱。

3.2.2 专利技术市场保护分析

（1）专利布局地域分析

图3-2-14揭示了AI芯片先进封装技术主要国家或地区的专利布局情况。中国的大部分专利流向了中国本土和美国。全球范围内，流向美国的专利数量最多，主要国家或地区均有较高比例的专利流向美国，显示出各主要国家或地区对美国市场的高度重视。日本的专利主要流向日本、美国和中国。韩国的专利则主要流向韩国、美国和中国。

图3-2-14　AI芯片先进封装技术主要国家或地区专利布局

美国以其庞大的市场和消费能力，吸引了众多国家或地区在其境内进行大量的专利布局，数量位居榜首。这一现象主要归因于以下几点。

首先，美国作为全球经济体量最大的国家，拥有广阔的市场空间和强劲的消费潜力，对众多企业而言，美国市场是其产品和技术的重要销售地或潜在增长点。因此，在美国进行专利布局成为保护其商业利益、防范技术侵权的关键举措。其次，众多跨国公司在美国设立研发中心或分支机构，便于与当地企业、高校及研究机构开展深度合作，进一步推动美国专利布局的热度。最后，美国专利布局也是企业全球战略的重要组成部分。通过在美国获得专利保护，企业能够为其全球业务拓展、国际竞争奠定坚实基础，并在商业谈判、合作及市场竞争中占据有利地位。

除美国外，中国也吸引了大量专利布局，在中国布局的专利数量位居第二。中国作为世界第二大经济体，经济发展迅速。劳动力资源丰富，为经济发展提供了强大支撑。自1978年改革开放以来，中国经济持续快速增长，虽然中国仍是发展中国家，但技术实力不断提升，逐步成为世界制造和出口中心。海外企业在中国设立分公司或生产基地，能够显著降低生产成本，增强市场竞争力。为保护其商业利益，这些企业纷纷在中国布局专利，以防范技术被模仿或侵权。同时，中国作为重要消费市场，具有巨大潜力。海外企业通过专利布局，有助于巩固和扩大其在中国市场的份额，提升品牌影响力和市场地位。

此外，主要国家或地区在日本、韩国及欧洲的专利布局数量也分别位列第三、第四和第五。专利布局数量的多少，反映了各主要国家或地区市场对全球的吸引力。总体来看，美国和中国是最受关注的市场。

（2）专利布局技术领域分析

图3-2-15呈现了AI芯片先进封装技术主要国家或地区的技术构成情况。从图3-2-15中可见，主要国家或地区在热管理领域的专利布局均为最少。中国和美国在关键工艺和关键架构的专利布局比例上相近，关键工艺的专利占比约50%，关键架构的专利占比约40%。

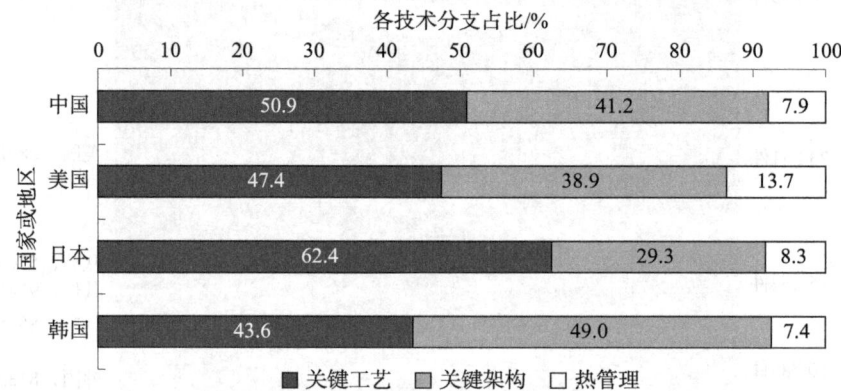

图3-2-15　AI芯片先进封装技术主要国家或地区技术构成

日本在关键工艺专利的布局上较为突出，占比为62.4%；而关键架构专利的布局相对较少，占比为29.3%，这与其半导体行业早期兴盛而晚期衰落的背景有关，关键架构技术的发展相对滞后。美国、日本、中国的关键工艺专利申请量均超过关键架构专利申请量。相比之下，韩国的关键架构专利占比高达49.0%，是主要国家或地区中占比最高的，显示出韩国相较于其他主要国家或地区，更加重视关键架构的专利布局。美国在热管理布局的专利比例相对较多，占比达到13.7%，在主要国家或地区中是占比最高的。

（3）中国专利布局分析

图3-2-16展现了AI芯片先进封装技术中国专利的布局概况。数据显示，中国专利主要集中于本土，占比高达58%。在海外国家或地区的布局专利占总量的42%，其中美国是中国专利海外布局的重点，约为海外布局专利数量的81%。中国在日本、韩国及欧洲也有专利布局，但数量相对较少。

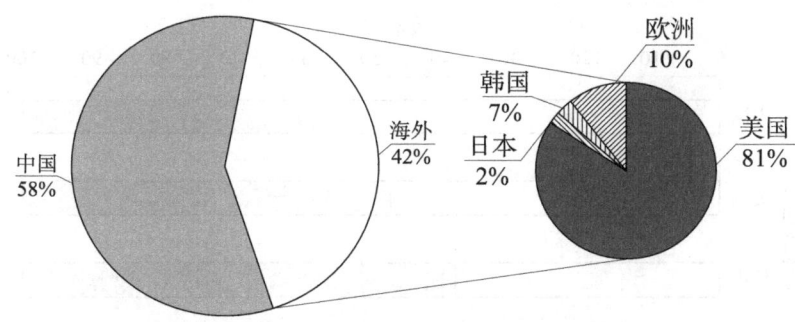

图 3-2-16　AI 芯片先进封装技术中国专利布局情况

早在 2000 年，中国政府便提出了"走出去"战略，旨在推动企业国际化发展。2012 年，财政部发布《资助向国外申请专利专项资金管理办法》，有效激发了中国企业海外专利布局的积极性与能力。2014 年 12 月，国务院印发的《深入实施国家知识产权战略行动计划（2014—2020 年）》明确提出，要加强海外知识产权维权援助机制建设，鼓励企业组建知识产权海外维权联盟，并在当地及时获得知识产权保护。同时，引导知识产权服务机构提升海外事务处理能力，为企业国际化提供专业支撑。这充分显示出中国政府对海外专利布局的日益重视。

图 3-2-17 反映了中国历年来的 AI 芯片先进封装技术海外专利布局情况，而图 3-2-18 则对比了主要国家或地区在海外专利布局的情况。在政策推动下，中国企业的海外专利布局能力显著提升，众多企业在国际市场上获得专利授权，增强了国际竞争力。中国海外专利申请量基本呈逐年上升的趋势，海外专利占比基本维持在 35%～55% 的范围内。而图 3-2-18 则显示，中国在海外的专利布局数量占比为 42%，除中国外，其他主要国家或地区的海外专利布局占比均在 50% 以上，可见中国的海外专利布局能力相对较弱。

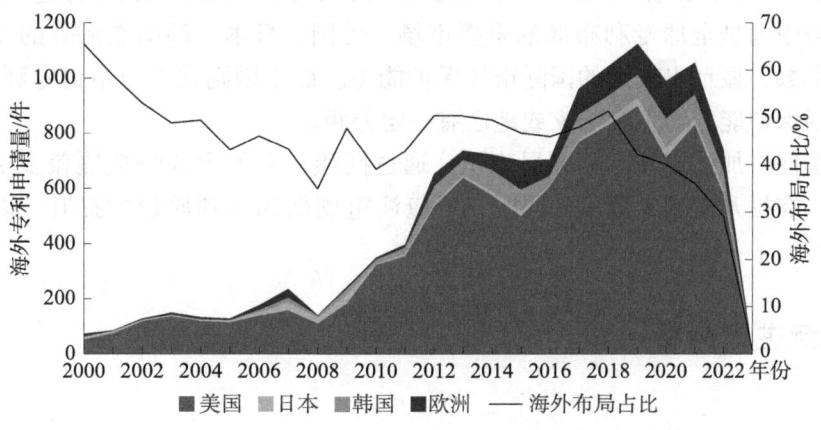

图 3-2-17　AI 芯片先进封装技术中国历年海外布局情况

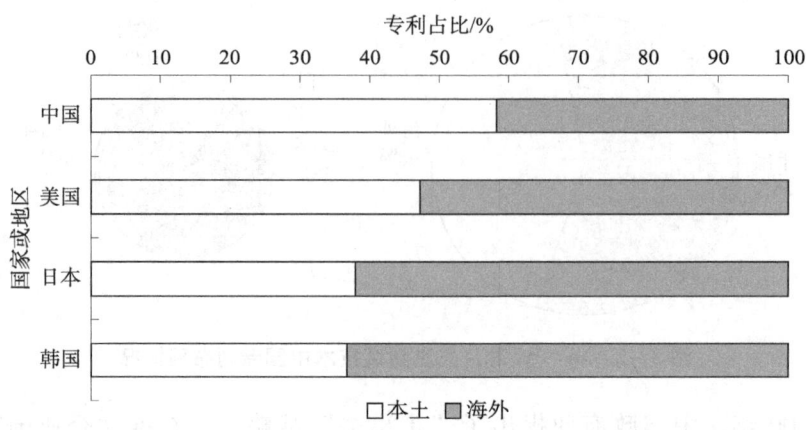

图3-2-18 AI芯片先进封装技术主要国家或地区海外布局情况

此外，中国企业还通过并购等方式扩大规模、丰富专利布局，如长电科技并购新加坡星科金朋，华天并购马来西亚Unisem，通富微电并购AMD封测业务子公司等。面对全球知识产权竞争的加剧，中国政府将持续强化知识产权保护和运用，推动更多企业"走出去"布局海外专利。同时，加强与国际社会的合作与交流，共同推动全球知识产权规则的完善与发展。

3.2.3 小 结

中国拥有众多创新主体，其专利申请量位居前列。在主要国家或地区中，中国的授权率、创新主体个数和发明人数位列第一。然而，在专利平均同族国家或地区数量及平均同族数量方面，中国相对较弱，排名落后于其他主要国家或地区。此外，中国授权专利的平均首权字数相对较多，而权利要求个数则相对较少。这表明尽管近年来中国的专利申请量显著增加，创新活跃度高，但在创造质量和专利质量方面仍有待进一步提升。

美国与中国是全球专利布局的重要市场。美国、日本、韩国在海外的专利布局比例均超过半数，显示出较强的国际市场保护能力。而中国则在本土申请专利数量较多，其海外市场保护能力与主要国家或地区有一定差距。

中国企业应加强海外专利布局意识，通过同族专利的方式快速覆盖多个国家或地区。此外，在提升专利申请量的同时，更应注重创新和专利质量的提升，以增强国际竞争力。

3.3 创新主体分析

3.3.1 创新主体概况

（1）全球概况

图3-3-1（见文前彩色插图第1页）展示了AI芯片先进封装技术全球专利申请

量排名前50名的创新主体分布情况。据图所示，在前50名中，中国占据20家，日本占据18家，美国8家，韩国2家，新加坡和德国各有1家。这些创新主体共提交了超过2.2万项专利申请，凸显了该领域的激烈竞争态势。

中国的上榜企业最多，其中台积电的专利申请量最多，达到了2948项，明显高于中国的其他企业。另外，华为、盛合晶微、通富微电、长电科技等创新主体近年来崭露头角，展现出较强的发展潜力，其中盛合晶微、通富微电、长电科技的专利申请量已跻身全球前十。

在美国上榜的8家企业中，有3家进入全球前十，分别是英特尔、IBM和美光，体现了美国在先进封装领域的技术储备和研发实力。此外，美国企业在前50名中分布均匀，显示了其在封装领域专利布局的深度和广度，对保障产业链安全具有积极作用。

传统芯片强国日本上榜企业多达18家，其中松下、东芝、富士通等表现突出，申请量在400项以上；另有2家企业申请量超过300项，4家企业超过200项，9家企业超过100项，显示出日本在先进封装领域的深厚底蕴。

韩国上榜的两家企业三星和海力士均位列全球专利申请量前十，三星位居全球第二，展现出强大的竞争力。在韩国，三星和海力士呈现出"双雄并立"的格局。

此外，全球专利申请量前50名中还包括新加坡的星科金朋和德国的英飞凌。星科金朋在新加坡、美国、韩国设有研发中心，在中国、美国、马来西亚、泰国等地设有生产基地；英飞凌作为全球领先的制造商，总部位于德国，拥有大量的分支机构和生产基地。

（2）中国概况

图3-3-2展示了中国在先进封装领域的主要企业及科研院所的专利申请情况。数据显示，高校/科研院所的申请量显著低于企业，反映出先进封装领域的专利申请主要由企业主导，这与其显著的工业应用性密切相关。为便于深入分析，本书将中国的主要创新主体分为企业和高校/科研院所两类进行阐述。在中国企业方面，先进封装领域专利申请量排名前十的依次为台积电、日月光、通富微电、盛合晶微、长电科技、华进、力成科技、中芯国际、矽品精密、华天。同时，中国高校/科研院所在先进封装领域也贡献了一定的专利申请量，如中国科学院、中电五十八所、清华大学、北京大学、复旦大学等。

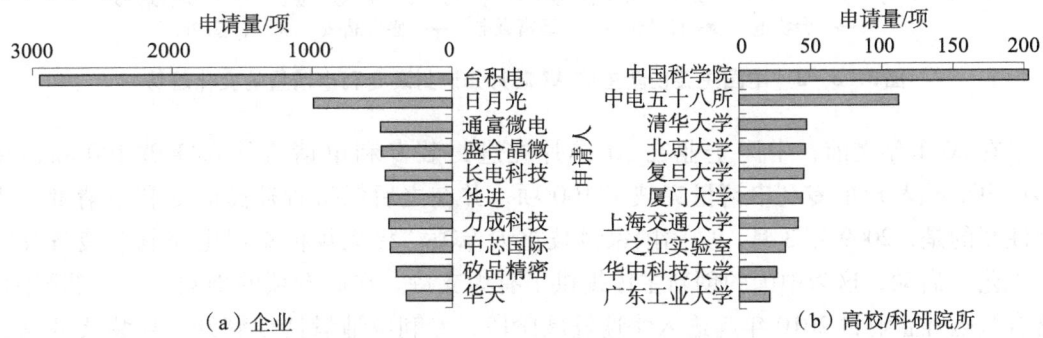

图3-3-2 中国在先进封装领域的主要企业及科研院所的专利申请情况

1987年，台积电公司创始人提出"设计—制造—封装—测试"产业链分离的理念，并开创了"代工"模式，即芯片制造企业承接设计公司的代工业务，专注于芯片制造。这与日本企业坚持的垂直整合制造模式截然不同，"世界先进技术＋中国代工制造"的模式迅速革命了整个行业，台积电也成长为全球最大的芯片制造企业之一。尤其在先进封装领域，台积电取得了显著进展，开发了3D封装技术，并在整合芯片封装和晶圆堆叠晶圆等技术上取得重大突破，成为该领域申请量最大的头部企业。除了台积电和日月光以外，中国大部分企业进入先进封装领域的时间相对较短，呈现出齐头并进的态势。另外，专利保护意识尚需提升，无论是代工生产还是自主研发，对创新成果的及时保护均需加强。

在高校/科研院所中，中国科学院和中电五十八所在申请量上具有显著优势，彰显了其在封装技术方面的研发实力。作为创新高地，高校和科研院所呈现出多点开花的局面，为中国先进封装技术的发展提供了丰富的人才和技术储备。这与中国发展半导体产业的坚定决心、对高校半导体科研工作的大力扶持以及高校芯片实验室实力的稳步提升紧密相关。然而，整体上，高校/科研院所在申请数量上仍与企业存在差距，这主要归因于企业拥有更充足的经费、产品已实现商业化以及更强的知识产权保护需求。

图3-3-3呈现了中国主要创新主体在AI芯片先进封装领域专利申请量的变化趋势。尽管中国的先进封装企业起步较晚，多数尚处于新兴发展阶段，但它们在投资力度、发展速度及产能配置上均展现出强劲的增长势头，涌现出一批在AI芯片先进封装领域取得显著进步的企业。

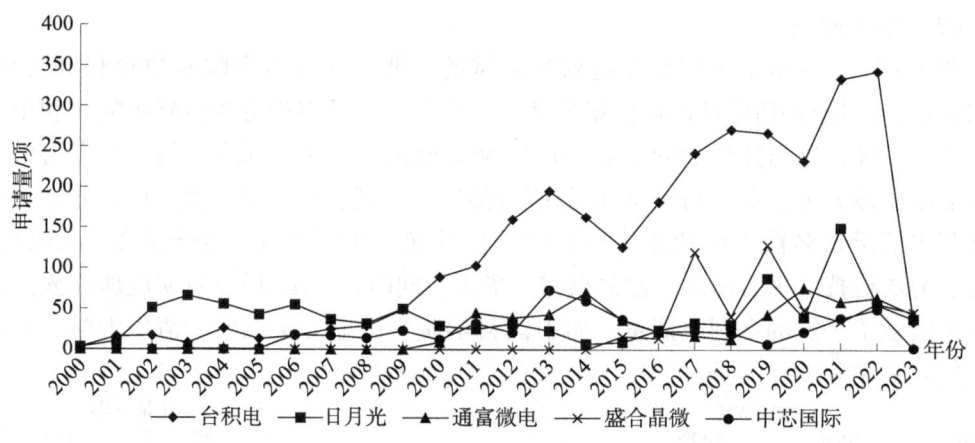

图3-3-3　中国主要创新主体AI芯片先进封装专利申请量的变化趋势

在2011年之前，中国企业在AI芯片先进封装专利申请量均未突破100项，在2011年，台积电的专利申请量突破了100项，并在之后保持着较高的专利申请量。值得注意的是，2009年3月，中国国家科技重大专项"极大规模集成电路制造装备及成套工艺"启动，这为中国的创新主体提供了有力支持。在此专项的推动下，中芯国际、盛合微电等企业自2010年起进入快速发展阶段，专利申请量持续攀升，封装技术也取得了显著提升。以通富微电为例，该公司已掌握全球领先的CPU/GPU量产封测技术。

(3) 海外概况

图3-3-4展示了海外主要创新主体在AI芯片先进封装领域专利申请量的变化趋势。自集成电路诞生以来，美国的IBM在先进封装领域起步最早，于1963年便开始了相关专利申请，成为该领域的先行者。然而，在随后的60年间，IBM每年的专利申请量均未超过50项。尤为值得关注的是，自2015年起，韩国、日本领军企业在该领域的专利申请进入快速增长阶段；而IBM的专利申请量却未有明显提升，反而略有下降，呈现出起步早、发展平稳但后期增长乏力的特点。

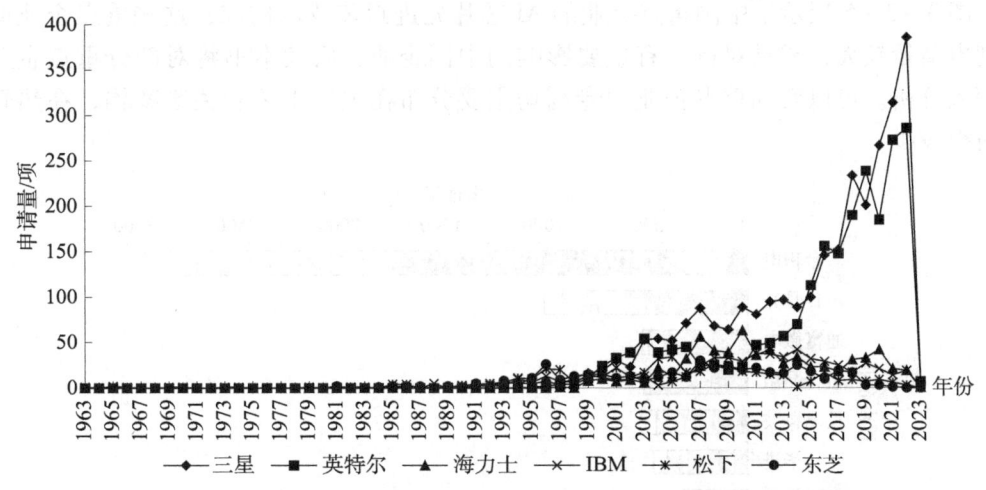

图3-3-4　海外主要创新主体AI芯片先进封装专利申请量变化趋势

1976年，基于日本的超大规模集成电路计划，芯片制造业首次发生产业转移。日本提出VLSI计划，以美国IBM为对标对象，组织松下、东芝、富士通等芯片公司开展集中研发与合作研究，形成垂直整合制造模式。至1980年，日本在芯片领域取得丰硕成果，专利申请量达到1000项，松下、东芝也紧随IBM之后，成为最早布局先进封装领域的企业之一。然而，随后受日本国内政策和美国制裁的影响，尽管松下、东芝等日本头部企业长期以来积累了一定的技术和实力，但并未持续高速发展，2010年以来，日本企业在先进封装领域的专利申请量均未超过20项，呈现出短暂崛起后快速进入停滞期的态势。

相较于日本，韩国企业起步虽晚，但得到了美国的大力援助。1986年，韩国实施"超大规模集成电路技术共同开发计划"。该计划与日本VLSI计划相似，由政府牵头并承担部分费用，组织本国芯片企业联合研发。在日本集成电路产业受制裁后，韩国企业抓住机遇，在美国市场上抢占了日本企业的份额，三星、海力士等企业得以迅速成长。得益于稳健的发展模式，三星的专利申请量一直保持在较高水平。

总体来看，除日本松下、东芝外，其他海外主要创新主体的专利申请量基本呈逐年增长趋势。自2015年起，美国的英特尔和韩国的三星的专利申请量开始飞速增长，二者势均力敌，交替领先。

3.3.2 中国创新主体类型分析

（1）重点企业

企业在中国AI芯片先进封装领域扮演着至关重要的角色。多数该领域的重点企业已完成上市，台积电和日月光在美国完成上市，通富微电和中芯国际在中国上市，但仍有部分企业如盛合晶微、华为、华进等尚未上市。截至2024年5月，江苏省在该行业内拥有最多的上市企业，其中包括长电科技和通富微电这两家中国代表性的AI芯片先进封装企业。

图3-3-5展示了中国重点企业的AI芯片先进封装技术构成，这些重点企业或是专利申请量较大，或是对行业有重要影响的中国企业，后续本书将对部分重点企业进行深入分析。可以看到重点企业的专利均主要分布在关键工艺和关键架构，在热管理分布得较少。

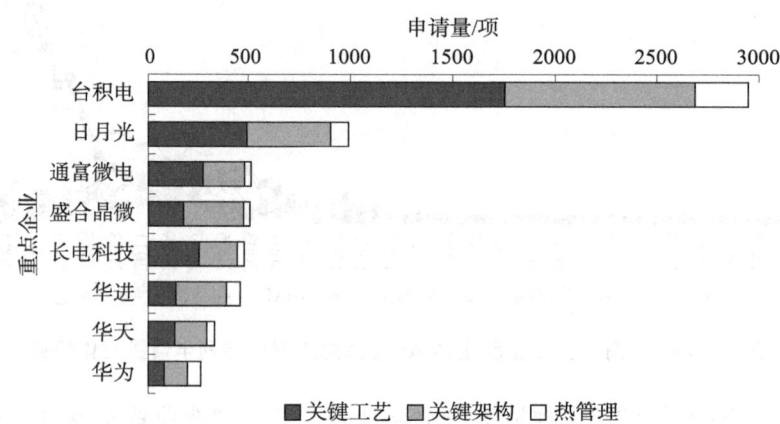

图3-3-5 AI芯片先进封装技术中国重点企业专利技术布局

（2）"专精特新"企业

"专精特新"企业是指具备"专业化、精细化、特色化、新颖化"特质的中小型企业。图3-3-6呈现了中国"专精特新"企业在AI芯片先进封装领域的专利技术布局情况。尽管在专利申请数量上相对较低，但作为该领域的新生力量，大量涌现的"专精特新"企业在不同技术分支上的布局，既彰显了其精细化与特色化的特点，也反映出其所蕴含的蓬勃生机与活力。

以晶方半导体为例，作为一家专注于封装业务的"专精特新"企业，晶方半导体已具备8英寸及12英寸晶圆级芯片尺寸封装技术的规模化量产能力，在其主营业务领域内展现出了较强的竞争力。

3.3.2.3 高校/科研院所

图3-3-7展现了中国高校/科研院所在AI芯片先进封装领域的专利技术布局情况。专利作为技术转移与成果转化的重要媒介，扮演着举足轻重的角色。借助专利许可、转让等手段，高校/科研院所能够将科研成果有效转化为实际生产力，进而推动产业升级与经济发展。

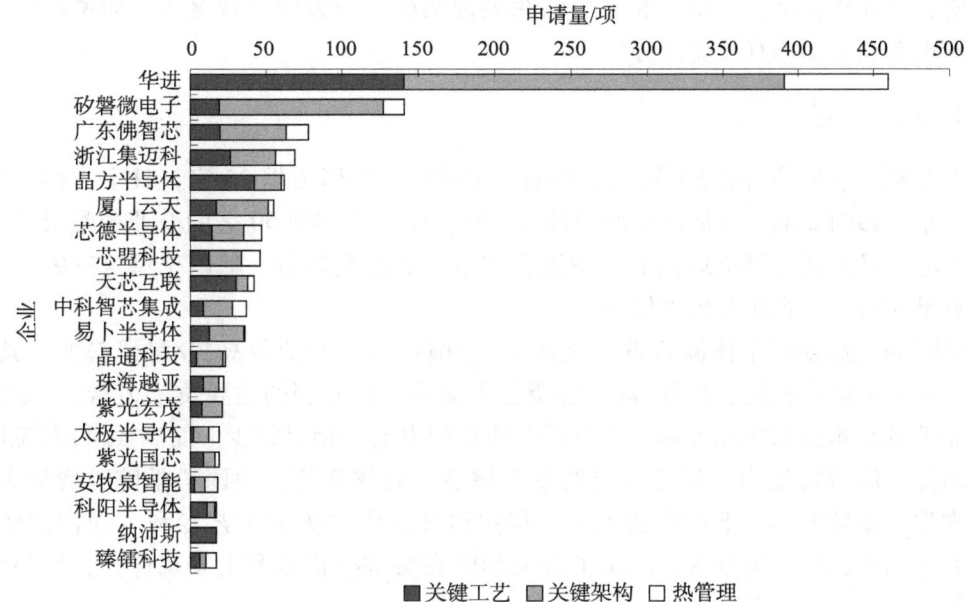

图3-3-6 中国"专精特新"企业AI芯片先进封装企业专利技术布局

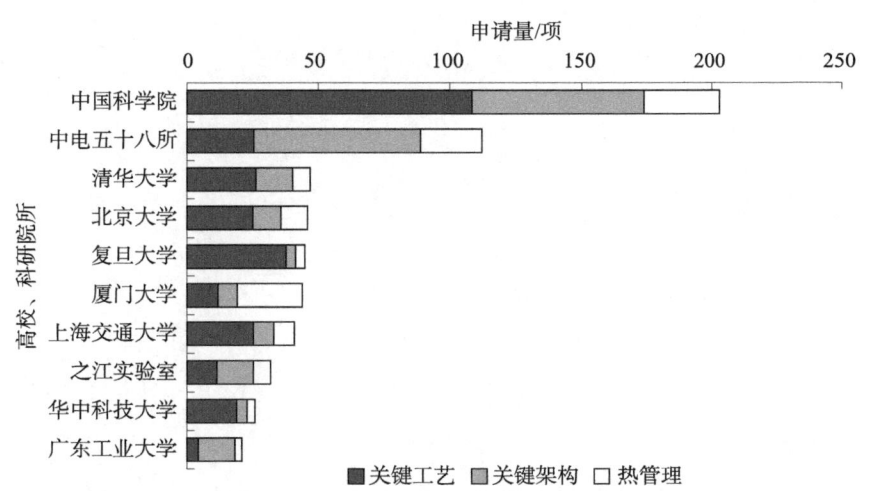

图3-3-7 中国高校/科研院所AI芯片先进封装专利技术布局

专利不仅是连接高校/科研院所与企业等市场主体的纽带,更是促进产学研深度融合、实现资源共享与优势互补的关键。通过专利合作,高校/科研院所能够与企业携手开展新技术、新产品的联合研发,共同推动科技创新与产业升级。

在中国,致力于AI芯片先进封装专利布局的高校及科研院所主要包括中国科学院、中电五十八所、清华大学、北京大学、复旦大学、厦门大学、上海交通大学、之江实验室、华中科技大学以及广东工业大学。其中,中国科学院、清华大学、北京大学、复旦大学、上海交通大学、华中科技大学在关键工艺专利方面占比较高,中电五十八所、之江实验室、广东工业大学则在关键架构专利方面表现突出，而厦门大学则在热管理专利方面拥有显著优势。

3.3.3 小　　结

在专利申请量排名前 50 名的主要创新主体中，中国占据 20 家，日本占据 18 家，美国 8 家，韩国 2 家，新加坡和德国各占 1 家。中国入围前 50 名的企业数量最多，其中台积电和日月光跻身全球前五。中国台积电、美国英特尔、韩国三星这三家企业的专利数量相对其他企业有较大优势。

中国的主要创新主体涵盖重点企业、"专精特新"企业及高校/科研院所。其中，企业的专利申请量相较于高校/科研院所更为突出，是专利的主要贡献力量。"专精特新"企业的技术分布更加聚焦，多数企业的专利申请量相对较少。而高校/科研院所则展现出强大的研发能力，具备一定的专利储备。具体而言，中国科学院、清华大学、北京大学、复旦大学、上海交通大学、华中科技大学在关键工艺专利方面占比较高，中电五十八所、之江实验室、广东工业大学则在关键架构专利上表现优异，厦门大学的热管理专利占比较高。

第4章 AI芯片先进封装关键架构专利分析

4.1 研究概况

先进封装技术作为实现AI芯片多芯片集成的核心技术，其作为集成算力与存储能力的平台价值日益凸显，重要性不断提升。例如，为了高效集成HBM与GPU，CoWoS封装架构得到了深度开发。此外，随着AI技术的飞速发展，AI芯片的存储容量成倍增长，进而推动了存储器需求的显著增长。HBM凭借其突破内存容量与带宽限制的能力，已成为AI芯片的核心硬件组件之一，而TSV技术则是HBM实现超高带宽的关键。由此可见，先进封装技术已逐步演变为一种综合性的系统解决方案。

据调研，晶圆代工厂与IDM均积极涉足先进封装领域，旨在通过该技术突破摩尔定律的物理极限，从系统层面持续推动芯片性能的提升。图4-1-1展示了采用先进封装技术将多个芯片集成的具体结构，即先进封装架构。在该架构中，DRAM芯片通过TSV技术和凸点技术实现垂直堆叠，而HBM与逻辑芯片则通过转接板在水平方向上实现集成。

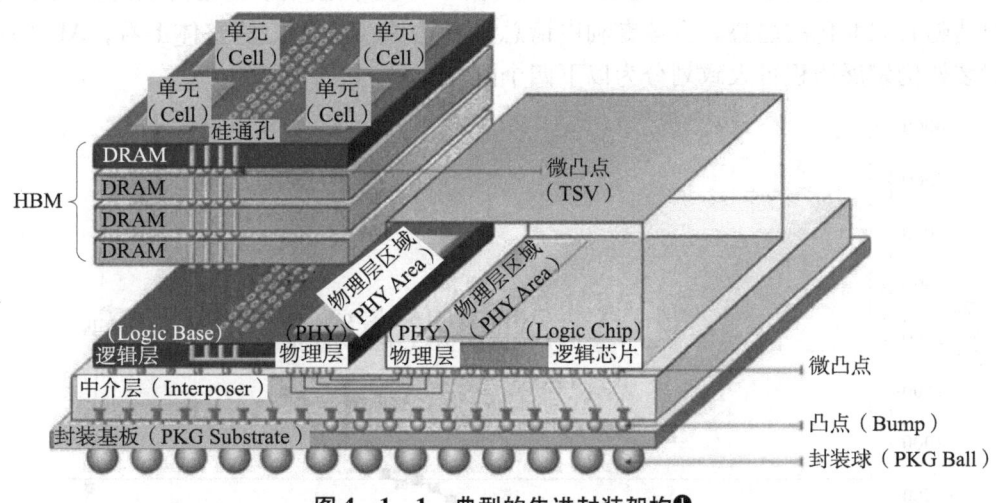

图4-1-1 典型的先进封装架构❶

调研结果显示，根据堆叠方式的不同，适用于AI芯片的先进封装关键架构大致可分为两类：平面结构与堆叠结构。平面结构涉及两个或多个芯片或封装并排设置，并通过横向互连结构进行电连接，如扇出（Fan out，以下简称"FO架构"）和利用转接板的

---

❶ 百家号. 电子行业报告：AI浪潮汹涌，HBM全产业链进发向上 [EB/OL]. （2024-04-01）[2024-10-15]. https://baijiahao.baidu.com/s?id=1795091299513256932&wfr=spider&for=pc.

2.5D 封装（以下简称"2.5D 架构"）；而堆叠结构则涉及两个或多个芯片或封装堆叠设置，并通过垂直方向的互连结构进行电连接，如三维堆叠封装（以下简称"3D 架构"）。

本章主要对 AI 芯片先进封装关键架构进行专利分析，涵盖 FO 封装架构、2.5D 架构及 3D 封装架构等关键架构。其中，针对先进封装架构，重点分析了 AI 芯片先进封装关键架构的专利申请态势及竞争格局。此外，还深入探讨了 FO 封装架构、2.5D 封装架构及 3D 封装架构的创新能力与市场保护情况，并绘制了各架构的技术发展路线图。

在先进封装架构专利申请态势方面，从全球及中国两个维度出发，分析了申请量随时间的变化趋势以及 AI 芯片先进封装关键架构下各二级分支随时间的变化情况，并探讨了重点时间节点专利变化的原因。在先进封装架构竞争格局方面，主要从专利技术创新能力和专利保护市场两个方面进行深入分析。

通过对关键架构的综合分析，各小节针对涉及的主要技术、存在的问题以及未来技术发展方向，提出了具有指导性的意见和建议。

4.2 关键架构创新态势分析

4.2.1 专利申请态势分析

（1）全球专利申请态势分析

图 4-2-1 展示了 1968 年至 2024 年 7 月 21 日全球范围内 AI 芯片先进封装架构专利申请随时间变化的趋势。全球专利申请总量已达 42 472 件。从整体上看，AI 芯片先进封装架构发展历程可大致划分为以下四个阶段。

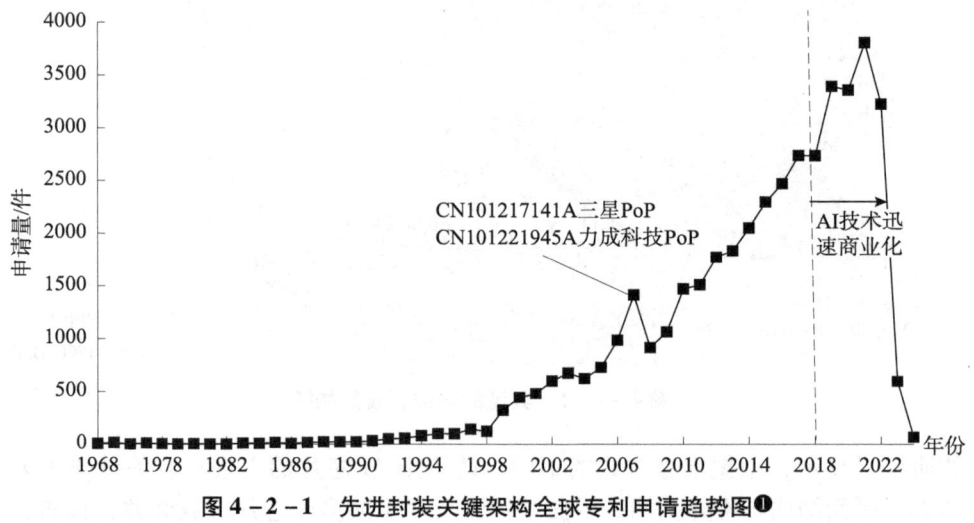

图 4-2-1 先进封装关键架构全球专利申请趋势图❶

---

❶ 本书趋势图可能存在年份不连续的情况，原因在于相应年份数据为 0，故未在横轴示出，特此说明。类似情况不再赘述。

第一阶段：技术萌芽期（1968—1999年）。1968年，VARO公司在美国申请的专利US3591921A中首次采用了晶片堆叠技术制备整流器，标志着堆叠技术在芯片集成领域的初步应用。在此阶段，传统封装占据主导地位，芯片级封装和球栅阵列封装兴起，封装开始由单芯片向多芯片发展，平面封装向堆叠封装转变。先进封装关键架构仍处于萌芽阶段，每年全球的专利申请量最高不超过100件。

第二阶段：缓慢增长期（2000—2009年）。先进封装关键架构的相关专利申请进入稳定增长阶段。晶圆级扇出封装、系统级封装等一系列先进封装技术涌现。例如，2006年飞思卡尔（美国）建立了首条200mm晶圆级扇出封装架构的再分布芯片封装（RCP）试验线。❶ 2005年以后，3D架构中的PoP（Package on Package）封装成为将手机处理器与存储器集成的主流方案，2007年苹果推出了初代iPhone，其处理器S5L8900X由三星代工，采用了PoP封装将DRAM和SoC集成在一起，这使得PoP迅速获得了广泛的认可，带动了大量企业在该领域的布局，包括三星、力成科技等。同时，2.5D架构也逐渐进入公众视野。虽然这一时期先进封装技术的研究取得了一定进展，但尚未得到大规模应用。

第三阶段：稳步增长期（2010—2017年）。芯片级封装（CSP）、晶圆级扇出封装（FOWLP）、2.5D封装、3D封装等技术均实现了稳定发展，并成功应用于实际产品中❷（例如，2013年苹果iPhone 5S手机所配置的Apple AI芯片采用了InFO-PoP结构，海力士发布的HBM产品使用3D架构堆叠了多达8层的DRAM芯片，台积电InFO-PoP技术实现量产），标志着先进封装架构从研发阶段走向实际应用，同时专利申请量也呈现稳步增长态势。

第四阶段：快速增长期（2018年至今）。随着全球AI芯片市场持续扩大，先进封装关键架构的专利申请量快速增长，2021年达到顶峰，共计3811件。

全球先进封装架构的专利申请量呈现出稳步增长的态势，且随着AI技术的快速发展和AI芯片市场的不断扩大，未来该领域的专利申请量有望继续保持增长。

（2）中国专利申请态势分析

图4-2-2展示了先进封装关键架构在中国专利申请的增长趋势。与全球专利申请趋势相似，中国在该领域的申请量同样呈现出稳步增长的态势。其发展历程可大致划分为以下三个阶段：

第一阶段：技术萌芽期（1985—2009年）。中国先进封装关键架构的专利申请量增长缓慢。结合图4-2-1与图4-2-2可知，中国在该领域的专利申请起始时间相较于全球晚了17年。这反映出中国在先进封装技术研发方面起步较晚的现实情况。

第二阶段：稳步增长期（2010—2017年）。中国关于先进封装关键架构的专利申请进入稳定增长阶段。自2010年开始，中国的创新主体开始系统性地展开对先进封装关

---

❶ KESER B, AMRINE C, DUONG T, et al. The Redistributed Chip Package: A Breakthrough for Advanced Packaging [C] //Electronic Components & Technology Conference. IEEE, 2007.

❷ DREIZA M, OSHIDA A, ISHIBASHI K, et al. High Density PoP (Package-on-Package) and Package Stacking Development [J]. IEEE, 2007.

键架构的研发工作，在先进封装技术上实现了突破，逐渐参与国际竞争，特别是在2.5D/3D 封装和晶圆级封装方面。

第三阶段：快速发展阶段（2018 年至今）。中国在先进封装架构领域的专利申请量急剧增长。这主要受到两方面因素的推动：一是中国 AI 技术的加速发展。2018 年寒武纪发布了首款 AI 云端智能芯片 MLU100，同年华为也在德国柏林电子消费展上发布了麒麟 980 芯片。AI 技术的火爆发展带动了中国先进封装关键架构专利申请量的快速上涨。二是中美贸易摩擦的影响。2018 年中美贸易摩擦直接暴露出中国在芯片领域的短板。面对美国的围堵，中国创新主体迅速作出反应，加大专利技术储备力度，以应对国际形势的变化。随着 AI 技术的快速发展和 AI 芯片市场的不断扩大，未来该领域的专利申请量有望继续保持增长。

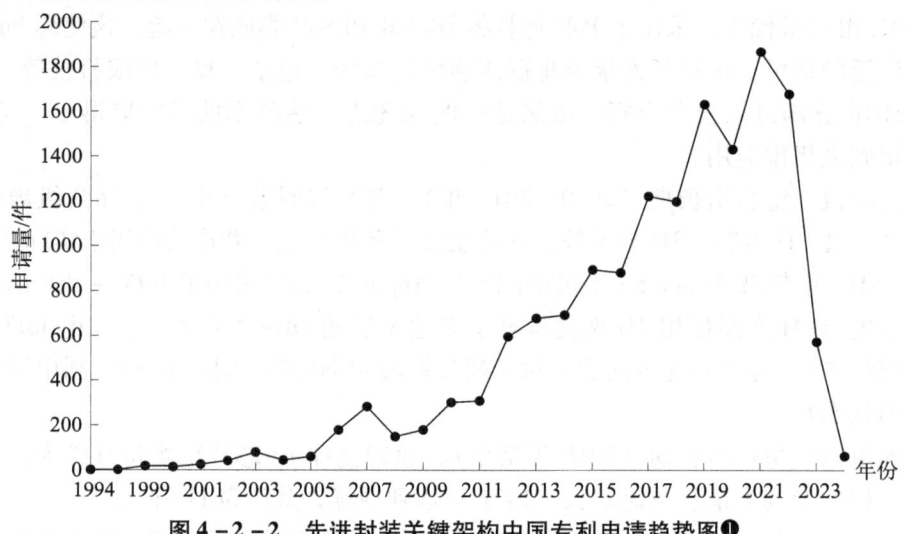

图 4-2-2　先进封装关键架构中国专利申请趋势图❶

4.2.2　专利技术构成态势分析

（1）全球专利技术构成态势分析

图 4-2-3 与图 4-2-4 分别展示了全球各二级技术分支的专利申请动态迁移及申请趋势。

从全球申请动态迁移来看，3D 架构的专利申请较 FO（扇出）架构与 2.5D 架构更早出现。具体而言，3D 架构的专利申请早在 1968 年就已出现，而 2.5D 架构则在 1986 年出现，FO 架构的专利申请则最晚，首件专利于 2000 年问世。这一数据反映了不同技术分支在时间轴上的发展脉络。

从全球申请趋势来看，FO 架构的专利申请量在 2017 年实现了对 2.5D 架构与 3D 架构的超越。在此之前，特别是在 2016 年以前，3D 架构在专利申请量上占据绝对优势。然而，随着 AI 技术的快速发展，2.5D 架构的专利申请量迅速增长，并逐步超过了

---

❶ 因 1985—1993 年中国申请量较少，故未示出。

3D架构。这一趋势表明,在先进封装技术领域,技术迭代与创新正不断推动各技术分支的竞争格局发生变化。

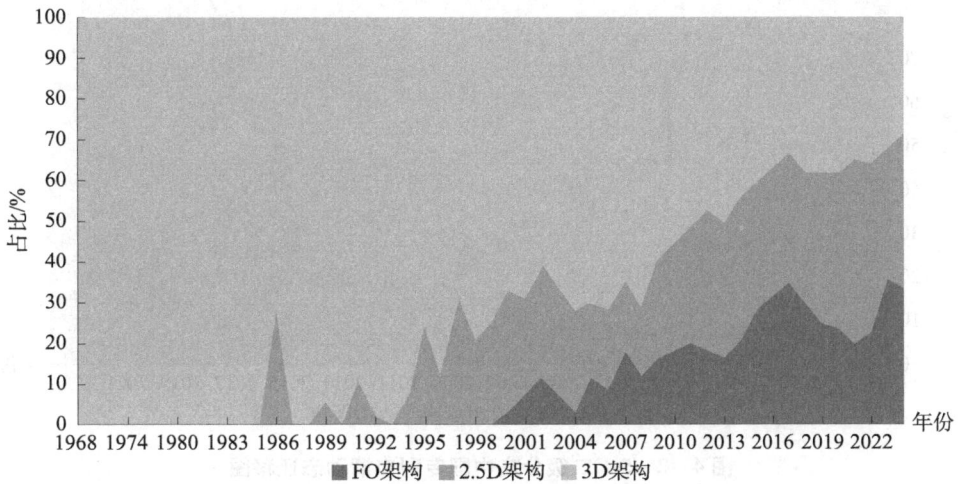

图4-2-3 全球各二级技术分支专利申请动态迁移图

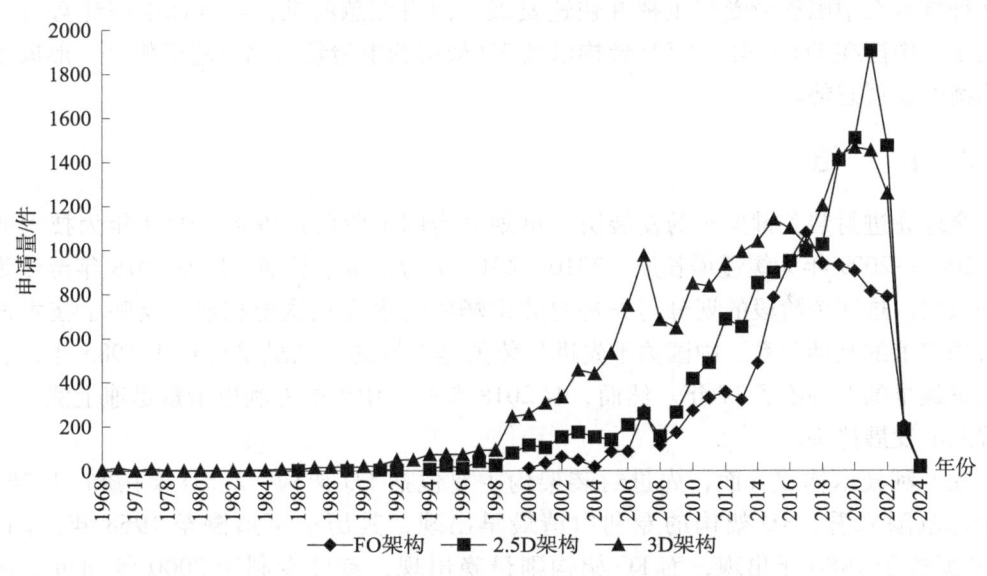

图4-2-4 全球各二级技术分支申请趋势图

全球先进封装技术分支的专利申请动态迁移与趋势呈现出明显的阶段性特征。未来,随着技术的不断进步和市场需求的变化,各技术分支的竞争格局或将继续演变。

(2) 中国专利技术构成态势分析

图4-2-5展示了中国先进封装关键架构二级分支的专利申请动态迁移情况。与全球趋势类似,中国同样是最早出现3D架构专利申请的地区。在2007年以前,3D架构在中国占据绝对优势,是先进封装关键架构领域的主流。

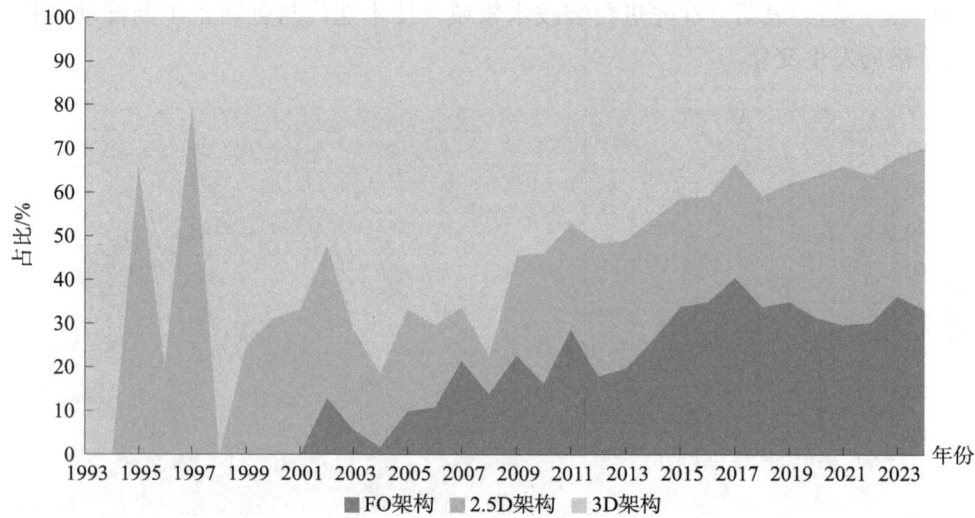

图 4-2-5　二级分支中国专利申请动态迁移图

然而，自 2007 年之后，2.5D 架构与 FO 架构的专利申请量开始逐年增加，显示出这两种技术在中国逐渐受到重视并快速发展。值得注意的是，与全球申请趋势有所不同的是，中国在 FO 架构、2.5D 架构以及 3D 架构的申请量占比上趋于相等，形成了较为均衡的发展态势。

4.2.3　小　　结

全球先进封装关键架构的发展历程可划分为四个阶段：1968—1999 年为技术萌芽期，2000—2009 年为缓慢增长期，2010—2017 年为稳步增长期，以及 2018 年至今为快速增长期。这四个阶段的划分与先进封装市场的需求变化紧密相连，反映了技术发展与市场需求的互动关系。中国关于先进封装关键架构的专利最早出现于 1985 年，相较于全球最早的专利晚了 17 年。然而，自 2018 年起，中国的专利申请量迅速上涨，显示出强劲的发展势头。

在专利技术构成方面，先进封装架构主要包括 FO 架构、2.5D 架构和 3D 架构。从全球范围来看，3D 架构的专利申请最早出现，其历史可追溯至 1968 年。随后，2.5D 架构于 1986 年出现，而 FO 架构则最晚出现，首件专利于 2000 年问世。在专利申请量方面，FO 架构在 2017 年实现了对 2.5D 架构与 3D 架构的超越。在此之前，特别是在 2016 年以前，3D 架构占据绝对优势。然而，随着 AI 技术的快速发展，2.5D 架构的专利申请量迅速增长，并逐步超过 3D 架构，成为先进封装领域的重要技术分支。

全球及中国先进封装关键架构的发展呈现出多元化、快速化的趋势。未来，随着技术的不断进步和市场需求的持续扩大，封装架构领域将迎来更加广阔的发展前景。

4.3 关键架构竞争格局分析

4.3.1 专利技术创新能力分析

(1) 专利申请量分析

图4-3-1展示了全球先进封装关键架构技术来源地的占比情况。先进封装关键架构的主要技术来源地包括美国、中国、韩国和日本。其中，中国以46%的占比位列第一，紧随其后的是美国，占比21%；韩国占比16%，日本占比13%，亦占据重要地位。相比之下，欧洲地区的占比仅为2%，显示出其在该领域的参与度相对较低。从上述数据中可以看出，中国在先进封装关键架构领域的体量位居全球第一，已成为该领域的重要力量。这一趋势反映出中国在半导体封装技术领域的快速发展和强劲实力，预示着未来该领域或将迎来更加激烈的国际竞争。

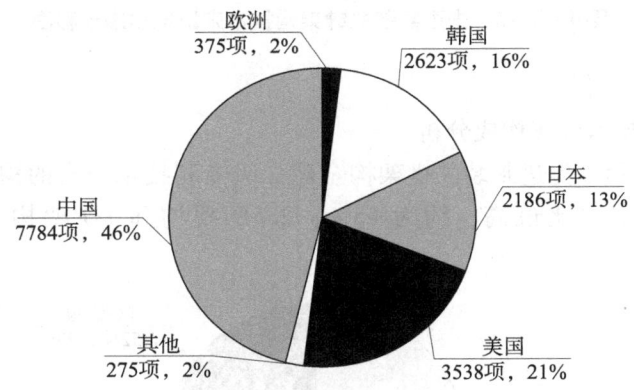

图4-3-1 全球先进封装关键架构技术来源地占比图

图4-3-2展示了全球先进封装架构技术来源地的动态迁移情况。欧洲、美国和日本在先进封装关键架构的早期发展中扮演了重要角色。然而，随着时间的推移，欧洲和日本在该领域的发展逐渐放缓。欧洲方面，其封测厂数量较少；日本方面，自1980年与美国签订《广岛协议》后，半导体行业逐步转向材料、设备等上游产业链，放弃了封装市场的竞争。虽然日本当下申请量逐渐减少，但是据调研，2021年以来，日本政府积极推动半导体制造产业的生产能力扩充，在《半导体与数字产业战略》中明确短期目标是建立日本国内先进封装研发据点，中长期目标是开发2.5D/3D先进封装技术以及光电整合芯片等，可以预见，今后日本先进封装的申请量有可能逐渐增加。

相比之下，美国的发展较为稳定，这得益于其一贯重视半导体领域的战略部署。与此同时，中国和韩国在1990年前后开始积极布局先进封装技术，这与美国早期的芯片政策密切相关。美国曾期望构建由美国设计，中国、韩国负责晶圆生产的半导体产业链，这一政策促进了中国和韩国在先进封装关键架构方面的快速发展。中国方面，自1998年便开始相关布局，在先进封装技术领域的专利申请和产业发展呈现出快速增长的势头，显示出强劲的发展潜力。

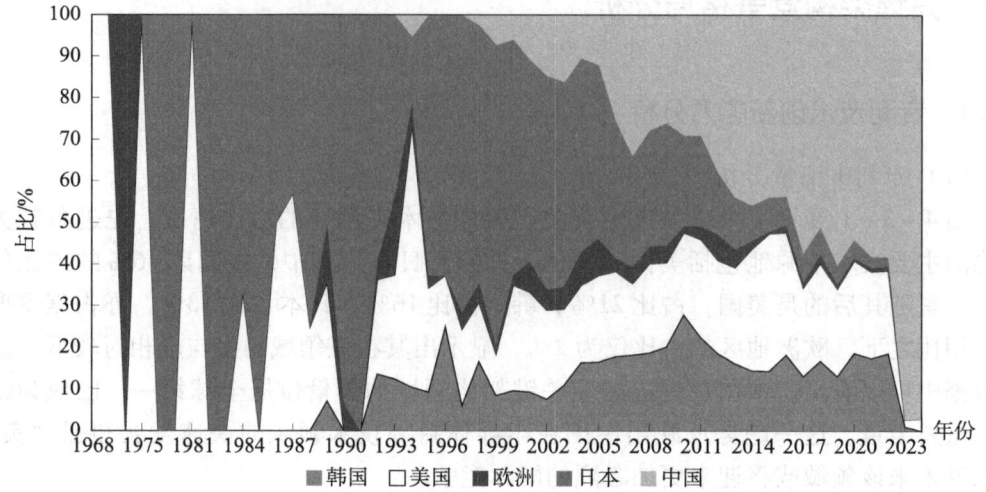

图 4-3-2 先进封装关键架构技术来源地动态迁移图

（2）技术构成分析

1）全球专利技术分支构成分析

图 4-3-3 展示了先进封装关键架构全球二级专利技术分支的构成比例。3D 架构在专利技术构成中占比最高，约为 46%；2.5D 架构和 FO 架构分别占比为 31% 和 23%。

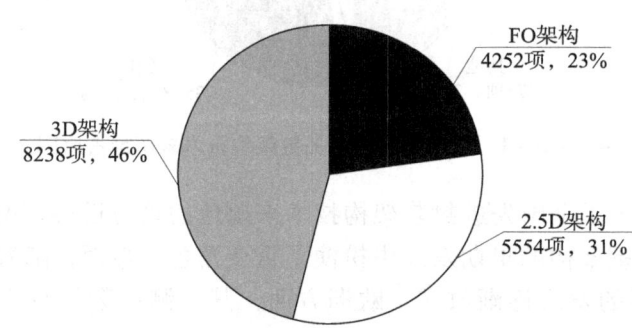

图 4-3-3 先进封装关键架构全球二级专利技术分支构成比例

在 3D 架构方面，从技术角度看，3D 架构是最早出现的封装技术之一，主要通过垂直方向的堆叠实现，堆叠方式相对固定。从应用角度看，3D 架构最早应用于存储器领域，并随着 AI 对高带宽内存需求的不断增加，该领域的竞争日益激烈。

在 2.5D 架构方面，结合图 4-2-3 可知，其出现时间仅次于 3D 架构。然而，由于成本较高，最初并未引起广泛重视。随着 AI 技术的不断发展，对 AI 芯片的要求日益提高，2.5D 架构逐渐成为主要的封装手段。

在 FO 架构方面，早期主要应用于雷达、天线、移动终端等领域，其优势在于无须制备 TSV 和载体，降低了成本。2018 年以来，AI 技术的火爆促使 FO 架构逐渐受到重视。FO 架构提供了将整个晶圆区域作为一个系统的可能性，如台积电的 InFO – CoW（集成扇出型晶圆上凸块）架构，进一步拓展了其应用领域。

2）中国专利技术分支构成分析

参见图 4 – 3 – 4，在中国先进封装架构专利技术分支的构成中，FO 架构、2.5D 架构和 3D 架构的占比分别为 38%、23% 和 39%。与全球专利技术分支构成相比，中国 FO 架构的申请量占比较大，这一特点尤为显著。

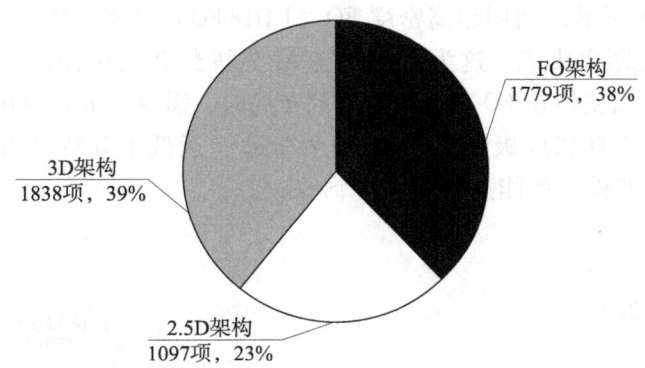

图 4 – 3 – 4　先进封装关键架构中国二级专利技术分支构成比例

究其原因，FO 架构避免了 TSV 的制作，使得封测厂能够独立完成封装过程，降低了技术门槛和生产成本，从而促进了 FO 架构在中国的广泛应用和发展。

中国在先进封装架构专利技术分支的构成上呈现出 FO 架构占比高的特点，这反映了中国在 FO 架构技术上的独特优势。未来，随着技术的不断进步和市场的持续发展，中国在 FO 架构领域的发展将更加值得期待。

3）2018—2024 年各技术构成的发展情况分析

为探究各技术分支的创新活跃度，课题组分析了 2018—2024 年全球主要国家或地区在不同技术分支上的布局态势，具体如图 4 – 3 – 5 所示。

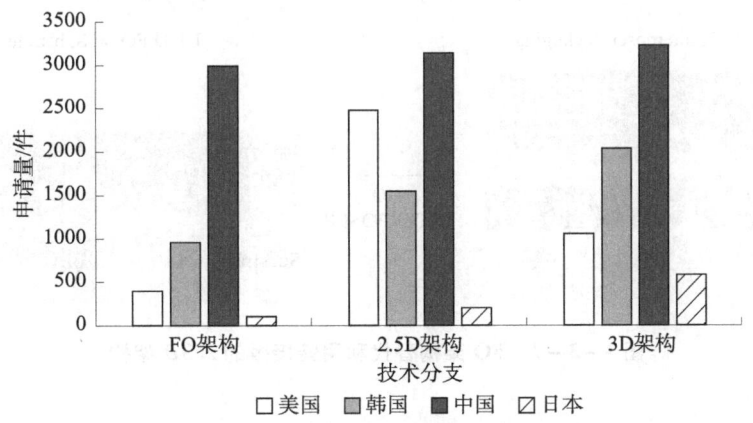

图 4 – 3 – 5　2018—2024 年全球主要国家或地区在不同技术分支上的布局

在 FO 架构领域，中国的申请量显著居于领先地位，韩国和美国亦保持关注态势，日本同样布局有限。韩国、美国在该领域专利布局较少的原因，可能在于：一方面，FO 架构领域的专利储备已相当充裕；另一方面，如图 4-3-6 所示，由于 FO 架构的极限 I/O 密度不及 2.5D 架构和 3D 架构，美国、韩国已将创新重点转移至技术优势更为显著的 2.5D 架构或 3D 架构。中国持续布局 FO 架构的原因，可能在于该领域专利积累尚需进一步加强，并且 FO 架构无需 TSV 制造，从而规避了对精密刻蚀机的依赖。如图 4-3-7 所示，利用超高密度 FO（UHD FO）技术，能够实现 HDM 存储芯粒、GPU 芯粒的近距离集成。这为中国发展 AI 先进封装架构提供了一条可行技术路线。然而，中国创新主体在 FO 架构进行专利布局时，需警惕 I/O 密度的瓶颈问题，即便在 UHD FO 中，I/O 密度极限也仅为 16 个/mm^2，远低于硅桥（常用于 2.5D 架构，如英特尔的 EMIB 架构）所能达到的 300 个/mm^2。

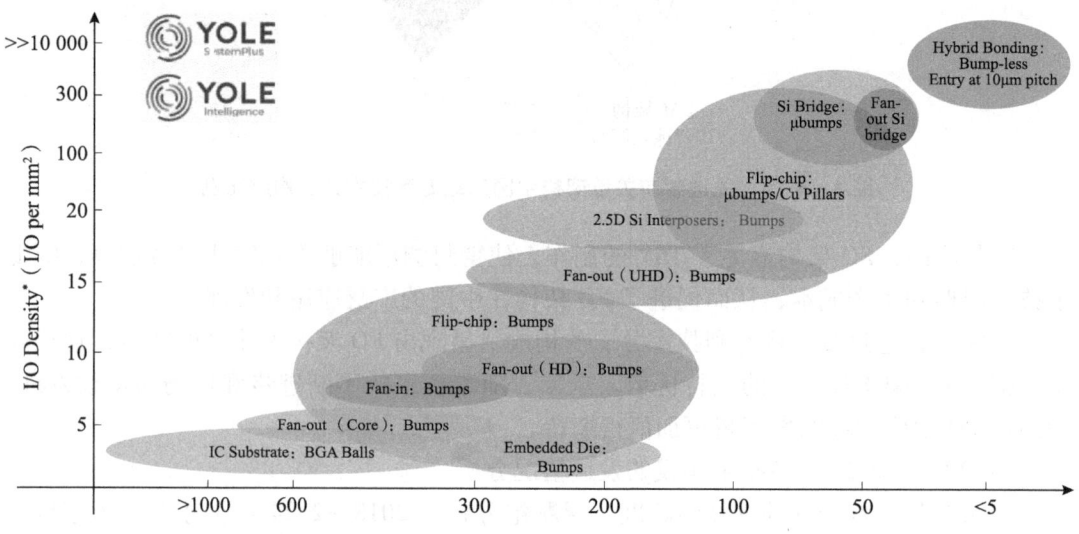

图 4-3-6　各种架构所能达到的 I/O 密度[1]

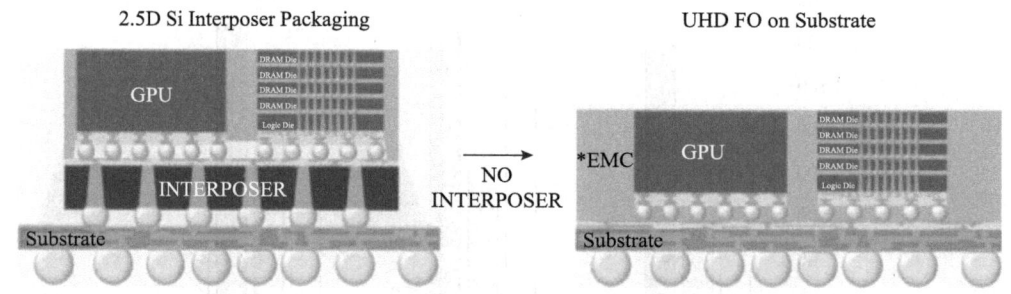

图 4-3-7　FO 架构替代利用转接板的 2.5D 架构

---

[1]　YOLE. Technology & Market Trends for Advanced Packaging [EB/OL]. (2023-11-16) [2024-10-15]. https：//zhuanlan. zhihu. com/p/667204300? utm_id=0.

在2.5D架构领域,该架构凭借大面积的转接板,天然具有接收多种芯粒的优势,且布局方式灵活多变。AI芯片普遍在GPU/CPU、HBM等芯粒与基板间设置转接板,旨在扩展并提升封装体性能。2.5D架构发展迅速,仍处于技术活跃期。从芯片与转接板之间的连接关系可以分为芯片设置在转接板的一侧、芯片设置在转接板的两侧、芯片嵌入转接板内以及芯片设置在桥结构的一侧。此外,主流的AI芯片中,2.5D架构或FO架构构成了主体框架,而3D架构则更多应用于AI架构中的HBM。鉴于2.5D架构在I/O密度上相较于FO架构的优势,它已成为AI芯片先进封装不可或缺的重要架构。因此,主要国家或地区在该领域均维持了较高的专利申请量。以美国英特尔为例,其以EMIB为代表的2.5D架构能显著提升芯片间I/O密度,围绕EMIB的大量专利申请,使美国在2.5D架构领域的申请量占据显著优势。

在3D架构领域,中国占据领先地位,韩国和美国同样拥有较多的专利申请,相比之下,日本在该领域的申请量则相对较少。3D架构主要应用于存储器领域,尤其是HBM,其中,韩国的海力士与三星是主要的生产商。此外,为保持为客户提供多样化架构生产能力的竞争力,中国的台积电亦需持有一定数量的3D架构专利。3D架构的核心在于芯片间的连接,就架构层面而言,其结构相对固定,更多依赖于实现连接工艺的优化。以3D架构中的芯片-芯片连接分支为例,其发展方向主要集中在增加I/O密度与减小引线节距。此发展方向对架构本身依赖较少,更多依赖工艺的改善。因此,3D架构领域的竞争,更多体现在架构实现工艺的竞争上,而非架构本身的创新。

(3)创新主体分析

进一步地,图4-3-8展示了2018—2024年各二级技术分支的创新主体数量分布情况。从整体上看,FO架构的创新主体数量偏低,进一步印证了FO架构已步入技术成熟期的论断。结合图4-3-5可知,在2.5D架构分支上,竞争尤为激烈,美国、韩国以及中国均布局了大量专利,总体呈现主要国家或地区势均力敌的格局。此外,就FO架构、2.5D架构和3D架构的创新主体数量而言,中国的创新主体数量遥遥领先,彰显出中国在上述架构领域极高的创新热情。

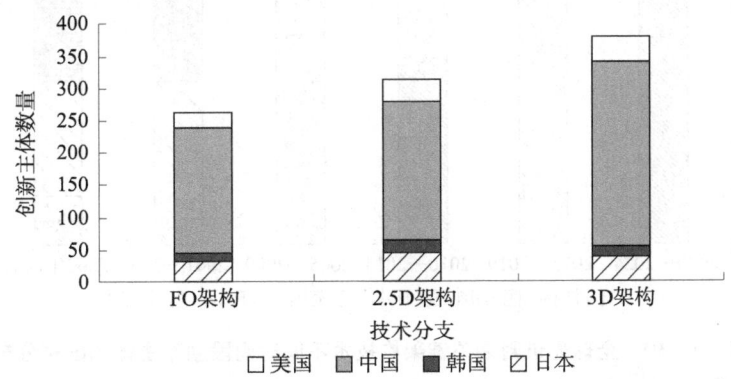

图4-3-8 2018—2024年各二级技术分支的创新主体数量分布情况

图 4-3-9 是全球先进封装关键架构技术不同时间段创新主体的前 20 名分布图，图 4-3-10 是不同时间段创新主体的国家企业数量分布图，其中三星（1909 项）、台积电（1805 项）、英特尔（1511 项）占全球总量（16 840 项）的 31%。

排名	总计	2020—2024年	2015—2019年	2010—2014年	2005—2009年	2001—2004年	2000年以前
1	三星	三星	台积电	台积电	三星	三星	罗姆
2	台积电	台积电	英特尔	三星	星科金朋	爱普生	爱普生
3	英特尔	英特尔	三星	英特尔	力成科技	松下	日本电气
4	日月光	日月光	盛合晶微	海力士	日月光	英特尔	富士通
5	盛合晶微	通富微电	华进	华进	海力士	英飞凌	松下
6	海力士	盛合晶微	力成科技	矽品精密	瑞萨	索尼	日立
7	美光	长电科技	美光	安靠	英特尔	日本电气	三菱
8	力成科技	美光	日月光	日月光	东芝	日月光	IBM
9	华进	华天科技	海力士	东芝	美光	富士通	东芝
10	通富微电	华为	高通	高通	日本电气	东芝	山洋电气
11	高通	矽磐微电子	联发科	尔必达	松下	新光电气	夏普
12	星科金朋	高通	安靠	IBM	新光电气	冲电气	三星
13	长电科技	华进	长电科技	星科金朋	南茂科技	瑞萨	索尼
14	矽品	长鑫存储	华天科技	通富微电	尔必达	海力士	美光
15	东芝	甬矽电子	通富微电	长电科技	台积电	美光	汤姆森
16	华天科技	联发科	IBM	美光	英飞凌	三菱	德州仪器
17	安靠	矽品精密	华为	瑞萨	安靠	夏普	飞思卡尔
18	IBM	凯侠	中电科	英凡萨斯	矽品精密	罗姆	英特尔
19	华为	海力士	吉林克斯	英特尔	IBM	矽品精密	联华电子
20	联发科	中电科	矽品精密	力成科技	育霈科技	IBM	英飞凌

图 4-3-9　全球先进封装关键架构技术不同时间段创新主体的前 20 名分布图

注：不同颜色代表不同来源地的创新主体。

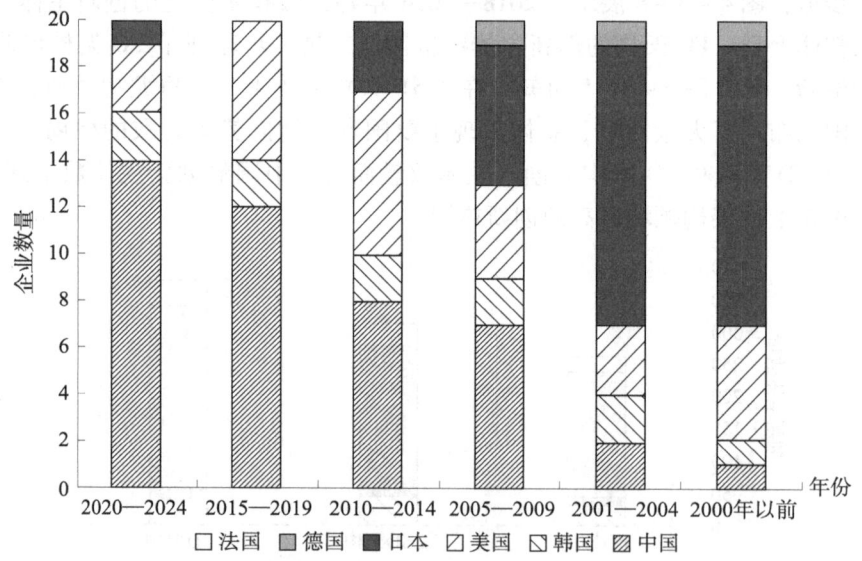

图 4-3-10　全球先进封装关键架构技术不同时间段创新主体的国家分布图

2009 年以前，主要的创新主体集中在日本、美国和韩国。2010 年之后日本公司的数量逐渐减少，在 2010—2014 年只剩下东芝、尔必达和瑞萨；中国台积电在 2010—

2014年开始大规模布局，申请量处于榜首，中国的日月光、矽品精密也进入前20名。此时韩国占2席，美国占7席，中国达到8席。韩国进入全球前20的只有三星与海力士，但是三星多年来一直排名前三，是韩国最重要的创新主体。

2015年以后，中国一直有新的创新主体入局，并且申请量位列全球前20。2015—2019年，华为与中电五十八所进入前20名。图4-3-10中，2020—2024年，中国的创新主体数量达到14席，占据全球前20名的70%，图4-3-9中的矽磐微电子、甬矽电子等均是在这个时期内新入局的半导体创新主体。此外，可以看到华为也开始入局先进封装。这与全球的形势与政策支持是分不开的。在全球方面，美国通过了《芯片法案》，并对中国半导体产业进行各种制裁与封锁，这激发了中国创新主体寻求解决方案的决心，并且自2017年以来，先进封装行业受到中国各级政府的高度重视和国家产业政策的重点支持，国家陆续出台了多项政策，鼓励先进封装行业发展与创新。

4.3.2 专利技术市场保护分析

（1）专利布局地域分析

根据技术来源地和目的地，课题组选择中国、日本、美国和韩国进行分析，分析数据为件。结果如图4-3-11所示。

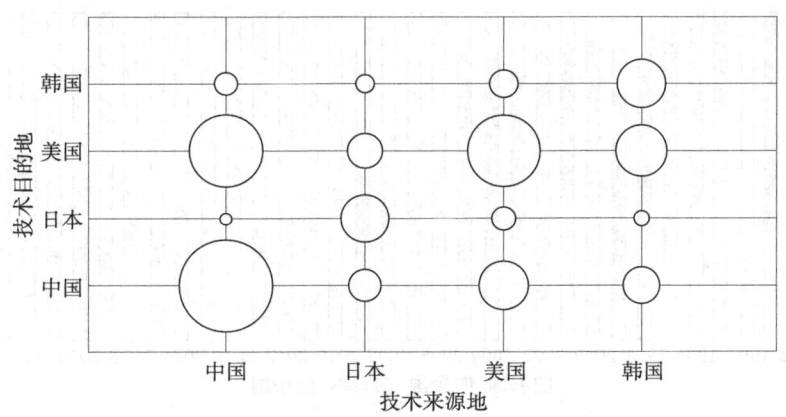

图4-3-11 先进封装架构技术来源地与目的地流向图

注：图中气泡大小代表申请量的多少。

中国专利申请量最大，主要以本国和美国布局为主，在韩国、日本布局较少；美国作为先进封装架构技术的第二大国，其专利申请虽然也以本国为主，但是在中国也进行了一定量的布局；韩国除了在本国进行布局以外，在美国进行了大量布局，其在美国的专利申请量是在本国专利申请量的1.1倍，此外，韩国在中国也进行了一定量的布局；日本主要布局在本土，在美国、中国也有少量布局。可见，美国、中国是美国、中国和韩国相关创新主体的核心竞争地。

（2）主要国家或地区在中国布局分析

图4-3-12是先进封装架构技术主要国家或地区在中国布局的占比。从图4-3-12可知中国关于关键架构的专利布局主要是来自美国、韩国、中国和日本，其中中国占

比为70%,美国占比为15%,韩国占比为9%,日本占比为6%。

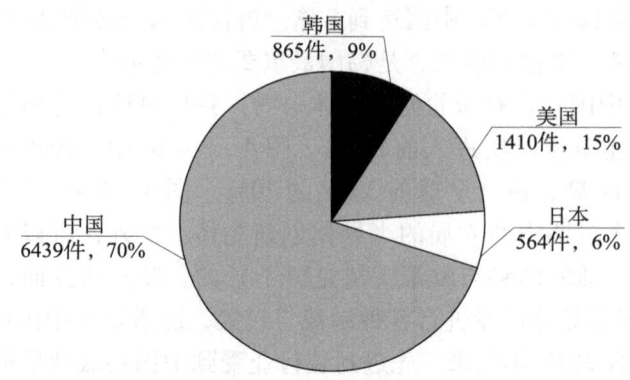

图4-3-12 先进封装架构技术主要国家或地区在中国布局占比

图4-3-13是先进封装架构技术主要国家或地区在中国专利布局的态势图,早期在中国进行布局的主要是韩国、日本和美国,从1985年开始韩国、美国一直保持稳定的布局,日本的申请量则是逐年下降,中国从1998年开始进行布局,近些年也维持在稳定的申请量水平。

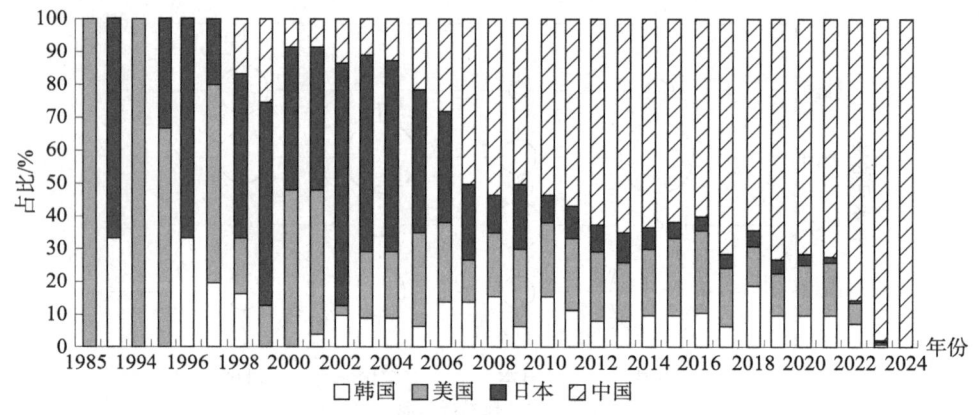

图4-3-13 先进封装架构技术主要国家或地区在中国专利布局态势图

4.3.3 小 结

(1) AI芯片先进封装关键架构中,中国是最重要的申请来源国,申请量约占总申请量的1/2。

(2) 在全球范围内,3D架构的专利申请量占比最多,约为46%;而2.5D架构和FO架构分别占比为31%和23%。与全球情况不同,中国的3D架构、FO架构占比较大,分别为39%、38%,2.5D架构为23%。

(3) 就2018—2024年内主要国家或地区在不同分支的申请量而言,在FO架构方面,中国进行了大量布局,而美国在此领域已少有布局。2.5D架构是主要国家或地区布局的焦点。在3D架构中,中国布局较多,其次韩国,美国也有不少申请,主要是

3D架构自身改进方向较小，后续改进的重点在于芯片之间的互连工艺。

（4）中国的先进封装关键架构起步较晚，在2004年以前先进封装关键架构领域全球前20名的创新主体中，中国只占据2席，分别是矽品精密和日月光，但2020—2024年创新主体数量已占据70%。

（5）中国、美国和韩国对中国市场以及美国市场均颇为重视，其中韩国在美国布局的专利申请量是其在本国布局的专利申请量的1.1倍；在美国市场中，来自中国的专利申请量与美国的专利申请量相当可观，美国市场是中国、美国、韩国专利布局的核心竞争地。

4.4　FO架构分析

4.4.1　研究概况

FO（Fan Out），架构封装，顾名思义，是指互连结构扇出于芯片，扇出封装是相对于扇入封装而言的。如图4-4-1所示，扇入封装是将线路集中在芯片区域内，主要用于低I/O端子数量和较小裸片工艺中；扇出封装是在芯片尺寸以外的区域设置RDL布线以提高I/O端子的数量，即I/O端子的数量不受限于芯片的表面积。

图4-4-1　扇入与扇出封装结构图

公认的FO架构具有三种分类方式，如图4-4-2所示。

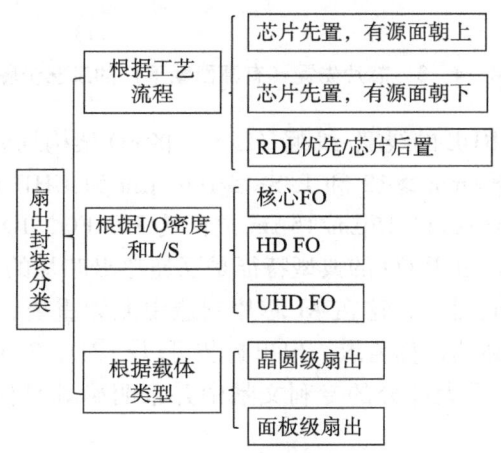

图4-4-2　扇出封装分类介绍

按照工艺流程，扇出封装包括芯片先置（有源面朝下）、芯片先置（有源面朝上）、RDL 优先/芯片后置三种方式。图 4-4-3 给出了第一种芯片先置（有源面朝下）的工艺步骤图。其流程主要是半导体加工—晶圆探针测试—晶圆贴膜和切割—将芯片放在载板上的胶带上—用塑封形成重构晶圆—从载板脱离—再布线层与植球—切单。RDL 优先/芯片后置是第三种类型，与前面两种类型的主要区别是：塑封前芯片上必须有凸点或铜柱，以便放置在 RDL 上，这种工艺需要坚固的载板。其中，第一种工艺在 RDL 加工之前，芯片已经放置在模具内，后续塑封过程中会导致芯片偏移，进而造成 RDL 与芯片之间的良率损失；第二种工艺有源面朝上，此时芯片偏移不会导致芯片损失；而第三种工艺中随着 RDL 数量的增加，会造成 RDL 更多的缺陷。不同的工艺流程有不同的优缺点。

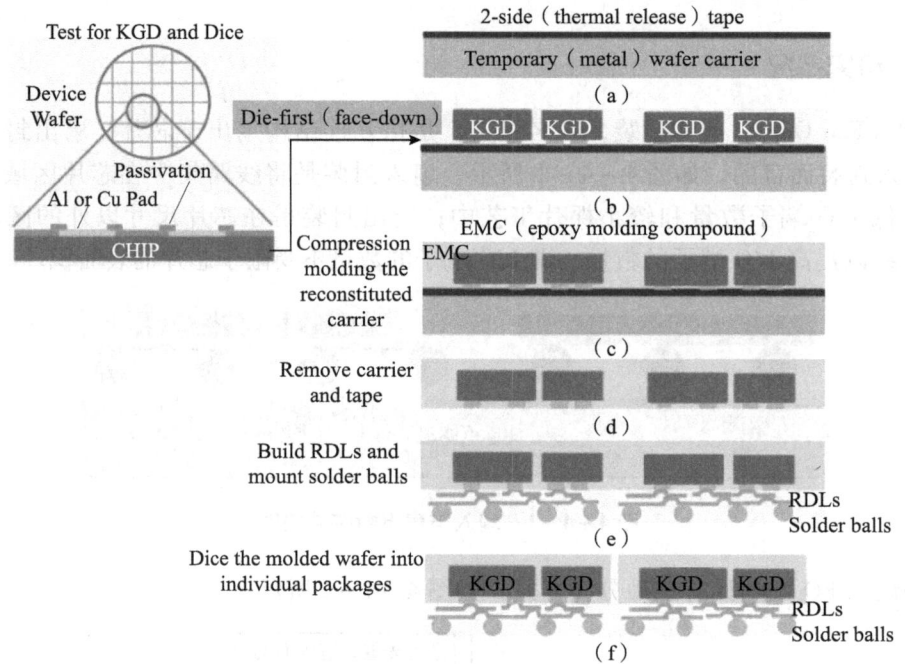

图 4-4-3　芯片先置（有源面朝下）的工艺步骤[1]

根据 I/O 密度以及 RDL 的线宽/线距（L/S）将 FO 架构划分为核心 FO、HD FO 以及 UHD FO，其中 I/O 数/mm^2≫18 和 L/S≪5μm/5μm 为 UHD FO，I/O 数/mm^2 在 6~12 之间，且 L/S 在 5μm/5μm~15μm/15μm 之间为 HD FO，IO 数/mm^2 <6，且 L/S > 15μm/15μm 为核心 FO。由于 FO 的典型特征是互连超出芯片的边缘，进而可以实现多芯片、堆叠芯片等的集成封装，这在 AI 芯片制造中尤为重要，因为 AI 芯片通常需要处理大量数据并具有较高的计算需求，扇出封装可以与 3D、2.5D 封装进行融合，进而提高 AI 芯片的算力。但是大部分的专利文献中并未明确其具体的 I/O 密度以及 L/S，

---

[1] LAU J H. Fan-Out Wafer/Panel-Level Packaging [J]. Semiconductor Advanced Packaging, 2021, 5: 147-237.

因此，从这个角度进行专利分析并不可行。

根据载体分为晶圆级扇出和面板级扇出。自2000年以来，晶圆级封装（Wafer-Level Packaging，WLP）得到广泛采用。如图4-4-4所示，当芯片还在晶圆上的时候就对芯片进行封装，保护层可以黏接在晶圆的顶部或底部，然后连接电路，再将晶圆切成单个芯片。与传统封装相比，批量化的生产方式能够进一步降低生产成本。晶圆级扇出就是指在晶圆级上完成的扇出封装，即Fan out Wafer Level Packaging（FOWLP）。相对于传统的FC-BGA类型的封装，FOWLP具有以下优点：降低成本；不需要封装衬底以及导电凸块；不需要底部填充物工艺；提高封装效率。

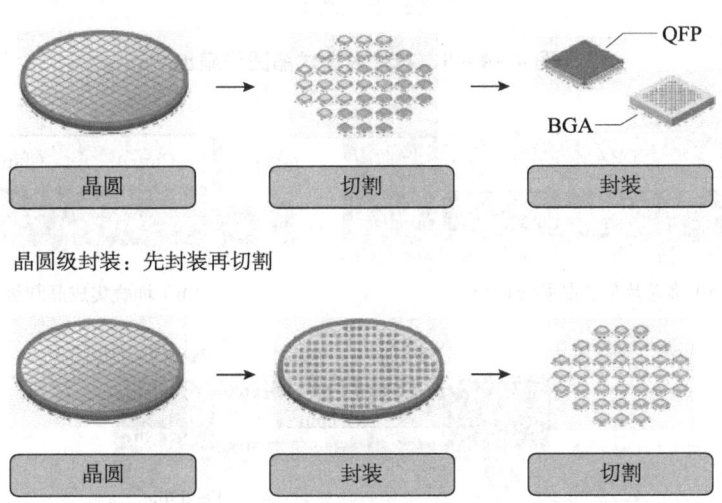

图4-4-4　传统封装与晶圆级封装工艺流程图❶

FOWLP根据其商业化历史可以分为芯片内埋式晶圆级扇出封装以及集成式晶圆级扇出封装。一般认为晶圆级扇出具有两个关键特征：芯片埋入塑封料、不需要集成电路（IC）基板，如图4-4-5（a）所示。但是随着不断发展，新的方式不断出现，例如根据芯片嵌入的位置出现了嵌入硅/玻璃以及嵌入载体类，如图4-4-5（b）、（c）所示。其中嵌入硅/玻璃以及嵌入载体相对于嵌入树脂的优势明显，包括：能够降低塑封料与硅之间的热膨胀系数不匹配带来的翘曲；硅的热导率远高于塑封料，提高散热性能；硅/玻璃的承载面的平整度优于塑封料的平整度，有利于制作高密度的RDL；还能够减小芯片偏移；嵌入载体相对于嵌入树脂能够降低翘曲等。

如图4-4-6所示，集成式晶圆级扇出根据芯片的具体布局方式又分为：（a）多芯片集成晶圆级扇出，主要是二维平面的集成；（b）堆叠集成晶圆级扇出，是三维的结构；（c）天线/芯片集成式晶圆级扇出。由于5G通信的不断发展，对芯片与天线的集成也成为集成式扇出的重要分支。

---

❶ 半导体"晶圆级封装（WLP）"技术相关工艺的详解［EB/OL］.（2024-07-22）［2024-10-15］. https://zhuanlan.zhihu.com/p/710147751.

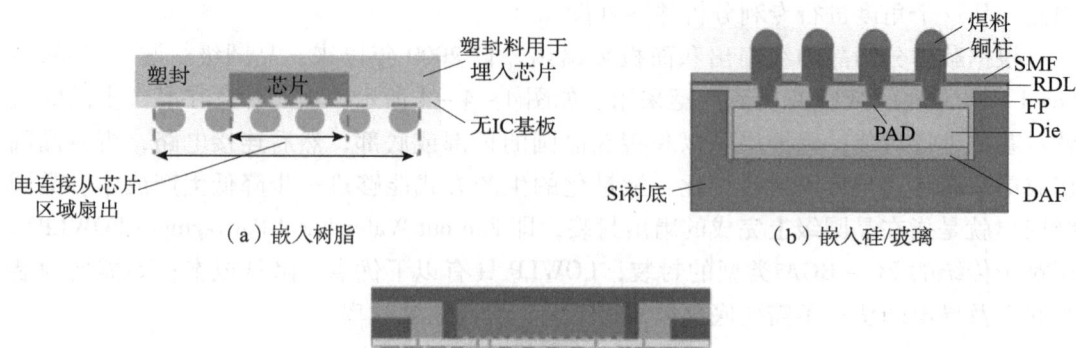

图 4-4-5　芯片内埋式晶圆级扇出

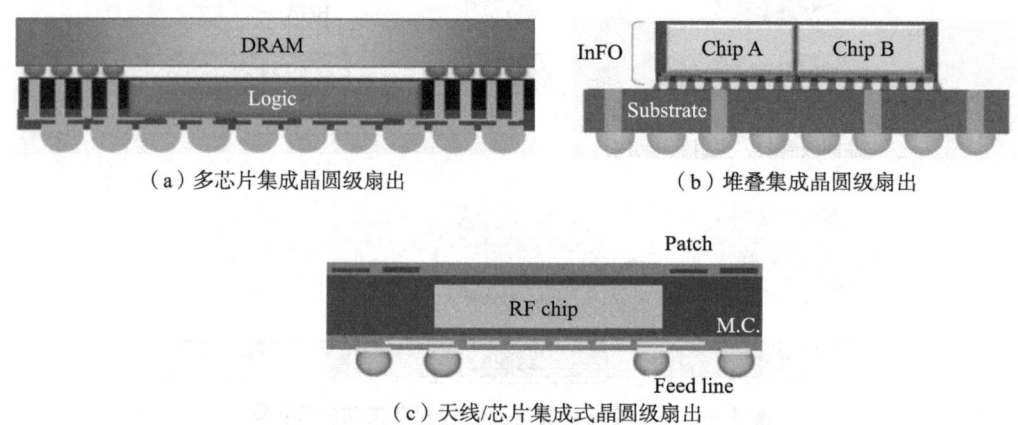

图 4-4-6　芯片集成式晶圆级扇出

此外，在对更低成本和更高性能追求的推动下，OSAT 及其用户一直期待更低的价格；并且随着 AI 芯片对算力要求的不断提高，AI 芯片的尺寸也逐渐增大，从而每个晶圆上能够获得的封装体数量也大幅度减少，这也促使人们转向更大的面积载板，图 4-4-7 是 Fraunhofer's 面板级扇出（Fan out Panel Level Packaging，FOPLP）。全球绝大部分 AI 芯片均采用了 CoWoS 先进封装架构，台积电 CoWoS 产能持续吃紧。据报道，英伟达加速对面板级扇出的研发，期望解决先进封装产能紧缺问题，推动 AI 芯片供应链发展。台积电、英特尔、AMD 等半导体行业巨头也透露出向 FOPLP 转型的信号，预示着一个由 FOPLP 引领的封装技术革新即将兴起，有望重塑 AI 芯片先进封装领域的格局。

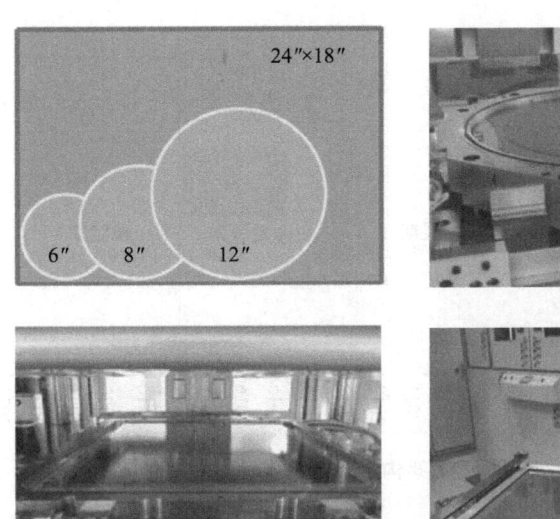

图4-4-7 Fraunhofer's 面板级扇出[1]

本节主要对 FO 架构进行专利分析，涉及的关键技术分支主要包括 FOWLP 和 FOPLP，FOWLP 又包括芯片内埋式晶圆级扇出封装以及集成式扇出封装。其中，对于 FO 架构，主要从研究概况、创新能力、市场保护以及技术路线与创新方向四个方面进行重点分析和阐述。在创新能力方面，从全球出发分析了申请量随时间变化的发展趋势、重点时间节点专利申请量变化的原因，以及全球技术来源地，统计分析 FO 架构下三级分支的专利申请趋势，还分析了全球主要创新主体分布情况；在 FO 架构的市场保护方面，主要对主要国家或地区的目标市场分布进行了统计分析，还重点介绍了主要国家或地区的在华布局情况；最后，以三级分支下的技术路线图为依托，介绍了各技术节点的起始专利和重点专利情况。

通过对涉及 FO 架构专利的综合分析，本节对涉及 FO 架构中存在的问题以及未来发展方向给出了具有指引性的意见和建议。

4.4.2 创新能力分析

（1）创新活跃度分析

从图4-4-8可以看出，作为新兴技术的 FO 架构发展过程大概25年。其中，在全球专利申请方面，其发展阶段大致划分为以下四个阶段。

---

[1] LAU J H. Fan-Out Wafer/Panel-Level Packaging [J]. Semiconductor Advanced Packaging, 2021, 5: 147-237.

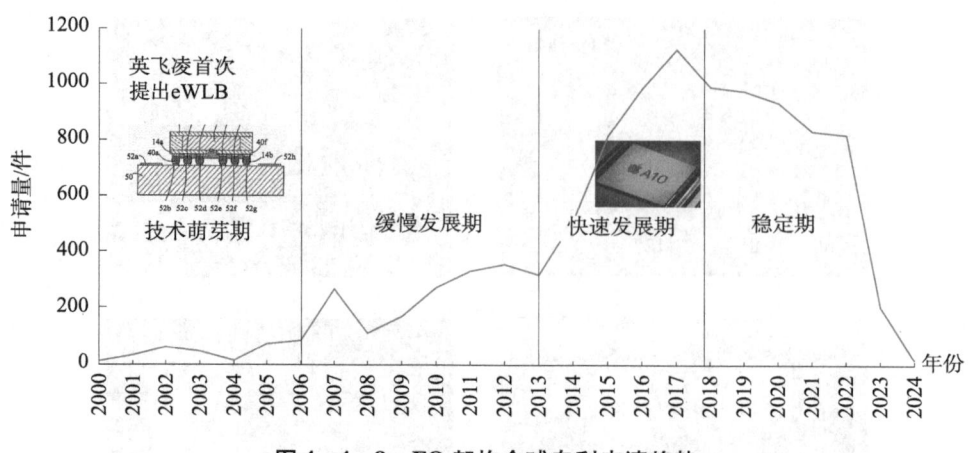

图 4-4-8 FO 架构全球专利申请趋势

第一发展阶段：技术萌芽期（2000—2006 年）

2000 年，英飞凌首次提出嵌入式晶圆级球栅阵列（Embedded Wafer Level Ball Grid Array，eWLB）封装，这是第一代 FOWLP。但是在此后的几年内年申请量一直维持在低位水平，年均申请量低于 100 件，这主要是受限于当时的技术水平和社会环境，此时对 FO 架构的需求较低。然而这一时期关于 FO 架构的研究并未中断，这一时期也称为技术萌芽期。

第二发展阶段：缓慢发展期（2007—2013 年）

2007 年，英飞凌与日月光以授权的模式进行 eWLB 技术的合作。此后，英飞凌陆续将该技术授权给 Nanium（后被安靠收购）、星科金朋（后被长电科技收购）和意法半导体，并且英特尔通过收购英飞凌的无线业务，也有权使用 eWLB 技术。2007 年后，日月光、星科金朋、Nanium 分别投资 FOWLP 生产线，并且进行了相关技术的进一步研发。FO 架构在该基础上有了一定的发展，全球申请量在 2007 年突破 200 件，达到 270 件。在这一阶段，FOWLP 技术基本使用在手机基带芯片、传感器等单芯片封装，并且在 2011 年达到市场极限。市场规模不足以维持生产，部分生产线停产，例如日月光的 eWLB 的 200mm 的生产线在 2012 年停产。此时，专利申请量也是在 300 件左右徘徊。

第三发展阶段：快速发展期（2014—2018 年）

该时期扇出封装快速发展，2016 年台积电代工苹果手机芯片 A10，采用的技术是 InFO-WLP，这是高密度扇出（HD FO）的开端。A10 嵌入了更大的芯片（面积 > 10mm×10mm），并且具有更精细的线宽/间距的 RDL 以及更高的 I/O 密度。这是 InFO 技术的首次商业化，并且取得了巨大的成功。这让业界注意到 FO 架构能够在高端应用中发挥作用。FO 架构能够将多个芯片共同集成在单个封装中，允许处理多芯片系统级封装（SiP），包括 CMOS 电路、存储器、射频（RF）芯片和无源元件，并缩短互连长度。可以在同一个封装中组合不同的材料，例如 Si、SiC、GaN、AsGa。这一特性赋予 FO 架构在成本和多功能方面独特的优势，使其在许多应用领域具有吸引力。在该阶段，就申请量来看，2016 年申请量突破 900 件，2017 年更是达到了 1100 件。由此足以看出，这一时期 FO 架构发展势头迅猛，处于快速增长阶段。

第四发展阶段：稳定期（2019 年至今）

2019 年开始至今，FO 架构的相关专利申请处于稳定发展阶段。经调研知悉，自 2023 年开始，更多企业开始布局面板级扇出封装，并且大部分企业的专利布局规划整体较为稳定，每年都会进行一定量的专利申请，包括华润微电子、LB semicon、群创光电等，因此综合总体情况来看，2023—2024 年的实际专利申请量预计处于稳定阶段。

（2）创新来源地分析

如图 4-4-9 所示，通过对全球专利数据的分析发现，FO 架构专利申请的来源地主要是中国、韩国、美国、日本和欧洲，分别占比 70%、15%、9%、4%、2%。中国作为全球重要的封测基地，拥有大量大规模的封测企业，包括长电科技、日月光、联发科、力成科技等，并且台积电作为晶圆厂在 2016 年以后积极布局集成扇出的专利。此外，自 2018 年以来中国涌现了大量的新兴半导体企业，包括甬矽半导体、矽磐微电子、青岛芯恩等。这些创新主体均在 FO 架构领域进行布局，促使中国成为重要的技术来源国。韩国最具代表的创新主体是三星，三星积极投资布局 FO 架构，以追赶台积电在该领域的领先地位。据调研，三星在 2017 年以后申请了大量的专利，这批专利主要涉及核心 FO，针对低端市场，并且形成了大量的专利簇，从不同角度对该市场进行抢占性布局。此外，三星的面板级扇出架构首次在三星 Galaxy Watch 上实现商业化，这是面板级扇出架构中前所未有的里程碑。美国主要是安靠和英特尔。其中安靠是美国最重要的封测厂，并且在 2017 年收购了 Nanium，该公司重新定位了 FOWLP 的策略，也是重要的技术来源地。日本、欧洲也有相应的技术积累。

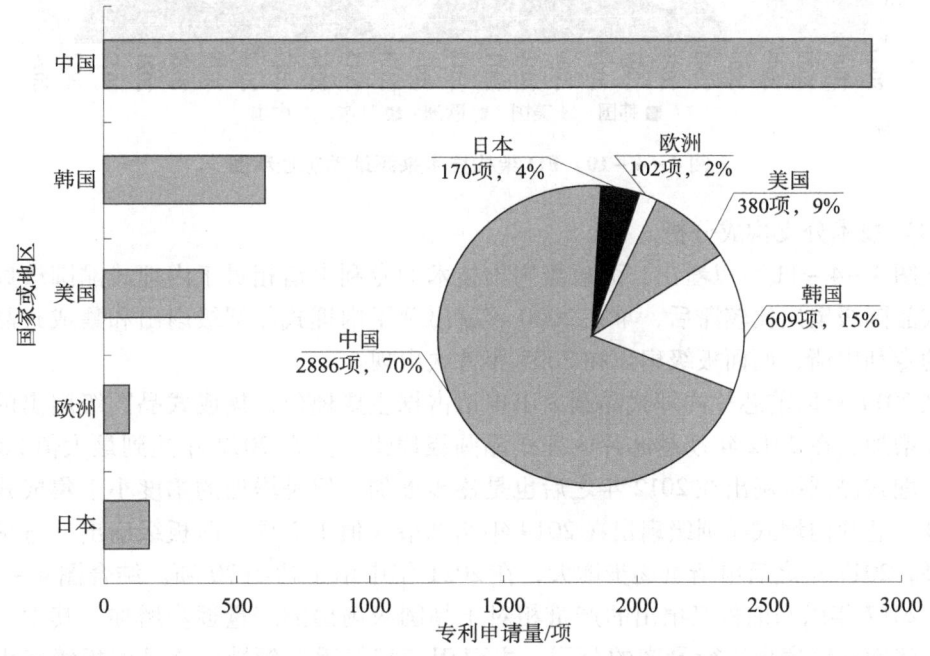

图 4-4-9　FO 架构技术来源地分析

参见图4-4-10,欧洲、美国和日本是FO架构早期重要的技术来源地。但是欧洲和日本后继乏力,主要是:因为欧洲封测厂较少,例如英飞凌虽然开创了FOWLP,但是只能以授权的方式与OSAT企业进行合作,这些企业包括日月光、星科金朋和Nanium;日本则是由于政策原因。美国在2016年之前FO架构年均申请量比较稳定,但是2016年之后申请量的比例开始逐年下降,这与图4-3-5的结论是一致的,可见美国将先进封装的重点转移到2.5D架构。中国出现的时间也较早,在该领域进行了大规模的布局。韩国出现的时间相对较晚。但是相较而言,中国在2014年以后呈现快速增长的势头,主要原因是FO架构最重要的基础技术是RDL,中国在RDL技术方面取得了显著的进展,在此基础上长电科技于2022年已经实现FO架构封装量产,盛合晶微在2022年8月也正式投产使用了FOWLP生产线。在美国对中国不断封锁情况下,中国FO架构专利申请量逆势增长,希望利用相对成熟的FO架构撬动封装产业,进一步助力AI芯片发展,实现芯片自足。

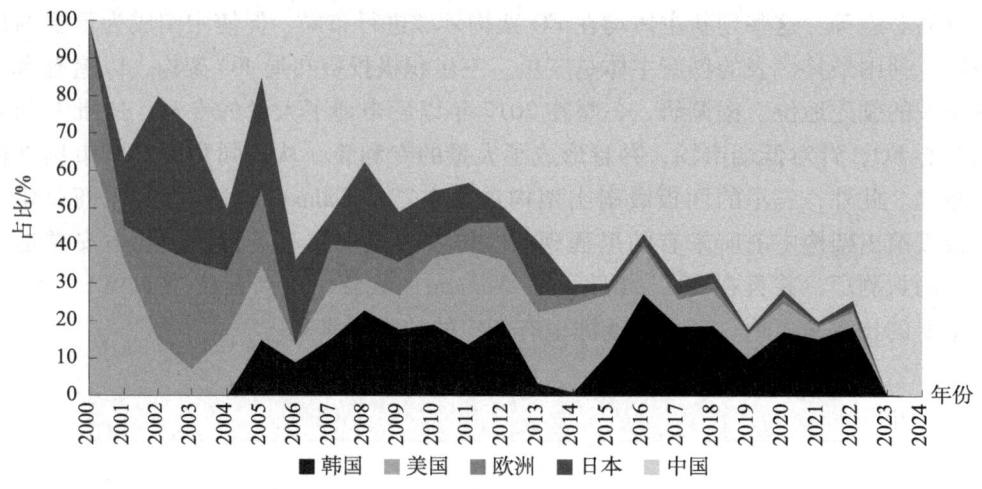

图4-4-10 FO架构技术来源地动态迁移图

(3)技术分支构成分析

从图4-4-11可以看出,面板级扇出技术的专利申请相对于内埋式晶圆级扇出与集成式晶圆级扇出比较滞后,早在2000年就出现了内埋式晶圆级扇出和集成式晶圆级扇出的专利申请,而面板级扇出在2005年首次出现。

在2011年以前芯片内埋式晶圆扇出申请占据主要地位,集成式晶圆级扇出的申请量逐步增加,在2012年超越芯片内埋式晶圆级扇出,并在2022年达到最大值280项。芯片内埋式晶圆级扇出在2012年之后也是逐步增加,但是增加的幅度小于集成式扇出的幅度,芯片内埋式晶圆级扇出在2019年达到最大值173项。面板级扇出一直呈现稳步发展,2017年之后申请量逐步增大,在2021年申请量达到70项。结合图4-4-12可知,2017年以来面板级扇出的产量相对于晶圆级扇出的产量逐步增加,其中三星是第一家将面板级扇出进行量产的公司,主要用于智能手表领域,这是面板级扇出的一个里程碑。2018年以来,AI芯片的发展促使台积电、英伟达等创新主体均开始在面板级扇出领域进行研发，可以预测面板级扇出基于其成本低、效率高等优势将成为下一个研发热点。

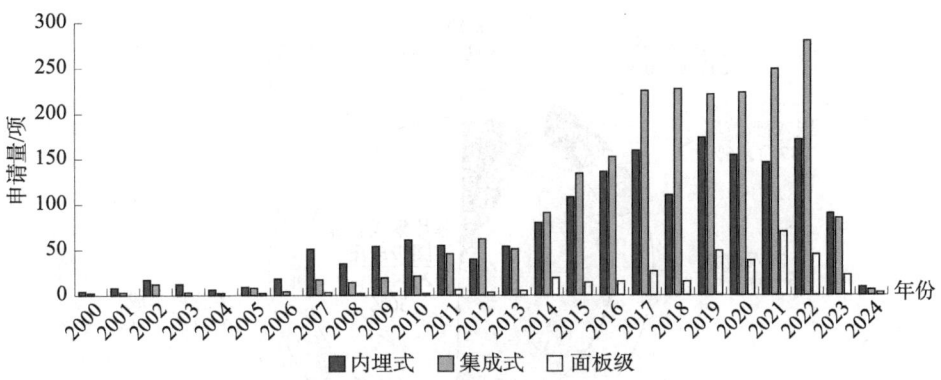

图 4-4-11　FO 架构三级分支全球申请趋势

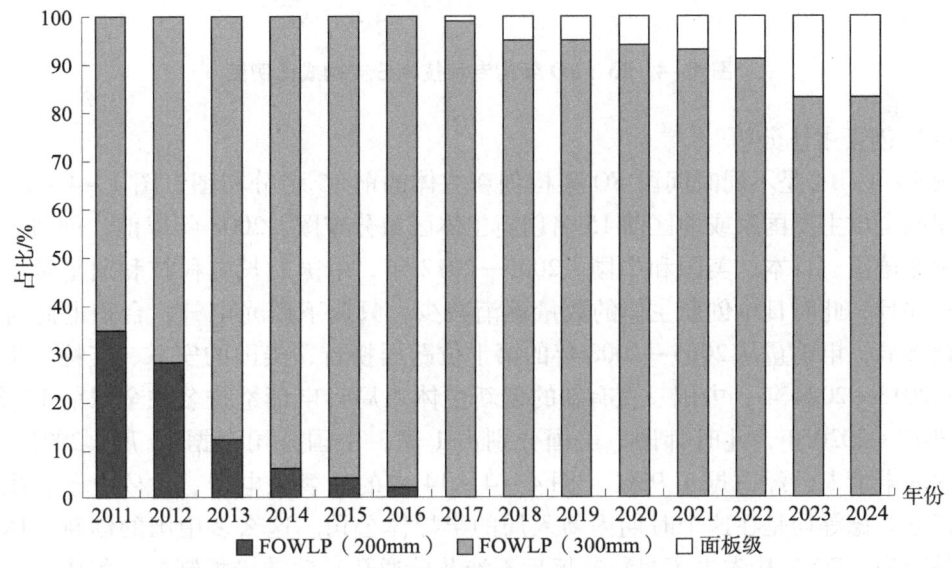

图 4-4-12　晶圆级扇出封装与面板级扇出技术产量对比

图 4-4-13 是 FO 架构专利技术分支构成比例图。面板级扇出作为新兴技术，占比较少，约为 8%；而芯片内埋式晶圆级扇出和芯片集成式晶圆级扇出分别占比为 42% 和 50%。这主要是由于以 AI 芯片为代表的高性能计算要求高精度线宽和线距以及高密度的 I/O 端子，而集成式扇出因其与多芯片封装的兼容性得到广泛关注，申请量也较大。但是对于线宽和线距以及 I/O 端子密度要求低的应用，例如传感器等也需要得到重视，传感器主要是采用芯片内埋式晶圆级扇出。此外，芯片内埋式晶圆级扇出，主要包括嵌入树脂、嵌入硅/玻璃以及嵌入载体三种类型，其中嵌入树脂作为最基础的专利申请量最大，约为 30%。对于芯片集成式晶圆级扇出，多芯片集成以及堆叠集成占比较大，分别为 26%、18%。而对于芯片-天线集成，主要是随着 IEEE 802.11ad

60GHz Wi-Fi 和 5G 通信的兴起，高性能、低功耗的毫米波射频系统集成技术得到广泛发展，而通过 FO 架构将天线与芯片集成起来，实现低损耗互连，也受到广泛关注。

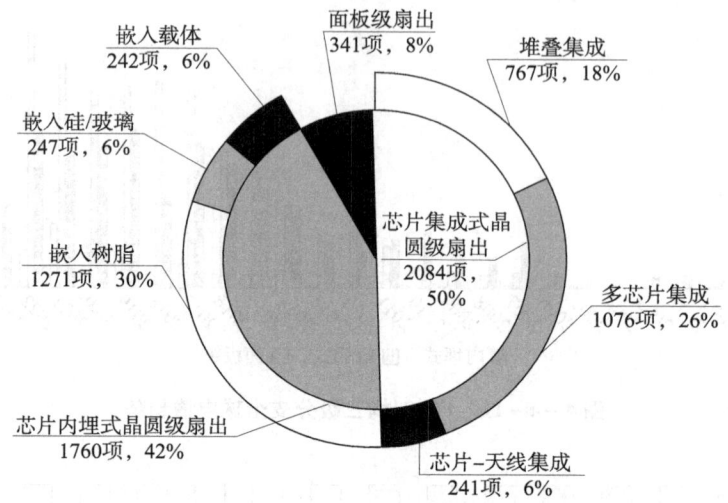

图 4-4-13　FO 架构专利技术分支构成比例图

（4）创新主体分析

图 4-4-14 是不同时间段 FO 架构创新主体的前 15 名分布图，图 4-4-15 是不同时间段全球主要国家或地区前 15 名创新主体区域分布图。2008 年以前，创新主体主要集中在德国、日本、美国和中国。2009—2012 年，中国的长电科技和通富微电开始入局；并且，此时日本创新主体的数量逐渐减少，只剩下新光电气；台积电此时开始大规模布局，申请量从 2005—2008 年的第十位跃居榜首；美国的安靠、英特尔也积极布局；2013—2024 年，中国一直有新的创新主体入局且申请量排名在全球前 15 名内，例如 2017—2020 年，此时韩国、美国分别占 1 席，中国公司占据 13 席，2021—2024 年中国的申请人已经占据了 93%。图 4-4-14 中的矽磐微电子、甬矽电子、成都奕成、江苏芯德等均是在这个时期内新入局的半导体公司。这么多中国的创新主体入局主要是因为：FO 架构省去了封装基板且不涉及硅通孔、硅转接板制备，集成式晶圆级扇出具有高精度线宽和线距，使得其能够用于 AI 芯片或者是高性能计算系统的封装。最具代表性的是台积电的 InFO-SoIS 以及 InFO-CoW 等。

图 4-4-16 示出 FO 架构全球创新主体专利申请量排名前 20 位。可以看出，申请量最大的是台积电，其次是三星、盛合晶微半导体等企业。台积电是最大的晶圆代工厂，2016 年在扇出封装方面开发了集成式晶圆级扇出，其申请量达到 664 项；而三星在 FO 架构领域也进行了大量的专利布局；盛合晶微、通富微电是中国的重要封测厂，其专利申请量紧随三星之后。日月光、华进、矽磐微电子、长电科技等在扇出封装方面也有不少的技术积累，申请量也处于全球排名前十中。此外，从图 4-4-16 可以看出中国的申请人共 14 位，占据申请人前 20 名的 70%。可见，中国的创新主体数量较多。

第4章 AI芯片先进封装关键架构专利分析

排名	2021—2024年	2017—2020年	2013—2016年	2009—2012年	2005—2008年	2004年以前
1	三星	台积电	台积电	台积电	南茂科技	英飞凌
2	台积电	盛合晶微	三星	星科金朋	三星	新光电气
3	日月光	三星	华进半导体	日月光	育霈科技	冲电气工业
4	通富微电	矽磐微电子	通富微电	三星	英飞凌	米辑科技
5	华天科技	华进半导体	联发科	矽品精密	全懋精密	英特尔
6	长电科技	力成科技	英特尔	通富微电	星科金朋	爱普生
7	盛合晶微	日月光	高通	NEPES	卡西欧	索尼
8	甬矽电子	广东佛智芯	力成科技	安靠	日本电气	旺宏电子
9	矽磐微电子	英特尔	华天科技	英特尔	海力士	揖斐电
10	华进半导体	通富微电	安靠	长电科技	台积电	卡西欧
11	成都奕成	长电科技	星科金朋	3D波拉斯	新光电气	日本电气
12	华为	中电科	长电科技	意法半导体	美光	威盛电子
13	广东佛智芯	联发科	日月光	英飞凌	日月光	矽品精密
14	江苏芯德	上海先方	钰桥半导体	新光电气	欣兴电子	
15	厦门云天	华天科技	盛合晶微	欣兴电子	英特尔	

图 4－4－14 不同时间段 FO 架构创新主体的排名

注：不同颜色代表不同技术来源地的创新主体。

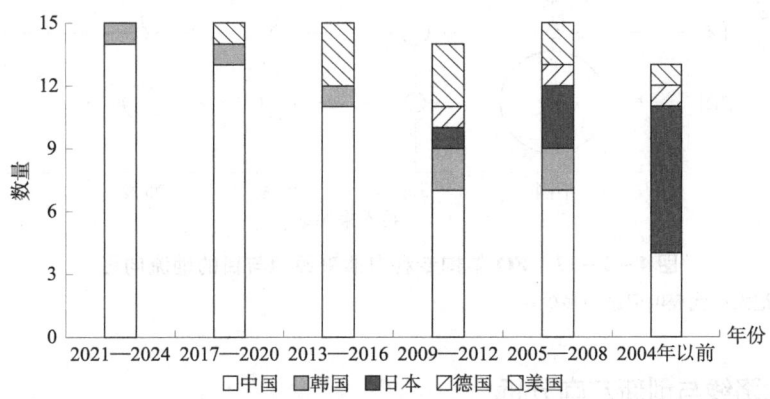

图 4－4－15 不同时间段全球主要国家或地区前 15 名创新主体区域分布

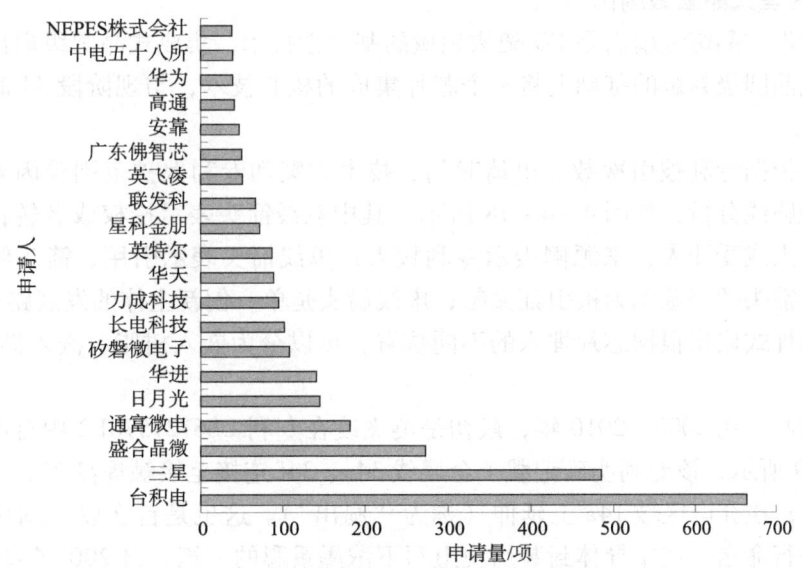

图 4－4－16 FO 架构全球前 20 名创新主体排名

4.4.3 市场保护分析

图4-4-17展示了FO架构专利申请来源地与目的地。中国、美国、韩国、日本普遍重视本国内部自身专利布局，中国和韩国除了在本国内进行专利布局外，均在美国进行了大量布局。此外，韩国在中国也进行了一定量的专利布局。由此可以看出，韩国和中国对中国市场以及美国市场均颇为重视。其中，在美国市场中，来自中国的专利申请量要大于美国自身的专利申请量，来自韩国的专利申请量与美国自身的专利申请量相当，这可能因为美国是全球最大的应用市场。

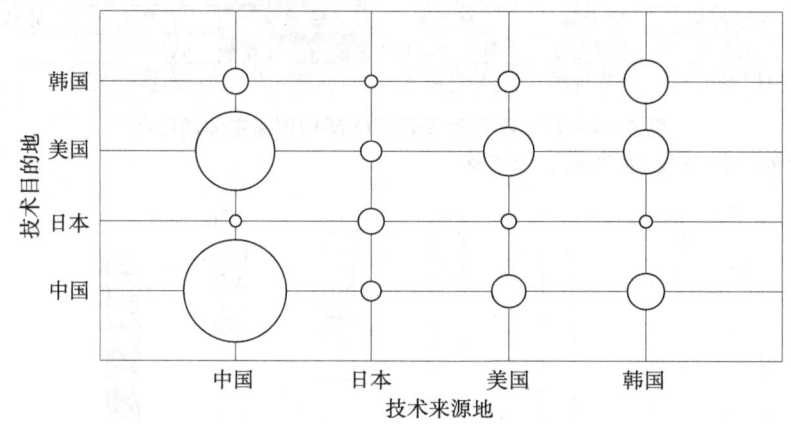

图4-4-17 FO架构专利申请来源地与目的地流向图

注：图中气泡大小代表申请量的多少。

4.4.4 技术路线与创新方向分析

4.4.4.1 内埋式晶圆级扇出

芯片内埋式晶圆级扇出是FO架构领域的基础性技术，集成式晶圆级扇出封装技术是在内埋式晶圆级封装的基础上将多个芯片集成的核心技术，与现阶段AI芯片发展趋势一致。

课题组依据专利被引次数、申请时间、技术方案和专利保护范围等因素，进行扇出架构发展路线分析，如图4-4-18所示。其中双线箭头表示授权或者转让，箭头侧表示被许可人或受让人，来源侧表示专利权人；单线箭头表示引用，箭头侧指向的是引用文献，箭头的来源侧为被引证文献；虚线箭头是单一创新主体的发展路径情况。

芯片内埋式扇出根据芯片埋入的不同位置，可以分为嵌入树脂、嵌入硅/玻璃以及嵌入载体。

嵌入树脂，在2000—2010年，最初是英飞凌在专利US6727576B2中首次提出。如图4-4-19所示，该专利明确记载了金属线34a、34f连接至接触焊盘22，并且超出芯片16a边缘，在介电区域14a上延伸（称为"扇出"）。这也是首次以"扇出"对这种封装形式进行命名，在半导体封装历史上写下浓墨重彩的一笔。自2007年起，英飞凌

第 4 章 AI 芯片先进封装关键架构专利分析

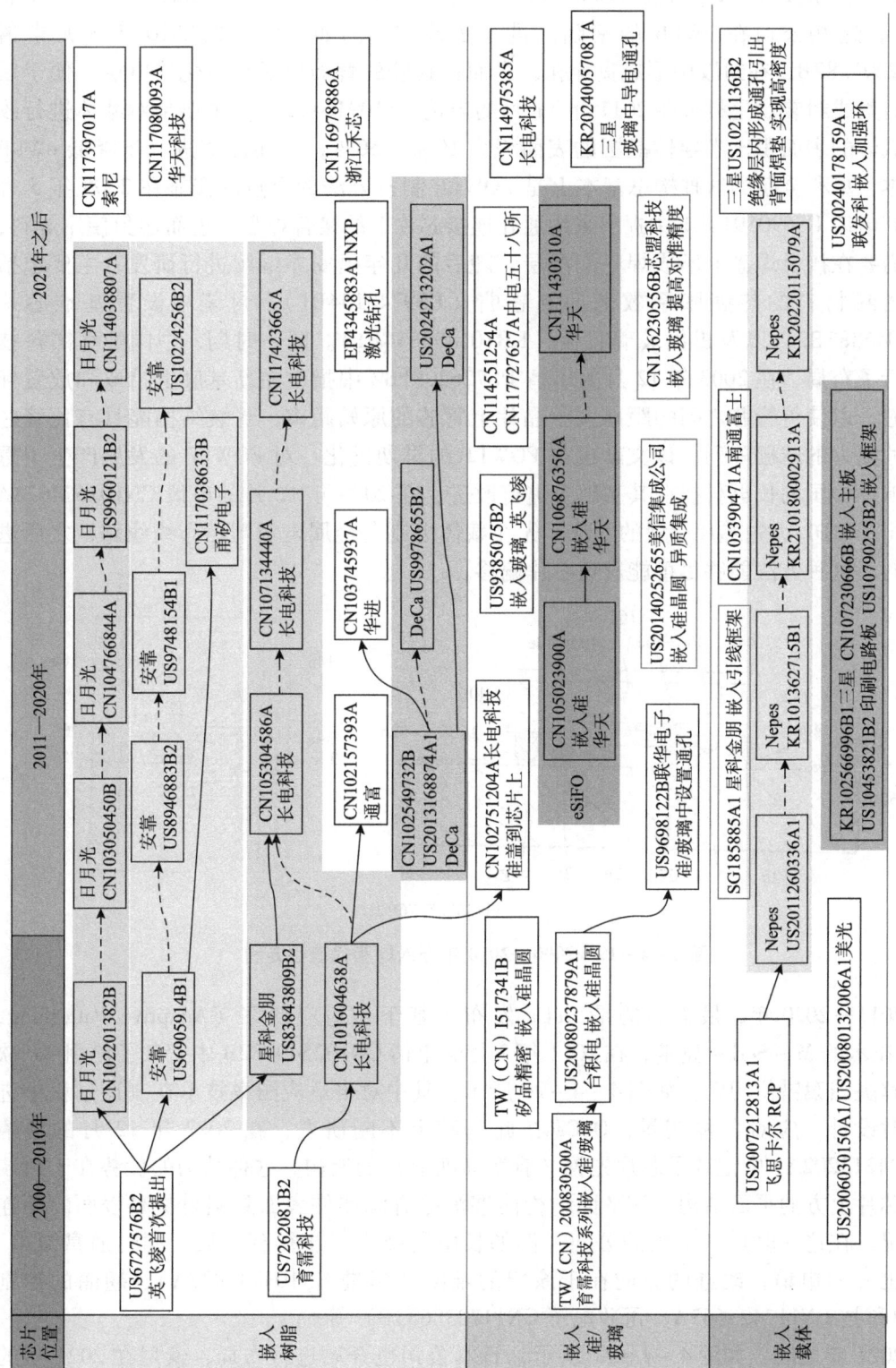

图 4-4-18 内埋式晶圆级扇出技术发展路线

陆续将该技术授权给日月光、星科金朋（后被长电科技收购）以及 Nanium（后被安靠收购），这些公司在 eWLB 的基础上进一步改进。例如，日月光 2010 年 3 月申请 CN102201382B，在封胶中形成贯穿孔，进而在封胶的背面形成图案化导电层，便于后续进行集成封装。星科金朋 2011 年 11 月的申请 US10916482B2，主要是对载体进行改进，载体的表面积比半导体晶圆的表面积大 10%～50%，进而能够进一步降低 eWLB 的成本，星科金朋的这种构思基本上是 FOWLP 制备方法的重点。安靠在 2005 年 5 月的专利申请 US6905914B1 中提出采用通孔连接芯片上的接合焊盘，进而避免使用焊料，且不需要在接合焊盘上形成焊料润湿层。随后的几年里安靠继续进行研发，主要包括改善密封材料的热膨胀系数来抑制翘曲（US9748154B1）、封装中设置基准芯片（US8946883B2）以及提供玻璃载板（KR101494814B1）。同一时期，中国的育霈科技也进行了布局，在 2003 年 12 月的申请 US7262081B2 中指出在新基底上拾取和放置标准管芯，以使得管芯之间的距离大于晶片上管芯的原始距离，封装结构能具有比管芯的尺寸更大的球栅阵列。该文献也是 FOWLP 的早期优化，对 FOWLP 的发展产生了重大影响。中国的长电科技在其基础上进行改进，在 2009 年 12 月的申请 CN101604638A 中提出了 RDL 优先芯片后置的方法，先在载体上制备金属电极与再布线线路，之后进行塑封。这种方法能够尽可能避免芯片偏移。

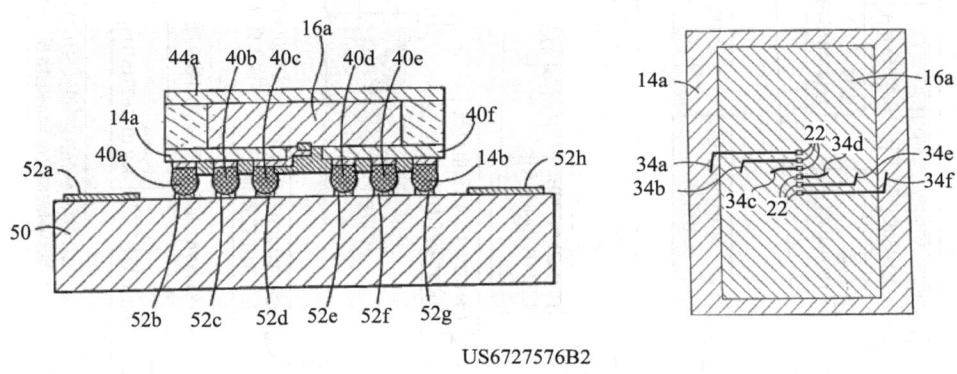

图 4-4-19　2000—2010 年嵌入树脂代表性专利

2011—2020 年，最重要的是 DeCa 发布了基于自适应图案（Adaptive Patterning, AP）技术的 M-Series 技术，在 2011 年 2 月的申请 CN102549732B 中记载了使用 AP 软件来解决图案错位问题，如图 4-4-20 所示。其中对自适应图案技术在制造过程中进行实时设计，应对各种变量，DeCa 在此基础上不断研发，在 2022 年 12 月的申请 US2024213202A1 中记载了芯片先置（有源面朝上）的架构。这种结构的优势在于封装有源芯片上方的平面结构，该平面结构能够消除有源器件表面到塑封材料表面的不连续情况。在这一时期，中国的公司，例如长电科技进一步得到发展，同时通富微电、华进也开始申请，改进的方向在于涂覆的难度（华进 CN103745937A）、翘曲的控制（长电科技 CN117423665A、甬矽电子 CN117038633B）等。

2021 年之后，如图 4-4-21 所示，日本公司也开始进行布局，索尼在 2021 年的申请 CN117397017A 中通过优化 RDL 的结构来提高可靠性；中国的申请人开始发力，

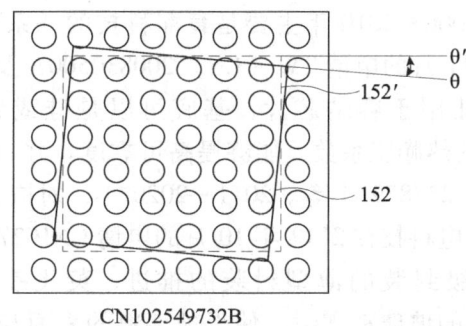

图4-4-20 2011—2020年嵌入树脂代表性专利

不仅包括华天、长电科技这样的老牌封测厂,也包括甬矽电子、浙江禾芯、中电五十八所等。例如华天在2023年8月的申请CN117080093A中提出两阶段同时布线,节约时间,降低翘曲,实现高密度布线;甬矽电子在2023年10月的申请CN117038633B中将玻璃层设置在介质层靠近和/或远离塑封体的一侧,进而解决翘曲问题;浙江禾芯在2023年7月的申请CN116978886A中制作具有下大上小结构的金属阶梯微凸台和金属阶梯柱,降低因为介电材料与金属阶梯微凸台分层的影响,提高产品的可靠性。

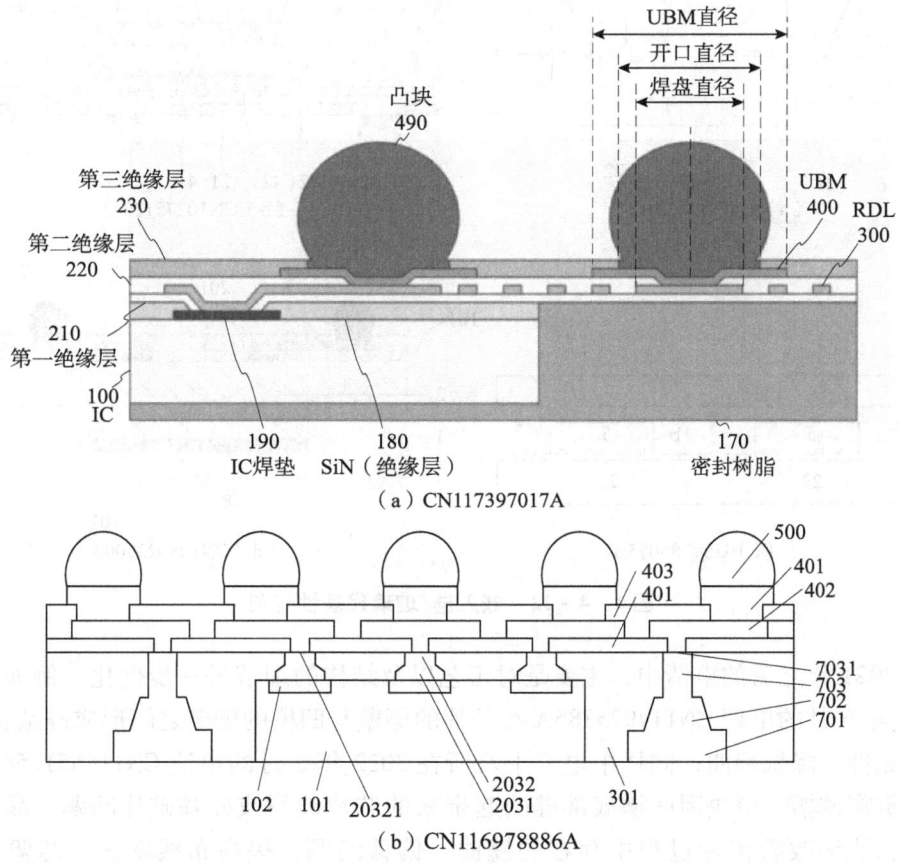

图4-4-21 2021年之后嵌入树脂代表性专利

对于嵌入硅/玻璃，2000—2010 年主要是育霈科技的一系列申请，如图 4-4-22 所示，育霈科技 2007 年 11 月的申请 TW（CN）200830500A 及其系列申请中记载，在基底中形成通孔，该通孔用于容纳芯片，基底可以是硅或者玻璃等，这种结构的 FOWLP 具有与芯片匹配的热膨胀系数，能够提高可靠度。并且育霈科技的部分申请被台积电收购，例如 US2008237879A1 等。2011—2020 年，对嵌入硅/玻璃封装的改进主要包括嵌入方式，例如长电科技在 2012 年 10 月的申请 CN102751204A 中将硅腔体扣置到芯片上，有利于圆片级封装的薄型封装的推进；英飞凌在 2014 年 4 月的申请 US9385075B2 中采用融化的玻璃料塑封，使得玻璃料的表面与半导体材料的主表面在共同表面内，利于提高 RDL 的良率；华天在 2015 年 8 月的申请 CN105023900A 中记载了埋入式硅基板扇出型封装结构，将芯片埋入硅基体上的凹槽内，将聚合物胶填充到芯片与凹槽侧壁之间的间隙，并把部分焊球扇出到硅基体表面，能够提高封装可靠性，工艺简单，成本低。并且由于硅基体的散热性好且具有更小的翘曲，有利于提高封装的散热性，克服不良翘曲，获得更小的布线线宽，适于高密度封装。这种封装是由华天自主研发，称为 eSiFO，华天在该技术的基础上不断研发，最终建立了 3D 封装平台。

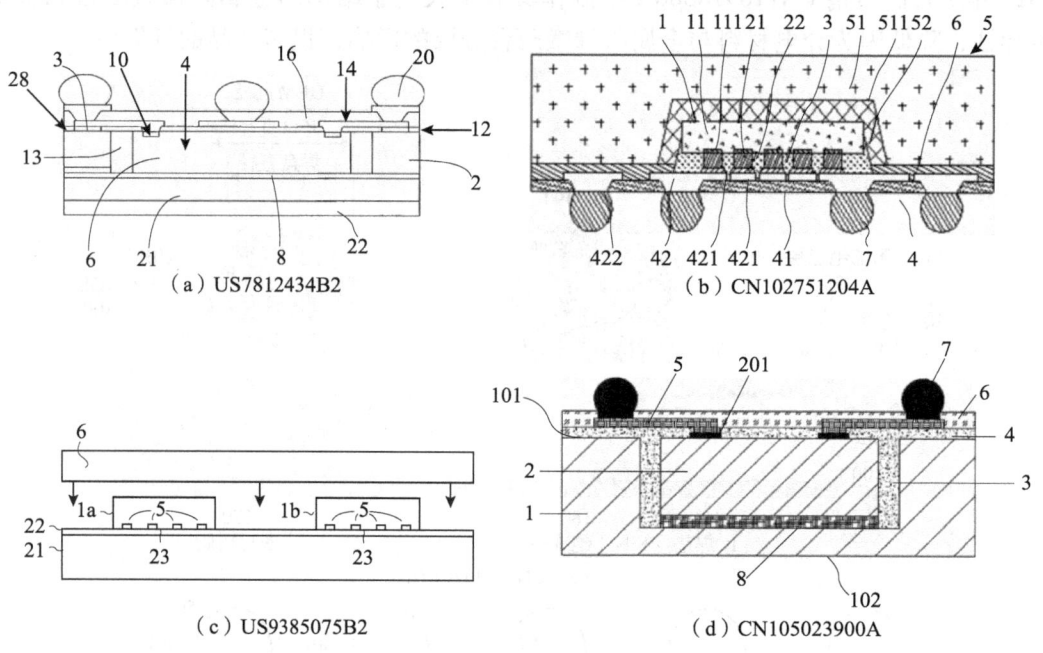

图 4-4-22 嵌入硅/玻璃代表性专利

在 2021 年之后的申请中，主要是对工艺以及结构的细节进一步优化。例如长电科技 2022 年 5 月的申请 CN114975385A 在芯片的侧壁与凹槽的侧壁之间形成硅基合金层，提高可靠性，降低翘曲；同样中电五十八所在 2022 年 5 月的申请 CN114551254A 中使用的是贯穿硅槽，解决因凹槽底部硅凸起带来的芯片破裂或硅基破片问题；晶圆以硅为基体，能够改善流片过程中存在的翘曲、偏移问题，提高布线密度；芯盟科技在 2023 年 5 月的申请 CN116230556B 中采用带凹槽的玻璃，提高芯片与晶圆键合过程中的对准精度。

对于嵌入载体，2000—2010年，飞思卡尔推出再分布芯片封装（Redistributed Chip Package，RCP），在2006年3月的申请US2007212813A1中记载了穿孔嵌入平面封装和方法。该结构与eWLB最大的不同是，该RCP封装结构中芯片的旁边设置有铜框架，有助于改善塑封过程中的芯片偏移问题，并且也可以额外提供电磁屏蔽和散热。同年飞思卡尔在美国建立了第一条200mm的RCP试验线，当时，RCP也被视为一种颠覆性技术，不需要倒装凸点、IC基板，也不需要对芯片减薄。在之后的2010年，为了进一步提高RCP技术，飞思卡尔与Nepes协作开展了开发工作，2015年飞思卡尔被恩智浦收购，恩智浦也能够使用RCP技术。Nepes同时也对RCP进一步研发，在2010年4月的申请US2011260336A1中通过设置翘曲控制阻挡线防止晶片翘曲。几乎同一时期，美光也申请了嵌入载体的晶圆级扇出封装，美光在2007年12月的申请US2008132006A1中记载了微电子管芯放置在衬底的凹部中，衬底是导热材料，与RCP不同的是，衬底没有贯穿，主要作为散热部将管芯的热量传导到外部。2011—2020年，最具代表性的申请人是三星，以其在2016年9月的申请KR102566996B1为例，这种晶圆级封装，提供了印刷电路板PCB，在该印刷电路PCB中形成凹部或开口，芯片埋入上述凹部或开口中，重布线层覆盖在PCB衬底上，PCB上表面形成有多个连接垫，便于完成堆叠封装。三星在此嵌入载体的基础上，申请了大量的专利。这些专利从不同的角度解决实际遇到的问题，例如电磁屏蔽、薄型化、翘曲、散热、电可靠性、防止焊盘/线路腐蚀、器件集成度等。在2021年之后，嵌入载体的申请比较少，也基本上是围绕封装翘曲、分层的技术问题进行，例如联发科在2022年11月的申请US20240178159A1中是在芯片的周围设置加强环结构。

总体而言，芯片嵌入式晶圆级封装作为基础性技术在初期通过授权或者转让得到了进一步的发展，其改进路径包括以下两点：在芯片所嵌埋的位置方面，主要是包括树脂、硅/玻璃以及载体；在解决的技术问题方面，主要是封装翘曲、芯片位移等方面。

4.4.4.2 集成式晶圆级扇出

2000—2015年阶段内晶圆级扇出封装主要应用于汽车雷达和射频、音频解码器等低端产品。随着晶圆级扇出封装技术的不断发展，2015年安靠推出了无硅集成模块和硅晶圆集成扇出技术，其中无硅集成模块侧重于需要超高I/O密度的应用，例如CPU或GPU，但2015年此应用的市场规模较小，于是安靠在2017年之后不再积极提供无硅集成模块。但2016年台积电凭借其集成的FOWLP技术（InFO技术）获得苹果A10的订单，此时集成式晶圆级扇出封装首次进入移动市场。这也成为晶圆级扇出封装的一个重大转折点，此后业界逐渐意识到晶圆级扇出封装在高端应用中的重要性。随着AI的市场驱动，封装从内到外都面临着革命性的挑战，集成式晶圆级扇出已经成为移动计算、AI等应用中重要的技术手段。集成式晶圆级扇出，可以分为堆叠式晶圆级扇出（三维）、多芯片集成式晶圆级扇出（二维）以及芯片-天线集成式晶圆级扇出。

对于堆叠式晶圆级扇出，从图4-4-23中可以看出，研发改进使得集成能力逐渐增强，在2000—2010年主要是以垂直方向的芯片封装体堆叠为主，逐渐出现扇出的POP封装，例如卡西欧在2003年2月的申请US2005098891A1中，首先形成多个半导体器件，在聚酰亚胺或环氧树脂的有机材料内形成柱状电极，多个半导体器件通过柱状电极上的焊球进行连接实现堆叠；星科金朋在2009年3月的申请US9263361B2中也是堆叠的晶圆级扇出封装，首先在载板上形成导电凸块，再进行塑封，并且在塑封体的双面均形成了RDL层，进一步提高I/O密度，提高集成度。2011—2020年，业界进一步提升了堆叠集成的能力，台积电在2014年7月的申请US9691726B2中充分利用双面RDL层，首先形成复合晶片，再形成复合晶片，复合晶片包括多个裸片堆叠，将两个复合晶片进行接合形成第三复合晶片，集成度进一步提升；华进在2016年12月的申请CN106783779A中记载了高密度堆叠扇出型封装结构，通过在堆叠体的左侧和右侧设置扇出封装体，充分利用空间，提高集成度。在2021年至今，扇出封装开始应用在内存封装领域，盛合晶微在2022年4月的申请CN114975416A中记载了三维扇出型内存封装结构，多个内存芯片呈阶梯设置，并通过RDL引出。该封装结构可以实现高密度、高集成线宽/线距（L/S）；制程时间短，效率高。长江存储在2021年2月的申请CN112956023A中也记载了三维扇出型封装结构，同样是将多个存储芯片进行3D堆叠，再进行扇出引出。堆叠式扇出封装已引起存储芯片企业的关注，可预见，在未来能够出现更多更薄的大容量、高带宽的堆叠封装结构。

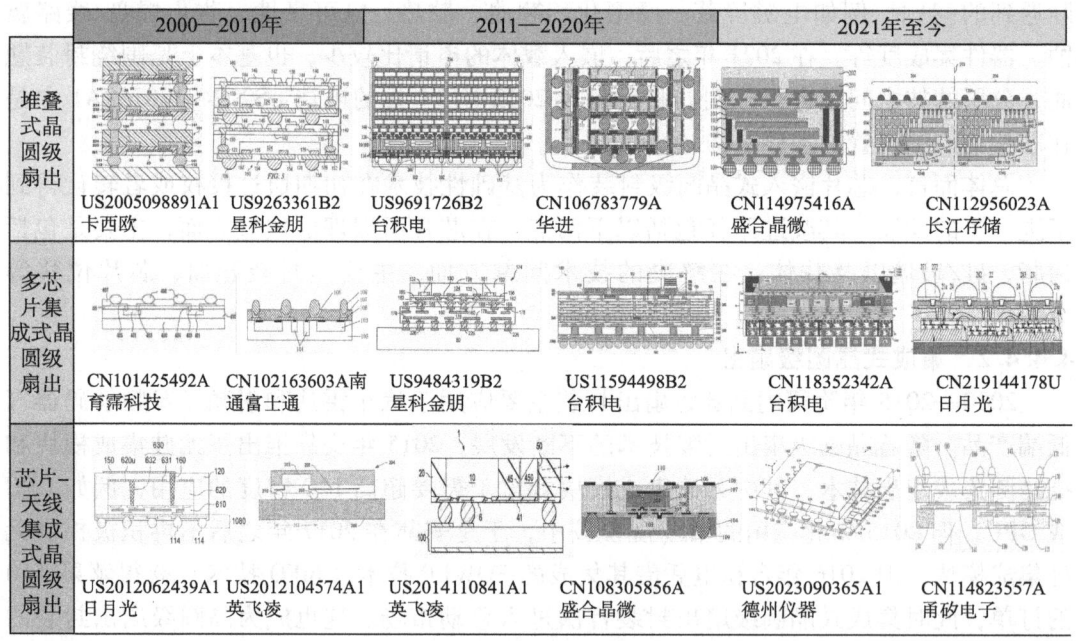

图4-4-23 集成式晶圆级扇出技术路线

对于多芯片集成式晶圆级扇出，2000—2010年，研发核心在于多个芯片的集成，芯片可以是有源器件或者是无源器件，例如在育霈科技2007年10月的申请CN101425492A中，多个晶粒同时封装于黏胶内。2011—2020年，出现了基于扇出型

RDL基板的集成扇出，星科金朋在2011年12月的申请US9484319B2中提出了通过扇出式互连结构降低基板复杂度的扩展半导体器件。可以看出，该结构不再使用TSV转接板、底填料封装等，该制作过程是先进行互连结构扇出，将无源器件与半导体管芯进行多芯片集成扇出，之后通过凸块设置在衬底上。此后，日月光、台积电、三星、联发科等均对这种方式产生了极大的兴趣，例如日月光的FOCoS、台积电的InFO-oS等。这种封装结构与包含TSV转接板的2.5D封装的区别之处在于通过扇出基板代替TSV转接板，减少工艺步骤，进一步降低成本。此外，还出现了大芯片分区、基板上的FO，并在该封装内引入了桥接结构。台积电在2020年4月的申请US11594498B2中，采用RDL优先的工艺，在基板上形成了RDL，并且RDL内嵌入局部互连部件，最后集成电路管芯设置在RDL上，并通过局部互连部件电连接。这种封装中包括两个逻辑管芯、四个存储器管芯、两个I/O管芯和七个本地互连部件，这与现阶段AI芯片的封装、大芯片的要求完美契合，并且能够省去TSV转接板。可以预见，在CoWoS产能不足的情况下，在不间断降低封装成本的推动下，该封装结构的产量应该逐步增大。在2021年之后，多芯片集成式扇出封装结构以晶片形式制备，甚至与2.5D封装开始融合。台积电在2023年6月的申请CN118352342A中记载了封装结构（半导体封装件）可以包括中介层和中介层上的一个或多个半导体管芯（例如，顶部管芯）。中介层可以包括扇出晶圆，扇出晶圆包括再分布层（RDL）结构（例如，扇出晶圆）。此外，在该阶段，封装形式也更多样化，日月光在2023年的申请CN219144178U中记载了在集成扇出封装中利用打线方式连接不同厚度的芯片，减少了芯片之间的电信号传输路径。

芯片-天线集成式晶圆级扇出，包括天线与芯片的多种位置关系。例如，日月光在2010年9月的申请US2012062439A1中记载了天线设置在封装体的表面；英飞凌在2010年10月的申请US2012104574A1中记载了天线设置在芯片下表面的RDL层内，并且多个天线形成天线阵列。2011—2020年，英飞凌在2012年10月的申请US2014110840A1中将天线结构设置在通孔条内，三维天线结构对于场感测或能量传输可能是有利的；盛合晶微在芯片-天线集成式晶圆级扇出封装技术方面也有较多的布局，例如在2018年3月的申请CN108305856A中设置多层天线金属层，实现多个天线封装结构之间的直接垂直互连，提高天线的效率。2021年之后，德州仪器在2022年3月的申请US2023090365A1中记载了导电天线与管芯的导电端子连接；甬矽电子在2022年2月的申请CN114823557A中通过在第一天线凹槽内的第二载片上设置第一天线结构，使得第一天线结构能够通过第一天线凹槽直接外露，保证了天线性能；并且第一天线结构直接设置在第二载片上，结构简单，避免了中间布线影响天线的性能。可预见，随着封装结构的不断变化改进，天线与芯片集成方式会越来越多样，但其改进方向始终朝向低功率、高性能和高集成发展。

4.4.4.3 面板级扇出

面板级扇出是从晶圆级别转换为更大尺寸的面板形式，利用规模化生产材料经济优势，能够进一步降低成本，也可以说是晶圆级扇出封装技术的进一步延伸。面板的使用面积高于圆形的晶圆，进而面板级扇出可以生产出更多的封装。从图4-4-24可以看出，面板级扇出成本相对于 300mm 的晶圆级扇出成本能够降低 66%。在面板级扇出发展中，三星早在 2017 年开始投资三星机电（SEMCO）的面板级封装，2018 年成功开发了基于 FO－PLP 的 APE－PMIC 方案，并在三星 Galaxy Watch 上实现了商业化。这是面板级扇出发展过程中的里程碑。

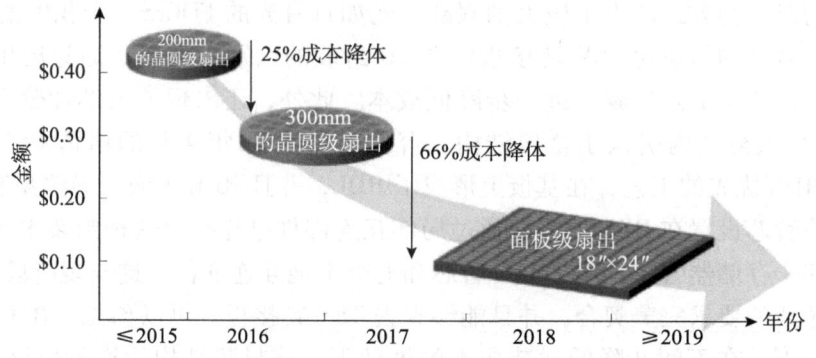

图 4-4-24　面板级扇出封装相对于晶圆级扇出封装的成本变化

随着 AI 芯片对算力的要求不断提高，AI 芯片的尺寸也逐渐增大，进而每个晶圆上能够获得的封装数量大幅度减少，这也促使人们转向更大的面积载板。例如，全球绝大部分 AI 芯片厂商均采用了 CoWoS 先进封装，台积电 CoWoS 产能持续吃紧。据报道，英伟达加速面板级扇出型封装步伐，解决先进封装产能紧缺问题，推动 AI 芯片供应链发展。台积电、英特尔、AMD 等半导体行业巨头也透露出向 FOPLP 转型的信号，预示着一个由 FOPLP 引领的封装技术革新潮流即将兴起，有望重塑 AI 芯片先进封装领域的格局。在此趋势带动下，力成科技、群创、日月光等厂商逐渐结合自身的工艺能力投资扇出型面板级封装技术的量产，同时国内一些 IDM、封装厂也开始提前布局 FOPLP。

课题组依据专利被引次数、申请时间、技术方案和专利保护范围等因素，进行面板级扇出架构技术发展路线分析，如图 4-4-25 所示。

面板级扇出主要包括四个阶段。在 2010 年以前，这个时期一般都是申请中提到面板级封装，或者是提到载体的尺寸，被称为思想萌芽期。育霈科技在 2007 年 3 月的申请 CN101261984A1 中首次提出，在晶圆级扇出中衬底可以采用矩形，例如面板型，尺寸可以为 200mm、300mm 或者更高；同时意法半导体在 2009 年 12 月的申请 US2011156239A1 中也提到嵌入面板来实现扇出封装，载体的尺寸可以是 370mm×470mm。

2011—2015 年，面板级扇出的概念开始大规模使用，J. Device 在 2014 年 7 月的申请 US9685376B2 中记载了涉及大型面板规模的薄膜布线工序及组装工序的、具有面板规模封装构造的半导体装置，主要是对支撑基板进行改进，使用多个平板层叠而成的具有厚度的复合支撑板，在解离时，仅保留最上层的第一平板，能够形成无翘曲并且低高度的半导体装置，适用于面板级扇出封装。J. Device 在此基础上还进行了改进，例如在 2016 年 6 月申请的 US10079161B2 中在支撑平板上形成带有凹槽的铜镀层，该公司后来被安靠收购。此时中国华进以及珠海越亚也开始在面板级封装领域进行申请，

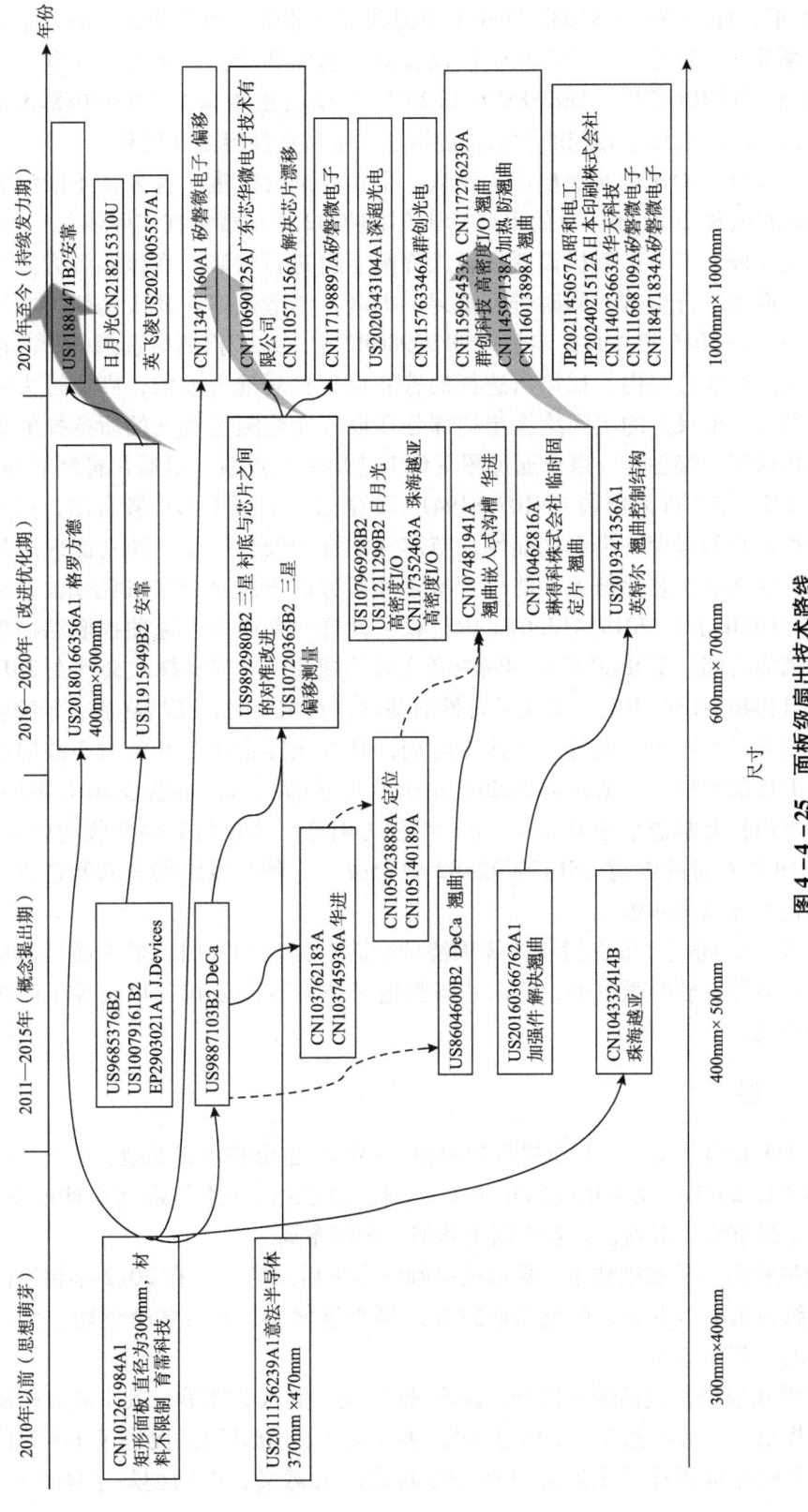

图4-4-25 面板级扇出技术路线

华进在 2014 年 2 月的申请 CN103745936A 中记载了一种扇出型方片级封装，主要是降低面板上涂覆难度。后续，华进又从定位以及解决翘曲两个方面进行了专利布局。例如在 2015 年 11 月的申请 CN105023888A 和 2015 年 12 月的申请 CN105140189A 中，在承载板上设置与芯片的尺寸相配的凹槽，使得芯片定位更加容易和便利。

2016—2020 年，对于面板级扇出主要从三个角度进行改进：首先是不断增大面板的面积。例如在安靠 2020 年 2 月的申请 US11915949B2 中记载了在实际制作半导体时，提供一个较大面板，多个子面板设置在较大面板上再进行封装。在该制备方法中，使用大面板对子面板进行重构，同时进行塑封，提高了制造效率。其次是解决芯片偏移问题。例如在三星 2016 年 4 月的申请 US9892980B2 中记载了检测所选择的管芯是否设置在目标位置的对准公差内，如果所选择的管芯设置在对准公差内，则通过去除设置在扇出衬底的衬底电极上的层间绝缘层的部分和设置在检测位置处的所选择的管芯的焊盘电极来形成第一接触孔，以及通过图案化工艺形成互连线。最后是抑制翘曲问题。其中华进在 2017 年 7 月的申请 CN107481941A 中通过在载板上形成胶合层，以及将至少两个功能性芯片和至少一个无功能性调节芯片贴合于胶合层上，使功能性芯片的有源面朝下，并使功能性芯片与无功能性调节芯片对称的方式排列来避免翘曲；英特尔在 2018 年 5 月的申请 US2019341356A1 中记载了设置一个或多个翘曲控制结构来帮助最小化或者消除可能在 FOPLP 形成期间或者之后的翘曲；琳得科株式会社在 2017 年 3 月的申请 CN110462816A 中通过优化黏合性的基材，在剥离时，使得膨胀粒子膨胀，进而避免位置偏移以及翘曲。此外，在这一时期，日月光等企业还开始对布线层进行改进，以提高 I/O 的密度。一般认为 FOPLP 由于其尺寸的问题，不适合 RDL 多层制程，因此，在大型面板上制造小于 $10\mu m/10\mu m$ 线较为困难，这也是业界面临的较大挑战；日月光在 2019 年 6 月的申请 US10796928B2 中记载了一种布线结构及其制造方法，该布线结构的核心可以为面板。

2021 年至今，面板级扇出封装持续围绕抑制芯片偏移和翘曲、扩大面板面积等方面进行改进。另外，矽磐微电子、广东芯华微电子技术有限公司、华天等中国半导体公司也开始布局。

4.4.5 小　　结

（1）在 FO 架构方面，专利布局日趋饱和，中国是主要技术来源地。

（2）中国在 2021—2024 年这四年中 FO 架构领域的创新主体占据全球前 20 名的 93%；美国是最重要的市场，大多创新主体都在美国布局。

（3）内埋式扇出是基础技术，集成式晶圆级扇出后来居上，在 2012 年超过内埋式扇出；面板级扇出申请量少，但是当前封装产量逐年增加，并且各个创新主体开始入局，如台积电、英伟达等。

（4）内埋式扇出，包括嵌入树脂、嵌入硅/玻璃、嵌入载体等，其中嵌入树脂是由英飞凌首次提出，之后经过英飞凌的授权，主要公司开始采用，促进了 FO 架构的发展，可见专利转化运用在促进产业发展方面具有巨大意义；中国创新主体成长迅速，主要在细节方面进一步改进。嵌入硅/玻璃，主要是能够降低翘曲，提高可靠度，其中如中国华天自主研发的 eSiFO。嵌入载体，主要是飞思卡尔的 RCP 技术，嵌入铜框架，提高散热；三星的嵌入印刷电路板同样能解决翘曲、芯片位移等问题。

（5）集成式扇出于 2016 年开始受到广泛关注，以提高集成度为发展方向；在堆叠式集成扇出类型中出现了 PoP 封装。在多芯片集成扇出类型中应关注基于 RDL 基板的扇出，该架构相比 2.5D 架构能够有效降低成本、简化工艺。

（6）面板级扇出，主要是解决翘曲、偏移和产量的问题。高密度的 RDL 层是研发重点，也是将面板级扇出能否应用到 AI 芯片中的决定因素。

4.5 2.5D 架构分析

4.5.1 研究概况

2.5D 封装架构旨在通过在转接板上集成多个芯片来提高集成度和性能。近年来，2.5D 封装架构受到广泛关注，主要原因是：在技术发展方面，3D 架构中最重要的是 TSV 制作，但是 3D 架构中 TSV 的制作要避开晶圆中的有源器件，包括掺杂区等，难度较高，仅有头部的晶圆厂可以做。为了进一步提高集成度，在转接板上制作 TSV，2.5D 架构中的 TSV 通常尺寸比 3D 架构中的尺寸大，制作难度低，部分封测厂也可以进行加工。在市场应用方面，在 AI 的驱动下，2.5D 封装架构作为最核心的封装形式，需求量日渐增加，受到普遍关注，例如，英伟达 GPU H100 系列和英特尔的 Gaudi 系列都采用的是 2.5D 架构。

2.5D 封装架构根据芯片与转接板的位置关系可以分为：芯片设置在转接板的一侧，即单面架构（以下简称"单面"）；芯片设置在转接板的上下两侧，即双面架构（以下简称"双面"）；芯片嵌入在转接板内部的凹槽，即嵌入架构（以下简称"嵌入"）；连接两个芯片或封装的桥接部（以下简称"桥接"）。

单面架构发展最早，应用也较早。Leti 公司❶的 SoW 就是早期应用的 2.5D 架构之一，其制备过程是将专业集成电路（ASIC）、存储器、电源管理集成电路（PMIC）和微机电系统等均集成到含有 TSV 的硅片上，切片后形成的独立单元构成一个子系统，可以再贴装到基板上使用。在单面架构最突出的是台积电，图 4-5-1 是台积电最经典的单面架构——CoWoS，主要是在硅转接板上同时集成 SoC 和 HBM 器件。台积电的该架构最早使用在赛灵思高端 Virtex 系列器件中，引发了一系列的关注。在随后的研发过程中，鉴于硅材料极大拉高了封装成本，出现了有机转接板以及玻璃转接板。

图 4-5-2 为双面架构的示意图。可以看出，在转接板的顶部设置两个芯片，在其底部设置一个芯片，芯片和转接板之间以及转接板与有机基板之间采用了下填料。

---

❶ SOURIAU J C, LIGNIER O, CHARRIER M, et al. Wafer Level Processing of 3D System In Package for RF and Data Applications [C]. IEEE, 2005.

由于双面架构转接板的正面和背面都可以集成芯片,因此转接板的尺寸就可以进一步降低。换言之,在相同尺寸的转接板上可以集成双倍数量的芯片。并且,对于正面和背面的芯片,面对面进行设置,进一步降低了互连距离。

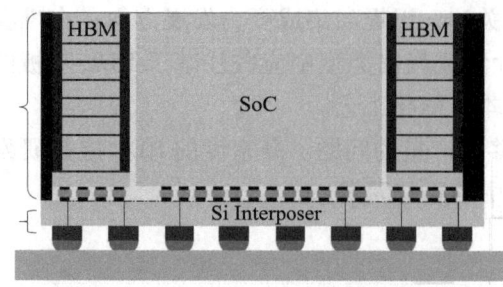

图4-5-1 台积电最经典的单面架构

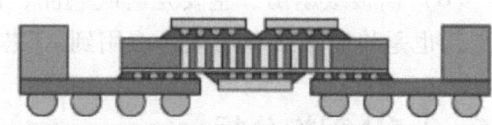

图4-5-2 双面架构示意图

图4-5-3为嵌入架构的示意图。可以看出高功率芯片和低功率芯片嵌入在转接板的凹部内,嵌入架构能够进一步降低封装体在z轴方向的尺寸,有利于进一步提高集成度。

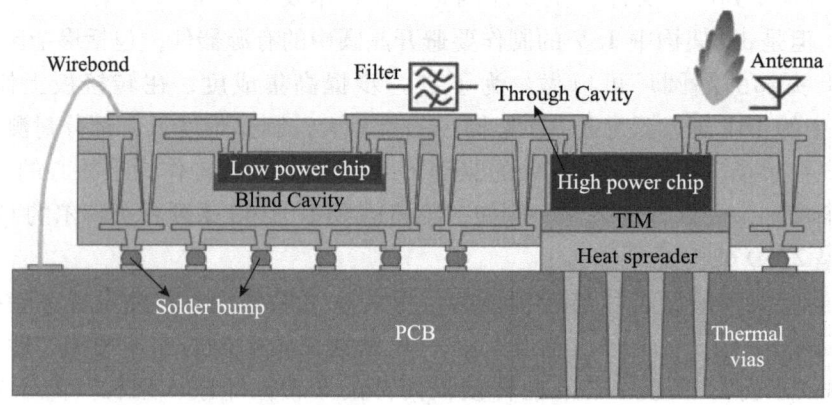

图4-5-3 嵌入架构示意图

对于桥接架构,带有硅通孔的转接板是非常昂贵的。在此基础上,英特尔提出一种嵌入式多模互连桥(EMIB)来取代TSV转接板。如图4-5-4所示,芯片之间的横向连接由EMIB来完成,信号通过封装基板来传输。2015年阿尔特拉/英特尔宣布将海力士的堆叠HBM与高性能Stratix10 FPGA和SoC集成在一起。采用EMIB的这种方式,相较于硅基转接板一方面,使连接多个芯片的桥的面积减小;另一方面,省去TSV的制作,极大降低了成本,这也是2.5D架构中的核心结构。

本节主要对2.5D封装架构进行专利分析,涉及的技术分支主要包括单面、双面、嵌入、桥接。对于2.5D架构,从2.5D架构研究概况、2.5D架构创新能力、2.5D架构市场保护以及2.5D架构技术路线与创新方向四个方面进行重点分析和阐述。在2.5D封装架构创新能力方面,从创新活跃度、创新来源地、技术分支构成以及创新主体四个方面进行分析;在2.5D封装架构市场保护方面,分析了主要国家或地区的分布以及动态迁移；最后绘制了 2.5D 封装架构的技术路线图，指出创新方向。

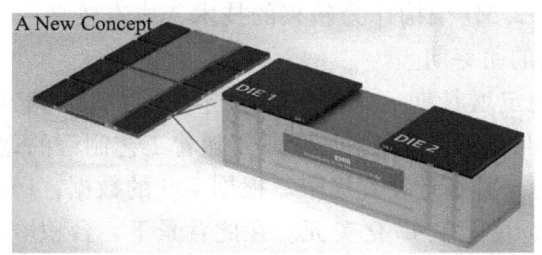

图 4-5-4　桥接架构❶

4.5.2　创新能力分析

（1）创新活跃度分析

1）全球 2.5D 架构申请态势

截至 2024 年 7 月 21 日，2.5D 架构全球专利申请的总申请量为 15 299 件。图 4-5-5 是全球范围内 2.5D 架构的专利申请趋势图，2.5D 架构的全球专利申请量总体上呈现快速增长态势。

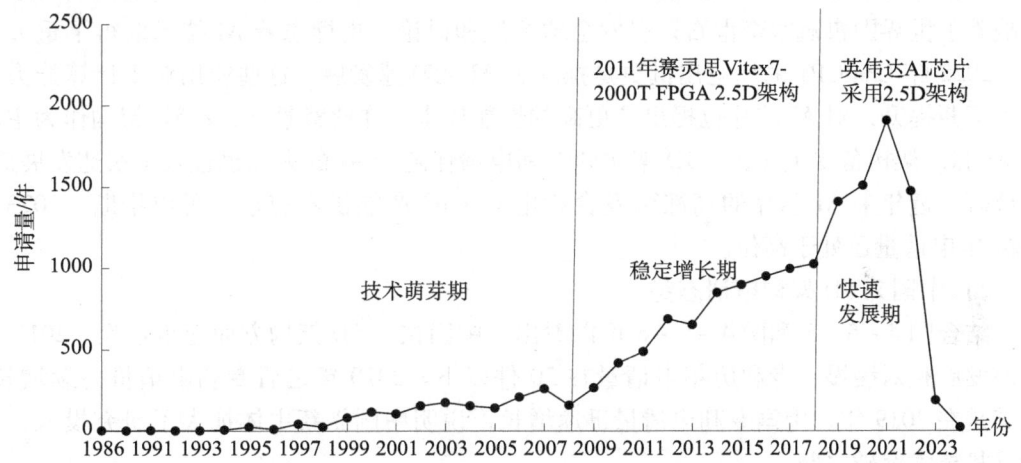

图 4-5-5　2.5D 架构全球专利申请趋势图

从图 4-5-5 中可看出，在全球专利申请方面，其发展阶段大致划分为以下三个阶段：

第一发展阶段：技术萌芽期（1986—2008 年）。在这个阶段，专利申请量缓慢增长，年申请量不超 100 件。主要是因为在 2008 年之前，尤其是 1990—2008 年，以 BGA、MCM 以及 CSP 为代表的面积阵列封装占据大量市场份额，此时焊球替代引线，芯片与系统距离缩短，其 I/O 密度已经能够满足芯片封装的需求。并且在该时期 AI 技

---

❶ 西西. 半导体芯片先进封装——CHIPLET [EB/OL]. (2022-10-06) [2024-10-15]. https://m.elecfans.com/article/1899807.html.

术的研究和应用还处于初级阶段，AI技术对于芯片也没有特殊的需求，普通的CPU也能够提供足够的算力。2.5D架构作为新兴的技术，成本较高，不符合当时行业需要，该时期属于2.5D架构的萌芽期。

第二发展阶段：稳定增长期（2009—2017年）。自2009年开始到2017年，关于2.5D架构的相关专利申请处于稳定增长阶段。随着工艺制程的逐渐缩短，在研发成本逐渐增大的同时，也越来越逼近物理极限。根据IBS的数据，16nm工艺的芯片设计成本为1.06亿美元，5nm增至5.42亿美元。在此背景下，台积电率先在2008年成立了集成互连与封装技术整合部门，在2012年推出了2.5D封装技术CoWoS。赛灵思率先使用了这种技术，与台积电共同推出Vitex7-2000T FPGA，这是当时利用2.5D架构实现的全球容量最大的FPGA，它有195万个逻辑门、68亿个晶体管。随着AI技术的不断发展，2016年英伟达Tesla P100——全球首个AI超级计算数据中心GPU采用了CoWoS架构。英伟达是台积电最大的客户，奠定了台积电在AI芯片代工的霸主地位。该芯片配备12GB或者16GB的HBM2，内存带宽达到720GB/s。在该阶段，包括英特尔、三星在内的众多半导体企业纷纷在2.5D架构领域进行布局。

第三发展阶段：快速发展期（2018年至今）。自2018年开始，2.5D架构的专利申请量大幅攀升，在2021年达到顶峰，达到1997件。2016年，Google开发的AI阿尔法狗战胜了世界围棋冠军李世石，引发全球关注和讨论，也标志着AI技术取得了重大突破；2022年ChatGPT的横空出世更是推动了AI的高速发展，这些应用对于计算能力的要求不断提升，对AI芯片也提出了更高的性能要求。在此背景下，2.5D架构作为主流的AI芯片架构备受关注，2.5D架构的专利申请伴随着AI的火爆也进入了快速发展期。据调研，近年来AI芯片的高涨引发台积电CoWoS产能供不应求。可以推断，2023—2024年申请量还处于高位。

2）中国2.5D架构申请态势

结合图4-5-5和图4-5-6可以看出，中国在2.5D架构方面起步较晚，2010年之前发展相对缓慢，专利历年申请量在50件以下。2010年之后专利申请量持续增长，尤其是在2019年，中国专利申请量迅速增长，说明中国创新主体加大了研究投入，开始寻找技术突破之路。

（2）创新来源地分析

从图4-5-7中2.5D架构专利技术来源地统计可以看出，来自中国的申请量最大，台积电作为世界先进的代工厂在2.5D架构领域形成完整的专利布局；此外，中国由于地缘政治面临美国的制约，近年来，不断加大先进封装的研发力度，力争突破美国的封锁。美国的申请量位居第二，占34%，这是因为美国的半导体芯片制造和封装一直处于世界前列，在AI技术方面的研究也处于领跑地位，拥有英伟达、AMD、Google、高通、IBM等多家在AI领域研发的企业，其中英伟达已经成为AI芯片市场公认的领导者。这些创新主体在2.5D架构领域都进行了一定量的专利布局。韩国和日本分别位居第三和第四。其中韩国的半导体制造比较集中，主要是三星；日本也有一定量的储备。

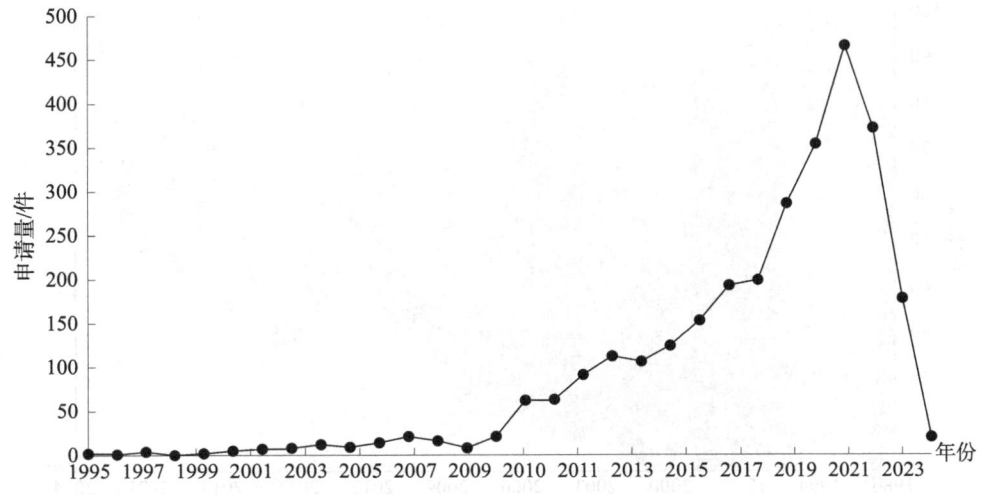

图4-5-6 2.5D架构中国专利申请趋势图

图4-5-8为2.5D架构主要国家的专利申请变化趋势图,反映出不同时期主要创新来源地的专利申请量变化情况。可以看出,美国和日本起步最早,2001年之前的专利申请集中在美国和日本;2001年后,中国和韩国几乎同时开始布局。美国的发展比较稳定,2001年以来,每年的专利申请量几乎占据全球年申请量的30%~40%,而且在2015—2016年几乎占据全球年申请量的50%。对于日本,其早期申请量较大。对于中国、韩国,二者几乎同时开始在2.5D架构领域布局。而中国申请量稳定上涨,在2.5D架构取得显著进步。例如上海

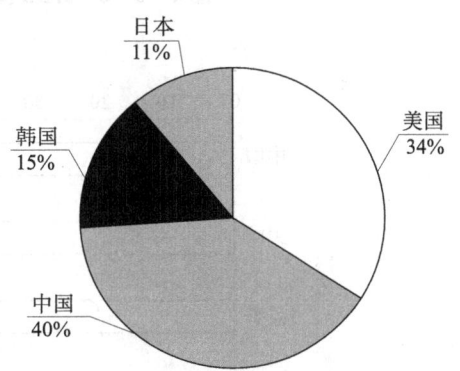

图4-5-7 2.5D架构全球技术来源地占比

微电子推出中国首个2.5D/3D先进封装光刻机,主要用于高密度异构集成领域,以满足AI芯片的需求。可以预测,中国2.5D架构的专利申请量会高歌猛进。

从图4-5-9的专利技术构成来看,单面架构的申请量最大,其次是桥接架构,而双面架构和嵌入架构申请量均处于低位。在单面架构方面,中国、美国、日本和韩国均有较大量的布局,申请量均占据本国家或地区2.5D架构的50%以上,主要是因为单面架构是基础架构技术,起步时间较早,并且产业上应用得已经最成熟。在桥接架构方面,美国的申请量最大,这不得不提到英特尔的EMIB技术。单面架构的核心是带TSV的转接板,但是这种结构很大程度上提高了封装成本,在此基础上,美国的英特尔首创提出嵌入式多模互连桥也即EMIB来取代TSV转接板,极大降低了成本,这也是美国桥接架构较多的原因;而中国也在桥接架构领域进行了积极的布局。此外,韩国和日本也在该领域有一定量的布局。在双面架构和嵌入架构方面,主要国家均进行了布局,但是申请量较低。

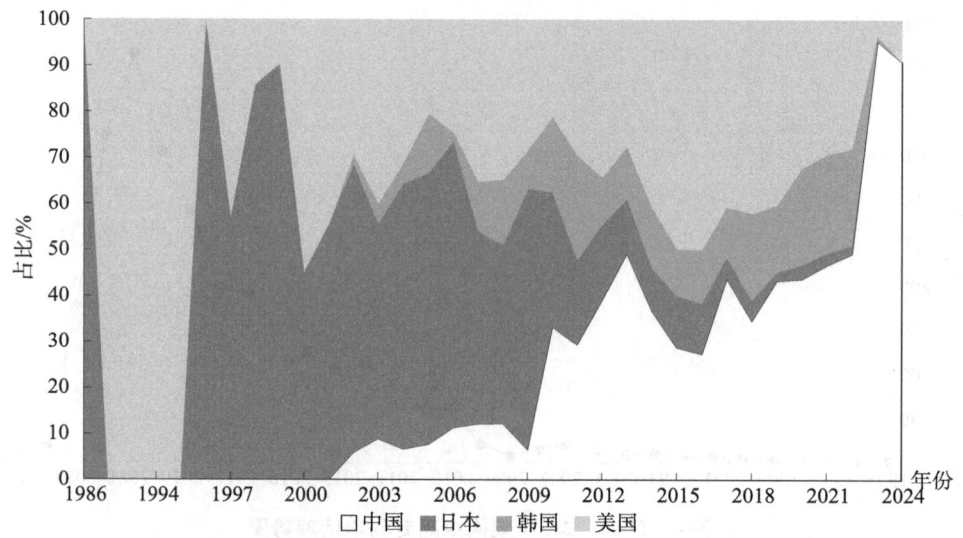

图 4-5-8　2.5D 架构主要国家专利申请变化趋势

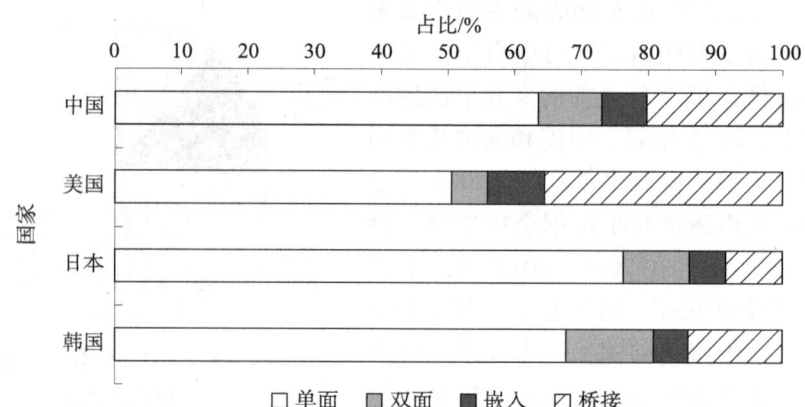

图 4-5-9　主要国家或地区 2.5D 架构各技术分支申请量

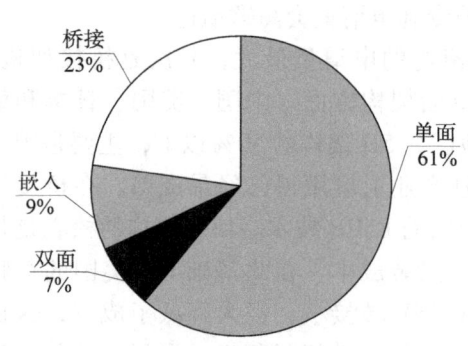

图 4-5-10　全球范围 2.5D 架构各技术分支占比

(3) 技术分支构成分析

1) 全球专利技术构成分析

从图 4-5-10 中可以看出，单面架构和桥接架构占据了较大的申请量，分别占比 61% 和 23%，双面架构和嵌入架构占比较低，分别为 7% 和 9%。可见，在 2.5D 架构方面，单面架构是基础，桥接架构是降低成本的重要方式，持续受到广泛关注。

在 2.5D 架构中，单面和桥接起源最早，分别在 1986 年就出现了相关的专利申请；随后是双面架构，最早出现在 1993 年，嵌入起源于1998年。并且从图4-5-11、图4-5-12中可以看出,单面架构历年的申请量均最大;嵌入架构的申请量与双面架构的申请量相当,一直处于相对稳定的水平。桥接架构技术虽然起步较晚,但后期申请量迅速增长且处于相对较高的水平。可见单面和桥接是2.5D架构的关键技术,创新主体对于这两种架构的投入和关注度相对更高。

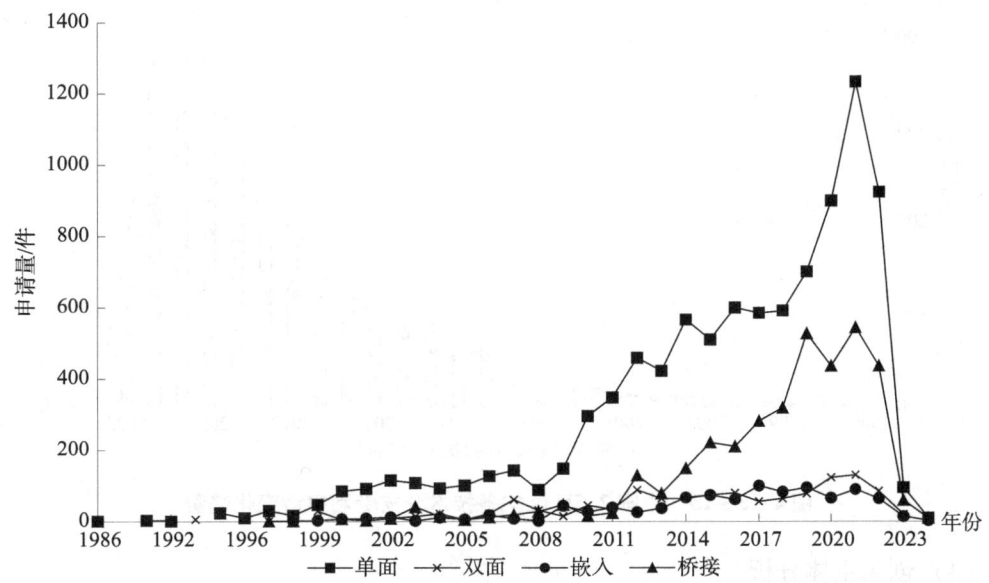

图4-5-11 全球范围2.5D架构各技术分支专利申请变化趋势

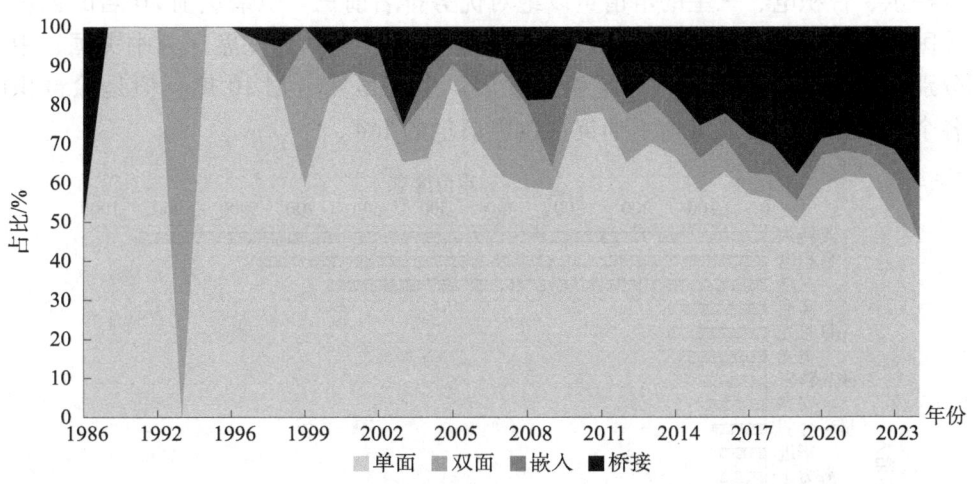

图4-5-12 2.5D架构各技术分支全球专利申请占比趋势图

2) 中国专利技术构成分析

从图4-5-13中可以看出,在中国,单面架构技术出现的时间最早,随后出现的是双面架构技术,之后二者并行发展。1996—2005年,单面和双面呈现缓慢发展趋势,每年的申请量很少。2006年,首次出现了嵌入架构,随后2.5D架构相对活跃了起来。虽然桥接的专利申请出现得较晚,发展相对其他2.5D架构较为滞后,但很快就超越了嵌入，后期申请量增速也更快。从图4-5-13中也可以看出，单面和桥接涉及了较大的申请量，这也与全球2.5D架构的发展趋势一致。

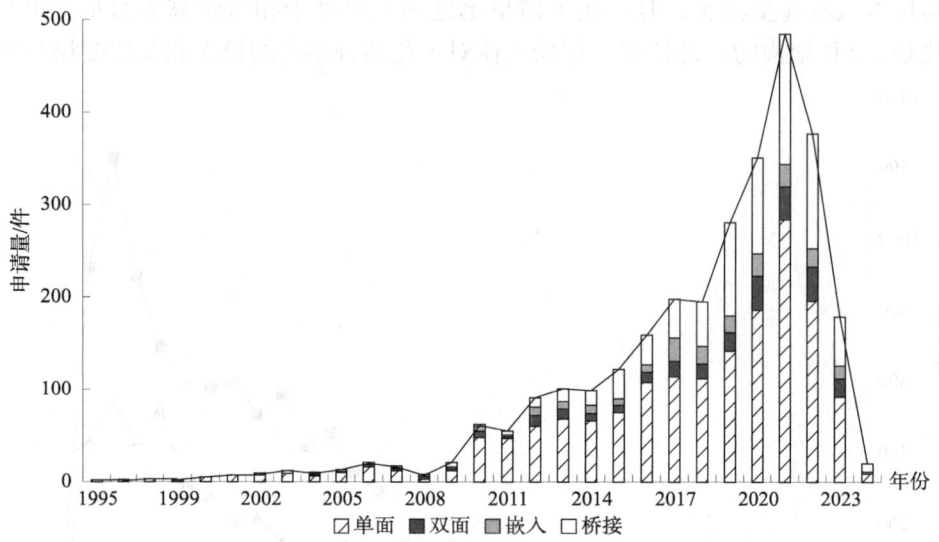

图4-5-13 中国2.5D架构各技术分支专利申请变化趋势

(4) 创新主体分析

图4-5-14为2.5D架构专利申请量前20位的创新主体分布情况。从图中可以看出，英特尔、台积电、三星的申请量以绝对优势排名前三。申请量前20名的创新主体中，美国占据6席，中国占据10席，韩国占据2席，日本为2席。其中美国、中国和韩国分别由英特尔、台积电和三星引领发展。中国虽然占据10席，但是除台积电之外，各个创新主体的申请量均不到英特尔申请量的1/4。

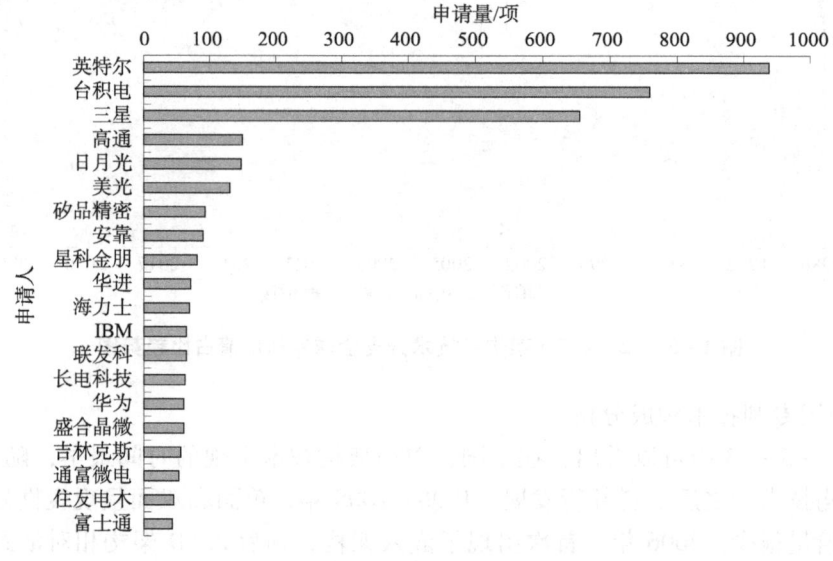

图4-5-14 全球2.5D架构专利申请量前20位的创新主体排名

4.5.3 市场保护分析

（1）专利布局地域分析

2.5D 架构在全球的专利目标市场分布如图 4-5-15 所示，其中目标市场为美国的申请量占据 48%，中国占据 34%，韩国以及日本分别占据 11%、7%。可见，2.5D 架构相关专利布局主要集中在美国，原因在于：一方面，美国是 AI 领域的重要市场，在 AI 技术方面的研究也处于领跑地位；另一方面，AI 芯片的主流架构是 2.5D 架构，促进了包括台积电等在内的众多创新主体在美国大量布局。此外，中国是不可小觑的市场区域，市场活跃，对 2.5D 架构的需求不断提高，因此很多创新主体将其作为

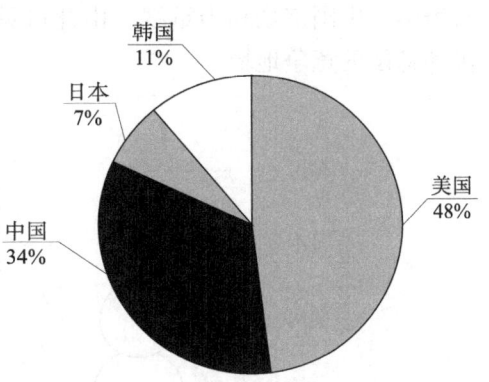

图 4-5-15　2.5D 架构在全球的专利目标市场分布

重要的目标市场，使得中国作为专利布局目的地的占比仅次于美国。

2.5D 架构在全球的目标市场动态迁移如图 4-5-16 所示。从目标市场的动态迁移上看，目标市场为美国、日本的专利申请最早在 1986 年就已经出现，其中美国作为 2.5D 架构专利的第一目标市场，其专利数量一直保持逐年增长的趋势以及较高的全球占比，日本的专利申请量却逐年降低。

目标市场为中国和韩国的专利申请出现得稍晚于美国的专利申请，并且专利申请量较为稳定；中国的专利申请自 2010 年开始稳步增长，可见中国市场活跃度较高，也因此吸引了诸多创新主体进行专利布局以达到抢占市场的目的。

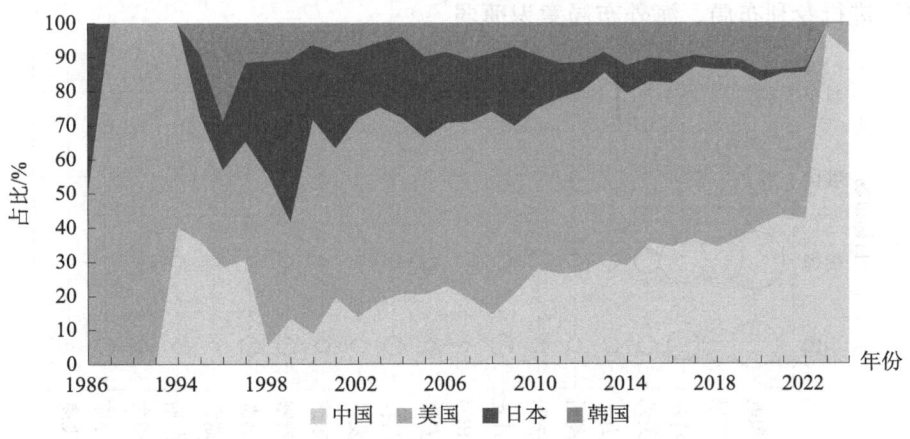

图 4-5-16　2.5D 架构在全球目标市场动态迁移

根据创新主体来源地和布局目的地，课题组选择中国、日本、美国和韩国进行分析。结合图 4-5-17 可以看出，中国、美国、日本、韩国普遍重视本国或地区内部自

身专利布局。美国的专利申请量占据第一,美国除在本土进行布局之外,在中国也进行了不少布局;中国作为申请量第二大国,海外布局主要集中在美国;同样,韩国在美国的布局量大于其在本土的布局量,此外韩国在中国也进行了不少布局,可见,韩国对美国、中国市场相当重视。由此可见,与 FO 架构类似,美国、中国市场是中国、美国和韩国的竞争地域。

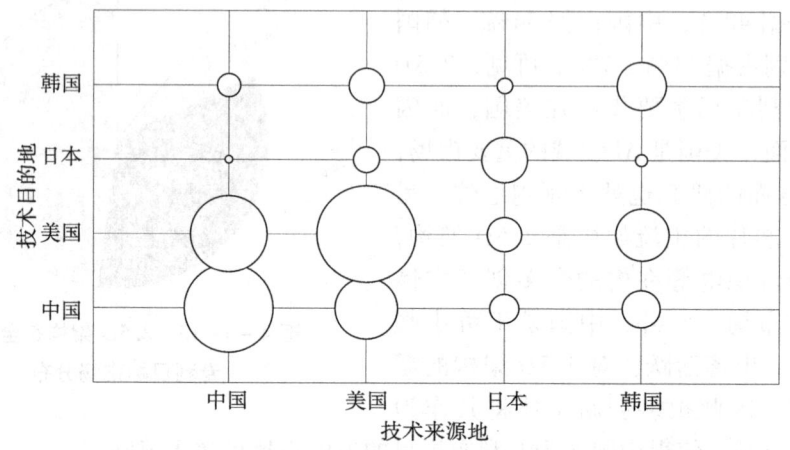

图 4-5-17　2.5D 封装架构创新主体来源地与布局目的地流向图

注:图中气泡大小代表申请量的多少。

从图 4-5-18 中可以看出,三星、英特尔、台积电的目标分布市场主要是美国,可见美国无论是技术研发热度还是市场活跃度均较高,也因此成为第一大目标市场。其中三星作为韩国本土企业,在韩国和美国进行了大量专利布局;而英特尔和台积电则将中国作为第二大目标市场进行专利布局。可见,中国市场活跃度也相对较高,能够吸引创新主体进行专利布局。另外,中国的其他创新主体例如盛合晶微、华进均主要在中国进行专利布局,海外布局意识薄弱。

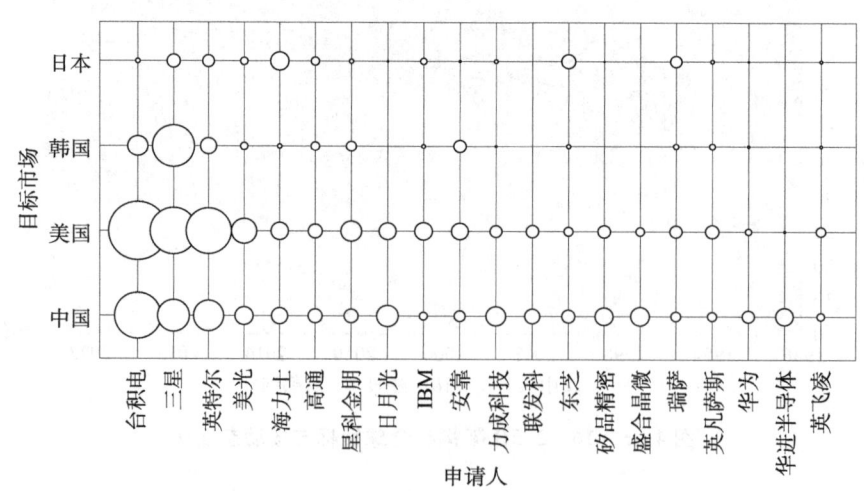

图 4-5-18　2.5D 架构主要重点申请人目标市场分布

注:图中气泡大小代表申请量的多少。

(2) 主要国家在华专利布局分析

中国 2.5D 架构的专利申请来源如图 4-5-19 所示，其中中国申请量占 59%，美国占 25%，韩国占 11%，日本占 5%。其中，除中国以外美国申请量占到总量的 25%，原因在于美国高度重视中国这个不可忽视的市场，将中国作为重要的目标市场。

图 4-5-20 是主要国家在中国的 2.5D 架构专利申请态势。中国创新主体在 2002 年才出现首件申请，而美国、日本最早于 1995 年在中国进行专利申请，可见，中国创新主体的专利申请较美国、日本创新主体的专利申请晚了近 7 年。另外，从年申请量所占比例的逐年变化趋势来看，美国和日本在早期阶段基本呈"双独大"态势，而中国本土专利布局随着时间逐年增加。

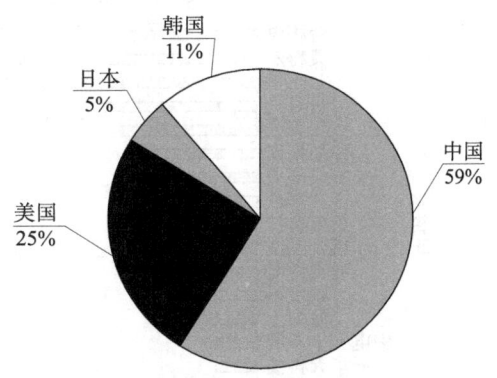

图 4-5-19 中国 2.5D 架构的专利申请来源占比

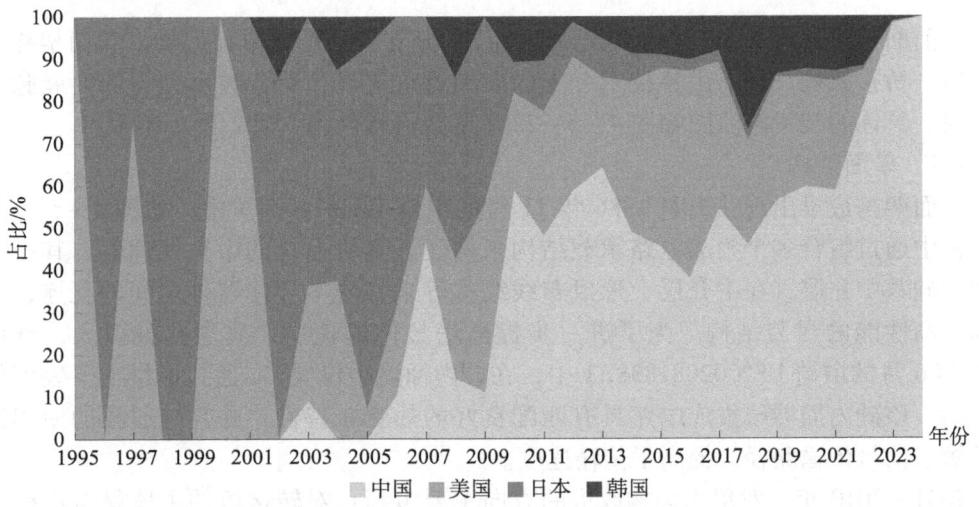

图 4-5-20 主要国家在中国的专利申请态势

(3) 重点申请人在华布局情况

2.5D 架构中重点申请人在华布局也即申请量排名如图 4-5-21 所示，在中国布局最多的是台积电、英特尔、三星、日月光、美光等。台积电作为国际先进芯片制备厂商，其 2.5D 架构全球专利申请量较大，在中国申请量也是最多的，可见台积电对中国市场的重视。此外，华为也开始在该领域重点研发，其专利申请量位居第十，但是其专利申请总量占台积电申请总量的 13%，与台积电相比还存在不小差距。

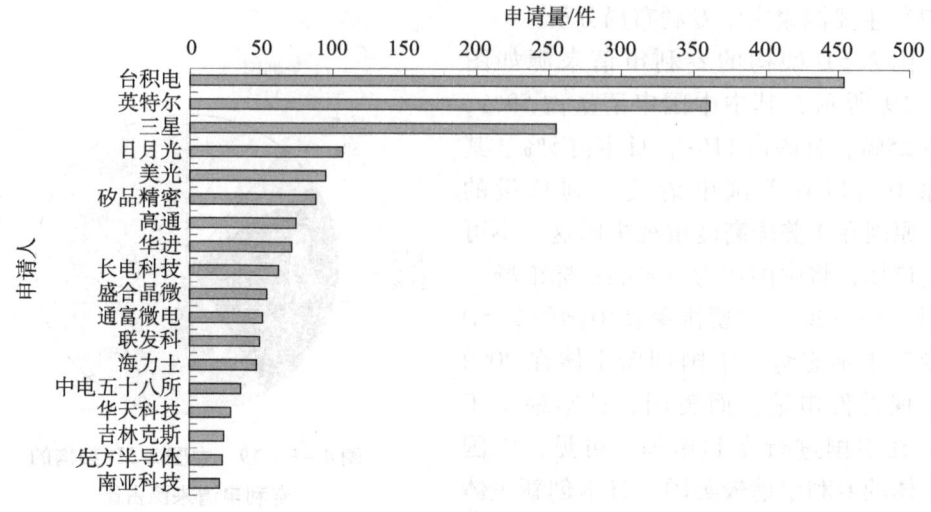

图4-5-21　2.5D架构中重点申请人在华布局排名

4.5.4　技术路线与创新方向分析

由前面所述，将2.5D架构划分为四个技术分支，分别是单面架构、双面架构、嵌入架构、桥接架构。以下由各技术分支的发展进程展开，对各技术分支的发展脉络进行阐述。具体的技术路线图如图4-5-22（见文前彩色插图第2页）所示。

4.5.4.1　单面架构

单面架构最早出现在IBM 1986年11月的申请US4811082A中，如图4-5-23所示，其中通过组合多个集成电路承载结构来构建计算机系统的中央处理器，其中承载结构即硅基中介层，在中介层上形成布线结构等来实现半导体器件之间的互连，实现高速、高性能的封装结构。为了进一步提高信号传输速度，硅通孔被引入，英特尔1999年6月的申请US2002081838A1中，在硅内插器中设置Cu通孔提供上下表面的信号通路，该硅内插器与集成电路具有匹配良好的热膨胀特性，并且硅通孔的使用进一步缩短了信号传输路径，提高了传输速度。

2001—2010年，对单面架构改进的方向主要包括：对转接板的主体材料进行改进来降低成本，以及对转接板的结构进行优化。在主体材料改进方面，揖斐电株式会社在2007年12月的申请CN101632170A中采用布线层的工艺来制备中介层，实现以少的层数进行多条布线的引绕并且适于电子部件间的大容量信号传输的中介层；日本特色陶业株式会社（NTK）在2003年3月的专利申请JP2004356618A中采用氧化铝生片来制备，其中在制备过程中通过焊接来完成通孔的制备，进一步降低了通孔沉积的成本；美光在2004年4月的专利申请US7422978B2中采用聚酰亚胺或者基于聚酰亚胺材料的片材作为转接板的芯材料，降低了成本。在结构优化方面，索尼在2002年8月的专利申请JP200471719A中采用阳极氧化选择覆盖转接板与安装板相对面的绝缘层，避免凸点电极与转接板之间的短路；台积电在2010年4月专利申请CN105845636B中提出具有不同尺寸TSV的硅转接板，管芯可以布置在上述转接板的单面、双面上。

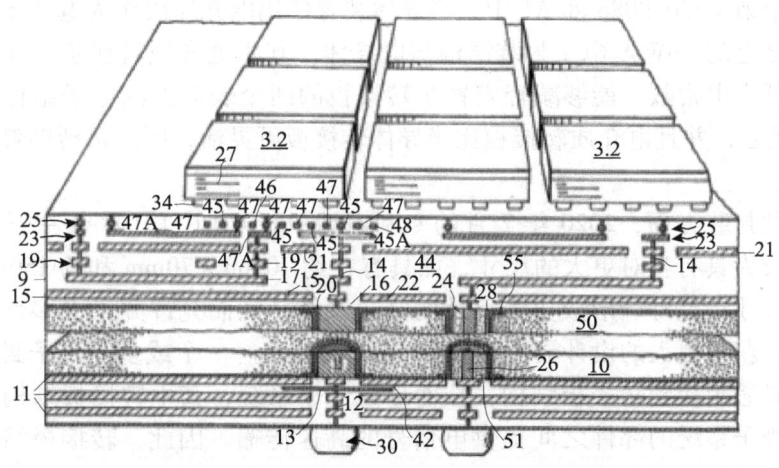

图 4-5-23 单面架构首件专利 US4811082A

2011—2020 年，除了对转接板主体材料的改进和结构的改进，主要是出现了光电共封装结构。此外通过单面架构进行异构集成也受到了较高的关注。在主体材料方面，日本特色陶业株式会社（NTK）在 2013 年 1 月的专利申请 JP2014139963A 以及华进在 2014 年 12 月的专利申请 CN104409424A 中均提到了玻璃转接板，通过采用玻璃材料来降低成本，提高良率。在布置方式改进方面，欣兴电子股份有限公司在 2011 年 8 月的专利申请 CN102915983A 中将转接板嵌入封装基板内，进而改善封装基板可靠性，并且降低封装尺寸。在异构集成方面，赛灵思在 2012 年 12 月的申请 JP2015507372A 中通过转接板将 SoC 和存储器进行集成；三星在 2016 年 6 月提交的专利申请 KR20180003317A 中，在转接板上依次堆叠第一子半导体封装 M1 和第二子半导体封装 M2；英伟达在 2019 年 8 月的申请 US11011249B2 中将逻辑器件和存储器件进行集成。

光电共封装是将光收发模块和电子集成电路芯片设置在同一封装内的封装技术，这种方式进一步缩短了通信互连距离，提高了系统带宽，并且降低了功耗。2.5D 架构的不断发展，为光电共封装提供了可靠的集成方式。在光电共封装方面，甲骨文早在 2013 年 4 月的专利申请 US9250403B2 中就通过转接板将电芯片和光芯片进行集成。

在 2021 年之后，中国的创新主体在单面架构领域开始了大规模的布局。华进、华为等均进行了一定量的布局；此外，上海人工智能创新中心、上海航天电子通讯设备研究所等也开始了布局。

接下来主要对台积电的单面架构发展路线进行了梳理。台积电由于其晶圆代工的霸主地位在该领域进行了大规模布局。台积电于 2010 年开始发展 2.5D 架构，即 CoWoS 架构。2011—2020 年，主要对 CoWoS 进行了优化改进，还提出将 CoWoS 架构用于光电共封。台积电于 2016 年 1 月提交的专利申请 US2017221858A1 中，记载了一种三层 CoWoS 结构，多个封装件芯片接合至同一转接板晶圆，在转接板晶圆上放置器件管芯，器件管芯中的贯通孔用于将器件管芯连接至器件管芯；台积电于 2017 年 9 月提交的专利申请 US2019088582A1 中，半导体装置使用电介质层作为电介质转接板以互连第一表面之上的 CoWoS 电子封装结构与电导体，其中电介质转接板与半导体转接板相比，具有低介电常数，能够减轻安置于转接板的两个表面上的电子组件之间的电流泄漏及 RC 延迟，并且电介质转接板比半导体转接板更灵活，因此可帮助释放应力且减小分层风险。

在光电共封装方面，2020 年 7 月的专利申请 DE102020119103A1 中记载，转接板结构可以形成为具有相对更大的尺寸，如具有在约 70mm×70mm 和约 150mm×150mm 之间的横向尺寸，这可以形成更大尺寸的光子系统，从而允许并入更多部件，增加更多处理功能，获得更大的设计灵活性和/或降低的成本。一个或多个光子封装、处理管芯和存储器管芯附接到转接板结构，从而形成光子系统，其中转接板结构允许并入互连装置以在光子系统的部件之间提供电信号的高速传输。因此，转接板结构可以被认为是"复合插入器结构"。

2021 年之后，集成度越来越高，尺寸也越来越大，此时台积电研发了 CoWoS-L 架构。例如在 2021 年 3 月的申请 US2022302003A1 中，中介层包括芯片侧 RDL、硅转接板和基板侧 RDL，这种结构结合了 CoWoS-S 和 InFO 的优点，通过小芯片和 RDL 作为中介层进行芯片间的互连，在降低成本的同时保持高互连带宽。在 2023 年 3 月的申请 CN118629999A 中也是同样，设置由 RDL 层和 LSI 结构共同构成的转接板。

4.5.4.2 双面架构

相对于单面架构而言，双面架构中的转接板上表面和下表面能够同时集成芯片，也就是说同样的转接板上可以集成双倍数量的芯片，即集成同样数量的芯片的转接板的尺寸能够减小。

双面架构首次记载在 IBM 在 1994 年 9 月提交的申请 US5567654A 中，如图 4-5-24 所示，在转接板 158 的两侧分别设置有主存储器控制器芯片 160，以及主存储器模块 156，其中转接板 158 采用的是陶瓷衬底。

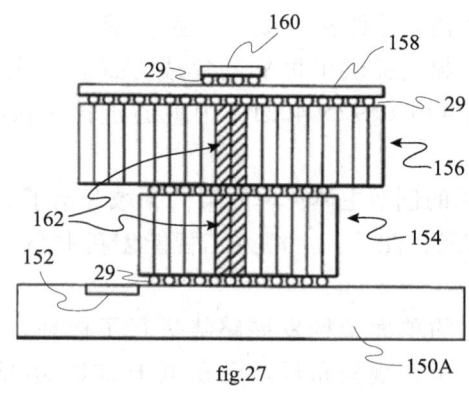

图 4-5-24 双面架构首件专利 US5567654A

2001—2010 年，主要是对转接板材料和结构本身的改进。在材料改进方面，索尼（SONY）在 2001 年 3 月提交的申请 JP2002270762A 中，半导体器件具有转接板，转接板由多层有机基板组成，转接板具有布置在其顶表面上的半导体芯片，具有在其底表面上的半导体芯片。此外，同一时期为实现高密度半导体封装，减少或消除堆叠半导体管芯之间未使用的空间，美光在 2001 年 3 提交的申请 US2002137252A1 中记载了一种柔性转接板，在需要多于两个半导体管芯的应用中，半导体管芯以背对背配置成两个一组地附接到转接板，由此得到小封装尺寸的高密度半导体封装。在结构本身改进方面，英特尔在 2001 年 12 月的专利申请 US6580611B1 中涉及双面架构，同时还涉及双面散热；三星在 2009 年 1 月的专利申请 KR20100082551A 中将双面架构整体嵌入多层印刷电路板，进而无须再布线工序能够将多个集成电路芯片内置于多层的印刷电路基板。

2011—2020 年，为了进一步降低转接板的制作成本，出现了典型的架构，财团法人在 2012 年 5 月的专利申请 US8519524B1 中提出了一种双面架构，该架构在转接板的顶面和底面集成了多个芯片，转接板的关键特征是在孔的侧壁没有金属化，孔内的导体与微软通孔的载体的内壁之间形成有间隙，相应地就不需要介电层、种子层、阻挡层、通孔填充等，对比传统的 TSV 转接板，能够降低成本。

此外，在该阶段，还通过使用双面架构，灵活地对芯片进行布置，提高集成度。例如，为增加存储器器件的总容量，三星于 2016 年 7 月 22 日提交的专利申请 KR20180011433A 中记载了一种多堆叠的存储器管芯结构，存储器器件包括转接板、第一存储器管芯、第二存储器管芯、第三存储器管芯和第四存储器管芯，第三存储器管芯堆叠在第一存储器管芯上，第四存储器管芯堆叠在第二存储器管芯上，随着多个存储器管芯被堆叠，存储器器件的总容量可以增加；英特尔在 2020 年 9 月的专利申请 CN114203674A 中在内插器中设置凹槽，在凹槽内设置无源器件，在远离凹槽的表面设置有源器件，实现不同器件的集成。

在 2021 年之后，中国创新主体开始进行大规模的布局，其中布局的主要方向也是异构集成，以提高集成度。例如中国科学院上海微系统与信息技术研究所在 2023 年 8 月的申请 CN116631978A 和 CN116631977A 中记载了半超导 TSV 和超导 TSV 转接板的结构及制备方法，转接板以铜晶圆为框架制作 TSV 垂直连接柱，并在封装体内预埋芯片，缩短芯片垂直连接的路径，降低芯片间延迟，提高封装体整体量子通信和超级计算能力，并且在转接板的上下表面分别设置 GPU 和 HBM 以适应快速计算的需要；中兴在 2023 年 12 月的申请 CN117316939A 中提出了光电共封装，光电芯片模块与光电补偿芯片分别设置在转接板的两侧，使得光电补偿芯片通过电连接器可拆卸连接于 CPO 模块，将光电补偿芯片外置于 CPO 模块，以有效提高 CPO 模块的集成封装密度。

4.5.4.3 嵌入架构

嵌入架构可以认为是单面转接板的变型，其主要是将芯片嵌入转接板的内部，进而降低整体封装厚度。但是嵌入架构源于单面架构，其专利申请量不大。涉及芯片嵌入的技术，最早是由 IBM 在 1998 年 9 月的申请 US6618267B1 中提出的，如图 4-5-25 所示，从图可以看出转接板 130 中形成空腔，而滤波器 152、RF 处理部分 160 以及电感器154设置在上述空腔133内。内插器一方面实现了与顶部基板的互连，另一方面构成了屏蔽部件。

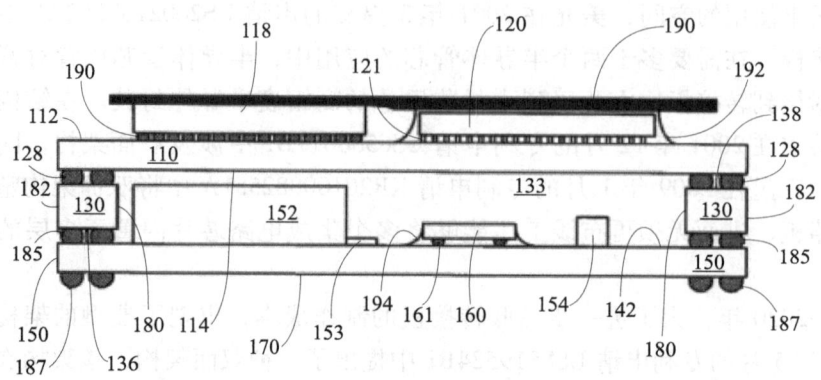

图4-5-25 嵌入架构首件专利 US6618267B1

2001—2010年，对于嵌入架构的改进主要是集中在提高集成度方面。例如BOSCH GMBH ROBERT在2005年3月提交的申请DE102005014094A1中，封装器件包括转接板，半导体元件插入转接板的凹槽中，使得半导体元件的接触点与内插器的接触表面接触；三星于2008年7月提交的申请KR20080069485A中记载，堆叠封装包括半导体芯片和转接板，每个半导体芯片被插入相应的一个转接板中，以垂直的布局来堆叠半导体芯片和转接板，能够提高在彼此堆叠的半导体芯片之间的电连接特性，并提高封装产量的堆叠封装。

2011—2020年，改进的方向一方面是异构集成，另一方面是与其他架构的融合，来进一步提高容纳芯片的能力。例如IBM在2012年1月的专利申请US8483253B2中将用于半导体或计算机芯片的光电组件直接嵌入载体层，载体层为转接板。在与其他架构融合方面，星科金朋在2013年7月的专利申请US2013299982A1中在插入器中形成凹槽，半导体管芯设置在上述凹槽内，而半导体管芯定位在半导体管芯上方，半导体管芯能够通过半导体管芯之间的插入器部分实现桥接；日月光在2020年2月的申请CN113299614A中在中介层中形成多个分层，上述分层用于容纳多个半导体芯片，中介层中还包括连接到多个半导体芯片的衬垫的通孔，该结构能够容纳更多的芯片，并且通过导电通孔可以快速去除半导体芯片产生的热，由此改善IC堆叠中的散热问题。

在2021年之后，改进聚焦于提高电子设备的空间利用率、组件布置和/或空间布置效率。三星于2021年9月提交的专利申请KR20230045368A中记载，采用两个堆叠的转接板堆叠在一起，在其中嵌入芯片，并在堆叠的转接板上下表明分别进行PCB结构的堆叠。此外，不同的转接板技术也可同时应用。三星于2021年5月3日提交的专利申请KR20220150093A中记载，在转接板衬底中内嵌半导体芯片和电容器芯片，然后在转接板衬底的表面上连接第一半导体芯片和第二半导体芯片的堆叠。

4.5.4.4 桥接架构

桥接作为无 TSV 转接板，能够实现芯片之间的横向互连，同时大幅度降低了封装成本，受到广泛关注。

早在 1986 年，如图 4-5-26 所示，富士通在申请 JPS62219651A 中就提出了通过桥接构件 9 将多个半导体芯片 1 连接起来，进而制造具有高附加值的组合芯片，并且可以不断放大其尺寸。可见，日本在早期就意识到了通过桥接来组合芯片。

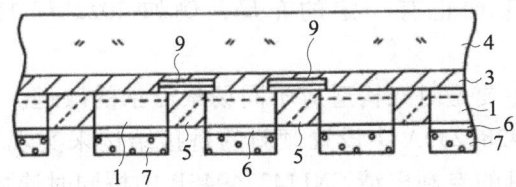

图 4-5-26 桥接架构首件专利 JPS62219651A

2001—2010 年，各创新主体开始对桥接架构进行研发，例如索尼在 2005 年 3 月的专利申请 JP2006261311A 中提出一种廉价且可抑制信号传输延迟的半导体器件，其在背景技术中指出 TSV 转接板成本较高，为此设置硅基板上形成芯片互连，并将半导体芯片分别连接到上述芯片互连上，进而实现连接，最后整体结构与线路板进行连接，并进行芯片底部填充。该结构省去了 TSV，降低了桥接转接板的面积，极大程度降低了封装成本。四年之后也即 2009 年 10 月英特尔提出了备受关注的嵌入式多模互连桥（EMIB）即桥接架构的申请——US2009244874A1，其中芯片之间的横向连通通过硅桥来实现，硅桥嵌入衬底中。在该架构中最重要的步骤就是带有硅桥的衬底的制作，这也是提高 I/O 密度的重点。

值得关注的是，索尼和英特尔上述两件专利申请的构思实质上是一致的，两者唯一的区别在于芯片与桥以及芯片与有机基板之间互连凸点的结构。为此，课题组对索尼的上述专利进行了引证追踪，发现该专利被引用次数为 201 次，其中英特尔引用该专利 41 次，包括 US9716067B2（带嵌入桥式的集成电路封装）、EP3111475A4（嵌入式多设备桥接器、带直通桥导电信号连接）、US2018358296A1（包括桥接器的电子组件）、US9236366B2（高密度有机桥装置及方法）等，由此可以推断，英特尔 EMIB 架构可能是在索尼上述专利的基础上延伸而来。几乎同期的时间，IBM 在 2008 年 4 月的申请 US2009267238A1 中也提出了桥接架构，该互连桥嵌入在衬底中，并且该互连桥连接的是中介层，进而在芯片之间提供更多的通信信道。

2011—2020 年，桥接架构得到广泛关注，很多创新主体开始布局。其中与扇出的组合布局较为突出，例如 IMEC 在 2016 年 8 月的专利申请 EP3288076B1 中，逻辑裸片通过黏合层附接到临时载体晶片，之后，TSV 插入件邻近逻辑裸片放置，逻辑裸片的高度与 TSV 插入件的高度基本上相同，然后将逻辑管芯和插入件嵌入模制材料中，最后通过扇出晶片级封装技术进行封装；而苹果公司在 2017 年 6 月的专利申请 US10943869B2 也公开了使用扇出内插器小芯片的高密度互连结构；三星在 2019 年 1 月的申请 KR20200092236A 中将桥嵌入框架主体中，之后再通过 RDL 进行扇出互连，通过嵌入框架主体能够降低翘曲。

此外，除了常规的横向互连，还出现了垂直方向的桥式互连。例如海力士在 2018 年 11 月的专利申请 US2020091123A1 中记载了半导体封装体包括半导体管芯、桥接管芯以及重分布线，在半导体管芯的一侧或者两侧分别设置桥接管芯，重分布线的每一个可将半导体管芯与桥接管芯连接，而桥接管芯再通过其内部的连接器实现与顶部的桥接管芯、半导体管芯连接，进而实现垂直方向的互连，海力士对该结构进行了多项专利申请。三星在该架构也有一定的布局，例如 2022 年 11 月年提交的专利申请 KR20240062422A。

在 2021 年之后，主要是对架构适应不同场景需求的改进。例如日月光在 2021 年 11 月的专利申请 CN114284239A 中设置倾斜的桥接结构来实现不同高度芯片的互连；长电科技在 2022 年 4 月的专利申请 CN114334945B 中桥同时连接第一芯片和基板，用于向第一管芯供电，而为了加强散热，在封装上下表均设置散热结构。此外，值得注意的是日本在这几年开始着手复兴半导体产业，部分半导体企业已经开始进行布局，例如大日本印刷株式会社在 2022 年 2 月的专利申请 JP7470309B2 中通过再布线芯片将半导体元件进行桥接，并且制备过程为晶圆级批量生产。

桥接架构的重要申请人英特尔在 2008 年提出 EMIB 之后，以该架构为核心进行了大量的布局。近年来 EMIB 已发展成为英特尔最具代表性的先进封装技术之一，已用于其多款 FPGA 产品，如 Agilex FPGA 和 Direct RF FPGA。下文将对英特尔的桥接架构发展路线进行梳理。

2011—2020 年，英特尔提出了多种 EMIB 改进技术。例如 2012 年 10 月提交的申请 US2014117552A1 中记载，互连桥可经由多个互连结构（诸如凸块、柱、或焊盘）附连至管芯，第一管芯和第二管芯分别通过凸块以及硅桥的接合焊盘通过热压接合耦合到 EMIB；2012 年 12 月提交的申请 US2014174807A1 中，在有机物封装衬底中使用有机桥来将管芯与高密度互连互相连接，与由硅制成的桥相比，有机桥具有较好的界面黏附性。由于生产有机桥的有机聚合物与衬底的有机聚合物都是有机的，开裂、碎屑、分层以及相关联的其他问题都会被最小化。

随着管芯的 I/O 密度持续增加，由此需要在具有互连密度的封装上集成多个管芯以实现高计算能力。英特尔于 2013 年 12 月 18 日提交的申请 US2015171015A1 中记载，互连桥可附连至管芯，为提高互连密度，桥可以与一个或多个附加管芯电耦合。为提高器件的散热性，在互连桥的背面设置散热器，2015 年 12 月 22 日提交的申请 US2018358296A1 中记载，电子组件还可以包括热连接到桥的散热器，散热器可以附接到桥接件的下表面，并且在电子组件中热导体的整体尺寸和类型将部分地取决于桥的尺寸和类型以及需要从桥耗散的热能的量。

在 2021 年之后，英特尔开始将桥接与玻璃基板进行融合。玻璃基板即采用玻璃芯板的基板，其具有优秀的热导率和热稳定性、低介电损耗特性，还具有较高的机械强度，在封装中能够承受较大的机械应力和温度波动。英特尔、三星、AMD 等多家企业都在积极布局玻璃基板技术。2023 年，英特尔展示了业界首款玻璃封装基板，整体互连密度相比传统的有机封装基板能够提高 10 倍。英特尔将玻璃基板与桥接架构融合在一起，最大程度上提高 I/O 密度。例如在 2021 年 5 月的专利申请 US2022375865A1 中将磁芯电感器设置在玻璃基板内部，在玻璃基板上表面设置桥；在同年 12 月的专利申请 US2023197697A1 中将桥管芯嵌入玻璃基板中，并通过桥将半导体管芯进行互连。

4.5.5 小　　结

（1）在申请态势方面，2.5D 架构发展包括三个阶段：2008 年之前处于技术萌芽期，申请量较低；2009—2017 年为稳定增长期，2.5D 架构逐渐开始得到应用；2018 年至今为快速发展期，这得益于 AI 技术的快速发展。

（2）在 2.5D 架构创新能力方面，中国在 2.5D 架构中占比最大，为 40%。在发展趋势方面，早期主要以美国和日本的创新主体为主，之后，由于日本改变其半导体产业策略，2.5D 架构专利申请量逐年下降；韩国、中国专利申请出现略晚但稳步发展，尤其在 2021 年之后，中国创新主体在该领域全面爆发，但是在专利布局中面临较大壁垒。2.5D 架构是研发热点，技术更新比较快，其中单面是基础，桥接是降低成本的核心手段，双面和嵌入是单面延伸。在创新主体方面，全球专利申请量前 20 名的创新主体中，中国为 10 席，美国占据 6 席，韩国占据 2 席，日本为 2 席。其中美国、中国和韩国分别由英特尔、台积电和三星引领发展。

（3）在 2.5D 架构市场保护方面，美国是各创新主体最关注的市场，其次是中国，全球头部企业均在美国、中国进行了大量的布局。

（4）在 2.5D 架构的技术发展方面，①单面是基础架构，其主要改进方向包括降低转接板成本以及提高集成度。降低成本方面是通过优化转接板的主体材料来实现，例如台积电开发 RDL 转接板、日本特殊陶业株式会社申请玻璃转接板等；在提高集成度方面，随着 AI 技术的发展，2.5D 架构的尺寸逐渐增大，集成的芯片越来越高，相关的应用公司例如英伟达、赛灵思等均进行了布局，单面进入了应用时代。此外，随着单面架构的不断发展，光电共封逐步通过该架构进行完成。②双面和嵌入是单面的延伸。相对于单面架构，双面架构可进一步减小尺寸，实现高密度布置且不增加成本，更利于提升集成度，例如财团法人提出的 TSH 转接板结构；嵌入架构能够进一步降低封装厚度，并且在转接板内设置尽可能多的芯片。③桥接架构采用无 TSV 转接板的桥实现芯片之间的互连，由日本在 1986 年提出，索尼也进行了相关架构的优化。但是直到英特尔提出 EMIB 架构，桥接才受到广泛关注，英特尔以桥接为主要架构进行广泛的布局，具有较高的壁垒。桥接架构在发展过程中由水平方向的互连发展到垂直方向的互连，由桥接本身发展到桥与扇出架构的融合。此外，玻璃基板也开始逐渐应用到 2.5D 架构中。

4.6 3D架构分析

4.6.1 研究概况

3D架构，顾名思义就是在垂直方向上完成芯片或封装的堆叠，根据堆叠器件的类型可以分为芯片-芯片架构、封装-封装架构。

芯片-芯片架构，是指多个芯片在垂直方向上进行堆叠。根据芯片之间的互连结构，芯片-芯片架构分为无凸点和有凸点。在无凸点方面，最早出现的芯片-芯片堆叠是通过贴装材料进行堆叠，再经由键合线进行电连接，这种结构最早用于内存芯片，此时芯片内部无硅通孔。随着键合技术的不断发展，Ziptronix❶（2015年被Tessera公司收购）开发了混合键合技术。此时，在上下两个芯片中开设硅通孔，并通过混合键合技术实现电连接，避免了引线键合产生的寄生电感等，并且提升了传输速率，受到业界广泛关注。在有凸点方面，同样包括有TSV和无TSV结构，有TSV的是芯片通过凸点和TSV进行堆叠，如图4-6-1所示。三星在2014年量产了业界第一款基于TSV的DRAM堆叠结构，其即为芯片-芯片3D架构类型。相较于传统的键合线互连的模式，采用TSV的内存器互连间距更短，传输速度更快。

封装-封装架构，主要是指堆叠封装（Package on Package，PoP），它通过引线或者倒装的方式实现多个封装体的堆叠。相较于芯片-芯片架构，封装-封装架构的三维集成开发周期短，技术难度低。如图4-6-2所示，引线键合的堆叠形成顶部封装体，芯片倒装在封装基板上形成底部封装体，顶部封装体通过焊球连接到底部封装体上，进而形成PoP封装。PoP封装主要涉及的工艺为传统的回流焊，但是由于顶部封装和底部封装分开制作，之后再进行回流焊，在整个过程中封装材料和焊点材料需要经历多次回流，给可靠性带来极大的挑战，例如焊点脱落、塑封材料分层等。

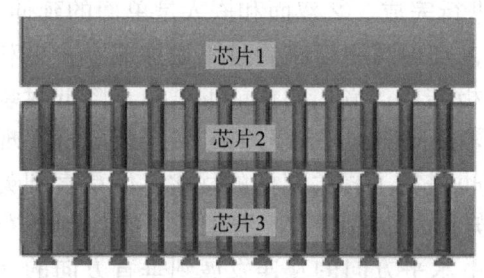

图4-6-1 芯片-芯片堆叠示意图

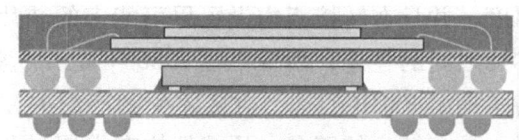

图4-6-2 封装-封装堆叠示意图

本章主要对3D架构进行专利分析，涉及的关键技术分支主要包括芯片-芯片架构、封装—封装架构，并重点从研究概况、创新能力分析、市场保护分析以及技术发展路线与创新方向等方面进行重点分析和阐述。在创新能力方面，主要分析创新活跃度、全球

---

❶ ENQUIST P. Metal/Silicon Oxide Hybrid Bonding [M]. Hoboken: John Wiley & Sons, Ltd, 2012.

创新来源地、技术分支构成、创新主体；在市场保护方面，主要分析专利布局情况。最后对3D架构技术发展路线进行了梳理。通过对3D架构的综合分析，该小节对涉及的典型架构、架构中存在的问题以及未来技术发展方向给出了具有指引性的意见和建议。

4.6.2 创新能力分析

（1）创新活跃度分析

从图4-6-3可以看出，3D架构在全球专利申请方面发展阶段大致划分为以下三个阶段：

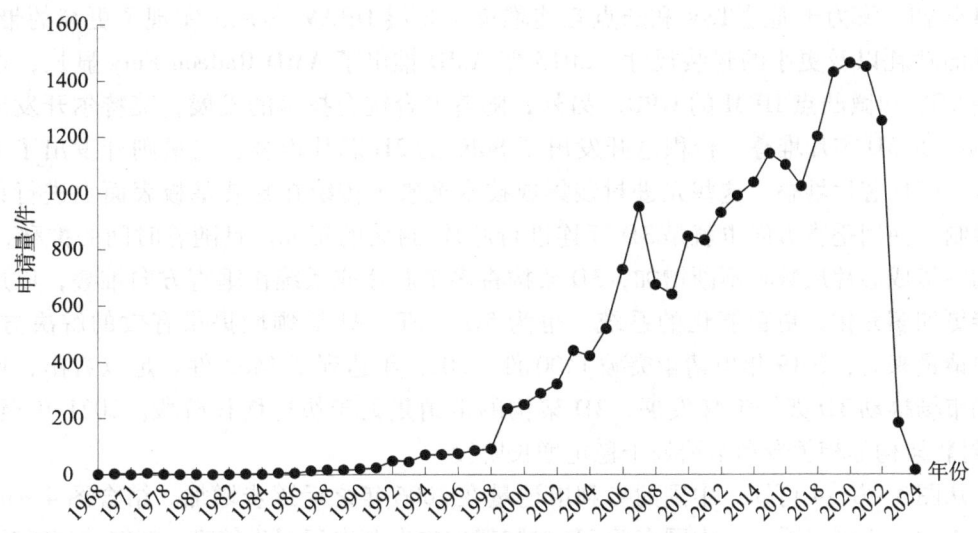

图4-6-3 3D架构全球专利申请趋势图

第一发展阶段：技术萌芽期（1998年以前）。1998年以前，与3D架构相关的专利申请数量较少，该时期年申请量均维持在100件以内，总体上申请量不大。此时三维堆叠封装的研发刚刚起步，随之关于3D架构封装也处于萌芽发展阶段，部分创新主体开始试探性研究，只有零星的专利申请，申请总量较少。

第二发展阶段：第一快速发展期（1999—2010年）。英特尔在2007年指出，解决亿万级计算内存带宽挑战的关键是拥有3D芯片到芯片和面对面堆叠的技术[1]，3D封装架构由于具有最大的I/O密度，是先进封装发展的关键。现代电子设备越来越小型化且功能复杂，这要求更高的封装密度和更多的I/O引脚，而3D封装架构通过增加I/O数量和缩小互连尺寸能够满足这些需求。另外，硅通孔、混合键合等先进封装技术中关键工艺的发展，推动了3D架构的发展。

从2000年起，国外主要半导体封装厂都开始了叠层芯片封装工艺研究，并将其应用到SiP、BGA等；2005年之后叠层芯片开始逐渐普及，且2007年PoP封装和PiP封

---

[1] POLKA, L A, KALYANAM H, HU G, et al. Package Technology to Address the Memory Bandwith Challenge for Tera-scale Computing [J]. Intel Technology Journal, 2007: 197-206.

装进入大众视野,其中以 PoP 封装为例,其重点在于顶部封装体与底部封装体之间的互连。据调研,安靠、星科金朋、英飞凌、台积电等都开发了本公司的 PoP 封装互连结构,这一时期主要是 3D 架构的研究和早期实验阶段,尚未进入大规模量产。

第三发展阶段:第二快速发展期(2011 年至今)。这一时期,手机、电脑、AI 等发展迅猛,大容量、多功能、低成本的存储器、ASIC、DSP 等芯片需求激增,3D 架构也蓬勃地发展,并且开始大规模量产,广泛应用于市场。2013 年 9 月推出的 iPhone 5s 所配置的 Apple A7 芯片即是一款 PoP 结构的三维封装,采用引线键合的 Elpida(现为美光)存储器封装堆叠在倒装芯片封装之上,以获得更高的性能和更小的外形尺寸。2014 年初,海力士通过 TSV 和凸点互连堆叠了 8 层 DRAM 芯片,实现了更高的带宽、更低的功耗以及更小的封装尺寸。2015 年 AMD 推出了 AMD Radeon Fury 显卡,这是采用 TSV 和微凸点 HBM 的 GPU。另外,随着混合键合技术的发展,英特尔开发出了 Foveros 的 3D 芯片堆叠,台积电开发出了 SoIC 的 3D 芯片堆叠,三星则开发出了 X-Cube 的 3D 芯片堆叠。这些先进封装集成技术突破了传统在封装基板表面上进行集成的限制,使用垂直方向也就是 3D 互连进行芯片/封装的集成。且随着时间的推移,3D 架构中集成芯片层数将不断增加,3D 架构将多个芯片或系统在垂直方向堆叠,以形成功能更加多元化、更智能化的系统,也为 5G、IoT、AI 等领域提供有效的解决方案。从申请量来看,2019 年申请量突破 1400 件,2020 年达到了 1462 件。足以看出,这一时期市场推动 3D 架构迅猛发展,3D 架构的申请量处于快速增长阶段。2021 年至今,3D 封装架构的相关专利申请处于稳定增长阶段。

从图 4-6-4 可知,中国的专利申请量在 2006 年之后逐步增加。结合图 4-6-3 和图 4-6-4 可以看出,中国有关 3D 封装架构的专利申请起步较晚,2006 年之前发展相对缓慢,但是 2006 年之后发展较快。主要原因是:首先,近些年国家政策和大量基金的支持促进了该领域的发展;其次,美国在先进制程方面的技术封锁促使中国创新主体另辟蹊径。从图 4-6-4 可知,中国创新主体的申请量在 2017 年后迅速增长,这与华为、中兴等中国创新主体被技术封锁的时间是一致的。

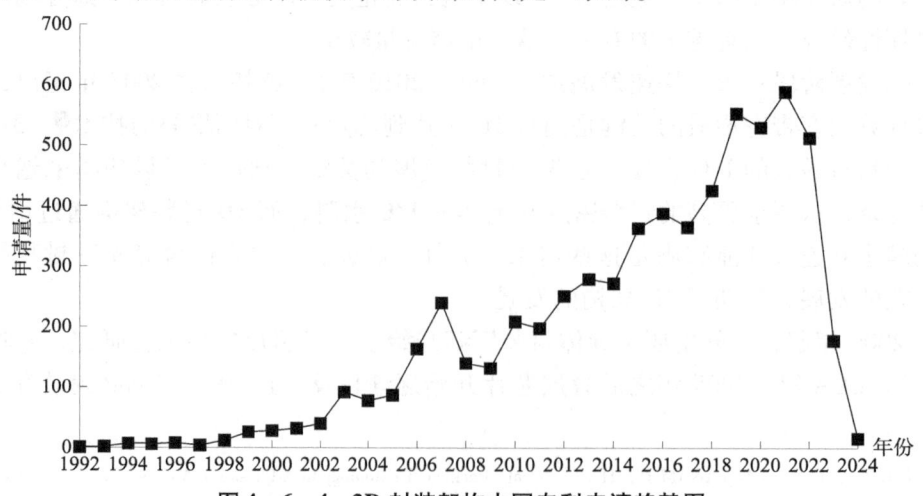

图 4-6-4 3D 封装架构中国专利申请趋势图

(2) 全球创新来源地分析

参见图4-6-5，通过对全球专利数据的分析发现，3D架构的专利申请来源地主要包括韩国、中国、日本、美国及欧洲，占比分别为22%、40%、18%、18%以及2%。韩国、中国、日本和美国非常重视半导体的技术研发，是主要的技术来源地。采用3D架构的存储器是韩国支柱性产业之一，韩国重点公司三星和海力士在全球市场中占据重要地位，并在3D架构领域进行了大量布局。据调研，韩国政府把高附加值的存储器例如HBM上升为国家战略，以抓住AI等带来的机遇。中国是全球半导体封测的重要基地，台积电、长电科技等均进行了大量的专利布局，近年来在3D架构方面进行了大量投入。日本在3D架构方面也有不少布局，日本夏普公司在1998年就开发了芯片堆叠CSP技术，并应用到手机中，并且日本在存储器领域具有悠久的历史，虽然近年来市场表现不断下滑，但是仍然具有不少申请储备。美国在3D架构方面也投入了大量资源，并取得显著进展。例如英特尔的Foveros已经实现量产，美国政府也通过"国家先进封装制造计划"来推动其国内先进封装的发展，以应对AI和高性能计算等高端应用的需求。

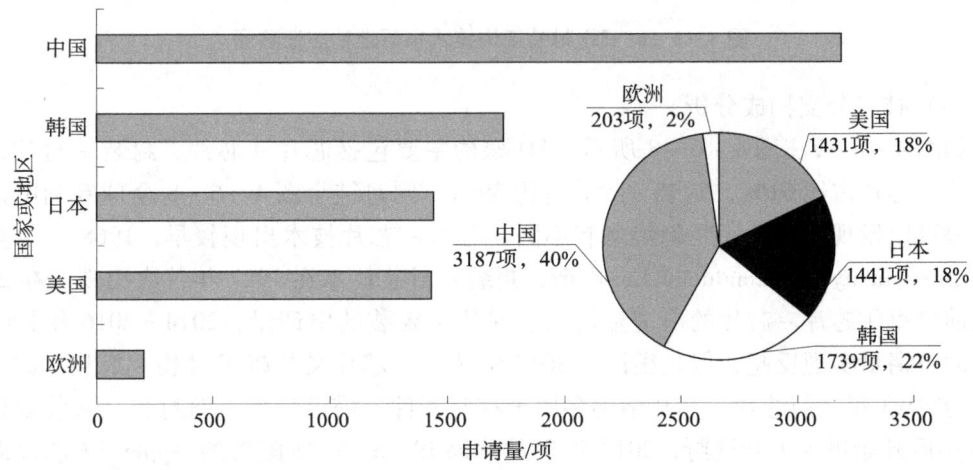

图4-6-5 3D封装架构全球技术来源地分析

结合图4-6-6可以看出，在3D封装架构的起步时期，申请人主要集中在日本和美国。美国作为半导体发展相对成熟的国家，其申请量从2000年开始一直处于高位且相对稳定，说明美国在3D封装架构方面的研发投入比较稳定，技术产出也相对稳定。日本申请量逐年减少，尤其是在2000年以后呈现明显下降趋势，说明日本在该领域的创新活力下降。韩国在2005年之前3D封装相关专利较少，但在2005年之后快速发展并趋于相对高位的稳定发展。中国是在2010年之前3D封装相关专利较少，但是自2010年之后开始高速发展，迅速进入3D封装架构领先行列，并保持高速、平稳发展，表明其在3D封装领域的高投入以及相对的高产出。

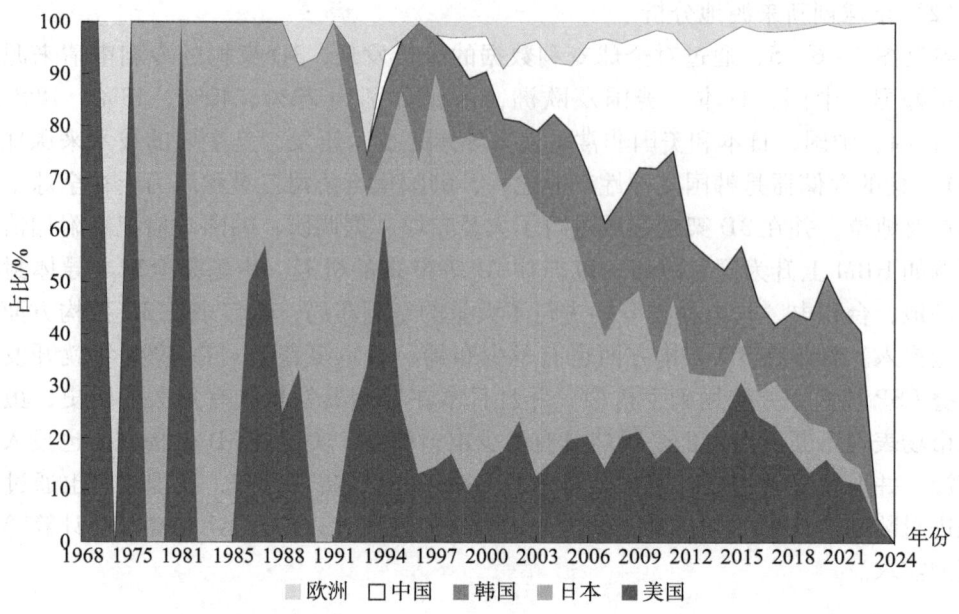

图 4-6-6　3D 封装架构技术来源地动态迁移图

（3）技术分支构成分析

如图 4-6-7、图 4-6-8 所示，3D 架构主要包括芯片－芯片、封装－封装，其中芯片－芯片占比 61%，封装－封装占比 39%。同时结合图 4-6-8 全球专利申请变化趋势可以发现，两者发展趋势略有不同。芯片－芯片技术出现较早，1968 年由美国的 Varo-Quality Semiconductor Inc 申请，封装－封装技术在 1987 年首次出现。在 2013 年之前，每年芯片－芯片的申请量均大于封装－封装的申请量，2014—2016 年封装－封装的申请量实现反超，但是很快在 2017 年芯片－芯片又超越了封装－封装，这可能是因为 2013 年之前芯片－芯片架构多用于存储器件，需求量大，而封装－封装架构在 2013 年后开始进入大众视野，2013 年 9 月苹果 iPhone 5s 所配置的 Apple A7 芯片即是一款 PoP 封装架构。之后的几年内封装－封装迅速发展，但在 2017 年之后芯片－芯片架构又超越了封装－封装架构。据调研，AI 技术对存储器提出了新的要求，HBM 作为 AI 算力核心载体，AI 驱动 HBM 快速增长。以海力士为例，HBM 已经迭代至第五代，HBM 采用的就是芯片－芯片架构。并且为了进一步实现高密度集成封装，台积电提出将 CPU/GPU 与存储器进行 3D 堆叠，并且英特尔也提出过类似的概念，预测该架构会随着 AI 的浪潮继续高歌猛进。

结合图 4-6-7 和图 4-6-9 可知，3D 架构各技术分支在全球申请占比和在华申请占比类似，均是芯片－芯片占据较大份额，且结合图 4-6-8 和图 4-6-10 3D 架构可知，各技术分支在全球申请趋势与在华申请趋势基本一致。

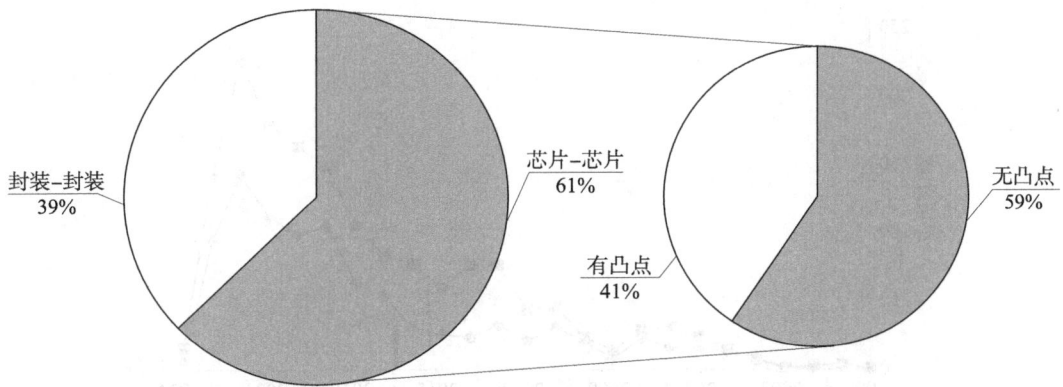

图 4-6-7　全球 3D 架构各技术分支专利申请占比

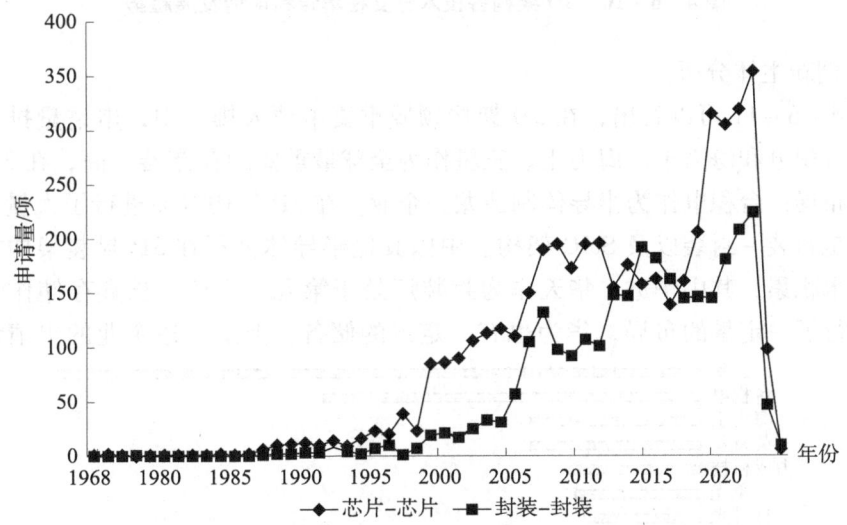

图 4-6-8　全球 3D 架构技术分支发展趋势

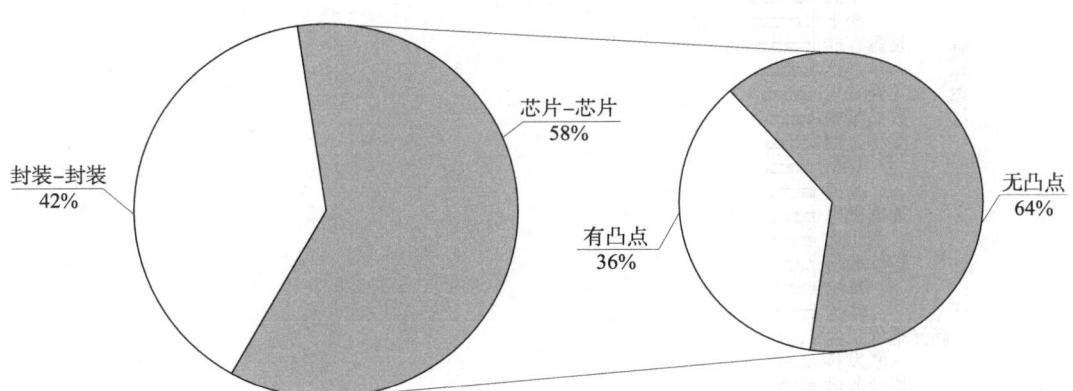

图 4-6-9　3D 架构各技术分支在华专利申请占比

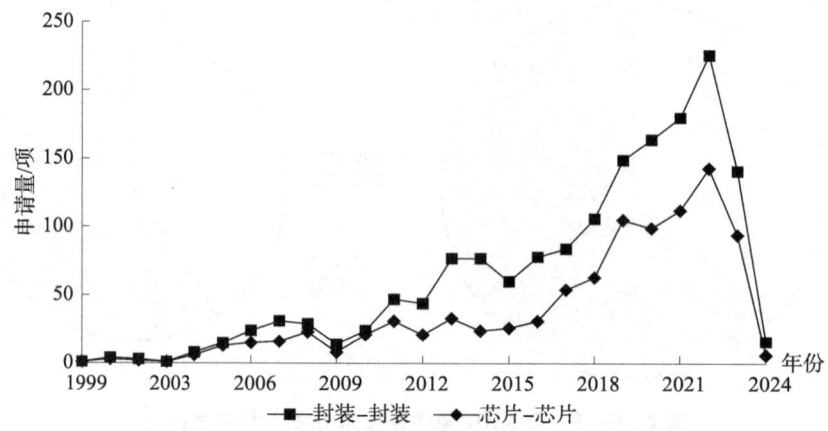

图 4-6-10　3D 架构各技术分支在华专利申请发展趋势

(4) 创新主体分析

从图 4-6-11 可以看出,在 3D 架构领域重要申请人排名中,申请量排名前三的是三星、台积电和海力士。海力士、三星作为全球最重要的存储器厂商,在 3D 领域进行了大量布局;台积电作为半导体制造龙头企业,在 3D 架构方面进行了大量的专利布局,主要是封装-封装以及 SoIC 架构。中国其他半导体公司在 3D 封装架构方面也有一定的技术积累,其中华进、华天作为封装厂处于第九、十位,长鑫存储作为存储器企业也进行了一定量的布局,华为也有一定量的储备。但是上述企业的申请量相较三

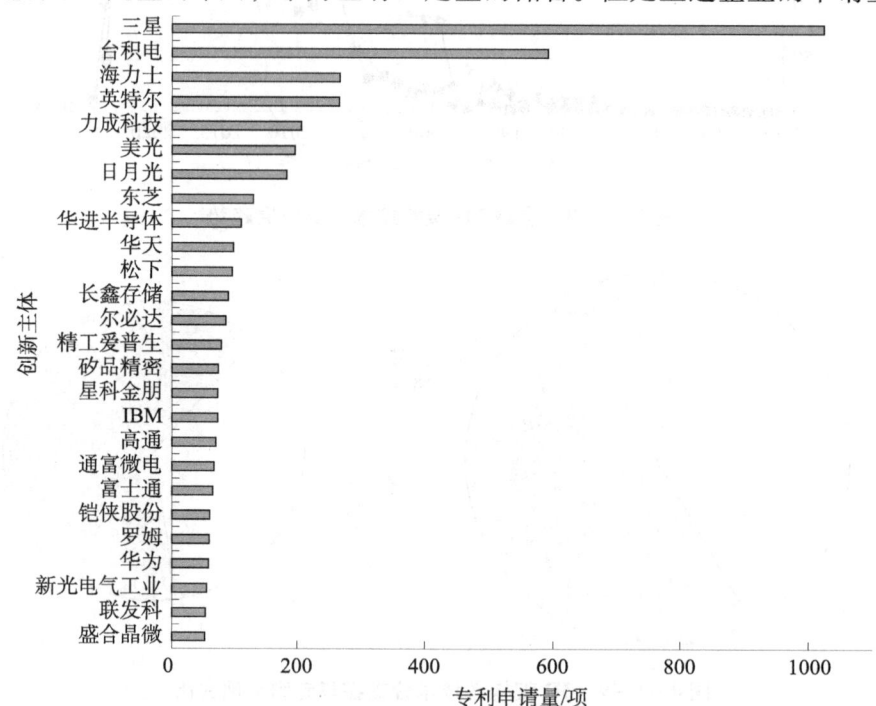

图 4-6-11　全球 3D 架构重要创新主体专利申请量排名

星还有不小差距,例如华进的申请量不及三星的1/5。值得注意的是,创新主体前26名中,日本占8席,结合图4-6-6可知,日本的申请基本集中在2013年之前,尤其是在2003年之前,而这一部分专利大部分已经失效,中国创新主体可以关注上述专利,提取高价值信息。

4.6.3 市场保护分析

(1)专利布局分析

图4-6-12是3D架构目标市场分布占比图。从中可以看出3D封装架构全球专利申请流向的目标市场区域占比由大至小依次为美国、中国、韩国、日本和欧洲。其中美国和中国分别占比37%和30%,两者占比达到67%,说明创新主体普遍对于这两个市场较为重视。一方面,美国和中国是AI最大的应用市场,带动了对高密度AI芯片的需求,引发各创新主体在美国和中国进行布局;另一方面,美国本土英特尔、美光等创新主体,以及中国如台积电、长鑫存储、长江存储等创新主体均进行了相关的专利布局。

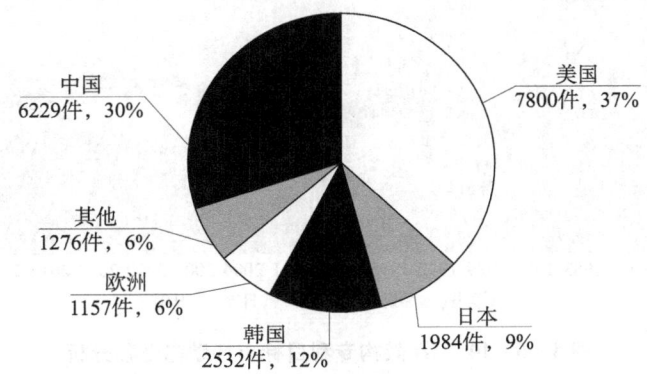

图4-6-12 3D架构目标市场分布占比

图4-6-13是3D架构专利申请来源地与目的地流向的气泡图。从图中可以看出,韩国的专利布局以本国和美国为主,其中韩国在美国的申请量甚至超越在本国的申请量,此外韩国还重视在中国的布局。由此可见,美国、中国是韩国3D架构的主要海外市场,韩国也比较重视在这两个国家的知识产权保护。中国与韩国类似,在美国进行了大量的布局。美国、日本情况类似,都是以本国布局为主,同时也比较重视中国的市场。从中国市场来看,来自境外的主要竞争对手分别来自日本、韩国、美国。这提醒中国创新主体,在进行3D架构技术研究、应用时要重视这几个国家的专利申请,避免潜在的侵权风险。

图4-6-14是3D封装架构专利目标市场动态迁移情况。从图中可以看出,1990年之前日本市场相对比较活跃,但是随着美国对日本半导体行业的限制,日本逐步衰退,而与此形成鲜明对比的是美国市场开始高速且稳定的发展。2010年之后中国半导体开始迅速发展,且成为继美国之后的第二大目标市场。这充分说明各大半导体企业对中国市场的认可,也说明了中国市场的巨大潜力。

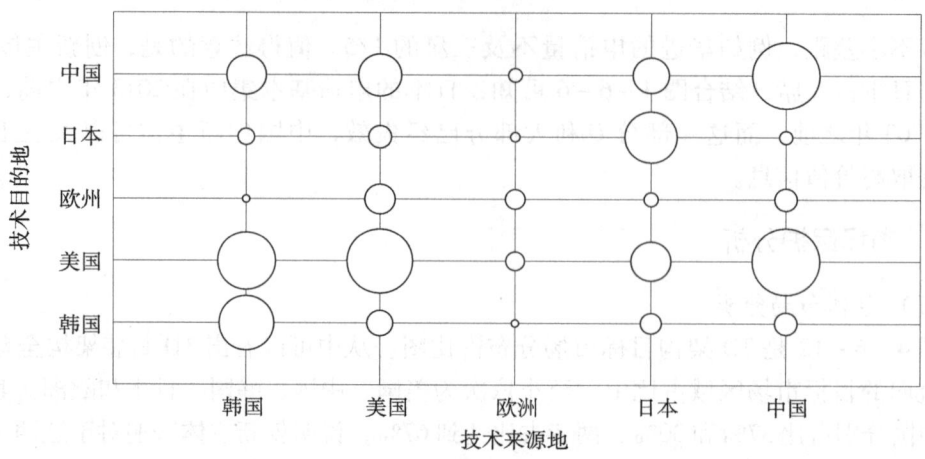

图4-6-13 3D架构专利申请来源地与目的地流向

注：图中气泡大小代表申请量的多少。

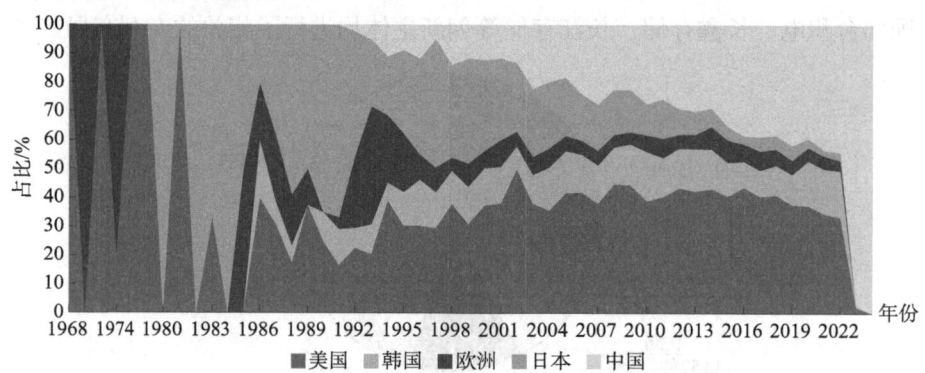

图4-6-14 3D架构专利目标市场动态迁移分析

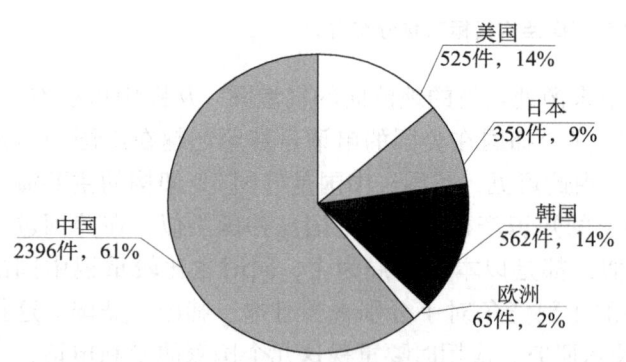

图4-6-15 3D架构主要国家或地区在华申请量比例图

（2）主要国家在华专利布局分析

从图4-6-15可以看出，中国创新主体在华布局的专利申请占比61%，美国、韩国和日本则分别占比14%、14%和9%，可见，中国、美国、韩国均重视中国市场。

4.6.4 技术路线与创新方向分析

通过梳理3D架构各技术分支下的重要专利可以获得其技术发展路线图，如图4-6-16所示。

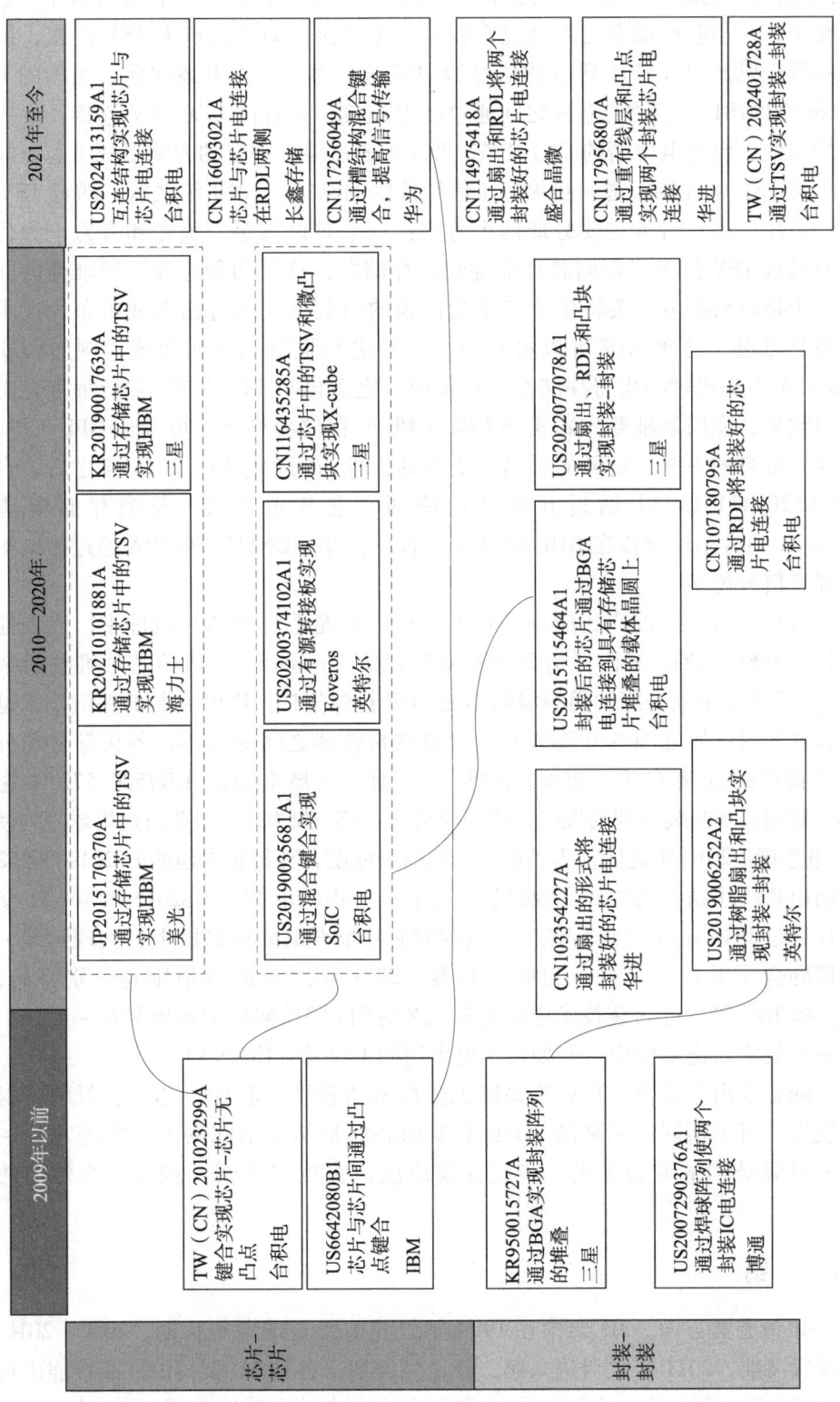

图 4-6-16 3D 架构技术发展路线

3D封装架构中的芯片-芯片封装相比于封装-封装发展较早。早期的芯片-芯片封装技术在于芯片与芯片堆叠之后通过引线键合电连接,即无凸点无TSV连接,但是受制于引线数量以及引线长度导致的信号传输问题。为了解决上述问题,美国的IBM申请的US6642080B1使芯片与芯片之间通过凸点连接,即有凸点无TSV连接,解决了引线键合的问题;台积电申请的CN101752270B则通过混合键合的方式形成了芯片与芯片的无凸点有TSV电连接,进一步缩短了信号传输的路径。2010年之后,随着TSV技术的发展,芯片-芯片封装主要分成两个分支:一个是以三星、美光和海力士为代表的存储企业通过TSV技术将存储芯片堆叠制备存储器,这是同种芯片进行堆叠的同构集成;另一个是以台积电、英特尔和三星为代表的封装企业通过凸点或重布线技术实现芯片的垂直堆叠,这种方式可以将不同的芯片进行堆叠的异构集成,例如台积电CN106952831A中先通过扇出将存储器进行集成,之后再与CPU/GPU进行垂直方向的集成。可以预见,应用该堆叠方式实现CPU/GPU与存储器堆叠,可以让GPU/CPU以更短的距离、更高的带宽、更低的延迟和更低的损耗访问存储器。2021年之后,台积电申请的US2024113159A1通过互连结构使两个芯片电连接;长鑫存储申请的CN116093021A则将芯片设置在RDL的两侧;华为申请的CN117256049A通过槽结构混合键合,提高信号传输。

封装-封装技术已经被广泛应用在智能手机、智能手表的芯片组件中,代表性应用包括台积电InFO-POP架构(适配于苹果公司的iPhone 5S手机的芯片堆叠封装组中),以及三星智能手表采用的面板级扇出的POP封装架构。POP封装的关键技术是顶部封装体和底部封装体之间的互连方式,针对该封装体之间的互连,各头部公司分别提出了各具特色的连接方式。例如,2009年之前,三星申请的KR950015727A通过BGA在芯片四周实现封装阵列的堆叠;博通申请的US2007290376A1则通过焊球阵列使两个封装IC电连接。2010年之后,为了进一步提高集成度,英特尔申请的US2019006252A2通过树脂扇出和凸块结合的方式实现封装-封装;台积电申请的US2015115464A1使封装后的芯片通过BGA电连接到具有TSV的存储芯片堆叠的载体晶圆上,实现封装-封装,该申请融合了芯片-芯片、封装-封装。2021年之后的申请则是分别将扇出、RDL、凸点和TSV等先进封装技术中的关键工艺应用到3D架构中实现封装-封装,尤其是封装-封装中互连结构中,例如台积电申请的US2024113159A1。

综上,随着扇出、键合、TSV等关键工艺技术的发展,芯片-芯片、封装-封装趋于融合发展,可以预期,未来的3D封装架构必然是结合不同的工艺实现芯片-芯片、封装-封装结构的融合,进一步提高集成度,实现芯片间低损耗、快传输的电性能。

4.6.5 小　　结

(1)在申请态势方面,3D架构在1999年之前主要是技术萌芽期,2000—2010年是第一快速发展期,2011年之后进入第二快速发展期,各种3D架构的产品接连出现。

(2)在3D架构创新能力方面:①3D架构的专利申请来源地主要包括中国、韩国、日本、美国及欧洲,占比从大到小分别为40%、22%、18%、18%以及2%。②3D架构中芯片-芯片是核心,主包括有凸点键合和无凸点键合,无凸点键合占比60%,其采用的混合键合技术是研发热点。③在创新主体方面,全球专利申请量前25名的创新主体中,中国占据11席,美国占据4席,韩国占据2席,日本为8席。结合图4-6-6可知,日本的申请基本集中在2013年之前,尤其是在2003年之前,而这一部分专利大部分已经失效,中国创新主体可以关注上述专利,提取高价值信息。

(3)在3D架构市场保护方面,美国是各创新主体最关注的市场,其次是中国,全球头部创新主体均在美国进行了大量的布局。

(4)在3D架构的技术发展方面,对于芯片-芯片架构,在改进的结构方面,主要是电连接位置,包括有凸点的连接和无凸点的连接,无凸点的混合键合是未来研发重点,也是关键工艺核心之一。在所集成的芯片本身方面,主要是包括相同芯片堆叠的同构集成和不同芯片堆叠的异构集成,同构芯片堆叠主要代表是HBM,异构芯片堆叠在AI芯片领域中是指CPU/GPU与存储器的堆叠,也是AI芯片未来发展趋势。封装-封装架构,与芯片-芯片架构相同,改进的位置是封装与封装之间的电连接,各个主流创新主体均进行了研发,形成各自的电连接方式。

第5章　AI芯片先进封装关键工艺专利分析

5.1　研究概况

AI芯片的性能提升，特别是在算力增强与功耗降低方面，日益依赖于融合了TSV、凸点、键合技术以及RDL等先进工艺的封装技术。[1] 图5-1-1展示了AI芯片先进封装结构中的关键工艺爆炸图。[2] 该图直观呈现了硅通孔、凸点、键合及重布线层等核心工艺环节。在AI芯片的封装流程中，通常首先通过凸点与TSV技术将多个DRAM键合形成HBM，随后HBM与GPU/CPU借助凸点技术集成于硅转接板上，而硅转接板表面则常布置RDL以实现互连。由此可见，AI芯片整体功能的实现高度依赖于上述各项关键工艺。

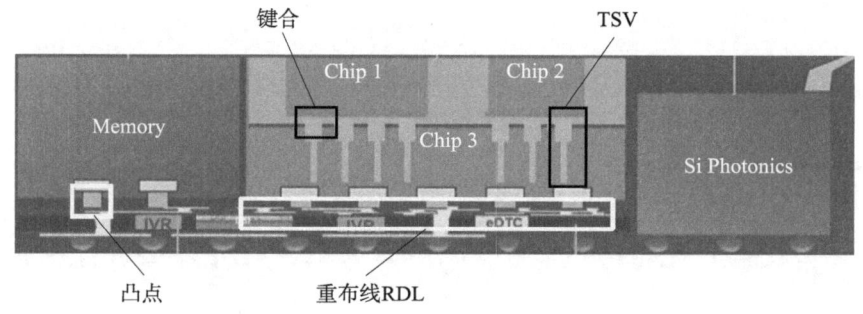

图5-1-1　AI芯片先进封装结构中的关键工艺爆炸图

在AI芯片先进封装的关键工艺中，TSV技术占据核心地位，其涵盖蚀刻、沉积、填充和化学机械平坦化等多个关键步骤。TSV的高深宽比（HAR）特性及防止应力迁移的能力，对于实现AI芯片中存储芯片（如HBM）的堆叠、硅转接板的垂直电气互连以及AI芯片I/O端口的高密度和高集成至关重要。凸点与键合技术则是确保AI芯片封装内部不同组件间电互连的关键，它们不仅连接堆栈内的存储芯片和逻辑芯片，构成HBM，还将HBM与GPU/CPU电连接至转接板。凸点与键合技术的高度、直径、间距以及潜在的残留物、裂纹、空隙、移位等障碍与缺陷，均对AI芯片的性能及扩展能力产生深远影响。重布线技术则通过晶圆级金属布线与凸块工艺调整原有IC线路接点位置，使IC能够适配不同封装形式与架构，同时促进封装结构的小型化与系统化。

---

[1]　田文超，谢昊伦，陈源明，等. 人工智能芯片先进封装技术［J］. 电子与封装，2024，24（1）：17-29.
[2]　刘昕炜. 台积电ISSCC介绍全新封装平台：整合硅光子、HBM与3D封装［EB/OL］.（2024-02-21）［2024-10-11］. https：//laoyaoba. com/n/894700.

本章将对重布线、凸点、键合技术及TSV这四个关键工艺的专利态势、发展现状、技术构成、演进路径、未来研发方向以及国内外重要专利申请人进行深入分析。同时，结合第4章关于AI芯片先进封装关键架构中上述关键工艺的应用优势与挑战，进行综合研究分析。

5.2 关键工艺创新态势分析

5.2.1 全球专利申请态势分析

对全球专利申请量的历年变化情况进行分析，从而了解AI芯片先进封装关键工艺的起始时间、技术发展年代等。

图5-2-1示出了全球和中国AI芯片先进封装关键工艺领域专利申请量随年度变化的情况。从该图可以看出，AI芯片先进封装关键工艺的专利申请大体上经历了三个阶段。

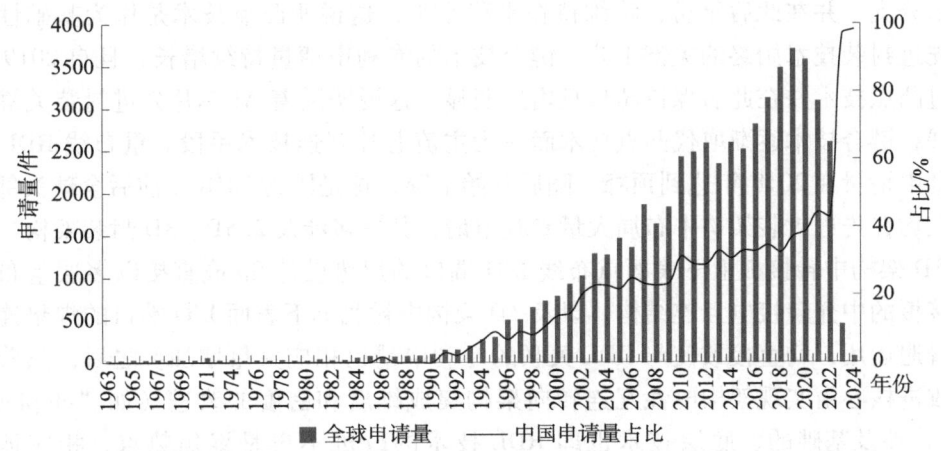

图5-2-1 全球和中国AI芯片先进封装关键工艺领域专利申请趋势图

第一阶段：技术萌芽期（1963—1997年）。1963年开始出现AI芯片先进封装关键工艺相关的专利申请，至1997年，全球范围内年专利申请量一直在500件以下，处于封装工艺的技术萌芽期。其中，中国起始专利申请年份则在1986年左右，明显滞后于全球专利申请起步时间。1986—1997年中国专利申请总量137件，相对于全球专利申请量的占比为4.93%，可见，中国专利申请此阶段亦属于技术启蒙阶段。

第二阶段：稳步增长期（1998—2015年）。1998年开始，全球及中国专利申请均进入稳步增长期，其中，2010—2015年，全球年专利申请量已攀升至2500件左右，标志着该阶段的AI芯片先进封装关键工艺得到了越来越多的关注。在此阶段内，中国专利申请量逐年增加，态势与全球态势保持一致，中国跟随全球先进封装工艺发展的步伐进行技术积累，全球创新活动正在加速，而中国在全球创新舞台上的活跃度也显著提升，为后续爆发式发展提供了创新基础和产业环境。

第三阶段：急剧增长期（2016年至今）。2016年至今，专利申请量开始急剧增长，仅经过4年的时间，2019年全球年专利申请量已达到近3700件，而中国年专利申请量达到1300件，占比超过35%，由此，开启了AI芯片先进封装关键工艺日趋激烈的技术竞争和抢占性专利布局。根据图5-2-1的增长趋势可以预期，AI芯片先进封装关键工艺的专利申请量还会继续保持快速增长，因为近阶段不仅AI芯片先进封装关键工艺日新月异，新产品新技术不断涌现，而且许多国家或地区制定相关支持政策，鼓励和促进AI技术的研发和创新。这一阶段也成为专利申请人"跑马圈地"的关键时期。

5.2.2 专利技术构成态势分析

对各技术分支专利申请量的趋势进行分析，以揭示各技术分支的逐年发展情况，预测技术发展趋势。

（1）全球专利技术构成分析

从图5-2-2所示的重点发展时间点/阶段内全球范围内AI芯片先进封装各关键工艺的专利申请量变化趋势来看，凸点技术发展较早，且在2010年前专利申请量远超其他技术分支，并在此后年份，均维持在平稳水平，这说明凸点技术是作为基础性技术贯穿先进封装技术始终的关键工艺。键合技术的专利申请量持续增长，且自2019年开始超过凸点技术并在此后保持超越且增速明显，这说明随着AI芯片先进封装关键工艺的发展，键合技术逐渐取代凸点技术而成为主流芯片互连技术手段。重布线RDL技术的专利申请量在2018年达到顶峰，随后开始下降，这是因为2018年前后全球头部专利申请人均在先进封装架构中布局大量专利申请，其中多涉及2.5D、3D封装架构，尤其是2.5D架构中转接板上下表面重布线I/O端口的焊垫设计和/或直接以多层重布线构成转接板的中介转接电互连结构，以及3D架构中衬底上下表面I/O端口的焊垫连接设计的普遍运用，均直接致使与RDL关联的专利申请也相应大量增加。之后，随着封装架构改进核心由实现架构电性互连转向架构集成维度和密度的改进（如"chiplet"的产生），涉及基础的、底层技术也即RDL技术的改进不再是聚焦热点，相应地，以RDL为发明核心的专利申请逐渐减少。TSV技术的专利申请量则变化平稳，基本上贯穿了其他三个分支的全部发展过程，且随着AI芯片先进封装关键工艺领域整体专利申请量的增长而逐年稳步增长，这也说明TSV技术作为基础技术发展已渐成熟。

进一步地，结合各技术分支的占比，凸点技术在AI芯片先进封装关键工艺的专利申请中占比最高，达32%，这也是因为在包括倒装芯片、三维堆叠（3D）、扇出型封装（FO）、包含转接板的2.5D等在内的先进封装中，凸点技术应用非常广泛。相比于传统打线芯片互连工艺，凸点技术具有薄型化、密度大、低电感、小成本、高散热等优点而在先进封装技术中处于不可替代的地位。RDL专利申请量占比仅次于凸点技术，接着是TSV技术、键合技术。参照上述分析，键合技术虽然占比最少，且相较于其他技术尤其是凸点技术起步较晚，但后期专利申请量反超凸点技术，这更说明键合技术将是未来电互连技术研发方向和布局重点。

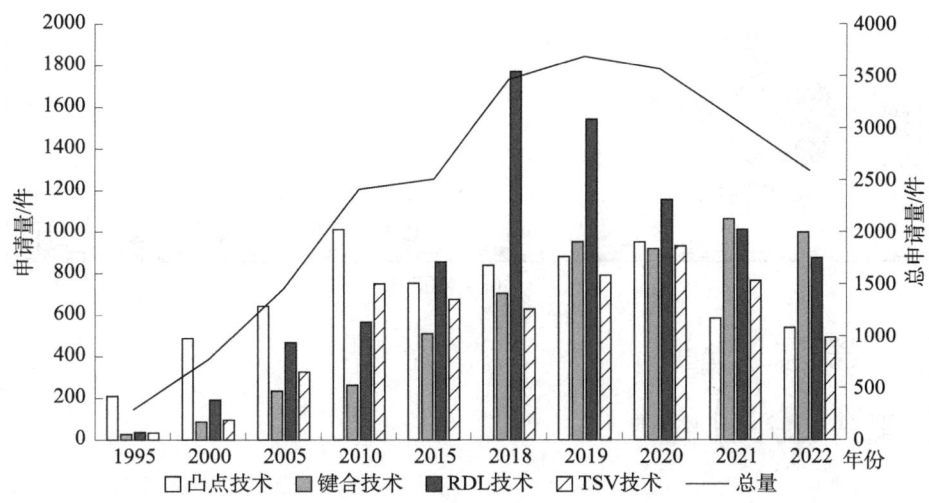

图 5-2-2　全球 AI 芯片先进封装关键工艺领域各个技术分支专利申请趋势

(2) 主要国家专利技术构成分析

图 5-2-3、图 5-2-4 分别是美国、日本、韩国、中国的先进封装关键工艺中各个技术分支的专利申请趋势及分支占比。首先，从整体专利申请趋势来看，除日本之外，美国、韩国、中国基本上均呈逐年增加态势，且 2018 年之后，中国专利申请增速明显高于上述其他国家。其次，从整体各个分支在对应国家占比来看，美国、韩国的技术构成占比情况是类似的，均是凸点技术、RDL 技术占比较多而键合技术占比较少，且上述各技术分支的专利申请量随年份变化趋势也与前述全球上述各技术分支的专利申请态势基本一致。也即凸点技术出现相对较早，随着时间发展键合技术于一时间点反超凸点技术，逐步成为主流电互连技术手段。然而，日本相对来说更集中于键合技术，并且日本的键合技术随着其整体专利申请量的先增后减趋势也呈现出一致的趋势，其中日本的键合技术起步早于中国，且前期处于领先地位，而中国的键合技术虽然起步较晚但后来居上且在 2018 年之后基本上处于领先地位。最后，纵观图 5-2-3、图 5-2-4 中相同年份的柱状图可看出，不同国家的技术侧重点各不相同。概括地说，美国、韩国、日本更侧重于 RDL 技术，而中国早期侧重于凸点技术而于 2015 年开始由凸点技术转向 RDL 和键合技术。这也与中国多数芯片制造企业，特别是台积电于 2018—2020 年在先进封装技术领域尤其是先进封装架构市场中基本位居"第一"的市场背景密不可分。

如图 5-2-4 所示，进一步地分析中国技术构成情况。总体而言，中国和全球范围内的整体趋势是相同的，但各个技术分支的专利申请量变化趋势并不完全相同。就技术分支整体情况而言，中国在 AI 芯片先进封装关键工艺领域整体起步均较晚，1995—2000 年各技术分支的专利申请量均较少，直至 2005 年之后才迅速增长，尤其是 2010 年之后，中国专利申请量突发式增长，这与台积电在此时宣布正式进军先进封装技术领域关联密切。另外，2018—2022 年，受到以美国为主导的国际先进封装领域巨

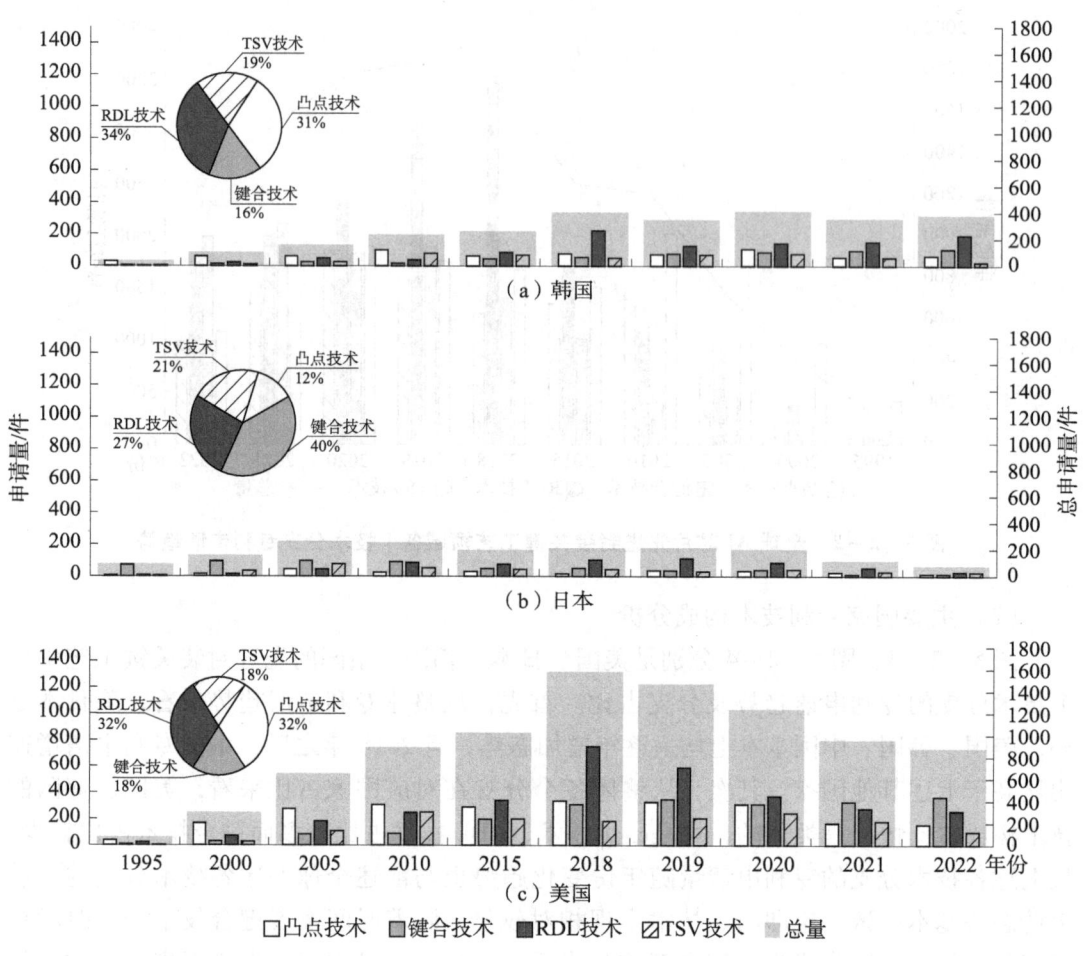

图 5-2-3 美国、日本、韩国各个技术分支专利申请趋势及分支占比

头专利申请人成立联盟、制定标准和/或达成协议等各种制裁措施的影响，中国专利申请量增速降低，但专利申请总量仍然比较大，反映出中国专利申请人面对外在"围堵"局势而表现出的积极反制态势。就各个技术分支情况而言，凸点技术发展较早，且在2010年专利申请量远超其他技术分支，并在该年达到顶峰，这与全球范围内的凸点技术专利申请量变化趋势相同；键合技术的专利申请量持续增长，并于2018年反超凸点技术，该转折点则反映出电互连技术研发热点的转变；RDL 技术的专利申请量在2019年达到顶峰，随后开始下降；TSV 技术的专利申请量则变化平稳，基本上贯穿了其他三个分支的全部发展过程，且随着 AI 芯片先进封装关键工艺领域整体专利申请量的增长而逐年稳步增长，这与全球范围内的变化趋势相似。就各技术分支的总量占比情况而言，RDL 技术在 AI 芯片先进封装关键工艺的专利申请中占比最高，达 27%；凸点和键合技术占比均为 25%；最后为 TSV 技术，占比 23%。上述各关键技术占比均衡，且与全球范围内各技术分支的占比较为接近，这进一步说明中国紧跟全球市场需求和技术发展趋势，在先进封装关键工艺领域发展潜力巨大。

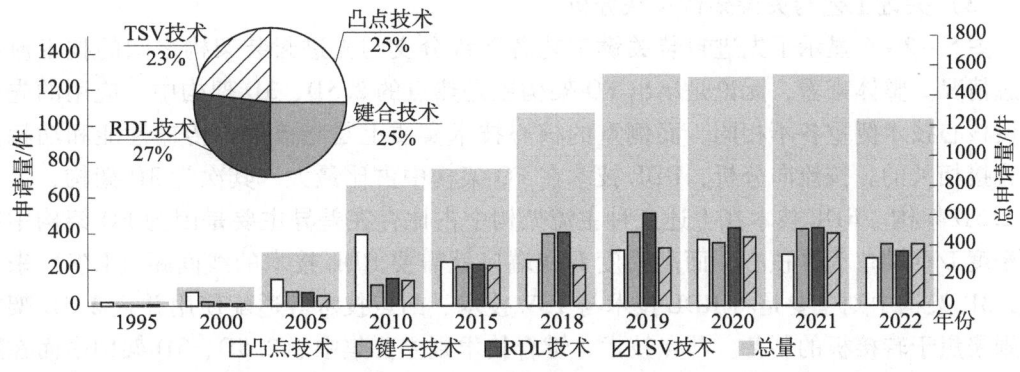

图 5-2-4 中国各个技术分支专利申请趋势及分支占比

图 5-2-5 为关键工艺各个技术分支内主要专利申请人。英特尔在各下级技术分支内专利申请量排名靠后于台积电。这不仅与企业的投资和市场相关，也与企业所在国家或地区的政策和扶持相关。进一步地，台积电作为芯片代工领域的龙头企业，在先进封装技术上进行大量的投资与研发，使得其在先进封装领域积累起丰富的专利；而英特尔作为半导体行业巨头，研发重点早期集中在处理器设计、制造等方面，在先进封装技术上的投资与研发力度相对较弱，导致其在该领域内的专利申请量相对较少。以中国台积电和韩国三星为组对比分析，台积电在各技术分支内均有专利布局，而三星重点布局在 RDL 技术，但在 TSV 技术中专利布局排名落后，这正是由于台积电逐步将研发重点布局在 3D、chiplet 和光电融合领域与三星聚焦于异质集成技术和高带宽内存 HBM 集成技术的重点布局领域不同所造成的。也就是说，台积电和三星在专利申请布局上的重点各有侧重，但共同之处在于提升自身的竞争实力和实现其战略规划。

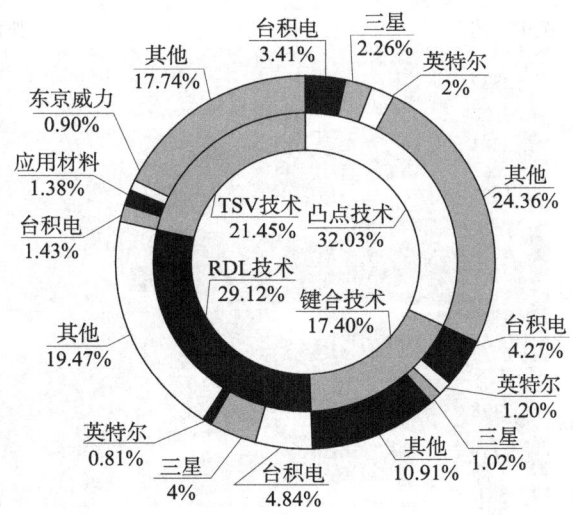

图 5-2-5 关键工艺各个技术分支内主要专利申请人

（3）关键工艺与关键架构关联分析

图 5-2-6 显示了先进封装关键工艺各下级分支与先进封装架构之间的技术流向动态情况。整体来看，无论是扇出 FO 架构还是热点的 2.5D、3D 架构中，应用的先进封装核心技术侧重各不相同，而侧重的核心技术实质上是与该架构传输性能和功耗高低直接相关的。按流向分析，RDL 技术在 FO 架构中占比最大，其次为 3D 架构，最后为 2.5D 架构。RDL 技术在上述三种主流架构中占比存在差异主要是因为 FO 架构中以高密度 I/O 端口为其核心，而高密度 I/O 端口就需要 RDL 技术的线间距（L/S）来实现，3D 架构中则主要是将 RDL 技术与 TSV 技术、凸点技术等适配使用并且 2.5D 架构中则聚焦于转接板的制备。凸点技术、键合技术则主要集中于 2.5D、3D 架构中而在扇出 FO 架构中分布最少，这是因为 2.5D 和 3D 架构主要是运用芯片-芯片、芯片-封装或封装-封装之间垂直或水平维度的电互连，而实现这种电互连的技术手段主要是诸如焊料凸点、铜柱凸点或铜凸点的凸点技术和进一步实现芯片之间、芯片和基板之间互连间距微缩的诸如介质键合、金属键合或混合键合的键合技术，而扇出 FO 架构的核心要素是芯片上的 RDL 技术而非凸点技术和键合技术。因此，凸点技术、键合技术成为实现 2.5D、3D 主流架构的更高集成度、更高性能和更高工作频率需求的关键工艺手段。TSV 技术在 3D 架构中运用最多，其次是 2.5D 架构，最后是扇出 FO 架构，其中 2.5D 架构中核心结构是转接板，而转接板结构中的 TSV 技术不仅实现了硅片内部垂直方向的电互连，而且这种互连方式减小了信号延迟与损耗，以及在 3D 架构中通过在芯片和/或晶圆之间制作垂直导通，从而实现晶圆和/或芯片堆叠，大幅提升芯片性能，达到提高系统整合度和效能的目的。综上，为了提高先进封装架构系统集成度，降低互连延时，缩小封装尺寸，在不同的先进封装架构中聚焦于不同的先进封装技术，如此才能实现先进封装技术与先进封装架构之间的相辅相成。

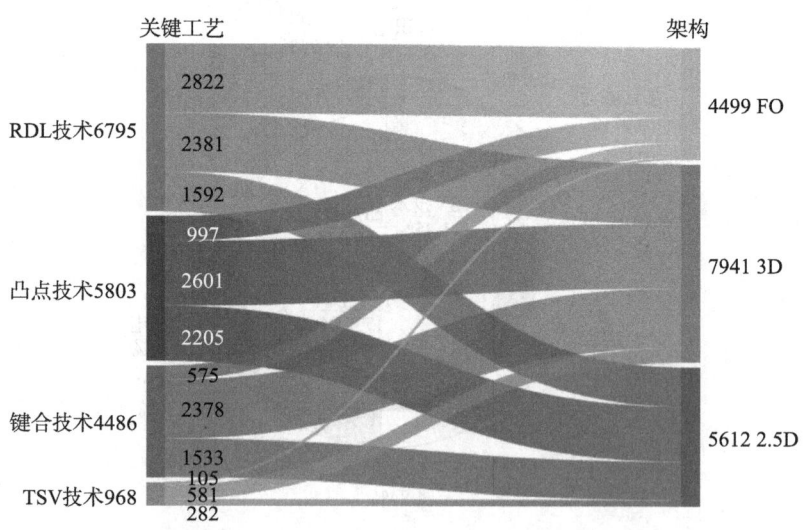

图 5-2-6 先进封装关键工艺各技术分支与先进封装架构之间的技术流向动态情况

注：图中数字表示申请量，单位为件。

5.3 关键工艺竞争格局分析

5.3.1 专利技术创新能力分析

(1) 专利申请量分析

如图5-3-1所示，技术来源中主要国家的专利申请占比与全球中上述国家的专利申请占比情况不尽相同。具体地，在专利申请目的地占比中，美国位居第一，而在专利申请来源占比排名中，美国则排名第三，中国占比排名则由第二位上升为第一位，具体占总专利申请量的45%。这说明美国为专利申请布局最集中地域但美国创新主体活跃度相对较低，而中国虽然申请总量不如美国但是中国创新主体活跃度最高，同时也反映出AI芯片先进封装技术相关的专利申请不仅注重基础专利重要市场的抢先占位，诸如美国市场，而且还关注新势力竞争国家的专利布局和技术垄断，诸如中国。

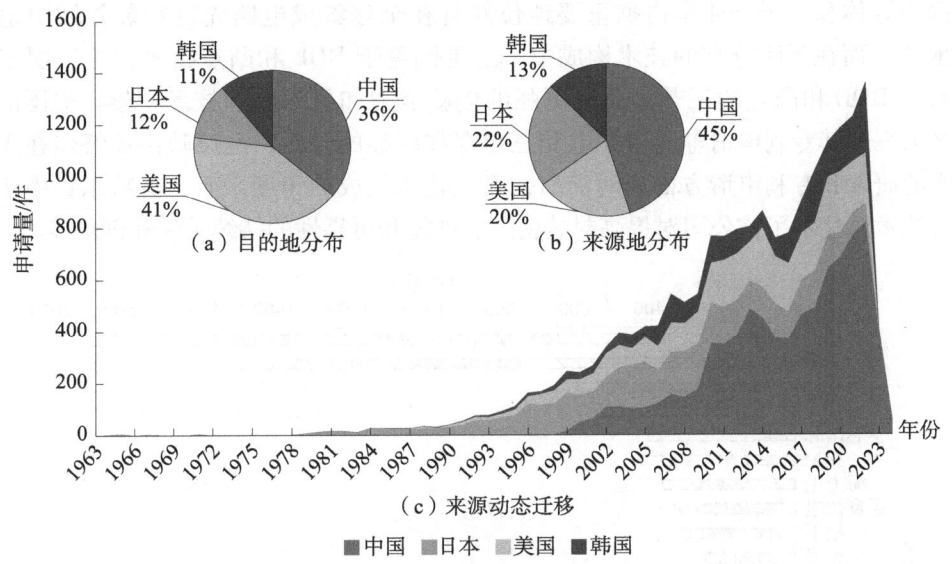

图5-3-1　关键工艺主要国家专利来源动态迁移及占比

可分为三个阶段对主要国家专利来源动态迁移情况进行分析：其一为先进封装关键工艺初始发展阶段（1963—1999年），这一阶段内日本不仅起步最早，也是一家独大，无论是专利申请量还是增速均远超其他国家；其二为先进封装关键工艺高速发展阶段（2000—2018年），这一阶段内全球形势多变，如美国对日本半导体发展的制约、2008年爆发的次贷危机、中国台积电全面进军先进封装领域并在产业上量化生产等，日本的增长速度放缓而美国进入全球头部位置，尤其是中国在这一阶段内势头猛进，与美国可谓并驾齐驱，而在此阶段虽起步晚但增速快；其三为先进封装关键工艺增速发展阶段（2019年至今），主要国家专利申请量整体呈高速发展态势，尤以中国最为突出，已然跃升成为先进封装关键工艺技术大国。另外，专利申请来源的多少也反映出创新主体的发明创造能力。从整体占比来看，中国占比最大，也说明中国在 AI 芯片领域先进封装方面的创新活跃度很高，说明中国作为 AI 芯片领域先进封装关键工艺相关专利申请的主要来源，拥有巨大的发展潜力。

（2）技术构成分析

下文将对 AI 芯片先进技术领域全球范围内专利申请人专利申请量的排名进行分析。专利申请人的专利申请量能够一定程度说明该专利申请人的创新能力、技术贡献和商业价值等。

如图 5-3-2 所示，排名前三的为中国的台积电、韩国的三星和美国的英特尔。其中，台积电排名第一，它一直专注于代工芯片制造，以高良率和高质量的产品在半导体制造行业中占据领先地位，从其包含的各下级分支技术构成来看，它在除 TSV 技术之外的其他三个分支上具有均衡的专利申请。仅次于台积电的为三星，从前述分析（图 5-2-5 的相关分析）中能够看出，韩国整体专利申请量并不突出，但是三星的专利申请量却位于第二，这也说明韩国先进封装技术的研发和产能均高度依赖三星。其在韩国半导体和电子产业中占据重要地位并且在全球集成电路先进封装领域中也占据领先地位，而在下级分支的技术构成中，三星侧重于 RDL 和凸点技术，这证明三星在先进封装 RDL 和凸点的工艺中具有更强的创新能力和更深厚的技术积累。美国的英特尔排名第三，其专利申请量与台积电和三星存在明显的差距，也反映出英特尔在先进封装技术的研发和专利申请方面相对滞后，而从技术构成的角度来看，英特尔集中于凸点和键合技术，显示了该公司对提高封装密度、性能和可靠性的持续关注和创新能力。

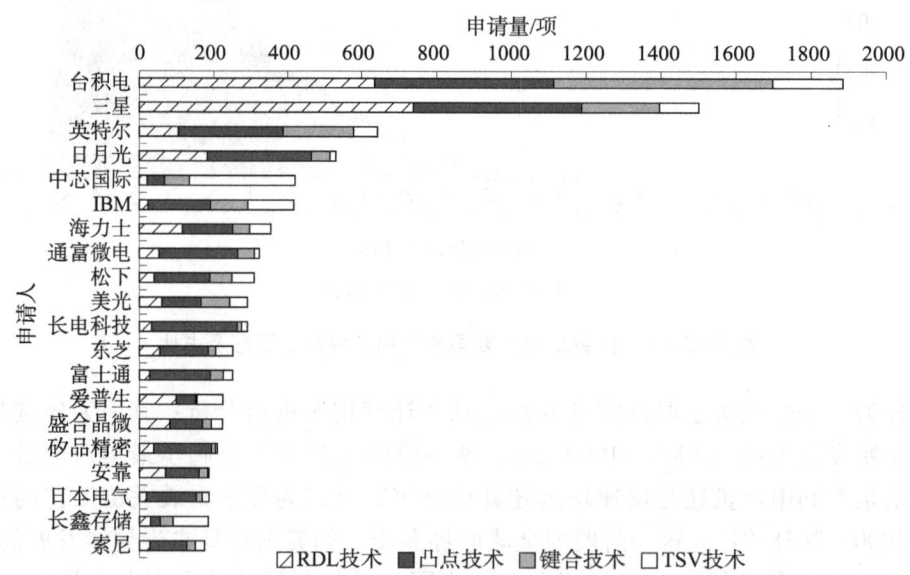

图 5-3-2　关键工艺全球专利申请人专利申请量排名前 20

图 5-3-2 所示的全球专利申请人专利申请量排名前 20 中，中国上榜公司还包括中芯国际、通富微电、长电科技、盛合晶微和长鑫存储。从整体专利申请量来看，中国上述各公司的专利申请量均与"三巨头"——台积电、三星和英特尔的专利申请量

差距明显；而从技术构成来看，中国上述各公司在技术构成上基本上是集中于某一个或某两个技术分支，且上述各集中的技术分支也不尽相同。例如中芯国际侧重 TSV 技术，通富微电和长电科技更侧重凸点技术，而盛合晶微则集中于 RDL 和凸点技术等。由此说明中国专利申请人的先进封装活跃度足够，且均集中于台积电的独家龙头企业，而其他申请人的创新能力相对欠缺。

进一步地，结合图 5-3-2 和图 5-3-3 中专利申请人排名与先进封装工艺的技术构成情况，"三巨头"中台积电和三星仍然占据领先地位，然而，英特尔却在 TSV 技术涉及热应力管理的分支内已被中国其他公司所超越。也就是说，虽然中国专利申请人的专利申请体量不大，但在 TSV 热应力管理的技术分支内已形成抗衡之势，占据一席之地。另外，在 RDL 技术、凸点技术和键合技术方面，通富微电均榜上有名，尤其是 2014 年成立的盛合晶微，其在 RDL 技术中位居第七名，且专利申请量已超过英飞凌、安靠、美光等老牌的半导体技术公司。这也说明盛合晶微对该技术进行了大量的投入，并获得了相应的产出，使其在 RDL 技术领域内位于全球领先梯队，但与台积电相比仍然差距悬殊。

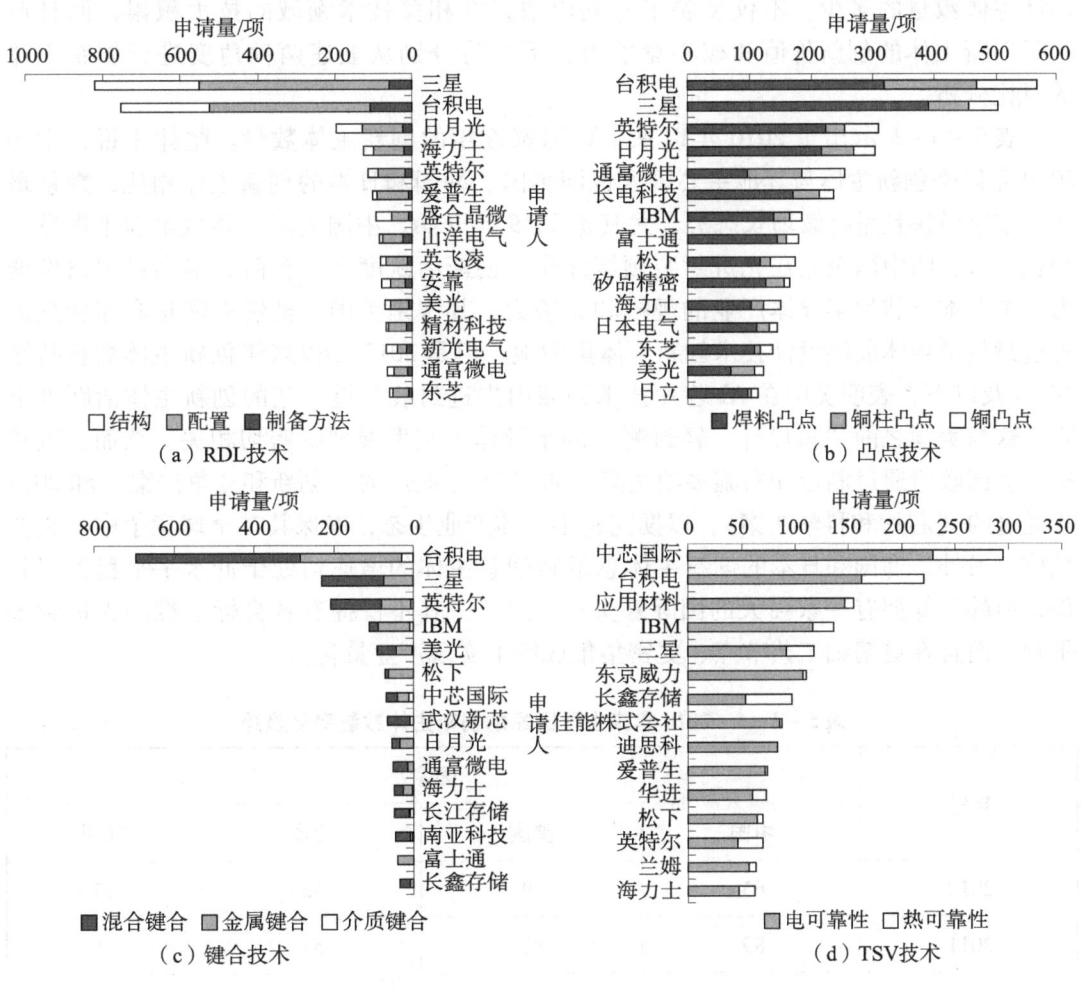

图 5-3-3　关键工艺各个技术分支构成内专利申请人专利申请排名

进一步地，从各个技术分支的下一级细分技术分支角度来看，RDL 技术中，各个上榜申请人均以 RDL 配置技术为主；凸点技术中，通富微电虽然其凸点技术整体申请量排名位于三星、英特尔和日月光之后，但从铜柱凸点分支来看，通富微电的铜柱凸点占比是大于三星、英特尔和日月光的铜柱凸点占比的，也就是说，通富微电相较于上述实力强劲企业在铜柱凸点分支中更具竞争力；键合技术中，尤其在混合键合技术中，台积电、三星和英特尔的混合键合占比基本为一半或略大于一半，而虽然武汉新芯的键合技术整体申请量排名靠后，但其混合键合占比约为 80%，可见，在如混合键合的热点技术领域中，中国创新主体紧跟研发趋势，重点发力。

（3）创新主体分析

创新主体的专利分析不仅能够衡量国家的创新能力，还能反映其经济发展潜力、技术竞争力以及在全球创新格局中的地位。创新主体的分析主要包括作为创新主体的专利申请人的专利申请量分析和创新主体数量的对比分析。其中创新主体专利申请量，可以反映技术发展活动的活跃程度以及创新主体谋求专利保护的积极性；而创新主体数量的多少，不仅反映了专利申请人在相关技术领域的技术积累，而且反映了创新主体的创新价值和核心竞争力。下文将分别从上述两种角度进行创新主体的对比分析。

表 5-3-1 示出了 2010 年以来主要国家逐年的创新主体数量。整体来说，中国 2010 年以来创新主体与其他主要国家也即美国、韩国和日本的创新主体相比，数量最多、增速最快且呈持续增长态势，尤其是 2019 年开始，中国创新主体数量迎来爆发式增长。这表明中国企业在先进封装领域深耕，创新活跃度上一台阶，提高自主研发能力并扩大本土芯片半导体产业的规模和竞争力。其次是美国，虽然美国是全球领先的先进封装半导体前端设计技术创新主体集中地，但是 2013 年以来年创新主体数量持续在 55 及以下，表明美国在 AI 芯片技术领域内先进封装关键工艺的创新主体活跃度下降，这与美国之前"重设计、轻封测"的半导体工艺发展现状密切相关。然而，近年来，美国政府通过制定和实施多项法案，如 2021 年通过的《创新和竞争法案》和 2022 年通过的《芯片和科学法案》，以期完善半导体产业生态，确保其在全球竞争中的领先地位。另外，韩国和日本的创新主体总量和创新主体的增速均处于低水平平稳发展趋势，但韩国却拥有一家独大的国际寡头——三星，其不仅拥有各自标志性的先进封装平台，而且在更精细工艺节点、更密集集成度上实现产业量化。

表 5-3-1 2010 年来主要国家的创新主体数量变化趋势　　　　单位：个

年份	国家			
	中国	美国	日本	韩国
2010	65	69	58	25
2011	89	82	53	21

续表

年份	国家			
	中国	美国	日本	韩国
2012	76	82	49	22
2013	82	50	44	14
2014	81	55	39	15
2015	94	49	50	10
2016	85	48	31	13
2017	90	43	44	13
2018	92	51	46	15
2019	151	43	38	15
2020	166	46	40	9
2021	193	35	36	13
2022	215	35	31	13
2023	170	2	1	2
2024	46	1	0	0

总之，中国创新主体数量的大幅增加，不仅表明了中国企业创新活跃度的大幅提升，还体现了中国政府对半导体及先进封装技术不断增加的政策引导、资金支持和研发投入，更展示了中国先进封装工艺的竞争力。而先进封装工艺是半导体产业的重要组成部分，更推动着半导体产业向高水平发展，增强了中国在全球半导体产业链中的话语权和影响力。

图 5-3-4 展示了主要国家关键工艺方向的创新主体数量变化趋势。同时参考图 5-2-3 中的数据，中国创新主体数量呈现逐年上升的趋势。中国创新主体起初集中于凸点技术的基础封装工艺，之后逐渐转向 RDL 和键合技术，TSV 技术分支内创新主体数量也是稳步增长并趋于稳定。这与中国先进封装技术早期集中发展封装测试技术密切相关，后来凸点技术和键合技术呈现逐年竞合式发展，也即凸点技术基本呈逐年减少而键合技术基本呈逐年增加态势，这与中国"领头羊"企业——台积电的先进封装工艺更侧重键合技术的趋势是一致的，随着台积电多处建厂、扩大产能等在全球半导体范围内产业布局的深入，中国创新主体也紧跟全球领先水平的申请人步伐，将创新聚焦点转向其他技术分支，以提升中国的先进封装技术储备。日本的创新主体关注热点明显是由凸点技术转向 TSV 技术，在当今 AI 芯片先进封装以 2.5D、3D 垂直堆叠结构为主流封装技术的情况下，TSV 技术在垂直互连、系统整合和功耗、小型化与

高集成度以及可靠性与稳定性等方面均比凸点技术更具优势,而日本作为在半导体材料和设备方面具有技术和产业优势的强国的基础上,创新聚焦点在于 TSV 技术是顺理成章的发展,为先进封装技术的发展提供了技术基础。最后,美国、韩国与中国的研发热点转变相同,均是朝向 RDL 和键合技术,这与美国、韩国主流发展的 2.5D、3D 先进封装架构中应用的关键工艺是密不可分的。

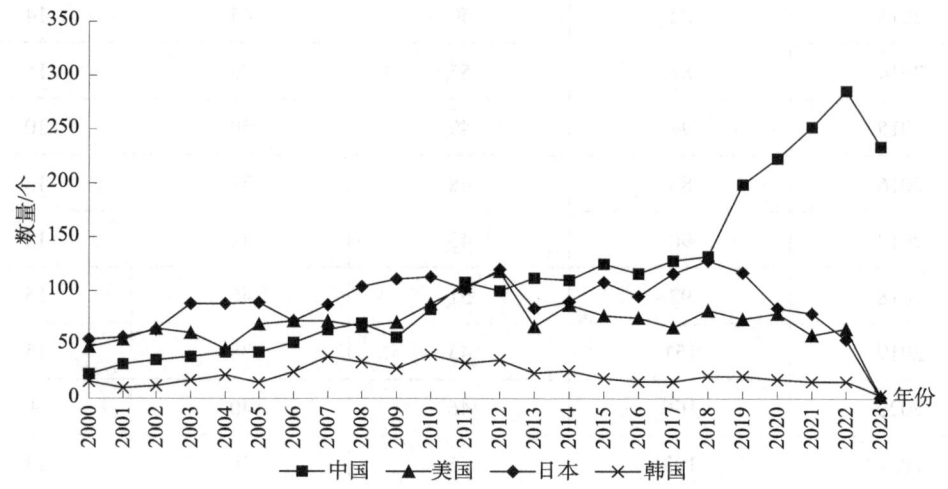

图 5-3-4 主要国家关键工艺方向的创新主体数量变化趋势

图 5-3-5 展示了主要国家关键工艺的创新主体数量。从创新主体个数来看,中国创新主体数量最多而美国紧排其后,分别为 832 个、686 个,这说明中国发明创造实力已具引领之势,发展潜力大。虽然韩国和日本的创新主体数量总量相对较少,但是韩国具有以三星和海力士为代表的龙头企业。

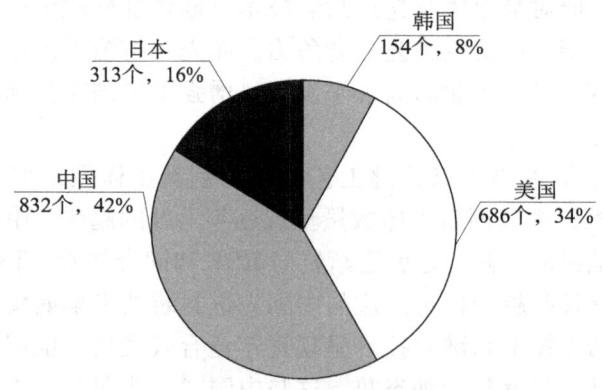

图 5-3-5 主要国家关键工艺的创新主体数量

5.3.2 专利技术市场保护分析

（1）专利布局地域分析

图 5-3-6 示出了中国、美国、日本、韩国主要国家关键工艺的专利申请迁移情况。通过专利迁移流向分析，上述各个国家的专利申请均在本国的布局数量最多，其中在本国之外的专利布局的重点均放在美国，中国次之。这说明各国家均重视美国和中国市场，主要是由于美国作为全球科技创新的领头羊，增加在美国专利申请数量对提升创新主体的技术竞争力和市场占有率是至关重要的，而中国作为大规模、大体量的经济市场和新兴科技创新聚集地，将中国作为专利布局重要目标地以达到市场扩张的目的。综上，中国应提高创新效率并挖掘未来可以布局和抢占的技术点，同时紧跟美国、韩国和日本的专利动向，重视对专利布局策略的研究，扩大境外专利布局数量，提升中国企业的综合实力。

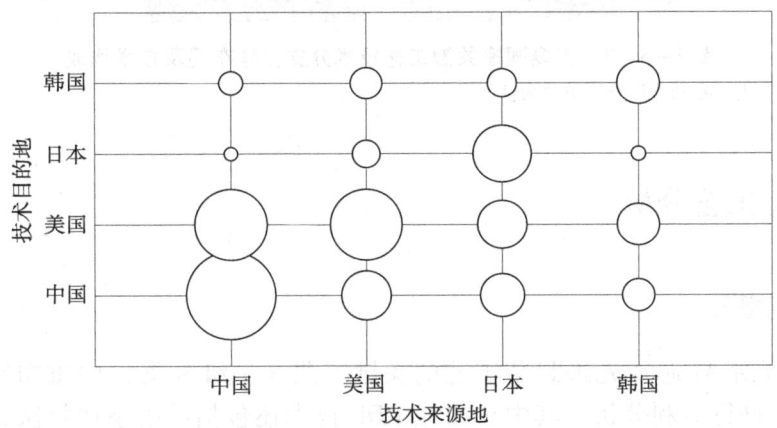

图 5-3-6 主要国家关键工艺专利申请迁移情况

注：图中气泡的大小代表申请量的多少。

（2）主要国家在华布局分析

通过分析主要国家各技术分支专利申请情况，了解主要国家重点布局方向。图 5-3-7 是中国、美国、日本、韩国主要国家在华专利申请各技术分支分布。从专利申请量来看，美国专利申请量最大，且集中在凸点技术和 TSV 技术两个分支，而美国利用其 TSV、凸点技术领先全球的技术优势，通过大量申请专利在中国市场范围内一定程度上形成垄断，也提升了其在上述技术领域内的主导作用。韩国专利申请则主要集中在 RDL 技术方向，其次为凸点技术，这与前述的韩国寡头企业三星的专利申请集中于 RDL 技术方向和凸点技术的方向是一致的。而不断申请新的专利，不仅能够保护其创新成果，还能够在市场竞争中占据有利地位，持续通过在上述技术领域内的技术革新保持其在先进封装行业的头部地位。日本专利申请集中在 RDL 技术、凸点技术和 TSV 技术，而在键合技术上专利申请量较少。可见美国、日本、韩国在中国的技术布局侧重点是不同的，是依据各自的技术优势、专利积累、市场竞争以及布局策略进行的各有特色的专利布局。

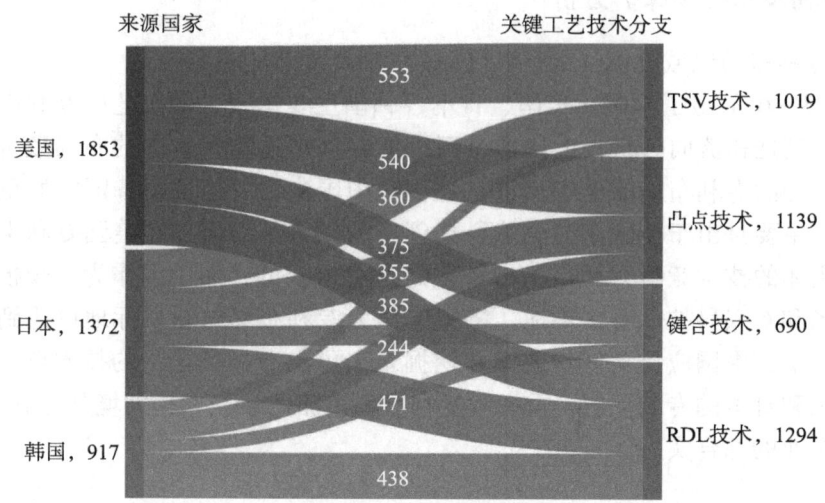

图5-3-7 主要国家关键工艺技术分支在华布局及技术构成
注：图中数字表示专利申请量，单位为件。

5.4 RDL 工艺分析

5.4.1 研究概况

本节主要对 AI 芯片先进封装工艺的关键工艺（一级分支）中重布线 RDL 技术（二级分支）进行专利分析。其中重布线 RDL 技术还包括：由添加物法、减少物法、局部沉积、使用预成型件和自组装工艺方法（五个四级分支）等构成的 RDL 制备方法（三级分支）；由多层结构、凸块、自由站立（三个四级分支）具体结构构成的 RDL 结构（三级分支）；由将半导体表面上键合区与半导体的另一个表面连接的、连接到半导体中的通孔部分的、重布线层的布局、扇出配置的、顶视图和侧视图等构成的 RDL 配置（三级分支）。其中，对上述 RDL 技术整体及其各技术分支，重点从技术概况、专利申请趋势、技术发展路线等方面进行分析和阐述，并依据第 4 章 AI 芯片关键封装架构中提出的 RDL 面临的困难和挑战，如重布线 RDL 配置中产生的翘曲、RDL 超细线宽/间距（L/S）的持续微缩等，在分析 RDL 制备方法、RDL 结构、RDL 配置三级分支的基础上，着重选取上述技术分支中的重要专利申请人进行深入分析，除了对上述 RDL 技术分支进行专利数据、技术构成和重要专利申请人的专利分析之外，还从上述 RDL 技术分支与第 4 章中先进封装架构关联度的专利申请态势、技术演进路线方面，进一步挖掘上述密切涉及的封装架构中中国重点专利申请人的核心专利、专利布局等研发创新和市场保护能力。

RDL 是指在晶圆表面沉积金属层和介质层，并形成金属布线，对 I/O 端口进行重新布局，将其布局到新的区域，并形成面阵列排布。由此，可以将芯片或封装体直接连接到重布线层上的触点，而不只是连接到裸片的边缘，从而提高连接密度，降低封装难度，并提供更灵活的布线选项，进而提高封装的灵活性和可靠性。

图5-4-1所示为RDL制备工艺流程图❶，图5-4-2所示为晶圆级扇出封装FOWLP中RDL的制造工艺流程图❷。从图5-4-1、图5-4-2中能够看出，RDL采用重新布线方式能够支持更多的I/O端口数量，使I/O端口间距更灵活，凸点面积更大。然而，随着I/O端口密度的增加，为了连接布线层上面的中介层以及与之相连的芯片，需要大量多层的RDL，而随着RDL层数的增加，重叠错误的可能性也随之增加。尤其在AI芯片先进封装架构中，不同封装类型且不同尺寸的芯片之间通过不同L/S的RDL进行电气互连，随着互连技术要求更精细的L/S，则需要更多层的RDL层。这将导致上述重叠偏置的错误更严重，同时也增加成本和潜在的良率损失。因此，保证RDL可靠性的同时提升RDL的L/S已成为业界研究重点之一。下文中通过对涉及上述RDL技术问题进行综合分析，各部分对涉及的主要技术、技术中存在的问题，以及未来技术发展方向方面进行多种维度的专利分析，并在中国高校、企业应当关注的研发重点和采取的改进策略方面给出了具有指引性的意见和建议。

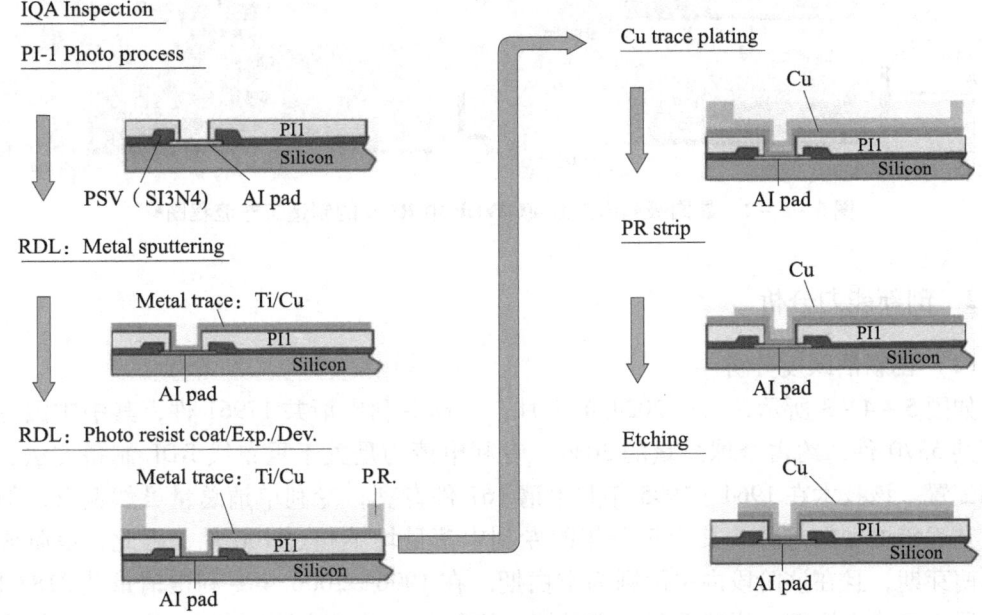

图5-4-1 RDL制备工艺流程图

---

❶ 电子发烧友. 先进封装技术汇总：晶圆级芯片封装&倒装芯片封装［EB/OL］.（2023-07-15）［2024-10-15］. http://m.elecfans.com/article/2184221.html.

❷ 赵工. 1.3万字！详解半导体先进封装行业，现状及发展趋势［EB/OL］.（2024-07-03）［2024-10-15］. http://mbd.baidu.com/ma/s/1e0KI2YI.

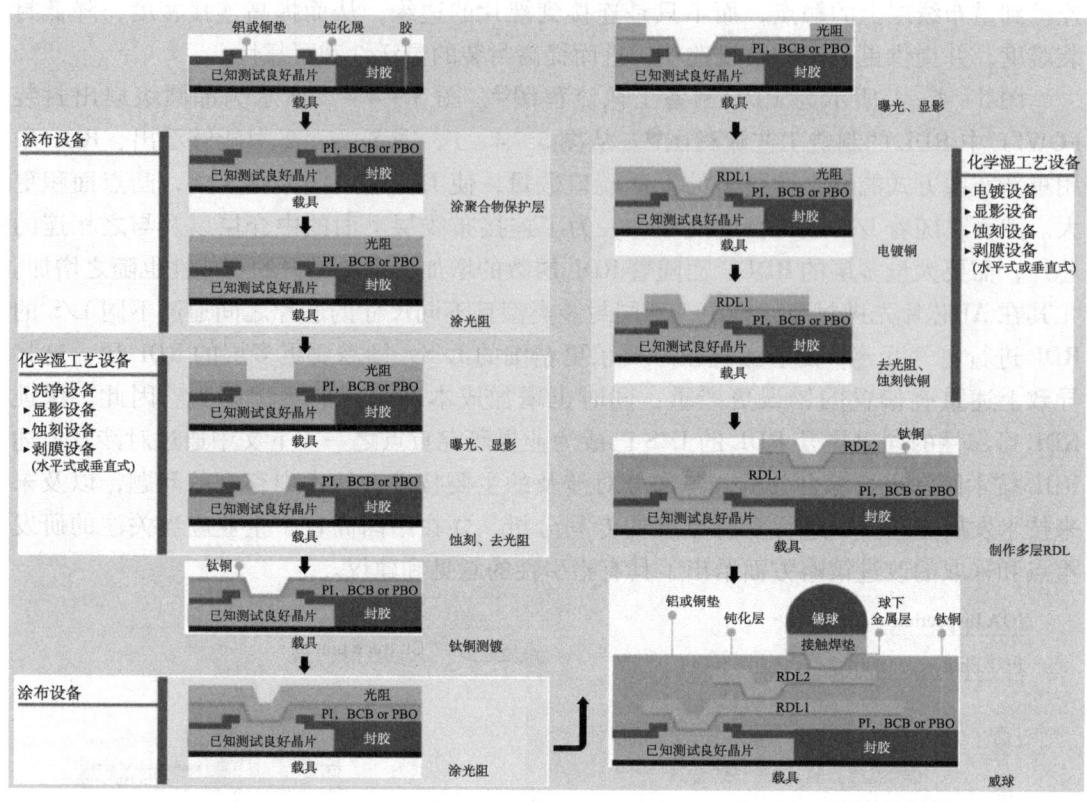

图 5-4-2　晶圆级扇出封装 FOWLP 中 RDL 的制造工艺流程图❶

5.4.2　创新能力分析

（1）创新活跃度分析

如图 5-4-3 所示，截至 2024 年 7 月，全球专利申请共 17961 件，其中中国专利申请共 5370 件，约占全球总量的 30%。专利申请均是关于重布线 RDL 制备方法、结构和配置。该技术在 1964—1995 年共申请 167 件专利，专利申请总量虽然偏低，但基本上是逐年增加的趋势，其中每一年的专利申请量均不超过 100 件，因此，该阶段为技术萌芽期，且在该阶段内中国则为空白期。在 1996—2006 年专利申请量共 3183 件，该阶段为初步发展期，增速明显且亦是持续增加的，并且中国于 1999 年加入该技术领域内且截至 2006 年共有专利申请 70 件，与该时期内全球范围内专利申请相比差距显著。在 2007—2015 年，专利申请量迅速增长，达到 5731 件，相较于初步发展期，该阶段增长幅度明显增加，为快速发展期，并且在该阶段内中国共专利申请 708 件。虽然中国范围内专利申请量与该时期内全球范围内专利申请量相差甚大，但其增加速度远大于全球范围内专利申请量的增速（8 倍以上），这也预示着中国在该技术领域内起步

---

❶ 晶圆级封装［EB/OL］.（2023-09-29）［2024-10-15］. http://mbd.baidu.com/newspage/data/dtlandingsuper?nid=dt_3929512682726112350.

虽晚但后劲十足。2016—2021年，全球范围内每年专利申请量均在千件以上。该阶段为飞速发展期，一方面，是由于台积电将后端工艺引入前端工艺中并实现3D IC集成等技术的产业化，如台积电公布InFO架构，尤其是超高密度扇出即UHD FO架构，极大提升了集成密度，促进了RDL技术的发展；另一方面，是中国专利申请量再次增多且每年达到全球专利申请量的1/5左右，RDL技术在中国范围内得以持续、稳定地扩大；直至2022—2024年，尤其是2023年、2024年专利申请量突变地锐减，正是检索截止时间的限制，该时期内还有部分专利申请尤其是境外专利申请尚未公开。

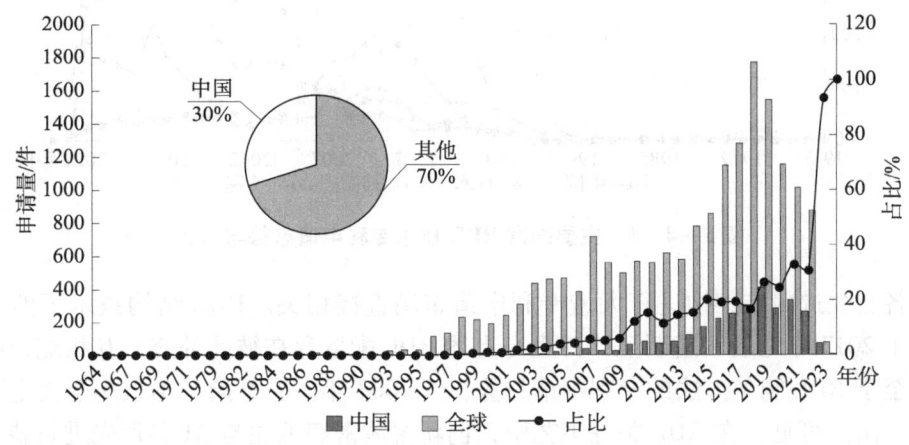

图5-4-3 全球与中国RDL整体专利申请态势

（2）创新来源地分析

如图5-4-4所示，美国专利申请量最多，占比达39%；中国排名第二，占比为30%，但中国起始时间最晚，晚于美国30年左右，2002年开始，中国年申请量超过韩国、日本，仅次于美国，直至2010年左右，呈直线式上升态势，呈现出紧追猛赶之势。而韩国排名第三，前期呈现出与美国、日本和中国基本一致的发展态势，但于2007年之后则处于小增幅的低速发展时期。日本排名落后于韩国，其专利申请起始时间虽早但发展平稳，这是由于美国对日本的半导体技术发展限制所致，日本RDL技术发展萎靡。进一步地，单独对比美国、中国、韩国和日本的专利申请趋势和占比可知，我国已然位居世界申请量的前列，无论是申请总量还是申请量增速均具备与美国抗衡之势。这表明中国经过前期几十年的技术积累与沉淀，拥有了一定量的技术研发基础和专利竞争能力，但跟上述主要国家也即美国、韩国、日本联合整体专利申请量相对比，仍然是势单力薄、对比悬殊、形势严峻。

（3）技术构成分析

1）技术构成占比与演变

图5-4-5为RDL技术中制备方法、结构和配置的专利申请趋势和占比情况。其中涉及RDL配置的专利申请量最大，占比为58%；接着，专利申请量占比由大至小分别为结构、制备方法。从专利申请趋势图也能看出，占比最大的RDL配置起始最早且持续增长式发展，并于2018年达到专利申请量顶峰。这与这一阶段内全球各头部公司

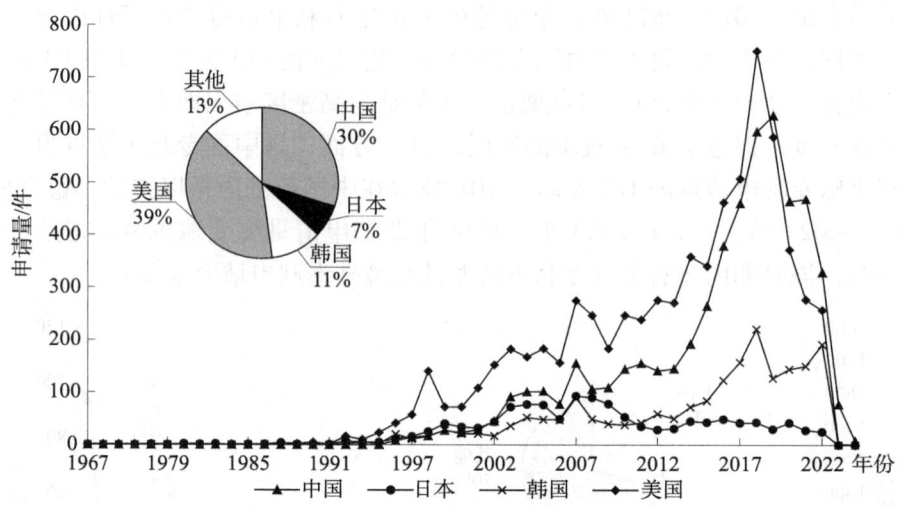

图 5-4-4 主要国家 RDL 技术专利申请态势与占比

均围绕各自先进封装架构进行大量专利申请布局直接相关。RDL 结构技术虽然起步较晚，但于 2017 年之后增速明显，并且与上述 RDL 配置存在彼此补充、互相配合的发展态势；至于 RDL 制备方法的专利申请趋势，于 2007 年左右开始基本上属于稳定平衡发展状态。由此可见，在 RDL 关键工艺中，创新主体密切关注与 AI 芯片先进封装架构中高算力、低延迟相关的 RDL 配置、结构技术分支。但随着 AI 芯片先进封装架构的低功耗、高性能和薄型化等多元化需求的持续增加，RDL 制备方法越来越受到关注，亦是与 RDL 配置、结构相辅相成发展的关键工艺。

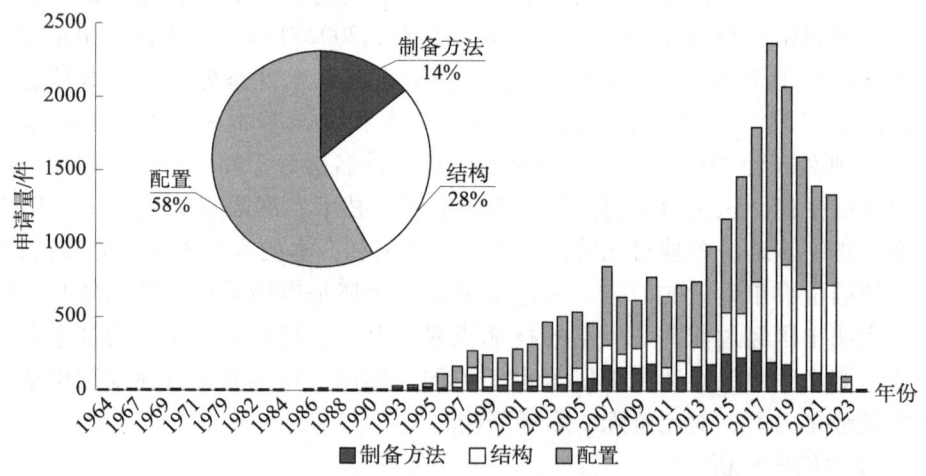

图 5-4-5 RDL 技术中各下级分支专利申请趋势及占比

RDL 配置的专利申请量最多，其次为 RDL 结构，最后为 RDL 制备方法。正如前述 RDL 配置中包含 RDL 的布局、扇出结构中 RDL 配置、连接到半导体中通孔部分的配置以及相互键合的半导体芯片表面上 RDL 的配置等，而这些 RDL 配置的具体应用位置与主流的几种先进封装架构可集成配合使用。由此，随着先进封装架构的研发创新越来越活跃，用于实现先进封装架构高密度互连端口的 RDL 技术的改进创新也越来越多，尤其是专用于先进封装架构引出互联部分的 RDL 配置或结构的专利申请量增加明显；至于 RDL 的制备方法，其是形成所需 RDL 结构和 RDL 配置技术中 RDL 本身包含的各介质层或布线层的具体制造工艺手段，而工艺手段基本上采取传统、基础的技术即可实现，则相应的发明创造、更新迭代相对较少。

RDL 技术包含的三个下级技术分支内，RDL 制备方法进一步包含添加物法、减少物法、预成型、局部沉积和自组装的五个下级技术分支，RDL 结构进一步包含多层结构、凸块和自由站立的三个下级技术分支。如图 5-4-6 所示，RDL 结构中由多至少依次为多层结构、凸块和自由站立，RDL 制备方法中由多至少依次为添加物法、减少物法、预成型、局部沉积和自组装的方法，其中数量越多则说明技术分支越是基础技术，积累越多、创新活跃度越集中且市场经济反应越显著，这些技术领域也为其他关联的 RDL 技术分支和其他先进封装工艺的更新迭代、快速发展提供了核心技术。

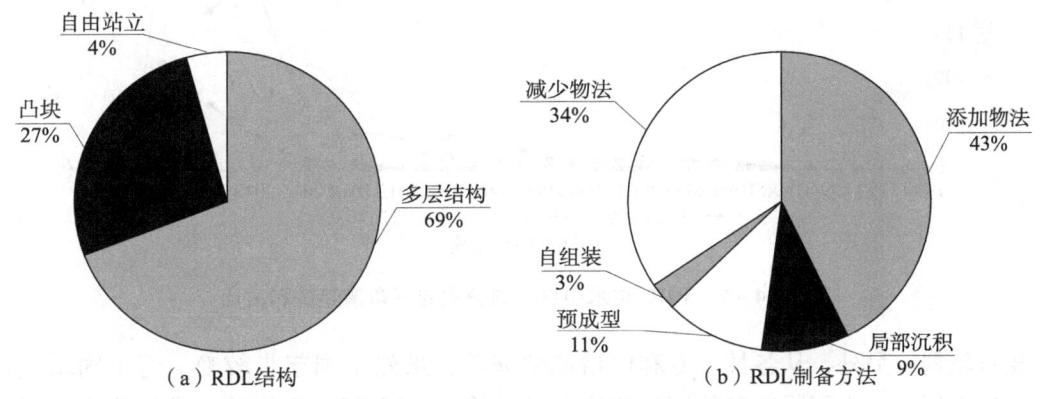

图 5-4-6　RDL 技术中各下级分支占比

另外，图 5-4-7 所示的 RDL 制备方法中占比相对较多的添加物法和减少物法的专利申请量基本上呈逐年增长的趋势，而局部沉积、预成型和自组装的专利申请量基本上呈平稳发展的趋势，这些都说明添加物法和减少物法为基础、主流的制备方法，而其他三种制备方法虽为非主流却是针对不同结构和需求而设计的特定制备方法。随着全球先进封装各巨头持续对先进封装核心工艺的投入和对先进封装架构的钻研，RDL 技术获得高度关注且持续改进以适应先进封装架构中越来越高密度、越来越小的线距/间距需求，基于此，上述占比较大的 RDL 制备方法次级技术分支和 RDL 结构次级技术分支则发挥着更重要的作用。

2）技术构成创新区域分析

结合图 5-4-8、图 5-4-9 所示的 RDL 各下级分支技术来源与主要国家 RDL 技术的专利申请量态势。中国在三个技术分支内均占比最大且尤以 RDL 配置和制备方法技术分支内相对更多；美国则集中于 RDL 结构技术，而韩国、日本则较集中于 RDL 配置技术。这说明中国 RDL 技术发展相对均衡而其他主要国家在 RDL 制备方法技术分支

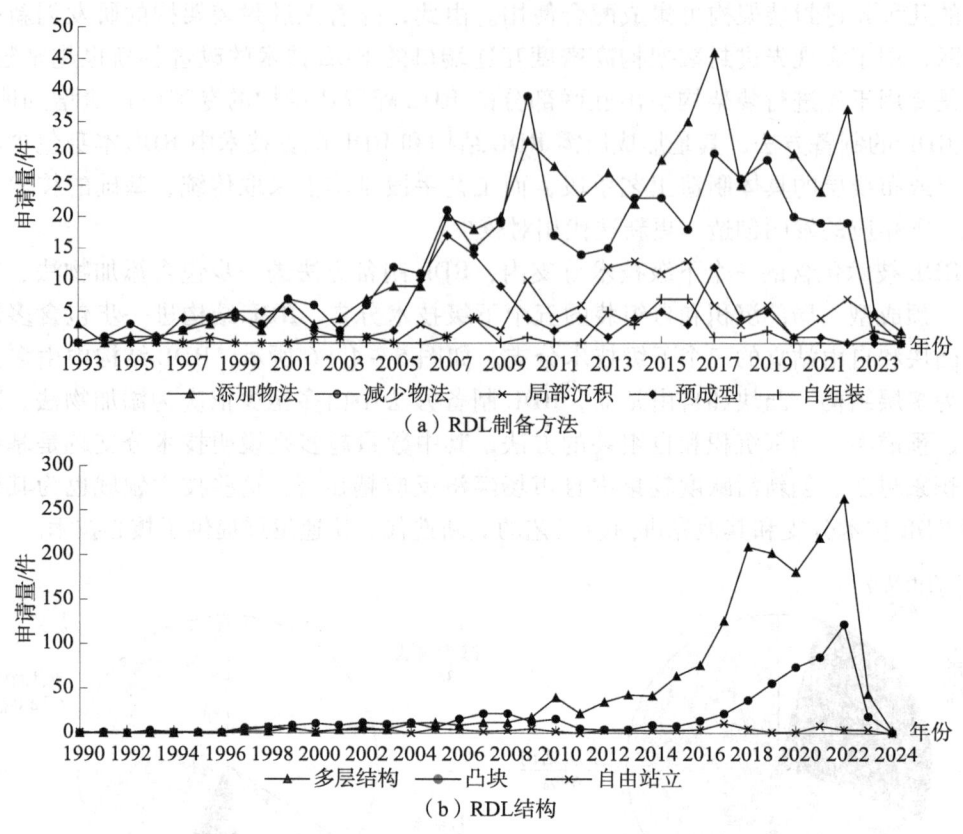

图 5-4-7 RDL 技术中各下级分支专利申请趋势和占比

上相对较弱。另外，从各技术专利申请趋势来看，虽然中国起步较晚，但中国增速显著，后来居上，中国紧跟其他国家的技术研发趋势，以 RDL 配置技术发展为主并行发展其他 RDL 技术，并逐步占据主要地位。这也说明中国同其他主要国家在 RDL 技术方面持续深耕，基本呈势均力敌的态势，中国应注重进行多边专利申请，以提高 RDL 技术的专利壁垒。

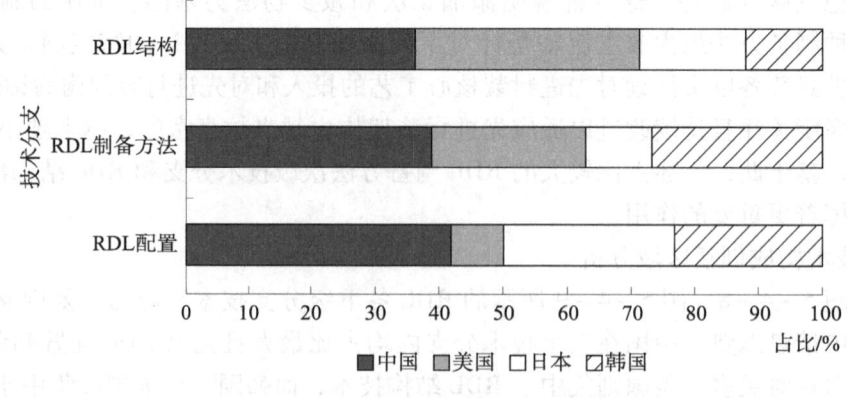

图 5-4-8 RDL 各下级分支技术来源

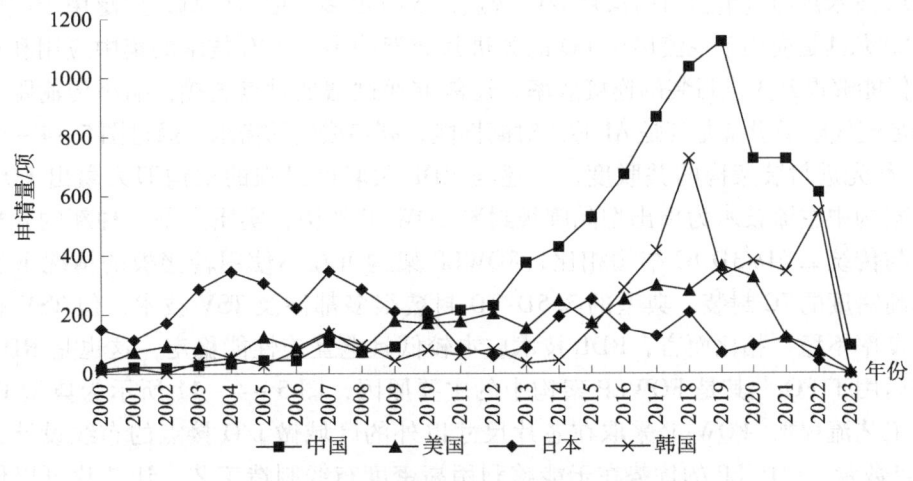

图 5-4-9　主要国家 RDL 技术的专利申请量态势

(4) 与关键架构协同创新分析

如图 5-4-10 所示，纵观 RDL 各个下级技术分支，均与第 4 章中 FO、2.5D、3D 封装架构均存在关联，其中，关联度最高的为 RDL 配置，尤与架构中 FO 架构关联专利申请量最多，这也与包含扇出的封装架构中 RDL 配置已成主流的 I/O 端口引出形式的技术现状是一致的，同时与本章节的研究概述部分中所提及如今的 RDL 主要应用架构类型是相符的。另外，RDL 结构与封装各主流架构关联度次之，而 RDL 制备方法更弱，这与业界内先通过原有成熟的 RDL 制备方法制备出适用于主流架构的 RDL 配置和结构，再对 RDL 中 L/S 参数进行着重改进而随之对 RDL 制备方法进一步改善的研发路径有关。此既是基础工艺技术——RDL 制备方法的应用发展规律，也是在产品抑或结构优先使用之后再反馈于基础工艺技术随之创新的技术发展螺旋上升路径。

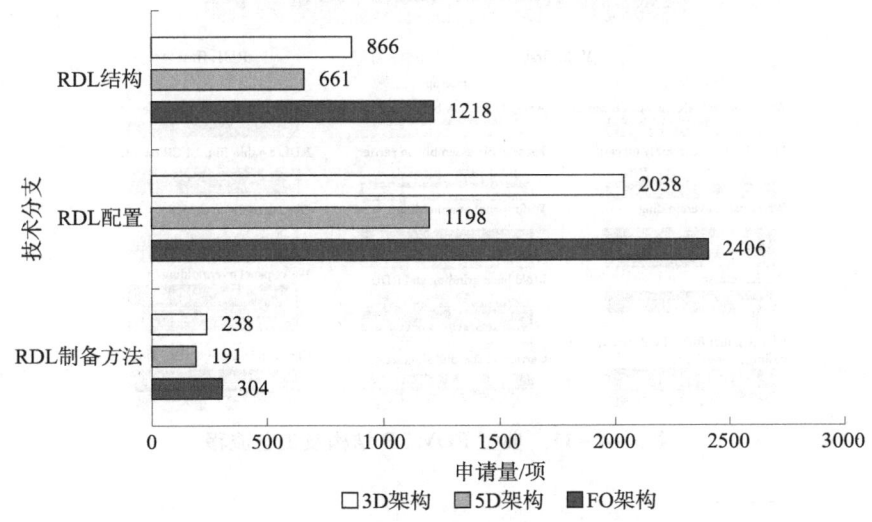

图 5-4-10　RDL 技术中各下级分支与架构关联专利申请量

RDL 技术是通过重新布局裸片 I/O 触点，支持更多、更密引脚，广泛用于晶圆级封装 WLP，尤其是应用于主流扇出 FO 的先进封装架构中。RDL 技术的集中应用和性能改善，不仅能够提升先进封装的连接效率，还能够通过增加触点连接，缩小传输距离和电阻来满足现代电子设备尤其是 AI 芯片对高性能、高集成度的需求。通过图 5-4-10 所示的 RDL 与先进封装架构的关联度，上述与 RDL 关联度最强的架构即为扇出 FO 架构，而扇出架构中主流技术为扇出型晶圆级封装 FOWLP 架构，实质上是一种新的异构集成技术。与传统 2.5D/3D IC 结构相比，FOWLP 架构可在不使用转接板的情况下实现既轻薄又高密度的 IC 封装。典型的 2.5D/3D 封装很多都涉及 TSV 技术，但 TSV 技术成本高、良率不稳。相比而言，RDL 技术成本较低且电互连性能稳定，这也是 RDL 技术更集中运用于 FO 尤其是 FOWLP 架构中的主要原因，图 5-4-11 所示为典型 FOWLP 架构及工艺流程❶。FOWLP 采取在芯片尺寸以外的区域做 I/O 接点的布线设计，提高 I/O 接点数量。FOWLP 的优势在于能够利用高密度布线制造工艺，让芯片可以使用的布线区域增加，充分利用芯片的有效面积，形成功率损耗更低、功能性更强的芯片封装结构。扇出型封装技术完成芯片锡球连接后，不需要使用封装载体便可直接焊接在印刷线路板上。这样可以缩短信号传输距离，提高电学性能。

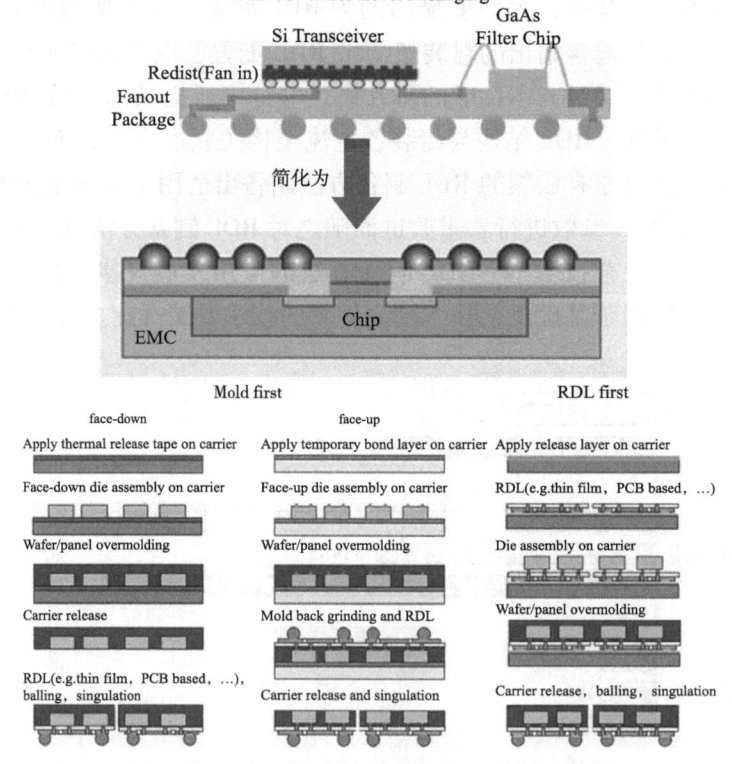

图 5-4-11　典型 FOWLP 结构及工艺流程

---

❶　Ho-Young Son. 先进封装是 NAND 的未来吗？那性能和容量已经到了瓶颈了吗 [EB/OL]. (2021-08-08) [2024-10-15]. http：//www.eet-china.com/news/40a12568.html.

图 5-4-12 为 RDL 配置、结构和制备方法中关联度最高的 FO 架构全球范围内专利申请人排名和对比情况，除中国的台积电、韩国的三星依然位居头部地位之外，中国在各个下级技术分支内均占据 4~5 席，而美国企业仅有英特尔在 RDL 配置的一个技术分支内上榜且排名靠后，说明就 RDL 各下级技术分支内专利申请人创新能力或技术实力或基础专利来说，中国最强，韩国次之，而美国企业在该 RDL 与 FO 架构联合技术领域内相对较弱。

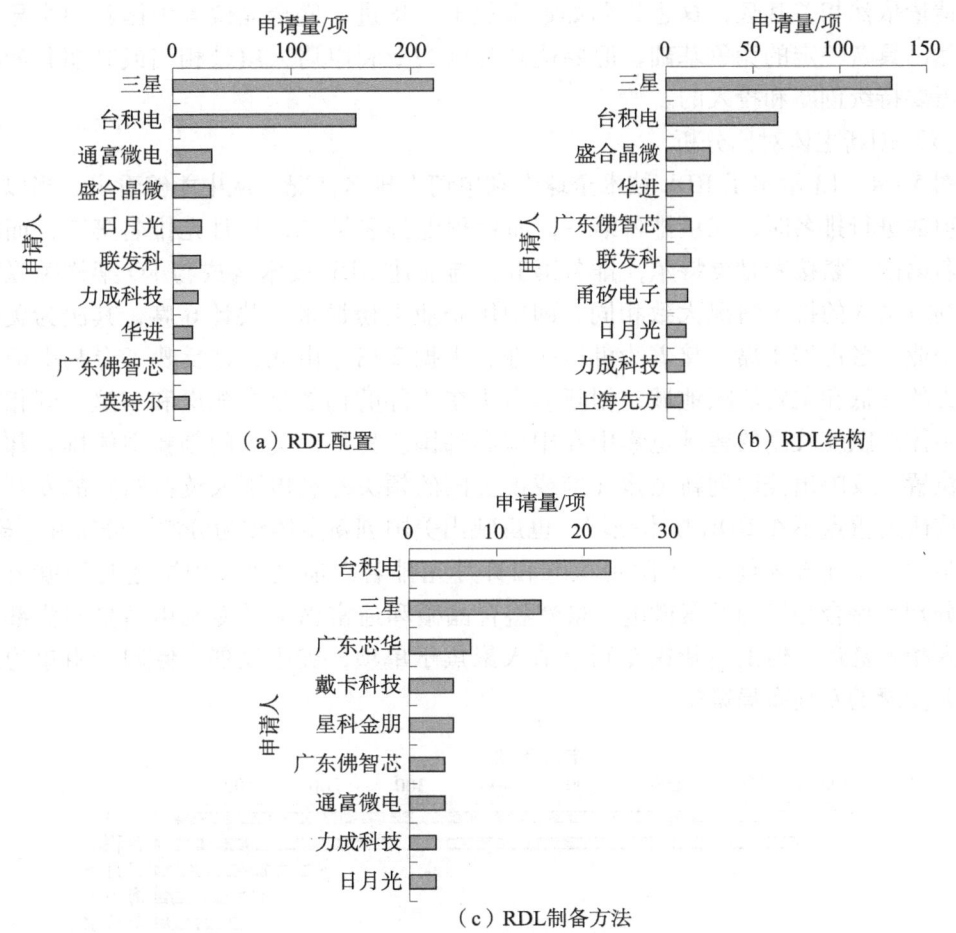

图 5-4-12　RDL 配置、结构和制备方法中 FO 架构的专利申请人排名和对比

另外，在 RDL 配置和结构技术分支方面，中国的新锐公司盛合晶微均排名靠前，这正与盛合晶微以先进的凸块和再布线加工技术为核心竞争力的研发形势相符合；而 2018 年成立的以大板级扇出封装为主要技术产品的广东佛智芯微电子技术研究有限公司（以下简称"广东佛智芯"）在 RDL 的三个技术分支内均占有一席之地，且在 RDL 结构与 FO 架构关联中排名最高。此表明广东佛智芯在 RDL 技术领域内发展迅速，综合实力不容小觑，已成为"专精特新"的代表公司。美国的英特尔仅在 RDL 配置中排名靠前，这与英特尔的主流技术投入于 2.5D 架构中而非 FO 架构中的技术侧重是呼应

的。另外，虽然中国专利申请人广东佛智芯、上海先方半导体有限公司（以下简称"上海先方"）的排名靠后，但从专利申请量来看，上述两个中国专利申请人在相应的技术分支内与英特尔或力成科技专利申请量基本相当。这说明包含前述盛合晶微在内的部分中国新锐专利申请人一直深耕于与主流应用技术（如FO架构）关联的RDL基础工艺中，且已经具备可与国际头部专利申请人（如英特尔）相竞争的研究基础和技术积累。但整体来看，通富微电、华进和盛合晶微的专利申请量与台积电、三星的专利申请量依然相差甚远，这也说明如通富微电、华进、盛合晶微等中国新锐半导体公司虽然已具备一定的竞争基础，但要达到与巨头专利申请人旗鼓相当或赶超其的高度还是需要持续创新和投入的。

（5）创新主体对比分析

图5-4-13示出了RDL技术全球专利申请人排名情况。从中能够看出，当以专利申请项数进行排名时，三星排名第一，而台积电排名第二，日月光排名第三，而海力士排名第四，紧接着是英特尔，排名第五，与前述RDL技术构成与FO架构关联程度上专利申请人的排名情况大致相同，即中国企业上榜最多，共计6席，其次为美国和日本企业，各占据3席，接着为韩国企业，占据2席。由此，这反映了专利申请人创新能力的高低和主要活跃地域，创新能力排在头部的仍然是台积电和三星，则相应的创新主体活跃度较高的地域也集中在中国和韩国。另外，美国的创新主体排名却不在头部位置，反映出美国创新主体（抑或说美国的领头专利申请人英特尔）的专利布局核心或研发重点不在RDL技术领域，也反映出美国创新主体较为分散，分布并未聚焦。进一步地，全球排名前15中除台积电和日月光排名靠前之外，中国还有两家公司上榜，分别是盛合晶微和通富微电。虽然盛合晶微和通富微电的专利申请量与头部专利申请人相差甚远，但上述新锐专利申请人聚焦于单项，突出发展，倾向于由单边发展向多元发展的专利布局策略。

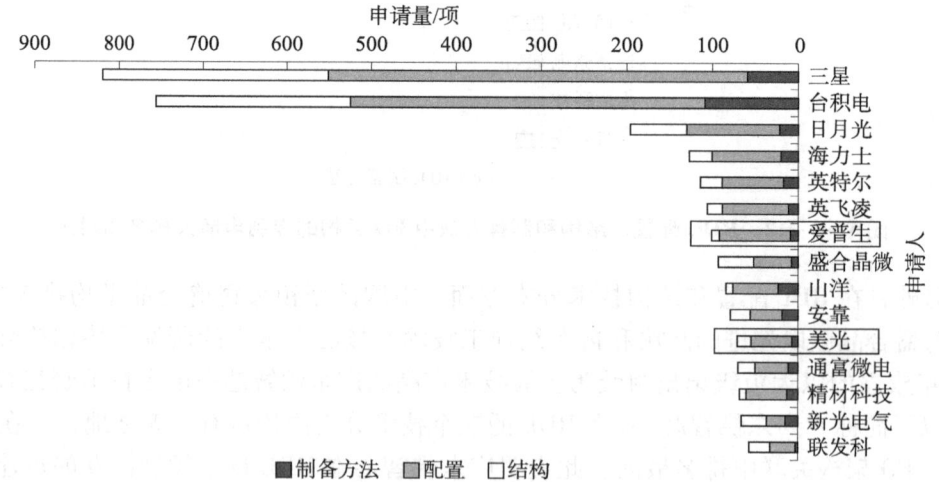

图5-4-13 RDL技术全球专利申请人排名

5.4.3 市场保护分析

（1）专利布局地域分析

图 5-4-14 示出了主要国家（中国、美国、日本、韩国）的专利申请人在上述对应国家的专利申请分布情况。通过专利流向分析可知，中国申请人的申请目标国主要是中国本土及美国，而美国、日本、韩国的专利申请人除在本土着重布局之外，均以美国为最重要的目标市场，而中国次之。这也说明中国市场已然成为 AI 芯片的技术竞争市场，且中国庞大的消费体量也成为各主要来源国进行专利抢占的原因。

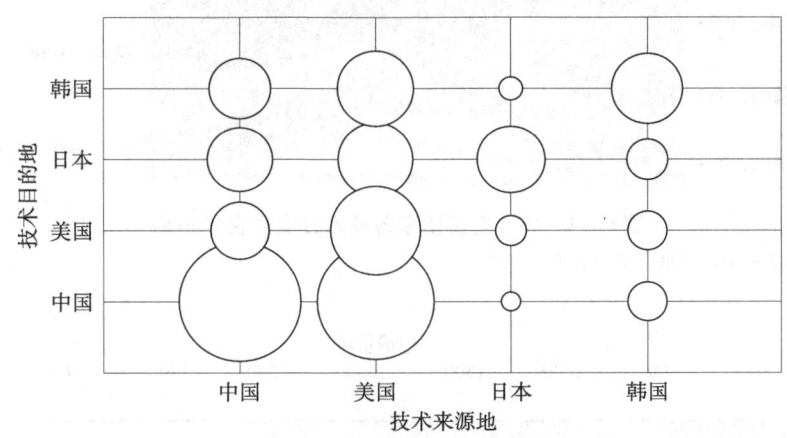

图 5-4-14　主要国家专利申请来源动态迁移

注：图中气泡大小代表申请量的多少。

（2）主要国家在华布局分析

图 5-4-15、图 5-4-16 为各主要国家专利申请人在华的专利布局及各技术分支的专利申请对比情况。由专利申请来源来看，中国、韩国、日本和美国等主要国家在华的 RDL 技术专利申请量占比为 94%，除中国本土专利申请之外，其他主要国家的申请量占比达 41%，可见，上述主要国家在华进行了大量的专利布局，其中日本占比最大，接着依次为韩国和美国，但差距不大。可见，各主要来源国对中国本土的专利抢占莫衷一是。从技术构成上来看，在 RDL 配置的技术分支专利申请量最多，布局最大，接着依次为 RDL 结构和制备方法技术分支，其中 RDL 配置中包含与主流封装架构中普遍采取的扇出配置、与电触点键合配置或与基板/布线层的通孔对应配置的 RDL 布线层技术，这正是 RDL 配置的技术分支范围内各主要国家专利申请量最多、布局最广的原因所在。进一步地，从各主要国家的专利申请技术构成来看，中国虽然在 RDL 配置技术分支内进行最广的布局，但在 RDL 结构和制备方法技术分支内也均进行了相对较广的布局；日本和美国的布局特点基本一致，除了在 RDL 配置技术分支之外，在 RDL 结构和制备方法技术分支内均进行了基本等量、相当的专利布局；而韩国除在 RDL 配置技术分支之外，则更集中于 RDL 结构技术分支方面的专利布局，在 RDL 制备方法技术分支内则只布局了少量专利，这与韩国尤其是三星的创新聚焦点和专利申请侧重是相

对应的（参见图 5-4-11 至图 5-4-13 中分析）。

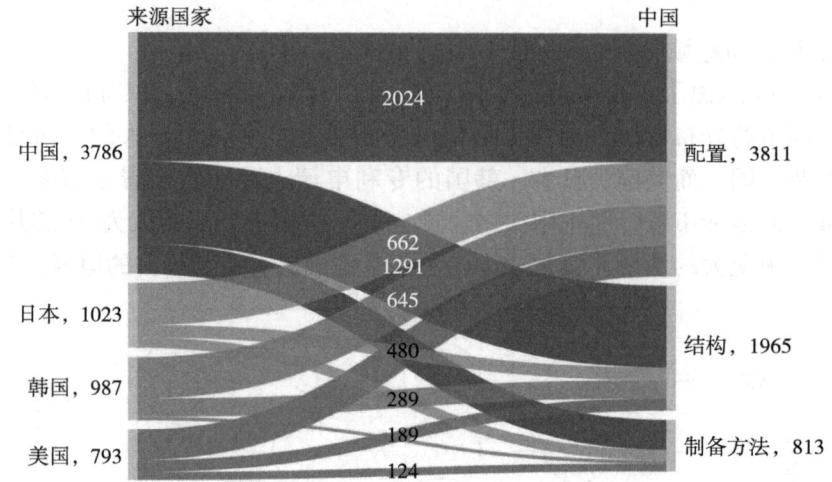

图 5-4-15　主要国家各技术分支内在华布局

注：图中数字表示申请量，单位为件。

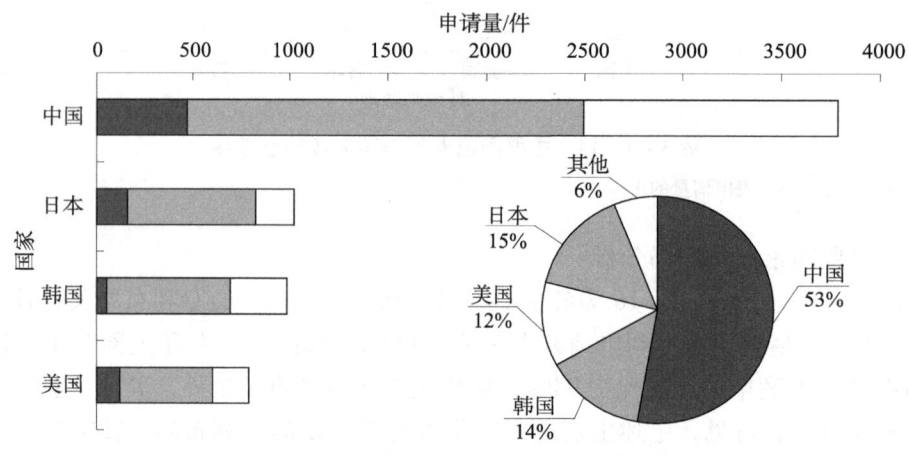

图 5-4-16　主要国家各技术分支在华专利申请占比

图 5-4-17 是中国专利申请人 RDL 技术专利申请布局情况。从图中能够直接看出，中国专利申请的 75% 均布局在国内，而在国外地域布局较少。其中，国外地域中以美国的布局最多，这也说明中国专利申请人虽然国外布局数量不多，但仍然聚焦于先进封装技术和市场竞争的核心地域。这说明以下问题：一是中国专利申请人国外专利布局意识相对薄弱，尽管中国专利申请量庞大，但可能是对国外市场了解不多、专利布局成本较高以及知识产权审查体系差异等导致国外专利布局不足；二是中国专利申请人在技术研究方向主要集中在应用层面，而在技术层面上基础技术和核心技术的专利申请量与全球领先专利申请人的差距明显，难以在关键工艺领域形成有效的专利

壁垒；三是在全球范围内，美国、日本、韩国等国家在 AI、先进封装等关键工艺领域中具有领先优势，中国面临巨大的竞争压力，专利布局难度较高。

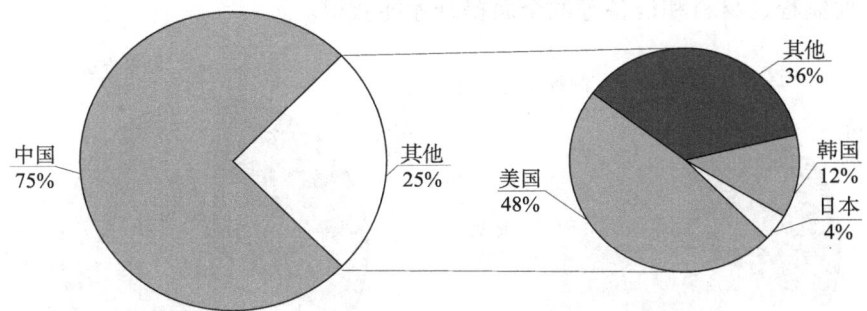

图 5-4-17 中国专利申请人 RDL 技术专利布局

5.4.4 技术路线与创新方向分析

（1）盛合晶微

根据图 5-4-12、图 5-4-13 所示的不同分析角度/范围内专利申请人的排名，选取中国的新锐代表专利申请人盛合晶微为对象，围绕该公司的 RDL 技术专利申请态势、技术构成、核心技术、技术应用等方面进行多角度的分析；同时，引入国际巨头作为比较对象，以更好地说明盛合晶微 RDL 技术的发展现状、研发方向、技术融合等，并给出研发方向或布局重点或竞合对象。

图 5-4-18 为重要申请人 RDL 技术构成。台积电 RDL 配置和结构的专利申请量在其 RDL 总专利申请量中占比最大，但相较于三星专利申请量偏少，但台积电 RDL 制备方法的专利申请量相较于三星偏多；2018 年后三星 RDL 的创新活跃度关注点发生转移，由 RDL 配置转向 RDL 结构。英特尔将研发重点集中于 RDL 配置和结构上，其中 RDL 配置更为突出。盛合晶微于 2015 年开始进行 RDL 专利申请，技术分支相对集中，主要是 RDL 配置和结构上，与上述三巨头专利申请人的专利申请重点基本相一致，表现出盛合晶微对全球 RDL 领先技术的跟随之势。

图 5-4-19 对英特尔与盛合晶微专利申请情况进行对比分析，进一步分析盛合晶微在 RDL 技术分支内与国外巨头的差距和优势。图 5-4-19 中左侧图清晰反映出盛合晶微总量与英特尔总量之间的差距悬殊，但 2015—2023 年，也即盛合晶微自成立以来，专利申请总量却超过了英特尔在此时间段内的专利申请总量。进一步地，如图 5-4-19 中右侧图所示 RDL 结构技术分支内英特尔与盛合晶微的同年专利申请量对比，可见，盛合晶微在 2017 年、2019—2021 年、2022 年三个时间维度上的专利申请量远远超过英特尔的申请量。一是 2017 年是盛合晶微成立初期，为了提升企业竞争力、市场占有率并保护创新成果，新公司进行大量专利的布局以奠定公司科技创新前沿的地位且提升公司的行业领先能力；二是 2019—2021 年，盛合晶微自专利申请峰值大幅下降之后又迅速反弹，这是企业创新活力、研发生命力快速提升的体现；三是 2022 年专利申请量亦稍略下降，这是由多种因素共同导致的，外有美国及其拉拢荷兰、

日本等对中国芯片制造从工艺到设备的全链路制裁，内有各个先进封装制造、封测等企业愈来愈烈的竞争，都会影响盛合晶微的专利申请数量，尤其是 RDL 精密 L/S 的持续微缩需要制程、材料和设备等的全面提升才能获得。

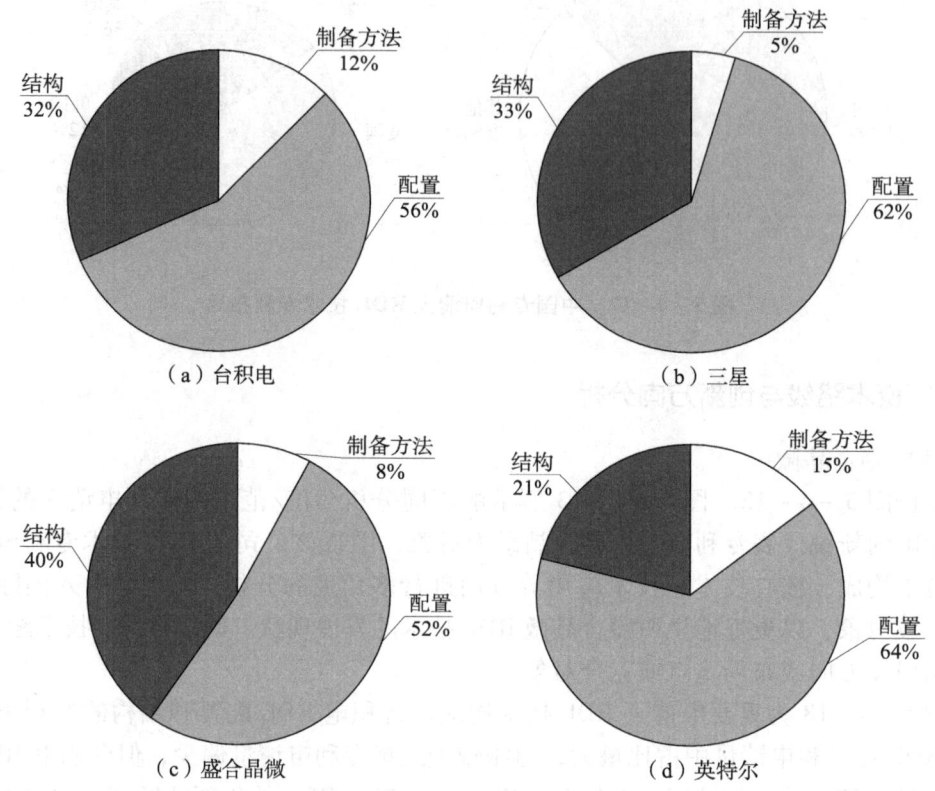

图 5-4-18　重要申请人 RDL 技术构成

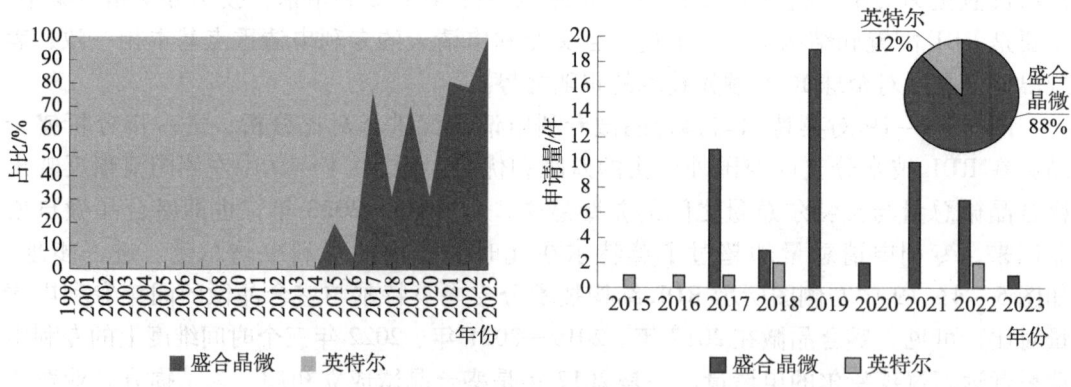

图 5-4-19　英特尔与盛合晶微专利申请对比

盛合晶微是一家专注于芯片研发的企业，原名中芯长电半导体有限公司，成立于 2014 年，是致力于 12 英寸中段凸块和硅片级先进封装的企业，也是以 3D IC 多芯片集成封装为发展方向的企业。该公司以先进的 12 英寸凸块和再布线加工起步，并进一步发展先进的三维系统集成芯片业务，也即该公司开发的 SmartPoser™ 三维多芯片集成加工技术平台。该平台是通过不同技术规格、多种方式垂直互连和平面互连技术的组合应用，加上多层、细线宽的双面 RDL 技术，结合芯片倒装及表面被动贴装等封装工艺的创新运用，实现了芯片模块化和微型化的高度集成加工。另外，SmartPoser™ 技术平台还衍生出晶圆级系统集成技术也即 3D FO 技术，其具有高密度 RDL 和 TIV 特性，可实现高密度互连。综上，RDL 技术即为盛合晶微的核心技术，这也是下文将针对盛合晶微进行 RDL 技术领域内多维度分析的原因。

如图 5-4-20 所示，对盛合晶微的 RDL 技术及其下级技术构成进一步分析，并引入英特尔作为比较对象以说明盛合晶微的优劣势。从整体专利申请量来看，英特尔比盛合晶微多；从 RDL 技术与先进架构关联角度来看，英特尔在 RDL 与 2.5D、3D 的关联度专利申请量比盛合晶微的多，但盛合晶微在 RDL 与 FO 架构的关联度专利申请量比英特尔的多。这也反映出英特尔的主流技术分布和研发重点布局，尤其是英特尔 EMIB 的 2.5D 架构的核心技术，将英特尔的专利申请量与盛合晶微的差距拉大；而盛合晶微的专利申请则主要集中于 FO 架构，不仅反映出盛合晶微的研发侧重，也反映出盛合晶微在更先进、更热点的 2.5D、3D 架构中基础不足、能力有限。进一步，从 RDL 技术的三个下级技术分支来看，RDL 配置、RDL 结构两个技术分支与主流架构的关联度高且同上述分析一样，仍然是英特尔聚焦于 2.5D、3D，而盛合晶微聚焦于 FO。再进一步，从 RDL 技术的下级技术分支与 FO 架构关联趋势来看，近几年专利申请量增加明显，盛合晶微表现出集中发展 RDL 配置、结构与 FO 架构的关联，而英特尔专利申请量相对分散。由此，从整体到分支，从工艺到架构，盛合晶微已成长为拥有一定量技术积累、基础专利和抗衡能力的中国新势力代表公司。

以下是对盛合晶微先进封装技术中关于 RDL 技术的已公开发明专利申请的梳理，我们将归纳、总结和预测盛合晶微 RDL 技术的研究现状和创新方向。

图 5-4-21 是对盛合晶微的 RDL 技术涉及 RDL 本身改进和 RDL 在先进封装中扩展运用进行梳理获得的技术演进路线。盛合晶微的 RDL 技术本身改进以 RDL 层所包含的具体构成进行划分，以 RDL 层中金属布线的"线"、以 RDL 层中通孔或柱的"孔"和以 RDL 层中电介质层中"层"的三个方向为改进路径分别进行更新迭代的逐年创新。具体地，其中"线"的改进主要包括两个方面，一方面，是围绕 RDL 布线层的金属线本身进行的提升线之间黏合力、防止线之间桥接短路、改进线的电可靠性和保证线的形态等方面的改进。如盛合晶微 2020 年 2 月专利申请的发明专利 CN113284800A 中 RDL 金属线的形状为上端小下端大的类似喇叭状的形貌，且在下端形成一个尖脚，通过去除金属线层下端的尖角凸部，有效增大相邻金属线层之间的线间距，可避免 RDL 层尖端放电及相邻金属线层桥接的风险；2020 年 2 月专利申请的发明专利 CN113284809A 中通过电镀工艺形成至少两层缓冲层，提高叠层结构与保护层之间的黏合力，不易出现剥离现象，提高了重新布线层的产品良率；2022 年 4 月专利申请的发明专利 CN116960070A 中电连接结构包括叠置的电连接层，各个子金属连接层自上而下

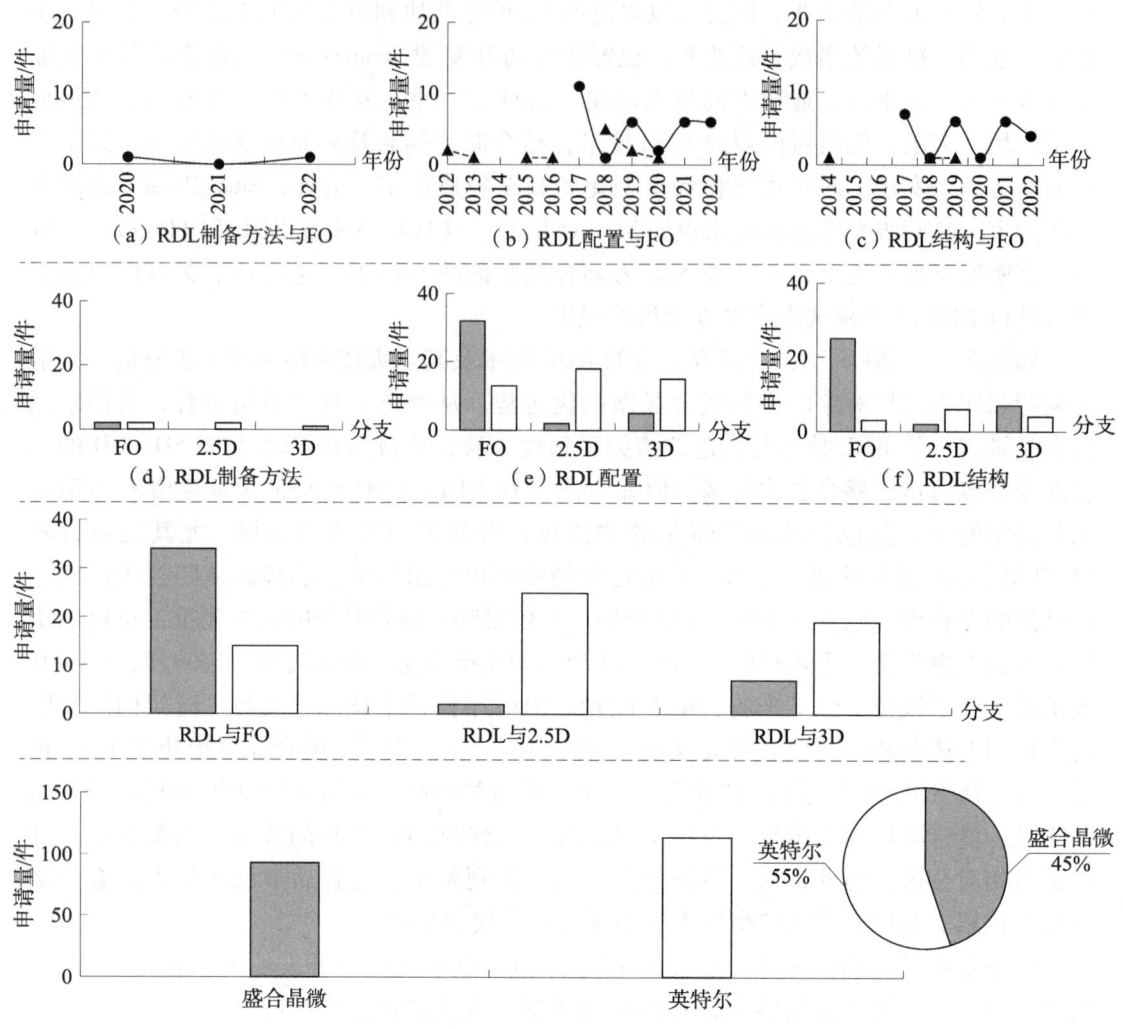

图 5-4-20　盛合晶微技术构成专利对比

竖向电连接可以减小电阻，减小信号的延时；2022 年 9 月专利申请的发明专利 CN115188712A 中通过分步形成电镀金属层，可在具有不同面积的第一导电件及第二导电件上形成具有良好平坦度的第一电镀金属层及第二电镀金属层。

另一方面，是金属线层 L/S 的持续微缩，随着先进封装架构诸如 2.5D、3D 和当下最热的"小芯粒"愈来愈高的集成度、传输率的要求，RDL 层的金属线层 L/S 也随之越来越微小，技术研发中已达亚微米等级而量产中则约 5μm 等级。如 2022 年 4 月专利申请的发明专利 CN116960070A 中大马士革镶嵌工艺可以满足金属连线线宽线间距小于 0.1μm。

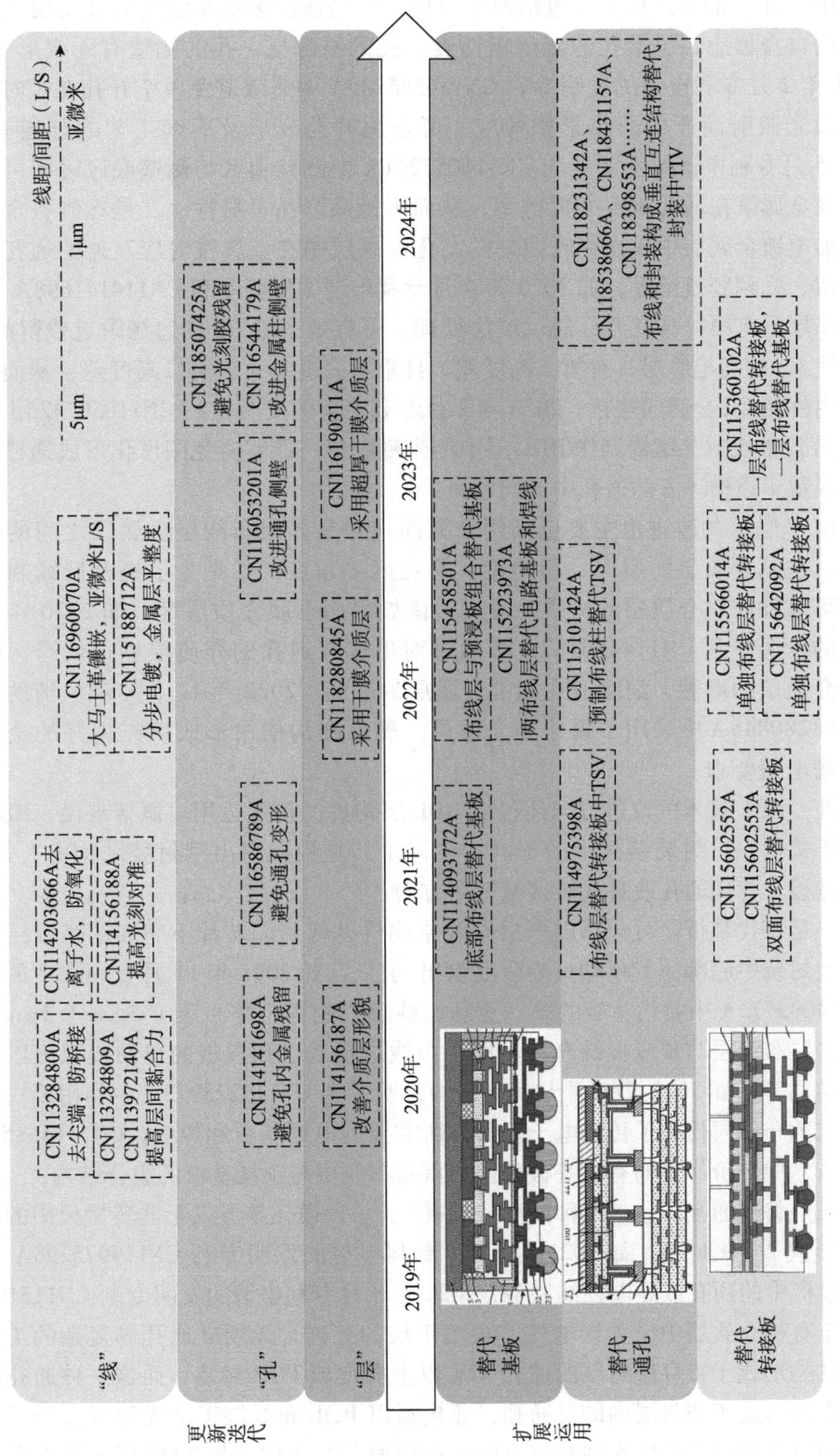

图 5-4-21 盛合晶微重布线技术发展路线

其中"孔"的改进也主要包括两个方面。一是连接多层布线层的金属层之间的通孔或柱的自身形态，包括孔的侧壁粗糙度、孔的纵深比、孔的侧壁有无变形等角度，如 2021 年 2 月专利申请的发明专利 CN116586789A 中有效避免单个开孔在短时间内连续进行激光照射而产生的热累积效应，可避免开孔变形及后续工艺的分层等不良；2023 年 5 月专利申请的发明专利 CN116053201A 中侧壁顶区与侧壁底区之间可形成台阶以提高金属铜在通孔侧壁的覆盖率，从而可提高产品可靠性。二是在制备金属层工艺中诸如电镀金属层中或光刻胶蚀刻图案化金属层中在金属线对应互连的通孔内有无金属残留、光刻胶残留等，如 2020 年 9 月专利申请的发明专利 CN114141698A 中 Si 衬底与绝缘层具有第一高度差，通过湿法处理，可有效去除 Cu 柱边缘附近残留的 Cu 金属，且使 Cu 柱与绝缘层具有第二高度差，且第一高度差大于第二高度差，从而可避免绝缘层内外侧 Cu 金属的连接；2023 年 2 月专利申请的发明专利 CN118507425A 中采用 PI 干膜替代常规封装结构制作 RDL 层中的光刻胶层，能够避免图形化形成通槽时光刻胶材料残留于通槽下方的通孔中的问题。

其中"层"的改进也主要包括两个方面：一是多层布线层金属层之间的介质层的形貌，包括介质层的层厚、粗糙度、平坦度等角度。二是为了提升后续制备金属层的电可靠性而对介质层的材质的改进，诸如采用干膜介质层等，如 2020 年 9 月专利申请的发明专利 CN114156187A 中通过对形成有通孔的介质层进行烘烤，改善通孔周围介质层的形貌，消除通孔周围介质层的翘起；2022 年 12 月专利申请的发明专利 CN118280845A 中采用干膜作为介质层，确保在沟槽中形成填充完好的金属，以满足沟槽电镀要求。

另外，RDL 技术的改进方向还包括 RDL 层构件的扩展运用。概括来说，RDL 层构件可用于替代先进封装结构中的不同构件，尤其是构成扇出型封装结构中，具体地，有替代基板、替代通孔或替代转接板三个方向。

其一是替代基板。可包括以多层布线层构件替代封装芯片下表面的基板结构而形成扇出型封装中底部的 I/O 端口高密度引出/引入，如 2021 年 11 月专利申请的发明专利 CN114093772A 中替代基板的第二重新布线层，制程可缩小至 $1.5\mu m/1.5\mu m$；还可包括将多层布线层与预浸板结合，也即将布线层形成于预浸板的单面或双面以形成有芯基板结构等，如 2022 年 9 月专利申请的发明专利 CN115223973A 中利用第一重布线层和第二重布线层代替了传统电子元器件所需要的电路基板和焊线，CN115458501A 中将现有技术中造价昂贵的有机基板替换为重新布线层与预浸基板的组合结构。

其二是替代通孔。包括两种类型"通孔"：一种通孔是形成于硅转接板中的硅通孔以主要形成 2.5D 封装，如 2021 年 10 月专利申请的发明专利 CN114975398A 中替代 TSV 转接板中的通孔或导电柱的制备，2022 年 8 月专利申请的发明专利 CN115101424A 中通过于有机介质层中设置导电柱实现上下层的互连，无须硅通孔等复杂的工艺；另一种通孔是形成于贯穿塑封层的通孔 TIV 以主要形成 POP 封装，而这一种通孔结构则又包括直接形成于塑封层内的贯通孔，还包括以 RDL 布线层工艺先形成预制垂直互连件，再放置于塑封层中以实现竖直方向互连的通孔互连件，如 2024 年 5 月专利申请的发明专利 CN118231342A 中通过打线、封装及切割相结合的方式制备具有间隔且平行设置金属线的 3D 互连结构，并在键合时将 3D 互连结构垂直设置以构成 3D 堆叠封装，CN118538666A、CN118431157A 中制备具有重新布线层的 3D 互连结构，并在键合时将 3D 互连结构垂直设置以构成 3D 堆叠封装。

其三是替代转接板。依据使用布线层构件的数量可分为单独布线层构件替代转接板以连接至衬底上（如台积电 CoWoS 结构中使用 RDL 转接板替代硅转接板）、双面布线层构件直接互连且上下面的 I/O 端口密度不尽相同的或一层布线层构件作为转接板另一侧布线层构件作为基板等结构。如 2021 年 6 月专利申请的发明专利 CN115602552A 中以 RDL 层替代 TSV 硅中介板，2022 年 9 月专利申请的发明专利 CN115566014A 中无须形成带有 TSV 的中介层即可实现高密度布线能力，成本更低；CN115642092A 中无须使用 TSV 转接板，实现多个芯片的异质集成和互连，降低了封装制造的成本，有利于减小引脚之间的节距，从而可以增加 I/O 端口的密度；CN115360102A 中第一重新布线层，替代常规使用的 TSV 转接板，第二重新布线层替代封装基板。

综上，盛合晶微 RDL 技术的改进以"亚微米"级 L/S 为改进目标，以 RDL 替代基板和/或转接板为应用方向，达到持续降低成本、不断提升集成密度和高度适用于先进封装架构的 RDL 核心技术创新热点和研发方向的目的。

（2）甬矽电子

甬矽电子成立于 2017 年 11 月，并于 2022 年 11 月在上交所科创板上市。该公司主要从事集成电路封装和测试方案开发、不同种类集成电路芯片的封装加工和测试，以中高端封装及先进封装技术和产品为主，尤以先进晶圆级封装为主，涉及 Fan-out WLP、2.5D、3D 等先进封装。甬矽电子作为专业从事集成电路封测的高新技术企业，注重新技术的开发，重视研发投入，通过近七年的自主研发，在高密度细间距凸点倒装封装、先进系统级封装等领域积累起大量的核心技术，已成为中国先进封装领域的后起之秀。

如图 5-4-22 所示，甬矽电子的先进封装核心技术中涉及 RDL 的封装产品主要有 FO、2.5D、3D 三种封装架构。其中以 FO 和 3D 封装架构为其主流封装架构，而 2.5D 封装架构相对较少，这与其技术研发路线相对应。具体地说，FO 架构中主要涉及双面 RDL 扇出，3D 架构中主要涉及 POP 型封装，而上述各封装结构中 RDL 技术则为其高密度、细线宽的引入/引出端口实现的核心技术。

梳理甬矽电子以 RDL 为核心技术点的技术演进路线。整体来说，在专利布局方面，甬矽电子关于 RDL 工艺技术改进的专利整体数量偏少，共 31 项，其中涉及 RDL 本身形状、材料、电可靠性和应力改善等的专利为 17 项，涉及 FO 架构且包含 RDL 技术的专利为 11 项，涉及 2.5D 架构和 3D 架构且包含 RDL 技术的专利分别为 2 项和 11 项。可见，各创新方向的专利数量均偏少尤以 2.5D 架构专利量最少，技术延续性和扩展量不足，无法形成技术壁垒，也无法形成专利防护墙。而在技术研发方面，甬矽电子利用其科研团队已有技术储备（核心研发成员多为日月光或长电原有研发人员），采取架构需求促进工艺改进和工艺革新促进架构创新的双向促进模式，形成其先进封装的核心产品。

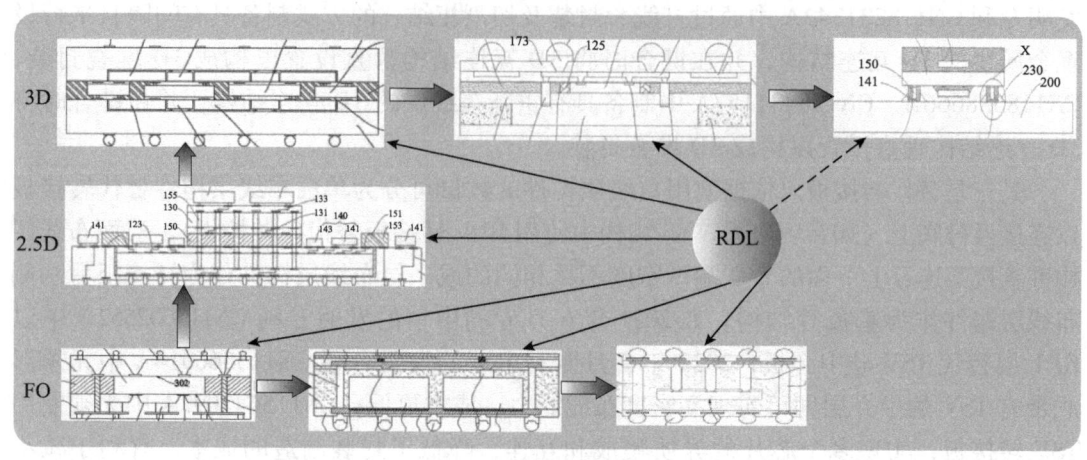

图 5-4-22 甬矽电子主要封装产品

具体地说，2020年5月提交的专利申请CN111585003A中RDL层与承载芯片凹槽结合并与天线层匹配，避免使用导电胶填充不良造成天线连接不良的问题；2020年9月提交的CN111933591A涉及通过双面RDL层增加输出引脚数量以提高封装集成度的FO架构；2021年4月提交的CN112768437A涉及通过布线层替代打线结构避免导线断线或桥接问题的3D架构中IC堆叠；2021年5月提交的CN113035832A涉及通过设置多层布线层的厚度、材料一致达到应力减少作用的双面RDL的FO架构；2021年12月提交的CN114141726A涉及通过在塑封层中增设通孔以缓冲应力进而确保重布线层电可靠性的FO架构；2022年3月提交的CN114783891A涉及通过双面重布线RDL扇出以提高电触点集成度的双面RDL的FO架构；2022年6月提交的CN115117001A中涉及通过将导电胶设置于芯片之间以代替重布线层以达到缩短互连长度、减少布线数量和信号延迟、损失的目的3D架构；2022年10月提交的CN115458513A中涉及通过增设拓展布线层可以增加线路层的集成度，能够大幅提升封装的I/O端锡球的数目，提升布线密集度的3D中POP架构；2023年6月提交的CN116845036A中涉及通过增设保护层避免外部水汽进入布线组合层，从而防止内部的介质层吸水，进而避免了内部分层或裂纹等问题，并防止出现漏电流的FO架构；2023年6月提交的CN116387169A中涉及部分重布线层作为散热结构以提升层间结合力，且改善布线防潮和绝缘性的3D中POP架构；2023年9月提交的CN116864494A中涉及介质层选用较低介电常数的材料，从而提升芯片表面布线层的传输效率的FO架构；2024年4月提交的CN118099107A中涉及避免使用载体晶圆且省去胶膜层以避免载具剥离后残留胶膜层影响布线导电性能的双面RDL的FO架构，并且在进行布线图案化时，没有胶膜层，湿法制程时也不会导致脱离，保证湿法制程可靠性；2024年7月提交的CN118538703A中涉及设置转接围墙的表面呈高低错落以提高其与介质层的结合力，进而提升布线层的结合性的3D架构中的POP封装；2024年7月提交的CN118507458A中涉及重布线与转接结构结合提高内部结合力并解决内部应力翘曲问题的3D架构中POP封装。

综上，甬矽电子作为先进封装中的"新星"，在技术储备上增速显著但数量不足，在研发方向上起点水平较高但聚焦点不清晰，在先进封装架构上以成熟扇出 FO 架构、3D 架构中 POP 封装为主而在前沿封装的 2.5D、Chiplet 等架构中布局甚少。甬矽电子可凭借现有技术储备、研发投入增加、地方政策扶植等方式以查漏补缺的方法进一步提升其核心技术竞争力和专利市场价值，如延伸某个架构中 RDL 本身金属层数、平坦度、导电性等与先进封装架构中结合位置、端口设置数量、架构热管理方式等相结合的创新研发，并以其设置专利防护网，提升专利布局范围，形成强有力的专利壁垒。

5.4.5 小　　结

以上关于 AI 智能芯片先进封装中核心工艺的 RDL 技术的分析，主要涉及 RDL 技术的全球、中国的专利申请态势，RDL 技术中各下级技术分支的专利申请态势和创新主体的专利申请量排名等创新能力的分析，还涉及 RDL 技术的专利来源/目标的动态迁移分析和主要国家的在华布局情况等市场保护情况的分析。在上述分析的基础上，获取先进封装技术中 RDL 技术的专利申请现状以及创新主体的专利申请情况，然后着重对中国突出的专利申请人的 RDL 技术发展路线进行梳理，同时增加 RDL 与主流先进封装架构的关联角度进行多维度分析。由此，基于上述分析结果，作出以下小结：

（1）中国 RDL 技术厚积薄发，但与前文中主要国家仍存差距。中国 RDL 技术起步滞后但增速最快，尤其是 2019 年经美国"芯片制裁"之后，中国专利申请量呈喷发式增长，反映出中国发展 RDL 技术的强劲驱动力，但仍要注意美、日、韩主要国家联合整体对中国发展的限制。

（2）RDL 技术中以 RDL 配置发展为主，而以 RDL 结构和制备方法为辅助。随着先进封装架构的更新迭代，RDL 配置技术更为突出地发展，其次为 RDL 结构，其与 AI 芯片先进封装架构中高算力、低延迟的需求密切相关。中国在三个 RDL 下级技术分支内申请量均超过美国、日本、韩国，但创新主体中中国台积电一骑绝尘，其他中国创新主体与其差距显著。这说明中国 RDL 整体研发创新能力的投入与产出不足，应在 RDL 技术中持续深耕，进行多边专利申请，以提高 RDL 技术的专利壁垒。

（3）先进封装架构对 RDL 技术需求高，且 RDL 技术促进先进封装架构创新。RDL 技术的各下级技术分支与 FO、2.5D、3D 主流封装架构均存在关联，其中关联度最高的为 RDL 配置，尤与架构中 FO 架构关联专利申请量最多。另外，在上述关联专利申请的申请人排名中，中国涌现出盛合晶微、甬矽电子、广东佛智芯等多家新势力芯片封装公司，说明中国在该技术领域内发展势头强劲，应进一步增加投入和提升创新，以提升市场竞争能力。

（4）中国新锐企业发展迅速，但先进封装架构涉猎不深。盛合晶微已成业内"小巨人"，自成立至今的专利申请总量已超过相同时间段内英特尔专利申请总量；然而，相较于英特尔在 EMIB 的 2.5D 架构中的领头羊地位，盛合晶微则集中于 FO 架构及

RDL 技术自身改进及其扩展适用，也即研发深度和广度均不够。中国突出的小微上市企业甬矽电子则聚焦于双面 RDL 扇出型封装和 POP 型 3D 封装。可见，中国专利申请人侧重于扇出型封装架构，并逐步形成自主研发的先进封装架构平台。中国应着重行业龙头的培育，并向更先进、更核心的 2.5D、3D 架构进行技术转移，以培育出先进封装技术领先企业。

5.5 凸点工艺分析

5.5.1 研究概况

随着半导体行业的快速发展，传统的封装技术已不再满足高集成度芯片发展的需求，先进封装技术开始登上历史舞台。相比于使用金线或铜线的引线键合等传统的封装互连技术，AI 芯片技术因其更小的封装面积、更薄的封装厚度、更多的 I/O 端口数目以及更小的互连节距等优点成为先进封装技术中重要的互连用技术，而凸点工艺是实现 AI 芯片的关键工艺。[1]

凸点技术（Bumping）是指在半导体芯片表面制作具有导电特性的凸起物，可用于实现芯片与基板或芯片与芯片之间的电互连、热传递和机械固定。凸点技术最早起源于 20 世纪 60 年代 IBM 公司提出的倒装芯片键合技术中应用的"可控塌陷芯片连接技术"（C4）。随着芯片特征尺寸的不断缩小和封装密度的提高，凸点技术也向着微型化、高密度化方向发展，从传统的焊料凸点逐渐演变成铜柱凸点技术，以及具有更窄节距和更高密度的铜凸点技术。

焊料凸点主要采用锡铅等焊料，可通过电镀、植球、丝网印刷、喷射等工艺形成于半导体芯片表面。以丝网印刷工艺为例，如图 5-5-1 所示，通过刮刀和掩模版将焊料涂敷在焊盘上以制备凸点，主要包括 UBM 制备、丝网印刷焊料、焊料回流等步骤。[2]

铜柱凸点主要是由铜柱和焊帽构成，其制备工艺流程如图 5-5-2 所示，主要包括光刻、电镀、焊料回流等。相比于焊料凸点，其可以实现更好的电性能和热性能以及更窄节距的互连。

铜凸点是为了实现进一步的超细节距而对铜柱凸点进行改进的互连技术。相较于铜柱凸点技术，其主要制备工艺流程是在电镀铜柱之后省去焊料形成工序，之后去除光阻层和种子层，由此形成铜凸点，如图 5-5-3 所示。

---

[1] 谭柏照. 化学工程. 三维先进封装铜柱凸块高速电镀技术研究 [D]. 广州：广东工业大学，2022 [2024-10-15]. https：//cdmd.cnki.com.cn/Article/CDMD-11845-1022599519.htm.

[2] 王凌云，郑康. 电子封装金属凸点制备技术研究进展 [EB/OL]. (2024-07-03) [2024-10-15]. https：//baijiahao.baidu.com/s?id=1797300871215403957&wfr=spider&for=pc.

第 5 章　AI 芯片先进封装关键工艺专利分析

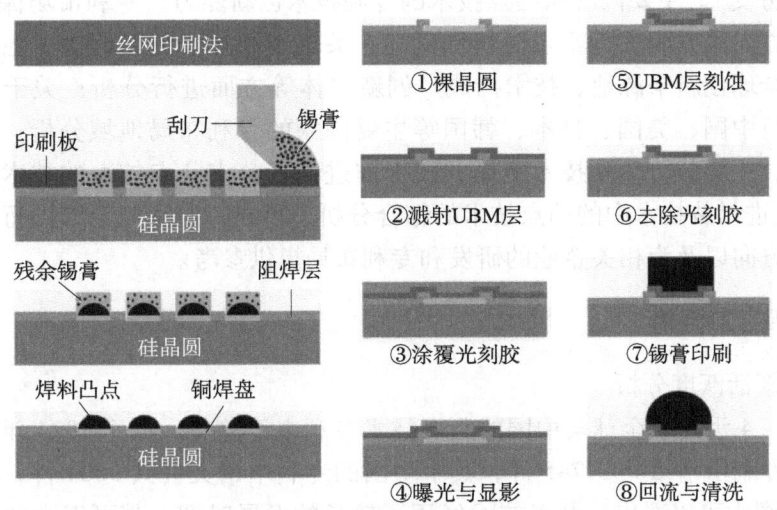

图 5-5-1　焊料凸点丝网印刷工艺流程❶

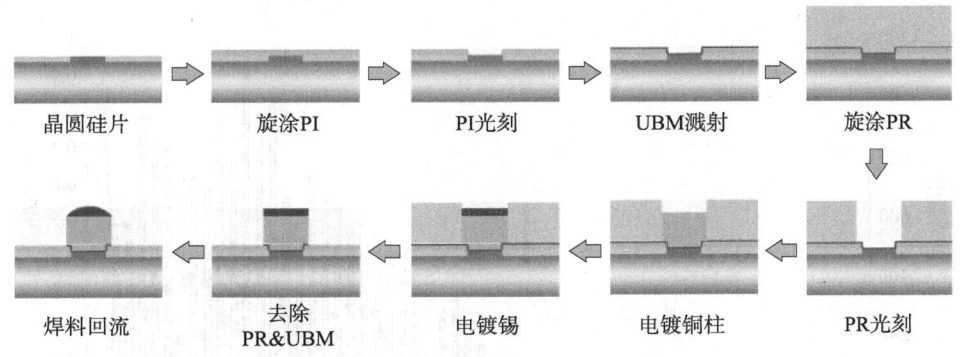

图 5-5-2　铜柱凸点制作工艺流程❷

图 5-5-3　铜凸点结构❸

　　本小节主要对 AI 芯片先进封装技术的关键工艺（一级分支）中的凸点技术（二级分支）进行专利分析，其中凸点技术主要包括焊料凸点技术、铜柱凸点技术和铜凸点

---

❶　倒装芯片凸块制备工艺 [EB/OL].（2024-08-15）[2024-10-15]. http://www.ictest8.com/a/technology/semi/2024/08/Flip.html.

❷　谭柏照. 化学工程. 三维先进封装铜柱凸块高速电镀技术研究 [D]. 广州：广东工业大学，2022 [2024-10-15]. https://cdmd.cnki.com.cn/Article/CDMD-11845-1022599519.htm.

❸　王凌云，郑康. 电子封装金属凸点制备技术研究进展 [EB/OL].（2024-07-03）[2024-10-15]. https://baijiahao.baidu.com/s?id=1797300871215403957&wfr=spider&for=pc.

技术（三级分支）。主要内容从凸点技术的专利技术创新能力、专利市场保护以及技术路线与创新方向等方面进行重点分析和阐述；关于专利技术创新能力，主要从专利创新活跃度、全球创新来源地、技术构成、创新主体等方面进行分析；关于专利市场保护，主要进行中国、美国、日本、韩国等主要国家的专利布局地域分析；在技术路线与创新方向，主要分析凸点技术整体的技术演进和各分支凸点技术的技术演进。以上对AI芯片先进封装技术中的凸点技术的综合分析，可在一定程度上帮助行业了解凸点技术的发展方向以及为相关企业的研发和专利布局提供参考。

5.5.2 创新能力分析

（1）创新活跃度分析

图5-5-4示出了全球与中国的凸点技术专利申请趋势。截至2024年7月，全球凸点技术的专利申请量共19745件，其中中国的专利申请文件共5604件，占全球总量的28%。从图中可以看出，凸点技术经历了较长的发展时期，其可以大致划分为以下四个阶段。

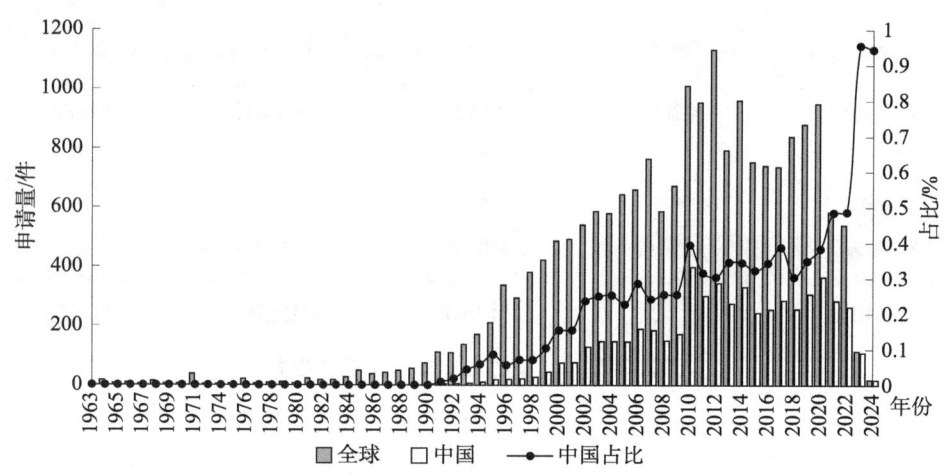

图5-5-4 全球与中国凸点技术专利申请量趋势

第一发展阶段：技术萌芽期（1963—1990年）。凸点技术最早出现于1963年IBM公司提出的倒装芯片键合技术中。在1963—1990年这28年的时间里，该技术在全球共专利申请了536件专利，专利申请量一直维持在较低的水平，年均专利申请量不足100件；而该阶段则为中国专利申请空白期，这主要受限于全球经济和半导体行业的发展水平相对较低，且当时主要采用引线键合技术互连芯片和基板。因此，关于凸点技术的相关研究相对缓慢，处于萌芽阶段。

第二发展阶段：缓慢发展期（1991—1995年）。从图5-5-4中可以看出，中国于1991年加入该技术领域，且在1991—1995年这5年的发展时期，全球凸点技术的专利申请量共738件，中国凸点技术的专利申请量共37件。该阶段内全球凸点技术的专利申请数量逐年增加，这主要是因为半导体行业在逐步发展，而凸点技术作为半导体封装技术中的重要组成部分，其专利申请数量也随着半导体封装技术的发展有着相对稳定的增加，这一时期称为缓慢发展期。

第三发展阶段：快速发展期（1996—2012 年）。1996—2012 年，全球凸点技术的专利申请增量明显，共 10554 件，相较于缓慢发展期，该阶段增长幅度明显增加，为快速发展期，并且在该阶段内中国凸点技术的专利申请共 2572 件。虽然中国范围内专利申请量与该时期内全球范围内的专利申请量相差较大，但中国专利申请量的增速远大于全球范围专利申请量的增速（15 倍以上），这也预示着中国在该技术领域内起步虽晚但后劲十足。

第四发展阶段：稳定发展期（2013 年至今）。从图中可以看出，从 2013 年开始，几乎每年全球凸点技术专利申请数量都在 800 件左右，中国区域的专利申请数量几乎每年都在 300 件左右。该阶段为凸点技术的稳定发展期，原因是先进封装中架构技术的持续创新及其产业化的实现，实现了凸点技术的稳步发展；2021—2024 年这一时期专利申请数量的减少，尤其是 2023 年、2024 年这两年专利申请量突变的锐减，正是检索截止时间的限制，该时期内专利申请中还有部分专利文献尤其是国外专利申请尚未公开。

（2）全球创新来源地分析

在对凸点技术的技术来源地进行分析时，主要对比分析了中国、美国、日本和韩国等主要国家。从图 5-5-5、图 5-5-6 中可以看出，凸点技术最早起源于美国，随后在日本、韩国、中国相继进行发展，凸点技术专利申请量最多的是中国，然后是日本、美国和韩国，占比依次为 41%、24%、19%、11%。1963—1973 年，凸点技术的专利申请主要来源自美国，自 20 世纪 70 年代初期到 90 年代中后期，凸点技术的专利申请主要来源国从美国变为日本；从 2000 年开始，中国开始在全球凸点技术的专利申请数量上崭露头角；自 2009 年以后，中国在凸点技术的年专利申请数量开始超过其他主要国家，占比有了大幅度的增加，这与前述凸点技术的快速发展期内中国范围内的专利申请量增速远超国外的态势相印证。单独对比美国、韩国、日本、中国的专利申请趋势和占比可知，中国已具备最大体量专利申请数量，在凸点技术领域已然占据一席之地。

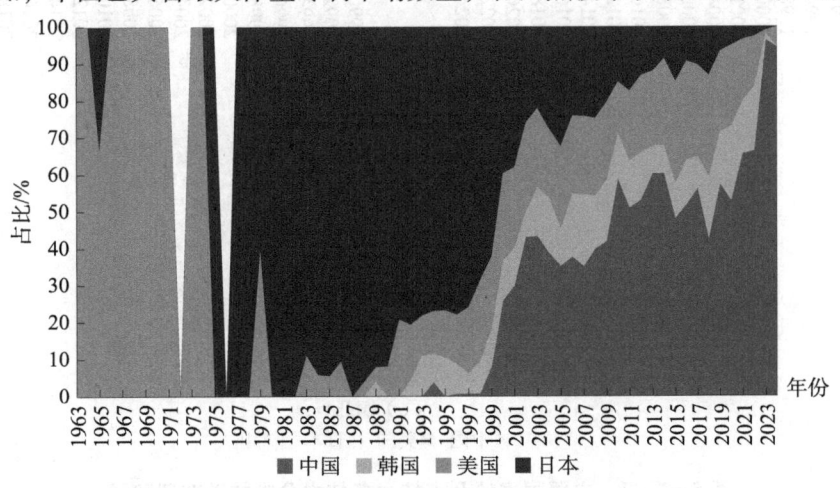

图 5-5-5 主要国家凸点技术专利申请的动态迁移图

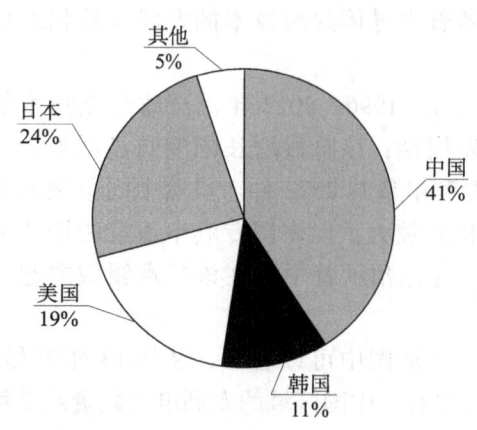

图 5-5-6 主要国家凸点技术专利申请占比

从图 5-5-7 可知，美国和日本在凸点技术各分支中是起步最早的国家，随后是韩国，中国起步最晚。在各技术分支中的早期，美国和日本是重要的技术来源国；而在 2000 年以后，日本因受美日贸易战的影响，在各技术分支的发展上表现出严重的下滑现象；此时中国开始发力，在各分支技术中均占有一席之地，主要原因是中国开始着力发展半导体芯片封装产业，尤其是具有全球重要的晶圆代工厂台积电以及封测厂日月光等；美国在凸点技术方面发展相对稳定，这与美国政策支持和在半导体行业的领导地位有着密不可分的关系；韩国在铜柱凸点和铜凸点方面的占比较为动荡，而在焊料凸点技术方面的占比一直持续增加，这与其本土的龙头企业三星在涉及凸点技术方面的专利布局息息相关。整体对比来看，中国虽然起步最晚，但在 2010 年以后呈现快速增长的势头，特别是铜柱凸点技术和铜凸点技术，这说明中国企业在先进封装技术中投入大量的资金保证了对凸点技术的研发和创新，以提升自身的技术实力和市场竞争力。

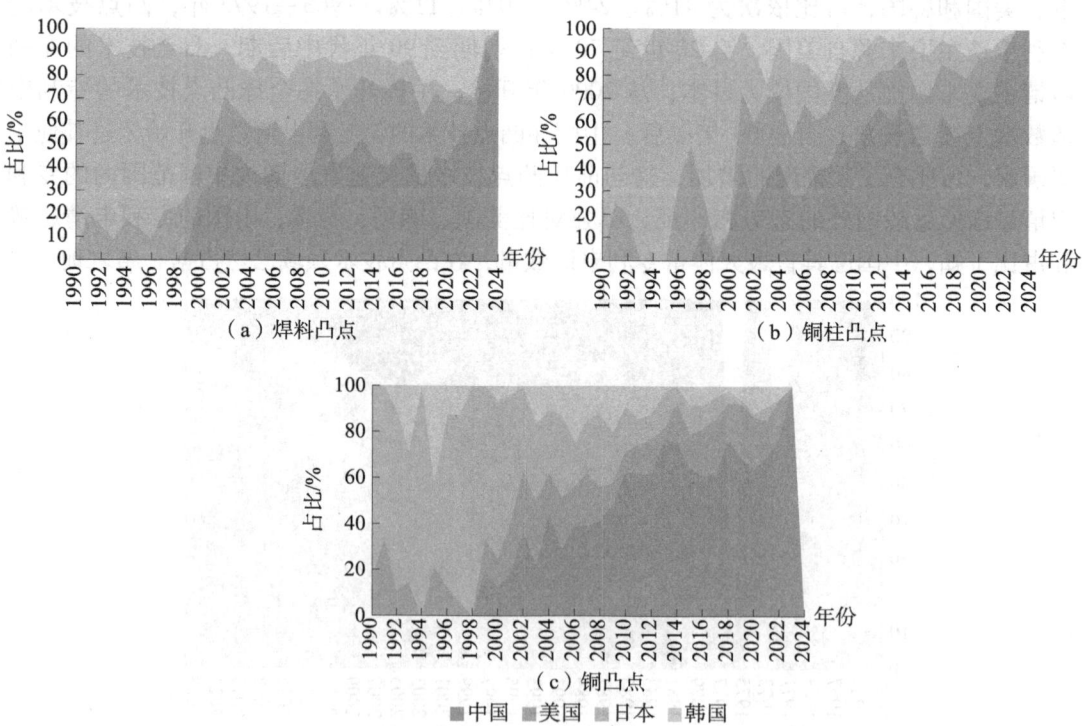

图 5-5-7 主要国家的凸点技术各技术分支的动态迁移图

图 5-5-8、图 5-5-9 分别详细示出了凸点技术各技术分支在中国、美国、日本和韩国等主要国家的专利申请量及占比的对比情况。从图中可以看出，焊料凸点技术占据着上述国家在凸点技术发展的主体地位，均超过 50%，其主要原因在于焊料凸点技术发展较为成熟且制作工艺成本较低，而随着凸点窄节距及更高密度封装的需求，凸点技术开始从传统的球形转变成柱形。结合图 5-5-8 和图 5-5-9，我们可以看出上述国家在焊料凸点技术的专利申请数量上从大到小依次是中国、日本、美国和韩国，日本和韩国虽然在焊料凸点技术的专利申请数量上相差较大，但焊料凸点技术在韩国和日本凸点技术的专利申请占比却几乎相同，这与日本和韩国都重视科技创新以及产业需求和市场布局相近有关。对于铜柱凸点技术和铜凸点技术两者之和的占比来说，上述国家的专利申请占比从大到小依次是中国、美国、日本和韩国，其中，中国在铜柱凸点技术和铜凸点技术的专利申请占比是最高的，其占比分别约为 57%、52%。可见，中国在专利申请数量上积累雄厚，并逐步加大在新一代凸点技术上的创新研发，这与中国政府持续加强知识产权保护和运用以及中国企业积极通过并购的方式增强自身实力有着密不可分的关系。

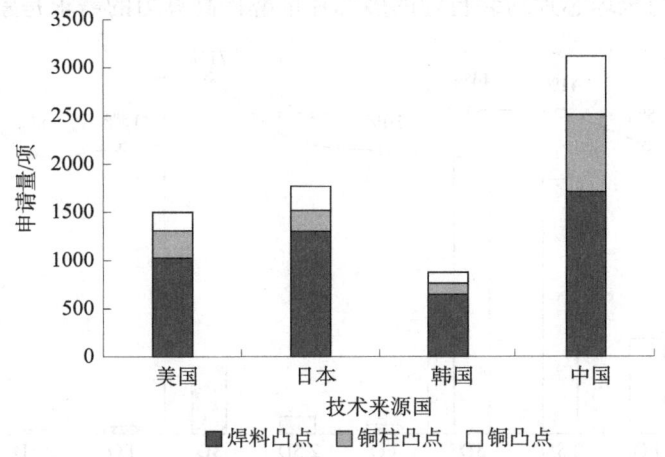

图 5-5-8 主要国家凸点技术各技术分支的专利申请量

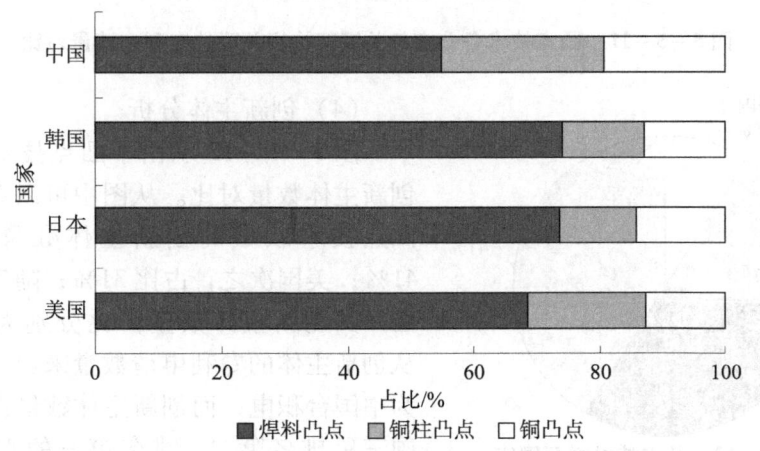

图 5-5-9 主要国家各技术分支的占比

(3) 技术构成对比分析

图 5-5-10 示出了凸点技术中各技术分支的专利申请占比情况,其中涉及焊料凸点技术的专利申请量最大,占比约 58%;然后依次是铜柱凸点技术、铜凸点技术,其占比分别为 18%、24%。

在先进封装技术中,凸点技术各技术分支的发展与关键架构的发展相辅相成。图 5-5-11 给出了焊料凸点、铜柱凸点和铜凸点与 FO 架构、2.5D 架构和

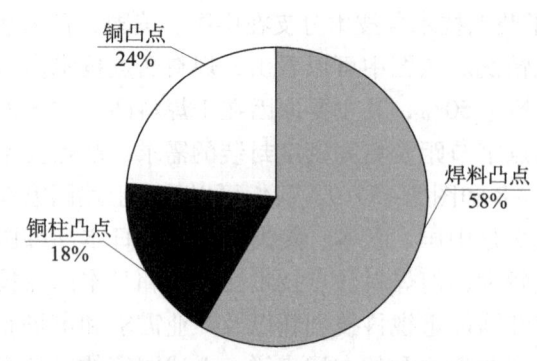

图 5-5-10 凸点技术各技术分支占比

3D 架构之间相关联的专利申请量的对比。从图 5-5-11 中可以看出,相比于铜柱凸点和铜凸点,焊料凸点是与关键架构关联程度最高的凸点技术,这与焊料凸点技术发展最早、制备工艺最成熟是相符的。对各个技术分支来说,3D 架构又是与关联程度最高的关键架构,这与全球芯片封装行业的多芯片堆叠提高算力的需求是紧密关联的。

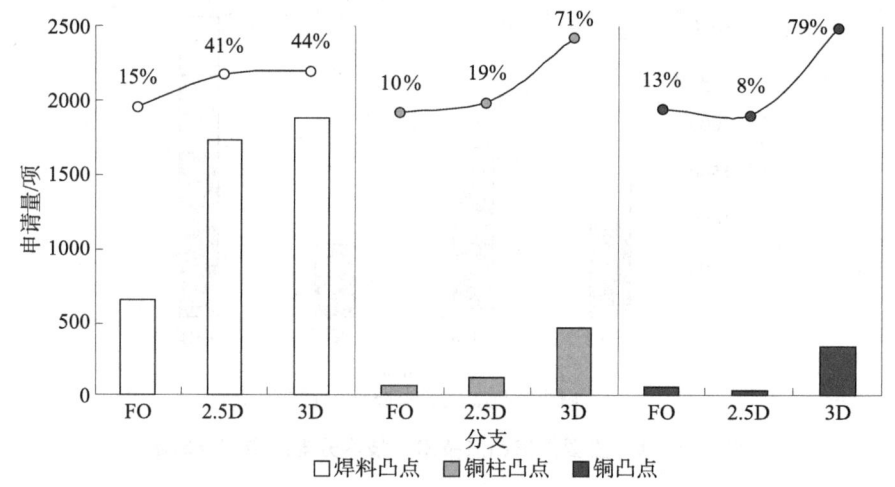

图 5-5-11 凸点技术各分支与关键架构相关联的专利申请量对比

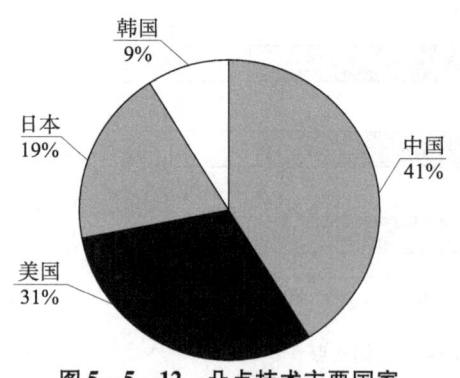

图 5-5-12 凸点技术主要国家创新主体数量对比

(4) 创新主体分析

图 5-5-12 示出了凸点技术主要国家的创新主体数量对比。从图中可以看出,中国在凸点技术领域的创新主体数量最多,占比 41%;美国次之,占比 31%;随后是日本和韩国,其创新主体数量占比分别为 19%、9%。从创新主体的专利申请数量来看,排名第一的为中国台积电,而创新主体数量占比靠后的韩国三星排名第二,排名第三的则为美国英特尔。可见,凸点领域全球领军企业中中国、美

国、韩国各占一席,形成相互抗衡之势。反观,日本排名前五的创新主体的创新能力相差不大。进一步地,中国除台积电之外还涌现出多家封测企业,呈百花齐放之态,显示出中国凸点技术蓬勃发展的创新之力。

表5-5-1为全球凸点技术不同时间段创新主体排名前十的分布情况。具体地,2000年以前,凸点技术的主要专利申请人主要分布在日本、美国和韩国,尤其是在日本;2000年以后,日本企业开始慢慢淡出。中国整体呈现较强创研实力。细数来看,整体呈现实力较强的企业,主要有台积电、日月光以及各有侧重的传统半导体制造企业和新势力芯片企业,如通富微电、华天、华进、长电科技和盛合晶微、甬矽电子等,其中,台积电和日月光起始于2000年,而2009年以后,长电科技和通富微电也开始进入世界领先企业的排名中。在2013年以后,中国创新主体上榜个数在全球逐渐增多,并超过美光、英特尔、海力士等,可见中国企业逐渐重视自主创新能力并且提高自身在国际中的影响力。

表5-5-1 不同时间段主要国家创新主体凸点技术专利申请量/项的排名

2000年以前	2001—2004年	2005—2008年	2009—2012年	2013—2016年	2017—2020年	2021—2024年
日本电气	日月光	日月光	台积电	台积电	台积电	三星
富士通	三星	三星	长电科技	通富微电	三星	台积电
日立	英特尔	英特尔	三星	三星	英特尔	通富微电
松下	台积电	松下	通富微电	英特尔	盛合晶微	英特尔
东芝	矽品精密	海力士	海力士	华天	通富微电	华天
索尼	威盛电子	矽品精密	IBM	IBM	美光	盛合晶微
三星	松下	台积电	日月光	长电科技	IBM	日月光
冲电气工业	富士通	力成科技	力成科技	华进	日月光	甬矽电子
三菱	爱普生	IBM	安靠	安靠	长电科技	美光
IBM	海力士	日本电气	瑞萨	美光	海力士	长鑫存储

注:深色背景为中国企业。

图5-5-13和图5-5-14为涉及凸点技术及其下级分支全球范围内专利申请人申请量排名情况。从整体来看,中国的台积电、韩国的三星和美国的英特尔是凸点技术领域内的"三巨头";在全球专利申请人前十的排名内,有2家日本企业,有2家美国企业,有1家韩国企业,有5家中国企业。其中长电科技和通富微电排名在第五和第六,可见,长电科技和通富微电在凸点技术领域具有一定的实力,但与"三巨头"相比,还具有一定的实力差距。对各技术分支来说,三星和台积电占据焊料凸点技术的头部地位,台积电占据铜柱凸点技术和铜凸点技术的头部地位,专利申请量优势更为明显;三星在铜柱凸点技术排名第三,在铜凸点技术排名第四,且专利申请数量相差

不大，可见三星在焊料凸点技术科技创新投入和市场需求布局较高，在铜柱凸点技术和铜凸点技术的科技创新投入和市场需求布局相对均匀。英特尔在焊料凸点技术排名第三，在铜柱凸点排名第九，而在铜凸点技术排名第三，其在这三个技术分支的科技创新投入和市场需求布局的差异主要是受架构演进的影响。对比于焊料凸点技术，中国在铜柱凸点技术和铜凸点技术更具有较强的科技创新能力。其中，对于铜柱凸点技术，在全球专利申请人排名中，中国有6家榜上有名，占据半数以上，其中通富微电还超过了三星，盛合晶微和长电科技还超过了美光和英特尔，显示出中国在该铜柱凸点技术分支的增长速度之快、技术积累充足且形成全球领先之势。对于铜凸点技术来说，在全球专利申请人排名中，中国有4家榜上有名，除行业巨头台积电之外，通富微电申请量还超过英特尔和三星，结合前述通富微电在铜柱凸点技术分支排名第二的情况，表明通富微电在凸点技术中主攻新凸点技术，紧跟行业研发热点且通过聚焦更优、更新的凸点技术以在全球范围内占据领先地位。

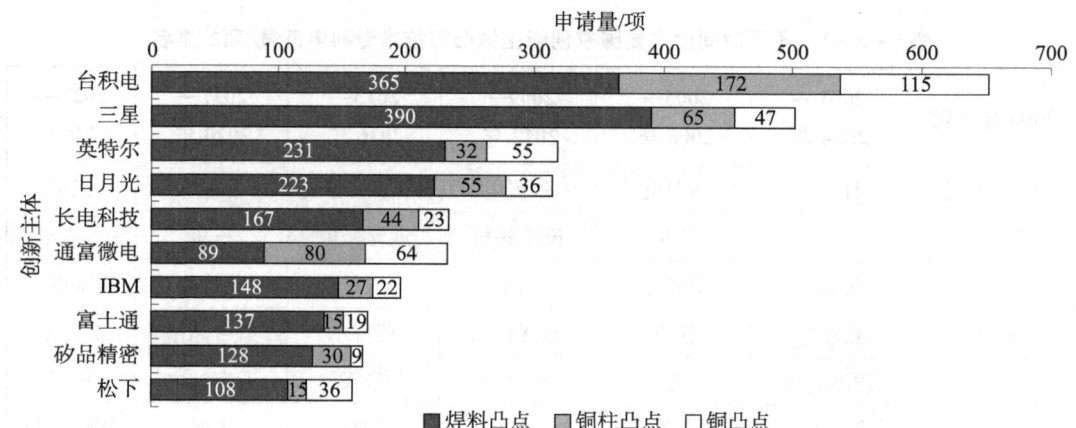

图 5-5-13　全球凸点技术创新主体的排名

结合图 5-5-13 和图 5-5-14 可知，全球凸点技术领域的行业"三巨头"是台积电、三星和英特尔，而除台积电之外，中国在凸点技术领域领先的企业还有长电科技、通富微电和盛合晶微。

图 5-5-15 为重要创新主体在焊料凸点、铜柱凸点和铜凸点的布局情况。从图中可以看出，对全球凸点技术领先的企业来说，相比于铜柱凸点和铜凸点，三星、台积电和英特尔均在焊料凸点布局最多，就上述三个企业而言，台积电是在这三个技术分支中均布局最多的创新主体。而就长电科技、通富微电和盛合晶微等中国半导体行业领先企业而言，长电科技是在焊料凸点布局最多的企业，通富微电是在铜柱凸点和铜凸点布局最多的企业，且在这三个技术分支的布局相对均匀，盛合晶微在焊料凸点和铜柱凸点布局一致，在铜凸点布局最少。可见，在凸点技术未来的发展中，中国各领先企业之间可相互支持，共同推进凸点技术的发展，进一步提升中国在全球的影响力和竞争力。

第5章 AI芯片先进封装关键工艺专利分析

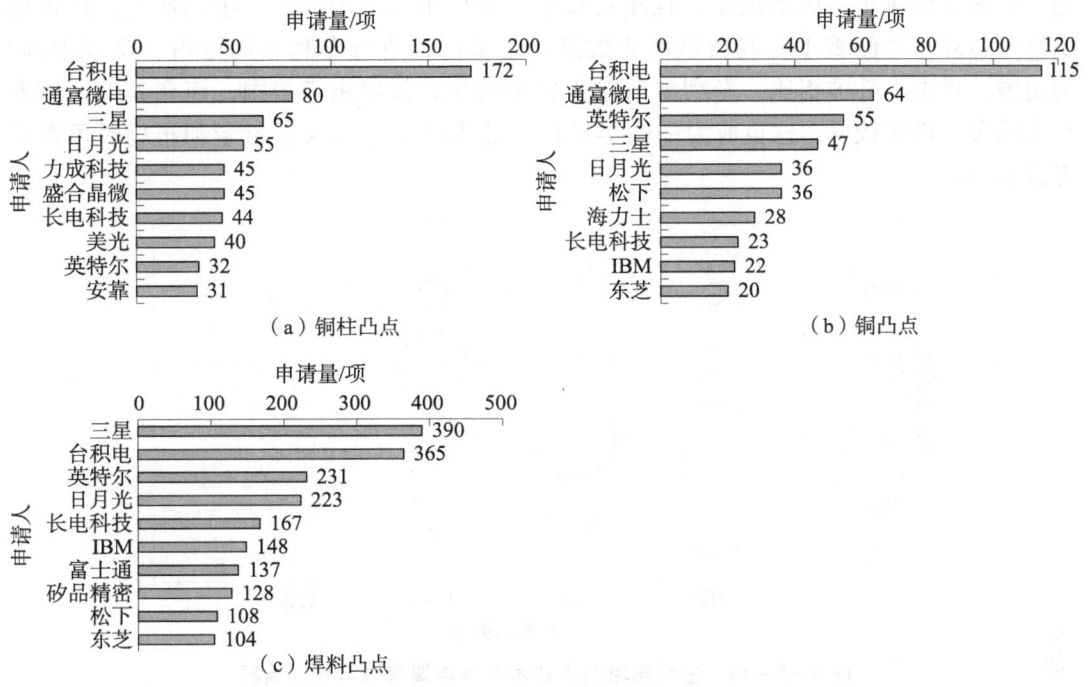

图 5-5-14 全球凸点技术各分支内创新主体的排名

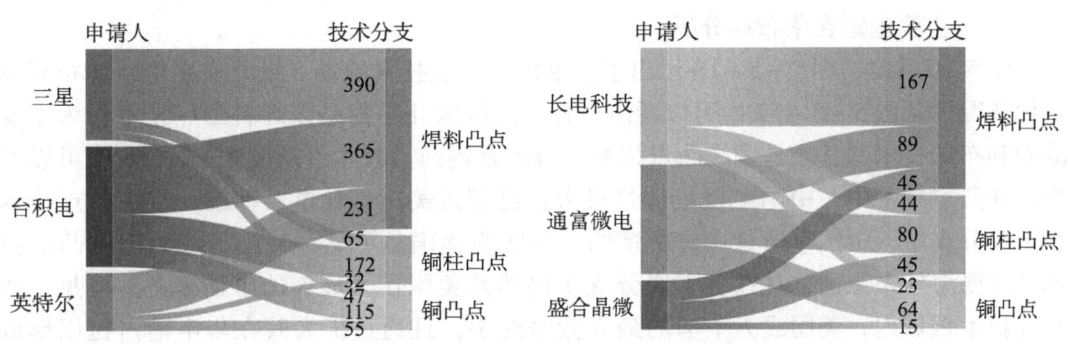

图 5-5-15 重要创新主体凸点技术分支内布局情况

注：图中数字表示申请量，单位为项。

5.5.3 市场保护分析

（1）专利布局地域分析

图 5-5-16 表示凸点技术主要国家的专利申请来源与布局情况。从图中可以看出，中国、美国、日本、韩国几乎都是以本土市场布局为主，美国作为全球最大的经济体和科技创新强国，除了在本国布局外，在中国、日本和韩国也均有一定量布局；同时，中国由于其逐渐完善的法律制度和较大的消费市场，也成为其他技术来源国进行专利布局的重点目标。此外，美国和日本在其他国家的专利布局相对均匀，主要原因在于美国和日本本身具有较强的技术创新能力，其发展侧重仍以本土为主而海外为

159

辅；韩国的整体布局体量最小，且相对集中，除本土之外的美国、中国次之，这也说明韩国芯片布局侧重于专利质量而非数量，也未盲目进行专利布局抢占。反观中国，与美国、日本、韩国相比，专利申请较为集中密集，仅聚焦于美国，而在其他国家专利市场布局份额较低，这也成为中国半导体行业内的企业未来进行专利布局时可着重考虑的方向。

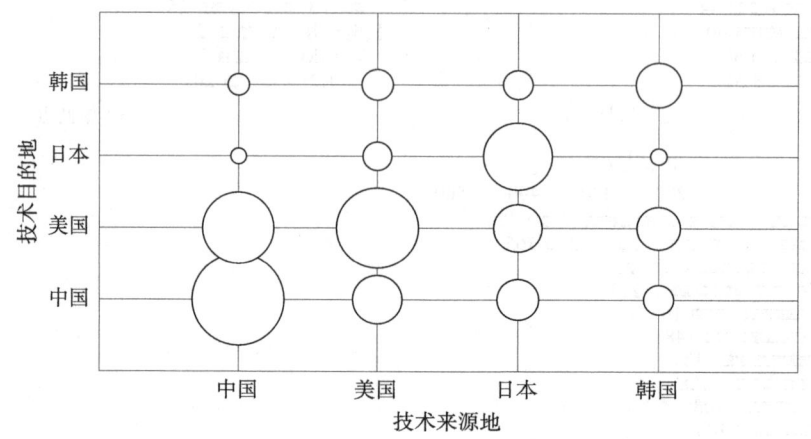

图 5-5-16　主要国家凸点技术专利申请来源与布局情况

注：图中气泡大小代表申请量的多少。

（2）主要国家在华布局分析

图 5-5-17、图 5-5-18 示出了主要国家凸点技术的各下级分支在华申请布局及占比情况。从图 5-5-17 中可以看出，各来源国家几乎都是以焊料凸点技术作为主要的专利布局技术，其次是铜柱凸点技术，再次是铜凸点技术。从图 5-5-18 中可以看出，在凸点技术中，中国申请量体量最大，已超过美国、日本、韩国，且在凸点技术各下级分支中，中国申请量均是最多的，其次为美国。可见，美国已成为中国凸点技术的主要海外来源国，且在各下级分支中仍然是美国作为最大的申请来源。可见，在凸点技术领域内，美国成为中国的最大竞争对手，且通过扩大其在华申请占比以形成专利壁垒防护墙，不仅强化其技术领先性，也对中国凸点技术形成相对封锁。另外，从各主要来源国凸点技术各下级分支申请占比情况来看，各来源国基本在三个分支内进行了相对均衡的专利布局，可见，凸点技术中三个技术分支仍然是主流凸点焊接技术，且在长期内依然是各来源国的技术竞争、专利抢占的热点技术领域。

图 5-5-19 展示了中国凸点技术专利的布局情况。从图中可以看出，中国凸点技术专利主要布局在本土范围内，占专利总量的 90.07%；布局在本土之外的国家或地区的专利数量占总专利申请量的 9.93%。其中，美国是中国本土以外专利布局占比最大的国家，占比 6.57%；其次是欧洲地区，占比约 1.60%；韩国和日本的占比相同，约 0.80%，可见。中国企业的创研活跃地域仍然是本土地域，而海外专利布局意识和市场抢占能力均不足，应当加强全球专利布局力度以形成知识产权防护链，在提升本土行业领先地位的同时还应"走出去"，在全球竞争环境中稳步快速成长。

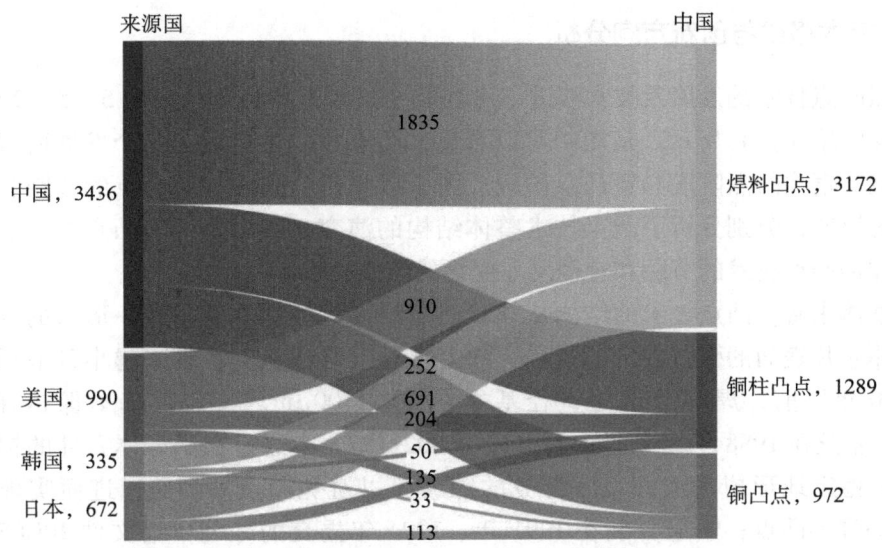

图 5-5-17 主要国家凸点技术各技术分支在华布局情况

注：图中数字表示申请量，单位为件。

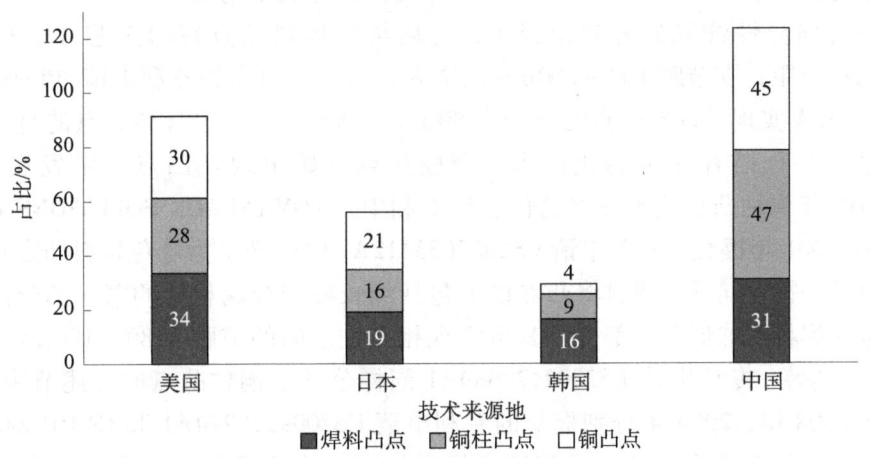

图 5-5-18 主要国家凸点技术各技术分支在华申请量占比

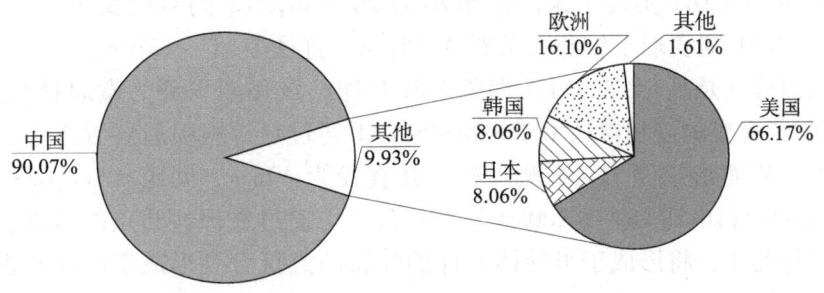

图 5-5-19 中国凸点技术专利布局情况

5.5.4 技术路线与创新方向分析

按照凸点技术的发展及技术演进，对其演变路线进行梳理，如图 5-5-20（见文前彩色插图第 3 页）所示。从图中可以看出，凸点技术主要分为三个发展阶段：焊料凸点阶段、铜柱凸点阶段和铜凸点阶段。图中以年份为横轴，以凸点的节距和直径不断缩小为导向，分别分析了凸点技术整体结构的演变过程以及焊料凸点技术、铜柱凸点技术和铜凸点技术的节距和直径尺寸变化的演变过程。

从整体来看，凸点技术的结构从球状凸点演变为柱状凸点。这一形状的变化主要是半导体芯片表面的引脚数量不断增加的需求导致对凸点直径越来越小且节距越来越窄。2000 年以前，焊料凸点的直径基本在 $80\sim100\mu m$，其节距基本保持在 $100\sim200\mu m$，东芝在 1988 年提交的专利申请 JPH021127A 中通过在半导体元件的铝电极上选择性且稳定地形成构成凸块一部分的镍镀膜以避免凸点间短路，进而实现节距为 $200\mu m$ 的焊料凸点；索尼分别在 1991 年、1994 年提交的专利申请文件 JPH053196A、JPH07321113A 中实现了焊料凸点的微细节距 $150\mu m$；1995 年日本电气株式会社（NEC）提交的专利申请 JPH08321505A 通过对光刻进行图案化实现了窄节距为 $100\mu m$ 焊料凸点的低成本制作工艺，并且在 1995 年提交的专利申请 JPH0917794A 中通过将焊料凸点在各向异性蚀刻的硅制模板上，之后再将焊料凸点转印至芯片上也实现了 $100\mu m$ 的窄节距；在节距 $100\sim200\mu m$ 范围内，富士通提交的专利申请 JPH0469936A、JPH04225235A 实现了焊料凸点的直径为 $80\mu m$。2000 年以后，焊料凸点的直径和节距不再满足半导体芯片多引脚化需求，铜柱凸点开始出现在凸点技术发展的舞台，2001—2010 年铜柱凸点技术发展的代表性专利中，ADVANPACK SOLUTIONS PTE LTD（APS）在 2001 年提交的专利申请 US2002033412A1 中公开了为避免焊料凸点难以实现精细节距这一技术问题，通过将凸点设为包括细长柱的金属材料的第一部分以及在柱上形成包含焊料的球形第二部分，其可实现相邻柱之间的节距为 $80\sim100\mu m$，直径约为 $60\mu m$，其另一专利申请 US2002179689A1 同样公开了铜柱凸点的上述节距和直径；日月光在 2008 年、2009 年分别提交的专利申请 US2009170244A1 和 CN101800181A 中通过将金凸块设为梯形构造，并将液态锡黏结到每个金凸块上可实现凸点节距小于 $60\mu m$。为了进一步实现凸点技术的直径和节距的微缩，台积电在 2023 年提交的专利申请 US2023420429A1 实现了铜凸点节距为 $20\sim50\mu m$，同年提交的另一专利申请 US2024178150A1 则实现了铜凸点节距为 $25\mu m$，直径为 $10\sim15\mu m$。

焊料凸点分支是从传统的可控塌陷芯片互连凸点逐渐发展为微焊料凸点。其中，美光在 2003 年提交的专利申请 US2002034581A1 通过热焊料喷射装置在接合焊盘上形成焊料凸点，从而形成微 C-4 球阵列，其直径为 $40\mu m$，间距 $\leqslant 100\mu m$；富士通在 2003 年提交的专利申请文件 JP2005032885A 公开了通过在焊料凸点的熔点正下方附件的温度下进行热压，将形成于半导体元件的焊料凸点接合到形成于配线基板的对置电极，在这种状态下，半导体元件和布线板之间的空间有底部填充树脂，并将半导体元件和布线板加热到焊料凸点的熔点或更高，以熔化焊料凸点同时固化底部填充树脂以实现约 50μm 节距；在 2004 年提交的专利申请文件 JP2006128493A 通过在掩模与电极相对应的位置中形成开口，并在每个开口中形成预定高度的第一金属膜，其中第一金属膜相对于基础金属具有低润湿性/膨胀性，接着在第一金属膜上重复形成第二金属膜的过程，最后，在形成有掩模情况下将第一金属膜和第二金属膜进行熔合随后去除掩模以此获得约 50μm 及以下节距的焊料凸点；三星在 2020 年提交的专利申请文件 CN113314482A 公开了一种半导体封装结构，实现了焊料凸点节距为 15~60μm；昭和电工在 2020 年提交的专利申请文件 WO2021131905A1 公开了一种焊料凸块形成构件、制造焊料凸块形成构件的方法以及制造设置有焊料凸块的电极基板的方法，实现了焊料凸点的直径为 1~35μm。

对铜柱凸点分支来说，卡西欧在 1992 年提交的专利申请 JPH05206221A、JPH1012659A 通过在 IC 芯片的电极下面的铜金属凸块设置具有低熔点的焊料层，连接具有高熔点并设置在布线基板的连接焊盘上的焊料凸块，当热压接合时，焊料层熔化而焊料凸块不熔化，可避免焊料凸块在横向方向上扩展，进而实现电极 23 的窄间距为 100~150μm；松下在同年提交的专利申请文件 JPH05335312A 通过加工多孔陶瓷材料来形成用于焊料凸块的模具，在从模具的底侧抽真空的同时将由焊料颗粒和黏合剂组分组成的焊膏印刷并埋入凹陷部分中，之后将形成在半导体元件的引出电极中的金凸块浸入已经埋在模具中的焊膏中，然后焊料被加热、熔化、冷却、固化，形成具有金凸块和焊料凸块双重结构的半导体元件，可实现 100μm 以下的窄节距；日本电气株式会社在 1993 年提交的专利申请 JPH07193099A 中提及铜柱凸点的直径为 100μm；台积电在 2018 年提交的专利申请 US2019164920A1 中公开了一种具有凸块结构的半导体器件，其中相邻铜柱凸块之间的节距 S_1、S_2 为 15~60μm，直径 D_3 为 5~40μm；英特尔在 2022 年提交的专利申请文件 US2024213198A1 实现了铜柱凸点 25μm 的细小节距 P_2；通富微电在 2021 年提交的专利申请 CN114171505A 中通过将具有第一导电凸块和第二导电凸块中的第二导电凸块嵌套在焊盘内可减小第二导电凸块的变形，并缩小第二导电凸块的间距以实现小于 20μm 中心距的连接。

就铜凸点分支而言，三菱在 1991 年提交的专利申请 US5171711A 中通过采用光刻、电镀金的工艺实现窄节距 100μm；株式会社电装（DENSO）在 1995 年提交的专利申请 JPH0927516A 中通过使芯片的凸块陷入基板表面形成的膏或者金属薄膜，且在基板与芯片之间具有缘性的热固化性树脂剂或光固化性树脂，实现节距 100μm 以下也不会发生短路的结构，其中凸块直径在 50~300μm 范围内；日立在 2002 年提交的专利申请 US2003127747A1 通过超声波工艺实现倒装芯片的金凸块和基板表面的连接端子 Au 膜之间的 Au/Au 金属接合，以此实现了直径为 50μm、节距为 80μm 的铜凸点接合；2008 年日立提交的另一专利申请 JP2008277733A 通过由纵弹性系数大于等于 65GPa 且小于等于 600GPa 的凸块和形成在凸块上或基板表面的焊盘或布线上的由锡、铝、铟，或铅的任意一种为主成分的缓冲层，利用超声波连接基板和半导体元件可实现小于等于 50μm 的窄节距；2010 年以后，台积电实现了铜凸点更小的直径和更窄的节距。

5.5.5 小　　结

面对其他国家的围追堵截，中国凸点技术发展的挑战与机遇并存。通过对凸点技术的创新能力分析可知，中国起步相对较晚，且国际龙头企业相对集中，已然形成国际寡头之势。而在这种情况下，中国企业依然保持创新活跃度持续增长，在该领域的专利申请量不断增加，同时也涌现出一批新势力企业，在铜柱凸点技术和铜凸点技术中呈现出强劲的竞争力。

中国企业国外布局不足，存在一定风险。由凸点技术的市场保护分析可知，中国九成的专利申请是在本土进行布局，国外布局专利申请量小且未形成专利防护墙；中国虽整体申请量体量足以与美国、日本、韩国相抗衡，但创新主体均集中于台积电，其他创新主体的无论申请量还是申请技术构成均差距显著。建议中国新兴半导体公司及传统芯片制造企业应该携手联合共同发展核心专利和高质量专利，并利用国际条约等多种途径在合适的目标市场进行专利布局，提升专利防护力度，打造核心技术壁垒。

找准凸点技术发展方向，紧抓市场机遇。由凸点技术及其三个下级分支的演变路线得知，每一个下级分支都根据半导体芯片向高集成度和多引脚化的方向发展的需求使得凸点的直径和节距不断微缩，直径和节距从原来的几百微米缩小为几十微米甚至是几微米；受限于焊料凸点在细节距时对其键合易造成桥接短路，凸点技术从焊料凸点演变成铜柱凸点以及铜凸点。结合对凸点技术及其各技术分支内主要国家创新主体的分析可知，近年来，中国企业在凸点技术领域，特别是在铜柱凸点技术和铜凸点技术领域不断崛起且成绩显著。在这种情况下，建议各企业应持续加大超微节距凸点的研发力度，关注凸点技术与先进封装架构的融合改进，同时根据市场需求寻求合作，取长补短，提升在凸点技术领域的全球影响力。

5.6　键合工艺分析

5.6.1　研究概况

本小节主要对AI芯片先进封装关键工艺中的键合工艺进行专利分析，其中，键合工艺主要包括金属键合、介质键合和混合键合。对键合工艺从专利技术创新能力、专利市场保护及技术路线等方面进行重点分析和阐述，专利技术创新能力主要从创新活跃度、创新来源地、技术构成对比、创新主体对比等方面进行分析，专利市场保护主要从专利布局地域、主要国家布局等方面进行分析。通过对涉及AI芯片先进封装键合工艺专利的综合分析，对键合工艺的核心技术，以及核心技术面临的技术攻关难题进行分析，为未来键合工艺发展方向，中国高校、企业方面应当关注的重点和采取的策略给出了具有指引性的意见和建议。

键合（bonding）工艺是一种用于芯片和基板或芯片和芯片的连接技术。如图5-6-1所示，键合工艺可分为传统方法和先进方法两种类型：传统方法采用芯片贴装和引线键合，而先进方法则采用 IBM 于 20 世纪 60 年代开发的倒装芯片键合技术，通过在芯片焊盘上形成凸块（Bump）的方式将芯片和基板连接起来。❶ 本节中主要研究对象为先进封装中的键合技术，根据键合技术是否采用中间层以及中间层的材质，键合技术分为金属键合、介质键合和混合键合。

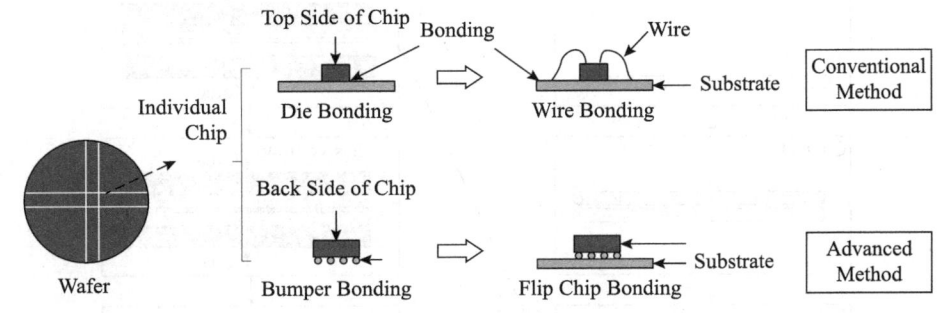

图 5-6-1 键合工艺❷

金属键合是指利用焊料或金属层作为中间层，通过加热或加压使得中间层扩散、反应或融化进而实现芯片之间或芯片与基板之间的结合。如图 5-6-2 所示，金属键合技术根据中间层材料不同可以分为利用焊料凸点实现键合的焊料键合，以及利用金属层直接与金属层键合的铜等高熔点金属键合。

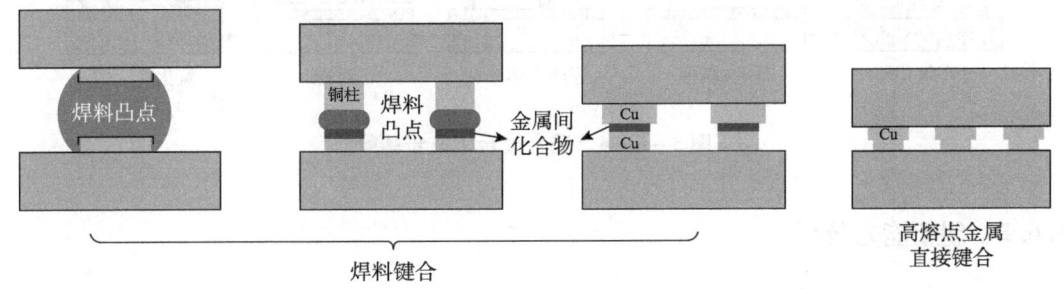

图 5-6-2 金属键合技术发展

介质键合是指利用介质层、玻璃料或胶黏剂作为中间层实现芯片之间或芯片与基板之间的结合，如图 5-6-3 所示。

混合键合（Hybrid Bonding，或称为直接键合），是通过铜-铜金属键合和介质层-介质层同时键合，实现无凸点永久键合的芯片三维堆叠高密度互连技术。如图 5-6-4 所示，混合键合的具体加工步骤为：①对晶圆接触面进行化学机械研磨及清洗，保证接触面的平整（平整度小于 5nm）和表面无污染（影响键合良率）；②将两片晶圆的铜凸

---

❶ Semika. 芯片键合：把芯片放置在基板的工艺过程 [EB/OL]. (2024-04-23) [2024-10-15]. https://mp.weixin.qq.com/s?__biz=MzI1OTExNzkzNw==&mid=2650471216&idx=1&sn=8dbbeff04e990f09e9778cf6beb7c6c8&chksm=f33905334f506b27fc4c9b1ff773433b8d85f5eac4314abc9d46444c37cf7df9bda2c63ee6bc1&scene=27.

❷ 一键解决芯片键合封装难题 [EB/OL]. (2024-04-18) [2024-10-15]. https://www.ab-sm.com/a/52032.

点面对面对齐，当铜和介质层的光滑界面相互接触时，通过键合头施压将芯片贴在一起；③升高温度使得连接点之间的金属铜融化膨胀形成接触结合，在高温和施压下铜凸点最终因为范德华力结合在一起形成电信号连通。

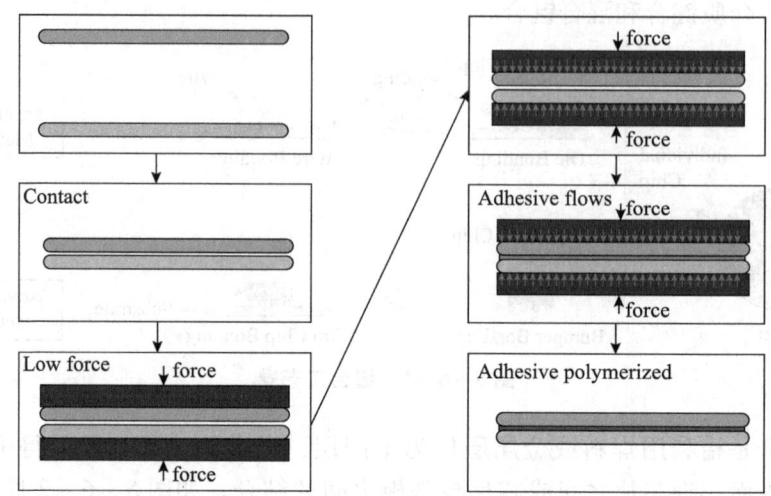

图 5-6-3　介质键合工艺步骤❶

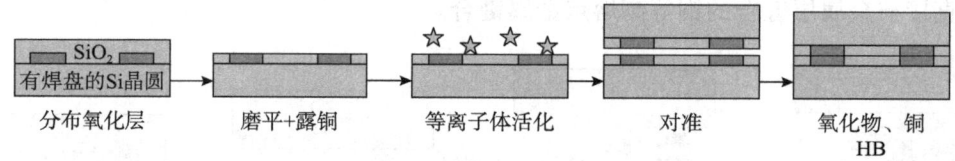

图 5-6-4　混合键合工艺步骤❷

5.6.2　创新能力分析

（1）创新活跃度分析

1）键合工艺全球申请态势

截至 2024 年 7 月，涉及 AI 芯片先进封装键合工艺的全球专利总申请量为 10756 件，中国总申请量为 3313 件，占全球总量的 31% 左右。图 5-6-5 是涉及 AI 芯片先进封装键合工艺全球及中国专利技术申请量随年度变化的情况。

可以看出，AI 芯片先进封装键合工艺经历了较长的发展时期。AI 芯片先进封装键合工艺的专利申请量总体上逐年上升，中国市场的专利申请量也逐步上升，并且在全球总专利申请量的占比也在逐步攀升，在 2021 年中国占比已达 42%，可见中国市场在全球已经举足轻重。

---

❶ Tom 聊芯片智造. 晶圆键合工艺全解析 [EB/OL]. (2023-04-10) [2024-10-15]. https://zhuanlan.zhihu.com/p/620769159.

❷ 赵心然, 袁渊, 王刚, 等. 混合键合技术在三维堆叠封装中的研究进展 [J]. 半导体技术, 2023, 48 (3): 190-198.

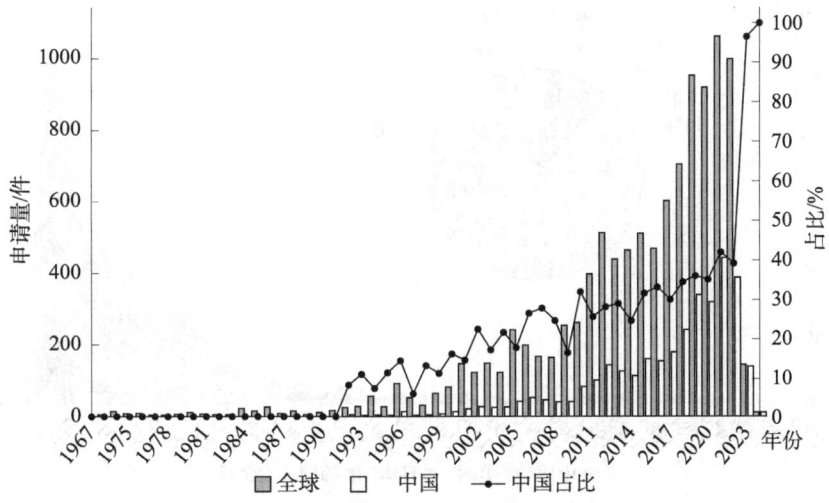

图 5-6-5　键合工艺全球及中国专利技术专利申请态势

AI 芯片先进封装键合技术总体发展阶段大致划分为三个阶段：

第一发展阶段：技术萌芽期（1967—1995 年）。自 19 世纪 60 年代 IBM 公司开发出倒装芯片键合技术，开始陆续有涉及 AI 芯片先进封装键合工艺的专利申请，这期间全球年专利申请量均在 50 件以下；中国则在 1992 年才出现键合工艺专利申请，该阶段处于 AI 芯片先进封装键合技术萌芽期。

第二发展阶段：缓慢发展期（1996—2009 年）。从 1996 年开始，全球涉及 AI 芯片先进封装键合工艺的专利申请量逐渐攀升，中国的年专利申请量也逐步增加。

第三发展阶段：快速增长期（2010 年至今）。从 2010 年至今，先进封装键合技术的专利申请处于快速增长阶段。这得益于 AI 芯片技术产业化及芯片逐渐小型化发展，传统的引线键合方式已不能满足芯片集成度需要，各大厂商都觉察到键合工艺的重要性，开始在键合工艺领域大量布局专利。2021 年全球在 AI 芯片先进封装键合技术的年专利申请量已达 1062 件，中国专利申请量也高至 443 件，说明各大厂商在键合技术领域的技术竞争也日趋激烈。2022 年专利申请量开始有所下降，这是由于 2022—2024 年相关专利公开滞后，检索的专利申请量数量并未完全覆盖全部数据。

2）键合工艺主要国家或地区申请态势

通过对 AI 芯片先进封装的全球专利数据进行分析发现，键合工艺的专利申请主要技术来源地是美国、日本、韩国、中国，接下来分析键合工艺专利主要来源国家的专利申请趋势。图 5-6-6 是键合工艺专利主要来源国家或地区专利申请逐年变化图。

可以看出，主要来源国家或地区中中国、美国、日本、韩国和欧洲的申请量占比分别为 49%、23%、13%、10%、4%。可见，中国申请量已位居首位且接近总量一半，这表明中国键合技术在全球范围内已占据主导地位。依据申请态势来看，中国键合技术起步最晚，但随着台积电、日月光的逐渐强大和通富微电、长电科技等新锐半导体企业的快速发展，中国专利申请量增速迅猛。美国作为全球半导体行业的领先者，

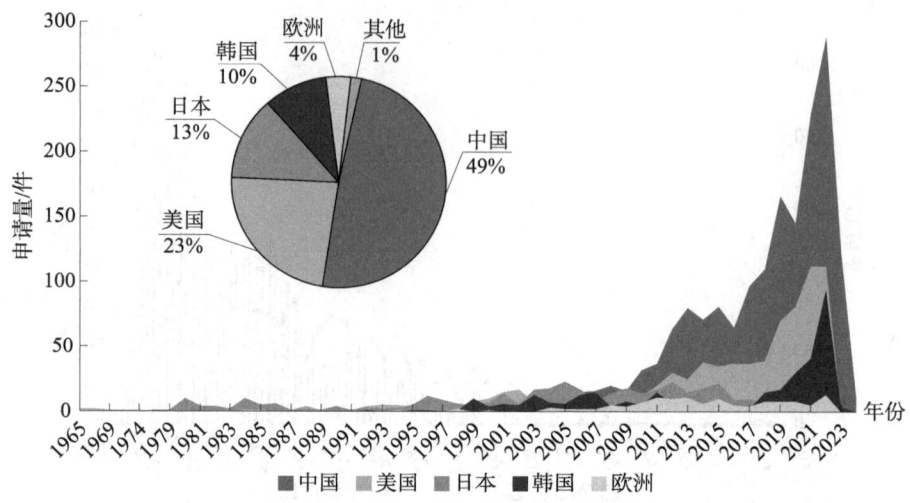

图 5-6-6　键合工艺专利主要来源国家或地区专利申请趋势

在键合工艺领域的专利布局起步较早。虽然其近些年在键合工艺领域的专利申请量不及中国，但长期的积累使其总专利申请量仅次于中国，占据全球近 1/4 的申请量。而日本在键合技术领域的专利布局仅次于美国，早期对 AI 芯片先进封装键合技术专利布局紧紧跟随美国；但由于经历了美国制裁和经济危机，曾经在半导体制造中独领风骚的日本逐渐走下神坛，这也使得近些年日本在芯片键合技术领域专利布局逐渐减少。进一步地，韩国申请量位居第四位，这则与本土巨头企业如三星、海力士等半导体制造商在芯片先进封装领域持久深耕密切相关，由此韩国也成为先进封装键合领域的重要来源国。

3）键合工艺中国申请态势

图 5-6-7 是中国键合工艺专利申请趋势及各技术分支占比。可以看出，中国专利申请人关于 AI 芯片先进封装键合工艺的专利申请文件共 4539 件，其中混合键合 2459 件，占比 54%；金属键合 1843 件，占比 41%；介质键合 237 件，占比 5%。

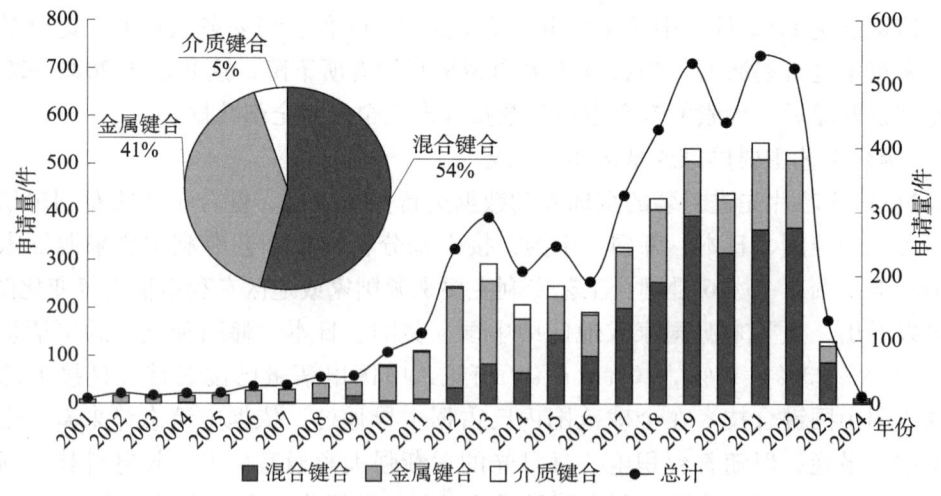

图 5-6-7　中国键合工艺专利申请趋势及各技术分支的占比

从 AI 芯片先进封装键合工艺专利申请趋势可以看出，中国起步较晚，2006 年前的年专利申请量都比较少，原因在于该时期中国企业更多地关注于传统封装技术的优化和成本控制，而非先进封装技术前沿技术的探索。自 2007 年开始，混合键合技术专利申请起步，正因为混合键合的加入，直至 2013 年键合技术专利申请量迎来第一次加速发展。2014—2016 年，键合技术申请量出现短期震荡波动，这是由于全球经济包括半导体行业在内的多个行业都受到金融危机不同程度的冲击。2017 年至今，键合工艺的专利申请量基本呈逐年递增态势，也即键合技术进入第二次高速发展期。

从技术分支上看，早期中国专利布局都集中在金属键合分支，这是因为金属键合技术中包含传统焊料型的金属键合技术，其中传统焊料键合技术在全球起步较早，并于 2013 年达到申请量顶峰，该时期也是以焊料键合技术为主的金属键合技术由理论到实践且渗入芯片封装工艺中，并成为基础技术手段的关键时期。自 2013 年开始，金属键合技术增长速度开始放缓，而混合键合技术增速显著，并于 2015 年左右超过金属键合技术成为主流的新一代键合技术，这也表明键合技术发展侧重的转变。2018 年开始至今，混合键合技术持续发展并已占据超 50% 的申请量。而该时期内，金属键合技术发展平稳但贯穿键合技术发展始终，也表明了中国紧跟业内研究热点技术，已于混合键合技术获得一定量的技术积累且在金属键合方面也同步发展。最后，关于介质键合，中国于 2013 年出现介质键合专利申请，技术起步较晚且技术积累不足，日后可作为研究侧重以期在新键合技术领域内获得技术领先地位。

（2）创新来源地分析

图 5-6-8 是键合工艺专利申请来源地分布及动态迁移图。可知，中国和美国是主要技术来源国家，分别占比 52% 和 25%；其次是日本和韩国，分别占比 13% 和 10%。中国虽然起步也比较晚，但作为全球重要的芯片封测基地，在先进封装键合工艺领域是最重要的技术来源地。中国在 2010 年后快速增长，在先进封装键合领域也出现了很多新兴企业，如武汉新芯、长鑫存储等，因此其在近几年年专利申请量均居首位，已跃升为键合技术中举足轻重的技术输出国。日本和美国是键合工艺早期重要的技术来源国；日本在进入 21 世纪后对键合技术投入较少，导致其总量较美国下降；而美国涉及键合工艺的专利申请量一直比较稳定，因此美国是仅次于中国的重要技术来源地。韩国键合技术出现时间与中国大致相同，但整体申请体量较小，与中国差距显著，这与韩国芯片先进封装技术高度集中于如三星、海力士的企业寡头手中，而未形成企业多样发展、百家争鸣的良性竞争环境密切关联。

（3）技术构成对比分析

1）键合工艺主要国家技术构成

从图 5-6-9 中的技术构成可以看出，主要国家对键合工艺的布局均有混合键合、金属键合和介质键合。中国、美国布局最多的都是混合键合，其次是金属键合。这是因为混合键合可以进一步缩小芯片之间的间距，是提高芯片传输速度以及降低芯片封装体体积的重要工艺手段，已经成为主流先进封装架构中的重要支撑键合技术。其中中国的混合键合申请量比美国的混合键合申请量多了近一倍，这也表明中国在混合键

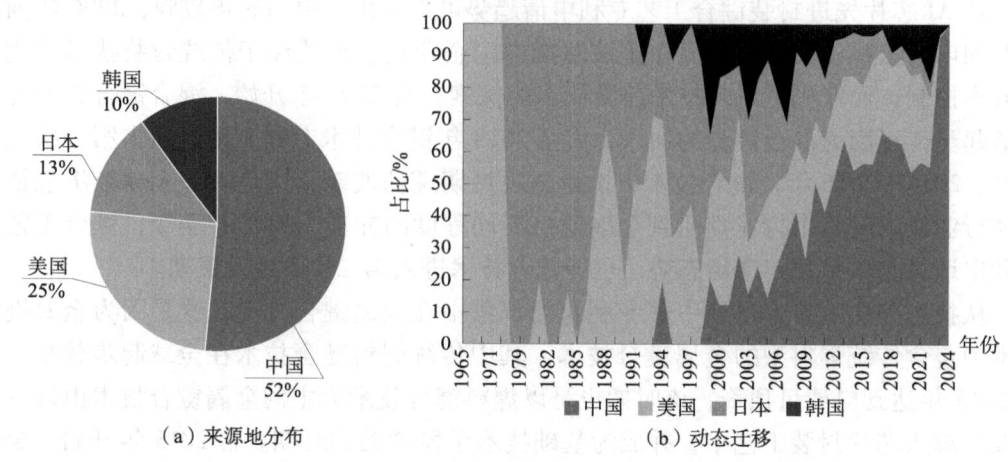

(a) 来源地分布　　　　　　　　　(b) 动态迁移

图 5-6-8　键合工艺专利申请主要来源地分布及动态迁移图

合技术中的技术优势。韩国的金属键合布局量最大，混合键合仅次于金属键合，数量相差不大，可见，韩国仍以金属键合技术为主流键合技术，但混合键合技术也得到高度集中发展，这也预示着韩国将混合键合技术作为研发热点技术。日本同样是金属键合技术的专利申请量最大，但混合键合专利申请量却远低于金属键合专利申请量，可见日本对于先进封装键合工艺中新兴键合技术投入不足，或者说日本并未将混合键合技术抑或键合技术作为其先进封装技术的创研重点。至于介质键合，主要国家布局均较少，这与介质键合应用场景狭窄、键合工艺操作难度是密切相关的，但"冷板凳"的介质键合亦可作为中国企业专利抢占的发力技术。

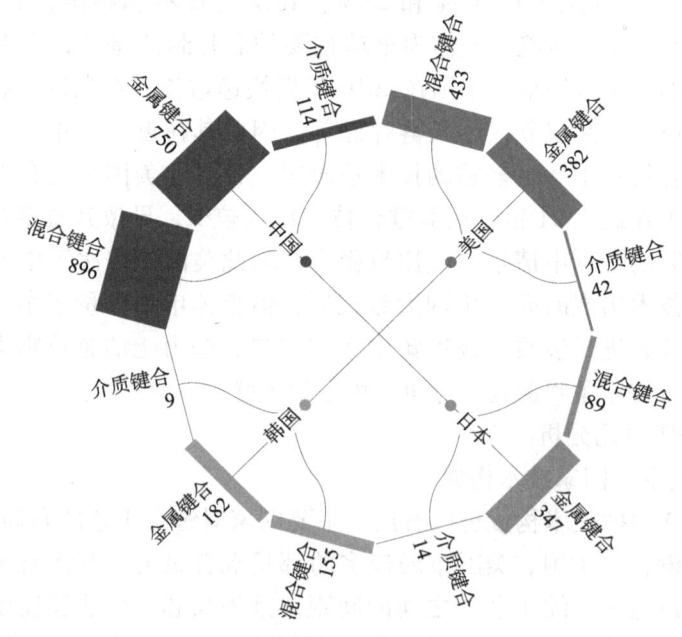

图 5-6-9　键合工艺主要国家技术构成

注：图中数字表示申请量，单位为件。

2) 键合工艺各技术分支申请趋势

对于技术构成比例,从图 5-6-10 中可以看出混合键合、金属键合和介质键合的占比分别为 46%、48% 和 6%。金属键合主要分为焊料键合和铜等高熔点金属直接键合,分别占比 28% 和 17%。其中焊料键合作为金属键合的最基础工艺,因此占比较大,但由于焊料键合容易在键合过程中变形溢出,对键合区尺寸要求较大,随芯片集成度逐渐增加、尺寸逐渐减小,键合区焊接点之间间距及焊接点本身尺寸也持续微缩,由此开发出利用铜等高熔点金属直接键合。混合键合根据绝缘材料不同主要分为铜/无机介质层、铜/聚合物以及微凸点/聚合物。其中占比较大铜/无机介质层占比为 37%,即绝缘层材料采用氧化硅、氮化硅、氮氧化硅、碳化硅等无机材料;其次铜/聚合物占比为 4%,绝缘层采用聚合物黏结剂如苯并环丁烯(BCB)、聚苯并恶唑(PBO)、聚酰亚胺(PI)等聚合物材料;微凸点/聚合物的占比最少,仅为 1%。金属键合和混合键合是 AI 芯片集成中最常用的两种键合技术,介质键合主要是应用于先键合后作为导通孔的芯片集成技术中,占比较少,约为 6%。

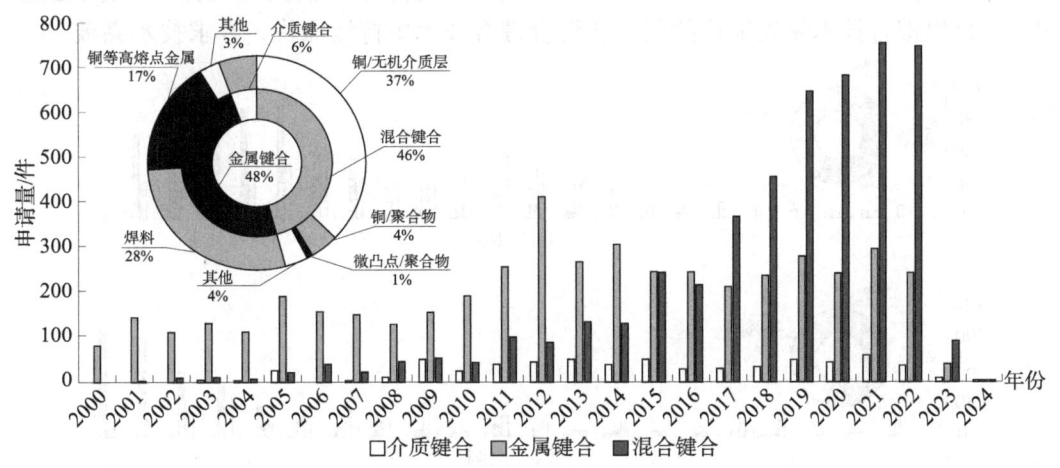

图 5-6-10　键合工艺专利技术分支构成比例及专利申请量逐年变化图

对于各技术分支的发展趋势,金属键合出现最早,19 世纪 60 年代 IBM 首次采用倒装芯片键合工艺即金属键合技术,2000 年以后金属键合的专利申请量逐渐趋于稳定。与此同时,2001 年 Ziptronix 公司提出混合键合技术。混合键合技术因其能进一步提升封装密度并降低封装尺寸而得以迅速发展,接着,在 2017 年混合键合的专利申请量超过了金属键合的专利申请量,这与先进封装架构的发展逐渐转向 3D 堆叠架构,而 3D 堆叠架构中芯片之间电互连则主要使用无凸点的混合键合技术息息相关。介质键合起步也较早,但专利申请增速低缓,这也是多方面原因所致,包括但不限于介质材料键合工艺参数的难以控制,应用场景的局限颇多以及介质键合的非导电部分与芯片封装架构中其他技术的协同、融合高复杂度、高难度等。

3) 键合工艺主要国家各技术分支申请趋势对比分析

图 5-6-11 中展示了键合工艺主要来源国家各技术分支申请趋势图(为方便对

比,图中仅截取 2001—2022 年)。可以看出,在 2009 年之前中国键合技术中,金属键合技术为主流键合技术,而混合键合技术和介质键合技术均处于萌芽发展阶段,这与该时间点之前先进封装中键合技术以传统焊料键技术为基础支撑技术的发展现状相符合。虽然 2008 年中国混合键合技术才开始发展,该时间点相比美国首次提出的时间相差 7 年,但是直至 2022 年中国混合键合技术基本呈逐年递增发展态势,且相比美国、日本、韩国而言,中国无论是混合键合技术还是金属键合技术均处于领先水平。美国申请量仅次于中国,排名第二,但从各技术分支发展趋势来看,美国发展的侧重由金属键合技术逐步转向混合键合技术,至今混合键合技术已成其键合技术中的聚焦技术。日本键合技术的各个技术分支均呈低速发展态势,但仍以金属键合技术为主流键合技术,这也说明日本键合技术并未跟随行业技术研发热点。韩国键合技术早期发展态势与日本高度相似,但 2018—2022 年,韩国的混合键合技术呈突飞猛进发展态势,这与韩国的三星致力于先进封装技术的创研并已位居全球第二的 AI 芯片制造商的情况密切相关。随着先进封装架构 I/O 密度需求的不断提升,主要国家都将研发方向逐渐转向混合键合,混合键合技术成为键合技术发展方向和创新活跃集中领域。中国应在稳固和提升金属键合技术领先地位的同时在混合键合技术中持续深耕,寻求技术突破。

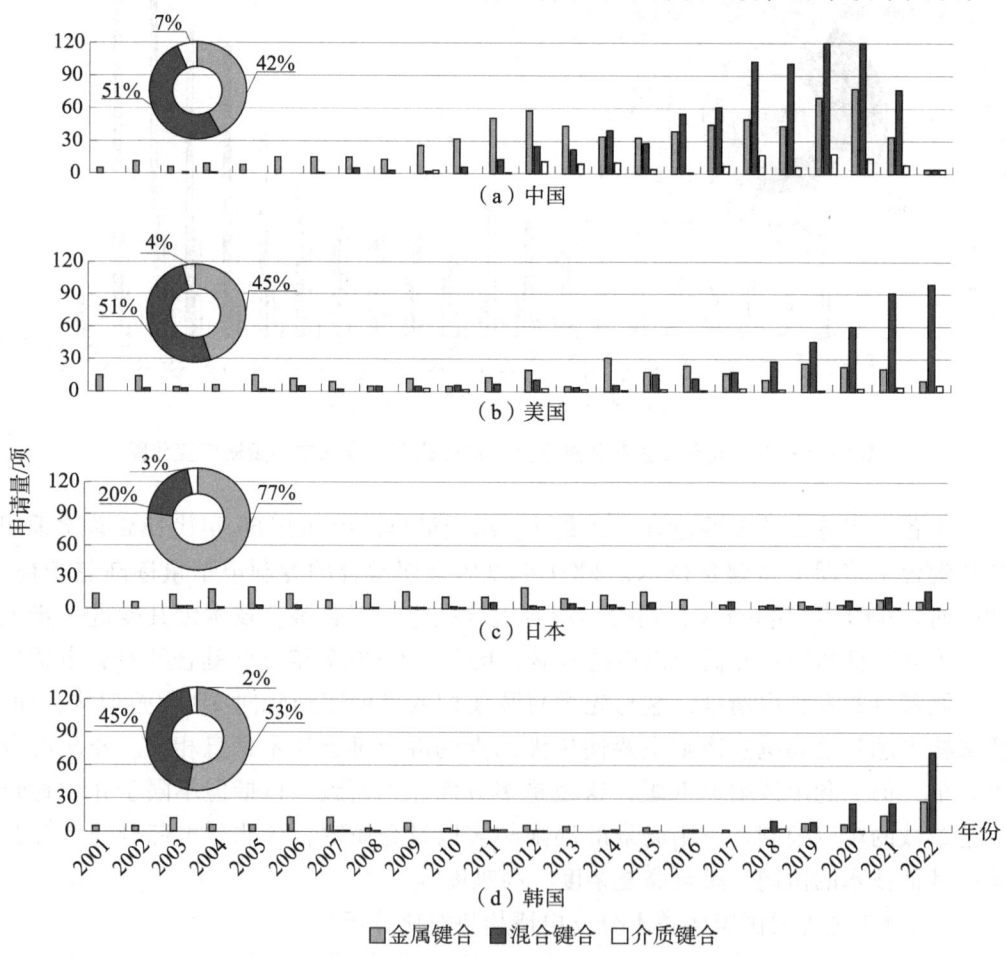

图 5-6-11 键合工艺主要来源国家技术分支申请趋势

(4) 创新主体对比分析

创新主体是技术发展的关键。下文将从键合技术主要来源国家包含创新主体个数、主要创新主体专利申请量排名、不同时间段创新主体专利申请量排名动态迁移等角度对 AI 芯片先进封装键合技术的专利创新主体进行对比分析。

图 5-6-12 是键合技术主要国家的创新主体个数。可见，中国创新主体数量最多，达到 264 个，中国在键合技术领域内的创新活跃度较高，由于中国半导体行业整体水平限制且先进封装技术起步相对较晚，虽然中国创新主体呈多样、百家争鸣的状态，但除台积电之外，其他创新主体申请总量较少，未形成技术引领之势。美国的创新主体数量为 152 个，仅次于中国，其专利布局集中在英特尔、IBM 和美光等半导体领军企业，其他创新主体的专利布局量较少，可见，美国键合技术领域内已形成英特尔、IBM 和美光的龙头引领技术发展之势。日本的创新主体数量为 109 个，排名第三，日本的创新主体数量虽多，但个体专利申请体量均较少，未形成强有力的专利竞争力和广而全的市场抢占面。韩国则特点鲜明，其三星申请量占比达约 68%，可见，三星已成为韩国先进封装技术中键合技术的"领头羊"，也成为与台积电、英特尔可抗衡的先进封装技术"三巨头"。

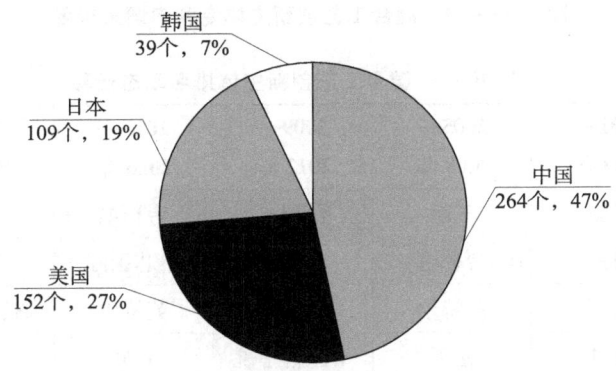

图 5-6-12　键合技术主要国家创新主体个数

图 5-6-13、表 5-6-1 展示了键合工艺创新主体专利申请量排名和不同时间段内创新主体排名动态迁移情况。从创新主体专利申请量排名中可看出，台积电的专利申请量相比其他专利申请人的申请量断崖式领先，台积电作为全球领先的晶圆代工企业，拥有强大的研发实力和技术创新能力，而键合工艺是先进封装的关键工艺，台积电在先进封装键合工艺专利布局最多，其专利申请量达到 694 项；其次是三星，三星也拥有丰富的先进封装架构，其键合工艺专利申请量也有 231 项；紧随其后的是美国的英特尔、IBM 和美光，作为全球半导体行业的领军企业，它们在键合工艺方面都有着深厚的积累和持续的研发投入。另外，进入创新主体专利申请量排名前 15 位中的还包括多个其他中国企业如武汉新芯、通富微电、长江存储和中芯国际，其中武汉新芯专注于提供晶圆代工技术服务，因此其在键合工艺有不少的专利布局，尤其是混合键合；而长江存储是存储器晶圆厂和 3D-NAND 存储芯片的龙头企业，在先进封装键合

工艺领域也进行了很多的专利布局;通富微电和中芯国际都是集成电路领域的领先企业,在先进封装键合工艺领域的专利布局方面也有不少积累。

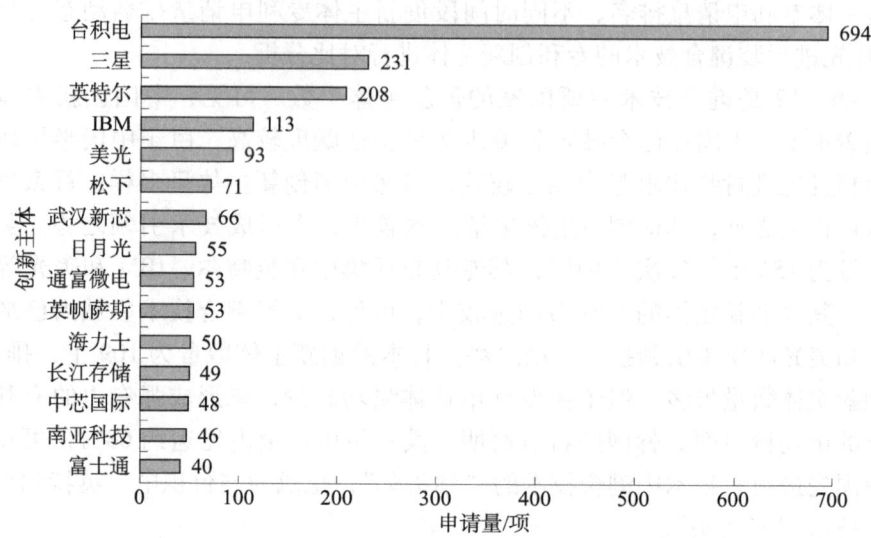

图 5-6-13 键合工艺创新主体专利申请量排名

表 5-6-1 键合工艺创新主体排名动态迁移

2000 年之前	2001—2004 年	2005—2008 年	2009—2012 年	2013—2016 年	2017—2020 年	2021—2024 年
松下	三星	三星	台积电	台积电	台积电	台积电
IBM	英特尔	台积电	IBM	中芯国际	英特尔	三星
日立	松下	英特尔	三星	英特尔	长江存储	英特尔
日本电气	IBM	松下	中国科学院	IBM	三星	美光
三星	日月光	海力士	莫诺利特斯3D	武汉新芯	武汉新芯	通富微电
美光	富士通	美光	海力士	华进	美光	中芯国际
富士通	安靠	星科金朋	英特尔	英帆萨斯	英帆萨斯	长鑫存储
三菱	台积电	IBM	松下	富士通	IBM	艾德亚
飞思卡尔半导体公司	东芝	富士通	原子能和替代能源委员会	原子能和替代能源委员会	南亚科技	南亚科技
东芝	威盛电子	力成科技	索尼	三星	桑迪士克	芯盟科技
夏普	大连理工大学	瑞萨	富士通	美光	日月光	日月光
海力士	索尼	住友电木	安靠	松下	华为	盛合晶微
安靠	星科金朋	威盛电子	力成科技	安靠	海力士	武汉新芯
索尼	财团法人	南茂科技	住友电木	高通	吉林克斯	华为
矽品精密	矽品精密	索尼	日立	力成科技	通富微电	海力士

注:深色背景为中国企业。

进一步地，由表 5-6-1 所示的不同时间段内创新主体专利申请量排名来看，在 2000 年之前，专利申请量靠前的创新主体集中在美国、日本、韩国；2001 年之后，中国创新主体开始崭露头角并逐渐崛起，尤其是台积电发展迅速，从 2008 年开始至今一直位居榜首；在 2013 年后，除台积电之外，其他中国创新主体陆续涌现，并在 2021—2024 年，创新主体排名前 15 中有 10 家中国企业，可见近些年中国创新主体在键合工艺领域的活跃度较高、投入较集中，且侧面印证键合工艺已成为 AI 芯片先进封装技术中的热点技术。

5.6.3　市场保护分析

（1）专利布局地域分析

根据专利申请人主要来源和主要市场布局的数据分析，获得键合技术创研活动和专利布局集中地域，其中主要来源和主要市场包括中国、日本、美国和韩国。

根据图 5-6-14（a），中国是占比最大的技术来源地，占比达 52%，可见，随着中国芯片制造和封测的企业的高速发展，中国已成键合技术的重要技术输出地。排名第二的为美国，其也是主要技术来源地，占比为 25%；接着依次为日本和韩国，分别占比 13% 和 10%。从图 5-6-14（b）可知，美国是主要国家最主要的目标地域，专利布局量占比 44%，究其原因是美国作为全球半导体行业最发达的地区，主要国家均想在美国占有一定份额，因此进行了大量的专利布局；中国是紧随美国的第二大市场国，随着近些年中国经济发展迅速，随着中国对半导体行业大力扶持以及中国消费市场的巨大体量的吸引，中国成为先进封装技术中必不可少的重要目标地域；接着依次是韩国和日本，占比分别为 11%、8%。由于经济发展状态、先进封装技术发展策略和市场竞争环境等多方原因，这些国家的专利布局主要来源于自身。

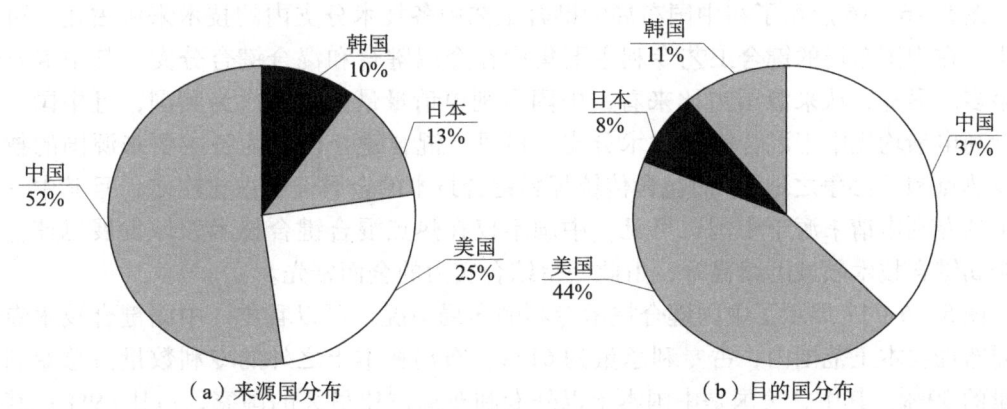

图 5-6-14　键合技术来源国和目的国分布

从图 5-6-15 中的专利布局流向可以看出，中国专利申请人比较重视在中国市场进行专利布局；相反，美国、日本和韩国除在本土着重进行专利布局外，均在美国和中国市场进行了大量的专利布局。尤其美国，其在中国的专利申请量与其在本土布局的专利申请量相差不大，这反映出美国对中国市场的重视程度之高，也反映出中国已成为美国同领域内的最大竞争者。日本除在本土布局最多之外，在其他国家布局量均较少，这是先进封装技术中键合技术并非其主要创研技术所导致。韩国则采取与日本基本相反的布局策略，其除在本土布局最多之外，在美国和中国也进行了与本土布局量基本相当的专利布局量，这反映出韩国先进封装技术的创研活跃度较高，且更重视其他同领域竞争者的地域布局，以为后续产业扩大化奠定基础。

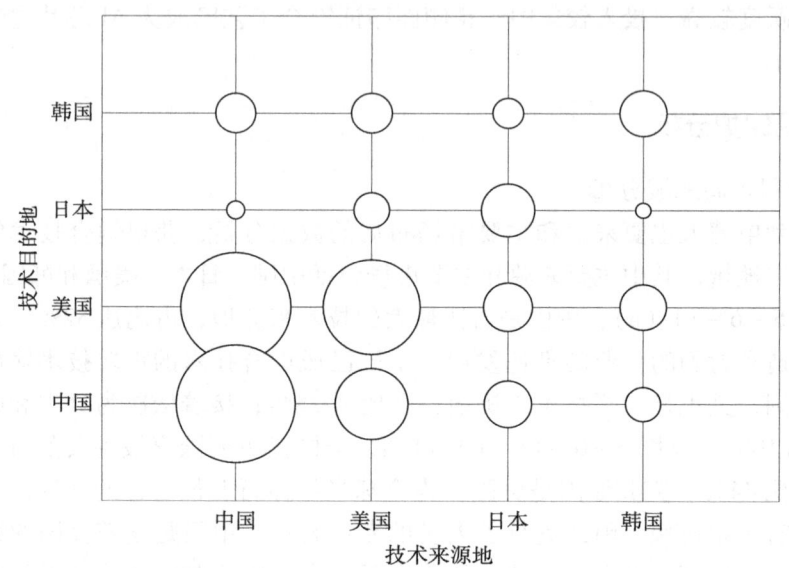

图5-6-15　键合工艺主要国家专利布局流向

注：图中气泡大小代表申请量的多少。

（2）主要国家在华布局分析

图5-6-16展示了在中国布局的键合工艺中各技术分支内的技术来源占比。可以看出，在中国布局的键合工艺专利主要集中在金属键合和混合键合分支，其中混合键合最多。另外，从来源国占比来看，中国专利申请量最大，其次为美国，且中国、美国专利申请均集中于混合键合技术分支，可见，混合键合已成为各主要来源国的技术研发热点和"必争之地"。而包含传统焊料键合技术的金属键合占比次之，且其中一半以上的专利申请来源于中国，可见，中国不仅在热点混合键合技术领域发展迅速，也在金属键合技术领域继续提升，由此获得综合实力的全面领先。

图5-6-17展示了中国键合技术专利的布局情况。可以看出，中国键合技术专利主要布局在本土范围内，占专利总量的61%，布局在本土之外的专利数量占总专利申请量的39%。其中，美国是中国本土以外专利布局占比最大的国家，占比49%；其次是日本，占比约25%；接着是韩国，占比约13%，可见，中国企业键合技术的布局现状与前文中凸点技术的布局现状高度相似，呈现出以本土地域为主而海外布局为辅的特点。这反映出中国创新主体的内部竞争激烈而全球专利布局意识不强，应当在寻求行业互补创新主体的合作提升技术竞争力的同时，也在全球芯片先进封装技术领域内形成更强更稳定的专利防护墙。

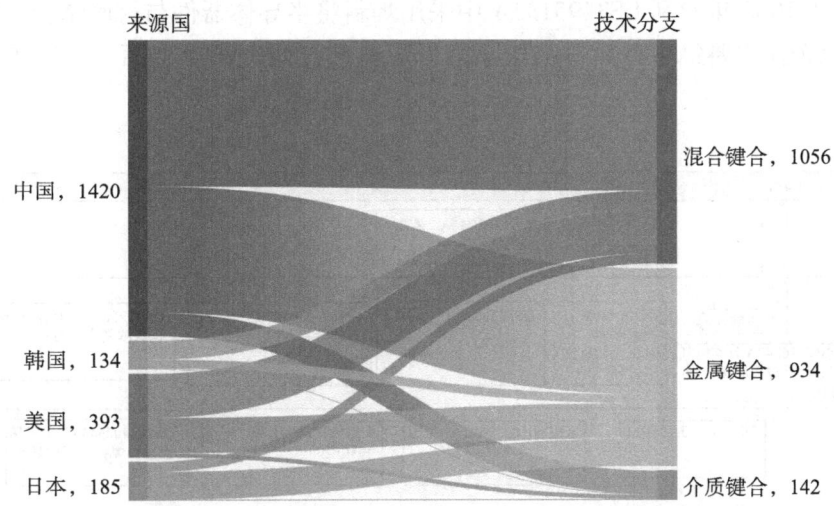

图 5-6-16　键合技术在华各技术分支内主要来源国

注：图中数字表示申请量，单位为项。

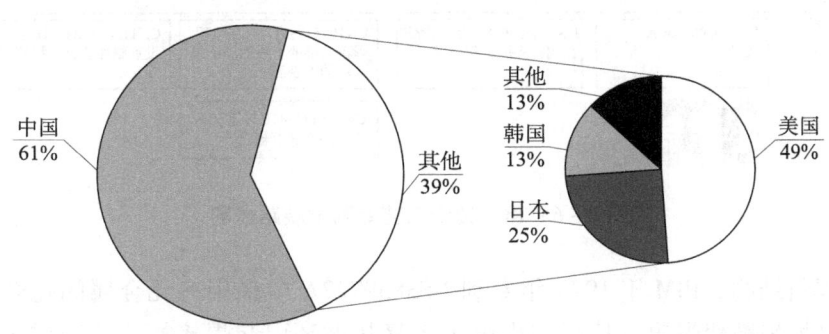

图 5-6-17　中国键合技术专利布局情况

5.6.4　技术路线与创新方向分析

键合工艺作为 AI 芯片先进封装的关键工艺技术之一，对于提升 AI 芯片的性能、可靠性及降低成本具有至关重要的作用。混合键合采用无凸点永久键合实现芯片三维堆叠高密度互连，可以避免金属键合中焊料外溢或铜凸点形变引发短路的风险，相比于 TSV 技术大大降低了设计难度与工艺难度。混合键合可以实现极小间距的芯片焊盘互连，持续缩小芯片间三维互连节距，提供更高的三维互连密度。因此，混合键合相比金属键合、介质键合是 AI 芯片先进封装的键合工艺中的核心技术。

依据专利申请时间、技术方案筛选出了键合技术各技术分支的关键专利，对 AI 芯片先进封装键合技术进行关键工艺发展路线分析。图 5-6-18 展示了键合技术专利整体发展路线。由于混合键合是键合技术中的热点技术，其发展路线将单独进行分析。

具体地，如图 5-6-18 所示，对于金属键合分支而言，自从 1965 年 IBM 提出倒装芯片先进封装方法即已产生。金属键合根据中间金属层状态分为焊料键合和铜等高熔点金属直接键合。对于焊料键合，最初的倒装芯片就采用焊料实现键合（即焊料键合），IBM 于 1965 年专利 US3495133A 中采用焊料将半导体器件与衬底结合。基于焊料键合，各大企业主要集中在焊料结构及降低焊料凸点间距离等方面，进行了大量的创新研究。

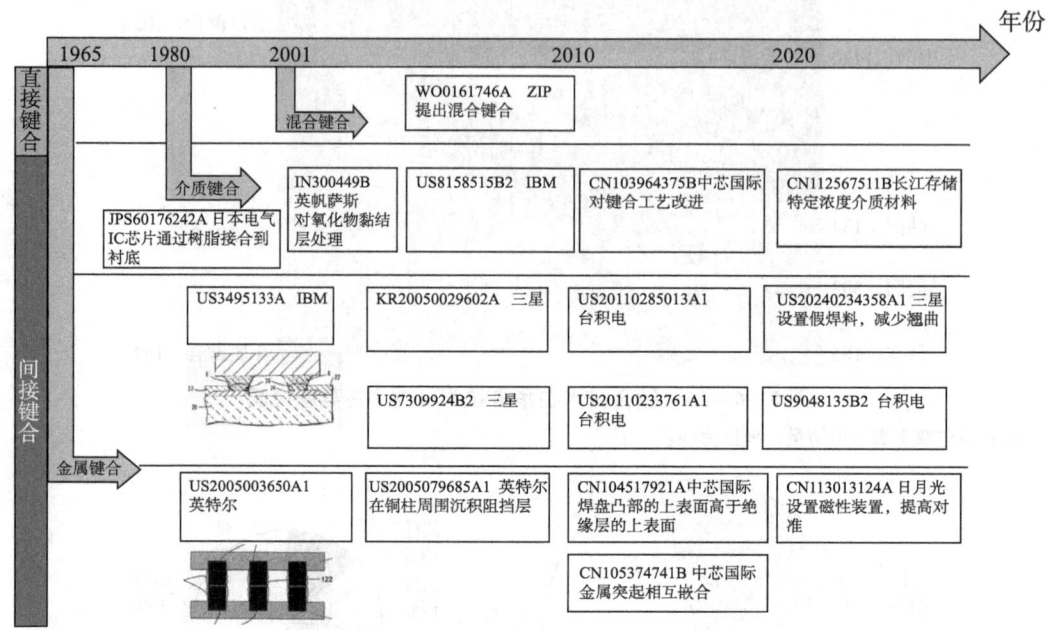

图 5-6-18　键合工艺专利发展路线图

关于焊料结构，IBM 于 1973 年专利 US3839727A 中采用三元金属间化合物弥散硬化的焊料区域来替代焊锡，从而减少由于重复热循环引起焊接接头故障或裂纹；三星于 2003 年专利 KR20050029602A 中将第一金属突起及第二金属突起分别埋入焊料凸块的内部，从而起到增大焊料的接合力，并阻止裂纹的产生及扩散的作用；台积电于 2010 年专利 US2011285013A1 中通过增加防焊层的高度控制焊料凸点的轮廓，回焊的焊料在水平方向上被防焊层所局限，因此提高焊料轮廓均匀性以及减少焊料破裂；三星于 2023 年专利 US2024234358A1 中设置以焊料凸块阵列中心点对称的假焊料，假焊料先于焊料凸块熔化，从而在焊接过程中通过表面张力在焊料凸块与外部设备的连接端子接触的方向上产生力，减少翘曲，如图 5-6-19 所示。

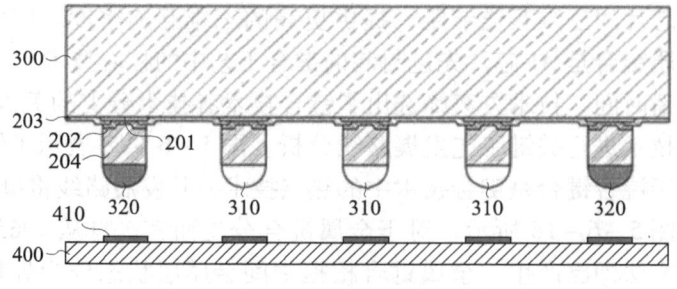

图 5-6-19　专利 US2024234358A1 代表性附图

进一步地，如图 5-6-20 所示，关于降低焊料凸点间距，随着芯片互连密度提高，创新主体都希望焊料键合能够实现可靠的细间距。三星于 2003 年专利 US7309924B2 中将凸块下金属层形成压花图案，从而抑制焊球在接合期间的扩散或移动，因此可以实现精细的焊球；台积电于 2009 年、2010 年专利 US2011233761A1、US9048135B2 中分别在铜柱的侧壁表面上形成非金属层（例如介电材料层、聚合物材料层或其组合）或氧化钴层以减小凸块细间距。

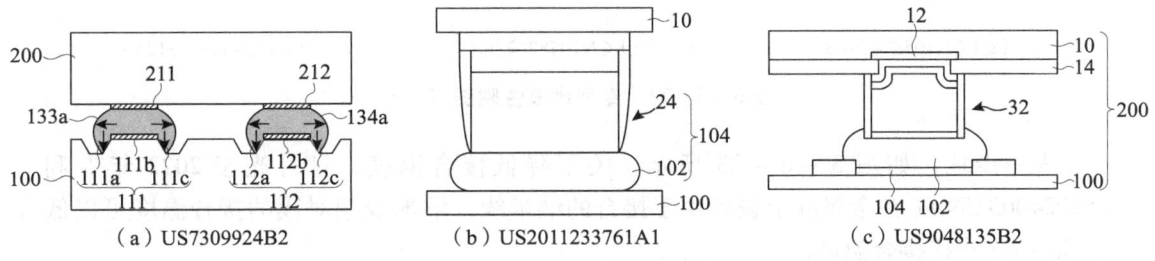

图 5-6-20　专利代表性附图（一）

进一步地，如图 5-6-21 所示，随着芯片尺寸逐渐减小，实现键合的方式逐渐由焊料凸点发展为铜柱凸点，利用铜柱凸点直接键合（即铜等高熔点金属直接键合）。由于铜柱形变量小，可以进一步缩小互连间距。2003 年英特尔专利 US200503650A1 中采用金属凸块相对接合，实现两个堆叠半导体衬底彼此接合在一起。基于铜等高熔点金属直接键合，创新主体的研发方向主要集中在防止金属柱扩散、提高焊盘对准精度、降低接合温度等方面。关于防止金属柱扩散，英特尔于 2003 年专利 US2005079685A1 中在铜柱周围沉积阻挡层，防止导体材料的扩散和电迁移；2013 年中芯国际专利 CN104517921A 中将焊盘凸部的上表面高于绝缘层的上表面，解决易于短路的问题。

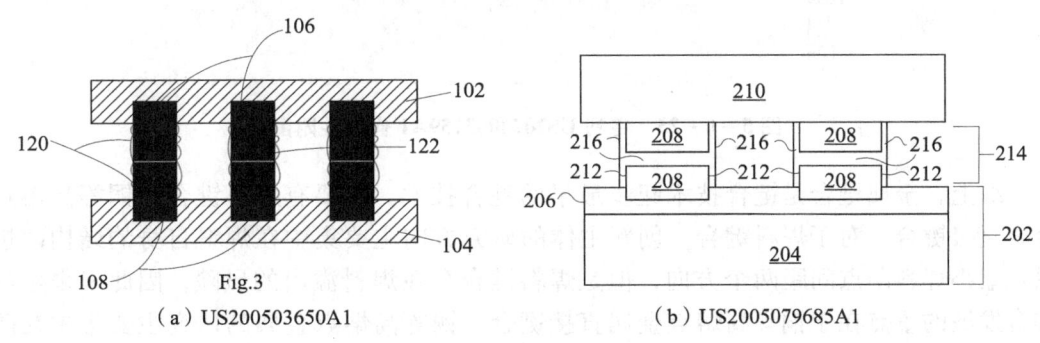

图 5-6-21　专利代表性附图（二）

进一步地，如图 5-6-22 所示，关于提高焊盘对准精度，中芯国际专利 CN105374741B（2014 年）中将键合表面设置相互嵌合的金属突起，专利 CN105826228A（2015 年）中在键合基底的金属焊盘表面产生感生电荷以提高焊盘对准精度；日月光于 2021 年专利 CN113013124A 中设置磁性装置，利用上下两磁性装置之间最强磁力线相吸且不会偏移的原理，有效解决现有倒装芯片技术中器件对准精度受限的问题。

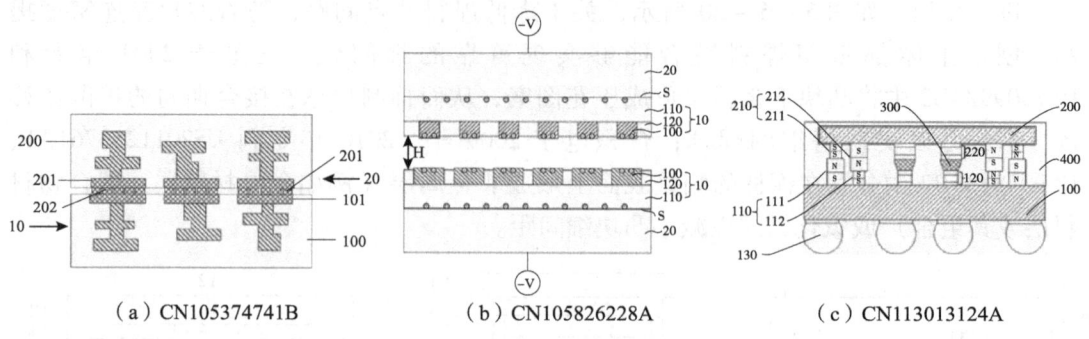

(a) CN105374741B　　　　(b) CN105826228A　　　　(c) CN113013124A

图 5-6-22　专利代表性附图（三）

进一步地，如图 5-6-23 所示，关于降低接合温度，日月光于 2022 年专利 US2024063159A1 在金属部上设置用于接合的纳米线，纳米线相对簇的接合温度可以低于 Cu-Cu 直接接合温度。

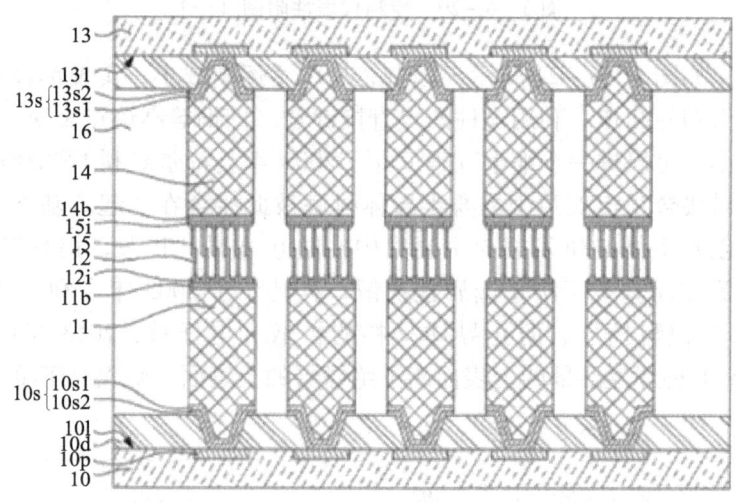

图 5-6-23　专利 US2024063159A1 代表性附图

综上，金属键合是键合技术起步最早的键合技术，主要有焊料键合和铜等高熔点金属直接键合。对于焊料键合，创新主体的研究方向主要集中在焊料自身的结构改进以及缩小焊料凸点间距两个方向，但是焊料键合存在焊料溢出的风险，因此未来金属键合发展的重点在于铜等高熔点金属直接键合。铜等高熔点金属的研究主要集中在防止金属扩散、提高对准精度以及降低接合温度方面；随着芯片尺寸逐步减小，金属直接键合的对准精度以及接合温度依然存在巨大挑战，创新主体可以将研发方向放在这两个方向上。

结合图 5-6-18、图 5-6-24，介质键合是指利用介质层、玻璃料或胶黏剂作为中间层实现芯片之间或芯片与基板之间的接合。日本电气于 1984 年专利 JPS60176242A 中采用高耐热树脂将 IC 芯片接合到衬底上；2009 年 IBM 将介质键合应用于芯片三维堆叠层中，IBM 专利 US8158515B2 中采用介质键合实现芯片堆叠，对堆叠的芯片制作

TSV实现互连。对于介质键合，创新主体主要在提高黏结强度方面做了大量的创新研究。英帆萨斯于2004年专利IN300449B中通过将氧化物黏结层暴露于含氟溶液、蒸汽或气体，将氟引入黏结层中，获得高黏结强度；中芯国际于2013年专利CN103964375B中对键合工艺进行改进，对加热到一定温度的键合硅片进行多次气体填充和抽真空过程，使得芯片本身附着的气体被排出，从而避免键合后空洞的形成；武汉新芯于2015年专利CN105140143B、CN105185720B通过改变键合材料提高键合界面处单位面积的化学键浓度，从而提高晶圆键合强度；长江存储和合肥工业大学也在键合层材料上做出了改进，如专利CN112567511B（长江存储于2018年专利）中采用含有特定浓度的介质材料作为键合层，CN109243989B（合肥工业大学于2018年专利）中采用石墨烯作为键合层；芯盟科技于2022年专利CN115101494A中在键合层下方设置吸收层，吸收键合过程中产生的水分子，提高接合稳定性。

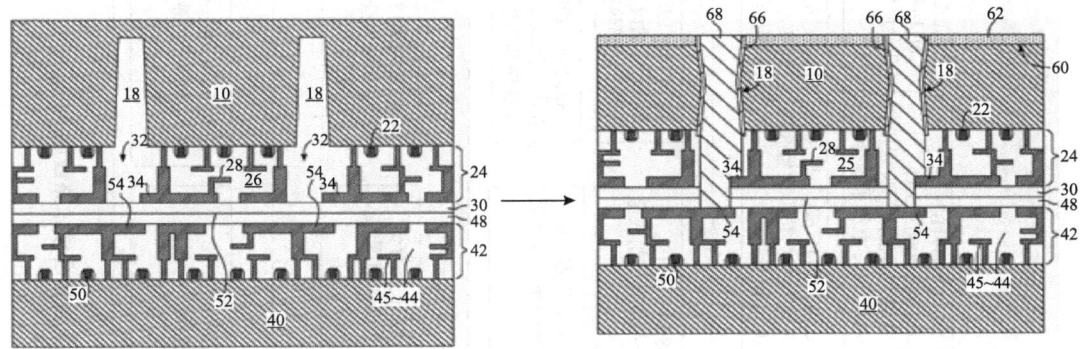

图5-6-24 专利US8158515B2代表性附图

综上，介质键合起步时间也比较早，创新主体对介质键合的研究主要集中在提高接合强度方面。但由于介质键合需要配合通孔技术实现芯片之间的互连，而通孔技术本身就是先进封装关键工艺中的难点，因此对于介质键合的研究一直都比较少，或许未来在通孔工艺比较成熟后，介质键合会成为键合技术的热点。

结合键合技术整体发展路线图可知，混合键合技术于2001年由Ziptronix公司首次提出，创新主体主要从四个方面进行改进：提高键合界面接合可靠性、降低热膨胀差异、防止金属粒子扩散和对准。下面对混合键合技术结合图5-6-25的专利技术发展路线进行分析。

进一步地，如图5-6-26所示，2001年，Ziptronix公司提出了命名为"ZiBond"的专利申请WO0161746A1，通过轻微刻蚀（VSE）的方法来实现氧化物-氧化物的低温直接键合。基于ZiBond技术在低温下氧化物-氧化物键合的成功尝试，2004年，Ziptronix在专利US2004157407A1中提出了将氧化物介质与嵌入金属并行同时键合，在低温下实现晶圆键合并同步形成晶圆之间的电互连，被称为直接键合互连（Direct Bond Interconnect，DBI）。

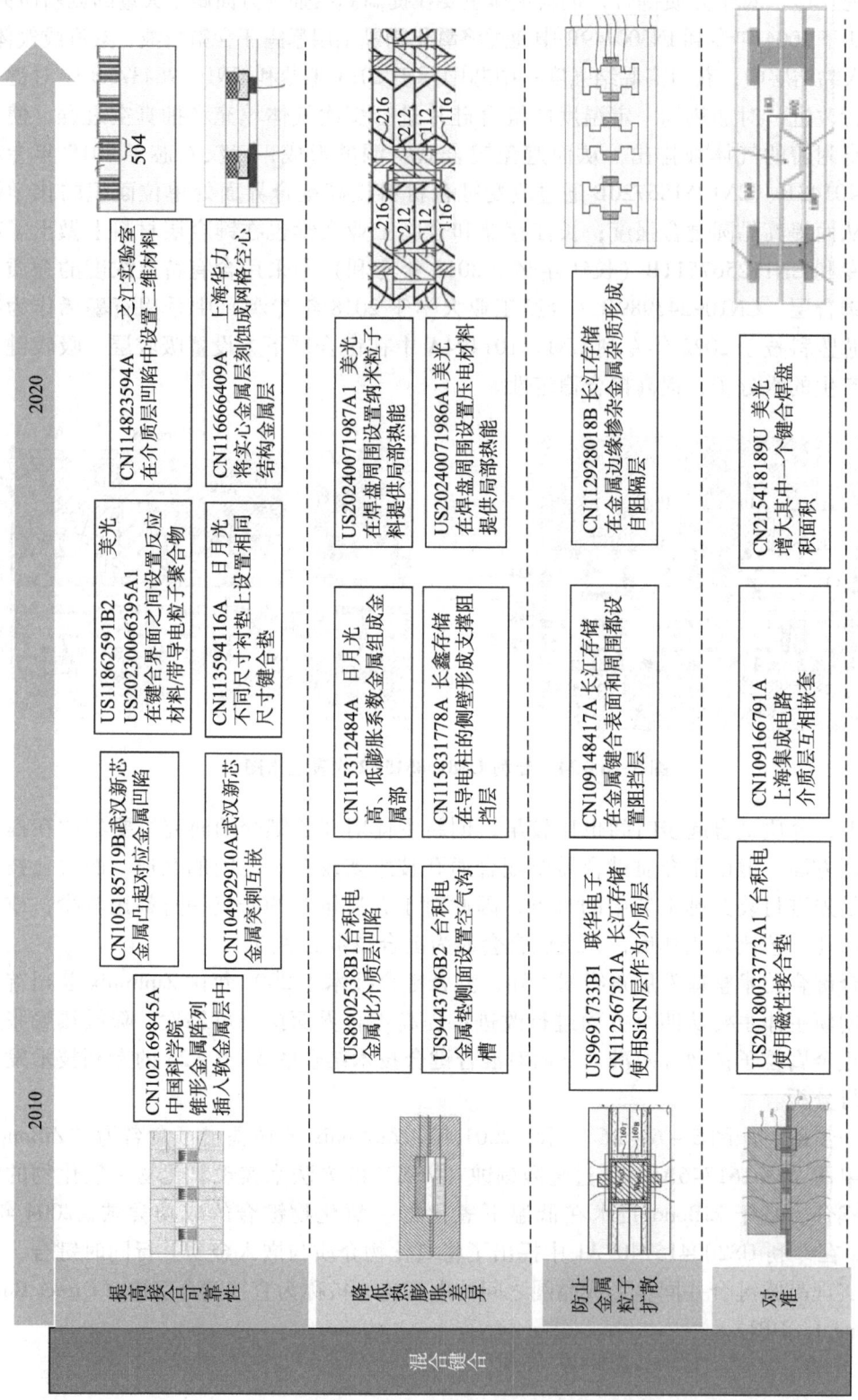

图 5-6-25 混合键合技术路线图

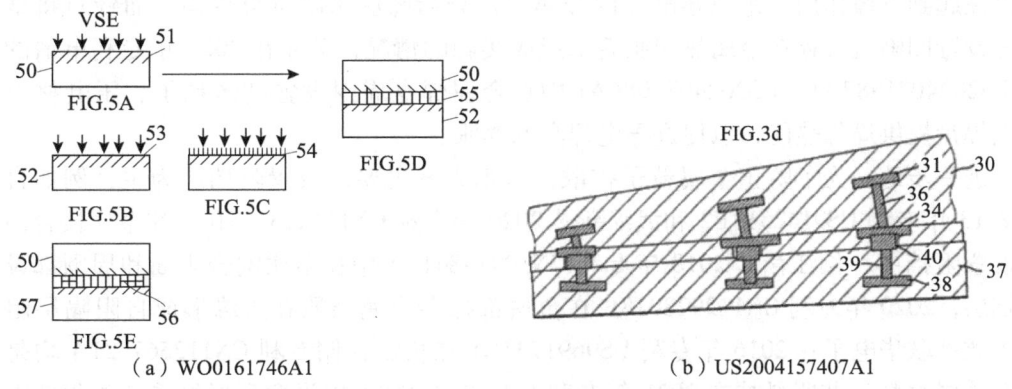

(a) WO0161746A1　　　　　　　　(b) US2004157407A1

图 5-6-26　专利代表性附图（四）

进一步地，混合键合的键合界面同时存在铜-铜触点之间直接键合和介质层-介质层之间分子共价键合，为了进一步提高键合界面接合可靠性，早期专利以改变金属键合部分形状为主，例如专利 CN102169845A（中国科学院，2011 年）中利用锥形金属阵列插入下层软金属层中；专利 CN104992910A、CN105185719B（武汉新芯，2015 年）中采用金属凸起与金属凹陷互相嵌合。2015 年后，提高键合界面接合可靠性的方法逐渐多样化，例如专利 CN107993928A（长江存储，2017 年）中在金属凹陷中设置石墨烯层，英特尔在专利 IN202044026559A（2019 年）中将介质层设置为有机介电层中填充无机介电层的混合介电层，美光于 2021 年专利申请的专利 US11862591B2、US2023066395A1 中分别在键合界面设置反应性材料和带有导电粒子的聚合物，专利 CN114823594（之江实验室，2022 年）在介质层凹陷中设置二维材料 h-BN，均是为了提高接合界面的接合强度；专利 CN213752630U（美光，2020 年）采用多个金属键合垫替代整块的金属键合垫，专利 CN113594116A（日月光，2021 年）中在不同尺寸衬垫上设置相同尺寸的键合衬垫后再进行化学机械掩膜，专利 CN116666409A（上海华力，2023 年）将实心金属层刻蚀成网格空心结构金属层，均是为了降低化学机械掩膜过程中造成金属焊盘凹陷深度不均的影响；而专利 CN220526915U（日月光，2023 年）在接合结构中设置中间层使具有不同高度的管芯焊盘具有高度一致的接合表面。

进一步地，混合键合过程中同时存在铜-铜键合和介质层-介质层键合，但由于金属热膨胀系数与介质层的热膨胀系数不同，在进行高温退火后金属部分与介质层热膨胀体积不同，会对键合界面造成影响，因此为了降低热膨胀差异，创新主体也作了大量的研究。为了解决热膨胀差异影响，技术方案主要以在金属部分设置容纳热膨胀后金属的空间（如凹陷、沟槽或空洞）为主，例如专利 US8802538B1（台积电，2013 年）中将金属部分比介质层凹陷；US9443796B2（台积电，2013 年）中在金属垫侧面设置空气沟槽；CN104979226A（武汉新芯，2015 年）也是将金属部分比介质层凹陷；CN105789069B（上海集成电路研发中心，2016 年）在压焊点金属中预留空洞。CN115312484A（日月光，2021 年）中将利用低膨胀系数的第一金属包裹高膨胀系数的第二金属；CN115831778A（长鑫存储，2021 年）在导电柱的侧壁形成支撑阻挡层，对导电柱起到支撑作用，避免导电柱内金属在键合后膨胀影响键合界面。而针对将金属部分设置凹陷就会存在金属热膨胀后未形成接触的情况，美光在2022年专利申请的专利US2024071987A1、US2024071986A1中在金属焊盘周围设置纳米粒子、压电材料向导电焊盘提供局部热能，以促进导电焊盘的膨胀。

　　进一步地，为了防止金属粒子扩散，技术方案主要以设置阻挡层为主，例如台积电2013年专利US9142517B2和武汉新芯2020年专利CN111463114B均在金属接合部周围设置阻挡层；长江存储2018年专利CN109148417A中在金属键合表面和周围都设置阻挡层，2020年专利CN112928018B在金属部掺杂金属杂质在边缘形成自阻隔层阻挡铜扩散；联华电子在2016年专利US9691733B1和长江存储专利CN112567521A均是改变介质层材料；芯盟科技在2021年专利CN113594118A中设置环形氮掺杂碳化硅围绕金属柱。

　　进一步地，混合键合过程中因为同时存在金属－金属键合和介质层－介质层键合，提高键合部位的对准也是十分关键的工艺步骤。2016年台积电在专利US2018033773A1中提出在混合接合结构中设置磁性接合结构提高了对准精度；2020年美光专利CN214099626U中也采用磁性接合垫；2017年日本放送协会专利JP2019047043A中在金属电极周围设置贯通空隙，减少对准偏差带来的缺陷；2018年上海集成电路专利CN109166791A中在介质层设置嵌套的正梯形和倒梯形，提高键合过程中的对准性；专利CN215418189U（美光，2021年）中使第一键合焊盘在衬底第一表面上的投影面积大于第二键合焊盘在衬底的投影面积，便于对准；专利CN115938961A中在键合层中间设置中间键合层，专利CN116525576A中在每个键合区设置多个接合垫，都是为了允许键合过程的偏移。

　　综上，混合键合主要有四个方向的发展路线，即提高键合界面接合可靠性、降低热膨胀差异、防止金属粒子扩散和提高对准精度。为提高键合界面接合可靠性，技术方案主要集中在键合界面形状、在键合界面设置新型键合材料、改变金属焊盘结构降低CMP工艺对焊盘凹陷深度的影响以及提高接合表面高度一致性；为解决热膨胀差异，技术方案主要集中在设置容纳空间以及设置不同膨胀系数的金属结构；为防止金属粒子扩散，技术方案以设置阻挡层为主；为提高对准精度，技术方案以设置磁性接合结构、键合结构互相嵌合以及提高键合允许偏差为主。

5.6.5　小　　结

　　AI芯片先进封装键合工艺使得不同芯片之间能够实现高效、密集的堆叠，缩短了芯片之间的金属互连距离，减少了芯片发热、功耗、延迟，并大幅提高了芯片集成带宽，显著提升了芯片的集成度和性能。

　　国外键合工艺起步较早，美国、日本是键合工艺专利早期的主要来源国，中国起步较晚，但发展迅速。键合技术中中国专利申请量总量超过美国、日本、韩国，位于第一，并且在三个下级技术分支中，中国专利申请量也均居第一位。从创新主体上看，中国专利布局集中在台积电，美国专利布局集中在英特尔，韩国专利布局集中在三星，也就是说，台积电、英特尔和三星已成为键合工艺中的"三巨头"。另外，中国创新主体中还涌现出多家新兴芯片制造企业，但这些新兴企业专利申请量体量较少，且均集中于键合工艺中金属键合、混合键合，因此中国企业应加大创研投资力度，提升专利申请数量及专利布局，覆盖全部技术分支，以此提升中国键合工艺整体水平。进一步地，中国、美国、韩国和日本均以美国和中国为主要专利布局目标地域。其中中国专利布局则主要集中在中国本土，在其他国家的专利布局较少，因此中国创新主体应在专注本土市场的同时也要关注全球整体专利布局，尤其是对于作为全球半导体产业重要一环的美国，应进一步扩大专利布局。

键合工艺主要技术分支为金属键合、介质键合和混合键合。金属键合工艺起步最早，总体布局量最多，主要划分为焊料键合和铜等高熔点金属直接键合；介质键合起步也较早，但因与其配合的其他工艺不成熟，因此介质键合布局量相对较少；而混合键合起步最晚，但因其节距缩小适于超精细节距芯片电连接的优势，发展非常迅速，在短短 20 年间积累了与金属键合相当的专利布局量。在混合键合飞速发展时，金属键合的专利布局趋于稳定。具体地说：

金属键合主要有焊料键合和铜等高熔点金属直接键合。根据键合技术专利发展路线图可知，焊料键合中的主要改进方向是焊料自身结构及焊料凸点间距，铜等高熔点金属直接键合的主要改进方向是防止金属扩散、提高对准精度以及降低接合温度；焊料键合存在焊料溢出的风险，因此未来金属键合发展的重点在于铜等高熔点金属直接键合。由于混合键合的技术难度以及对键合设备的高要求，金属键合中铜等高熔点金属在未来长时间内依然会是市场中使用较多的键合方式，因此未来的研究中可以在进一步提高对准精度及降低金属接合温度方面多作出努力。

混合键合可以实现极小间距的芯片焊盘互连，提供更高的三维互连密度。根据混合键合技术专利发展路线图，混合键合中的主要改进方向是提高键合界面接合可靠性、降低热膨胀差异、防止金属粒子扩散和提高对准精度。从混合键合专利发展路线图中可以看出，提高键合界面接合可靠性和提高对准精度仍有较大发展空间，中国创新主体在未来研究中可将关注点集中在这两方面，以进一步拓展混合键合的市场。

5.7 TSV 工艺分析

硅通孔（Through – Silicon Vias，TSV）是一种能让先进封装遵循摩尔定律演进的互连技术。硅通孔互连赋予了 2.5D/3D 封装架构纵向维度的集成能力，以最低的能耗提供最快的信号传输速度，进而打造更小更快更节能的设备。然而，随着技术节点的缩小以及集成度的提高，TSV 的可靠性面临新的挑战，而 TSV 的可靠性直接影响芯片的性能。因此，TSV 技术的高可靠性对于高集成度芯片可靠性发展至关重要，具有极为重要的研究意义。

本节首先介绍了 TSV 的发展概况，其次从专利申请趋势、布局情况、创新主体情况以及技术构成等角度出发，对 TSV 专利概况进行宏观的总体分析，以揭示该领域专利申请的发展历程和趋势。在此基础上，重点对 TSV 的热可靠性和电可靠性两大难点进行详细分析；通过这一分析，帮助企业了解解决 TSV 可靠性的关键手段，同时在一定程度上预测 TSV 可靠性在关键工艺上的发展方向。同时，本节还从代工、封装、设备不同角度选择重点专利申请人进行分析，研究不同企业在技术路线、专利布局等方面的差异，为相关企业的研发和专利布局提供参考。

5.7.1 研究概况

TSV 作为一种重要的垂直电互连技术，是半导体先进封装最核心的技术之一。2012 年国际半导体技术发展蓝图作为权威的预测组织在报告中指出：基于 TSV 技术的芯片级三维异质集成方案，可望实现不同衬底材料、不同工艺制程、多种功能微电子芯片的高密度集成，是半导体行业未来发展的重要方向。❶ TSV 不仅赋予了芯片纵向维度的集成能力，而且具有最短的电传输路径以及优异的抗干扰性能。随着摩尔定律慢慢走到尽头，半导体器件的微型化也越来越依赖于集成 TSV 的先进封装。❷ TSV 对于 CMOS 图像传感器（CMOS Image Sensor，CIS），高带宽存储器（High Bandwidth Memory，HBM）以及硅基转接板都极其重要。❸

TSV 的制造工艺是：通过激光钻孔或深反应离子刻蚀在硅基片上形成垂直穿孔结构，这些孔可穿透多个层连接不同的电路层；然后进行衬底沉积（通常是一层例如二氧化硅的绝缘材料），以提供电隔离和绝缘支撑；再通过物理蒸镀或电化学填充等技术，在 TSV 孔中沉积导电金属（如铜），以建立电连接；最后使用化学机械抛光等技术，将金属填充的表面与基片表面平坦化，以便于后道工序。由于 TSV 的深度一般小于硅片的厚度，还需将基板减薄后才能将 TSV 露头。❹ 其制备工艺流程如图 5-7-1 所示，TSV 工艺研究与发展呈现出明显地以 TSV 3D IC 集成应用需求为导向的特征。

随着 3D 封装技术的应用和芯片封装密度的增大，芯片工作时不能迅速有效散热，会引起严重的热应力问题。而 TSV 中铜、硅和二氧化硅的热膨胀系数之间有较大的差别，由此引起的热应力会使得二氧化硅和填充材料之间的界面发生分层，导致器件出现性能参数漂移、使用寿命缩短等问题，会严重影响器件的使用可靠性。另外，在高温下，TSV 存在引入的热应力会使器件有源区受到影响，器件内部载流子迁移率发生改变，也可能会引起器件发生重大的可靠性问题。因此，解决 TSV 引起的热应力问题对于保证器件的正常使用至关重要。❺

---

❶ 郭新军. 国际半导体技术发展路线图（ITRS）2012 版综述（1）[J]. 中国集成电路，2013，22（11）：26-39.

❷ 周健，周绍华. 3D 封装与硅通孔（TSV）技术 [J]. 中国新技术新产品，2015（24）：1.

❸ 刘晓阳，陈文录. 硅通孔转接板关键工艺技术研究：TSV 成孔及其填充技术 [J]. 印制电路信息，2019，27（11）：6.

❹ 集成芯片前沿技术科学基础专家组，中国计算机学会集成电路专业委员会，中国计算机学会容错计算专业委员会. 集成芯片与芯粒技术白皮书 [EB/OL].（2023-10-31）[2024-10-15]. https：//baijiahao.baidu.com/s? id =1807160397124282562&wfr =spider&for =pc.

❺ 屈晓庆. 硅通孔（TSV）热应力分析及优化 [D]. 西安：西安理工大学，2021.

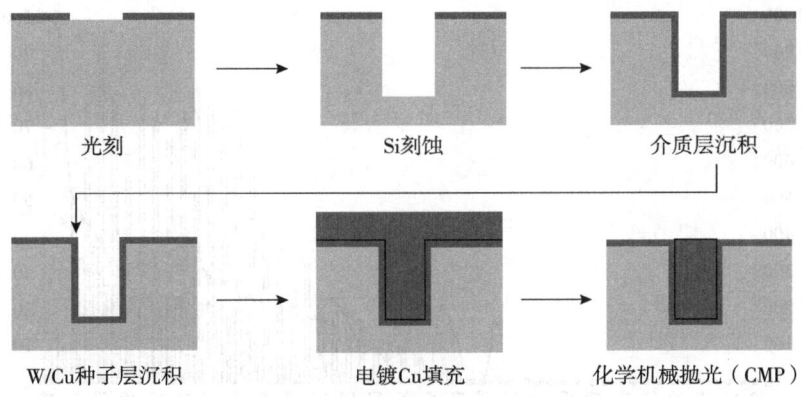

图 5-7-1　TSV 制备工艺流程图❶

在 IC 芯片堆叠发展趋势要求其具有越来越小的特征尺寸下，博世刻蚀是实现高深宽比最常用的刻蚀工艺：先使用 SF_6 气体对硅衬底进行刻蚀形成通孔，然后用 C_4F_8 气体在通孔的内侧和底部形成钝化膜，再使用 SF_6 刻蚀钝化层和硅层。这种刻蚀和钝化过程相间进行的干法刻蚀方法会导致通孔的内侧壁粗糙，产生扇贝纹，见图 5-7-2，进而妨碍了后续其他导电材料的填充，致使导电材料和硅层之间的界面不平滑，造成 TSV 漏电，进而影响芯片的可靠性。因此，改善博世工艺侧壁粗糙度对提高 3D 封装可靠性也是至关重要的。

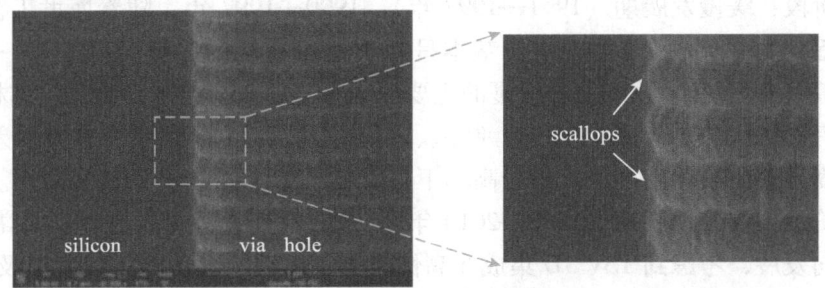

图 5-7-2　博世工艺之后 TSV 的粗糙侧壁横截面的 SEM 图像❷

5.7.2　创新能力分析

（1）创新活跃度分析

从图 5-7-3 来看，TSV 的中国专利申请趋势和全球专利申请趋势大致相同，均经历了以下几个阶段：

---

❶ 曾广根，张静全，谭峰，等. 电子封装材料与技术：芯片制作、互连及封装 [M]. 重庆：四川大学出版社，2020.

❷ CHENG Z, DING Y, XIAO L, et al. Comparative evaluations on scallop - induced electric - thermo - mechanical reliability of through - silicon - vias [J]. Microelectronics Reliability, 2019, 103：113512.

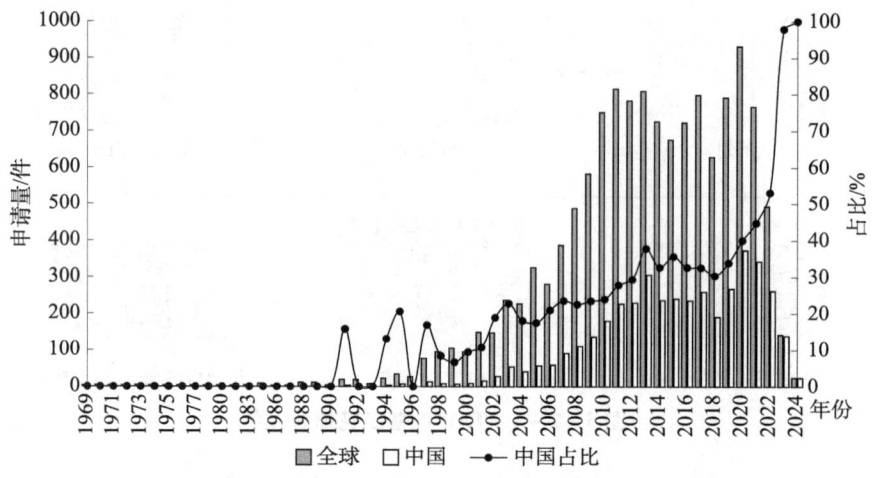

图 5-7-3　全球和中国 TSV 技术专利申请趋势

第一阶段：初步探索期（1990 年之前）。1962 年首次提出 TSV 结构，但 TSV 技术的最大目的并不是三维芯片集成，且与三维集成概念相差甚远；1969 年 IBM 首次将垂直导电 TSV 应用在多层芯片的堆叠互连；直到 1990 年，涉及 TSV 技术的专利申请每年基本均在个位数，这主要由于当时的微通孔刻蚀技术及微通孔导电填充技术难以满足器件结构微小化的需求。

第二阶段：缓慢发展期（1991—1997 年）。1990—1997 年，随着博世工艺的提出，TSV 技术逐步发展起来，专利申请量基本呈现出逐年递增的趋势，但处于一个较低的水平。1997 年以前 TSV 技术发展缓慢的主要原因在于，TSV 技术是以三维结构为特征，与当时现有的平面集成产品在设计、制造、封装测试和可靠性等诸多方面差异较大，技术复杂度导致研发和生产的成本居高不下，影响了 TSV 技术的发展和应用。

第三阶段：快速发展期（1998—2010 年）。这一时期先进封装进一步向高性能、小型化等方向发展，考虑到 TSV 3D 集成在高性能、小体积、高功能集成度以及功耗大幅降低等方面带来的技术优势，TSV 技术进入了高速发展的阶段。

第四阶段：稳步发展期（2011 年至今）。其原因可能在于 3D IC 集成中的 TSV 技术发展逐渐趋于成熟，另外，这一阶段的 TSV 转接板及 HBM 等技术得到了进一步的发展。

（2）全球创新来源地分析

图 5-7-4 为主要国家专利申请主体的 TSV 技术专利申请分布态势和占比。可以显著看出，美国和日本起步较早，之后是韩国和中国，并均在 2011—2013 年之间达到一个专利申请量的顶峰；随后，其他国家专利申请量逐渐趋于平稳，而中国在 2012 年之后专利申请量已逐步超过其他国家的专利申请量。这主要是因为在 2012 年左右全球半导体市场增产乏力，但是中国政府在"十二五"期间大力支持集成电路产业的发展，出台了一系列优惠政策和研发项目。华进就是为了发展基于 TSV 的先进封装技术而成立的以技术积累为主的封测公司，该公司也在此期间进行了大量专利布局。且这时期

智能手机、平板电脑等迅速普及，推动了市场对高性能、低功耗芯片的强烈需求，而 TSV 技术正好能够满足上述需求，基于 TSV 技术的封装于这一时期在商业上开始应用，这也从另一方面加快了 TSV 技术的发展。因此在此期间 TSV 技术存在一个爆发期，并在随后随着技术的发展和转移，专利申请量又逐渐平稳。在 2020 年左右中国涌现出多家新势力芯片制造、封测的公司，从单个 TSV 制造方法的布局逐步转移到基于 TSV 的 2.5D/3D 先进封装的布局，造成 TSV 技术在此期间出现了一个新的发展高潮。

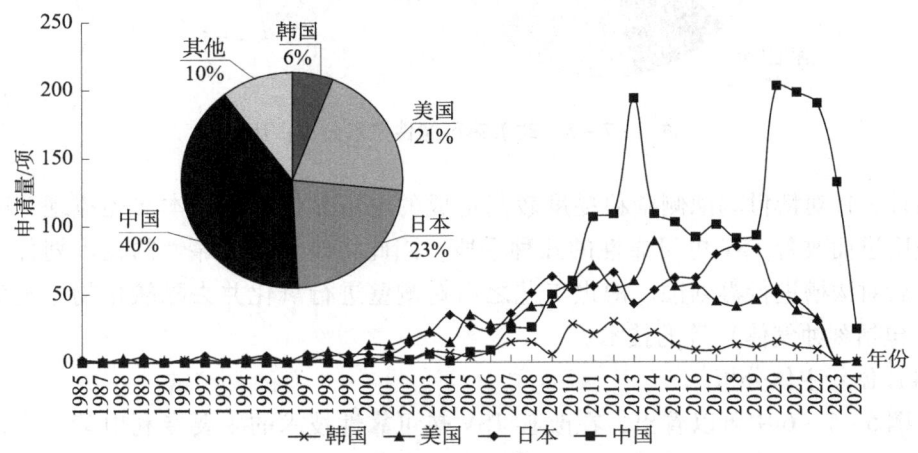

图 5-7-4 主要国家 TSV 技术专利申请量态势和占比

通过对主要国家专利数据的分析发现，TSV 技术方面专利申请的技术来源地主要是中国、日本、美国和韩国，其中中国占比 40%，日本占比 23%，美国占比 21%，韩国占比 6%。从专利申请量上看，中国在 TSV 技术中处于领先地位；并且中国的台积电、美国的英特尔、韩国的三星等头部公司均不仅注重 TSV 制造方法的专利布局，更注重堆叠 3D IC 的 TSV 设计、与封装相关的 TSV 结构等技术的布局，这也使得中国、美国和韩国成为 TSV 技术的三大来源国。在此还要特别说明，中国虽然专利申请体量已位居全球第一，但受限于光刻设备、电镀材料等，依然面临着较大的技术壁垒。

（3）技术构成分析

从上文的分析可知，TSV 技术面临的两大技术问题为热可靠性和电可靠性，因此本节主要分析提高热可靠性和电可靠性的技术。据现有专利技术分布，本节对提高 TSV 热可靠性的技术手段进行了分解，共分为四个技术分支，分别是应力缓冲结构、通孔形状、填充材料和生长工艺等。下文将针对上述技术分支展开分析。

从图 5-7-5 中可以看出，涉及应力缓冲结构技术分支的专利申请量占了全部专利申请的一半以上（55%），这可能是因为该技术易于与其他工艺集成且具有较好的应力改善效果；其次是通孔形状和生长工艺，各占 11%；涉及填充材料的较少，仅 3%，可能是因为目前主流的填充材料仍是铜，而 TSV 填充材料的改进往往是为了构成热 TSV（TTSV）以提升 TSV 的散热性能，也就是说 TSV 填充材料的改进与半导体散热技术是密切关联的，因此，该技术可成为半导体先进封装中散热管理技术的研究方向。

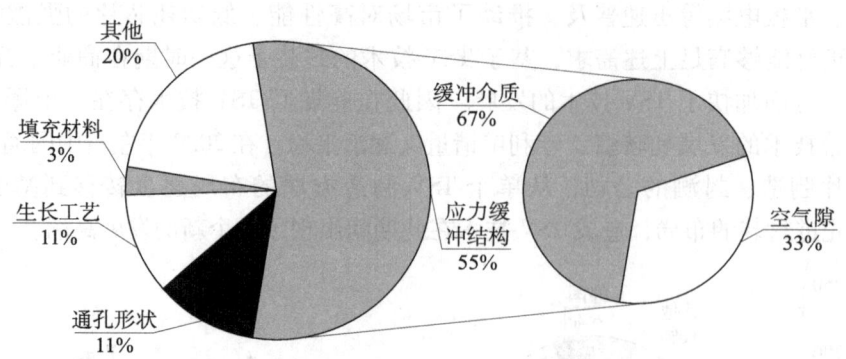

图 5-7-5 改善热可靠性技术分支占比

另外，针对博世刻蚀侧壁粗糙度较高造成的电可靠性问题，本文还梳理了改善侧壁粗糙度进而改善TSV电可靠性的几种手段，因此将改善电可靠性的技术划分为博世工艺之后对沟槽进行再刻蚀、博世工艺之后对侧壁进行氧化并去除氧化物、改变刻蚀条件（包括刻蚀气体）等的技术。

（4）创新主体分析

从图5-7-6中可以看出，在改善TSV热可靠性技术的主要专利申请人中，全球专利申请量前四位分别为台积电、英特尔、长鑫存储、三星，其中台积电、英特尔和三星均为半导体行业，更为芯片制造领域内的头部引领企业，在各个领域均有涉猎；而长鑫存储专注于一体化存储器制造和研发，成立较晚，专利布局也较晚，但是布局相对较集中。中国的专利申请人还有中芯国际，中芯国际为中国头部制造厂商，在改善TSV热可靠性技术方面进行了较为全面的布局。上述专利申请人分布也体现了不管是制造企业还是封装和设备企业均对TSV技术比较重视。

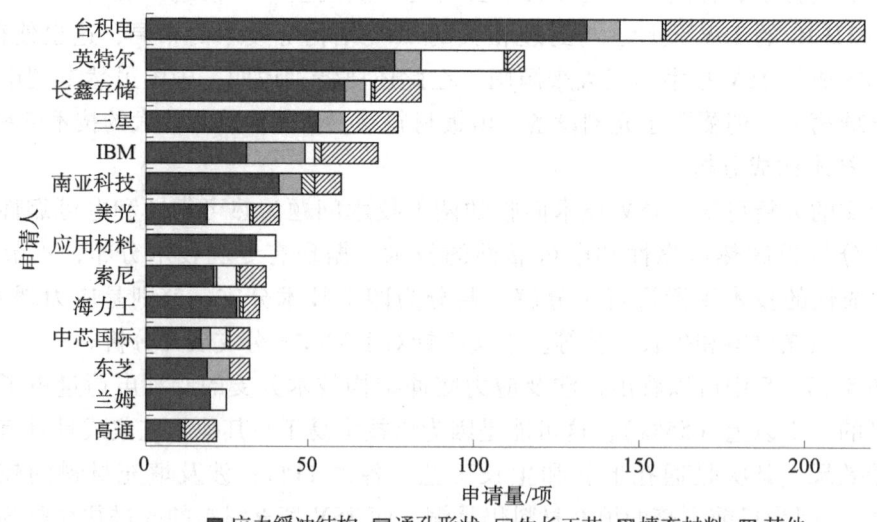

图 5-7-6 TSV改善热可靠性技术主要创新主体及其技术构成

图 5-7-7 为通孔刻蚀博世工艺全球主要创新主体排名。关于深通孔刻蚀博世工艺的大部分技术仍然掌握在应用材料、东京威力和兰姆等大的设备厂商手中。上榜的企业中除台积电之外，其他企业基本上属于美国或日本，可见，虽然中国是主要的技术来源国，但是该技术领域内的实力强劲企业集中于美国或日本，这也反映出中国专利申请量虽大，但创新主体技术竞争力和创研实力与头部企业差距明显，中国相关的芯片制造企业或设备厂商仍需持续发力。

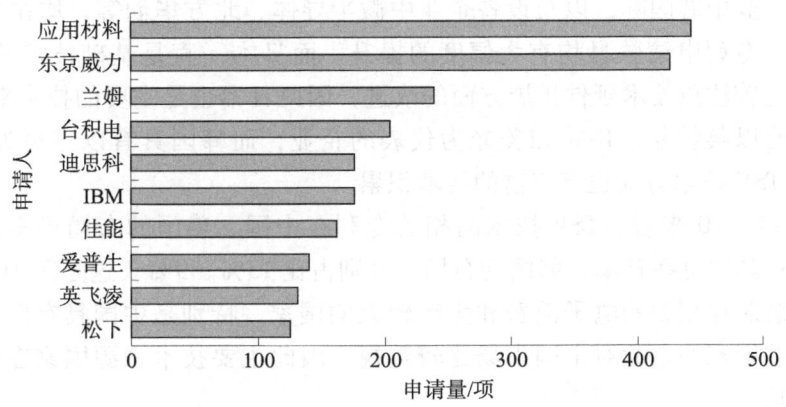

图 5-7-7　通孔刻蚀博世工艺主要创新主体排名

图 5-7-8 为改善电可靠性技术主要创新主体排名。中国企业上榜较多，其次为日本和美国企业，榜单中企业大多是设备厂商。这是由于改善 TSV 电可靠性（即改善侧壁粗糙度）的技术大多跟 TSV 的刻蚀工艺密切相关，因此在改善 TSV 电可靠性的主要创新主体排名中出现了大量的设备公司，特别是中微半导体和北方华创等中国半导体等离子体刻蚀设备的大供应商，这也体现出中国对深通孔刻蚀技术的重视。另外，作为芯片制造企业的中芯国际也是排名靠前的创新主体，说明其对 TSV 制备的各个工艺环节都有涉猎。

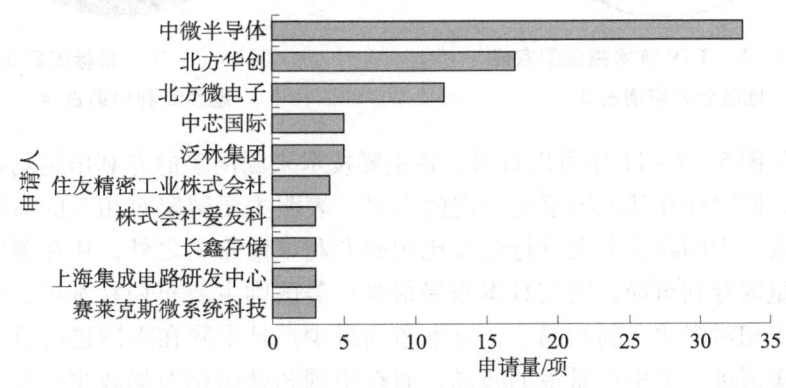

图 5-7-8　改善电可靠性技术主要创新主体排名

5.7.3 市场保护分析

（1）专利布局地域分析

参见图5-7-9，通过对全球专利数据的分析发现，TSV技术的专利申请来源国家或地区主要是中国、日本、美国和韩国，分别占比39%、23%、21%和6%。其中，中国占比最大，这是由于随着三维集成技术的发展，中国涌现出封测企业长电科技、华天等，代工企业中芯国际，以及设备企业中微半导体、北方华创等，均在TSV技术方面有所布局，专利申请数量均有大幅度的提升。而日本一直是基础技术的研发大国，且日本专利比较注重技术延伸扩展方面的改进，因此日本也是主要的技术来源国之一。美国则是具有以英特尔、IBM和美光为代表的企业，而韩国具有以三星为首的企业，这些企业在TSV技术方面也有丰富的技术积累。

从图5-7-10来看，TSV技术的相关专利在中国、美国的布局最多，分别占比35%、31%；其次是在日本、韩国的布局，分别占比13%、9%。这是因为这些国家均是与先进封装芯片相关的电子消费和生产较大的国家，特别是中国具有巨大的电子消费市场，这些国家的企业对中国市场比较重视，因此主要技术来源国家在中国均有相应的专利布局。

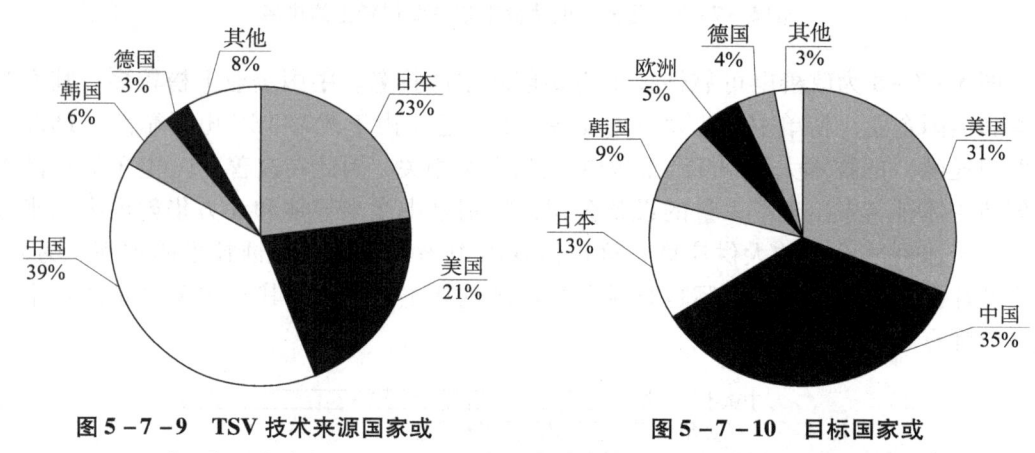

图5-7-9　TSV技术来源国家或地区专利申请占比　　　图5-7-10　目标国家或地区专利申请占比

同时，从图5-7-11中可以看出，各主要技术来源国家的专利申请均在本土进行大量的布局，同时亦在其他国家有一定的布局，表明主要国家对相互的市场均比较重视。具体来看，中国除在本土进行最大比例的专利申请布局之外，还在美国和韩国进行了相对大量的专利布局，而在日本布局最少；美国则主要布局在本国，且在中国和韩国也进行了相对多的专利布局，在日本布局最少；日本除在本国进行最大量的布局之外，还在美国进行了相对量多的布局，而在中国和韩国则布局较少；韩国则主要布局于美国，而在本国和中国布局量相差不大，在日本则布局数量最少。可见，除本土之外，主要技术来源国的专利布局重点地域集中于美国，其次是中国，这与美国是TSV工艺技术积累雄厚和传统半导体制造企业集中地域以及中国巨大的消费体量和技术起步相对滞后地域的原因密切关联，也正是上述原因上述主要来源国家呈现上述专利布局流向特点。

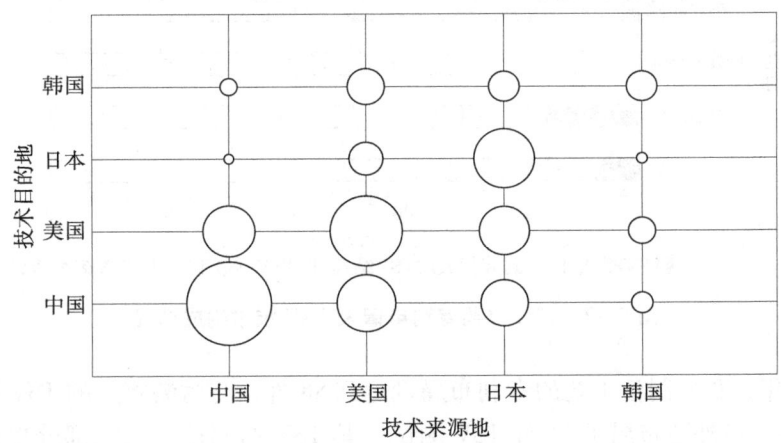

图 5-7-11 TSV 工艺主要国家专利布局流向

注：图中气泡大小代表申请量的多少。

（2）重要专利申请人专利布局分析

TSV 技术是 2.5D/3D 架构的关键工艺，晶圆厂、封测厂和设备厂都对 TSV 技术进行了研究和专利布局。台积电、英特尔、三星等晶圆厂商在前道制造环节具有丰富的经验，且掌握前道步骤的 TSV 技术，因而在 2.5D/3D 架构技术上占据优势地位。尤其台积电是 TSV 领域的主导者，其专利涉及 TSV 制造方法、与封装相关的 TSV 结构、与封装相关的 TSV 设计等。然而，中国在 TSV 核心技术以及与 TSV 相关的 2.5D/3D 核心架构方面起步较晚，除台积电之外，缺少全球领先企业。下面分析制造厂（中芯国际）、封测厂（长电科技、盛合晶微）、设备厂（中微半导体）以及以先进封装技术积累为主的企业（华进）的主要专利申请人在专利布局和技术构成方面的情况，分析上述各企业的技术研发侧重，研究制造和封测环节的协同合作等。

图 5-7-12 为重要专利申请人 TSV 技术构成情况。中芯国际是具有实力的芯片代工企业之一，其关于 TSV 技术的专利申请主要集中在 TSV 的制造工艺上，占总专利申请量的 70%；其次是与封装相关的 TSV 结构和 TSV 测试，分别占 14% 和 16%。可见，中芯国际的布局比较全面，但是由于企业性质，其技术还是主要集中于 TSV 的制造工艺且上述制造工艺仍大多仅涉及单个 TSV，在 2021 年中芯国际才开始注重布局与封装相关的 TSV 结构，仅在 2022 年就提出了 10 件涉及 TSV 技术的 2.5D/3D 封装架构的专利申请。另外，中芯国际在 TSV 测试的布局也较多，涉及利用各种测试结构和方法来检测 TSV 的各种物理性能（例如导电层是否存在空洞、隔离层的绝缘性、硅通孔是否存在应力等）和电性能（例如电迁移、漏电流等）。

华进是 2012 年中国科学院微电子所牵头成立的公司，国家和行业的定位是以技术积累为主的非营利机构，且成立之初便集中精力开发 TSV 技术。因此，其技术布局也较为全面，特别是在 TSV 制备工艺和与封装相关的 TSV 结构方面均进行了大量布局，

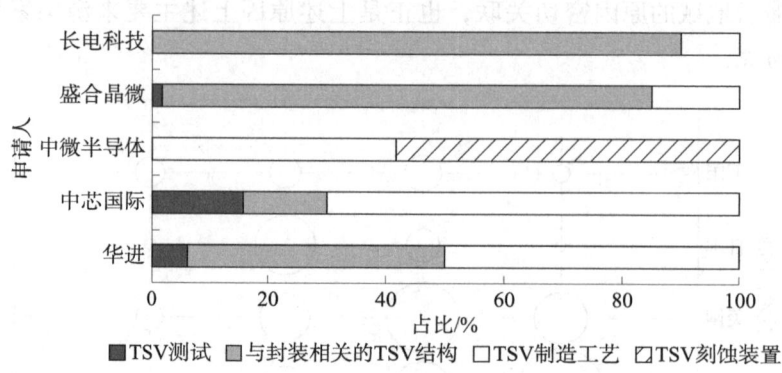

图 5-7-12 重要专利申请人 TSV 技术构成情况

2013—2024 年，TSV 制备工艺的专利布局量达到 88 件，与封装相关的 TSV 结构的布局量达到 77 件，另外还布局了 11 件 TSV 测试。其 TSV 的制造工艺大部分也是专门针对封装中的 TSV 结构进行的。专利申请的"一种 TSV 露头工艺"（CN103219282B）获得了第二十一届中国专利奖银奖，该技术使得封测企业采用现有的设备可进行 TSV 转接板制造，避免前道昂贵的化学机械抛光设备投入，华进也基于上述技术向其他企业提供了 2.5D/3D 集成封装技术服务。另外，华进涉及 TSV 技术的 2.5D/3D 封装架构也是布局较为全面的，且随着技术的发展，从 2018 年开始其布局重点已经从 TSV 制备工艺转移到了与封装相关的 TSV 架构，且在封装架构领域与"专精特新"企业上海先方进行了大量的联合专利申请。

中微半导体是半导体等离子体刻蚀设备和化学薄膜设备供应商，推出了用于高性能 TSV 刻蚀应用的高密度等离子体硅通孔刻蚀设备，可刻蚀孔径从低至一微米以下到几百微米、深度可达几百微米的孔洞。基于企业性质，中微半导体技术主要集中于 TSV 相关的刻蚀设备（能够实现高深宽比刻蚀的设备）以及相应的 TSV 制造方法，且其 TSV 制造方法主要是 TSV 的刻蚀方法。

长电科技是先进封装领先厂商，且与中芯国际关系紧密，但是其先进封装的结构主要涉及扇出封装，在与 TSV 相关的 2.5D/3D 的先进封装方面的布局较少，最高的 2023 年专利申请量也仅为 6 件，在其他 TSV 技术方面也基本没有布局。

盛合晶微（曾为中芯长电、中芯国际和长电成立的公司）于 2014 年成立，主要技术集中于与封装相关的 TSV 结构，从 2016 年至今专利申请量达到 50 件，也属于在此技术布局较多的企业。

从上述分析可知，先进封装技术的龙头企业在 TSV 技术方面的专利布局比较全面，且往往还掌握着核心工艺和核心架构。而关于中国相关的其他企业，一般制造企业比较关注制造工艺的布局，封装企业比较关注封装结构方面的布局，而设备企业比较关注设备和制备工艺方面的布局；而以技术积累为主的企业往往与科研院所有比较多的联系，会注重技术的研发和积累并进行较为全面的专利布局。基于上述特点，可以增强技术积累型企业或者相关科研院所与企业的合作，使得技术积累型企业或者相关的科研院所为企业提供强有力的技术支撑，增强专利的转化运用，促进产业的发展。另外，与TSV相关的2.5D/3D封装架构本身就涉及前道和后道工艺，可以加强制造、封测和设备厂商的合作，使得专利技术流动起来，并利用各自的技术优势，实现在半导体产品的制造和封测环节协同合作，打破龙头企业的专利或技术壁垒。

5.7.4 技术路线与创新方向分析

5.7.4.1 热可靠性

（1）关键工艺发展路线分析

改善TSV热可靠性的技术手段可分为四条发展路线：一是在TSV结构内部或者在TSV周围的衬底KOZ区域中设置应力缓冲结构，应力缓冲结构可以是具有应力吸收或缓冲作用的聚合物介质层、空气隙等，应力缓冲结构的设置，能够减缓TSV产生的热应力对芯片的影响。二是将通孔的导电材料替换为同时具有导热和导电性能的材料，也即形成热硅通孔（TTSV），上述填充材料能够很好地散热，进而减小TSV的热应力。三是通孔形状的设置，TSV通孔的直径会直接影响对周围衬底的应力，设置通孔的形状能够减小TSV对衬底有源区的热影响，进而减小对器件性能的影响。四是通过虚拟TSV、通孔布局、通孔周围设置散热金属结构等其他手段来减小热应力。

（2）重点专利技术分析

从上述四条改善TSV热可靠性的发展路线筛选出各技术路线的关键专利文献，如图5-7-13所示。

进一步地，结合图5-7-14、图5-7-15、图5-7-16，关于设置缓冲结构的技术路线，在TSV结构内部或者TSV结构周围的衬底中设置缓冲结构来缓冲或者吸收由于铜与硅衬底之间的热失配产生的应力。首先，提出在TSV结构的导电层和衬底之间设置缓冲结构。US7402515B2在例如硅的衬底和例如铜的导电层之间设置应力缓冲材料，其中缓冲材料能够吸收由于例如硅的第一材料和例如铜的第二材料之间的热膨胀不匹配而引起的应力，缓冲材料包括以下材料：硅树脂、丙烯酸酯、聚酰亚胺、苯并环丁烯（BCB）、聚对二甲苯、碳氟化合物、聚烯烃、聚酯和环氧树脂；JP2008153340A提出在导电结构和通孔之间形成间隙，在形成通孔和电极之后，间隙是通过刻蚀硅晶片而形成的。其次，提出在TSV结构的导电层中形成缓冲结构。JP4593427B2提出在孔的侧壁形成导电部，导电部中填充加强部件，加强部件优选使用树脂等具有应力缓和作用的非导电性材料；US7772123B2提出导电材料仅形成于沟槽的侧壁和底面，在导电材料围成的区域中形成由介质材料围成的空隙。最后，提出在TSV结构周围的衬底中形成缓冲结构。US8704375B2在通孔周围的衬底中设置有应力缓冲结构，应力缓冲结构为设置于沟槽中的介质材料；CN104253082A在TSV结构周围衬底中形成有空气隙作为缓冲结构；长鑫存储提出的CN113241335A进一步改进了空气隙的设置，TSV周围衬底的上下表面分别形成有第一空气隙和第二空气隙，第一空气间隙和第二空气间隙不连通。

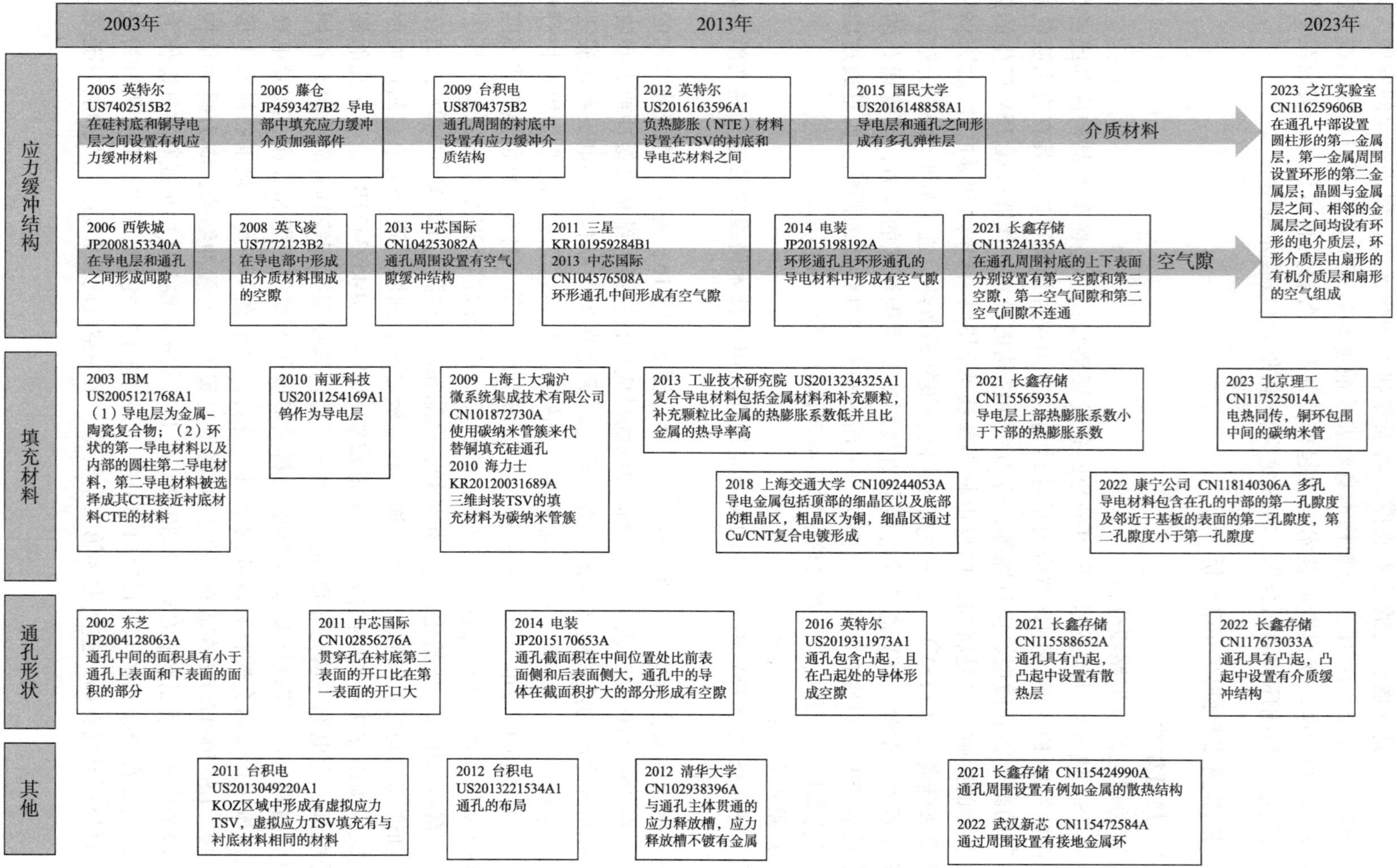

图 5-7-13 改善热可靠性专利技术路线

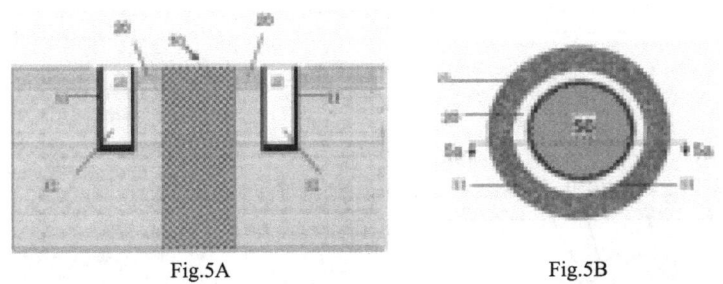

图 5-7-14　US8704375B2 缓冲结构

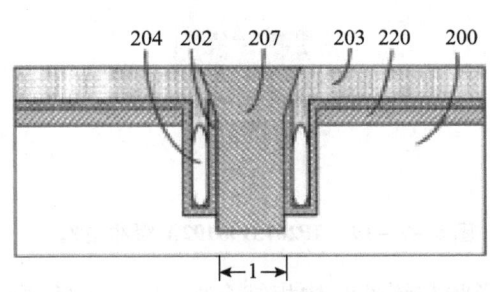

图 5-7-15　CN104253082A 缓冲结构

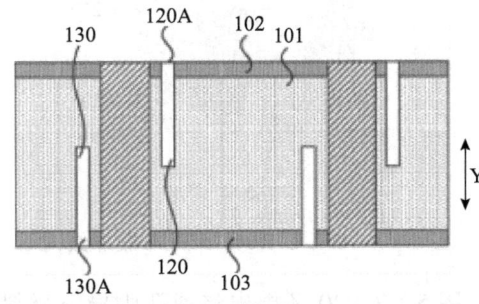

图 5-7-16　CN113241335A 缓冲结构

进一步地,结合图 5-7-17、图 5-7-18、图 5-7-19,将环状电极跟空气隙结构结合,环状电极和空气隙均能减小 TSV 结构对衬底的应力,二者具有叠加的技术效果。KR101959284B1 和 CN104576508A 提出贯通电极为环状,在环状电极的中心设置有空气隙结构;JP2015198192A 提出环形电极,且环形电极的导电材料中形成有空气隙。

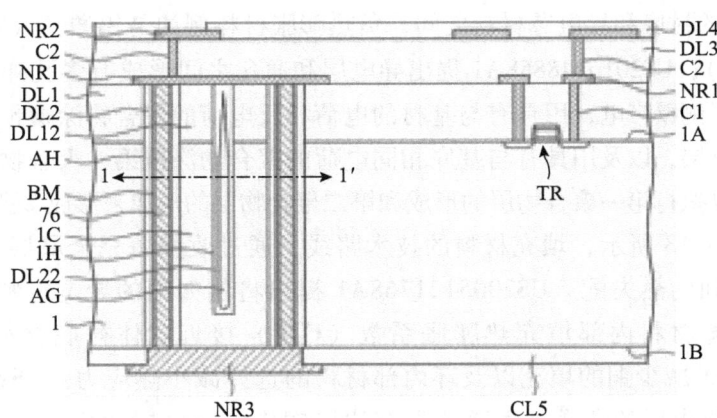

图 5-7-17　KR101959284B1 缓冲结构

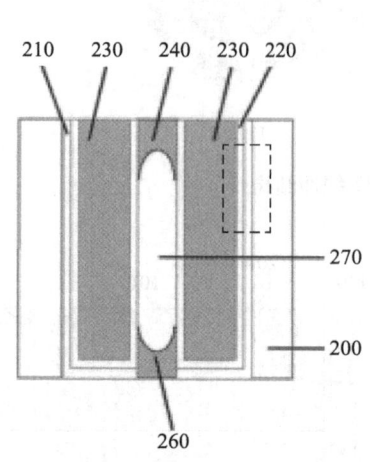 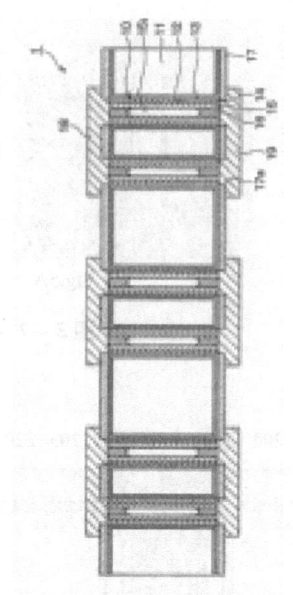

图 5-7-18　CN104576508A 缓冲结构　　图 5-7-19　JP2015198192A 缓冲结构

图 5-7-20 还提出将通孔中导电材料的形状与缓冲结构相结合的技术，如环形的导电层和缓冲结构相结合构成复合结构，而该复合结构也具备了叠加倍增的应力缓冲的技术效果。之江实验室的 CN116259606B，提出在通孔的中部设有呈圆柱形的第一金属层，沿通孔的径向设有与第一金属层同轴的至少一个截面呈环形的第二金属层，在金属层之间以及金属层与衬底之间均设有截面呈环形的电介质层，环形介质层由扇形的介质层和扇形的空气组成，电介质层的电介质材料可以包括 SU-8 及其他有机材料。另外一条改进路线是缓冲介质材料的选择：US2016163596A1 提出负热膨胀（NTE）材料设置在 TSV 的衬底和导电芯材料之间，负热膨胀材料例如是钨酸锆（ZrW_2O_8）或钨酸铪（HfW_2O_8）；US2016148858A1 提出导电层和通孔之间形成有多孔弹性层，预处理通孔的侧壁使得侧壁带电，用具有与基材的电荷相反电荷的聚合物涂覆预处理的侧壁来形成第一聚合物层，以及用具有与基底相同电荷的聚合物涂覆第一聚合物层来形成第二聚合物层，重复执行第一聚合物层的形成和第二聚合物层的形成来形成多孔弹性层。

如图 5-7-13 所示，填充材料的技术路线，通过改变填充金属层的材料来改善铜与硅衬底之间的热失配。US2005121768A1 提出将例如铜的导电材料设置为环状，而在环状的导电材料内部填充热膨胀系数（CTE）接近载体衬底材料 CTE 的材料（例如硅），通过减少铜的填充以及环内部材料的选择减小热应力。US2011254169A1 提出以钨作为导电层的穿通衬底通孔具有比以铜作为导电层的穿通衬底通孔更小的热应力，而该热应力是由于导电层材料与衬底材料的热膨胀系数失配产生的。之后，CN101872730A 和 KR20120031689A 提出碳纳米管簇来代替铜填充硅通孔形成热 TSV。之后的技术主要在于形成复合材料或改进导电材料的性能参数。US2013234325A1 提出导电材料是至少包括金属材料和补充材料的颗粒的复合材料，补充材料颗粒的热膨胀

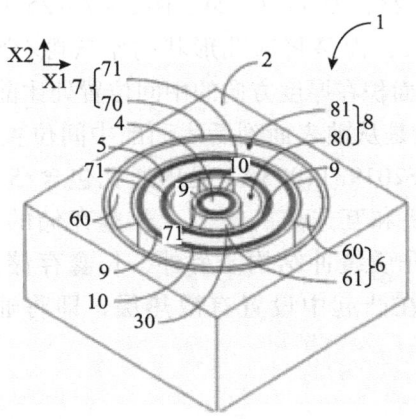

图 5-7-20　CN116259606B 缓冲结构

系数比金属材料的热膨胀系数低并且热导率比金属材料的热导率高；CN109244053A 提出导电金属包括处于顶部的细晶区以及处于中部和底部的粗晶区，粗晶区为铜，细晶区通过铜/碳纳米管（CNT）复合电镀形成；CN118140306A 提出导电材料为多孔导电材料，多孔导电材料包含在贯穿孔中央区中的第一孔隙度及邻近于基板第一表面与第二表面的小于第一孔隙度的第二孔隙度。

进一步地，如图 5-7-21、图 5-7-22 所示，通孔形状的技术路线，主要通过改变 TSV 通孔在不同深度处的直径来改善由于铜与硅衬底之间的热失配产生的应力。JP2004128063A 设置通孔具有平行于半导体基板表面的横截面积小于通孔上表面和下表面的面积的部分，从而减小了应力集中，这是通过调节博世工艺刻蚀参数先形成正锥形，再形成倒锥形来形成上述通孔结构；中芯国际 CN102856276A 在衬底中形成贯穿该衬底的第一表面和第二表面的贯穿孔，贯穿孔在第二表面的开口比该贯穿孔在第一表面（器件形成区所在的表面）的开口大，由于较小的开口对衬底造成的应力较小，因此能够减小器件形成区侧的应力。

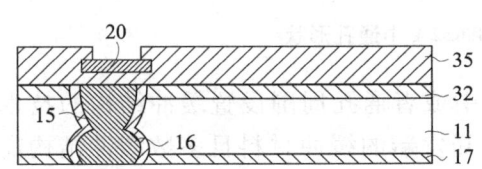

图 5-7-21　JP2004128063A 中通孔形状

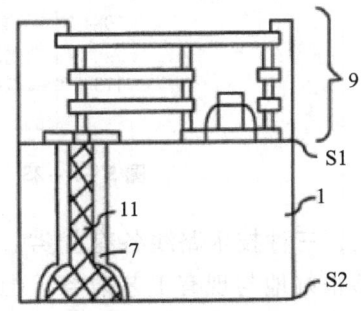

图 5-7-22　CN102856276A 中通孔形状

进一步地，如图5-7-23、图5-7-24、图5-7-25所示，随着技术的发展，使用的技术不再是单一的手段，而是将通孔形状与空气隙/介质等缓冲结构进行结合。JP2015170653A提出通孔截面积在厚度方向的中间位置处比前表面侧和后表面侧的截面积大的厚形状，该中间位置是从前表面到后表面的中间位置，通孔中的导体在截面积扩大的部分形成有空隙；US2019311973A1提出通孔包含凸起，且在凸起处的导体中形成空气隙，能够减小衬底和互连处的应力；长鑫存储的CN117673033A提出通孔具有凸起，凸起中设置有介质缓冲结构。另外，长鑫存储的专利CN115588652A还提出了通孔具有凸起，且在凸起中设置有散热层，即将通孔形状与散热结构进行结合。

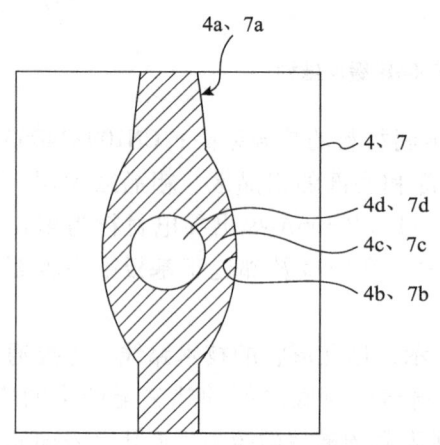

图5-7-23　JP2004128063A中通孔形状　　图5-7-24　US2019311973A1中通孔形状

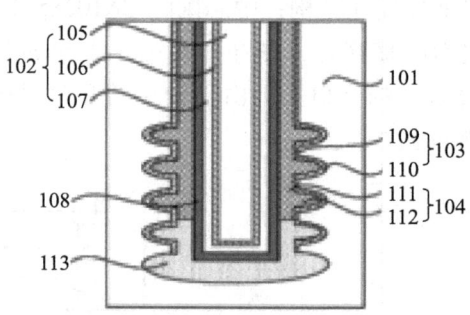

图5-7-25　CN115588652A中通孔形状

综上，三种技术路线各有优劣。在通孔中或者通孔周围设置缓冲结构的技术路线，能够很好地与现有工艺兼容，但是需要开发新的缓冲材料且多数缓冲结构需要增加额外的工艺步骤；设置通孔形状的技术路线，没有新材料的需求，但是通孔形状的改变往往需要多步骤刻蚀，会增加较大的成本；设置填充材料的技术路线，能够同时实现导电和导热的功能，即实现电热同传，减少散热成本，但是常用的导热导电材料碳纳米管的制造工艺与现有的芯片制备工艺不兼容且需要较大的成本。另外，三条路线并不是独立发展的，为了改善热可靠性往往会将多种手段相结合，比如常用的结合手段为通孔形状和缓冲结构、导电材料形状和缓冲结构、导电和散热的结合等。

5.7.4.2 电可靠性

从前述分析可知，对于主流的博世工艺，改善通孔侧壁粗糙度是提高电可靠性的关键工艺手段。通过对现有专利文献进行分析，梳理出三条改善通孔侧壁粗糙度的技术线路。如图5-7-26所示，一是博世刻蚀之后通过再刻蚀技术去除通孔侧壁的扇贝纹进而改善侧壁粗糙度，主要是通过各种刻蚀手段选择性地去除扇贝纹的波峰进而提高侧壁的平坦度。比如US2013237062A1在足以诱导离子轰击以去除扇贝的波峰的偏压下进行刻蚀；KR20110057604A在博世工艺之后，去除形成通孔的部分掩膜以扩大开口，之后进行各向异性刻蚀去除相邻扇贝之间的波峰；CN104835776A在博世刻蚀之后，利用各晶向上晶面（110）蚀刻速率＞晶面（100）蚀刻速率＞晶面（111）蚀刻速率在各向异性碱性蚀刻液中进一步刻蚀，改善环形扇贝花纹（scallop）现象。二是博世刻蚀之后对侧壁进行氧化之后去除氧化层，主要是在博世工艺之后对通孔衬底进行湿法或干法氧化工艺，之后去除形成的氧化层进而去除扇贝纹，特别是KR20150006914A提出利用氧化力大于氧的臭氧气体，通过脉冲供给方式、基板偏置调节对所形成扇贝纹的凸棱表面进行定向氧化，之后选择性地去除氧化层，即实现对扇贝纹突出表面的定向氧化和去除，扇贝消除效果更好。三是调节博世刻蚀中的工艺条件，主要包括调节刻蚀工艺参数和刻蚀气体，首先，博世工艺包括在侧壁形成聚合物层的侧壁钝化工序和刻蚀衬底的刻蚀工序，调节各个工序的交替时间以及不同工序的腔室压力等刻蚀参数能够调节侧壁扇贝纹的大小，进而改善侧壁粗糙度，比如CN103832965A在完成沉积作业和刻蚀作业的所有循环次数的过程中，反应腔室的腔室压力按预设规则由预设的最高压力值降低至最低压力值来使侧壁形貌光滑；其次，改变刻蚀工艺中的刻蚀气体使得刻蚀过程中的各向异性增加，也能改善侧壁粗糙度，比如JP5749166B2提出采用第二氟化碘作为保护膜形成气体，第一氟化碘气体作为蚀刻气体。

综上，对于增加额外蚀刻的方法，需要选择合适的气体和条件，但均匀性将变差；热氧化和使用氢氟酸去除需要多个工艺循环才能得到比较平滑的硅通孔侧壁、存在用时较长和成本昂贵的问题，且需要额外的热预算，特别是使主要是后端制程的三维封装应用范围受到限制，且扇贝纹的改善效果也比增加额外的刻蚀的方法差；对于调节刻蚀参数的方法，若是调节各工序的时间往往存在生产率和侧壁形貌的折中问题，设置不同阶段刻蚀参数不同也会增加刻蚀复杂度，也还需要进一步开发出在不降低刻蚀效率的情况下改善侧壁形貌的成熟工艺条件。

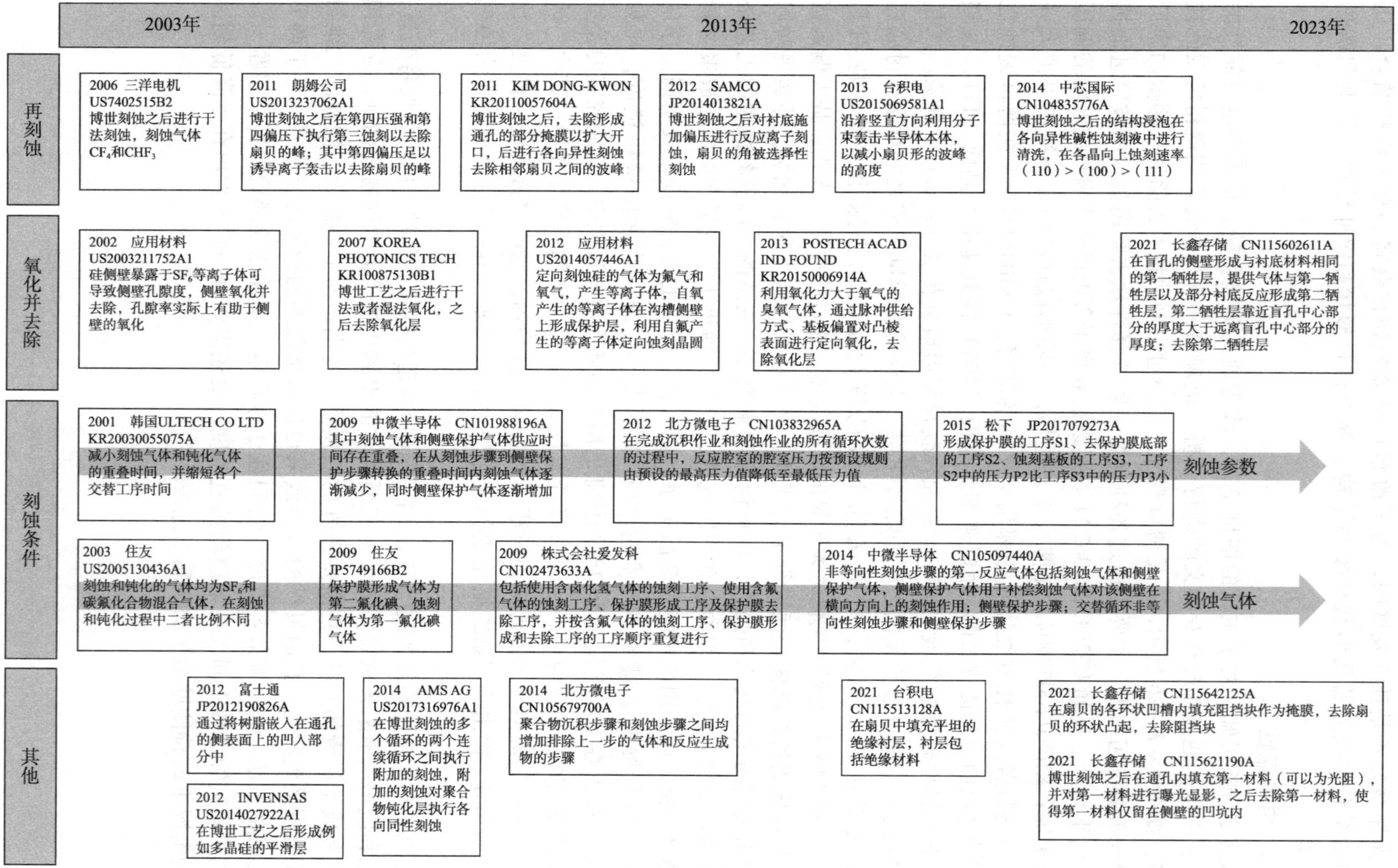

图 5-7-26 改善电可靠性专利技术路线

5.7.5 小　　结

（1）中国重视 TSV 专利布局，但仍受到围堵。中国在政策、市场等的驱动下非常重视 TSV 专利布局。从专利申请量上看，中国在 TSV 技术中处于领先地位，但中国专利申请集中于台积电，其他企业专利申请量相对较少且涉及技术分支单一，与国际龙头企业差距甚远，因此中国多数企业在专利申请量以及专利质量方面均应加大投入、加强重视。

（2）全球头部企业比较集中，中国龙头企业数量较少且不同创新主体侧重点不同。全球头部企业（如台积电、三星和英特尔等）在 TSV 技术方面的专利布局比较全面，涉及 TSV 制造方法、堆叠 3D IC 的 TSV 设计、与封装相关的 TSV 结构等技术。而对于中国相关多数企业，一般制造企业比较关注制造工艺的布局，封装企业比较关注封装结构方面的布局，而设备企业比较关注设备和制备工艺方面的布局；而以技术积累为主的企业往往与科研院所有比较多的联系，会注重技术的研发和积累并进行较为全面的专利布局。基于上述特点，可以增强技术积累型企业、科研院所与其他企业的合作，还可以加强制造、封测和设备厂商的合作，实现在半导体产品的制造和封测环节协同合作。

（3）改善 TSV 热可靠性的三种技术路线各有优劣，在 TSV 结构设置应力缓冲结构是主流，多手段融合是发展趋势。在通孔中或者通孔周围设置缓冲结构的技术路线，能够很好地与现有工艺兼容，但是需要开发新的缓冲材料；设置通过形状的技术路线，没有新材料的需求，但是通孔形状的改变往往需要多步骤刻蚀，会增加较大的成本；设置填充材料的技术路线，能够同时实现导电和导热的功能，即实现电热同传，减少散热成本，但是常用的导热导电材料碳纳米管制造工艺与现有的芯片制备工艺不兼容。不过，从各分支的技术占比来看，应力缓冲结构仍是改善热可靠性的主流技术。

（4）改善 TSV 电可靠性的三种技术手段的改善效果不尽相同，仍需开发出一种适用于主要是后端制程的三维封装、在不降低刻蚀效率的情况下改善侧壁形貌的技术手段。

（5）加强关键工艺布局，以期打破专利壁垒。受限于光刻设备、电镀材料等，中国面临着较大的技术壁垒。但是从解决 TSV 技术面临的两大问题热可靠性和电可靠性出发，可以看出中国均有排名比较靠前的多位专利申请人（如台积电、长鑫存储、中芯国际、中微半导体等）。创新主体应继续进行相关技术研发，形成关键核心技术，以期谋求合作，打破专利壁垒。

第6章 AI芯片先进封装热管理专利分析

6.1 研究概况

随着AI芯片性能与功耗的持续攀升,热量问题愈发显著,已成为制约其进一步发展的关键因素。业界对封装体的热流密度耗散能力提出了更高要求,期望其能达到$1000W/cm^2$的水平,这对封装热管理性能构成了更为严格的考验。[1]

特别是在先进封装技术广泛应用于AI芯片的当下,一系列热管理难题接踵而至。芯片堆叠导致发热量激增,而散热面积却未能同步扩大,使得发热密度显著上升;多芯片堆叠加剧了热源间的接触,热耦合效应愈发明显;内埋置基板中的无源器件同样产生热量,受限于有机或陶瓷基板的散热能力,热问题愈发严峻;加之封装尺寸不断缩小,组装密度持续提升,散热设计的难度更是与日俱增。在此背景下,热管理的重要性愈发凸显,不容忽视。

此外,AI芯片使用环境的复杂化以及芯片异构集成的趋势,进一步加剧了先进封装在热管理等方面面临的挑战。

热管理根据散热方式的不同,可分为被动热管理与主动热管理。[2] 被动热管理即自然对流散热,依靠温度场梯度进行热量转移,热沉是其主要散热手段,适用于热流密度较小的芯片。主动热管理,即强制对流散热,借助外部动力使热量快速转移,包括流道散热、风冷散热和热电制冷散热等,散热效果远优于自然对流散热,散热面积亦可大幅减小。

本章将聚焦于被动热管理与主动热管理这两种常见的热管理方式,结合国内外行业现状进行深入的专利分析,旨在为国内相关创新主体在研发与专利布局方面提供有益的参考与借鉴。

6.2 热管理创新态势分析

6.2.1 专利申请量态势分析

(1)全球专利申请量态势分析

图6-2-1是先进封装热管理全球专利申请量态势图。由图6-2-1可看出,先进

---

[1] 金玉丰,马盛林. TSV三维集成理论. 技术与应用[M]. 北京:科学出版社,2022.
[2] 仝兴存. 电子封装热管理先进材料[M]. 北京:国防工业出版社,2016.

封装热管理技术的发展经历了三个阶段。

第一发展阶段：技术萌芽期（1990年以前）。1990年以前，先进封装热管理技术的专利申请数量较少，其间只有零星的专利申请，总体上申请量不大。这个时期由于封装的研发刚刚起步，先进封装热管理技术也处于萌芽发展阶段，部分企业开始进行试探性起步研究。

第二发展阶段：缓慢增长期（1991—1999年）。在经历技术萌芽期的技术积累后，伴随着封装、测试等技术的进步和发展，1991年以后先进封装热管理技术的相关专利申请开始稳步增多，进入缓慢增长期。

第三发展期阶段：快速增长期（2000年至今）。2000年前后主要国家或地区均开始大力出台相关政策以扶持传统封装向先进封装发展，此时以英特尔、三星、台积电、IBM等为代表的企业相继推出先进封装系统，这一阶段先进封装热管理技术的专利申请也进入了一个快速增长期。

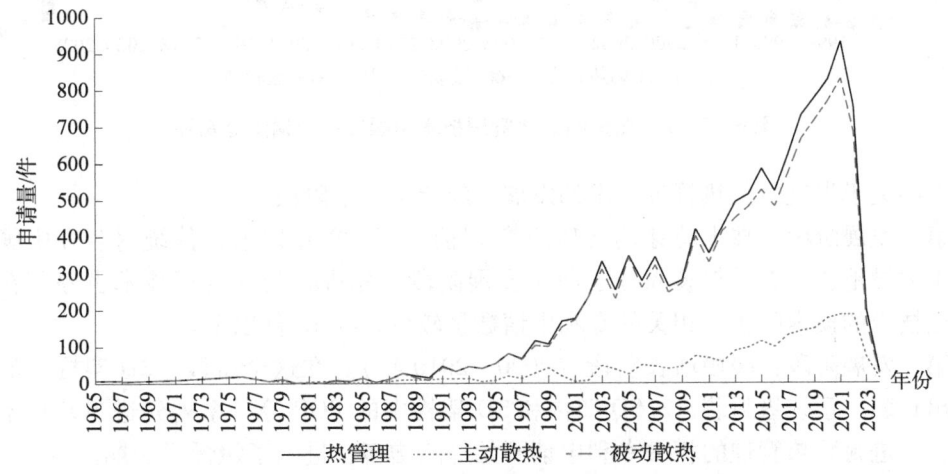

图6-2-1 先进封装热管理全球专利申请量态势图

从专利技术构成分析来看，在全球范围内，被动热管理的申请量要远远多于主动热管理，这充分体现了被动热管理技术的基础地位。究其原因，主要是被动热管理技术简单，更易集成，且被动热管理技术可以使用器件或封装的某一构件来起作用。并且，从图6-2-1中还可看出，关于被动热管理的研究较早，早在1965年就出现了针对被动热管理的研究，关于主动热管理的专利申请则在1979年才开始出现并逐步发展起来，主动热管理相对于被动热管理发展相对较滞后，这是因为被动热管理技术可以使用器件或封装的某一构件来起作用，制备工艺简单，而主动热管理技术则需要另外制备散热构件，涉及制备工艺以及集成难易程度的问题，并且被动热管理技术已经满足了当时封装技术的发展需要。

（2）中国专利申请量态势分析

图6-2-2是先进封装热管理中国专利申请量态势分析图。结合图6-2-1和图6-2-2，可见中国专利申请比全球专利申请晚了近三十年。可看出，在中国范围

内，被动热管理的申请量要远远多于主动热管理，充分体现了被动热管理技术的基础地位，这与全球专利申请态势是一致的。并且同样地，关于被动热管理的研究较早，主动热管理相对于被动热管理发展较为滞后。

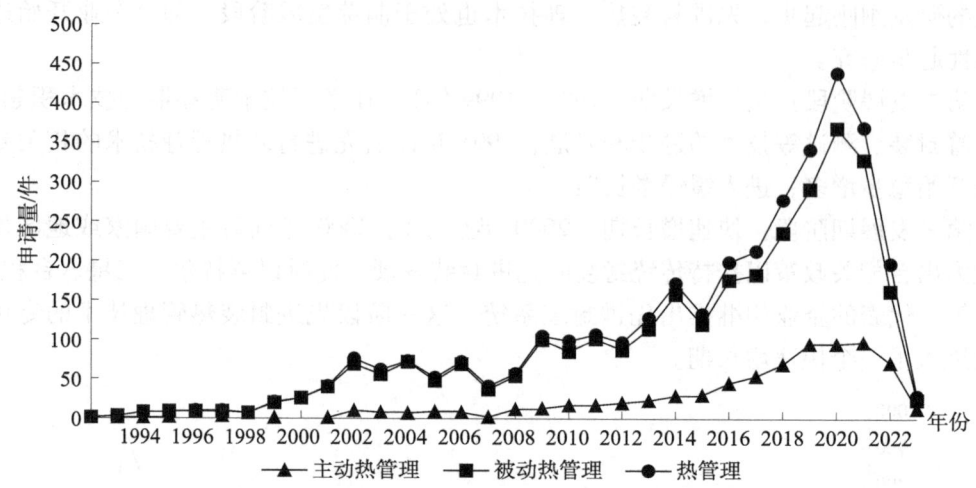

图 6-2-2　先进封装热管理技术中国专利申请量态势图

中国关于先进封装热管理技术的发展，经历了三个阶段。

第一发展阶段：技术萌芽期（1999年以前）。1999年以前，传统封装在中国的研发处于主导地位，先进封装尚处于萌芽发展阶段，先进封装热管理技术也停留在热沉等基础技术的摸索阶段，相关的专利申请数量较少，在10件以下。

第二发展阶段：缓慢增长阶段（2000—2010年）。在这个阶段，2D架构中的晶圆级扇出封装、系统级封装，2.5D架构和3D架构中的POP等一系列先进封装技术逐渐涌现，先进封装热管理的相关专利申请开始稳步增多，进入了缓慢增长期。

第三发展期阶段：快速增长期（2011年至今）。在这个阶段，中国开始大力出台相关政策以扶持传统封装向先进封装发展过渡，芯片级封装、晶圆级扇出封装、2.5D封装、3D封装等技术均实现了稳定发展，以长电科技、华天等为代表的企业相继推出其先进封装平台，流道、热电制冷、TIM等技术大力发展，先进封装热管理技术的专利申请进入了一个快速增长阶段。

6.2.2　专利技术构成态势分析

（1）全球专利技术构成态势分析

1）主动热管理各分支的全球专利申请量态势

图6-2-3是先进封装主动热管理各技术构成全球专利申请量态势图。从专利技术构成分析来看，先进封装的主动热管理技术分为流道散热和热电制冷，在全球范围内，流道散热占比高达79%，热电制冷仅占21%，流道散热的专利申请量远远多于热电制冷的专利申请量。并且，关于流道散热的研究较早，热电制冷的专利申请相对于流道发展较滞后。早在1976年开始就出现了针对流道散热的研究，且相应研究在2002

年以前处于研究探索阶段，从 2003 年专利申请开始缓慢增长。

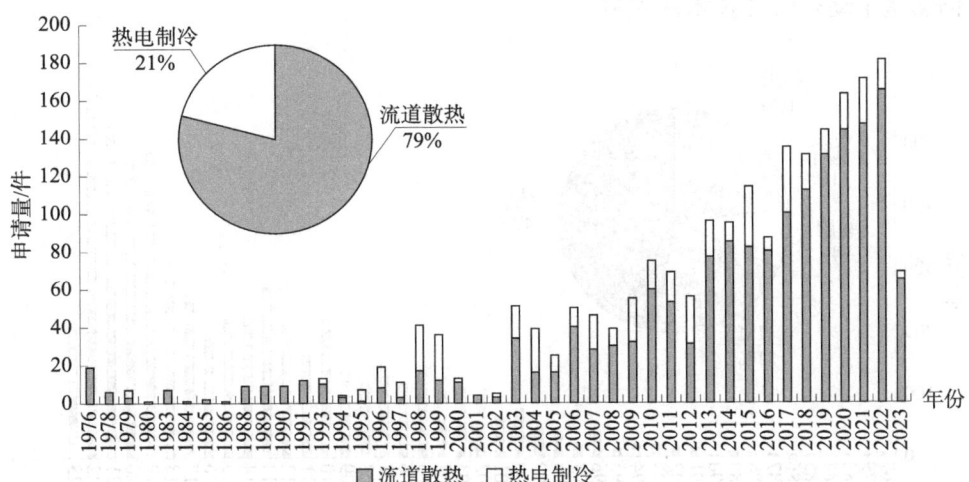

图 6-2-3　先进封装主动热管理各技术构成全球专利申请量态势图

关于热电制冷的专利申请在 1979 年出现，但之后一段时间并未持续，处于空窗期，在 1993 年以后又开始慢慢出现，申请量处于缓慢增长阶段。由于封装技术、制备工艺等原因，至今热电制冷的专利申请量仍然远远低于流道散热的专利申请量。流道散热出现最早且相对稳步发展，是主动热管理技术的主流技术。

2）被动热管理各分支的全球专利申请量态势

图 6-2-4 是先进封装被动热管理技术各技术构成全球专利申请量态势图。从专利技术构成分析来看，先进封装被动热管理技术分为热沉、TIM、黏胶、通孔、凸点和金属层六部分，从图 6-2-4 中可以看出，热沉占比最大，达 47%，是被动热管理基础技术；其次是热界面材料（Thermal Interface Materials，TIM）（占比 21%），通孔、金属层、黏胶、凸点的申请量占比相对都较少。

就发展时间而言，热沉 1967 年开始研发，出现时间最早，且多年来一直处于稳步发展状态；TIM 最早于 1991 年出现，起步相对较晚，但出现后处于发展相对较快的状态，并占据较为可观的份额；黏胶、通孔、凸点和金属层均起步较晚，并且发展较为缓慢。在被动热管理技术中，热沉和 TIM 是重要技术。

（2）中国专利技术构成态势分析

1）中国主动热管理各分支的专利申请态势

从图 6-2-5 可以看出，中国流道散热技术的申请量远远大于热电制冷技术的申请量，流道散热技术占比为 86%，热电制冷技术占比 14%，流道散热技术申请量是热电制冷技术申请量的 6 倍之多；流道散热技术从 1979 年开始研发，且在 2002 年以前处于研究探索阶段，2003—2017 年专利申请量缓慢增长，2018 年以后专利申请量迅速增长。热电制冷技术由于其复杂性、制备难度较大，从 1993 年才开始研发，比流道散热技术晚了 14 年，之后一段时间对热电制冷的研究比较缓慢，申请量处于缓慢增长阶段，在 2009 年以后开始持续增长。但由于封装技术、制备工艺的原因，至今热电制冷的专利申请量仍然远低于流道散热的专利申请量，即流道散热出现最早且相对稳步发展，仍然是主动热管理技术的主流。

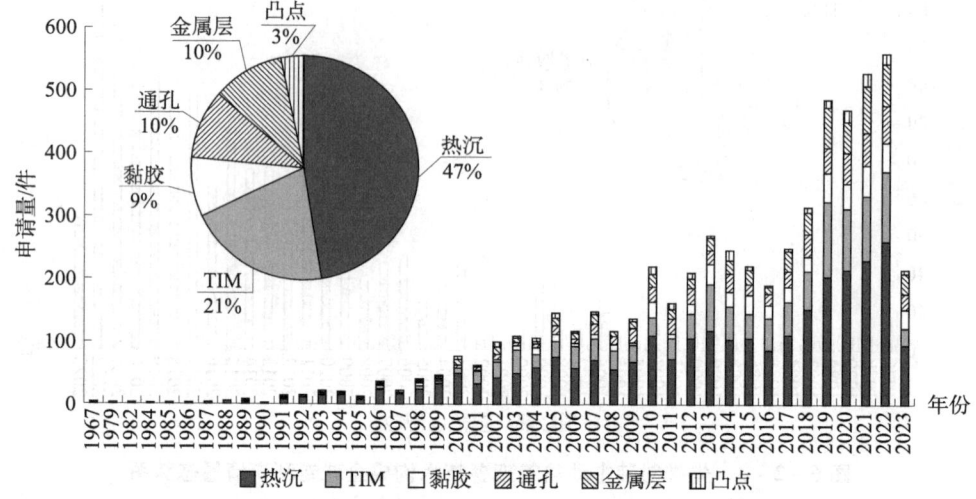

图 6-2-4 被动热管理各技术构成全球专利申请量态势

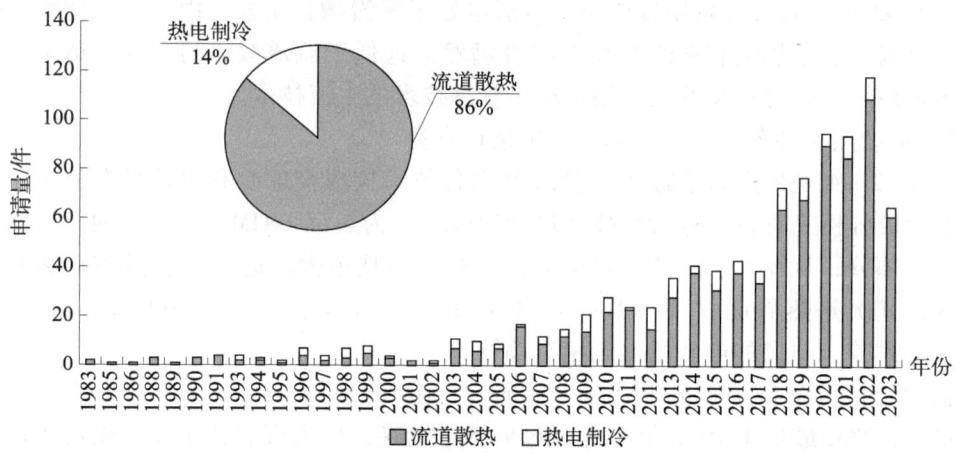

图 6-2-5 主动热管理各技术构成中国申请态势

2）中国被动热管理各分支的专利申请态势

从图 6-2-6 可以看出，中国被动热管理下各技术分支的申请量由多至少依次是热沉、金属层、通孔、黏胶、TIM、凸点；其中，热沉于 1994 年开始研发至 2008 年处于技术萌芽阶段，2009—2018 年处于缓慢增长阶段，2019 年至今处于快速增长阶段；2004 年开始研发至今 TIM 申请量远远低于热沉的申请量，TIM 占比仅为 9%，热沉占比为 46%，热沉申请量是 TIM 申请量的 5 倍之多；然而，由于 TIM 作为散热材料具有很多优点，如制备工艺简单、不增加额外能耗等，国外对于 TIM 散热技术已经大力发展，其申请量仅次于热沉的申请量。因此，中国需要对 TIM 散热技术更加重视，加强TIM 散热技术的研发和创新工作以顺应发展趋势。

第 6 章 AI 芯片先进封装热管理专利分析

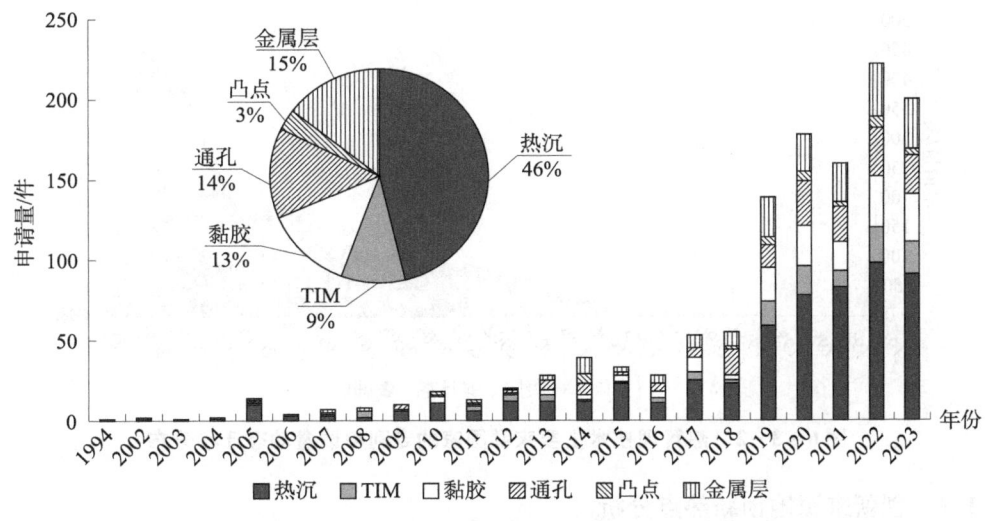

图 6-2-6 被动热管理中国专利技术构成态势

6.3 热管理竞争格局分析

6.3.1 专利技术创新能力分析

(1) 技术创新来源地分析

从图 6-3-1 中可以看出,在先进封装热管理技术的技术来源地中,中国的专利申请量最大,其次是美国、日本、韩国。其中,中国占比为 43%,美国占比为 26%,这足以看出中国与美国对先进封装热管理技术的重视程度。可以确定的是,中国对先进封装热管理技术具有较高的创新能力,也有较强的专利布局意识。

(2) 主要国家的创新活跃度变化分析

图 6-3-2 为热管理技术主要来源国家的专利申请量动态迁移分布图。从图中可以看出,美国起步最早,随后依序为日

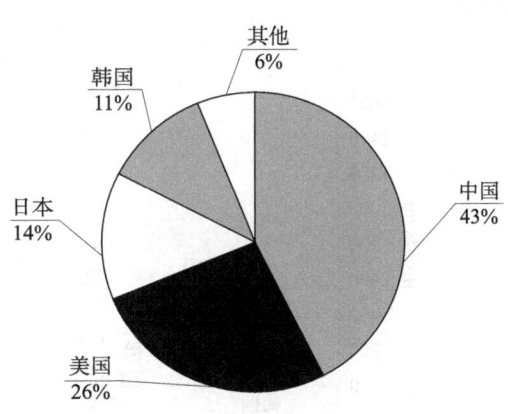

图 6-3-1 主要国家热管理技术专利申请技术流出占比

本、韩国和中国,中国起步最晚。在专利申请量方面,中国占比最大。通过对比可以看出,尽管中国在涉及先进封装的热管理技术方面起步较晚,但发展较快,申请数量很快赶上并超过美国、韩国和日本。近年来,美国、中国的技术创新能力和创新活跃度较高。

209

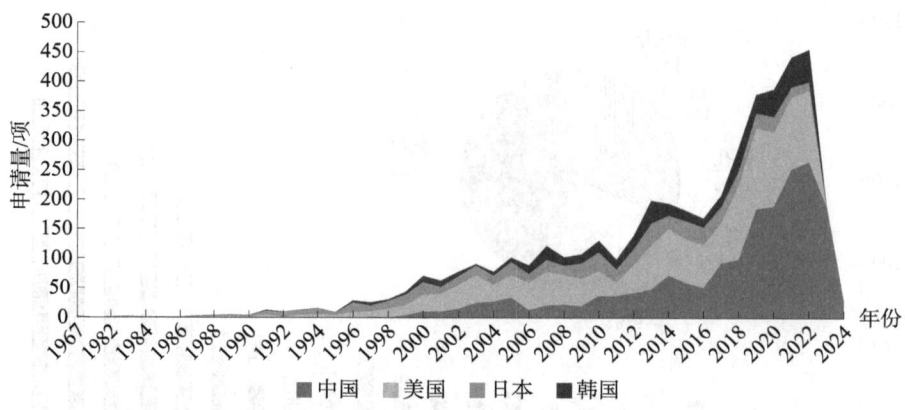

图6-3-2 热管理技术主要来源国家的专利申请量动态迁移分布

6.3.1.1 创新来源地创新热点分析

图6-3-3为主要创新来源国家热管理技术构成分布情况。从图中可以看出，关于先进封装热管理技术，主要国家关于被动热管理技术的专利申请量都远远高于主动热管理技术的专利申请量，这是因为被动热管理技术可以使用器件或封装的某一构件来起作用，制备工艺简单，而主动热管理技术则需要另外制备散热构件，涉及制备工艺以及集成难度高的问题。在被动热管理的专利申请量中，中国占比最大，其次是美国、日本、韩国；值得关注的是，在主动热管理的专利申请量中，中国占比最大；其次是美国、日本、韩国。这说明中国在主动热管理、被动热管理方面具备全面的敏锐洞察力。

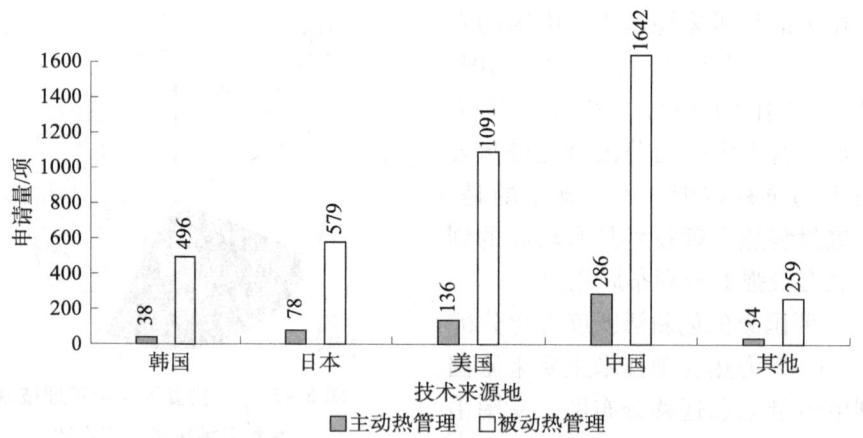

图6-3-3 主要创新来源国家热管理技术构成分布

图6-3-4为主要创新来源国家被动热管理技术构成分布情况。从图中可以看出，主要来源国家在各技术分支的布局情况如下：在先进封装被动热管理技术中，主要来源国家涉及热沉的申请量相比于其他技术分支都是最多的，且远远多于其他被动热管理技术；其次是TIM，相比于热沉，出现较晚、发展潜力较大的TIM热管理技术的申

请量也较为可观,该技术是紧随热沉之后的被动热管理技术;值得注意的是,拥有全球较多半导体先进封装巨头企业的美国,尤其重视 TIM 热管理技术的专利布局,专利申请量远远大于其他来源国家。中国、韩国对 TIM 也进行了较多的创新与布局。可以看出,创新活跃度较高的美国、中国、韩国都比较重视 TIM 热管理技术。中国则是对金属层、通孔、黏胶进行同等程度的布局,对 TIM、凸点的布局较少,尤其是 TIM,布局相对较为薄弱。

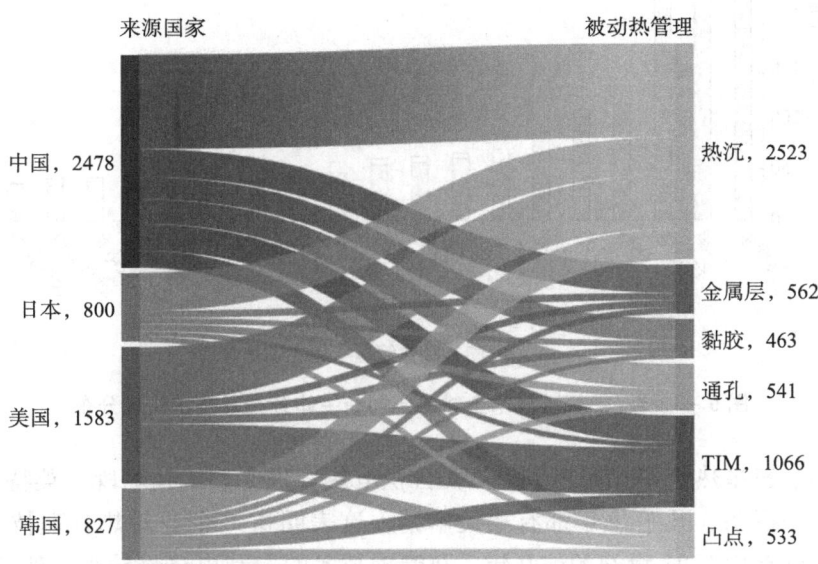

图 6-3-4　各创新来源国家被动热管理技术构成分布

注:图中数字表示申请量,单位为项。

主要来源国家在热沉热管理技术方面的大量布局,奠定了热沉在热管理技术中的基础技术地位;TIM 的布局量也较大,研发活跃度较高,是热管理技术的研发热点。

6.3.1.2　创新主体分析

图 6-3-5 示出了热管理技术全球主要创新主体分布及技术构成分布分析。如图 6-3-5 所示,在先进封装被动热管理技术方面,全球申请量排在前列的申请人依次是英特尔、三星、台积电、IBM、日月光、华进、美光、华为、星科金朋。中国申请人为台积电、华进、华为和星科金朋、华天、盛合晶微、通富微电。中国企业申请量最大的是排名第三、六、八位的台积电、华进和华为。值得关注的是,华进的主动热管理的申请量相对其总体申请量的占比较大,华进较为重视主动热管理技术。各个申请人的被动热管理技术比主动热管理技术布局更多、更完善,这是因为被动热管理易于与封装融合和实现,主动热管理不利于封装集成和小型化。

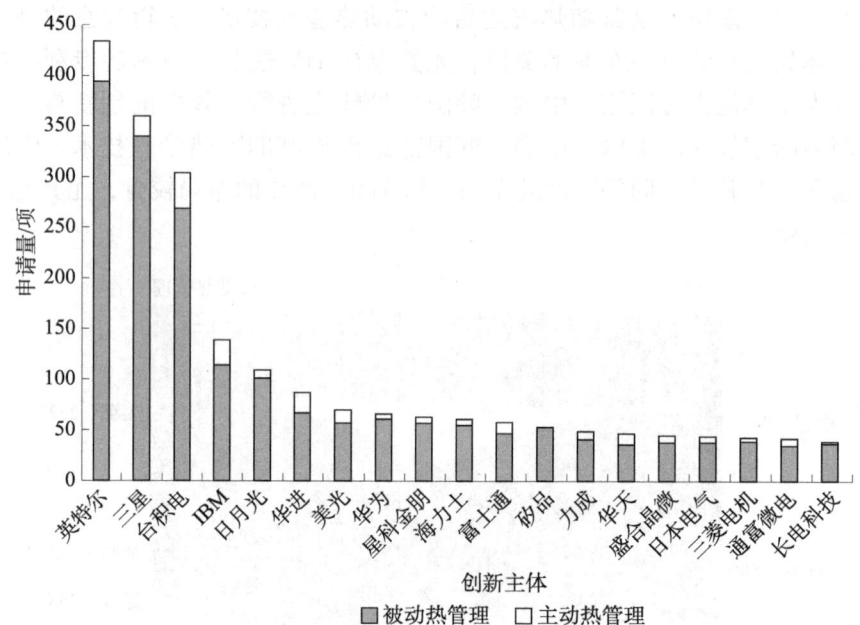

图 6-3-5　热管理技术全球主要创新主体分布及技术构成分布

英特尔、三星热管理专利起步较早，台积电热管理专利申请略晚；英特尔、三星、台积电作为三巨头，几乎每年都有相关申请，这表明这些企业对热管理技术的重视。从 20 世纪 90 年代至 21 世纪的前几年，热管理技术的专利申请量较少，处于一个较为缓慢的发展期，但在 2010 之前有一个发展的小高潮，之后短暂停歇，于 2011 年开始快速发展，这可能是由台积电提出的将后端封装工艺前移导致的。英特尔的热管理技术专利申请无论从总量上还是时间跨度上看，都处于绝对的优势。中国的华为于 2011 年才有了首件专利申请，但之后发展较为迅速。华进、盛合晶微、华天首件专利申请出现得更晚，分别于 2013 年、2016 年、2014 年才有了首件专利申请。星科金朋作为传统封测大厂，有着较好的研发基础，从 2004 年起，持续进行热管理技术的专利布局。中国创新主体对于热管理技术布局较晚，但近几年发展较为迅速。

6.3.1.3　创新主体技术构成分析

图 6-3-6 为主动热管理全球主要创新主体技术构成分布情况。从图中可以看出，各创新主体在流道散热的专利申请量比热电制冷技术的专利申请量多，即流道散热是主动热管理中的主流技术，这归因于流道散热技术较热电制冷技术更易实现、成本低。

流道散热的全球申请量排在前列的申请人分别是英特尔、IBM、台积电、华进、三星、中国科学院、厦门大学、富士通、华天、中电五十八所。值得注意的是，主动热管理流道技术全球主要创新主体排名第三、四、六、七、九、十位的都是中国企业，分别是台积电、华进、中国科学院、厦门大学、华天、中电五十八所，可见中国企业在主动热管理流道领域的重视程度较高。而在热电制冷方面，英特尔、IBM、台积电、三星遥遥领先于其他企业。中国需要对热电制冷技术进行进一步的研究和专利申请布局。

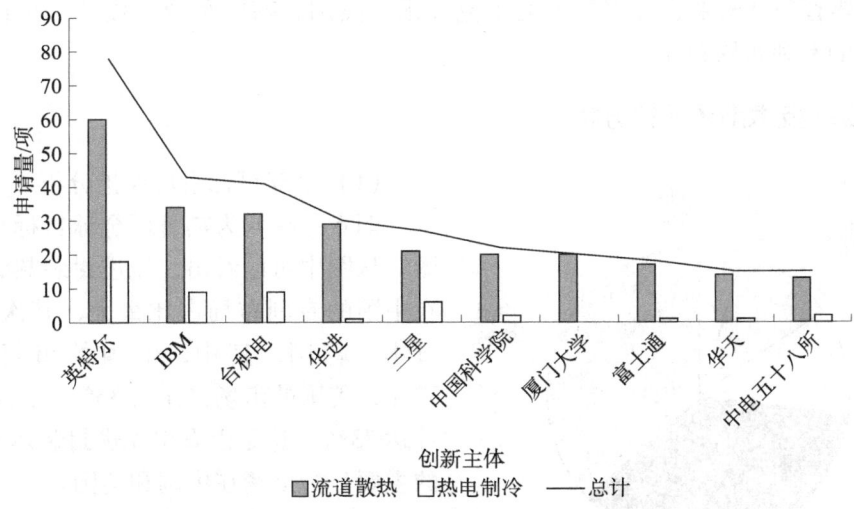

图6-3-6 主动热管理全球主要创新主体技术构成分布

图6-3-7为被动热管理全球主要创新主体技术构成分布。从图中可以看出，各创新主体在热沉技术的专利申请量都占据绝对优势；台积电、三星、英特尔、IBM、华为关于TIM的占比也较多，仅次于热沉，TIM技术虽然出现得较晚，但作为目前以及未来发展的重要技术，是各创新主体的研发和布局热点。而中国企业华进、华天、盛合晶微、长电科技、甬矽电子TIM申请量占比较少，更甚者，甬矽电子的被动热管理的布局中不涉及TIM，这也体现出中国的热管理布局较为基础，对于热点技术的布局仍需加紧步伐。

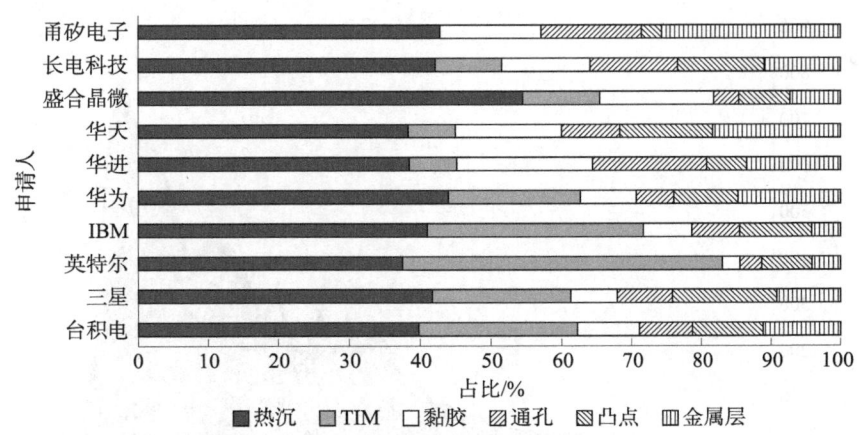

图6-3-7 被动热管理全球主要创新主体技术构成分布

由此可知，除英特尔外，各创新主体都是热沉散热占比最大，即热沉仍是被动热管理中的基础散热技术；对于台积电、三星、IBM，除热沉外均是TIM的申请量远高于其他被动热管理技术的申请量；而英特尔占比最多的是TIM和热沉，TIM占比稍大于热沉。

TIM 热管理是未来热管理技术的主流技术，美国、韩国和中国创新主体已经致力于该技术的专利布局和发展。

6.3.2 专利技术市场保护分析

（1）全球目标市场保护分析

图 6-3-8 为热管理全球目标市场分布图。从图中可以看出，先进封装热管理技术在中国的专利布局占比最大，其次是美国、日本、韩国，其中，中国的市场占比为 37%，美国的市场占比为 36%，二者占比合计达 73%。这足以看出先进封装热管理技术的主要目标市场在中国和美国。

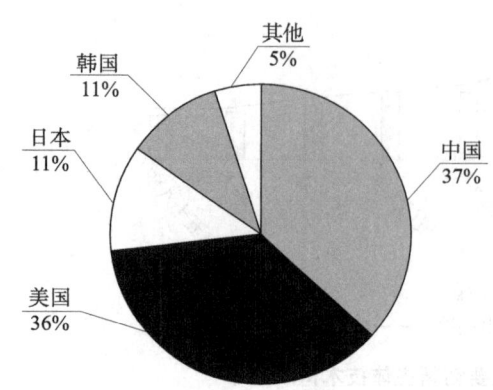

图 6-3-8　热管理全球目标市场分布图

（2）目标市场动态迁移分析

图 6-3-9 为全球先进封装热管理目标市场动态迁移图。从图中可以显著看出，先进封装热管理技术在 1965 年就开始在美国进行专利布局，在 1980 年开始在日本进行专利布局，在 1995 年开始在韩国、中国进行专利布局，可见先进封装的热管理技术在中国的专利布局比在美国、日本的专利布局分别晚将近 30 年和 15 年。先进封装的热管理技术在中国的专利布局从 2001 年开始才有明显的增加，这主要是因为在中国加入 WTO 之后，中国的半导体行业正处于一个变革的战略关口，各种机遇和挑战使得其面临着一个战略拐点。

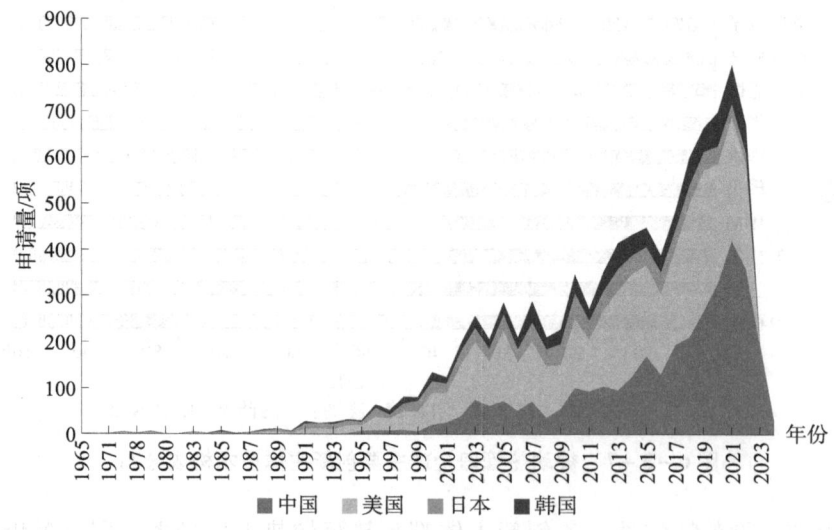

图 6-3-9　全球先进封装热管理目标市场动态迁移

中国专利申请出现后，发展速度较快，并从图 6-3-9 中可看出，中国市场每年的专利申请量快速增长，并超越了美国市场。可以看出，中国市场的重要程度逐渐提升。在这种情况下,中国创新主体应加快在中国的专利布局,特别是涉及重点领域,如 TIM 热管理技术。

(3) 主要国家专利布局流向

图 6-3-10 是先进封装热管理技术专利布局流向图。参照图 6-3-10 可看出,主要国家的专利布局情况如下:中国申请人在中国布局的专利申请量最大,其次是美国,在日本和韩国几乎没有专利布局;美国申请人在美国的专利申请量最大,其次是韩国,可以看出美国对韩国市场的重视程度较高;日本申请人在日本的专利申请量最大;韩国申请人在韩国的专利申请量最大,其次是美国。

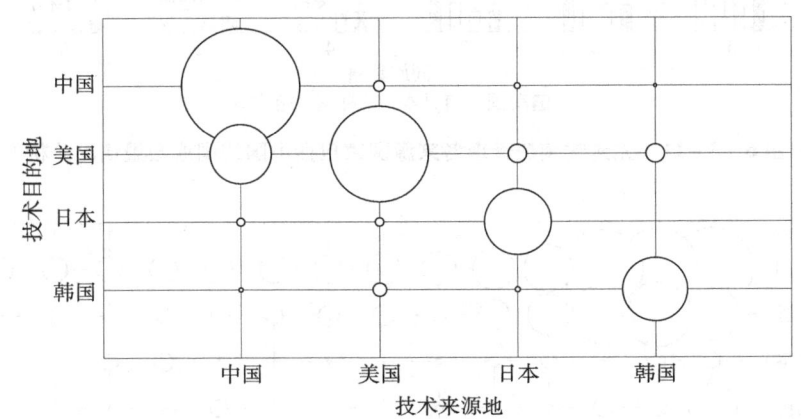

图 6-3-10　先进封装热管理专利布局流向图

注:图中气泡大小代表申请量的多少。

由此可看出,主要国家的专利申请量均在自己的国家布局最多、最完善,这也是专利布局的常规方式。在其他国家根据市场定位情况,进行专利布局。

与其他国家相比,中国申请人在美国、韩国、日本市场的专利布局远远不够,中国需要进一步鼓励创新主体加强在国外的专利布局,力争突破技术封锁。

图 6-3-11 是各来源国家包括中国专利的同族数量情况分析。从图中可看出,当包括中国专利的同族数量为 1 时,中国数量最多,高达 1391 项;其次是美国 699 项,日本 265 项,韩国 142 项,即中国的申请数量远远大于其他国家;当包括中国专利的同族数量为 2 时,中国申请人的专利申请为 259 项;当包括中国专利的同族数量为 3 时,中国申请人的专利申请为 189 项。中国、美国、日本、韩国在包括中国的同族数量为 3 时,专利申请量依然较为坚挺。当包括中国专利的同族数量为 4 时,中国、美国专利申请量大幅下降。在包含中国专利的同族数量为 6 时,美国依然有 59 项申请,这体现了美国创新主体对于全球市场的重视程度,也体现了美国的创新研发能力。

(4) 各创新主体市场能力分析

图 6-3-12 是先进封装热管理各重点申请人目标市场分布情况。各重点申请人的专利布局情况如下:各重要创新主体都是在中国的申请量最多;"三巨头"三星、英特尔、台积电以及 IBM、美光、日月光除最为重视中国市场外,亦较为重视美国市场;三星还较为重视本国市场。可见美国市场、中国市场具有巨大潜在价值是各创新主体的共识。

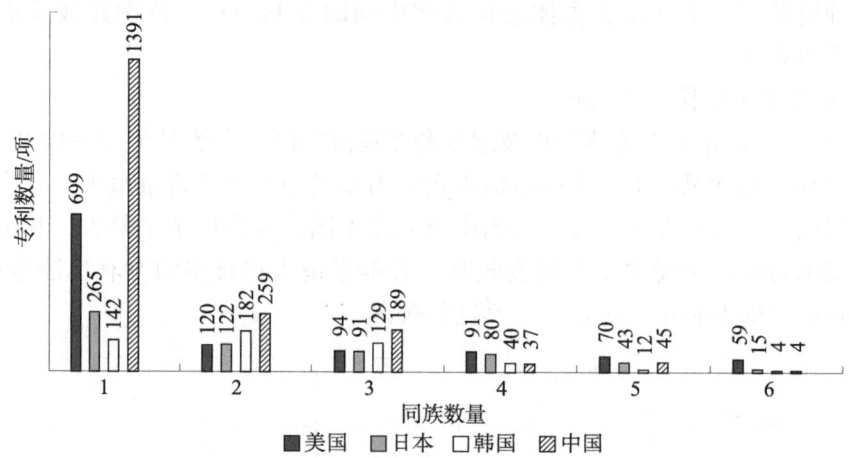

图 6-3-11　先进封装热管理各来源国家包括中国的同族数量情况分析

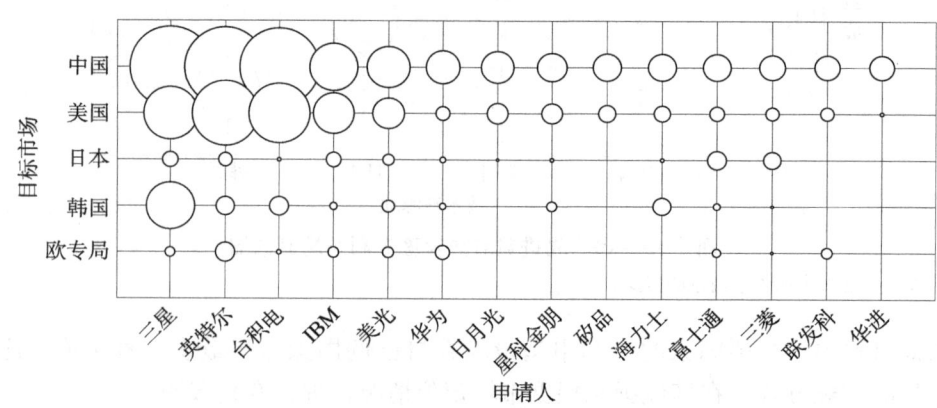

图 6-3-12　先进封装热管理各重点申请人目标市场分布情况

注：图中气泡大小代表申请量的多少。

华为在中国的申请量最大，其次在欧洲、美国也有一定数量的布局，其较为重视欧洲市场。

综上可以看出，各重点申请人的专利布局仍然侧重于中国市场、美国市场和本国市场，在其他国外市场布局比较弱；但是中国重点申请人的专利申请量还有待加强，即中国申请人在国外市场的专利布局相对比较薄弱。这提醒我们，在产品全球化的过程中，尤其是对于国际上先进封装热管理技术比较火热的市场，例如日本、美国、韩国这些国家，要提前做好专利风险判断，避免造成侵权。同时，中国也应当加大对重点市场的专利布局，在目标市场形成一系列的知识产权保护体系，以在未来可能存在的知识产权谈判中占据主动地位。

（5）主要国家在中国布局情况

图 6-3-13 是先进封装热管理主要国家在中国专利布局情况。从图中可以看出，中国创新主体的专利布局量最大，占比达到68%；美国在中国的专利申请量占比17%，

也就是说，美国和日本是最重视中国市场的来源国家。

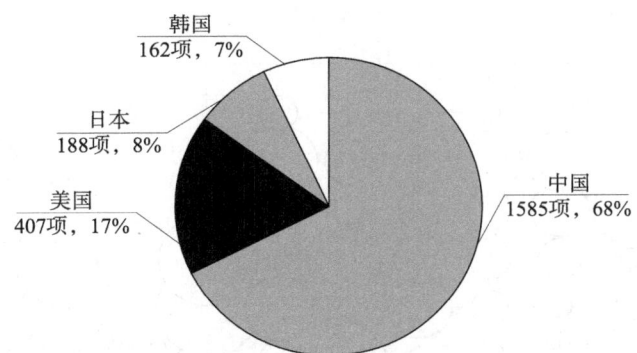

图6-3-13 先进封装热管理主要国家在中国专利布局情况

图6-3-14是中国热管理技术专利申请来源国家动态迁移图。中国的申请人在1997年才有首件申请，出现较晚，但此后大幅增长；美国、日本在中国申请的时间最早，特别是美国，早期有大量的专利申请，后续随着中国的崛起，比例逐渐降低。这说明美国、日本很早就有在海外专利布局的意识，重视中国市场；中国企业崛起后，专利保护布局意识逐渐增强，近几年其专利申请量占比占据绝对的优势。

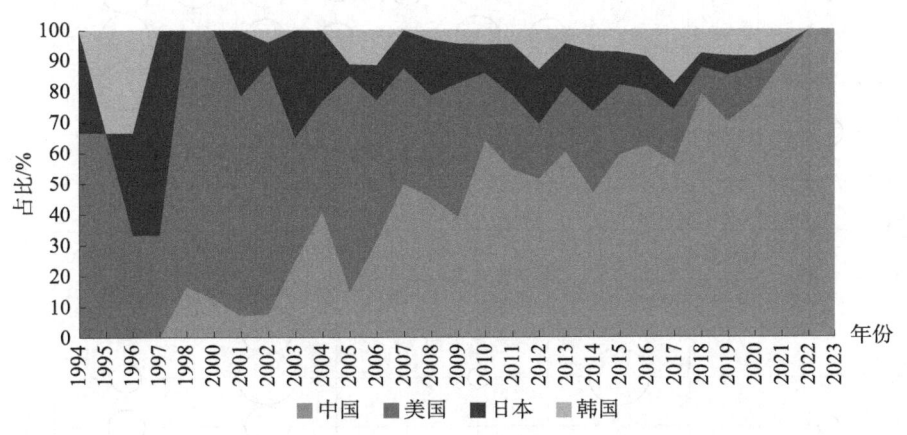

图6-3-14 中国热管理技术专利申请来源国家动态迁移图

(6) 重点申请人在中国布局情况

图6-3-15是重点申请人在中国热管理技术布局情况分析。从图6-3-15中可看出，英特尔在热管理技术领域起步较早，在2008年前在中国有大量的专利申请，比较重视中国市场；但在2008年前后，专利申请量断崖式地下降，这可能是受2008年全球经济危机的影响。三星、台积电起步略晚，2008年之前在中国只有零星的专利申请。长电科技、通富微电作为中国封测龙头，在21世纪第一个十年内，有零星的专利申请；而中国的华天，则在2014年才有了首件热管理申请，盛合晶微首件申请在2017年，这一是因为这些新进公司成立得较晚，二是中国的热管理技术发展时间确实还不够长，这个赛道还需要更多的企业加入。

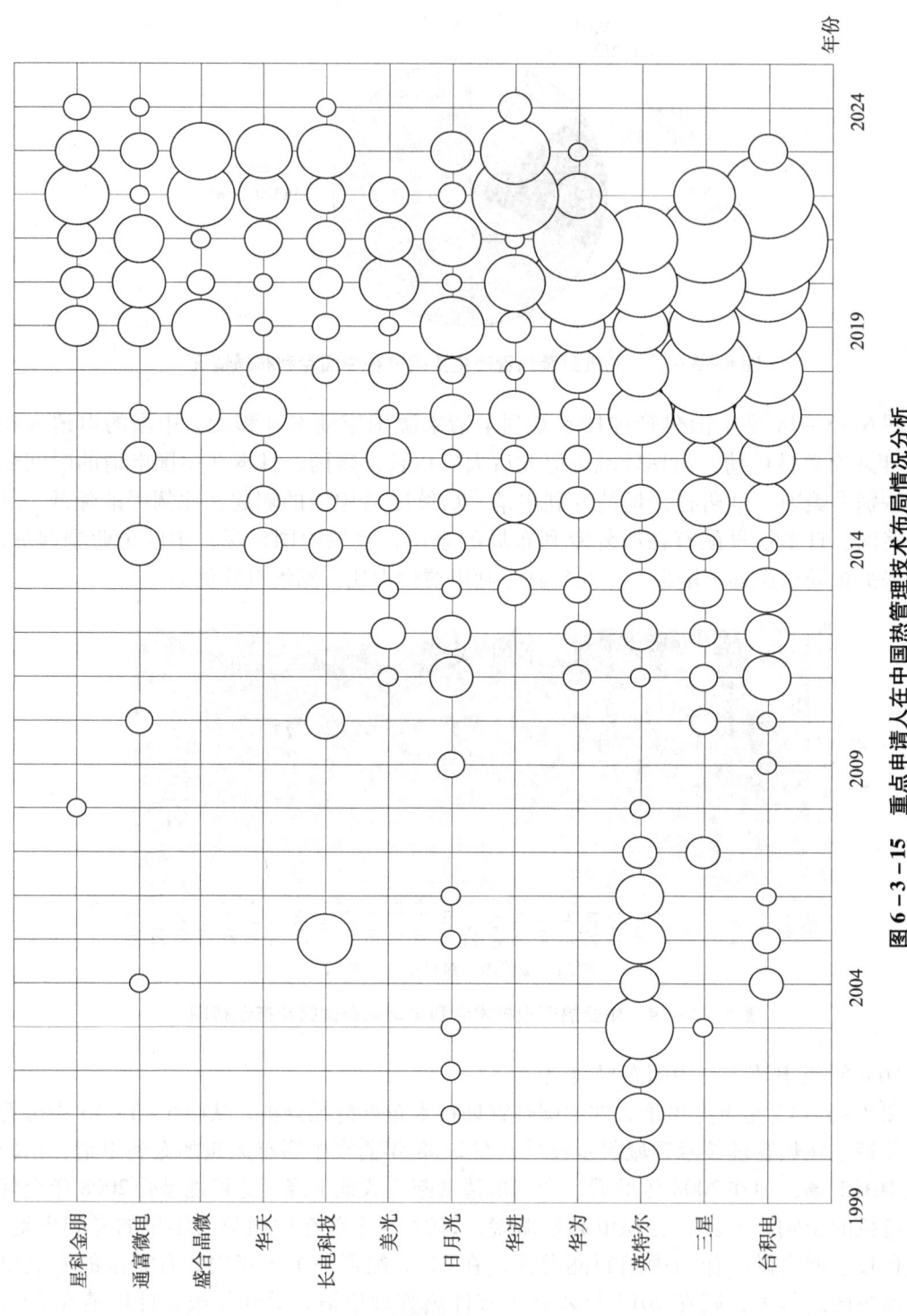

图 6-3-15 重点申请人在中国热管理技术布局情况分析

(7) 中国创新主体在中国防御情况

由上述内容可以看出,中国企业台积电的申请量较大。为突出分析中国其他重点企业的热管理布局情况,本小节将对除台积电以外的其他中国创新主体在中国的防御情况进行分析。

图6-3-16是中国重点申请人主动热管理技术分布图。从图6-3-16中可以看出,中国重点申请人关于主动热管理技术申请量较多的是华进、中国科学院、中电集团研究所、厦门大学、通富微电、北京大学、甬矽电子、矽磐微电子、中芯国际。

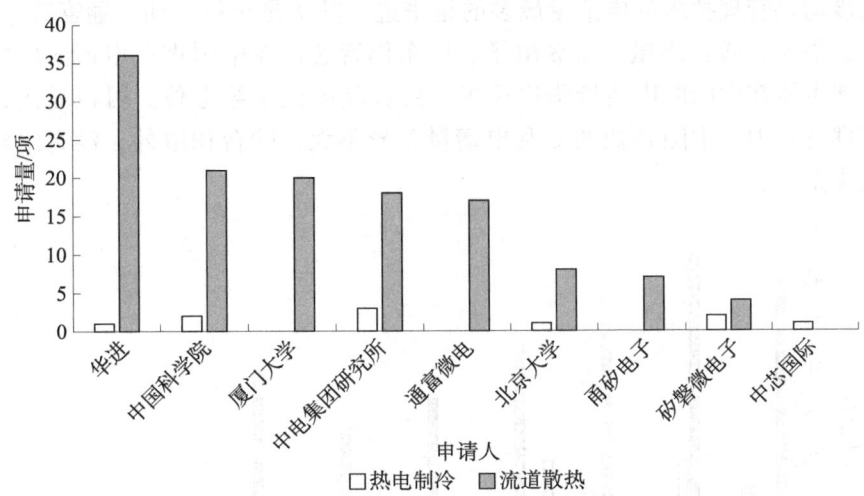

图6-3-16 中国重点申请人的主动热管理技术分布图

中国重点申请人流道散热技术申请量较多的是华进,其次是中国科学院、厦门大学、中电集团研究所、通富微电、北京大学、甬矽电子、矽磐微电子,中芯国际没有研发流道散热技术;中国重点申请人热电制冷技术申请量最多的是中电集团研究所、中国科学院和矽磐微电子,华进、北京大学和中芯国际则紧随其后,厦门大学、通富微电、甬矽电子没有研发热电制冷技术;其中,中国科学院、中电集团研究所、北京大学等科研院所对热电制冷技术、流道散热技术均进行了相应的研发和创新,矽磐微电子、华进等公司也对热电制冷技术、流道散热技术都进行了研发和创新。

华进、中国科学院、厦门大学、中电集团研究所、通富微电、北京大学、甬矽电子、矽磐微电子均主要研发流道散热;热电制冷技术则仅华进、中国科学院、中电集团研究所、北京大学、矽磐微电子、中芯国际在研究,且量很少,这是由于热电制冷技术的材料稀缺、工艺难度、成本高等。但热电制冷技术具有无须制冷剂、无噪声、无振动等优点,我们仍需要对热电制冷技术进行研发,以进一步提高散热效率。

中国重点申请人主动热管理技术的重要技术是流道散热,虽然中电集团研究所、华进、中国科学院、北京大学、中芯国际、矽磐微电子均对热电制冷进行了研究,但是热电制冷的专利申请量远低于流道散热的申请量,厦门大学、通富微电、甬矽电子均只对流道散热进行研究。这是由于中国重点申请人(比如华进、厦门大学等)首次申请出现较晚，2013年才有首件申请，中国科学院2010年才开始有申请，这说明需要鼓励创新主体对主动热管理技术的进一步研发、创新。

中国对主动热管理的研发较为分散，一方面，可能因为创新能力较低，还未对热管理技术进行全面的研发布局；另一方面，也说明中国企业对于热管理技术的整体把握或制备工艺技术尚且欠缺。

图6-3-17是中国重点申请人的被动热管理各技术构成分析，图6-3-18是中国重点申请人被动热管理技术各技术构成占比分析。由图6-3-17中可看出，中国重点申请人的被动热管理技术的申请量最多的是华进，其次是星科金朋、通富微电、华为、长电科技、华天、盛合晶微、甬矽电子、广东佛智芯；在中国重点申请人的技术构成中，各创新主体在中国的申请量华进最多，盛合晶微位于第七位。可以看出，在先进封装热管理技术中，中国企业的专利申请量差异不大，除台积电外，没有绝对的重点企业或龙头企业。

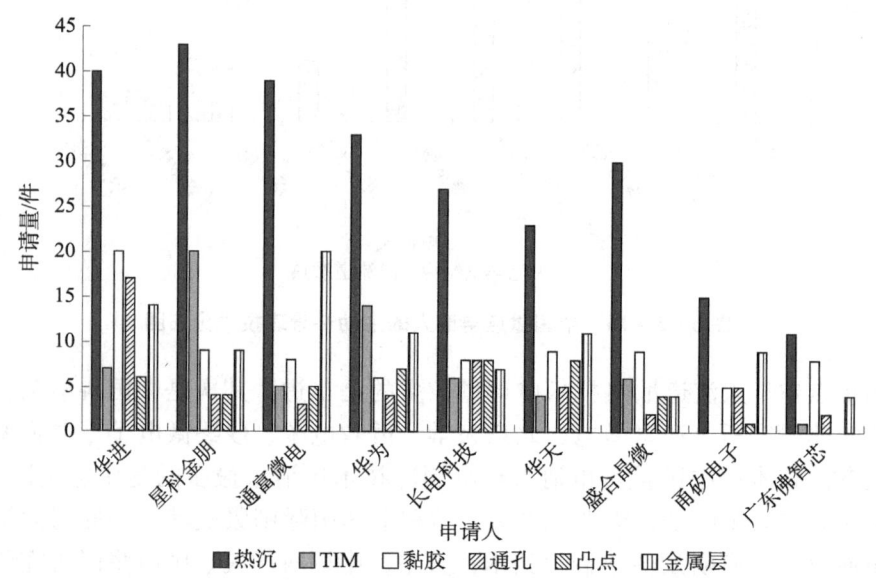

图6-3-17　中国重点申请人的被动热管理各技术构成分析

在被动热管理技术中，中国各创新主体的热沉技术都占据了绝对的优势，其申请量远超于其他技术的申请量，这也侧面说明了热沉技术的基础地位。对于TIM，星科金朋、华为的申请量较多，占据较多的比例，其他创新主体都较少。

由此可知，中国重点申请人的被动热管理技术的主流仍是热沉散热，这是由于热沉散热技术比较成熟、工艺简单；其中星科金朋、华为还主要致力于研发TIM散热技术，这是由于TIM制备工艺简单、对设备无腐蚀无损害、不增加额外能耗，且采用TIM可以有效排除空气，使得产热元件与散热元件之间的接触更加密切，降低界面接触热阻，提供高效的热传递通道；通富微电、华天、华为、华进、盛合晶微、长电科技均主要致力于黏胶散热；在TIM散热技术方面，星科金朋高于其他中国重点申请人。中国重点申请人根据自己的需求对被动热管理技术中的各个技术分支均进行了不同程

第6章 AI芯片先进封装热管理专利分析

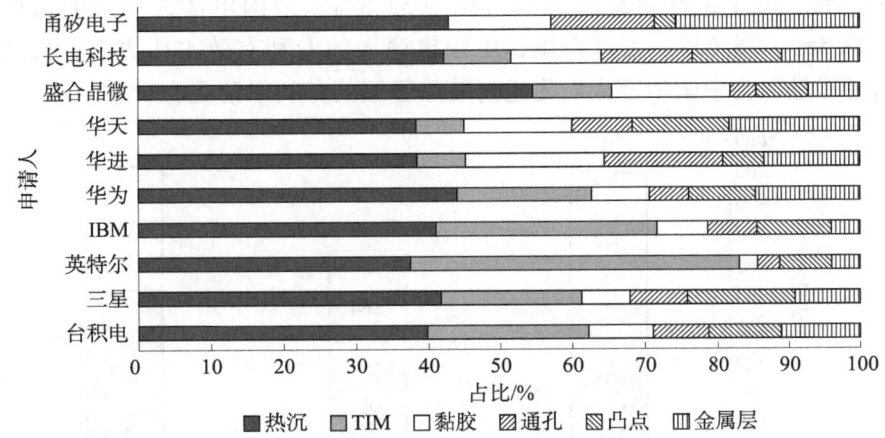

图6-3-18 中国重点申请人被动热管理技术各技术构成占比分析

度的研发、创新,这也说明了中国重点申请人对被动热管理技术的研究比较全面,但不够深入,因此,中国重点申请人需要对各个技术分支(如TIM散热技术)进行更深入的研究。

(8) 法律状态分析

图6-3-19是先进封装热管理技术在中国的专利申请法律状态分布图。其中,维持有效的占比为37%,失效的占比27%,剩余36%处于正在审查状态。处于审查状态中的专利占比1/3以上,表明热管理技术处于快速发展的阶段,热管理领域的专利申请处于活跃阶段。而在失效的专利中,因未缴年费失效的专利申请达223件,占比为33.94%;因撤回失效的专利申请为216件,占比为32.88%;因权利终止失效的专利申请为171件,占比为26.03%。中国重点创新主体,应重点关注因权利终止失效的专利申请。这部分专利很可能属于先进封装热管理领域的重点专利,中国创新主体可从这些技术入手进行发力,在其基础上进行主动布局。

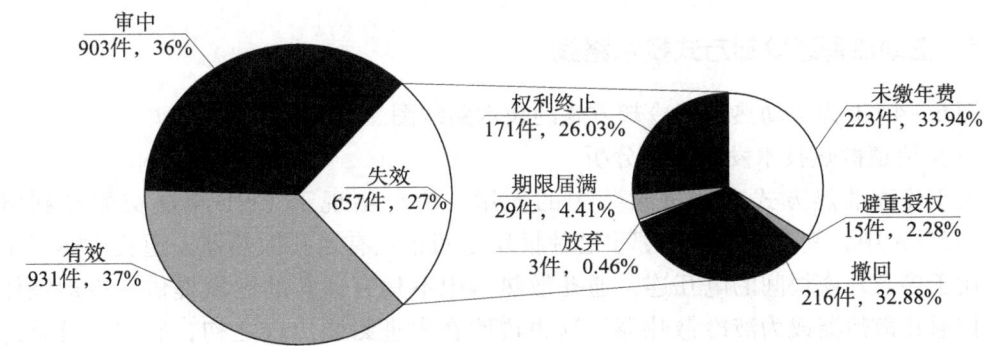

图6-3-19 先进封装热管理技术在中国的专利申请法律状态图

图6-3-20是国外申请人和中国申请人的先进封装热管理专利申请的法律状态。从图中可以看出国外申请人的专利申请中维持有效的为397件,占比为33.5%;失效

占比为30.7%，处于正在审查状态的占比为35.8%；中国申请人对应的占比分别为40.9%、22.5%、36.6%。可以看出，中国申请人的专利有效占比更高，失效占比更低些，这可能是因为中国申请人对先进封装热管理的专利申请更为看重。

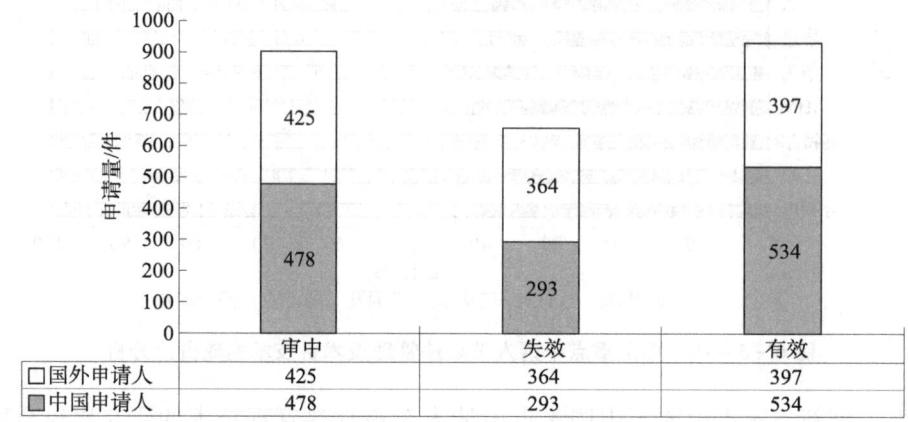

图6-3-20　国外申请人和中国申请人的专利申请的法律状态

由于国外创新主体在中国申请有364件已经失效，相关企业可以从中借鉴先进封装热管理技术，其侵权的风险相对较小。同时，相关企业也应及时关注处于在审状态的案件，其反映的是技术发展的最新趋势。

6.4　热管理技术路线分析

由前面所述，将热管理技术领域划分为主动热管理和被动热管理，主动热管理又下分为流道散热、热电制冷，被动热管理又下分为热沉、散热通孔、黏胶、散热凸点、散热金属层、TIM，这对应了先进封装热管理的八项热管理技术。以下从各技术的发展进程展开，对各技术分支的发展脉络进行阐述。

6.4.1　主动热管理冷却方式技术路线

图6-4-1为主动热管理冷却方式的技术路线图。具体分析如下。

（1）流道散热技术发展路线分析

关于流道散热方式在先进封装中的使用，最早出现于1991年提交的专利申请US5111278A中，其在堆叠的相邻多芯片模块之间布置有通孔散热器，通孔散热器中的通孔用于多芯片模块间的电互连，通孔散热器中不具有通孔的区域提供有冷却液体通道，使通孔散热器成为液冷散热器。这也说明在先进封装出现之初，研究人员就意识到为应对先进封装所带来的散热难题，需要引入像散热流道这样的具有高散热效率的散热手段。

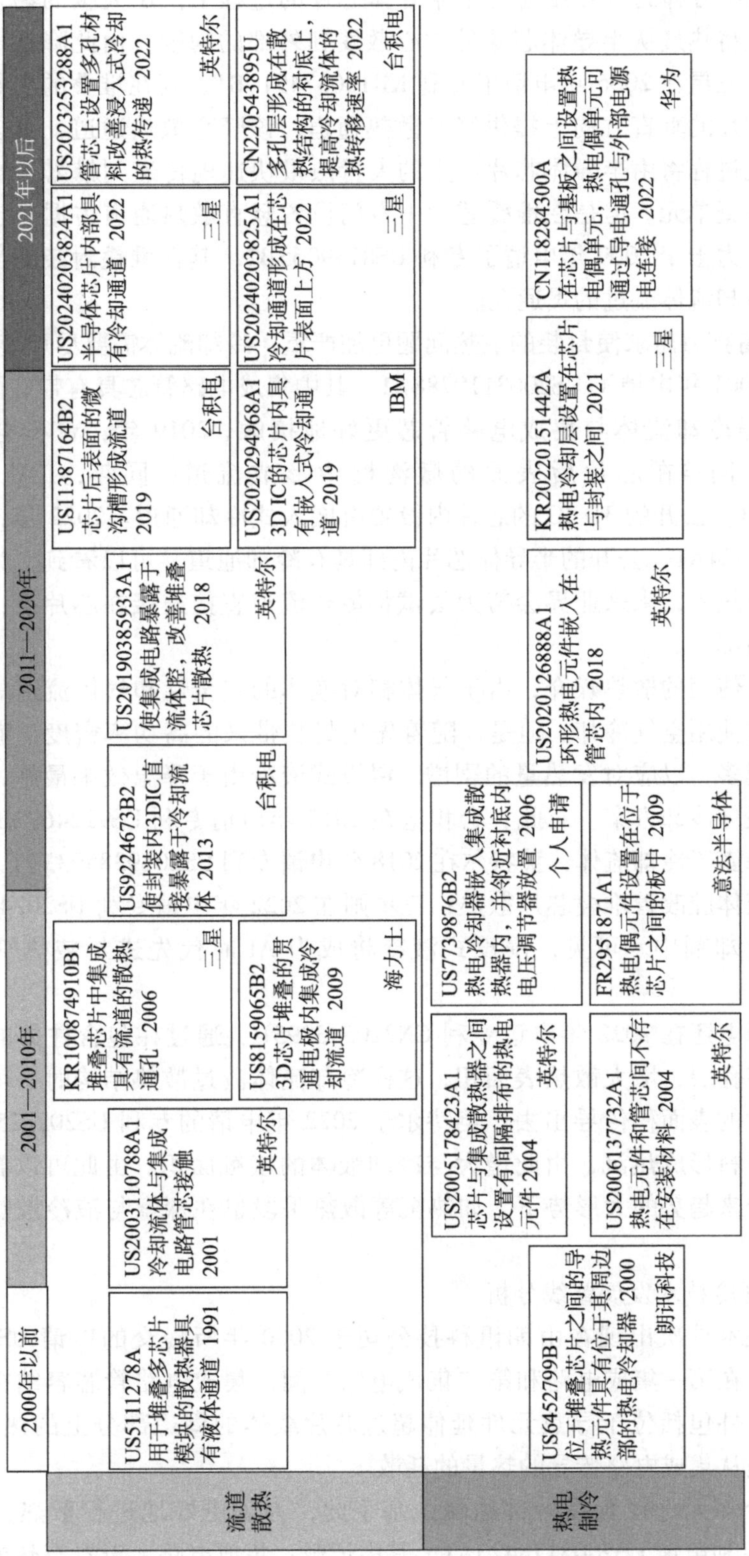

第6章 AI芯片先进封装热管理专利分析

主动热管理的技术分支路线图

时间段划分： 2000年以前 | 2001—2010年 | 2011—2020年 | 2021年以后

流道散热

2000年以前：
- US5111278A 用于堆叠多芯片模块的散热器具有液体通道 1991

2001—2010年：
- US20030110788A1 冷却流体与集成电路管芯接触 2001 英特尔
- KR100874910B1 堆叠芯片中集成具有流道的散热通孔 2006 三星
- US8159065B2 3D芯片堆叠的贯通电极内集成冷却流道 2009 海力士

2011—2020年：
- US9224673B2 使封装内3D IC直接暴露于冷却流体 2013 台积电
- US20190385933A1 使集成电路暴露于流体腔，改善堆叠芯片散热 2018 英特尔
- US11387164B2 芯片后表面的微沟槽形成流道 2019 台积电
- US20200294968A1 3D IC的芯片内具有嵌入式冷却通道 2019 IBM

2021年以后：
- US20240203824A1 半导体芯片内部具有冷却通道 2022 三星
- US20240203825A1 冷却通道形成在芯片表面上方 2022 三星
- US20232532B8A1 芯片上设置多孔材料改善侵入式冷却的热传递 2022 英特尔
- CN220543895U 多孔层形成在散热结构的衬底上，提高冷却流体的热转移速率 2022 台积电

热电制冷

2000年以前：
- US6452799B1 位于堆叠芯片之间的导热元件具有位于其周边部的热电冷却器 2000 朗讯科技

2001—2010年：
- US20050178423A1 芯片与集成散热器之间设置有同隔排布的热电元件 2004 英特尔
- US20060137732A1 热电元件和管芯不存在安装材料 2004 英特尔
- US7739876B2 热电冷却器嵌入集成散热器内，并邻近衬底放置 2006 个人申请
- FR2951871A1 热电偶元件设置于芯片之间的板中 2009 意法半导体

2011—2020年：
- US20200126888A1 环形热电元件嵌入在管芯内 2018 英特尔
- KR20220151442A 热电冷却层设置在芯片与封装之间 2021 三星

2021年以后：
- CN118284300A 在芯片与基板之间设置热电偶单元，热电通孔可通过导电通孔与外部电源电连接 2022 华为

图6-4-1 主动热管理的技术分支路线图

由于堆叠的半导体封装在结合上下半导体芯片的过程中使用大量的黏合剂，因此不能有效地解决将热量从半导体芯片的中心散发到外部的问题，由此降低可靠性。为解决这一问题，三星在 2006 年申请了专利 KR100874910B1，其在堆叠的半导体封装中堆叠的半导体芯片的垂直方向上提供竖直散热通道，该竖直散热通道，可以通过制冷剂的汽化和液化过程将由半导体芯片产生的大量热量快速地传递到暴露于堆叠的半导体封装外部的冷凝单元。但是在堆叠芯片中专门设置竖直散热通道占据了宝贵的芯片空间，对此，海力士于 2009 年申请了专利 US8159065B2，其在堆叠封装的贯通电极内设置了用于使冷却流体流过的贯通孔。

AI 芯片的高算力需求使封装的散热问题更加严重，冷却流体需要尽可能接近热源。对此，英特尔 2001 年申请了 US2003110788A1，其中集成电路管芯具有带有微通道的表面，该表面使得冷却流体与集成电路管芯更好地接触。2019 年，台积电申请专利 US11387164B2，同样在芯片后表面的微沟槽中形成流道；同年，IBM 申请专利 US2020294968A1，公开的 3D IC 的芯片内设置有嵌入式冷却通道。2022 年，三星申请专利 US2024203824A1，公开的半导体芯片内部具有冷却通道。可以看到，为了使冷却流体尽可能接近热源，未来业界会努力尝试将散热流道直接连接在芯片上，甚至将流道设置在芯片内部。

关于流道中使用的散热媒介，由于气体相对液体的安全性和气体流道的高工艺可靠性，因此主要使用空气冷却。但是，随着先进封装带来的高功率密度，液体冷却装置的使用越来越多，以应对发热量的剧增。浸没式液冷由于降温效果最好，被认为是对先进封装的最佳冷却方案。对此，台积电在 2013 年申请专利 US9224673B2，使封装内的芯片直接暴露于冷却流体；英特尔在 2018 年申请专利 US2019385933A1，其中使集成电路暴露于液体腔改善堆叠芯片散热；三星则在 2022 年申请专利 US2024203825A1，其中芯片位于冷却剂中。可见，浸没式液冷将成为 AI 时代先进封装热管理的发展方向。

此外，台积电还在 2022 年申请专利 CN220543895U，通过在包含柱体的散热结构表面贴合一层多孔层，增大散热表面积，这样冷却流体流过散热结构时，可以将热量自由多孔层增大的表面积传导出去；英特尔于 2022 年申请的专利 US2023253288A1 中直接利用多孔材料形成热沉，由此增大与冷却液体的接触面积。由此可以看出，在液冷散热已成为未来趋势的大形势下，如热沉等散热手段也在探索与液冷散热可以更好融合的方式。

（2）热电制冷技术发展路线分析

热电制冷技术首次出现在由朗讯科技公司于 2000 年所提交的申请 US6452799B1 中，导热元件夹在第一集成电路和第二集成电路之间，集成电路管芯容纳在两个芯片载体中。导热元件包括位于导热元件延伸超过芯片载体的周边部分上的热电冷却器，热电冷却器加速从集成电路传导的热量的耗散。

上述热电冷却元件设置在外部边缘，基于此，为了更好地进行散热，英特尔于 2004 年提出了专利申请 US2005178423A1，其中记载：集成电路上设置有热电元件，芯片与集成散热器之间设置间隔排布的热电元件；热电元件包括扩散阻挡层、P掺杂半导体材料和扩散阻挡层，这些层在彼此顶部顺序形成；热电元件以同样的方式形成，即通过将热电元件设置在封装内部，以增强散热。

上述热电元件与芯片不直接接触，基于此，英特尔于2004年提出了专利申请US2006137732A1，在TEC和管芯之间不存在安装材料，TEC包括成对的n型电极和p型电极，即热电元件与芯片直接接触。

关于热电元件的位置设置，美国于2006年提出了个人专利申请US7739876B2，其中：热电冷却器嵌入在集成散热器内，并且邻近衬底内电压调节器放置；热电冷却器与管芯之间设置有基板，即通过将热电元件集成在散热器内，以提高散热效率，同时进一步小型化。

意法半导体公司于2009年提出了专利申请FR2951871A1，其中，热电偶元件设置在位于芯片之间的板中，即通过将热电元件集成在板内，以提高散热效率，同时进一步小型化。

基于上述热电元件设置于外部边缘、封装内部、集成在某一部件内部，英特尔于2018年提出了专利申请US2020126888A1，其中，环形TEC嵌入在管芯内，即进一步将热电元件集成在芯片内部，以更好地散热。

上述的热电元件用于单个芯片散热。对于多个芯片散热而言，三星于2021年提出了专利申请KR20220151442A，其中，热电冷却层设置在芯片与多芯片封装之间，即热电元件设置在芯片与封装之间。

上面介绍了热电元件的具体位置，对于热电元件的外部连接，华为于2022年提出了专利申请CN118284300A，其中：在芯片与基板之间设置热电偶单元；热电偶单元可以通过导电通孔与外部电源电连接，因此可以避免热电薄膜器件需要通过电源线或焊线电连接至外部电源，有利于热电薄膜器件的微型化，使其易于整合至芯片封装结构中；导电通孔的电源传输路径一般小于电源线或焊线的电源传输路径，有利于减小热电薄膜器件的阻值。

6.4.2 被动热管理冷却方式技术路线

图6-4-2（见文前彩色插图第4页）为被动热管理的技术分支路线图。具体分析如下。

（1）热沉技术发展路线分析

日本电气于1979年提交的申请JPS6249989B2中记载，在基板上安装有多个芯片，引脚通过形成在每个盖上表面上的信号线电连接到形成在基板中的信号线，每个盖上的销以大致均匀的方式定位在基板表面上，每个芯片产生的热量可以由空气冷却的铝或铜散热器从基板的下表面排出。

1991年申请的专利US5111278A是涉及在芯片三维堆叠中集成热沉的早期专利，其中在堆叠的相邻多芯片模块之间布置有通孔散热器，通孔散热器中的通孔用于多芯片模块间的电互连，通孔散热器中不具有通孔的区域提供有冷却液体通道，使通孔散热器成为液冷散热器。这显示在早期的三维堆叠封装设计中，设计者已经开始尝试借助主动、被动散热方式的融合实现更好的散热。

半导体封装结构中，通常会在芯片与热沉之间设置一层 TIM 以降低界面热阻，改善散热效果，而热界面层在芯片、热沉间隙中的填隙质量是影响热阻大小的重要因素。惠普公司 1996 年申请的专利 US5587882A 提供了一种具有支撑环的散热器，该支撑环装配到形成在多芯片模块（MCM）衬底的槽中，槽深设置为比 MCM 在 z 方向上的总尺寸公差叠加深，支撑环穿过槽的穿透深度确保了散热器与热界面层接触，从而提供低热阻。

由于简单的气流/散热器方法冷却的能力受到限制，发展了使用具有热管/蒸汽室的热沉对 MCM 进行散热。但是，当应用于 MCM 时，热管/蒸汽室技术有一些局限性，尤其是由热管/蒸汽室与集成电路芯片和 MCM 基板两者之间的热膨胀系数（CTE）不匹配引起的芯片应力。对此，IBM 于 2002 年申请的专利 US6665187B1 提供了一种有效冷却的 MCM，采用具有蒸汽室的热沉进行冷却，芯片背侧和热沉下壁之间具有 TIM，其中 MCM 基板具有第一 CTE，热沉具有第二 CTE，第一 CTE 和第二 CTE 匹配，使 CTE 失配引起的封装和芯片应力最小。

三维（3D）集成电路（IC）包括各种半导体管芯，每个半导体管芯在正常工作期间会产生过多的热量，而 3D IC 中单个管芯不具有散热器。台积电 2011 年申请的专利 US2013056871A1 直接临近 3D IC 中的管芯形成散热器，更有多个热通孔耦合至散热器的另一侧表面，从而可以有效减小管芯结温，提高 3D IC 的热性能。

作为 3D IC 中的一种，POP（封装上封装）型半导体封装因为是堆叠结构，也存在难以将半导体芯片中产生的热量散发到外部的问题。对此，三星 2015 年申请的专利 KR102372300B1 通过在位于上、下两封装体之间的中介层基板的顶面和底面对应芯片分别形成散热器，可以将芯片产生的热量有效地散发到外部。该专利还对散热器结构、材料进行了优化。具体地，散热器可包括伪垫和散热垫两层结构，伪垫相比散热垫更加临近中介基板设置，可以包括具有优异导热性的材料，例如铜、铝金属材料；散热垫由具有优异导热性的材料制成，例如金属材料铜、铝或碳基高导热材料石墨烯、石墨等。

增大散热面积一直是提高热沉散热性能的重要手段之一。华为 2016 年申请的专利 KR20180079202A 中提供了一种设置在基板的上表面上的包括绝缘层和导热层的散热装置，绝缘层通过热压缩工艺紧密黏附于芯片外表面以及基板的上表面，有效地增加了散热面积，提高了散热均匀性。

将具有高导热率的新型材料应用于热沉制造也是提高热沉性能的主要手段，这些新材料包括石墨烯、石墨、金刚石、氮化硼等。如前述专利 KR102372300B1 中采用了碳基材料石墨、石墨烯作为热沉中散热关键层的材料，前述专利 KR20180079202A 中使用石墨烯、石墨片或氮化硼形成热沉的导热层，类似地，还有如瑞萨在 2019 年申请的专利 US10008435B2，其中涉及利用石墨烯形成热沉鳍部的新工艺。

通常热沉是形成在封装结构外部，但是由于先进封装相比于传统封装功率密度显著增大，因此单独的封装外热沉已不能满足散热需求。对此，台积电 2018 年申请了专利 DE102019116376A，其中通过在 3D IC 封装内嵌入与管芯堆叠相邻设置的虚拟结构堆叠，堆叠的虚设结构被配置为散热结构，该散热结构将热量从管芯堆叠的管芯转移走。英特尔 2019 年申请的专利 US11804470B2 中则在传统的 TIM/热沉布置位置与管芯之间额外设置了一层无源散热器，该无源散热器可以由一种或多种不同的基板/中介层材料形成，例如硅、碳化硅等，以提高热导率，并且，通过使用 CTE 相似的材料形成无源散热器和管芯，可以提供改进的翘曲控制。

最近几年，被认为是提高散热效率"终极方式"的液体冷却在先进封装领域被越来越多地研究，而作为最基础散热手段的热沉也在被研究如何与液体冷却更好地融合。台积电 2022 年申请专利 CN220543895U 中通过在包含柱体的散热结构表面贴合一层多孔层，增大了散热表面积。这样冷却流体流过散热结构时，可以将热量自由多孔层引起的增大的表面积传导出去。英特尔也于同年申请了专利 US2023253288A1，直接利用多孔材料形成热沉，由此增大了与冷却液体的接触面积。两家公司在将热沉散热技术与液体冷却技术进行融合时"不约而同"地选择了通过进一步增加热沉表面积，进而增大热沉与冷却流体接触面积的技术路线。由此也可看出，未来热沉的研究热点将集中于增加其表面积，使其能与液冷散热方式更好融合的尝试。

（2）通孔技术发展路线分析

电装株式会社在 1997 年申请专利 JP31075397A，其中提出了在堆叠多芯片模块的芯片之间设置散热通孔。

为了使散热通孔能够具备更强散热能力，三星在其于 2006 年申请的专利 KR100874910B1 中提供了一种在堆叠芯片中集成的具有流道的散热通孔。

对于散热通孔设置位置，星科金朋在其 2008 年申请的专利 US2009302445A1 中提出在三维封装的密封剂中形成散热通孔以提供散热。

为改善堆叠芯片中底部芯片的散热难问题，台积电在 2018 年申请了专利 CN110970407B，在位于管芯堆叠下部的第二管芯表面上与位于上部的第一管芯相邻的位置设置了多个穿过密封剂的热通孔；英特尔于 2019 年申请了专利 CN114730746A，其中通过形成在底部管芯边缘上的导热柱去除了底部管芯边缘产生的热点；同年三星申请了专利 KR102619532B1，将底部管芯通过位于顶部管芯间的散热柱与热沉直接耦接。

2020 年，英特尔将导热硅通孔应用于起散热作用的虚设管芯；2023 年英特尔在桥接结构中通过封装基板的散热通孔与散热金属层/黏胶配合实现了桥接结构的热耗散。

（3）黏胶技术发展路线分析

美光在 1998 年申请的专利 US6117797A 中提出在管芯与散热器之间填充凝胶弹性体，这是涉及导热黏胶在半导体封装中使用的早期专利。

关于导热黏胶的应用，台积电在其 2013 年申请的专利 US2015130047A1 中还提供了一种能够创建热量耗散路径的导热黏合剂层。

关于导热黏胶的改进，三星在其 2013 年申请的专利 US2014353848A1 中提出一种与散热结构具有高黏合强度的散热黏胶；三星于 2018 年申请的专利 US2020211920A1 提出一种由多孔金属层和黏合层形成的散热黏胶薄膜；海力士于 2019 年申请的专利 KR20200119013A 提出通过在密封剂内引入导热球建立导热网络；迪睿合株式会社于 2021 年申请的专利 CN116868332A 中提出一种含碳纤维或氮化硼的新型散热黏胶的配方和工艺。

（4）散热凸点技术发展路线分析

散热凸点技术首次出现在由日本特殊陶业株式会社于 1989 年所提交的申请 JP2656120B2 中，具体散热方式是集成电路所产生的热经由形成于集成电路的搭载部分的导体膜、多个散热用通孔而传递至基板。具体而言，集成电路的热向表面的导体膜、导体柱传递，最后热向基板传递。

相对于单个芯片的散热，三星于 2002 年提出的专利申请 KR20030060436A 中，在 POP 之间设置散热金属凸块，且散热金属凸块与封装相接触，从各半导体芯片封装产生的热可通过金属凸块向其他半导体芯片封装的金属配线层扩散来减小半导体芯片封装层叠模块的大小，以进一步提高散热效率。

就上述在 POP 之间设置散热金属凸块而言，三星于 2014 年提出的专利申请 CN105428337A 中，在芯片与芯片之间设置第一散热凸块和第一散热焊盘，以加强对芯片的散热；第一散热部件与第二半导体芯片的底表面分隔开，所以第二绝缘图案可以提供在第一散热部件和第二半导体芯片之间，从第一半导体芯片的第一热源产生的热不会传递到第二半导体芯片，第三绝缘图案可以提供在第二散热部件和第三半导体芯片之间，即芯片之间的热量不会相互干扰。

在上述芯片之间设置散热凸块的基础上，三星于 2020 年提出了专利申请 CN113314482A，其中，第一散热凸块可以被配置为消散来自第一区域中的第一半导体芯片至第四半导体芯片的热，第一散热凸块和第一散热柱彼此连接并以第一节距布置在第一区域中；第二散热凸块可以被配置为消散来自第二区域中的第一半导体芯片至第四半导体芯片的热，第二散热凸块和第二散热柱彼此连接并以第二节距布置在第二区域中；且第二节距可以比第一节距窄，以第二节距位于第二区域中第二散热凸块的数量可以比以第一节距位于第二区域中的第二散热凸块的数量多，第二区域的散热效率可以通过第二散热凸块被大大改善，第二区域的散热效率可以比第一区域的散热效率大，即根据芯片不同区域产生的热量不同而合理设置相应的散热凸点数量以更加合理地进行散热。

基于前面所述的在 POP 之间设置散热凸块，且散热凸块与封装相接触，台积电于 2022 年提出了专利申请 CN220693635U，其中在下部封装组件与上部封装组件之间设置散热凸块，散热凸块的顶部与上部封装组件的下表面之间具有非零间距，以提高散热效率。

基于上述的在 POP 之间设置散热凸块，鼎道智芯于 2023 年提出了专利申请 CN116469870A，其中，在 POP 之间的中介层中设置散热结构将芯片发出的热量导出，散热结构为散热凸块、散热柱均间隔排布的方式，以进一步加强散热。

(5) 金属层技术发展路线分析

金属层首次出现在由 AT&T 于 1991 年所提交的专利申请 US5102829A 中,安装在主体中凹腔中的诸如集成电路芯片的装置与金属散热器接触。

南亚于 2007 年提出了专利申请 US2008315398A1,其中,中介层内嵌入散热金属层,散热金属层与芯片直接接触,掩埋铜散热器的底部通过散热插塞连接到基板的第二表面上的铜层和第二金属箔,即散热金属层嵌入中介层中。

在上述使用散热金属层对单个芯片进行散热,基于此,为了对多个芯片同时散热,日月光于 2007 年提出了专利申请 US8059422B2,其中,在芯片封装外部设置有散热金属层,即同一散热金属层同时对封装内部的多个芯片进行散热,以节省成本。

前述散热金属层位于封装外部,为了进一步改善散热效率,南茂科技于 2014 年提出了专利申请 CN104867908A,其中,第一散热金属层、第二散热金属层位于相邻芯片之间的中介层上,第一散热金属层、第二散热金属层与导电贯孔电性隔离,即芯片可以直接利用中介层形成散热结构,提供芯片低热阻的散热途径,明显改善倒装芯片堆叠封装的散热效率,且结构简单,可以降低制造成本。

基于散热金属层与芯片不直接接触且位于中介层上,南通沃特光电于 2019 年提出了专利申请 CN110459511A,其中,芯片与芯片之间设置有散热金属层,且散热金属层与芯片直接接触。

除热沉散热外,前述仅采用散热金属层技术进行散热,为了进一步提高散热效率,长电科技于 2020 年提出了专利申请 CN112086437A,其中,在芯片之间设置散热金属层,并在布线层中设置散热通孔,散热金属层与散热通孔直接接触,即散热金属层与散热通孔相结合以提高散热效率。

为了更加全面地散热,华天于 2022 年提出了专利申请 CN115621225A。其中,每层芯片封装结构处分别设有内散热金属层,最外层的芯片封装结构的表面设有外散热金属层;两层芯片封装结构中设置的两层内散热金属层之间延伸焊接,且外散热金属层又与内散热金属层之间延伸焊接;基板的边部上设有边部散热金属层;且内散热金属层和外散热金属层的边缘均与基板上的边部散热金属层焊接。基板的边缘处还设有与边部散热金属层相接的散热拓展裙边,该散热拓展裙边用于与外部的 PCB 板焊接,达到散热面积最大化的效果,实现封装结构从内至外的整体散热。

通常情况下,在热沉与芯片直接设置 TIM 以将热沉与芯片粘贴。此处通富超威于 2023 年提出了专利申请 CN220672564U,其中,散热金属层设置在芯片与散热盖之间,即将散热金属层设置在原本 TIM 所在的位置,以提高散热效率。

(6) TIM 技术发展路线分析

TIM 散热技术首次出现在由惠普于 1993 年所提交的专利申请 US5396403A 中。基板在上表面上具有一个或多个芯片并且在下表面上具有更多个芯片,上表面上的芯片通过诸如铟焊料的第一热界面热耦合到第一导热板,第一导热板通过诸如热膏的第二热界面热耦合到第一散热器;下表面上的芯片通过诸如铟焊料的第三热界面热耦合到第二导热板,并且第二导热板通过诸如热膏的第二热界面热耦合到第二散热器;第一散热器和第二散热器将 MCM 和两个导热板包围在腔中；扁平电缆在散热器之间延伸以与外部电路建立电连接。

在上述 TIM 采用钢焊料的基础上，英特尔于 2001 年提出了专利申请 US6617683B2，其中，在芯片与散热器之间设置低模量 TIM，TIM 的低模量凝胶是聚合物，即硅酮，其填充有细的导热颗粒材料：金属（诸如铝和银）和/或陶瓷（诸如氧化铝和氧化锌）中的一种或多种，即通过改变 TIM 来改善散热效率。

针对上述采用低模量热界面材料，英特尔于 2013 年提交的专利申请 US2014246770A1 中，在芯片与集成散热器（IHS）之间设置铜纳米棒 TIM；铜纳米棒 TIM 包括铜纳米棒，即 TIM 采用纳米棒。

在上述选择 TIM 的基础上，IBM 于 2020 年提出了专利申请 US11774190B2 中，在热交换器和电子部件之间设置 TIM 片材，TIM 片材中设置有 TIM 穿孔，TIM 穿孔在与热交换器和电子部件之间的间隙对应位置上进行，穿孔移位的材料与电子部件进行热接触。

在上述 TIM 基础上，宸寰科技于 2022 年提出了专利申请 JP7407218B2。其中，多个位置的 TIM：内部 TIM1、外部 TIM2 和中部 TIM1.5；其散热界面薄片材料包括：自上而下为第一导热胶层、导电功能薄层、第二导热胶层，该导电功能薄层为导电箔片、具有单面陶瓷及/或石墨烯散热材料层的导电箔片和具有双面陶瓷及/或石墨烯散热材料层的导电箔片中的至少一种，并叠合于第一导热胶层及第二导热胶层中间，其耐电压 500V~20kV；其中，该导电功能薄层的导电箔片为铜箔、铝箔、银浆、碳管、导电高分子、锡膏、导电油墨和铜膏中的至少一种，即在合理选择 TIM 的同时，也对热界面的位置进行了优化。

6.4.3 热管理重点创新主体发展路线

图 6-4-3 是不同时间段创新主体的专利申请量排名情况。该图提取了热管理技术专利申请量处于前 20 名的重点申请人，并对其在不同的时间段内进行排名分析得到。从图中可以明显看出，涉及先进封装热管理技术的创新主体随着时间推移有逐渐增多的趋势，在 1996 年之前，仅有日本电气、富士通、三菱三家日本企业以及美国 IBM 相关的专利申请。这个阶段，先进封装热管理技术主要掌握在日本和美国手中。

在 1997—1999 年这个时期，美国的英特尔、美光，中国的矽品精密开始进行专利申请布局，而日本仍然只有日本电气、富士通具有专利申请。这个阶段，先进封装热管理技术主要掌握在美国、日本、中国手中。

在 2000—2002 年这个时期，韩国的三星、海力士开始有专利申请布局，值得注意的是，三星一进入，就排名到第二位，可见其布局的力度和决心；中国的日月光也进入热管理的专利布局，而日本在这个阶段只有三菱、富士通具有专利申请，并且其申请量也远远落在了后面，日本也是从这个时期半导体开始慢慢没落。这个阶段，先进封装热管理技术主要掌握在美国、韩国、中国手中。中国的星科金朋也是在这个阶段开始布局专利申请，但在 2015 年被长电科技所收购，之后星科金朋也成为长电科技最为核心的资产。

1996年之前	1997—1999年	2000—2002年	2003—2005年	2006—2008年	2009—2011年	2012—2014年	2015—2017年	2018—2020年	2021—2024年
日本电气	日本电气	英特尔	英特尔	英特尔	三星	三星	英特尔	英特尔	台积电
IBM	英特尔	三星	日月光	三星	IBM	台积电	三星	三星	三星
富士通	IBM	矽品精密	矽品精密	IBM	台积电	英特尔	台积电	台积电	英特尔
三菱	美光	日月光	三星	海力士	日月光	IBM	华进	华为	华为
	矽品精密	IBM	矽品精密	力成科技	海力士	华进	华进	日月光	华进
	富士通	海力士	台积电	星科金朋	富士通	富士通	美光	IBM	盛合晶微
	三菱	长电科技	矽品精密	英特尔	美光	力成科技	华进	星科金朋	日月光
	富士通	日月光	星科金朋	日月光	美光	华为	华天	美光	华天
	美光	星科金朋	力成科技	三菱	华为	华天	盛合晶微	华天	长电科技
	星科金朋	日月光	三菱	通富微电	三菱	三菱	通富微电	通富微电	通富微电
		海力士	富士通	三星	三菱	日月光	星科金朋	矽品精密	矽品精密
		日本电气	台积电	矽品精密	华为	富士通	星科金朋	力成科技	美光
		通富微电	三菱	长电科技	华天	海力士	力成科技	海力士	IBM
				日本电气	矽品精密	通富微电	海力士	三菱	力成科技
				通富微电	海力士	盛合晶微	海力士	IBM	三菱
				华为	长电科技	通富微电	长电科技	华天	海力士
					力成科技	星科金朋	华天		富士通
					日本电气	长电科技	矽品精密		
					星科金朋	日本电气	富士通		
						日本电气			

图6-4-3 热管理技术不同时间段创新主体的专利申请量排名情况

注：不同颜色代表不同技术来源地。

在2003—2005年这个时期内，中国的台积电开始有专利申请布局。台积电于2004年开始热管理的首件专利申请，之后一路追赶，经过20年的发展，如今已稳居热管理技术申请量第一。值得注意的是，在这个时期内，中国企业长电科技、通富微电开始热管理技术专利申请布局。这个阶段，先进封装热管理技术主要掌握在美国、中国、韩国、日本手中。

也就是说，在2002年以前主要的创新主体主要集中在日本、美国，21世纪以后韩国、中国才开始慢慢起步。中国在1997—1999年慢慢开始进行热管理专利申请的布局。在此之后，中国的创新主体越来越多，申请量越来越大，并且排名也越来越靠前。2003—2005年，中国的长电科技、通富微电开始入局，并且，此时日本公司的申请数量逐渐减少，也是在这个阶段，台积电进入市场开始布局，中国的日月光、矽品精密的申请量也很可观，美国的IBM、英特尔也积极布局；2009年之后，中国一直有新的公司入局，并且申请量在前19名，以2018—2020年阶段为例，美国、日本分别占3席，韩国占2席，中国占到了11席。这种现象在2021—2024年阶段得以保持，并且此时中国创新主体的专利申请量排名都有所提升。值得注意的是，在2021—2024年阶段重点申请人中，中国申请人占11位，占比超过1/2，证明中国的创新主体在该领域的研发活跃度较高。并且，在2021—2024年的数据中，台积电、华进、华为、盛合晶微、星科金朋、日月光、华天、长电科技、通富微电、矽品精密、力成科技位居第一、第四、第五、第六、第七、第九、第十、第十一、第十五位。这与全球的形势及中国的政策支持是分不开的。在全球方面，美国通过了《芯片法案》，对中国半导体产业进行各种制裁与封锁，这激发了中国半导体公司寻求解决方案的决心；在中国政策方面，自从2017年以来，先进封装行业受到各级政府的高度重视和国家产业政策的重点支持，国家陆续出台了多项政策，鼓励先进封装行业发展与创新，例如《制造业可靠性提升实施意见》《新时期促进集成电路产业和软件产业高质量发展的若干政策》《国家集成电路产业发展推进纲要》等，这些政策为先进封装行业的发展提供了明确、广阔的市场前景，为企业提供了更好的营商环境。

通过上述分析，将全球热管理技术重点申请人英特尔、三星、台积电、IBM、华进、美光等重点创新主体的申请阶段态势进行分析，结果如图6-4-4所示。

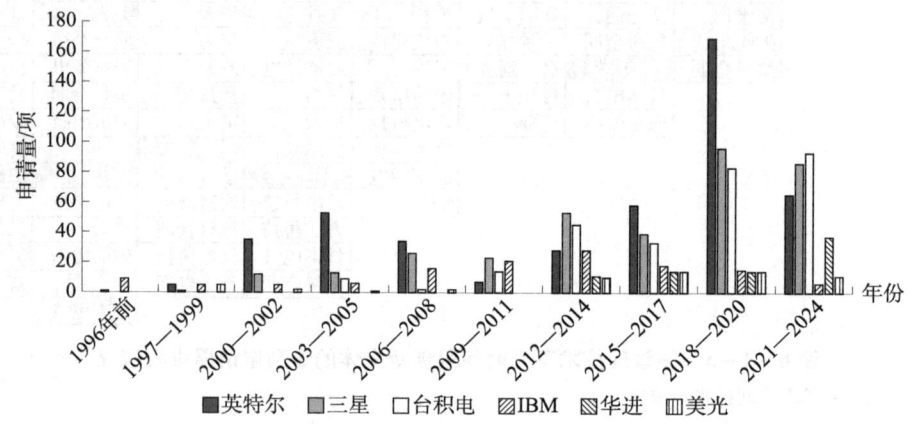

图6-4-4 热管理技术不同时间段创新主体的专利申请量情况

图6-4-4是热管理技术不同时间段创新主体的专利申请量情况。从图可以看出，早期IBM的热管理专利申请占绝大部分，英特尔从20世纪最后几年出现后保持较强的发展势头，但在2008年金融危机后的几年里，其申请量呈断崖式的下降，之后缓慢上升并在2018—2020阶段呈现爆发式的增长。三星一直处于较为稳定的发展状态。中国的华进自2012—2014年进入布局，之后也呈现稳步增长的态势。

接下来，对重点创新主体的热管理技术进行深入分析，以期挖出各重点创新主体的重点发展趋势。

台积电、三星、英特尔的热管理技术发展路线请参照第7章第7.1节国际巨头技术协同融合发展分析部分。

（1）美光热管理技术发展路线

如图6-4-5所示，美光先进封装热管理技术首次出现于1998年所提交的专利申请US6297960B1中，其中，采用传热构件和传热板对芯片进行散热，即美光最早的热管理技术是热沉散热技术。

为了进一步提高散热效率，美光于2002年提出了专利申请US7138711B2。其中，通孔互连将热量从导热平面层传导到导热平面层中；支撑衬底包括导热平面层，以形成用于传导由半导体裸片产生的热量的散热器，多个通孔互连穿过介电层和支撑衬底设置，通孔互连形成导管或通路，用于将管芯产生的热量传导到球触点并进入母板，提供了有效的散热，而无须附接外部散热器或扩散器。

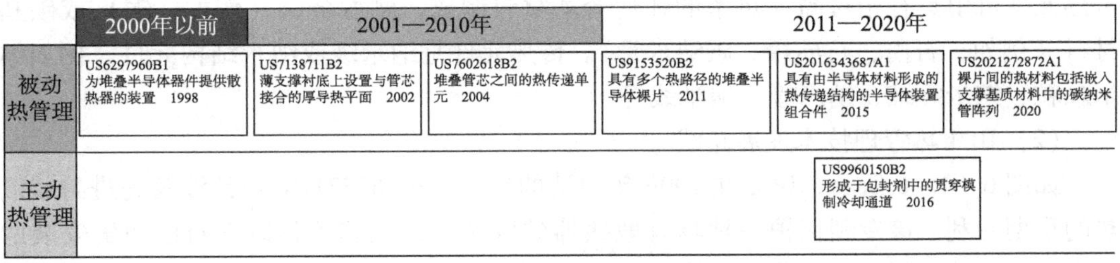

	2000年以前	2001—2010年		2011—2020年	
被动热管理	US6297960B1 为堆叠半导体器件提供散热器的装置 1998	US7138711B2 薄支撑衬底上设置与管芯接合的厚导热平面 2002	US7602618B2 堆叠管芯之间的热传递单元 2004	US9153520B2 具有多个热路径的堆叠半导体裸片 2011	US2016343687A1 具有由半导体材料形成的热传递结构的半导体装置组合件 2015	US2021272872A1 裸片间的热材料包括嵌入支撑基质材料中的碳纳米管阵列 2020
主动热管理					US9960150B2 形成于包封剂中的贯穿模制冷却通道 2016	

图 6-4-5 美光热管理技术路线图

美光于 2004 年提出了专利申请 US7602618B2。其中，组件包括支撑构件、堆叠在支撑构件上的微电子管芯以及在各个管芯之间的传热单元，以从堆叠的管芯传递热量，从而冷却组件；散热片具有狭缝或间隙以增加表面积和用于散热的气流，多个翅片从基部的边缘散开，翅片因此可以具有许多不同的构造以增加表面积和/或促进气流以提高传热单元的传热速率。

由于热管理技术分为热沉、热电、流道、凸点、通孔、金属层、TIM、黏胶八个分支，理论上其任意热管理技术之间都可以组合使用以提高散热效率。为此，美光于 2011 年提出了专利申请 US9153520B2，其中，组合件可进一步包含在第二半导体裸片外围部分处的第一热传递特征及与第一半导体裸片叠加的任选第二热传递特征。除了电连通之外，TSV 及导电元件可充当热导管，热可通过所述热导管从第一半导体裸片及第二半导体裸片传递离开；第一热传递特征可热接触第二半导体裸片的外围部分以沿着第二热路径移除热量，且第二热传递特征可热接触堆叠中的最上裸片以沿着第一热路径移除热量；壳体可以用作散热器以吸收和消散来自第一热路径和第二热路径的热量。

为持续改进热管理技术之间的融合以提高散热效率，美光于 2015 年提出专利申请 US2016343687A1，其中，除了电连通之外，导电元件及 TSV 将热从裸片堆叠传递离开且朝向 TTS 的半导体材料传递，即提出了散热通孔与散热凸点组合使用用于散热。

美光于 2016 年提出了专利申请 US9960150B2。其中，热传递装置（TTD），是在第一裸片及第二裸片上方，通孔包括一个热导体至少部分地填充所述冷却通道和与下表面直接接触在通道的底部，工作流体及盖形成经配置以将热传递远离第一裸片的外围区到组合件外部的周围环境的浸没冷却系统的部分，即提出了采用流道散热技术进行散热。

为简化工艺，先进封装中的互连结构还可以用于散热，即导电和散热复用。为此，美光提出了专利申请 US2021272872A1。其中，互连结构中的至少一些互连结构可以是热凸块，热凸块热耦合第一管芯和/或第二管芯以减小管芯之间的热阻，封装进一步包含用于例如通过增加管芯之间的热传递和/或减小管芯之间的热阻来对封装进行热管理的热材料，热材料可以被配置成围绕互连结构，热材料是包含不同类型的材料的复合材料。复合材料可以包含嵌入在支撑基质材料中的多个传热元件；传热元件可以被配置为彼此间隔开或以其他方式分开以形成至少一个空区域的一个或多个离散材料部分；

传热元件可由具有相对高导热率的任何合适材料制成,例如金属(例如,铜)或碳基材料(例如,石墨、石墨烯、碳纳米管)。传热元件是纳米级或纳米结构元件,例如纳米颗粒、纳米纤维、纳米管、纳米线等。

(2)IBM热管理技术发展路线

如图6-4-6所示,IBM在1999年申请的专利US6265771B1是其涉及先进封装散热的早期专利。该专利保护一种具有散热器的双芯片,双芯片是以面对面布置安装的两个芯片,并且两个散热器分别从两个芯片的后表面移除热量。

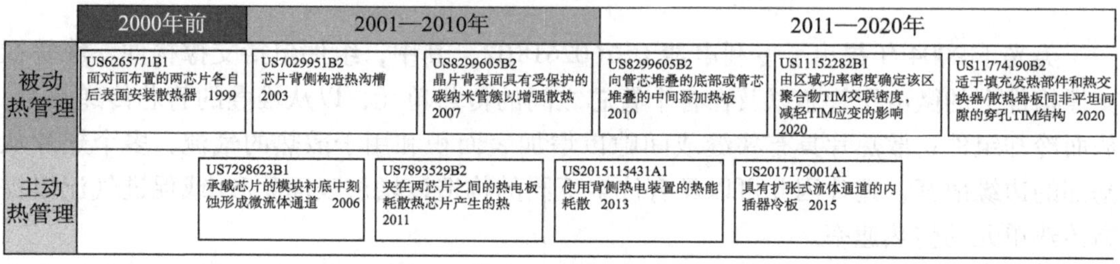

	2000年前	2001—2010年		2011—2020年	
被动热管理	US6265771B1 面对面布置的两芯片各自后表面安装散热器 1999	US7029951B2 芯片背侧构造热沟槽 2003	US8299605B2 晶片背面具有受保护的碳纳米管簇以增强散热 2007	US8299605B2 向管芯堆叠的底部或管芯堆叠的中间添加热板 2010	US11152282B1 由区域功率密度确定该区聚合物TIM交联密度,减轻TIM应变的影响 2020	US11774190B2 适于填充发热部件和热交换器/散热器板间非平坦间隙的穿孔TIM结构 2020
主动热管理		US7298623B1 承载芯片的模块衬底中刻蚀形成微流体通道 2006	US7893529B2 夹在两芯片之间的热电板耗散热芯片产生的热 2011	US2015115431A1 使用背侧热电装置的热能耗散 2013	US2017179001A1 具有扩张式流体通道的内插器冷板 2015	

图6-4-6 IBM热管理技术路线图

在集成电路中形成常规冷却装置的已知方法要求在制造过程的最后步骤中,从晶片的正面,通过金属互连和器件层,到晶片的底部蚀刻深沟槽,但从晶片的正面蚀刻深沟槽具有许多缺点。对此问题,IBM于2003年申请了专利US7029951B2,通过从晶片的背面构造热沟槽,提高了从集成电路芯片的正面到背面的热传递效率。另外,从晶片的背面制造深沟槽允许增加沟槽的深度和数量,并且提供了将被动和主动冷却装置直接附接到晶片的背面的手段。

为解决多芯片模块的散热问题,IBM于2006年申请了专利US7298623B1,在承载芯片的模块衬底中刻蚀形成微流体通道,以从安装在衬底上的电子部件中去除热量。

此后,随着3D芯片堆叠的广泛使用,堆叠芯片的散热成为亟待解决的问题。对此,IBM于2010年申请专利US8299608B2,通过向管芯堆叠的底部或管芯堆叠的中间添加热板改善散热。考虑到流道散热方式相对被动散热对堆叠芯片的散热效果更好,IBM又于2015年申请了专利US2017179001A1,提供具有至少两个膨胀通道的插入式冷板,每个膨胀通道具有从通道入口到通道出口的流动方向,通道入口宽度小于通道出口,并且两膨胀通道是逆流设置的,从而导致逆流热交换,实现堆叠芯片的增强散热。

除流道散热外,IBM还将热电制冷方式应用到了3D堆叠结构散热,如2011年申请的专利US7893529B2中采用夹在两芯片之间的热电板耗散热芯片产生的热,2013年申请的专利US2015115431A1中使用背侧热电装置耗散半导体器件产生的热。

在TIM改进上,IBM 2007年申请了涉及材料改进的专利US8299605B2,在晶片背表面的热界面引入受保护的碳纳米管簇这一新型导热材料以增强散热;2020年申请了改进聚合物基TIM材料的专利US11152282B1和涉及结构改进的专利US11774190B2,前者借由区域功率密度确定该区聚合物TIM交联密度,减轻TIM应变的影响;后者提供了一种适于填充发热部件和热交换器/散热器板间非平坦间隙的穿孔TIM结构。

(3) 华进热管理技术发展路线

华进于 2012 年 9 月 29 日成立，经营范围包括集成电路封装与系统集成的技术研发等。从华进的热管理技术路线来看，其多集中在主动散热上。

如图 6-4-7 所示，华进的首件专利 CN103579277A 于 2013 年 11 月 24 日申请，是关于热沉技术的，其中记载热沉通过散热胶黏接在图像传感器芯片的背面；之后在 2014 年 8 月 4 日提交的申请 CN104112726A 中记载，芯片与微腔在同一封装体内，芯片上设置微腔，芯片与微腔的下腔板接触，即在芯片的表面设置内附流道的微腔，这是涉及主动热管理中的流道技术。

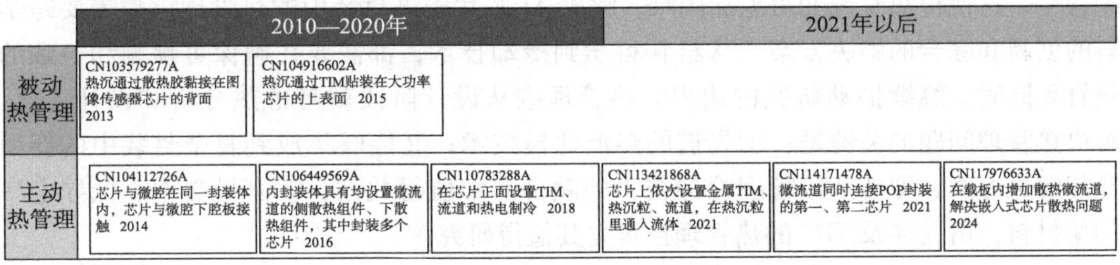

	2010—2020年				2021年以后	
被动热管理	CN103579277A 热沉通过散热胶黏接在图像传感器芯片的背面 2013	CN104916602A 热沉通过TIM贴装在大功率芯片的上表面 2015				
主动热管理	CN104112726A 芯片与微腔在同一封装体内，芯片与微腔下腔板接触 2014	CN106449569A 内封装体具有均设置微流道的侧散热组件、下散热组件，其中封装多个芯片 2016	CN110783288A 在芯片正面设置TIM、流道和热电制冷 2018	CN113421868A 芯片上依次设置金属TIM、热沉粒、流道，在热沉粒里通入流体 2021	CN114171478A 微流道同时连接POP封装的第一、第二芯片 2021	CN117976633A 在载板内增加热微流道，解决嵌入式芯片散热问题 2024

图 6-4-7 华进热管理技术路线图

之后，在 2015 年 4 月 22 日提交的申请 CN104916602A 中记载，热沉通过 ITM 贴装在大功率芯片的上表面，这是热界面和热沉技术的融合使用，是常见的先进封装的热管理方式。英特尔的该技术记载于 2001 年提交的申请 US6617683B2 中，凝胶 TIM 设置在芯片与散热盖之间。可见华进该专利技术比国外创新主体英特尔晚了 14 年，差距比较明显。

之后，在 2016 年 4 月 22 日提交的申请 CN106449569A 中记载，内封装体具有侧散热组件和下散热组件；其中均设有微流道，其中封装有多个芯片，并在封装体的上面设置热沉片。这是主动热管理技术中的流道散热和被动热管理中的热沉技术的融合使用。

可以看出，这个阶段华进处于热管理技术的探索阶段，对于不同的热管理技术进行尝试性研究，所以这个阶段的专利申请技术跨度比较大。

之后，在 2019 年 9 月 29 日提交的申请 CN110783288A 中记载，在芯片正面设置 TIM、流道和热电制冷，这是主动热管理技术中的流道散热、热电制冷和被动热管理中的热沉技术的融合。

在 2021 年 6 月 21 日提交的申请 CN114171478A 中记载，微流道同时连接第一芯片和第二芯片，保证上层和下层封装体中大功率芯片的散热效率和散热均匀性。

在 2021 年 9 月 29 日提交的申请 CN113421868A 中记载，在芯片上依次设置金属TIM、热沉粒、流道，在热沉粒通入流体。这是主动热管理技术中的流道和被动热管理中的热沉、金属 TIM 技术的融合。

在 2024 年 1 月 30 日提交的申请 CN117976633A 中记载，在半导体载板的内部增加微流道散热结构，解决嵌入式芯片的散热问题，这是跟常规的从正面散热的角度相反，从背面对芯片进行加强散热，即该技术是将主动热管理技术中的流道设置在芯片背面的半导体载板中进行散热。

可以看出，在近期的华进专利申请中，其比较重视主动热管理技术中的流道技术以及流道技术与其他技术的融合，将流道技术用于先进封装的不同位置，如芯片与热沉之间、热沉中、TIM 与热电制冷结构之间、半导体载板中等。

6.5 热管理前沿技术创新趋势分析

随着先进封装堆叠密度更高，要同时估计空间约束、热量流向控制、复杂的封装架构等，这使得热管理变得愈加困难，解决 AI 芯片先进封装中的热管理挑战需要跨学科的创新和综合的解决方案。从材料科学到冷却技术，都需要在确保可预测和一致的热管理同时，继续推动研究的边界。热管理应从设计阶段就考虑热分析和设计优化。解决热管理问题的关键是：①先进的热流建模技术；②能够集成到复杂封装中的新型冷却解决方案，即涉及热管理冷却技术的融合非常值得关注；③高导热率、低导电率的新材料，由此涉及 TIM 的热管理技术尤其值得研究。

接下来将从基于冷却技术的融合、热管理多维度融合，以及新界面材料的发展三方面展开分析。

6.5.1 基于基础技术（热沉）融合方式的分析

为提高热管理效率，存在将多种热管理技术融合在先进封装体中的趋势。热管理模式的构建情况，即各热管理技术的融合，是各重点创新主体的主要发展方向。根据专利标引情况，涉及热管理冷却方式的组合共有 111 种。为获取更优的融合方式，以下就融合技术进行深入分析。

热沉作为应用最早、最广泛的冷却技术，是业界公认的热管理基础技术，因此基于热沉技术进行融合的热管理模式专利申请量非常大，包括热沉技术的两种热管理融合技术分布如图 6-5-1 所示。

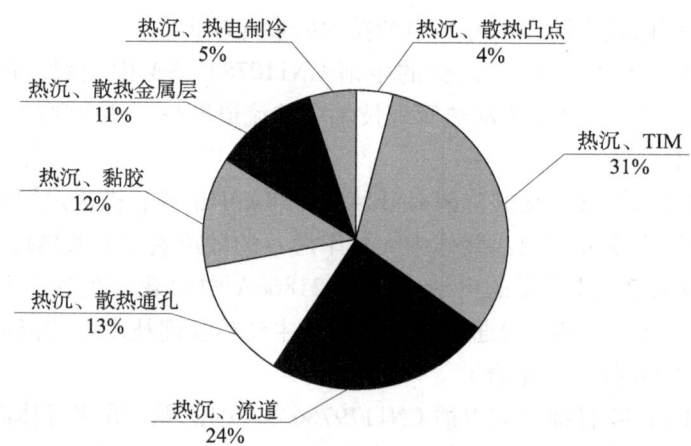

图 6-5-1 热管理各分支融合技术对比分析图

从图 6-5-1 中可看出，热沉可与其他任一种热管理技术进行融合，这是因为热沉一般设置在器件的顶部，受空间限制较小，且热沉技术较为成熟，因此能够实现与其他热管理技术的有效融合。热沉、TIM 的融合方式遥遥领先，占比达到 31%，这是因为新界面材料作为热管理材料的未来发展方向，在先进封装结构中的位置更灵活，且与基础的热沉技术能够直接接触提升散热性能；作为主动散热的流道，因具有较好的散热效果且较强的融合性，热沉、流道的融合方式紧随其后，占比为 24%；依次是热沉与散热通孔、黏胶、散热金属层、热电制冷、散热凸点的融合。

新界面材料作为热管理材料的未来发展方向，在先进封装结构中的位置更灵活，热沉作为基础的热管理技术，二者是先进封装热管理技术的完美组合，热沉与 TIM 的融合能更好地提升散热性能。接下来对基于热沉和 TIM 组合的融合方式进行分析。

包括热沉、TIM 两种散热方式的融合方式如图 6-5-2 所示。从中可以看出，热沉、TIM 与黏胶的融合占比到一半以上，热沉、TIM、黏胶是各重点申请人所采用的经典组合方式，不管从散热效果，还是从先进封装的架构看，该组合方式都是较优的一种选择。

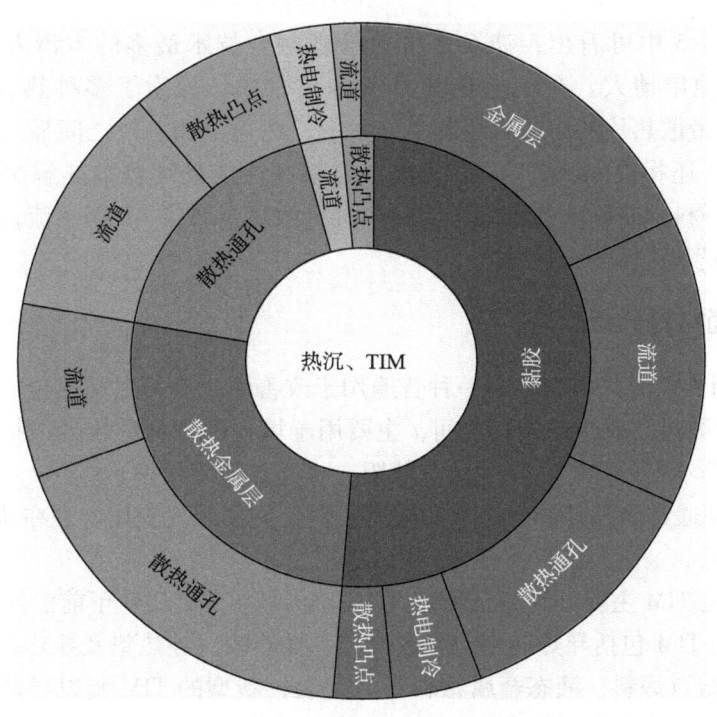

图 6-5-2　以热沉、TIM 组合为基础的融合技术图

热沉、TIM 在分别与散热金属层、散热通孔、散热凸点、黏胶进行融合后，可以发现，最外圈中都有流道的存在，可以看出流道具有与其他热管理技术融合的普适性。这是因为流道可设置在先进封装的各个位置，如芯片外、直接与热沉接触，或者直接接触芯片表面，可见流道可作为与其他技术的通用融合技术；并且流道作为主动散热的重要组成部分，具有较好的散热效果。虽然流道在产业上比较难以制作，但流道散热效果好已被业界所认可。

6.5.2 热管理多维度融合方式的分析

课题组对涉及四种热管理技术以上的融合方式进行分析,具体结果如图6-5-3所示。

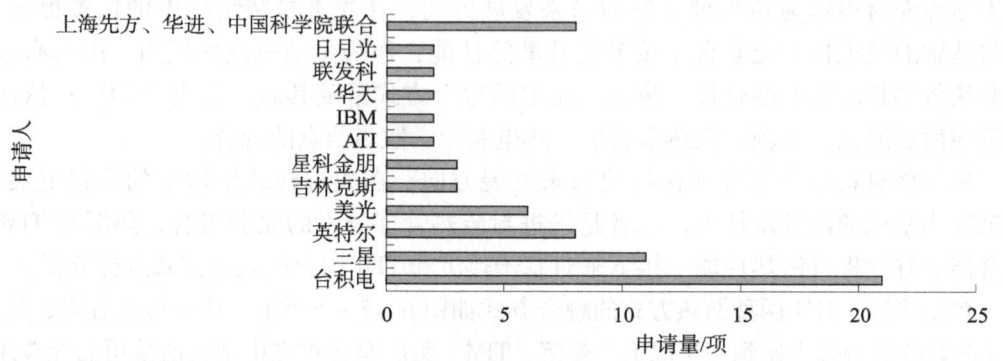

图6-5-3 重点申请人的热管理融合技术分析图

从图6-5-3中可看出,涉及多种热管理融合技术最多的申请人是台积电,其远远领先于其他申请人。台积电在其CoWos技术中,探索了多种热管理融合方式。在CoWos-S5带散热片的盖式封装解决方案中,在盖子和芯片之间插入特殊的非凝胶型热界面材料,还将以Metal Tim形式提供最新高性能处理器散热解决方案。上海先方、华进、中国科学院联合涉及的主要是热沉+散热金属层+TIM+流道融合方式,还涉及在热沉里嵌入流体等先进技术。

6.5.3 新界面材料分析

TIM,也叫界面导热材料,是一种普遍用于改善两个表面之间热传递的材料,通常用于IC封装和散热器或冷却装置之间,主要用于填补两种材料接合或接触时产生的微空隙和表面凹凸不平的孔洞,减少传热热阻,提高热传导效率。

TIM的性能通常受到其导热系数的限制。对于许多现代应用,现在认为典型的TIM的导热系数太低。

市场上常见TIM主要分为聚合物基TIM、金属基TIM及处于前沿探索阶段的新型TIM。聚合物基TIM包括导热硅脂、导热凝胶、导热胶、导热垫及导热相变材料等;金属基TIM以低熔点焊料、液态金属材料等为代表;新型的TIM则以导热高分子、石墨烯和碳纳米管阵列等为代表。

通过对市场上TIM的研究,以及对先进热管理涉及专利文献的分析,本课题组发现TIM的发展趋势大致为:聚合物基TIM(包括导热硅脂、导热凝胶、导热胶、导热垫及导热相变材料等)—添加导热颗粒(如金属颗粒、陶瓷颗粒)的复合材料—金属基TIM(金属层、基于相变的金属等,以低熔点焊料、液态金属材料等为代表)—碳基材料[如石墨(烯)、碳纳米管等]。以下就该发展趋势对TIM技术路线进行分析,结果如图6-5-4所示。

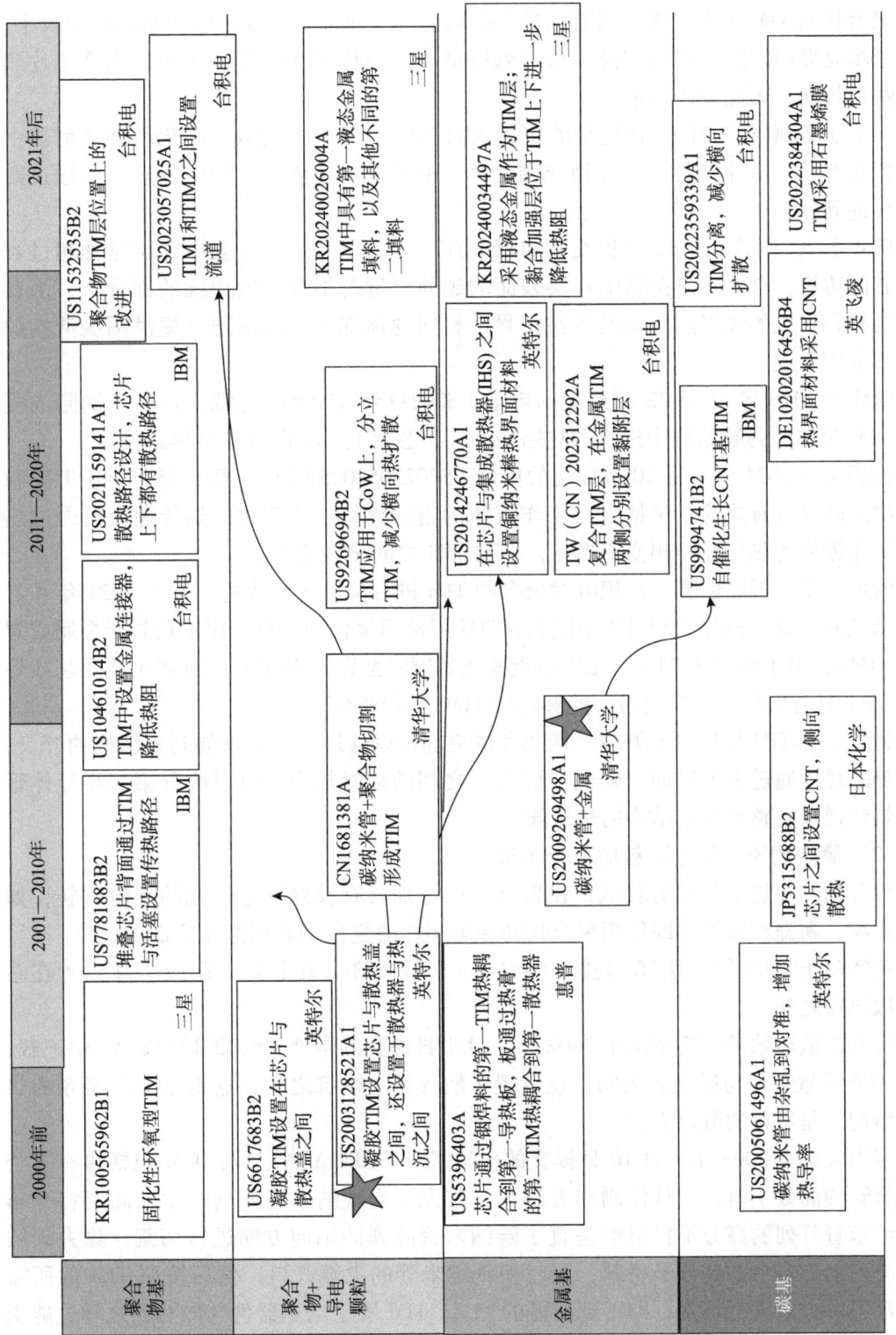

图 6-5-4 新界面材料技术路线图

（1）聚合物基 TIM

聚合物基 TIM 因聚合物所具有的较好黏附能力，并且对封装结构的翘曲影响较小，可用于填充界面之间的空气间隙，可有效降低不同结构之间的接触热阻，实现芯片热量的快速传递，因此发展得最早。

三星于 2000 年 1 月 16 日提交的申请 KR100565962B1 中记载，固化性环氧型热中间材料 TIM 插入在半导体芯片和散热器之间，使得从半导体芯片产生的热可以通过散热器传递到外部。

IBM 于 2008 年 8 月 19 日提交的申请 US7781883B2 中记载，热中介层延伸超过若干管芯的边缘，TIM 沉积在热中介层表面的延伸超过若干管芯的边缘的部分上，由良好导电材料形成的竖直热活塞设置在热界面材料的顶部上。活塞通过提供围绕活塞的模制部分而形成。

IBM 于 2019 年 11 月 22 日提交的申请 US2021159141A1 中记载，在基于油脂或凝胶的 TIM 材料的封装结构中进行散热路径设计，芯片上下都设置有散热路径。

台积电于 2021 年 8 月 20 日提交的申请 US2023057025A1 中记载，聚合物基 TIM 和聚合物之间设置有热管，包括含有工作流体的密封导管。热管中的热传递流道通过热管的工作流体的热传导和相变来进行，即在 TIM 之间设置流道。

为进一步改善热性能，台积电对聚合物 TIM 进行位置上的改进，并于 2021 年 4 月 14 日提交的申请 US11532535B2 中记载，TIM 层使用聚合物 TIM（而不是基于金属或焊料的 TIM），由于聚合物 TIM（无论是凝胶还是薄膜型聚合物 TIM）通常比金属基或焊料基 TIM 具有更好的黏附能力，能够降低 TIM 分层的风险。

另外，在 TIM 层还具有开口，散热器的突起可以通过该开口延伸到盖结构的开口；由于热路径不通过多个界面，降低了层与层之间的接触热阻，可以改善第二半导体管芯的热传递以及整个封装结构的热性能。

（2）聚合物添加导电颗粒的复合 TIM

聚合物的导热系数相对较低，在聚合物中添加具有较好导电性能的导电颗粒，如金属颗粒、陶瓷颗粒等，即使用聚合物和导电颗粒的复合 TIM 引起了广泛的关注。

英特尔于 2001 年 9 月 28 日提交的申请 US6617683B2 中记载，凝胶 TIM 设置在芯片与散热盖之间。

为改进散热效果，英特尔于 2002 年 1 月 4 日提交的申请 US2003128521A1 中记载，凝胶 TIM 设置芯片与散热盖之间，还设置于散热器与热沉之间，这也是沿用至今的热管理结构，是经典的散热方式。

清华大学于 2004 年 4 月 10 日提交的申请 CN1681381A 中记载，TIM 包括含有多个碳纳米管的高分子材料，具体制作方法为：首先根据碳纳米管阵列的生长高度将分布有碳纳米管阵列的高分子材料沿垂直于碳纳米管阵列的轴向方向进行切割，除去碳纳米管阵列上方多余的高分子材料，同时使碳纳米管的尖端开口；然后按照 TIM 的所需厚度沿同一方向进行切割，即得到所需的 TIM。TIM 置于电子器件与散热器之间，能提供电子器件与散热器之间优良热接触。在应用时，该碳纳米管末端的弯曲部分能避免碳纳米管与热源或散热装置的接触不良，增大直接接触面积，从而更好地发挥碳纳米管优良的导热性能。清华大学的该技术处于当时的 TIM 领先地位，但并未持续研究下去。

为改进散热效果，台积电于 2017 年 8 月 31 日提交的申请 US10461014B2 中记载，将 TIM 分配在黏合剂上和伪连接件周围，将伪连接件掩埋在 TIM 中，可以减小沿着热路径的整体热阻。

台积电于 2013 年 12 月 11 日提交的申请 US9269694B2 中记载，TIM 是物理断开的，可以在相邻管芯之间的 TIM 中设置气隙以进一步降低管芯堆叠件之间的横向热相互作用。

当半导体芯片工作时可能会产生过多的热量，并且半导体封装件的性能可能会由于这种过多的热量而劣化。为持续改善散热效果，三星于 2022 年 8 月 19 日提交的申请 KR20240026004A 中记载，导热黏合层 TIM 包括含有液态金属的第一散热填料以及与第一散热填料材料不同的第二散热填料。第一散热填料由镓（Ga）、镓合金、铟（In）、铟合金、锡（Sn）、锡合金、汞（Hg）、汞合金或其组合制成，第二散热填料可以包括金属、金属化合物、陶瓷和/或碳基材料。

为提升散热，关于填料的研究非常多，但限于其"天花板"比较低，后续对金属基以及碳基 TIM 的研究可能会更多。

（3）金属基 TIM

传统 TIM 如聚合物基 TIM 性能受到所用聚合物的限制，由于基于镓、汞、铟、锡、铋等的金属/合金 TIM 通常比聚合物具有更高的导热系数，因此具有较高关注度。金属 TIM 主要有低熔点焊料、液态金属材料和金属纳米颗粒等。

低熔点合金类的 TIM 在操作过程中发生相变可从固体状态变为熔化状态，具有非常高的润湿度，而且界面热阻非常低。室温下，液态金属 TIM 直接将 TIM 的导热系数提高了一个数量级，可达 $10 \sim 40 \text{W}/(\text{m} \cdot \text{K})$ 水平。

但是，液态金属的表面张力较大、流动性不太好、润湿能力不佳，难以黏附众多结构材料，这限制了液态金属作为 TIM 的使用。

虽然与高分子基的 TIM 相比，金属 TIM 能够更好地满足器件传热需求，但金属材料的高熔点不利于微电子封装的工艺实现，所以需要降低金属材料的熔点。可通过以下两个方式降低金属熔点：一是将金属颗粒的尺寸缩小至纳米级别，二是形成共晶组织、固溶体或金属间的化合物。此外，低熔点焊料还存在孔洞缺陷、回流焊接温度高、与器件的 CTE 差异较大等缺点。

惠普在 1993 年所提交的申请 US5396403A 中记载，芯片通过铟焊料的第一 TIM 热耦合到第一导热板，板通过热膏的第二 TIM 热耦合到第一散热器中，即将铟焊料和热膏作为 TIM。

英特尔于 2013 年提交的申请 US2014246770A1 中，通过在芯片与集成散热器（IHS）之间设置铜纳米棒作为 TIM。

为进一步降低热阻，台积电于 2021 年 9 月 9 日提交的申请 US20230075909A1 中记载，散热器通过复合热界面层附接到封装结构，复合热界面层包括金属 TIM 和覆盖金属 TIM 的相对侧的黏合层，金属 TIM 被提供为金属箔，黏附层分别由包括 Ti、Cu、Ni、

V、Au 等或其组合的金属合金形成。

三星于 2022 年 9 月 7 日提交的申请 KR20240034497A 中记载，采用液态金属作为 TIM 层，黏合加强层位于 TIM 上下以进一步降低热阻。

清华大学于 2008 年 4 月 28 日提交的申请 US2009269498A1 中记载，采用碳纳米管+金属作为 TIM 层，具体为：将低熔点金属材料和碳纳米管阵列加热至一定温度，以使至少一种低熔点金属材料熔化，然后流入碳纳米管之间的空隙中，并机械地结合于碳纳米管阵列，以获取基于碳纳米管的 TIM。该专利并记载了具体的制备方法为：转移装置包括转移板和密封环。转移板在其中具有腔体，腔体填充有至少一种低熔点金属材料，腔体被布置成面对碳纳米管的阵列。转移板具有多个空气孔，以使得填充有至少一种低熔点金属材料的腔体与外部空间连通。密封圈在转移板和基板之间布置有碳纳米管，从而在它们之间形成空间，并且在该空间中布置有碳纳米管的阵列。密封环在碳纳米管的阵列上方支撑转移板，并保持恒定的间隙以使得至少一种低熔点金属材料流入碳纳米管阵列。

基于该技术，清华大学又开展了多项碳纳米管的研究，并记载在之后申请的专利 US2010301260A1、US8323607B2 中，但清华大学并未将这些专利技术应用于先进封装领域。可见高校的研究偏基础，应用的意识较弱，高校的基础研究与企业的前沿应用间隔了一条鸿沟，应多加强高校/科研院所与企业之间的合作，提升高校研究成果转化效果。

（4）碳基 TIM

跟传统界面导热材料相比，碳基 TIM 的导热系数有明显提高。碳基界面导热材料有助于先进封装往高密度、高集成方向发展。

碳纳米管一般由六边形布置的碳原子构成数层到数十层的同轴圆管，因此拥有相当高的导热系数，单壁碳纳米管在室温下的导热系数高于 6000W/(m·K)，碳纳米管在室温下的导热系数也高于 3000W/(m·K)。垂直方向上碳纳米管阵列密度低，并且带有方向性，不仅高导热系数是单一取向，热膨胀系数在径向面内也更低，且不容易老化。垂直排列的碳纳米管阵列横跨衬底之间的缝隙，能够消除所有界面，加之单个碳纳米管优异的传热性能和柔韧性，被当作一种理想的 TIM。碳纳米管的直径、分布密度、缺陷等因素决定了碳纳米管阵列的导热性能，这些因素可通过调整催化剂和生长条件来控制。碳纳米管用作 TIM 具有各向异性和接触界面热阻过大的显著缺点。

英特尔于 2003 年 9 月 24 日提交的申请 US2005061496A1 中记载，对准碳纳米管可以改善组合材料的热导率，因此期望沿着 z 轴从组合材料的底部向顶部传导热量，未对齐的纳米管在材料内具有基本上随机的取向，由未对齐的碳纳米管产生的路径很少，热量可以沿着 z 轴从材料的底部行进到顶部，因此，未对准的纳米管热导率相对较低。由对准的碳纳米管产生的路径（热量可以沿着该路径从材料的一侧行进到另一侧）可以提供增加的热导率。

为进一步降低热阻，日本化学于 2007 年 12 月 28 日提交的申请 JP5315688B2 中记载，CNT 具有比金刚石的导热率高的导热率，CNT 有单层 CNT、双层 CNT 及三层

CNT；另外，有晶体结构及直径等不同的多种，导电性根据层数、晶体结构及直径等而不同。在各半导体芯片分别发热时，大部分热量从各半导体芯片提供给各间隙 S 内的多个 CNT，当从各半导体芯片向 CNT 施加热时，CNT 产生晶格振动。由此，即使各 CNT 彼此分离而不接触，各半导体芯片的热量也会通过 CNT 的晶格振动在各 CNT 之间传递。在各间隙 S 内在多个 CNT 之间朝向层叠型半导体装置的侧方传递的热，从各间隙 S 内向层叠型半导体装置的侧方释放。

英飞凌于 2020 年 12 月 22 日提交的申请 DE102020216456B4 中记载，热界面由一个单个石墨层或石墨层压体组成。

为进一步研究基于碳纳米管的 TIM 的制备，IBM 于 2015 年 12 月 13 日提交的申请 US9994741B2 中记载，如图 6-5-5 所示，采用自催化生长 CNT 基 TIM。

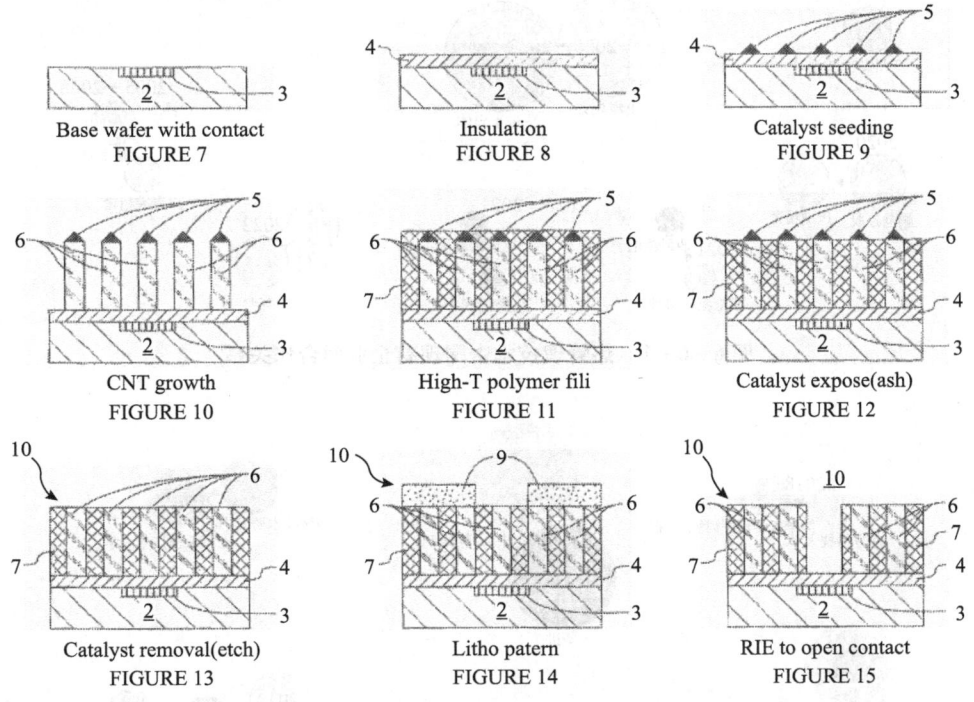

图 6-5-5　专利 US9994741B2 代表性附图

为减少横向热扩散，台积电于 2021 年 5 月 5 日提交的申请 US2022359339A1 中记载，将 TIM 膜设置为分离的，并记载了以石墨为填料的 TIM 比以碳纳米管为填料的 TIM 更软，并且具有更大的伸长值。

为持续改进散热效果，采用纯石墨烯膜作为 TIM 层被提出，并被记载在台积电于 2021 年 5 月 27 日提交的申请 US2022384304A1 中。

6.6　中国创新主体技术合作分析

通过对中国创新主体的技术合作分析，发现呈现出一定的研究和发展策略。

针对热管理技术，课题组针对中国第一申请人进行统计，如图6-6-1和图6-6-2所示，其中图6-6-1为中国现有企业间合作关系，图6-6-2为中国现有公司与高校/科研院所间合作关系。其中不同的圆形代表不同的申请人，各申请人之间连线表示之间的合作；图示箭头指向表示由第一申请人出发，指向合作申请人；圆圈的大小代表合作次数的多少；图中标示的年份为合作申请专利的年份。由图6-6-1和6-6-2可以发现，进行合作的类型主要有：

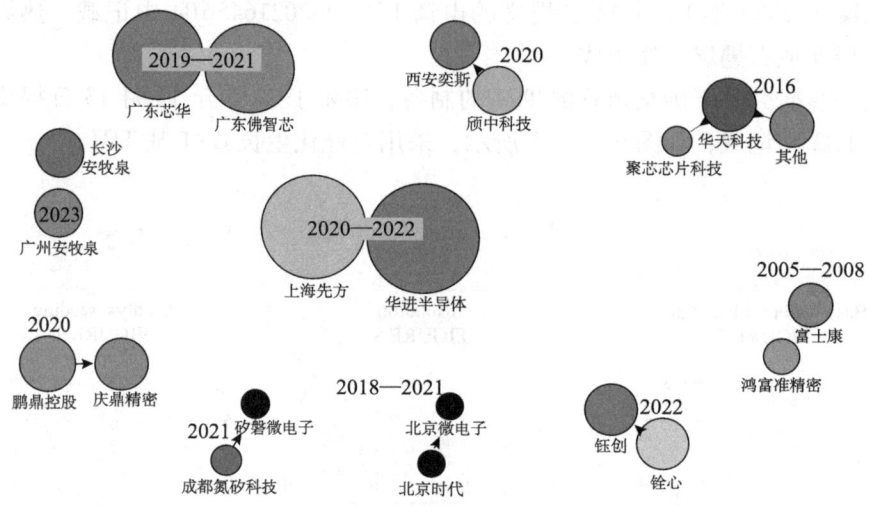

图6-6-1 热管理技术中国现有企业间合作关系

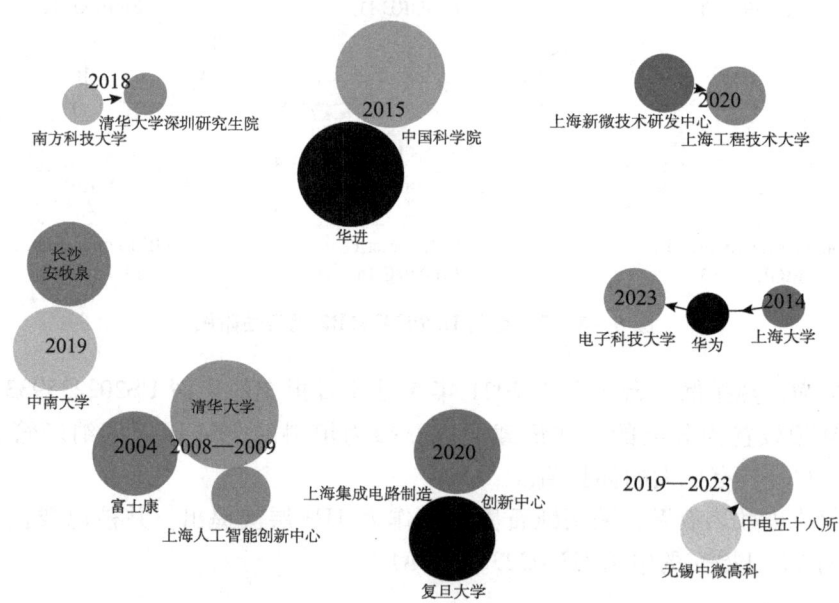

图6-6-2 热管理技术中国现有公司与高校/科研院所间合作关系

（1）企业与企业之间进行合作申请，这种方式的普适性更强，并且也可从图6-6-1

中看出。从合作单位以及合作次数来看，这类合作方式占主导地位，也为以后的企业合作研发提供了很好的范本。

（2）高校/科研院所与企业之间的相互合作，从图6-6-2中可看出，这种类型大多是由高校/科研院所发起，带动企业进行研发并将成果进行专利申请。

（3）集团内部进行合作申请，这类公司业务相关性比较高，共同研发、相互合作的可能性比较大，也更易于出研究成果。

从图6-6-1、图6-6-2中合作年份可以看出，热管理技术领域合作开展的研究，都仅集中在某一年或者某几年进行，没有进行持续性的合作研究。而先进封装领域是一个需要长期投入的领域，为了缓解芯片"卡脖子"现状，持续开展研究非常重要，建议高校/科研院所与企业之间建立长期的合作关系。根据研究成果以及合作关系现状，课题组认为可从以下角度切入开展中国的热管理技术研究。

（1）区域合作。以广东为例，涉足热管理技术的有广东佛智芯、广东芯华微电子技术有限公司、广州安牧泉封装技术有限公司；以上海为例，涉足热管理技术的有上海人工智能创新中心、上海先方、上海新微技术研发中心有限公司、上海工程技术大学、上海大学、复旦大学、上海集成电路制造创新中心有限公司、华进、中芯国际等。这些一定区域内的企业可联合起来，扬长避短，集中力量发展其优势分支。

（2）集团内部可进行加强研究。为避免重复工作和资源的浪费，可将集团中涉及热管理相关技术的相关研发人员和研发设备进行整合，集中力量，对难点领域进行突破。

（3）以高校/科研院所为中心，带动其辐射范围内的相关企业，持续地开展合作研究，并储备后备人才。以北京为例，可以清华大学为中心，吸收当地的企业如北京时代民芯科技有限公司、北京微电子技术研究所，组建研发团队，持续进行研究。以厦门大学于大全团队为例，厦门大学电子科学与技术学院于大全、钟毅团队联合华为、厦门云天合作，采用基于反应性纳米金属层的金刚石低温键合与玻璃转接板2.5D先进封装工艺，对金刚石散热技术进行了研究验证，验证了金刚石卓越的散热性能以及金刚石-芯片键合工艺应用的可行性，该成果以"Heterogeneous Integration of Diamond-on-Chip-on-Glass Interposer for Efficient Thermal Management"为题发表在 *IEEE Electron Device Letters* 上。该项研究将金刚石低温键合与玻璃转接板技术相结合，首次实现了将多晶金刚石衬底集成到玻璃转接板封装芯片的背面。该技术路线符合电子设备尺寸小型化、重量轻量化的发展趋势，同时与现有散热方案有限兼容，成为实现芯片高效散热的重要突破路径，并推动了金刚石散热衬底在先进封装芯片集成的产业化发展。在此基础上，中国申请人可充分合作，开展热管理技术的融合研究，挖掘新兴的热管理融合技术，争取占据热管理的技术高地。

6.7 小　　结

本小节主要从热管理技术的全球及中国申请态势、中国及主要国家竞争态势、专利申请技术流向、专利技术分支构成、全球及中国申请人、技术发展脉络以及重点专利、热管理融合技术、创新主体合作关系等方面进行系统分析和介绍,现总结如下。

(1) 先进封装热管理专利申请趋势方面

1) 中国起步较晚,但增速较快;专利申请总量占比最高

先进封装热管理技术中国起步较晚,但出现后增速较快,申请数量很快赶上并超过了韩国、日本和美国;并且中国专利申请总量最高,占比达43%,说明中国已经具备一定的创新能力,也说明中国具有一定的对先进封装热管理技术的专利布局意识。

2) 被动热管理技术比主动热管理技术优先发展,被动热管理技术占比大,技术发展完备;国外申请人对主动热管理布局量大

在全球范围内,主要国家的主动热管理相对于被动热管理发展较滞后;被动热管理的专利申请量占据绝对优势,远远多于主动热管理的申请量。关于主动热管理,不管是流道散热还是热电制冷,美国和中国创新主体的专利申请量均更多,技术更成熟。中国重点申请人如中电集团、华进、中国科学院、北京大学、中芯国际、矽磐微电子对热电制冷进行了研究,而厦门大学、通富微电、甬矽电子均只对流道散热进行研究,星科金朋相对于其他中国重点申请人还主要致力于研发TIM散热技术,即中国重点申请人根据其需求对热管理技术中的各个技术分支均进行了不同程度的研发、创新。这也说明了中国重点申请人对热管理技术的研究分散,且不够深入,因此,中国重点申请人需要紧跟国外热管理技术趋势对某一技术分支(如TIM散热技术)进行更深一步的研究,以力争突破国外的技术封锁。

3) 流道是主动热管理的重点技术,热沉是被动热管理的基础技术,TIM是被动热管理的热点技术,TIM和流道是未来发展方向

在主动热管理技术中,热电制冷相对于流道散热发展相对较滞后,流道散热是主动热管理技术的主流技术;在被动热管理技术中,热沉散热技术出现最早且稳步发展,占比最大,成为热管理基础技术;除热沉散热之外,TIM发展最快,国外申请人已经致力于TIM散热技术的专利布局和发展,是热点研发技术。近年来,TIM技术、流道散热由于其自身优势和散热效果好而逐渐被主要国家大力发展,并且仍然是未来先进封装热管理的发展方向。然而,中国大部分企业对TIM散热技术的申请量远远低于热沉的申请量(如华进、华天、盛合晶微、长电科技;其中甬矽电子没有涉猎TIM散热);因此,中国需要重视TIM散热技术,进一步对TIM散热技术进行研发和创新以紧随国外发展趋势,尽早完善专利布局。

4) 热管理领域三巨头为英特尔、三星、台积电,相对于三巨头,中国其他企业需持续发力,关注重点TIM技术

先进封装热管理技术全球重点申请人的申请量前三位依次是英特尔、三星、台积电,中国其他创新主体跟三巨头还有较大差异,排名较为靠后;中国申请人除台积电外,布局较为局部,各创新主体集中于一个技术进行重点布局,技术布局分散,全面性差。这说明中国企业对于热管理技术的整体把握或制备工艺技术尚且欠缺,创新能力有待进一步提高。对于重点技术(如TIM),专利布局量较少,依然面临着较大的技

术壁垒。中国需持续重视 TIM 技术，对 TIM 散热技术进行研发和创新以紧随国际发展趋势，尽早完善专利布局，以力争突破国外的技术封锁。

5) 中国创新主体国外布局意识弱，中国市场受重视

中国创新主体的专利布局除在美国有零星申请外，大量在中国布局；而美国在中国市场具有较大量的专利布局。同时，在包含中国专利的同族数为 6 时，美国依然有 59 件申请，这体现了美国创新主体对于全球市场的重视程度，也体现了美国的创新研发能力。

在中国进行热管理技术专利布局的时间远晚于在美国、日本专利布局的时间，早期各创新主体重视美国、日本市场，后中国市场被逐渐关注，并被大量布局；从专利申请总量来看，美国市场、中国市场受到最多关注。主要申请人的专利布局仍然侧重于本国市场和美国市场。

主要国家对于先进封装热管理技术的专利布局在本国是最多的、最完善的，而在其他国家或地区的专利布局有待进一步加强。在其他主要国家对中国的技术封锁的局势下，中国需要政策的扶持，以及更多的中国企业加入，进一步加强创新以强化在主要国家的专利布局，力争突破技术封锁。

(2) 技术发展路线方面

1) 流道散热效果好，被集成于封装的各处位置，有逐渐接近于热源的趋势；浸没式液冷会成为先进封装热管理的发展方向

由于具有最好的散热效果，流道已被集成于先进封装的热沉、承载基板、散热通孔、贯通电极、转接板、芯片间中介层等结构内；AI 芯片的高算力需求使封装的散热问题更加严重，冷却流体需要尽可能接近热源。为使冷却流体尽可能地接近作为热源的芯片，趋势是将散热流道直接连接在芯片上，或被设置在芯片内部。

随着先进封装带来的高功率密度，液体冷却装置的使用越来越多，以应对发热量的增加。浸没式液冷由于降温效果最好，被认为是对先进封装的最佳冷却方案。2022 年，英特尔设立了液冷研发中心项目，致力于设计下一代浸没式液冷解决方案；此外，英特尔还推出了业界首个开放式知识产权浸没式液冷解决方案和参考设计。2023 年，在釜山国际电子封装研讨会上，三星相关部门负责人介绍公司正在探索下一代半导体浸没式液冷散热方案。同年，台积电联手英伟达合作开发 AI GPU 浸没式液冷系统。可见，浸没式液冷将成为 AI 时代先进封装热管理的发展方向。液冷技术和产品还处于比较初步的应用阶段，但随着 AI、数据中心等应用的发展，液冷技术的发展必将加速。在这种形势下，中国的封装厂商应顺势而上，客观分析自身优势和短板，针对自身短板，积极拓展与相关优势厂商、院所的合作，努力补齐短板，实现共赢，及早站稳脚跟。

2) 热沉技术的改进方向是更大的散热面积、新型散热材料在热沉中的使用、热沉与其他热管理技术进行融合；热沉技术与流道融合是重点，布局热点将集中在增大热沉与冷却流体接触面积的技术路线上

自先进封装出现开始，就已开始使用热沉进行散热，并且，由于先进封装相较传

统封装功率密度显著增大，在早期专利中就出现了在热沉中集成散热流道的技术方案，这也显示在先进封装出现初期，业界就已开始尝试将热沉技术与主动散热方式进行融合以提升散热效率。

近几年，液体冷却被越来越多的研究者提出是改善先进封装散热的未来趋势，在这种情况下，作为最基础散热手段的热沉技术也在被研究如何与液体冷却更好地融合。

未来应用于先进封装场景热沉的研究、布局热点将集中在增加热沉表面积，进而增大热沉与冷却流体接触面积的技术路线，实现热沉散热与液冷散热的更好融合。对于增大热沉表面积的方法，可尝试从热沉结构造型优化、采用如 3D 打印等新型制造工艺对热沉结构设计进行落地、采用具有大比表面积的新型高导热材料及不同手段的结合着手。

通常热沉是形成在封装结构顶部，但在将热沉安置在具有堆叠结构的 3D IC 顶部时，由于堆叠结构的底部管芯产生的热量不能及时排出，因此存在过热风险。为克服这一问题，业者提出了在封装内嵌入热沉的解决方案。此后，进一步对嵌入方案进行优化，提出了通过使嵌入式热沉与管芯热膨胀系数适配从而提供改进的翘曲控制的方案。

为了适应先进封装的散热需求，如石墨烯、石墨、金刚石、氮化硼等各种新型散热材料也已广泛应用于热沉的制造。

增大散热面积一直是提高热沉散热性能的重要手段之一。对此研究者已经从热沉几何造型、材料微观结构角度出发，进行了长久的改进、研究。但是，面对由于采用先进封装而愈发凸显的散热需求，单线的热沉技术改进已无法应付。最近几年，液体冷却被越来越多的研究者提出是改善先进封装散热的未来趋势，在这种情况下，作为最基础散热手段的热沉技术也在被研究如何与液体冷却更好地融合。2022 年，台积电、英特尔在将热沉散热技术与液体冷却技术进行融合时"不约而同"地选择了通过进一步增加热沉表面积，进而增大热沉与冷却流体接触面积的技术路线。

3）TIM 技术是重要且热点的热管理技术，未来依然会发挥重大的作用。聚合物基 TIM 占比仍然较大；TIM 的总体改进主线是基于材料的改进；碳基 TIM 的发展趋势中，石墨出现比较早，之后是石墨烯、碳纳米管；碳基材料从作为填料逐渐过渡到纯碳基材料薄膜

TIM 技术作为重要且热点的热管理技术，因新型的 TIM 材料的出现，在未来依然会发挥重大的作用。

聚合物基 TIM 占比较大，TIM 的总体改进主线是基于材料的改进，每种材料的改进中又嵌套着 TIM 在先进封装中的位置改进。碳基 TIM 的发展趋势中，石墨出现比较早，之后是石墨烯、碳纳米管，并且碳基材料从作为填料逐渐过渡到纯碳基材料薄膜。

（3）重点申请人分析方面

1）国际巨头半导体公司（如台积电、三星、英特尔等）关于热管理的专利申请较早，技术方面比较成熟，具有压倒性的主导地位；对热管理技术的未来热点技术给出了指导方向（浸没式液冷技术和 TIM 材料优化），并进行了不同程度的研究和探索

在近几年的专利申请中，英特尔致力于流道散热［如浸没式液冷技术（将整个封装浸没在冷却液中）］和 TIM 散热技术（TIM 可以包括液态金属和分散在其中的耐腐蚀填充材料），且其散热效率非常好，因此，采用整个封装浸没式液冷技术和采用特殊材料的 TIM 散热技术是英特尔未来的热点散热技术发展方向。

三星致力于流道散热［如浸没式液冷技术（将封装或芯片浸没在冷却剂中）、在芯片内部设置流道技术］和 TIM 散热技术（采用热界面为液态金属和设置在液态金属内部的比其导热率更高的金属细颗粒），且其散热效率非常好，因此，采用整个封装浸没式液冷技术与在芯片内部设置流道技术和采用特殊材料的 TIM 散热技术是三星未来的热点散热技术发展方向。

对比三星和英特尔的先进封装热管理技术，可以发现，英特尔热管理技术的未来热点技术领先三星先进封装热管理技术的未来热点技术。即对于未来热点技术而言，三星具有明显追随英特尔的趋势，这足以看出英特尔具有对先进封装热管理技术的未来热点技术的敏锐性、先导性。

台积电主要致力于通过在芯片上连接散热流道乃至在芯片中设置流道来改善先进封装散热。但是，为了顺应先进封装散热的发展趋势，尽管对成本、实际操作复杂等因素还存有顾忌，台积电也已通过行业合作等方式开始了其浸没式液冷技术的研究开发工作，并稳步推进专利的布局工作。关于用来降低封装热阻的 TIM，台积电进行了深入并且全面的研究。透过台积电近期布局的 TIM 材料专利申请可以看到，具有低封装热阻的金属基 TIM 是其研究布局的重点，显示出金属基 TIM 将是台积电未来为降低先进封装热阻采用的主要 TIM 材料类型。

IBM 更注重散热路径的设计。对于整个先进封装结构，IBM 在封装之前已做好散热路径的规划，并且在这方面有大量的专利申请布局。

英特尔在其散热技术开发和专利布局中显示了它敏锐的行业、技术洞察力；三星在技术路线、布局热点的确定上透露出其果断和行动力；台积电则显示出技术上的稳健性和专利布局上的前瞻性，在面对未来散热发展新趋势时积极投入相关专利的前期布局。

2）中国先进封装半导体公司一般成立较晚，对于先进封装热管理的专利申请也较晚。这些企业早期主要进行先进封装热管理技术的探索性研究，之后逐渐形成自己成熟的热管理技术

以华进为例，成立之初处于热管理技术的探索阶段，对于不同的热管理技术进行尝试性研究，该阶段的专利申请技术跨度也比较大。之后，热管理技术逐渐趋于成熟，在近期的专利申请中，华进比较重视主动热管理技术中的流道技术以及流道技术与其他技术的融合，将流道技术用于先进封装的不同位置，如芯片与热沉之间、热沉中、TIM 与热电制冷结构之间、半导体载板中等。

（4）热管理技术融合方面

热沉作为应用最早、最广泛的冷却技术，是业界公认的热管理的基础技术。并且因为热沉一般设置在器件的顶部，受空间限制较小，且热沉技术较为成熟，因此能够

实现与其他任一种热管理技术进行融合。在包括热沉的热管理技术两种融合方式分布中，热沉、TIM 的融合方式遥遥领先，占比达近 1/3，这是因为新界面材料作为热管理材料的未来发展方向，在先进封装结构中的位置更灵活，且与热沉能够直接接触提升散热性能；作为主动散热技术的流道，因具有较好的散热效果且较强的融合性，以热沉、流道融合的方式紧随其后。

在包括热沉、TIM 的三种热管理方式的融合方式中，热沉、TIM 与黏胶的融合占比到一半以上。热沉和 TIM 在分别与黏胶、散热金属层、散热通孔、散热凸点、热电制冷进行融合后，还都可以与流道进行融合。可以看出流道具有与其他热管理技术融合的普适性，这是因为流道作为先进封装体本身之外的部分，可集成在先进封装的各个位置，如芯片外、直接与热沉接触，或者直接接触芯片表面，可见流道可作为与其他技术的通用融合技术；并且流道作为主动散热的重要组成部分，具有较好的散热效果。虽然流道在产业上比较难以制作，但流道作为散热效果好已被业界所认可。

热管理融合技术专利申请量最多的创新主体是台积电，远远领先于其他申请人。台积电在其 CoWos 技术中，探索了多种热管理融合方式。在 CoWos-S5 带散热片的盖式封装解决方案中，在盖子和芯片之间插入特殊的非凝胶型 TIM，还将以金属 TIM 形式提供最新高性能处理器散热解决方案。在中国申请人中，只有星科金朋、华天以及上海先方、华进、中国科学院联合，上海先方、华进、中国科学院联合涉及的主要是热沉+金属+TIM+流道融合方式，还涉及在热沉粒里通入流体等先进技术。

（5）创新主体合作方面

中国的合作方式以企业-企业合作方式主，高校/科研院所-企业合作为辅。在高校/科研院所-企业合作方式中，主要是由高校/科研院所发起，带动企业进行研发。但热管理技术领域合作开展的研究都仅是集中在某一年或者某几年进行的，没有进行持续性的合作研究，合作研究持续开展性较差。

清华大学于 2008 年提出了采用碳纳米管+金属作为 TIM 层的技术。基于该技术，清华大学又开展了多项碳纳米管的研究，并记载在之后申请的多项专利中，并且该专利被 IBM 等多家先进封装热管理企业所引用。然而，清华大学并未将这些专利限定应用于先进封装领域，可见高校的研究偏基础，应用产业化的意识较弱，应加强高校/科研院所与企业的合作，提升成果转化能力。

先进封装领域是一个需要长期投入的领域。为了缓解芯片"卡脖子"现状，持续开展研究非常重要，应多加强高校/科研院所与企业之间的合作，并且建议高校/科研院所与企业之间建立长期的合作关系。根据研究成果以及合作关系现状，课题组建议可从以下角度切入开展中国的热管理技术研究：①区域合作。以上海为例，涉足热管理技术的有上海人工智能创新中心、上海先方、上海新微技术研发中心有限公司、上海工程技术大学、上海大学、复旦大学、上海集成电路制造创新中心有限公司、华进、中芯国际等。这些一定区域内的企业可联合起来，扬长避短，集中力量发展其优势分支。②以高校/科研院所为中心，带动其辐射范围内的相关企业，持续地开展合作研究。以厦门大学于大全团队为例，厦门大学电子科学与技术学院于大全、钟毅团队联合华为、厦门云天合作，采用基于反应性纳米金属层的金刚石低温键合与玻璃转接板2.5D先进封装工艺，验证了金刚石卓越的散热性能以及金刚石-芯片键合工艺应用的可行性。该项研究将金刚石低温键合与玻璃转接板技术相结合，首次实现了将多晶金刚石衬底集成到玻璃转接板封装芯片的背面。该技术路线符合电子设备尺寸小型化、重量轻量化的发展趋势，同时与现有散热方案有限兼容，成为实现芯片高效散热的重要突破路径，并推动了金刚石散热衬底在先进封装芯片集成的产业化发展。在此基础上，中国申请人可充分合作，开展热管理技术的融合研究，挖掘新兴的热管理融合技术，争取占据热管理的技术高地。

第 7 章 横向技术协同融合发展分析

2023 年 AI 经历破圈式发展，在以 ChatGPT 为代表的 AI 应用和工具中提供高性能和大数据的核心是 AI 芯片，采用先进封装技术使得 AI 芯片具有小型化、轻薄化、高密度、低功耗和功能融合等优点，因而先进封装技术已成为全球关注的科技领域，更是"后摩尔时代"和"人工智能时代"的关键技术。随着先进封装技术在全球范围内得到广泛应用和发展，尤其是在如火如荼的 AI 领域中所需的 AI 芯片中，先进封装技术发挥着关键作用，先进封装技术本身也已成为半导体行业的重要支柱。参考前文第 3 章至第 6 章中关于全球主要国家或地区以及重要申请人的专利申请态势和技术构成情况的分析，在已经进行了关键架构、关键工艺和热管理中地域、创新主体、技术构成及其下级技术分支纵向分析的基础上，本章将从关键架构、关键工艺和热管理的各技术分支之间横向协同发展的角度筛选全球先进封装技术领域中国际巨头申请人和中国重点申请人进行深入研究，具体选择台积电、三星和英特尔等国际巨头申请人与长电科技、华天、盛合晶微、华进和华为等中国重点申请人，不仅分析各国际巨头申请人和中国重点申请人的关键封装架构、关键封装工艺以及热管理的横向协同发展现状，还分析各中国重点申请人的自主核心先进封装技术并寻求重点企业之间的潜在合作和共谋创研。另外，还梳理了先进封装领域的"专精特新"企业及其技术特长，以为"专精特新"企业和大企业协作配套发展铺路。最后，分析了技术协同合作方式，以为中国先进封装领域的协同发展提供参考。

7.1 国际巨头技术协同融合发展分析

随着 AI 芯片的市场竞争越来越激烈，国际巨头在 AI 芯片的先进封装技术领域内的研发投入也是空前高涨。AI 芯片的算力、功耗和带宽拉动了如 2.5D、3D 先进封装技术的迅速发展。参见前文第 3 章中关于全球申请态势分析以及主要国家或地区的专利申请量对比分析，先进封装技术中以中国、美国、韩国和日本为申请量集中的国家。其中在第 3 章的创新主体分析部分中，全球专利申请量总排名中中国企业上榜 20 家，美国上榜 8 家，韩国上榜 2 家，而申请总量尤以中国的台积电排名第一位，韩国三星排名第二位，美国英特尔排名第三位，可见，台积电已成为先进封装的领头羊企业，三星则紧追其后成为韩国"寡头"企业，而英特尔也加快其研发速度和制程革新，成为美国先进封装代表企业。为此，本节选取台积电、英特尔、三星这些先进封装领域"三巨头"进行分析，主要分析上述巨头的先进封装技术整体及各技术构成的逐年申请趋势、关键技术分支的专利申请态势以及各技术构成之间的关联度。此外，还对上述各巨头关键技术的重点专利布局和典型架构技术发展路线进行梳理和对比，以对各巨头的先进封装技术中关键架构、关键工艺和热管理的纵向创研和横向融合进行技术协同的多维度分析。

7.1.1 专利申请态势

图7-1-1显示了台积电、三星和英特尔总体申请占比及态势。从图中能够直接看出，无论是申请总量"项"排名还是"件"排名中，台积电均排名第一，三星排名第二，英特尔排名第三。可见，台积电在半导体行业尤其在先进封装技术中的申请量居于榜首；三星则作为韩国半导体技术的"寡头"，在先进封装领域内的技术发展活跃度、积极性均处于全球第一梯队；英特尔在近些年关于更小、更快的芯片制程方面逊于台积电和三星，在先进封装领域内的相关专利申请数量和创研力度上均略低于台积电和三星，但随着美国《芯片与科学法案》的投资注入，英特尔在俄亥俄州200亿美国芯片工厂正式动工，这也表明英特尔面对台积电和三星先进封装领域的制程优势所进行的全力赶超。

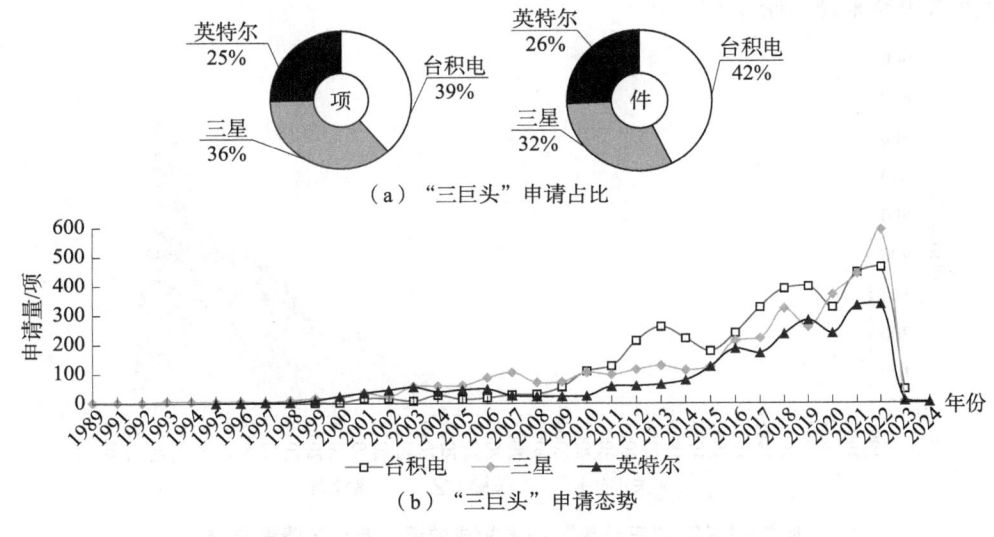

图7-1-1 "三巨头"专利申请态势总览

如图7-1-1所示，从"三巨头"的申请量随时间变化趋势来看，三星和英特尔先进封装技术起步较早，而台积电相对滞后；但从整体申请态势来看，三家企业均呈逐渐增长趋势，但于2010年开始台积电年申请量连续稳居第一位，其次为三星，英特尔居第三位；直至2020年，三星申请量赶超台积电而英特尔仍然位居第三位。上述整体情况正对应台积电于2010年宣布全面进军先进封装领域且拥有领先业界的28nm制程技术并正式量产；虽然三星在该时间段内由于其芯片制程的相对落后且与台积电在关于苹果处理器代工订单抢夺中失利，但三星于2020年推出X-Cube先进封装架构并实现FOPLP产品的产业链量产，申请量在2020年大幅提升并超过台积电；英特尔则在该时间段内放弃早期GPU研发，未投资OpenAI等战略决策失误，导致其在技术路径上的滞后，另外制程工艺、研发进展也不如台积电和三星。

7.1.2 技术分布概况

图7-1-2示出了"三巨头"技术构成的申请态势。先进封装技术中关键工艺和热管理起始早于关键架构且2011年之前关键工艺的申请量是高于关键架构申请量的；而2012年之后直至现今，关键架构申请量高于关键工艺和热管理且关键架构申请量增速最快，这与2010年之后台积电宣布入局先进封装，于2012年推出CoWoS架构平台并于之后不断推出迭代架构平台和新的InFO、SoIC等架构技术是密切关联的。随着台积电晶圆代工市场份额和芯片制程技术提升，英特尔和三星也相继入局先进封装，这也使得架构申请量井喷式增长。同时，在此时间段内，关键工艺申请量也随之增长呈现相同态势，这也与关键架构迭代是以关键工艺改进为核心的特点直接相关。热管理技术在先进封装的技术构成中占比最少，且基本处于平稳发展态势，这与热管理作为先进封装技术中的辅助改进技术相关。进一步地，自2017年开始，热管理申请量迎来小高峰，这与"三巨头"自主研发的先进封装架构越来越高的集成密度对热管理技术改进需求也越来越高密切相关。

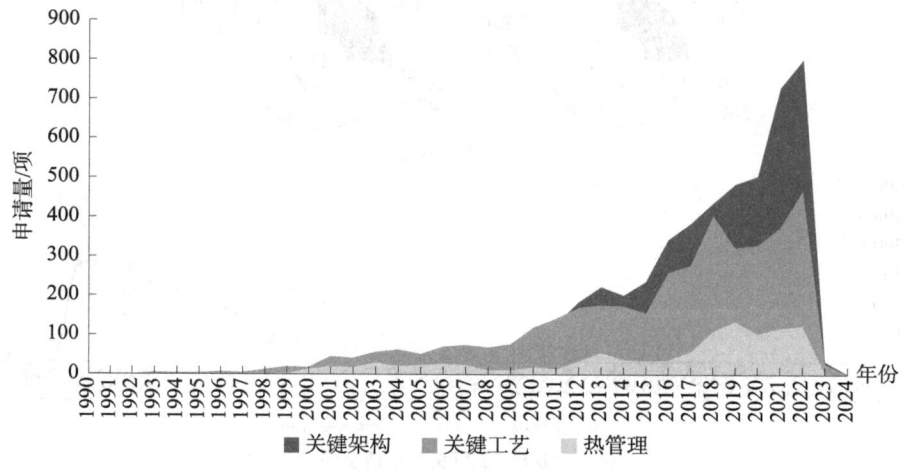

图7-1-2 "三巨头"技术构成的逐年专利申请量态势

在"三巨头"整体申请量中，热管理占比最少而关键工艺占比最大，从各巨头技术构成占比来看，在热管理中，英特尔占比最多，而台积电占比最少；关键架构中，"三巨头"差距不显著，占比由高至低为三星、台积电和英特尔，具体为36%、35%、29%，基本呈三家均分之势；关键工艺中，则是台积电最多，三星紧跟其后，而英特尔与台积电和三星差距明显。由此可见，台积电更聚焦于关键架构和关键工艺，三星在三个技术构成上发展相对平均，而英特尔相对其他两家来说更集中于热管理技术。

进一步对上述关键架构、关键工艺和热管理的下级分支进行占比的横向对比，图7-1-3示出"三巨头"技术构成占比总览，图中表达了"三巨头"在各技术分支内的申请量占比对比。以热沉、TIM、散热通孔为主的被动热管理技术仍然是主流热管理技术，在被动热管理中英特尔占比最大，接着依次为三星和台积电。在关键架构技术中，以扇出 FO 占比最少而 2.5D、3D 占比几乎相同，从占比面积图的横向对比来看，台积电在扇出架构中占比最大，三星在 3D 架构中占比最大而英特尔在 2.5D 架构上更突出；关键工艺技术中以 RDL 技术占比最大，接着依次为凸点技术、键合技术和 TSV 技术（此处 TSV 技术是仅包含聚焦于热应力和电可靠性的技术也即本书第 5 章中关于 TSV 技术的技术边界定义）。从占比面积图的横向对比来看，台积电在凸点、键合和 TSV 技术中占比最大，三星在 RDL 技术中占比最大，而英特尔则在凸点技术中相对其他三项工艺技术较多，这与"三巨头"各自先进封装架构平台的主流技术侧重不同是直接相关的。台积电的扇出架构得益于其 InFO 技术及 InFO 技术与 SoIC 技术融合，而三星和英特尔则在该领域内布局较少；三星的 3D 架构得益于其 X – Cube 技术及 X – Cube 技术与 RDL 工艺融合，英特尔的 2.5D 架构得益于其 EMIB 架构技术及其 EMIB 技术与 Foveros 技术融合的 Co – EMIB 技术等。由此，"三巨头"在三种主流架构中虽均有布局，但各有侧重，台积电在扇出封装方面有显著优势，英特尔则在 EMIB 封装技术上最为突出，而三星则专注于 3D 堆叠封装技术，这也反映了"三巨头"在先进封装技术中的技术优势、战略定位和市场布局以及供应链影响等方面均是不同的。

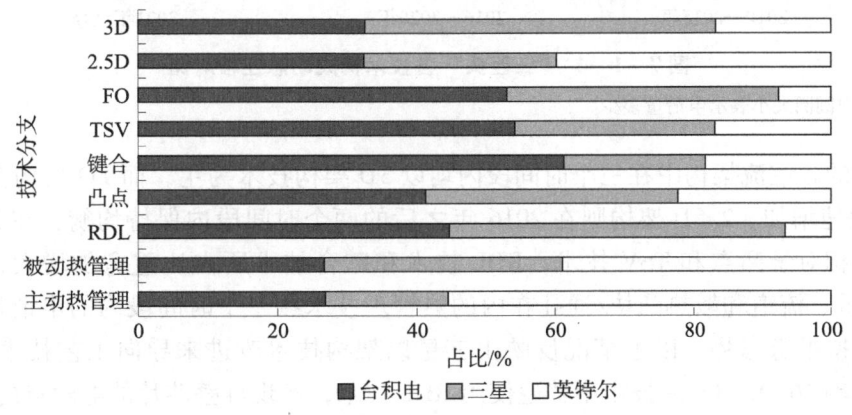

图 7 – 1 – 3 "三巨头"技术构成占比总览

进一步地，结合图 7 – 1 – 4，从横向和纵向双维度对比各巨头公司在不同时间段内各技术构成的占比，以获得其不同侧重技术以及各下级技术分支之间的协同发展情况。横向以各巨头为入口来分析，在台积电的关键架构技术中，2.5D 架构技术申请量逐渐增加，而 FO 架构和 3D 架构技术所占比重有所减少；在关键工艺技术中，相对于 RDL、凸点和 TSV 技术，键合技术的比重越来越大；在热管理技术中，除了传统的热沉散热技术，TIM 技术在三个时间段具有较大申请量并保持稳定。上述申请量/占比动态变化情况说明了台积电的先进封装技术由扇出 FO 架构逐步转向诸如 CoWoS 的 2.5D 架构，而作为支撑架构的关键工艺技术则由 RDL、TSV 技术转向键合技术，作为辅助技术的热管理技术由诸如热沉的传统"面"散热转向诸如 TIM 的材料的"新"散热。

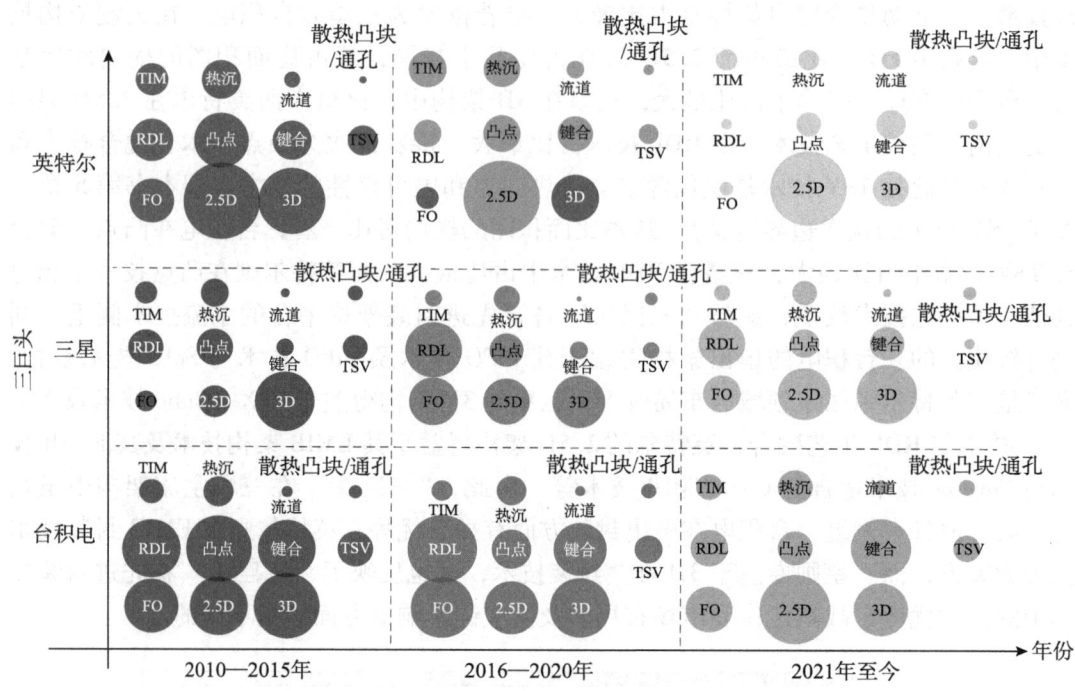

图 7-1-4 "三巨头"各技术构成动态迁移对比

注：图中圆圈大小表示申请量多少。

三星的各主流架构中在三个时间段内均以 3D 架构技术为主，而 FO 架构在 2016—2020 年快速增加，2.5D 架构则在 2016 年之后的两个时间段内保持均衡；在关键工艺技术中，相对于凸点和 TSV 技术，RDL 技术和键合技术所占比重愈加增大；而包含 TIM、热沉、流道和散热凸块/通孔在内的热管理技术在三个时间段内的申请量基本无变化而保持平稳态势。以上情况反映出三星以架构技术改进来导向工艺技术的提升，诸如 3D 架构中 X-Cube 技术中普遍使用 RDL 技术，实现堆叠芯片的电触点的再分布，并且实现堆叠芯片之间电互连的凸点键合技术开始转向无凸点的混合键合技术，而上述热管理技术的平稳申请量则说明三星在热管理中并无研究侧重。

英特尔的架构技术在三个时间段内均以 2.5D 架构为主流，关键工艺技术和热管理技术各技术分支专利申请量在 2020 年后处于低位。这一方面，反映出英特尔在 2.5D 架构技术中尤以 EMIB 技术为研发聚焦点，但持续研发力度有所减弱；另一方面，反映出英特尔在先进封装技术各方面的发展相对台积电和三星来说是滞后的，没有及时跟上市场需求和技术进步的步伐。如今以 AI 芯片为代表的电子产品朝向小型化、轻薄化演进且高密度、强算力和低功耗的需求愈来愈强，先进封装技术更新迭代速度加快。台积电和三星在技术进步和市场响应上都比英特尔更快，在关键技术、发展方向和热管理技术、封装内集成密度、带宽提升等方面，英特尔也逊于台积电和三星。

纵向以各技术构成为入口来分析。2010—2015 年，在关键架构中，3D、2.5D 架构相对专利申请量更多；在关键工艺中，以凸点技术专利申请量为主，而热管理中以热沉为主，其次为 TIM 技术，而上述 2.5D 架构集中于台积电和英特尔，凸点技术集中于台积电，这与该阶段内英特尔 EMIB 和台积电 CoWoS 2.5D 架构的公布且处于初期的创新集中阶段以及基础焊接技术仍以凸点技术为主流的技术发展现状相符。2016—2020年，在关键架构中，FO 架构申请量得以扩大，2.5D 架构则更集中于英特尔，RDL 工艺技术出现大幅增量，而 TIM 热管理技术也有了一定的提升发展，这与该阶段内台积电 InFO 的 FO 架构实现产业量化生产、FO 架构核心技术在于高密度 RDL 技术以及新型热界面材料的应用密切相关。2021 年至今，在关键架构中，2.5D 架构除英特尔一家独大之外，台积电也占据优势定位；在关键工艺中，键合技术和热管理中热沉技术均集中于台积电，这表明台积电已成为先进半导体行业中架构 - 工艺 - 热管理综合实力强劲的"领头羊"，对架构、工艺、热管理技术均进行全面布局，提升其全球先进封装和制造的技术创研能力和市场竞争力。

7.1.3 技术协同融合分析

全球科技企业正在构建 AI 算力集群，AI 芯片作为硬件是实现 AI 算力的基础。随着对 AI 算力要求的不断提升，AI 芯片中的中央处理器单元（CPU）、图形处理单元（GPU）以及高带宽内存（HBM）等半导体器件的密度和 I/O 密度也在增加，而焊盘节距不断缩小。先进封装架构是能够采用创新的设计与工艺将上述处理单元和/或半导体器件集成封装，以达到高性能、高可靠性、低成本等需求的一种封装方式。先进封装架构包括多种类型，如扇出型（FO）封装架构、2.5D/3D 堆叠封装架构等。这些封装架构根据目标应用的要求、性能和成本采用不同的诸如提升 I/O 密度、降低间距和改善散热性等先进封装工艺，以增强架构功能、提高性能并提供附加值。基于上述背景，前述国际"三巨头"分别提出各自的先进封装架构并给予其标签式名称，形成自主知识产权的先进封装架构平台，进一步加强其在不同封装架构领域内的领先地位。以下对各巨头的关键封装架构进行简介。

7.1.3.1 国际巨头典型封装平台

（1）台积电封装平台

台积电，全称是"台湾积体电路制造股份有限公司"（TSMC），成立于 1987 年，是全球第一家专业集成电路制造服务（晶圆代工）企业，在芯片制造工艺领域占据主导地位。台积电不仅仅掌握全球领先的芯片制程工艺，而且在 2008 年开始布局先进封装，其布局涵盖了多种封装技术，包括 CoWoS、InFO 以及 SoIC 等，并在这些技术的基础上，成立了 3D Fabric 封装平台。

2022 年 10 月台积电宣布成立开放创新平台（OIP）3D Fabric 联盟，以期推动 3D 半导体技术的发展。如图 7 - 1 - 5 所示，3D Fabric 技术属于先进封装技术，就是将多个不同规格的芯片堆叠封装在一起，形成系统级芯片封装，包括 SoIC、CoWoS 及 InFO 封装技术。这三项技术亦是台积电封装技术的三大分支，SoIC 技术为前端封装技术，CoWoS 和 InFO 系列封装技术为后端封装技术。

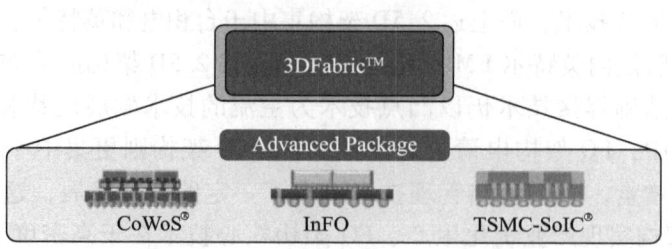

图7-1-5　台积电3D Fabric技术❶

随着芯片堆叠集成度的要求越来越高和转接板、内部多层互连技术的更新迭代，台积电还提供包含转接板、内部多层互连结构的先进封装技术，即CoWoS和InFO。以芯片组装流程顺序来划分，先组装芯片（即"chip first"）的是InFO封装而后组装芯片（即"chip last"）的是CoWoS封装。另外，以内部高密度互连方式是以转接板或内部多层互连结构进行划分，其中CoWoS则包括CoWoS-S（Si转接板）、CoWoS-R（RDL转接板）、CoWoS-L（LSI+RDL转接板），而InFO则包括InFO-R（RDL多层互连）、InFO-L（LSI多层互连）。而为了适用不同的应用需求，上述封装技术还可包括多种变体，如InFO_oS、InFO-LSI、InFO-POP、InFO-3D等。

CoWoS封装中CoWoS-S是台积电2011年开发的第一个2.5D架构技术，也是发展和应用最成熟的先进封装技术。如图7-1-6（a）所示，CoWoS-S封装结构中以硅转接板来实现芯片之间的电互连，通过硅转接板可在晶圆上堆叠集成多层存储器芯片及逻辑芯片等，进而实现器件存储容量的扩大和处理速率的提升。2012年台积电公布CoWoS-R技术，也即使用RDL重布线层作为转接板的2.5D封装架构。该技术能够提供更高的设计灵活性，适应不同类型器件互连需求并具有较低成本优势，其在台积电封装技术体系中占据重要位置，如图7-1-6（b）所示。同一时间，台积电还公布了使用硅中介层和RDL组合的CoWoS技术也即CoWoS-L技术，能够实现更复杂的系统功能、更高效的数据传输和更完整的信号传递，特别适用于AI领域中，如图7-1-6（c）所示。该技术也属于2.5D架构且包含以下几个关键部分：首先，将处理器、内存等半导体芯片叠放至硅转接板上；其次，通过Chip on Wafer的封装制程将芯片连接到底层基板上；最后，使用RDL实现芯片之间的互连。

InFO封装是指在载体上使用（单个或多个）裸片，随后将这些裸片嵌入模塑材料中形成重构晶圆，随后在晶圆上制造RDL互连和介电层，其中RDL从芯片区域向外延伸，即"扇出"拓扑。该封装结构由于不使用转接板结构，封装成本降低，适用于封装要求不高的集成芯片封装。图7-1-7（a）—（d）所示分别为InFO-R/oS、InFO-LSI、InFO-POP、InFO-SoIS封装技术结构图，能够看出，上述各InFO技术变形体技术侧重各不相同且各有特点。其中InFO-R/oS封装技术是2018年公布的基于RDL替代硅转接板而在晶圆上实现扇出布线且提供更多、更密I/O端口的高密度扇出架构，

---

❶ 台积电系列先进封装工艺简介［EB/OL］．（2024-01-01）［2024-10-15］．https：//www.xianjichina.com/special/detail_540368.html．

主要利用片上互连技术来提高芯片通信速率和带宽,并适用于高性能计算和通信领域;2024年公布InFO-LSI封装技术通过结合本地芯片互连和RDL技术来实现芯片之间互连,其特点是使用局部硅互连代替由硅制成的大型且昂贵的硅转接板,其主要用于大规模集成电路封装场景,以达到高集成度和低成本的要求;而2016年公布的InFO-POP封装技术则是将整个晶圆封装体与另一个晶圆封装体通过集成扇出方式堆叠并键合的高密度扇出封装技术,其作为3D堆叠结构的早期封装结构,属于3D架构范畴。还有2020年公布的InFO-SoIS封装技术,其核心是将两个"InFO"堆叠以达到更高密度、集成度的互连和更低更优的功率损耗。

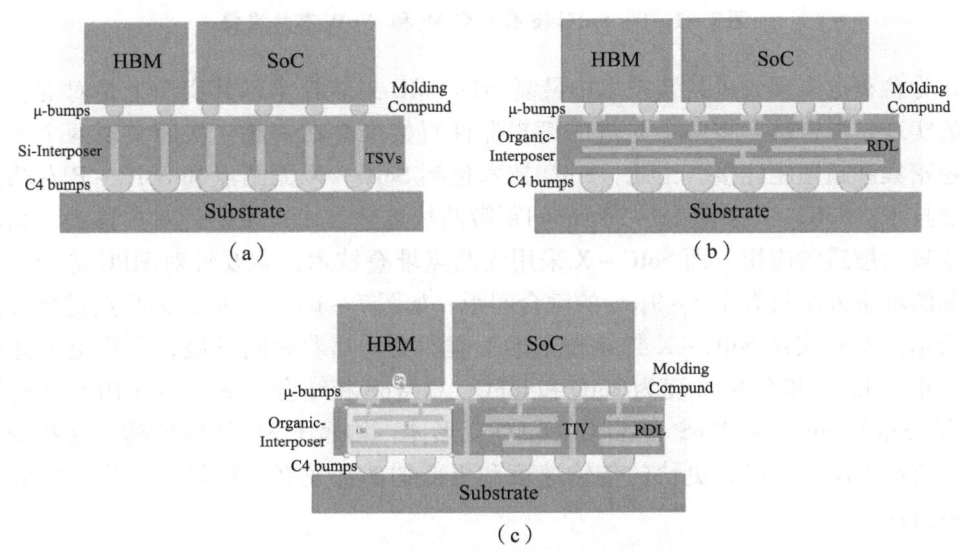

图7-1-6 台积电CoWoS系列关键封装架构❶

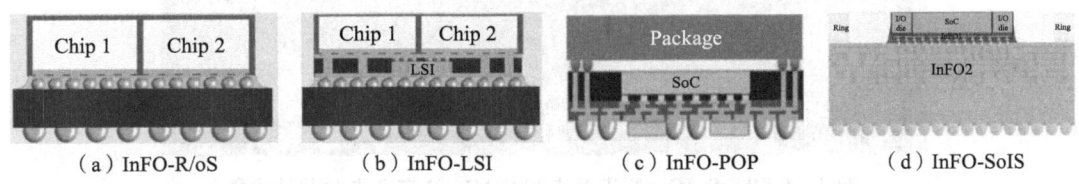

图7-1-7 台积电InFO系列关键封装架构

2018年台积电公布的SoIC技术是通过采用TSV技术,结合有/无凸点的键合结构,将不同尺寸、制程、材料的小芯片重新集成到一个类似SoC的集成芯片中,使最终的集成芯片面积更小,并且系统性能优于原来的SoC。根据键合方式的不同,将SoIC技术分为CoW(Chip on Wafer)和WoW(Wafer on Wafer)两种,如图7-1-8所示。可见,SoIC封装结构中堆叠芯片和焊盘之间采取面对面或者面对背的直接键合方式进行3D堆叠,可实现高带宽、低能耗和优异的SI/PI性能。

---

❶ 汉轩微电子. 什么是CoWoS封装技术?[EB/OL].(2023-12-21)[2024-10-15]. http://aefab.com/cn/new/new-75-217.html.

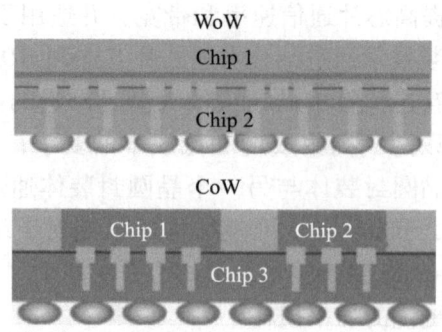

图 7-1-8　SoIC 技术中 CoW 和 WoW 芯片堆叠

作为台积电多项先进封装技术中最复杂的 SoIC 封装技术，其实质上是对混合晶圆键合的实现，混合键合将两个先进的逻辑器件直接堆叠在一起，从而实现两个芯片之间的超密集和超短距连接。由此，SoIC 技术包括 SoIC-X 无凸点和 SoIC-P 有凸点两种封装技术。SoIC-P 采用 18~25μm 间距微凸块堆叠技术，主要针对如移动、物联网等成本较为敏感的应用；而 SoIC-X 采用无凸点堆叠技术，主要针对 HPC 应用，其芯片对晶圆堆叠方案具有 4.5~9μm 的键合间距。如图 7-1-9 所示，无凸点键合（混合键合技术）则是实现 SoIC-X 封装技术的关键所在。随着时间发展，台积电的先进封装技术也从 InFO 和 CoWoS 变为 SoIC 和 InFO、CoWoS 相结合，图 7-1-10 所示分别为 2023 年公布的 SoIC+CoWoS 和 SoIC+InFO 变形体，均属于 3D 架构范畴。这些变形体均朝着更高的凸块密度、更快的传输速度和更低的功耗发展，也代表了先进封装技术的发展方向。

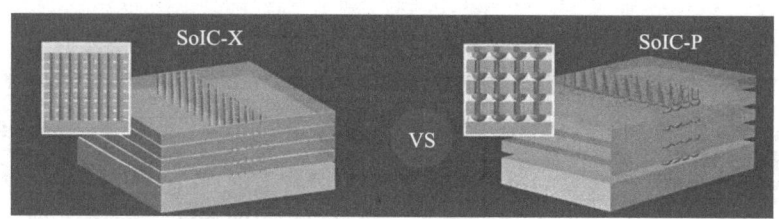

图 7-1-9　SoIC-X 无凸点和 SoIC-P 有凸点封装技术❶

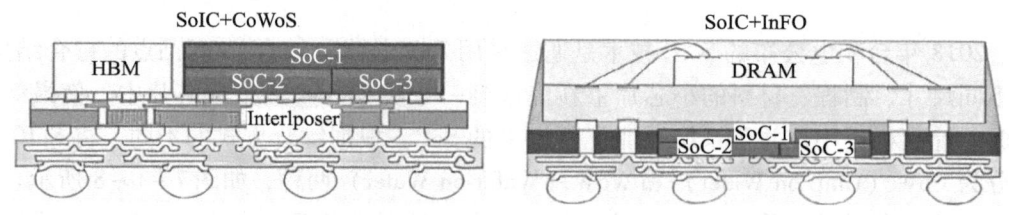

图 7-1-10　SoIC+CoWoS 和 SoIC+InFO 封装技术

---

❶　半导体行业观察. 台积电先进封装深度解读 [EB/OL]. (2020-09-03) [2024-10-15]. https：//user. guancha. cn/main/content？id=374335.

（2）三星封装平台

三星，全称是三星电子株式会社，成立于1969年，是韩国最大的电子工业企业，作为全球领先的半导体制造商之一，更是先进封装技术领域中的领军厂商之一。近年来，三星在高端封装市场处于领导地位，且在先进封装领域不断进行技术研发和产品创新，在2.5D/3D先进封装技术领域也有大量布局，并已推出I-Cube、X-Cube等先进封装技术。如图7-1-11所示，针对2.5D封装，三星2018年推出I-Cube封装架构技术，该封装技术在硅转接板上叠放一个或多个逻辑芯片以及高带宽内存芯片后再封装形成整体结构，可媲美于台积电的CoWoS技术。I-Cube架构进一步包括I-CubeS架构和I-CubeE架构，两者不同的关键点在于结构：I-CubeS的结构是HBM和逻辑芯片布置在同一互连层上，使用大型的硅中介层，能够提优异的带宽和出色的性能能力；而I-CubeE采用硅嵌入式结构，结合了精密图案化的硅桥和无TSV结构的RDL互连层以及大尺寸互连的优势。随着转接板尺寸变得更大，I-CubeE比使用硅转接板的I-CubeS更具成本效益。针对3D封装，三星于2020年推出X-Cube技术，采用在Z轴堆叠逻辑裸片的方法并通过硅通孔连接，最大程度上缩短传输路径，继而获得更高的传输速率。X-Cube架构进一步包括基于TCB的μBump（微凸块）的X-Cube TCB架构和基于HCB的Bumpless（无凸块）的X-Cube HCB架构，两者所不同的关键点在于键合技术，其中X-Cube TCB的微凸块间距和硅片厚度分别为25μm和40μm，而X-Cube HCB的微凸块间距和硅片厚度仅为4μm和10μm。可见，在堆叠键合尺寸方面，X-Cube HCB架构相对于X-Cube TCB架构获得很大的提升。

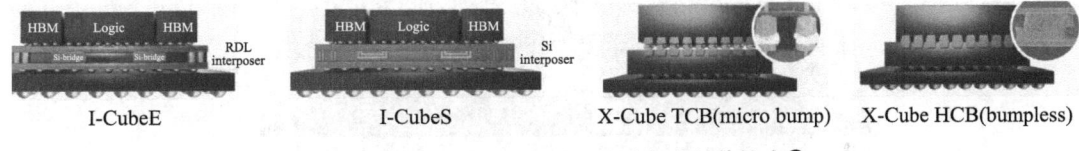

| I-CubeE | I-CubeS | X-Cube TCB(micro bump) | X-Cube HCB(bumpless) |

图7-1-11 三星I-Cube系列先进封装技术❶

2024年7月，三星又公布了其"半导体3.3D先进封装技术"且该技术目标应用于AI半导体芯片中。如图7-1-12所示，3.3D封装技术整合了三星多项先进异构集成技术。其中AI计算芯片GPU垂直堆叠在LCC也即SRAM缓存之上，且这两芯片为直接键合为一体，类似于三星X-Cube中的X-Cube HCB 3D IC封装技术。另外，上述GPU芯片和LCC芯片键合之后与HBM堆叠体一起放置于RDL构成的转接板上且仅在芯片边缘必要部分引入硅桥，以此替代价格较高的硅转接板，由此获得芯片性能不牺牲且替代硅转接板使用RDL重布线层的低成本、高集成度的3.3D封装技术。

（3）英特尔封装平台

英特尔的先进封装技术在先进封装技术领域中占据重要地位，是技术主导者之一。英特尔致力于提升系统性能，将多个不同性能的芯片集成在一个系统内，通过成本可

---

❶ 三星. 3.3D先进封装［EB/OL］.（2024-07-19）［2024-10-15］. https：//www.jiuyangongshe.com/a/9k090u20lg.

控的系统级芯片系统来提升整体的性能和功能。英特尔的先进封装技术主要包括 EMIB、Foveros、Foveros Omni 和 Foveros Direct，这些技术共同构成了英特尔在先进封装领域的核心竞争力。如图 7－1－13 所示，EMIB 嵌入式多芯片互连桥技术通过将不同的芯片放在同一平面上相互连接，而 Foveros 3D 异构集成堆叠技术则是在垂直层面上一层一层地堆叠独立的模块，并且 Foveros Direct 通过使用铜与铜的混合键合取代传统焊接技术，大幅提高芯片互连密度和带宽。这些技术的开发和应用使得英特尔在封装领域取得领先地位，为高端逻辑芯片、存储器、AI 芯片等领域的实际应用带来便利。在上述多个封装技术中，实现封装内芯片之间电连接的直接技术手段则是凸点技术，而随着时间演进和芯片之间距离、凸块之间距离的微缩，凸点技术也由焊料凸点发展至微焊料凸点，再至铜柱凸点，再至铜凸点。英特尔的 Foveros 封装技术持续在进步，其中突出进步点则在于上述凸块技术的更新迭代，而迭代最大的突破在于凸块间距的微缩，从图 7－1－13 中能够直接看出，Foveros Direct 能够提供最小的凸点间距，也即约 $10\mu m$，虽然 Foveros Omni 相较于 Foveros Direct 提供稍大的凸点间距，也即约 $25\mu m$，但这已经是一个显著的改进，且这种改进给数据传输和封装密度带来了显著的提升。总之，英特尔的 Foveros 封装技术在不断演进，通过减小凸点间距和提高线路密度，实现了更高的数据传输能力和更紧凑的封装设计，这对于推动半导体行业的进步和满足日益增长的计算需求具有重要意义。

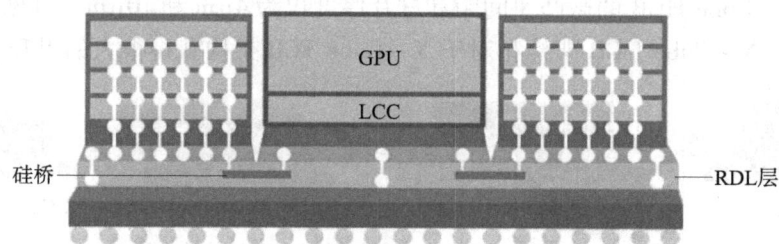

图 7－1－12　三星半导体 3.3D 先进封装技术

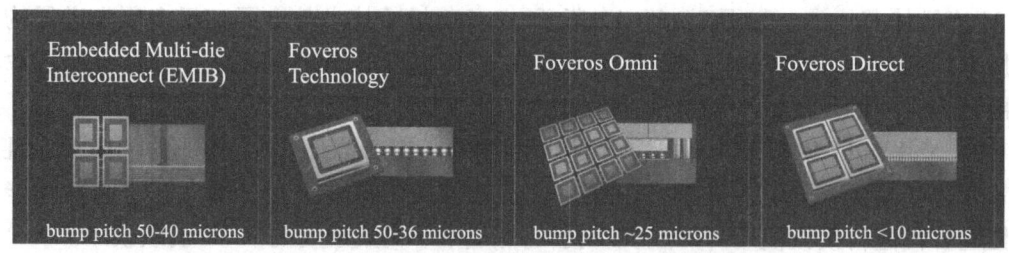

图 7－1－13　英特尔先进封装架构技术[1]

---

[1] 英特尔. 英特尔加速流程和封装创新 [EB/OL]．（2024－04－01）[2024－10－15]．https：//www.intel.cn/content/www/cn/zh/newsroom/news/intel－accelerates－process－packaging－innovations.html？wapkw=Foveros.

7.1.3.2 封装平台中关键技术构成分析

图 7-1-14（见文前彩色插图第 5 页）为"三巨头"关键封装架构与关键封装工艺关联技术路线图。图中具体展示了台积电、三星和英特尔前述关键封装架构中主流封装架构技术与关键封装工艺之间的对应关系，并以横向时间轴为导引表示"三巨头"各主流封装架构技术公布/量产时间，同时时间轴上方纵向示出 RDL、凸点技术、键合技术和 TSV 的四个关键工艺与架构技术的对应关系，其中不同的颜色来表示"三巨头"架构与工艺之间的关联对应关系，具体地，台积电通过黄色线表示，英特尔通过粉色线表示而三星通过蓝色线表示。整体来说，台积电无论是 2.5D 架构系列还是 3D 架构系列均早于英特尔和三星相应系列公布，而英特尔的 2.5D 架构系列和 3D 架构系列又早于三星相应系列而公布。

更为具体地说，台积电在 2016—2024 年基本每年都会提出新的架构技术，且关键架构技术与关键工艺之间的关联程度也越来越密切，从以凸点、键合、TSV 工艺为实现基础的 CoWoS-S 架构，以 RDL 和凸点工艺为实现基础的 InFO-POP 架构、InFO_oS 架构以及以键合、TSV 工艺为实现基础的 SoIC-X 架构到以 4 个关键工艺更全面的、更先进的、更集成使用的 InFO_oS、CoWoS-R、CoWoS-L、InFO_SoIS 架构。可见，台积电在不同关键架构中均改善了相应的核心关键工艺，其架构型式是多样的且对应的关键工艺是不同的。

英特尔 2017 年公布其 2.5D 架构也即 EMIB 架构，该架构作为英特尔的明星架构使用了 RDL、凸点、键合和 TSV 的全面核心工艺，这也表明英特尔作为传统芯片制造企业有其深厚的技术沉淀；紧接着，英特尔于 2018 年公布其 3D 架构（Foveros 架构）并于之后几年连续推出 Foveros 的多种改进迭代的变形体，其中 Foveros 架构中关键工艺在于凸点和键合工艺，Foveros-Omni 架构中关键工艺在于凸点、键合和 TSV 工艺，Foveros-Direct 架构中关键工艺在于键合和 TSV 工艺，尤其是混合键合工艺。可见，随着时间推移，英特尔架构的更新伴随关键工艺的特色凸显，也即关键架构的变形不大但使用的核心工艺改进显著。

三星分别于 2018 年公布其 2.5D 架构（I-Cube 架构），2020 年公布其 3D 架构（X-Cube 架构）和 2024 年公布其 3.3D 架构，可见，三星在先进封装的新技术平台创研更新方面略逊于台积电和英特尔。进一步地，三星从 I-Cube 架构到 X-Cube 架构也表现出关键工艺重点凸显的特点，具体是由 4 个关键工艺的全面关联发展至以凸点和键合为核心工艺的创研方向，这与三星 X-Cube 架构中尤其是芯片直接堆叠结构中由 TSV 实现垂直互连发展至倾向于由 RDL 技术替代 TSV 实现垂直方向电互连的技术革新架构是密切关联的。另外，三星还着重研发了面板级的扇出封装架构（FOPLP 架构）并在该技术领域内以全球先驱之势已实现量产。该 FOPLP 架构作为 2D 架构中的一种类型主要与 RDL 和凸点工艺密切关联，这也侧面说明三星早期先进封装发展的侧重所在。

综上，各巨头均已拥有各自的 2.5D、3D 主流架构，全面拉开先进封装技术的"头把交椅"之争，而各巨头架构的不断迭代则离不开关键工艺的更新提升。

另外，围绕先进封装架构的关键封装工艺的改进体现在围绕着工艺中核心参数的改进方面，核心参数的改进则是关键封装工艺提升的重要指标。随着 AI 芯片对高算力、低功耗的需求越来越高，先进封装架构中凸点间距和线宽间距（也即 L/S）的高需求也日益凸显，主要体现在提高互连密度和 I/O 端口数量上，因此凸点间距和 L/S 成为关键封装工艺的核心参数。凸点间距和 L/S 参数之间的关系非常密切。较小的凸点间距意味着可以在相同的面积内布置更多的凸点，从而增加 I/O 端口数和互连密度，并且提高带宽和缩短通信长度也需要更精细的线宽和间距模式，这则反向推动了凸点间距和 L/S 的持续减小。

图 7-1-15 为"三巨头"典型封装架构与 L/S 关联技术路线图。图中分别展示了"三巨头"典型封装架构的 L/S 参数并以 FO、2.5D、3D 架构类型进行划分与传统封装中包含的各类型封装的 L/S 参数进行对比。能够直观看出，包含 DIP、QFP、BGA 和 FC-BGA 在内的传统封装的 L/S 参数基本大于 $10/10\mu m$，最小也约为 $8/8\mu m$，而包含前述"三巨头"的典型 FO、2.5D、3D 架构中各典型架构技术的 L/S 参数全部小于 $8/8\mu m$，最小达亚微米级，由此可见"三巨头"的先进封装架构尤其是 3D 架构的 L/S 参数的先进性。具体地说，"三巨头"早先提出的扇出架构和 2.5D 架构的 L/S 参数基本是 $5/5\mu m$，如台积电的 InFO_POP、CoWoS-S，英特尔的 EMIB，三星的 I-Cube；而"三巨头"的新一代 2.5D 架构和 3D 架构的 L/S 参数基本是 $2/2\mu m$，如台积电的 CoWoS-R、InFO_oS、InFO_LSI、SoIC+CoWoS、SoIC+InFO_oS，英特尔的 Foveros，三星的 X-Cube；以及台积电最新的 CoWoS-L、InFO_3D，英特尔 Foveros-Direct 的 L/S 参数达到亚微米级。可见，台积电由于拥有多种形式的 2.5D、3D 架构，则其 L/S 参数覆盖等级也是多层次的，可依据应用场景、制造成本和性能要求等来选择适配架构；英特尔相较于台积电具有较少的架构变形体，但也基本上形成从 $5/5\mu m$ 至亚微米的全层次工艺水平；而三星则由于工艺发展策略和制芯水平的制约，其架构中 L/S 参数还未达到亚微米级。

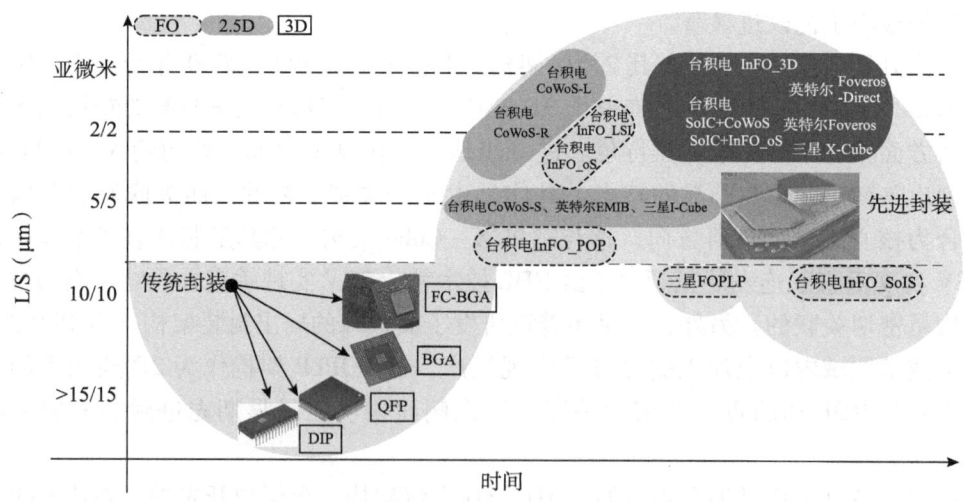

图 7-1-15 "三巨头"典型封装架构与 L/S 关联技术路线

综上，无论是从"三巨头"的架构演进路线，还是封装工艺由传统到先进的进程来看，L/S正朝着不断微缩的方向发展，而在先进封装架构中，L/S的改进具有重要的作用。首先，随着L/S的不断缩小，可以在有限的空间内实现更复杂的布线和更多的互连，这对于具有高性能计算和大数据处理需求的AI芯片尤为重要；其次，改进的L/S可以在不增加封装架构体积的前提下，增加更多的I/O端口，从而提高封装架构的带宽密度和电气性能；此外，改进L/S实现更高的集成度，则可在相同的尺寸下集成更多的功能。前述2.5D和3D架构中融入了各种封装工艺，诸如硅转接板和有机材料替代硅转接板的技术，都依赖于L/S参数的改进。总之，L/S参数的改进在先进封装架构中扮演着至关重要的角色，也体现了先进封装技术中关键架构与关键工艺的互促协同发展模式。

图7-1-16是"三巨头"的2D（也即扇出FO）、2.5D、3D架构中凸点间距的尺寸对比。以不同类封装架构中不同巨头的凸点间距对比来看，3D封装架构的凸点间距最小，其次为2.5D架构的凸点间距，凸点间距尺寸最大的则为倒装封装。具体地说，倒装封装中，英特尔10nm倒装的凸点间距小于台积电7nm倒装的凸点间距，而2.5D架构中台积电CoWoS架构的凸点间距是小于英特尔EMIB架构的凸点间距，3D架构中台积电InFO_LSI架构的凸点间距小于英特尔Foveros Omni的凸点间距，且英特尔Foveros Omni的凸点间距又小于三星X-Cube的凸点间距，在3D混合键合的架构中，台积电3D SoIC的凸点间距小于英特尔Foveros Direct的凸点间距。可见，台积电3D Fabric技术平台下的3D SoIC、InFO和CoWoS均比英特尔或三星同类型封装架构的凸点间距更小，其中3D SoIC的凸点间距最小可达6μm，居于所有封装技术首位。当今，随着AI芯片应用的扩展，对先进封装技术的关键工艺技术的精密要求也随之升高：一是由于某些电子终端产品对产品小型化的需求，对应芯片封装尺寸也就要求越小；二是由于诸如5G、无人驾驶、物联网对芯片性能要求较高，对应芯片集成密度也就要求越高。芯片只有提供更小的尺寸和更优的功耗，才能满足当下上述应用领域的需求，而先进封装中凸点技术的日益精进，则提供了更高的互连密度和更低功耗。但

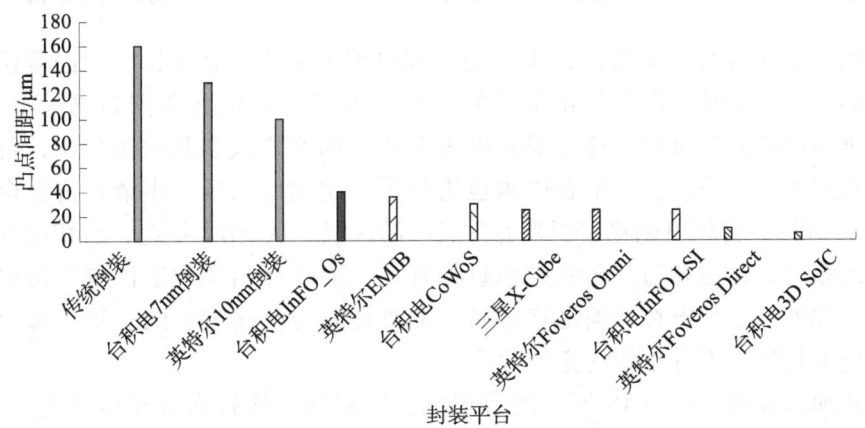

图7-1-16 "三巨头"典型封装架构凸点间距对比

随着凸点间距越小,封装集成度随之越高,而工艺难度也越大,这也是上述各头部厂商在凸点技术持续投入且关注凸点间距微缩的重要缘由。

7.1.3.3 封装平台中关键技术融合协同分析

（1）台积电

1）关键架构专利布局

图7-1-17是台积电先进封装架构的专利申请趋势图和目标市场中主要国家占比图。从时间维度来看,1999—2009年台积电先进封装架构的全球申请量总和不超过130件,占全部申请量的2%,这个时期,台积电的重心在全球晶圆代工领域的发展上;2010年至今,全球申请量稳步上升,这主要源于台积电内部发展策略。2008年台积电成立"集成互连与封装技术整合部门",在接下来近15年内专注于先进封装技术的研发。2011—2018年陆续推出2.5D封装技术CoWoS、扇出封装技术InFO和3D封装技术SoIC,并于2020年将这些先进封装技术纳入3D Fabric技术平台,在这些技术研发过程中台积电进行了大量的专利布局。

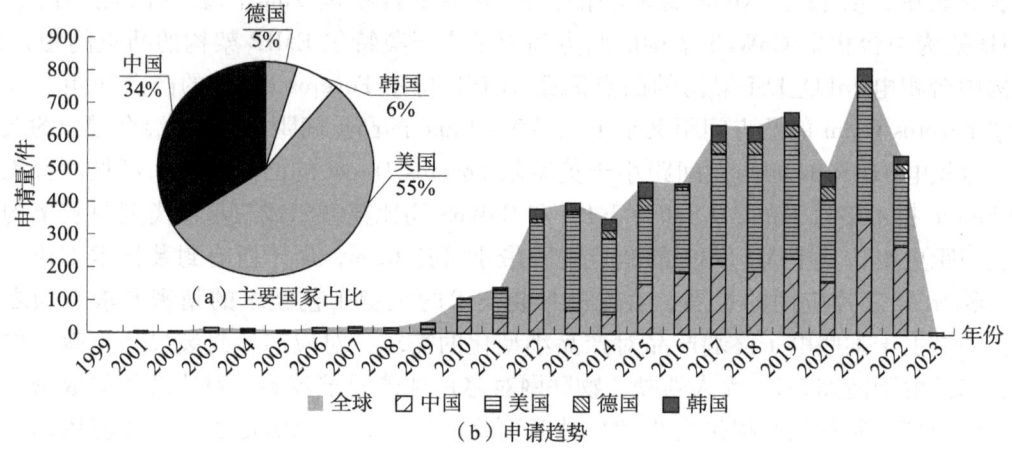

图7-1-17 台积电先进封装架构专利申请趋势图和目标市场中主要国家占比

从专利申请的目的地来看,台积电的专利申请主要集中在美国、中国等国家。其中,美国的专利申请量占据全部申请量的55%,并且台积电在美国布局最早。可见,台积电对美国市场尤为重视,这主要是因为台积电的客户大多是美国公司,台积电最大的市场在美国。另外,台积电在中国也进行了一定量的布局,申请量占据全部申请量的34%,可见,台积电则将中国视为重点布局区域。从2012年起,台积电在德国也有一定量的布局,这主要与其企业扩张政策有关,2023年台积电欧洲首厂设定在德国德克斯登。此外,台积电在韩国也有布局,主要是因为韩国本土的三星、海力士等先进封装企业也是实力不容小觑的竞争对手。

进一步地,如图7-1-18所示的台积电先进封装架构技术分支申请趋势和占比。从图中能够直接看出,台积电最早在1999年开始进行专利布局,而在最开始的10年(1999—2009),台积电主要以专利转让方式来获得专利权,共计69件,占该期间全部专利的 53%，在这期间 3D 封装占比最大。从 2010 年开始，台积电加大了在 2.5D 架构上的研发投入，2010—2012 年，2.5D 架构技术申请量较大，并在 2011 年公布了 CoWoS 架构技术；2015—2017 年，FO 封装技术申请量较大，在 2016 年采用 InFO 架构代工了苹果的 A10 芯片，这是对 FO 先进封装技术的巨大推动；而 3D 封装在 2012 年之后申请量平稳。而从占比图中能够看出，台积电先进封装技术中架构技术的布局较为均匀完整，FO、2.5D、3D 架构分别占据 30%、33% 以及 37%，基本呈平分秋色之势。

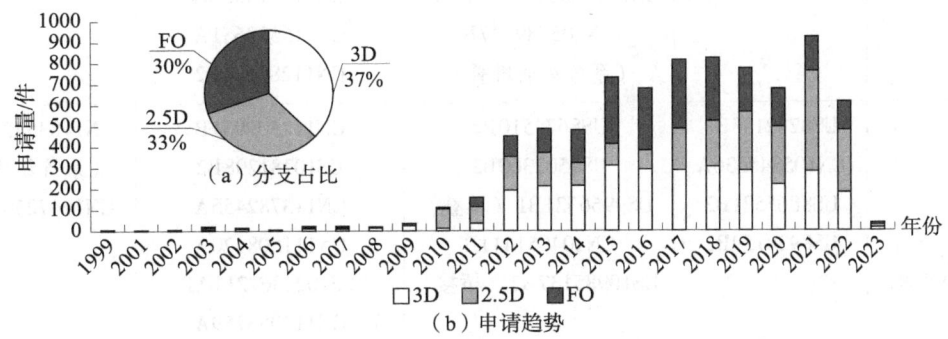

图 7-1-18　台积电先进封装架构技术分支申请趋势和占比

表 7-1-1 中是通过对台积电先进封装技术中涉及 FO、2.5D、3D 三种架构类型的专利申请进行梳理而概括所得架构的发展方向。简单来说，2010 年之前，在 FO 架构方面主要是嵌入式基础性研究，在 2.5D 架构方面提出了硅基转接板的制备、通孔和/或 RDL 对准工艺的改进，3D 架构方面主要在于：芯片-芯片之间的键合技术是通过凸点技术实现的键合或是无凸点的混合键合技术。以时间发展阶段来看，2011—2015 年，FO 架构主要是集成式的晶圆级扇出，主要应用在移动终端领域；2.5D 架构则是以堆叠方式为主且封装架构中使用的转接板基本均为硅基转接板；3D 架构出现了晶圆上芯片封装结构，该时间阶段内除了封装架构整体结构的改进之外还主要对键合技术进行了深入研究。2016—2020 年，FO 架构中通过整合集成基板，进一步提高了封装体的 I/O 密度，朝向 UHD FO 封装架构发展，已实现 HBM 以及 GPU 等多类型芯片的集成整合封装，2.5D 架构中出现了无硅转接板，也即通过有机材料抑或 RDL 替代转接板等技术手段降低了封装成本；3D 架构中开始以 WoW 方式集成封装，此时还出现了大量以打线/引线的技术手段代替 TSV，实现芯片堆叠的电互连技术手段。2021 年至今，FO 与 2.5D 架构均是朝向多类型、多模块的融合发展，如出现了扇出式转接板，I/O 密度进一步增大，实现了系统集成；在 3D 架构方面，发明核心集中于键合技术与通孔技术的改进。

表 7-1-1　台积电 FO、2.5D、3D 架构的发展方向

台积电	2010年之前	2011—2015年	2016—2020年	2021年至今
FO架构	US7812434B2	US9553000B2 US9373610B2（堆叠） CN103187388A US9397080B2（堆叠） CN104600064B（InFO） CN105789147B （系统集成堆叠）	US11049802B2 KR102457349B1 CN107452721B US11961814B2 CN113113382A CN115588651A CN11289424B2	CN220041862U CN220604680U US11935761B2
2.5D架构	US8232183B2 CN105845636A US8865521B2 US8928159B2	US8674510B2 US9502360B2 US9966321B1（堆叠） CN104051411B US10985137B2（桥接）	CN112509931B US10381298B2 CN113782455A CN111508920A US2022367211A1 CN113053759A US10304800B2 CN111128975A CN112687665A	CN118352342A （系统集成） CN114725048A
3D架构	US7385283B2 CN101728362B US8749027B2 CN101261945A US10163756B2 CN102347316A CN101877336A	CN108878378A CN105023917B CN108878378A US9583465B1	US11114413B2 US11830861B2 CN106952831A CN113540059B	CN117410278A CN118522643A US11705384B2 CN115020443A
研究方向	该时期台积电收购育霈科技，FO架构主要是嵌入式基础性研究；2.5D架构方面提出了硅基转接板的制备、对准改进；3D架构方面键合界面主要是芯片-芯片之间凸点键合，出现了混合键合	该时期FO架构主要是整合/集成式晶圆级扇出，应用在移动终端；2.5D架构同样是以堆叠方式为主，转接板大多为硅基转接板；3D架构方向出现了晶圆上芯片封装结构，该阶段对键合进行了深入研究	该时期扇出整合了基板，进一步提高了I/O密度，朝向UHD FO迈入，已经能够将HBM以及GPU进行封装；2.5D架构出现了无硅转接板，降低了封装成本；3D架构方向开始WoW方式集成，此时还出现了引线方式	FO架构与2.5D架构均是朝向技术融合，即出现了扇出式转接板，I/O密度进一步增大，实现系统集成；3D架构方向包括键合与穿孔的改进

第7章 横向技术协同融合发展分析

在 FO 架构方面，如图 7-1-19 所示的 FO 架构典型专利。台积电早期即 2010 年之前的专利中包括通过转让方式获得的专利，例如 US7812434B2、US7884461B2 等。另外，台积电在 2022—2023 年收购育霈科技的早期扇出专利，可能是因为台积电为了面板级扇出封装做技术储备。台积电为了弥补 CoWoS 封装架构产能不足，已经开始进行面板级扇出研究，并成立了扇出型面板级封装团队，并计划进行小量试产线。台积电 2024 年 8 月拿下群创南科四厂，预计合作发展面板级扇出封装。2011—2015 年，扇出封装一方面是对基础扇出结构的改进，例如防翘曲（CN103681533B）、防潮隔离（US9553000B2）等；另一方面主要是堆叠式的集成扇出，例如 US9397080B2。在此基础上，台积电继续研究，为了进一步提高 POP 集成度，研发了 InFO 技术，这也是苹果 A10 芯片的封装结构。该专利为整合扇出的堆叠封装，即 InFO-POP，在该架构中将多个半导体器件通过 TSV 进行互连，之后再使用 InFO 技术进行集成。2016—2020 年，早期出现了整合扇出形式，例如 CN107452721B；而在这一时期的后段，主要出现了集成度更高的衬底上系统封装（System on Integrate Substrate，SoIS），例如 US11791275B1，这种结构满足高性能计算（HPC）应用的超高宽带要求，在低成本封装装置中可实现优异的电性能，诸如信号完整性和功率完整性，台积电在该架构方面布局了多件专利，形成了较高的专利壁垒。2021 年之后，集成度越来越高，采用与 FO 扇出架构类似的复合封装结构，也即出现了复合中介层，此时 FO 与 2.5D 的边界越来越模糊。

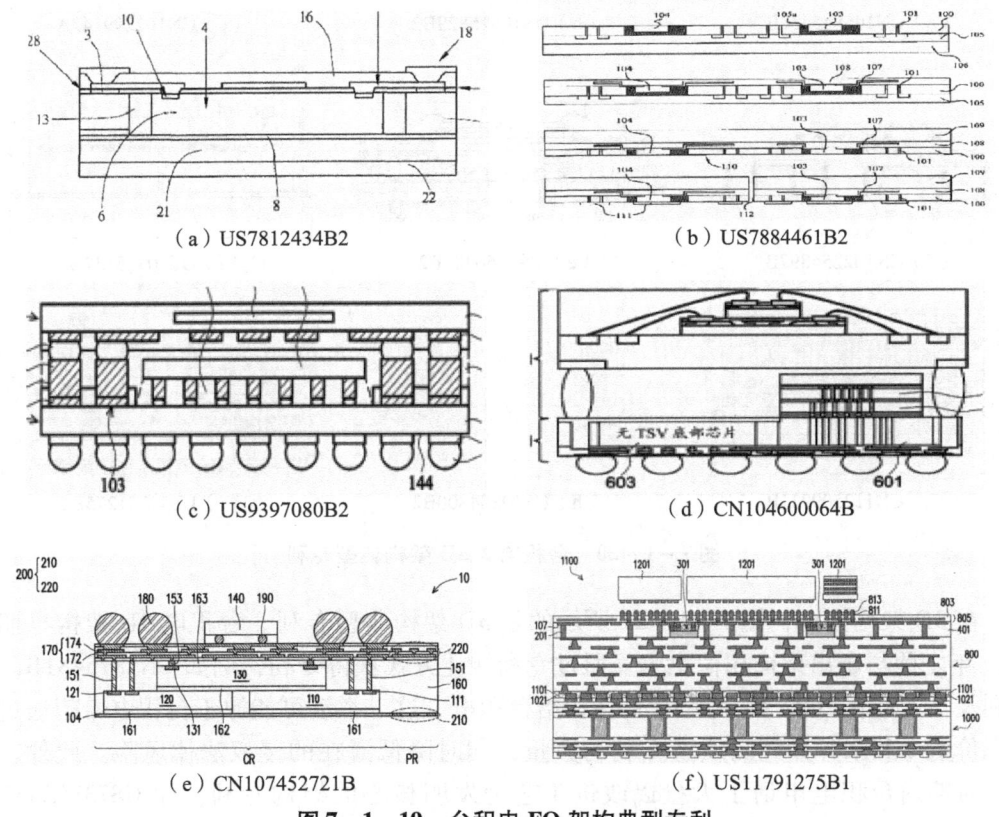

图 7-1-19 台积电 FO 架构典型专利

在2.5D架构方面，图7-1-20所示的是2.5D架构典型专利。台积电早期即2010年之前的专利中主要包括转接板的制备技术，如CN105845636B等；另外，该阶段还提出最初的CoWoS架构，即CoWoS-S架构，同时对该架构进行了多方位的布局，如US10515829B2中解决有机基板与晶粒裸片基板之间热膨胀系数不匹配的问题，CN102299143A中改善尺寸因子。在这期间还首次出现了有机中介层，如CN102254897B。2011—2015年，2.5D架构集中于利用转接板的封装体与其他封装体进行堆叠的封装，还提出了不同类型的桥接转接板及其对应制备方法，如US9966321B2、US10985137B2等。2016—2020年，主要出现了无硅转接板，如CN112509931B，传统硅基转接板的I/O密度以及性能较高，但硅材料的昂贵，造成了硅基转接板的成本较高。此阶段内还对适用于高性能计算的2.5D架构进行了布局，如US10304800B2，这也是AI芯片中集中认可使用的架构。2021年之后，集成度越来越高，不同维度的封装结构之间的界限越来越模糊，例如2.5D与FO进行融合，并集成为一个系统级封装，即扇出型中介层，如前文中US11791275B1所述。

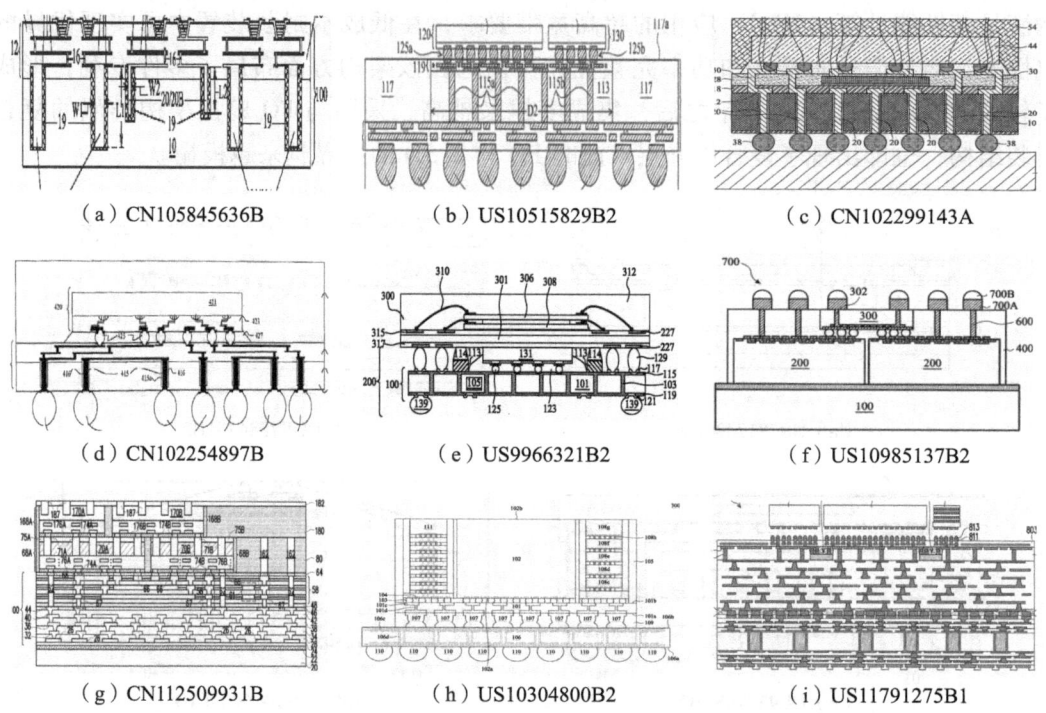

图7-1-20 台积电2.5D架构典型专利

在3D架构方面，图7-1-21所示的是3D架构典型专利。台积电3D架构早期即2010年之前与扇出架构相似也主要通过专利转让方式获得专利，例如CN1875481B，该专利及其同族在2022年6月19日转让给台积电，这一举动可能源于台积电希望通过购买高价值专利来补充其高质量专利的数量，同时降低潜在的侵权法律风险。此外，在这一时期内台积电申请了大量以改进工艺为发明核心的架构专利，如US7385283B2，该专利为早期的混合键合工艺在架构中的具体应用。2011—2015 年，在三维堆叠方面台积电研发了 CoW，即芯片对晶圆的方式，如 CN108878378B。2016—2020 年，台积电为了进一步降低成本，研发了晶片对晶片封装也即 WoW，并且还提出了错位堆叠的方式，如 CN113540059B、US11114413B2 等。2021 年之后，3D 架构的改进研发方向则侧重于封装工艺的改进，主要在于键合技术和/或 TSV 技术，如 US11705384B2。

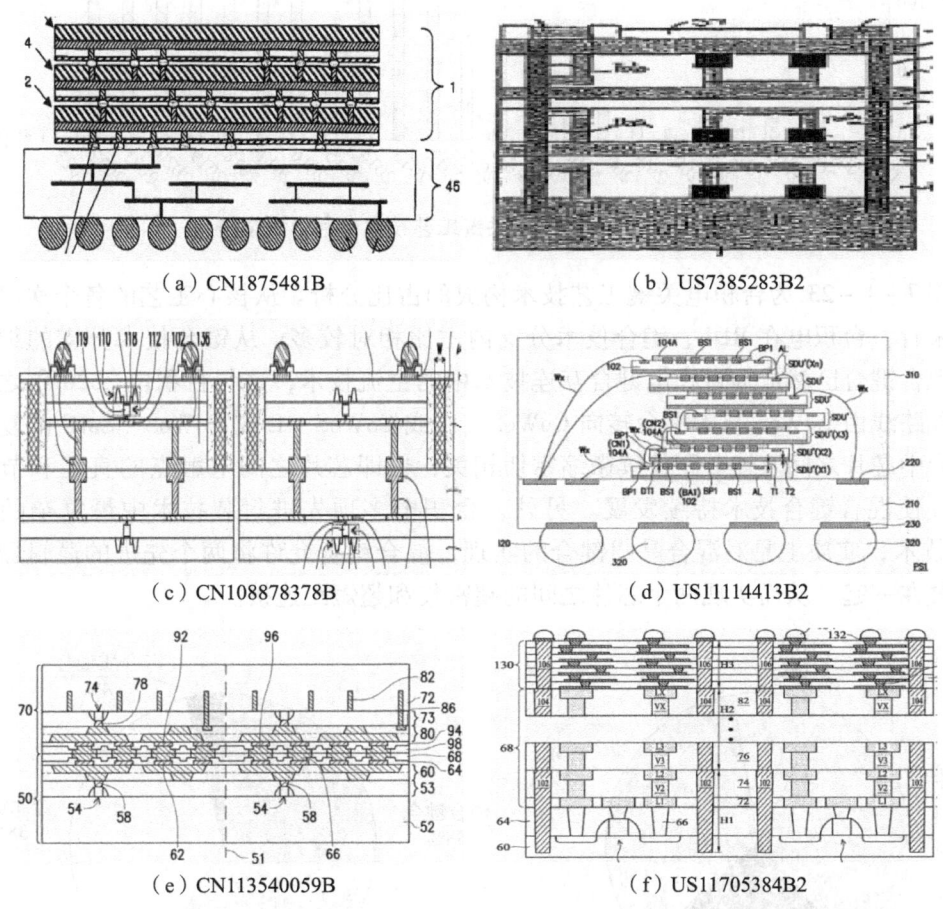

图 7-1-21　台积电 3D 架构典型专利

2）关键工艺专利布局

图 7-1-22 是台积电关键工艺技术专利申请态势图。从申请量来看，2009 年之前每年的申请量都较小，2010 年之后申请量逐年上升，这是由于 2008 年台积电成立集成互连与封装技术整合部门，专门进行先进封装的研究；而在 2014—2016 年和 2020 年出现明显低谷。据调研，台积电在 2011 年开发 CoWoS 架构后，由于其成本较高，几乎没有客户，在此基础上台积电致力于降低成本，开发了 InFO，并靠 InFO 架构抢到苹果公司 A10 芯片的订单。

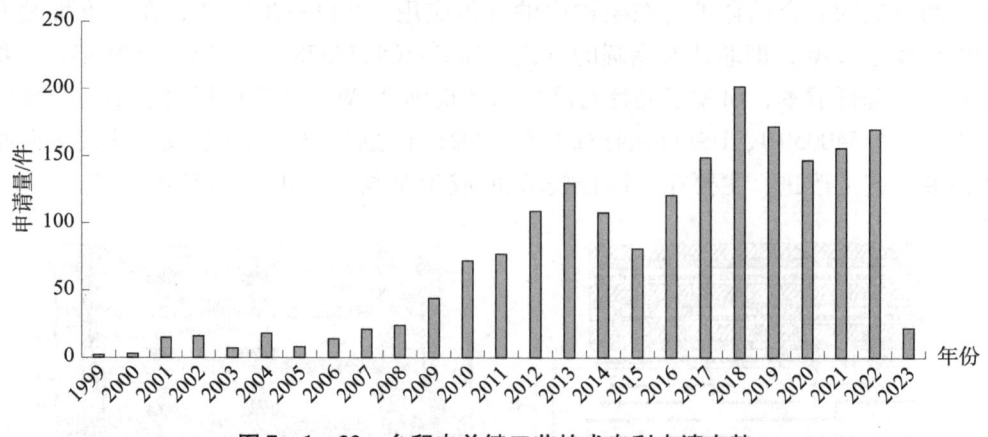

图 7-1-22 台积电关键工艺技术专利申请态势

图 7-1-23 为台积电关键工艺技术构成的占比分析。从核心工艺的各个次级技术分支来看,台积电在 RDL、键合技术分支内占比相对较多;从键合技术分支的细分来看,混合键合已然成为台积电键合互连技术中的主流技术,这与台积电 2020 年之后技术发展路线由 CoWoS 技术平台转向 CoWoS-R 或 CoWoS-L 或 CoWoS-SoIC 的复合技术平台中芯片之间互连节距持续微缩密切相关,也即芯片之间电触点的直径和节距的微缩促使混合键合技术持续发展。另外,台积电多项先进封装技术中最复杂的方法 SoIC 技术,实质上是对混合晶圆键合的实现,混合键合允许将两个先进的逻辑器件直接堆叠在一起,从而实现两个芯片之间的超密集和超短距连接。

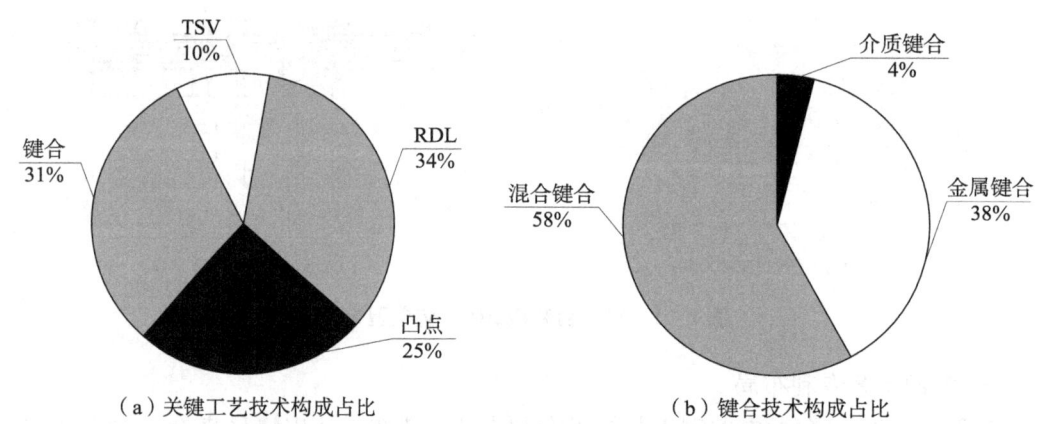

(a) 关键工艺技术构成占比　　(b) 键合技术构成占比

图 7-1-23 台积电关键工艺技术构成占比分析

图 7-1-24 为台积电关键架构技术与关键工艺技术中各下级技术分支之间关联申请专利占比的对比。本书在 TSV 工艺方面的研究采用的是问题导向法,因此只分析了解决 TSV 应力的专利文献,因此,这里 TSV 的申请量较小。从图中能够看出,在 FO 架构中,最重要的技术是 RDL,结合第 4 章中图 4-4-3 可知,RDL 是 FO 架构的重要工艺步骤,随着 FO 架构的发展,出现了集成式晶圆级扇出,更多的芯片通过 FO 架构来实现集成,例如 InFO-oS 架构以及 InFO-PoP 架构通过凸点实现与芯片-基板之间

或者封装-封装之间的互连，主要涉及键合工艺和凸点工艺，这也是台积电在FO架构中对凸点和键合也进行了不少布局的原因所在；在2.5D架构方面，最重要的技术是键合技术和凸点技术；在3D架构方面，最重要的就是芯片/封装堆叠之间的连接方式，则主要涉及键合和凸点技术。而在3D架构方面，台积电布局最多的是键合工艺。总之，台积电在各个架构中关联的工艺技术中虽然各有侧重，但整体布局分布较为均衡。

	RDL	凸点	键合	TSV
FO	○	○	○	∘
2.5D	●	●	●	·
3D	◉	◉	◉	·

图7-1-24 台积电架构与工艺的下级技术分支之间关联申请专利占比

注：图中圆圈大小表示申请量多少。

基于上述分析，键合技术尤其是混合技术在台积电提出的典型封装架构中处于核心发展地位。图7-1-25、图7-1-26，分别为台积电混合键合技术专利申请态势和混合键合技术与主流架构关联的专利申请态势。能够看出，混合键合技术呈逐年递增趋势且增速愈加显著，与先进封装架构关联度中，混合键合技术在3D架构中处于压倒性地位，尤其2019年3D堆叠封装架构与混合键合的关联度达到峰值，这与2018年台积电公布SoIC-X技术直接关联。正如前述SoIC-X技术即为一项无凸点的混合键合，实现3D堆叠封装的先进封装技术，其在芯片I/O上实现了强大的接合间距可扩展性，实现了高密度的芯片到芯片互连。2021年、2022年AMD宣布其服务器和处理器中采用了台积电的混合键合的SoIC-X架构，并且苹果也宣布采用台积电SoIC封装技术并将其应用在其Mac产品上，由此，台积电无疑是混合键合技术应用的集大成者。

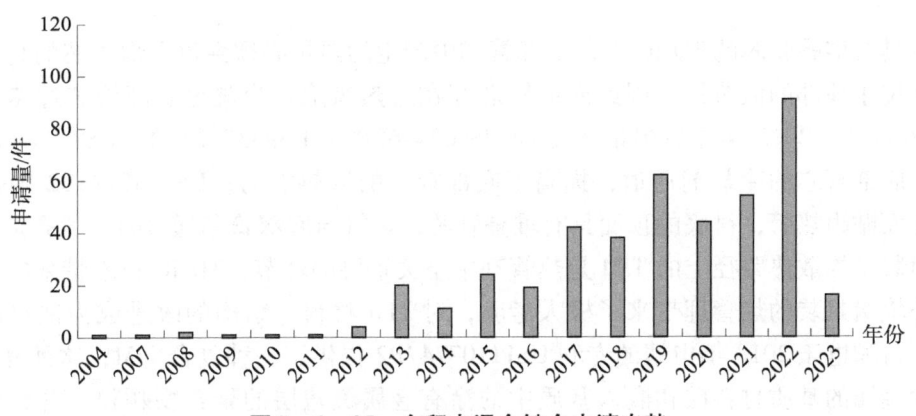

图7-1-25 台积电混合键合申请态势

3）热管理专利布局

图7-1-27是台积电热管理技术路线图。从中可以看出，台积电于2004年申请的专利US2006060963A1是其在先进封装散热领域的早期专利，该专利将上、下两管芯的有源面分别安置在位于两管芯间内部散热器的顶面、底面上，该内部散热器可以为封装提供支撑，如此在为芯片上芯片堆叠提供散热的同时，可以防翘曲，内部还可具有

供冷却液体流入的腔以提供更好的散热。可见，台积电在其早期的先进封装散热研究中，已开始尝试主动、被动散热的融合。

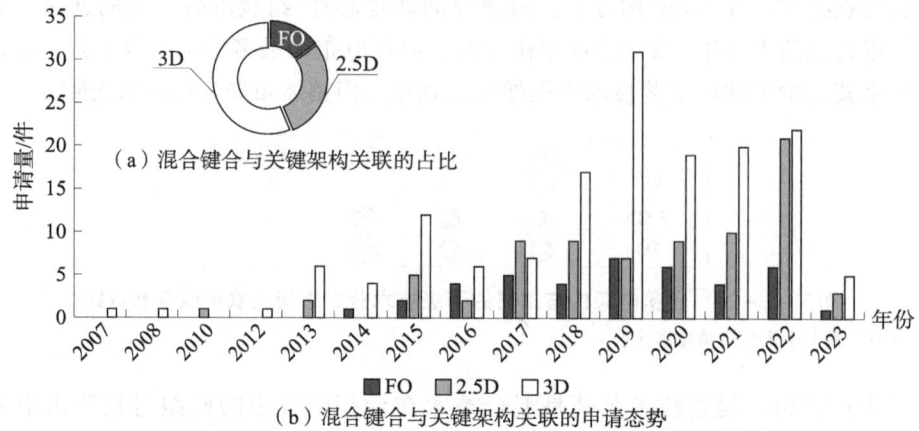

图7-1-26 台积电混合键合与先进封装架构关联申请态势及占比

	2000—2010年		2011—2020年		2021年至今	
被动热管理	US2006060952A1 突出穿过TIM的突起提供低热阻路径	US8674510B2 增加外围TSV缩短关键电路径，改善散热	US11107747B2 包括含金属的基质材料层和嵌入基质中的聚合物颗粒的复合TIM	DE102019116376A 嵌入虚设结构增强散热	US2023021005A1 非金属TIM环绕金属TIM的结构，改善TIM分层问题	
主动热管理	US2006060963A1 堆叠芯片间具有流体腔的散热器	US8624360B2 3D IC堆栈的底部管芯中设置流道	US9337123B2 设置在衬底中的热管	US2015060039A1 集成热电散热模块的3D IC	US11387164B2 芯片后表面的微沟槽形成流道	US2023051881A1 设置在管芯上的热电冷却结构	CN220543895U 多孔层形成在散热结构的衬底上，提高冷却流体的热转移速率

图7-1-27 台积电热管理技术路线图

在具有堆叠管芯的3D IC中，下部管芯中产生的热量必须穿过上部管芯的高热阻才能到达位于顶部的散热器，因此底部管芯存在过热风险。为避免底部管芯过热，台积电于2008年、2012年先后申请了专利US8624360B2、US9337123B2。US8624360B2形成穿过底部管芯的冷却剂通道，提高了底部管芯的散热能力；US9337123B2则是在衬底的底面贴附热管，衬底的顶面具有堆叠管芯，热管与底部管芯通过衬底通孔热连接。

封装结构散热路径上的TIM是热管理中至关重要的环节，3D IC技术带来的高热流密度环境给封装的热管理带来了极大考验，对TIM材料、结构的改进成为散热研究的重点。台积电于2018年申请的专利US11107747B2提供了一种复合TIM，这种复合TIM包括含金属的基质材料层和嵌入基质中的涂有金属覆盖层的聚合物颗粒。含金属的基体材料层提供良好的导热性，使得半导体管芯产生的热量可以有效地传递到散热部件，而涂有金属覆盖层的聚合物颗粒为半导体管芯提供应力缓冲，并为复合TIM结构提供机械支撑。为克服封装盖与封装结构间CTE失配引起的TIM分层问题，台积电在2021年申请了专利US2023021005A1，其中将TIM结构形成为包括金属TIM层及与所述金属TIM层接触的非金属TIM层，非金属TIM层环绕金属TIM层。这样减少了金属接口，非金属TIM层用作缓冲层以减少施加于金属TIM层上的机械应变/应力，可减轻TIM结构的分层问题。

为加强3D IC的散热能力,台积电2018年申请了专利DE102019116376A,其中通过在3D IC封装内嵌入与管芯堆叠相邻设置的虚拟结构堆叠,堆叠的虚设结构被配置为散热结构,该散热结构将热量从管芯堆叠的管芯转移走。

近年来,台积电还在热电散热领域进行了积极布局,其申请的涉及热电散热方式的专利主要应用于先进封装的层间散热,如2013年申请的专利US2015060039A1、2021年申请的专利US2023051881A1。

液体冷却被认为是提高散热效率的未来趋势,正在被广泛地研究。台积电在2019年申请了专利US11387164B2,通过在芯片后表面设置用作冷却液体流道的微沟槽,显著改善了先进封装的散热性能。与液体冷却研究同步,作为最基础散热手段的热沉也在被研究如何与液体冷却实现更好融合。台积电2022年申请的专利CN220543895U中通过在包含柱体的散热结构表面贴合一层多孔层,增大了散热表面积。这样冷却流体流过散热结构时,可以将热量由多孔层引起的增大的表面积传导出去。

可见,台积电对可用于先进封装结构中的不同散热技术进行了持续的研究和专利布局。在上述多种热管理的技术手段中无论是液冷散热中流道的设置,还是TIM材料和热沉的接合等的实现,均是依赖所应用先进封装架构的具体结构来设置并以先进封装工艺手段为支撑来实现,大体上呈"架构需热管理而热管理需工艺且工艺促架构"的循环体协同发展。

4)架构-工艺-热管理技术协同方式

高性能计算(High-Performance Computing,HPC)越来越流行并被应用到高级网络和服务器应用,尤其是用于需要提高数据传输速率、增加带宽及降低延迟的AI相关产品中。而AI芯片追求更大的尺寸,在此背景下传统的多层有机基板面临良率、成本的挑战。此外,电气性能也变得越来越具有挑战性,例如SerDes(串行/解串器)接口的较高数据速率(112Gbit/s)会导致封装互连中的Nyquist频率下的插入损耗和串扰恶化。针对该问题,台积电提出了SoIS技术来降低成本,提高性能。该技术主要利用了晶圆工艺和新材料,这种集成基板在$8000mm^2$的基板尺寸上具有更高的良率,并且该技术可以将布线能力提高,进而减少基板层数。台积电在该技术的基础上进行了全方位的布局,其布局方式如图7-1-28所示。

从时间维度来看,台积电在2018年11月首次提出InFO-SoIS架构,在前期即2018—2019年,主要针对该架构进行改进,包括将局部内联结构应用到SoIS的RDL结构中,局部内联结构包括硅总线、局部硅内连线、集成无源器件、集成电压调节器等;2020—2022年,开始对关键工艺、热管理有所关注,关键工艺和热管理占比少于关键架构本身;2023年至今只有关键工艺方面的改进,但是2023年的文献可能还未公开,预测还是从关键架构、关键工艺和热管理三个角度进行改进。

从技术层次来看,在关键架构方面的改进还是主要研发热点,2019—2022年,关于关键架构本身的改进主要是涉及LSI结构嵌入SoIS的RDL层内,在2021年5月的申请值得关注,这是将该SoIS结构应用到光电共封装。在核心工艺方面,2020年8月的

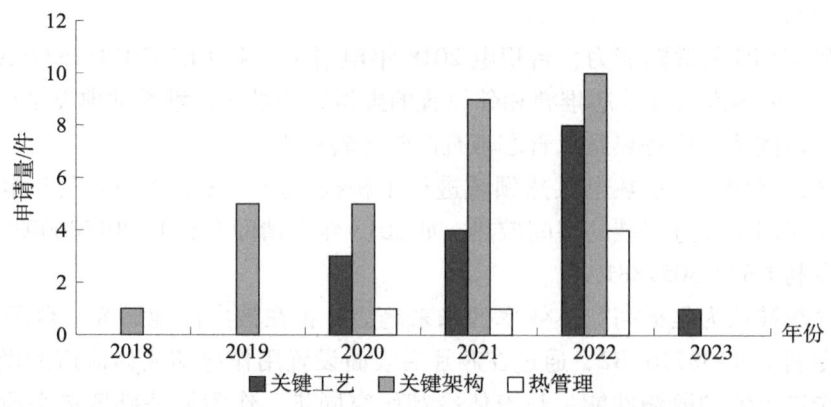

图 7-1-28 台积电 InFO-SoIS 封装架构及其同类型专利历年申请量

专利申请 CN113823618A 中提出了形线路结构，用于减轻应力；接着在 2020 年 10 月和 2020 年 11 月分别在该 RDL 线路的基础上进行了改进；2021 年之后，在核心工艺方面的改进越来越多，主要是凸点和 RDL，也涉及键合工艺。可见，关于核心工艺的改进是随着架构改进衍生出来的。在热管理方面，2020 年 1 月的专利申请 CN113140470A 包括两个方面：一方面，是 SoIS 结构本身的细调；另一方面，主要是加设环结构，该环结构包含适用于提供从 RDL 到上方覆盖的排热器件的散热路径材料，以将热量转移走；2021 年 7 月的专利申请 US20230018359A1 以及 2022 年 5 月的专利申请 US20230386945A1 均是从关键架构本身出发，提供了封装盖，该封装盖通过 TIM 膜进行封装，能够提高散热；2022 年 8 月的专利申请 US20240063087A1 将热电冷却集成到散热器中，并用于为 SoIS 器件散热。从上述分析可知，关于热管理的改进主要是基于架构本身，将传统的散热方式应用到相应的架构中。

5）技术协同下的专利布局壁垒

专利文献的引证，包括：①专利文献本身的背景技术中所引用的文献；②各国专利审查部门在审查过程中用以评价专利文献新颖性和创造性采用的文献。这两种文献一般与施引的专利文献本身有密切关联，能够反映出技术的传承关系，一般认为被引证频次较高的文献具有基础性或节点性作用。本节筛选出台积电专利文献 US2011291288A1，该文献作为第一代 CoWoS 的基础专利，它的扩展同族为 11，家族被引证次数为 1388 次，因而该文献为 CoWoS 架构的核心专利。台积电及竞争对手围绕该核心专利展开了一系列的研发和专利布局，本节筛选出台积电自引证专利文献中的典型专利以揭示其布局方式。

首先，需要先对核心专利 US2011291288A1 进行说明。如图 7-1-29 所示，将硅管芯设置在有机基板上，有机基板再设置在母板上，有机基板作为中介结构，能够将硅管芯的金属间距扇出到母板的金属间距，但是这种情况在硅管芯和有机基板之间存在 CTE 失配，进而导致硅管芯的 IMD 层分层以及凸块失效等，为此将硅中介层设置在硅管芯和有机基板之间作为过渡，然而，硅中介层的使用增加了成本，并且封装体的高度也会增加。为此提出一种新的内插器，在中介层 113 的下表面形成互连结构 111，互连结构 111 与中介层 113 共同构成内插器。①互连结构 111 通过扇出的方式使硅管芯的金属间距扇出到母板的金属间距；②金属互连结构 111 与中介层 113 之间直接电连接，省去传统中介层与有机基板之间的凸点，进一步降低了封装体的高度。可见，该专利文献中的结构涉及扇出工艺和中介层，实质是采用 RDL 对中介层进行扇出，属于台积电的基础性专利。

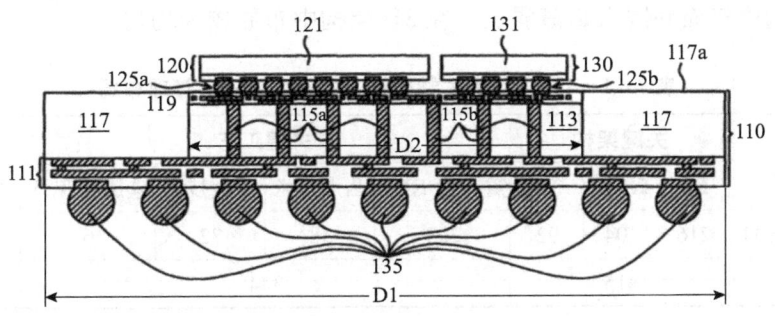

图 7-1-29　台积电 US2011291288A1 封装结构

台积电围绕上述核心专利进行了一系列的布局，如图 7-1-30 所示。在关键架构方面，延伸出了桥接、2.5D+3D、FO、3D、2.5D 多种架构变形体，在关键核心工艺方面 RDL 的改进居多，其次涉及凸点和键合；而在热管理方面，也进行了一系列的布局。可见，台积电在架构的基础上主要是从关键架构、关键工艺和热管理三个方向进行布局。

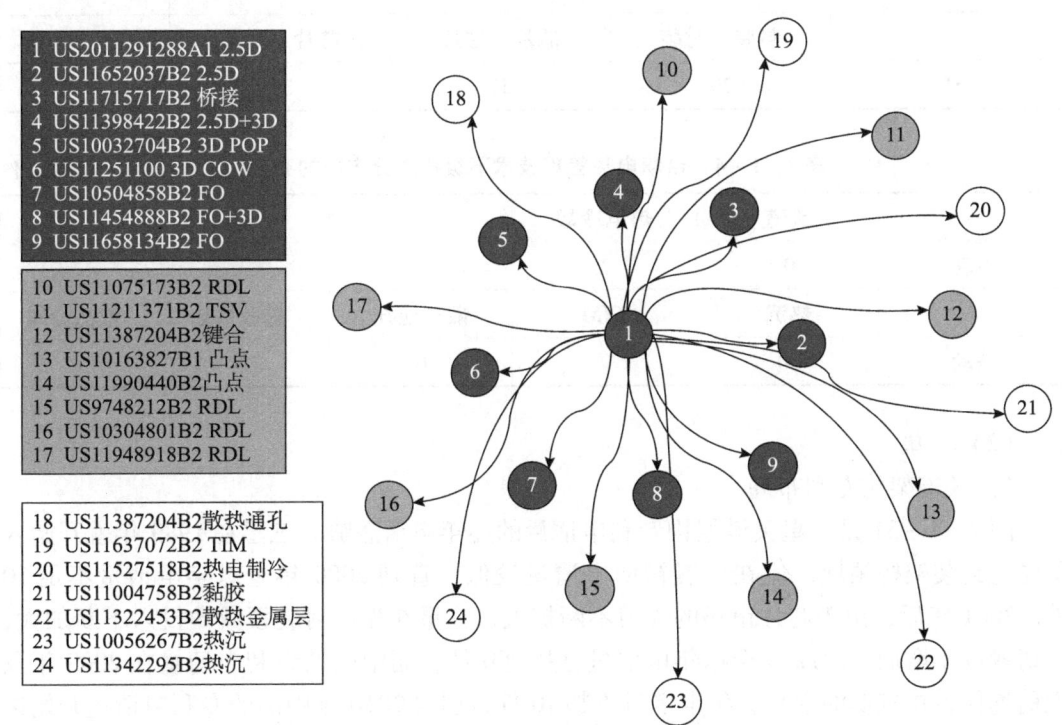

图 7-1-30　台积电 US2011291288A1 自引证典型专利文献布局

表7-1-2为台积电上述核心专利的关键架构-关键工艺-热管理布局方式概括，表7-1-3、表7-1-4分别为上述核心专利的关键架构、热管理在其下级技术分支内的布局方式概括。从表7-1-2中可知，台积电在关键架构、关键工艺方面布局较为均衡，在热管理的主动热管理方面是技术薄弱点；在关键架构、热管理的下级技术分支中，FO架构中，台积电在集成扇出方面布局较多，内埋式扇出为0，亦是空白点。而2.5D架构中双面和嵌入是薄弱点，在3D架构中布局较为均匀。

表7-1-2 台积电关键架构-关键工艺-热管理布局　　　　　　　单位：件

台积电	关键架构			关键工艺				热管理	
	FO	2.5D	3D	重布线RDL	凸点技术	键合技术	硅通孔TSV	主动	被动
US2011291288A1	216	104	92	203	58	72	6	3	41
总计	415			344				44	

表7-1-3 台积电架构技术下级技术分支内的布局　　　　　　　单位：件

	内埋式扇出	集成扇出		面板级扇出
FO	0	215		1
	单面	双面	桥接	嵌入
2.5D	66	9	23	6
	封装-封装	芯片-芯片	芯片-封装	
3D	29	31	33	

表7-1-4 台积电热管理技术下级技术分支内的布局　　　　　　　单位：件

	流道	热电冷却			
主动	0	3			
	热沉	TIM	散热通孔	黏胶散热	散热金属
被动	30	9	6	9	15

（2）三星

1）关键架构专利布局

图7-1-31是三星关键架构专利申请量的逐年申请态势。三星在1989年就开始入局先进封装架构领域，但在发展初期申请量较低，直到2000年全球年申请量不足10件。2001年后，由于芯片市场的规模不断扩大，三星在先进封装领域的投入不断加大，申请量逐年增加，2022年全球年申请量已超700件。而中国的专利申请量在2009年及之前均保持在较低的水平，年申请量不超10件，但自2010年中国的专利申请量开始逐渐增长，特别是在2015年之后专利申请量增长速度明显提高，2018年的申请量已超100件。这说明随着中国市场的崛起，三星为占据中国市场份额，相应加大了在中国的

专利布局力度。

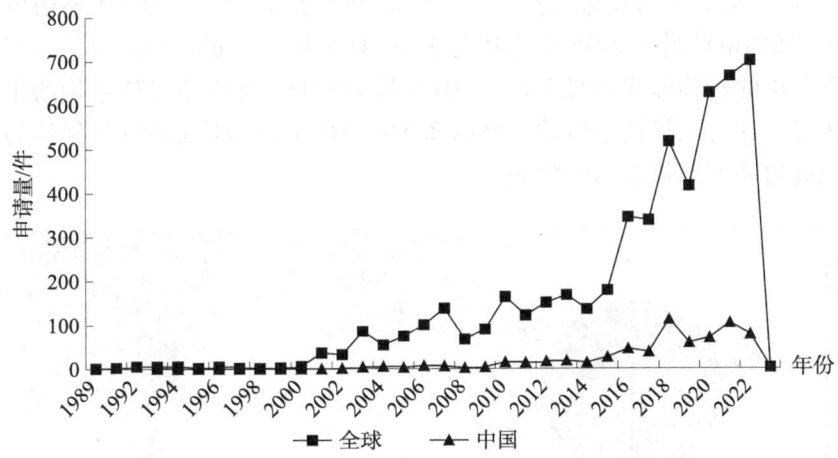

图 7-1-31 三星关键架构专利申请量的申请态势

图 7-1-32 为三星关键架构主要目标国家专利申请态势和占比。从专利布局区域来看，三星在全球进行了大量的专利布局，其在美国的申请量最大，占比 42%，超过了其在韩国本土的专利申请量占比（35%）7 个百分点。在中国的申请量排名第三，占比 20%；在日本的申请量占比为 3%。而从时间维度来看，三星在韩国本土和美国的专利申请布局基本呈均衡布局的态势，申请量占比变化不大，但其在中国的申请量占比则呈现出逐年递增的趋势。由此可见，三星对海外市场尤其是美国、中国市场重视程度之高，期望通过专利布局来构建目标地域有力的知识产权保护体系。

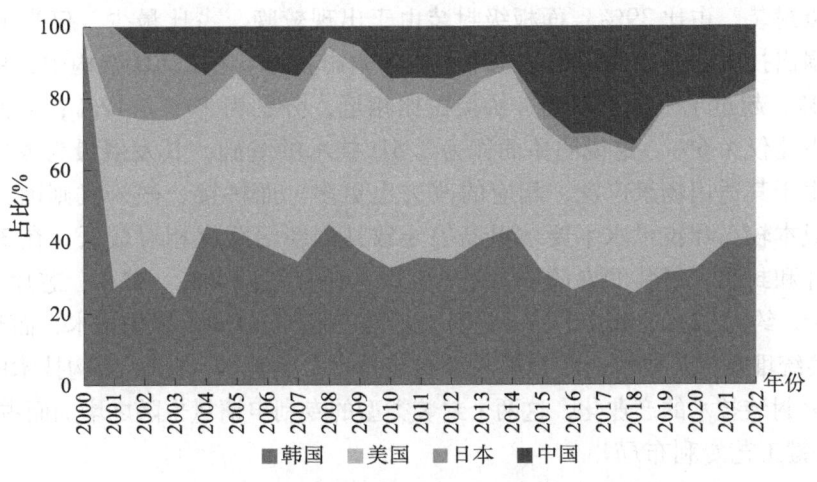

图 7-1-32 三星关键架构主要目标国家专利申请态势和占比

图 7-1-33 为三星关键架构中各技术构成的专利申请态势和占比。在专利技术构成方面，三星在 3D 领域专利申请最多，达到了架构总申请量的一半（50%）；其次是 2.5D、FO 封装技术，占比分别为 28%、22%。从整体专利布局来看，三星在 3D 领域

的投入明显大于其他分支，这也与先进封装技术趋于使用3D封装的异质集成封装技术以达到AI芯片高集成度的发展趋势一致。从时间维度来看，三星3D架构申请量增速放缓而2.5D架构申请量于2018年之后基本与3D架构申请量持平，可见，三星先进封装架构研发侧重的转移抑或说是2.5D、3D的融合发展。而三星FO架构的申请处于低水平发展状态，这与三星技术研发策略以2.5D、3D架构为核心而FO架构为其次级发展技术的先进封装创新热点路线相关。

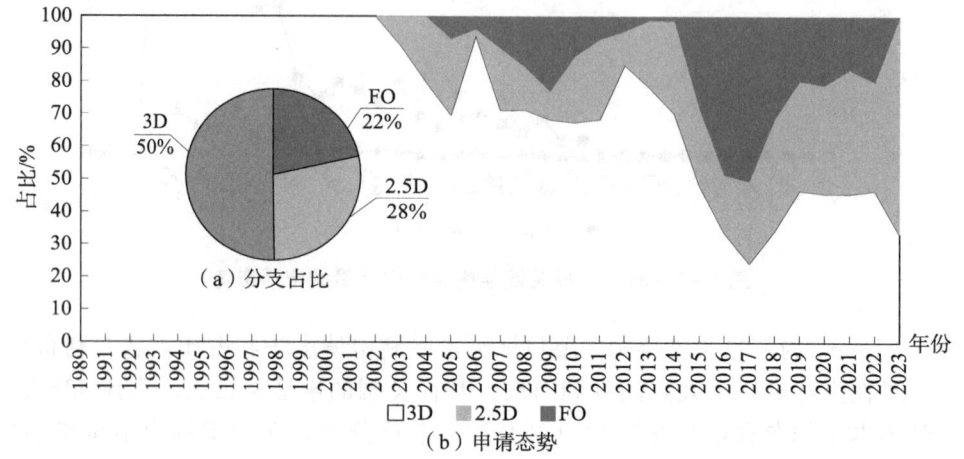

图7-1-33 三星关键架构中各技术构成的专利申请态势和占比

进一步地，图7-1-34为三星关键架构FO、2.5D、3D架构的下级技术分支占比图。具体地，在FO架构中，集成扇出占比最大，占FO总申请量的一半（50%）；其次是晶圆级封装，占比39%；面板级封装由于出现较晚，占比最少，仅为11%。这也说明集成扇出技术已然成为扇出架构中主流的扇出技术。在2.5D架构中，单面占比最高，为69%，超过了一半；双面、桥接占比相近，分别为13%、12%；而嵌入式申请量最少，占比仅为6%。这说明单面作为2.5D技术的基础，其发展最为成熟且应用最为广泛，由于其适用场景广泛，相应的改进也更多；而桥接、嵌入式则因其制备过程复杂度、成本较高和技术水平要求更高等导致其创新活跃度相对较低。在3D架构中，芯片-芯片和封装-封装的申请量差距不大，占比分别为46%、42%；芯片-封装的申请相对较少，约为12%。其中芯片-芯片对应至三星X-Cube架构技术，而封装-封装则为三星传统堆叠封装技术也即POP堆叠封装技术。随着X-Cube架构技术的不断更新迭代和POP封装技术的产业化，这两个封装类型的专利申请量也随之增加而占比更大。

2）关键工艺专利布局

图7-1-35为三星关键工艺技术专利申请态势。1989—2002年，年申请量维持在较低水平，说明该阶段为三星封装技术的萌芽期；2003—2015年，年申请量明显增加且保持逐年递增态势，说明该阶段为三星封装技术的发展期；2016—2022年，申请量显著增加，增速迅速且基本呈井喷式增长态势，说明该阶段为三星封装技术的晋升期，这与该阶段内三星分别提出I-Cube、X-Cube系列的2.5D、3D先进封装技术平台密切相关。

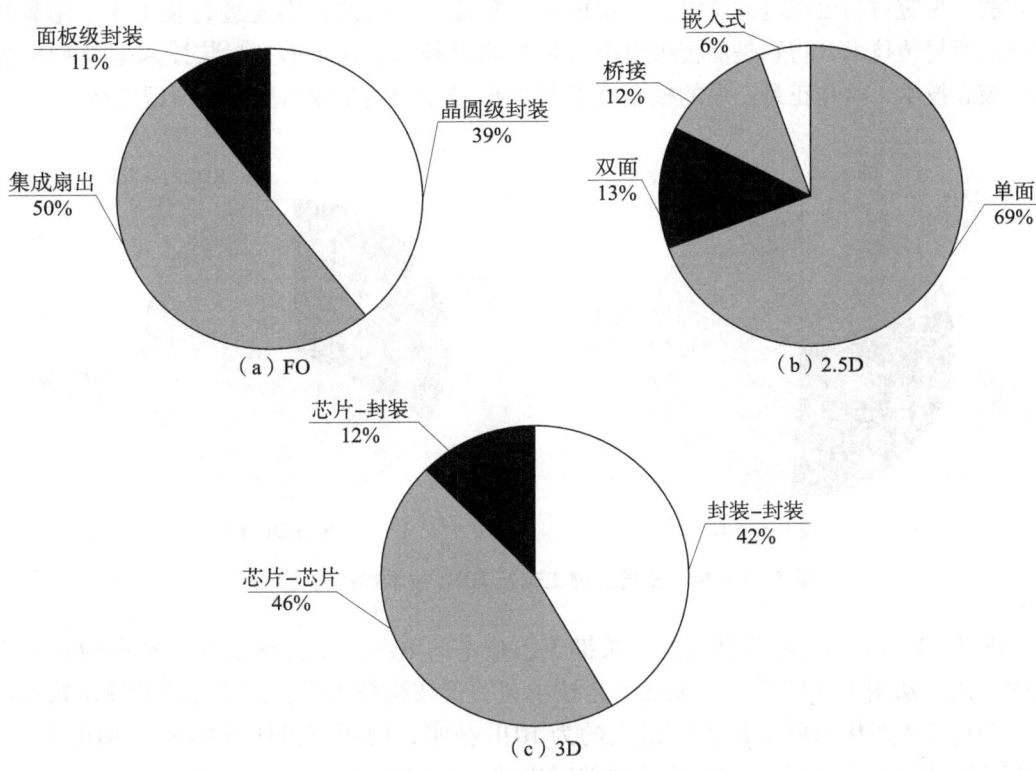

图 7-1-34 三星关键架构 FO、2.5D、3D 架构的下级技术分支占比

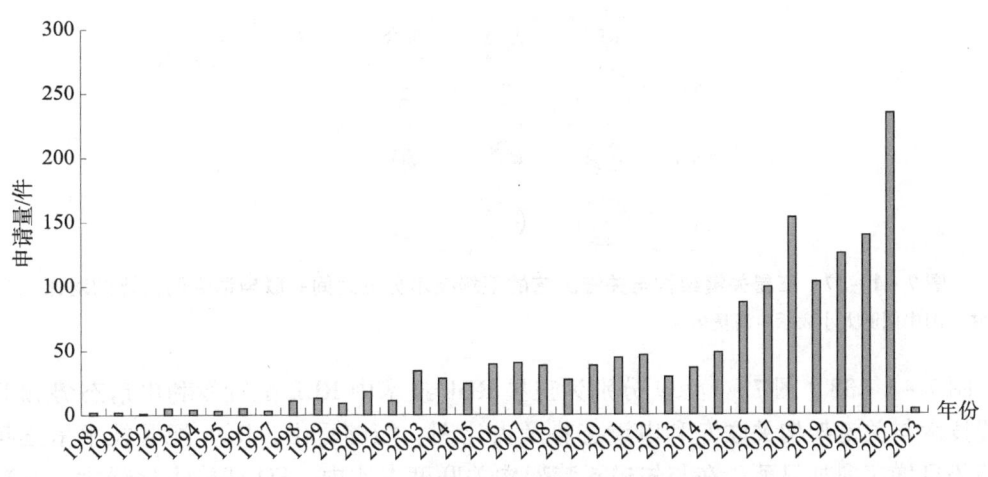

图 7-1-35 三星关键工艺技术专利申请态势图

图 7-1-36 为三星关键工艺技术构成及 RDL 技术占比分析。从核心工艺的各个次级技术分支来看，三星在 RDL 技术分支内申请量突出而在 TSV 技术分支内申请量最少，其中 RDL 技术分支申请量占比达 49%，可见，三星的工艺研发重点在于 RDL 技术。从三星聚焦的 RDL 技术分支的细分来看，RDL 配置申请最多，接着依次为 RDL 结构、RDL 制

备方法。为应对与台积电的竞争，三星成立了独立、专门的特别先进封装工作小组聚焦于扇出型封装技术，特别是面板级扇出封装 FOPLP 技术，而扇出型封装技术是以 RDL 技术为核心技术，这也正是三星的核心技术中 RDL 技术申请量相对更多的原因所在。

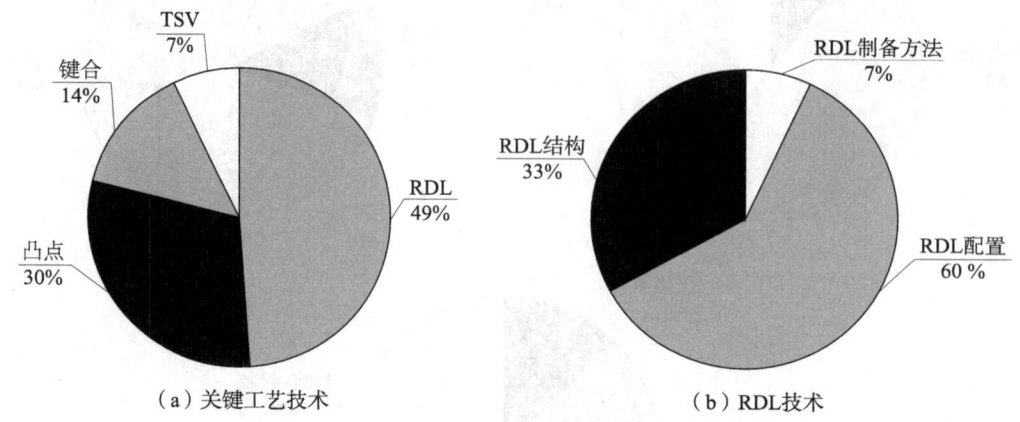

图 7-1-36　三星关键工艺及 RDL 技术构成占比分析

图 7-1-37 为三星关键架构与关键工艺技术的下级技术分支之间关联申请专利占比的对比。从图中能够看出，关键工艺技术与关键架构技术中，无论是扇出 FO 架构还是 2.5D、3D 架构关联申请占比最大的为 RDL 技术，说明三星研发侧重于 RDL 技术；而在 RDL 技术中扇出 FO、3D 架构的关联申请占比较之于 2.5D 架构的关联申请占比更多，这也说明三星的架构技术研发侧重在于 FO 和 3D 架构技术。

	RDL	凸点	键合	TSV
FO	○	○	○	○
2.5D	●	●	●	●
3D	●	●	●	●

图 7-1-37　三星关键架构与关键工艺的下级技术分支之间关联申请专利占比的对比
注：图中圆圈大小表示申请量多少。

图 7-1-38、图 7-1-39 分别为三星 RDL 技术中 RDL 配置专利申请态势和 RDL 配置技术与关键架构关联专利申请态势及占比图。能够看出，RDL 配置技术呈逐年递增趋势且增速愈加显著，在与先进封装架构关联度占比中，FO 架构占比最大，其次为 3D 架构，最少的为 2.5D 架构，这与三星以先进制程为主而在先进封装架构的代工方面入局较晚的发展历程相对应。另外，图 7-1-39 中出现两个峰点阶段，其一是 2016—2018 年时间段，FO 架构爆发式增长且 3D 架构进入起势阶段，这与 2015 年三星在与台积电竞争苹果 A 系列处理器订单时失利，随即成立特别工作小组，重点关注先进封装技术并不断加大研发投入有关，也与 FO 架构中核心技术在于扇出的 I/O 端口引

出有关，该引出技术属于 RDL 配置中至关重要的技术之一；其二是 2020—2022 年时间段，FO 架构申请量大大减少，且 3D 架构申请量超过 FO 架构申请量以呈快速增长趋势进入高速发展阶段，这与 2020 年 8 月，三星公布了其 3D 集成技术也即 X - Cube 技术，并迅速进行大量专利布局以抢占市场中领先地位且得以补充其先进封装技术中 3D 技术的空白有关，还有赖于 2022 年 6 月三星专门成立半导体封装工作小组，致力于先进封装技术中 2.5D/3D 技术的研发与创新，并且不断加大研发投入，进而 2.5D/3D 专利申请迅速增加。前述 X - Cube 中芯片之间的信号传输通过 TSV 技术实现，而 RDL 配置中与 TSV 通孔匹配的 RDL 布置技术成为直接关联技术，并且在前述三星"半导体 3.3D 先进封装技术"中通过 RDL 重布线替代硅转接板技术，均表明 RDL 技术在三星 3D 封装架构中已成为关键技术，更成为三星先进封装技术的未来重点研发方向。

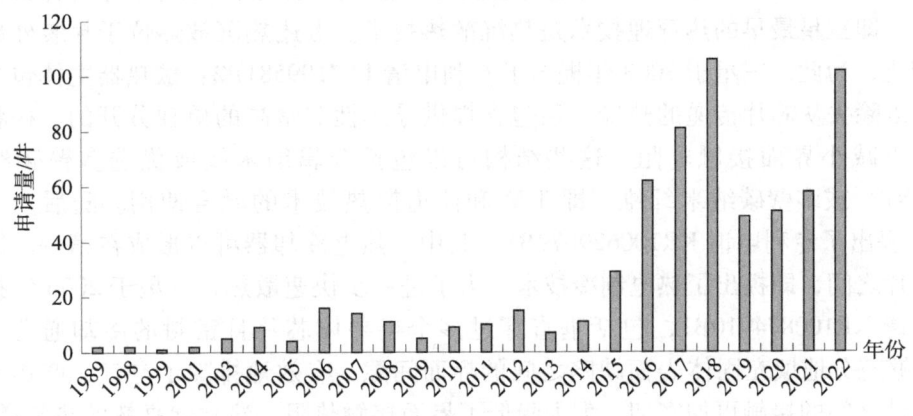

图 7 - 1 - 38 三星 RDL 技术中 RDL 配置专利申请趋势

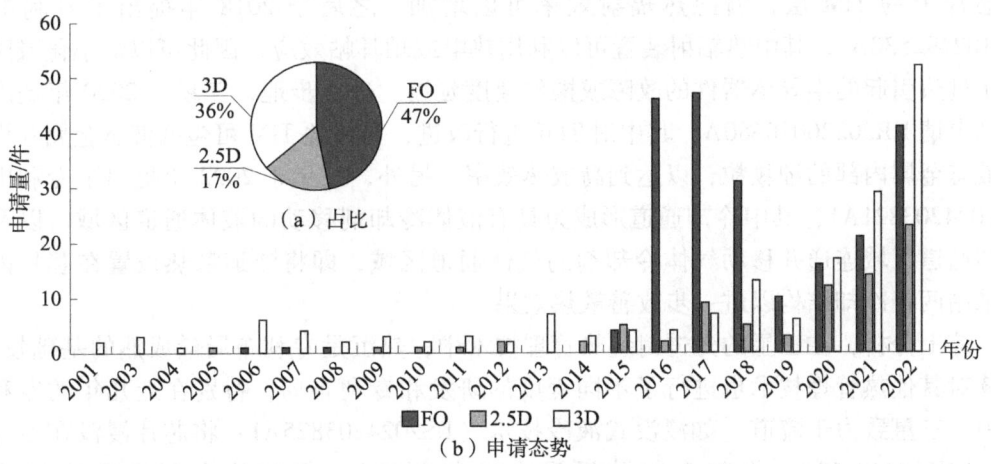

图 7 - 1 - 39 三星 RDL 配置技术与关键架构关联申请态势及占比

3）热管理专利布局

图 7 - 1 - 40 为三星热管理技术路线图。整体来看，三星热管理技术起始较早，发展周期跨度较大，其中涉及热沉散热、热电散热、散热通孔、液冷流路散热等主动型

和/或被动型的多种热管理技术。

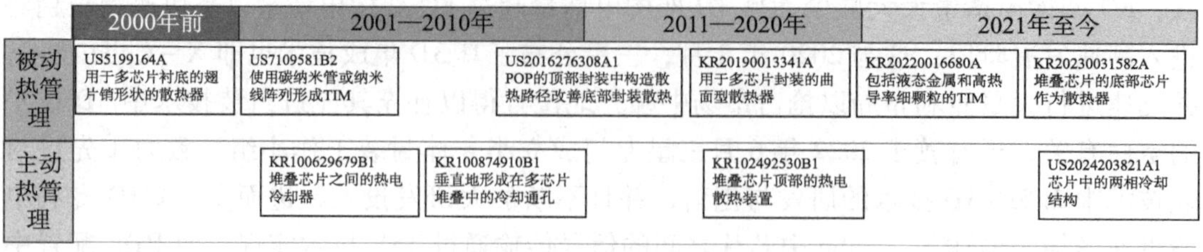

	2000年前	2001—2010年	2011—2020年	2021年至今
被动热管理	US5199164A 用于多芯片衬底的翅片销形状的散热器	US7109581B2 使用碳纳米管或纳米线阵列形成TIM	US2016276308A1 POP的顶部封装中构造散热路径改善底部封装散热	KR20190013341A 用于多芯片封装的曲面型散热器	KR20220016680A 包括液态金属和高热导率细颗粒的TIM	KR20230031582A 堆叠芯片的底部芯片作为散热器
主动热管理		KR100629679B1 堆叠芯片之间的热电冷却器	KR100874910B1 垂直地形成在多芯片堆叠中的冷却通孔	KR102492530B1 堆叠芯片顶部的热电散热装置	US2024203821A1 芯片中的两相冷却结构

图 7-1-40　三星热管理技术路线图

具体地，参见图 7-1-41 三星热管理典型专利的核心结构图。三星于 1991 年所提交的专利申请 US5199164A 中，通过制造散热片销形状的散热片以保护半导体器件免受热破坏，即三星最早的热管理技术是热沉散热技术。上述热沉散热位于封装外部不利于小型化，为此，三星于 2003 年提出了专利申请 US7109581B2：散热器主体包含密封的流道以除去从芯片传递的热能，层包含提供导热性非常高的单独分开的、杆状的纳米结构以减小界面接触电阻，这些结构可以包括金属纳米线或优选多壁碳纳米管（MWCNT）或多壁碳纳米纤维，即 TIM 和流道散热技术的融合使用。随后，三星于 2004 年提出了专利申请 KR100629679B1，其中，热电冷却器可以形成在第一、第二半导体芯片之间，即提出了热电制冷技术。为了进一步快速散热，三星于 2006 年提出了专利申请 KR100874910B1，包括垂直穿过多个半导体芯片且密封的冷却通孔。由于 TIM 能够充分地填充固体表面缺陷之间的界面间隙，有效地排除了空气，产热元件与散热器件之间的接触更加密切，大大降低了界面接触热阻，建立起高效的热传递通道。基于上述 TIM 技术，三星于 2017 年提出了专利申请 KR20190013341A，包括位于半导体芯片上的 TIM 层，因此热辐射效率可以增加。之后于 2018 年提出了专利申请 KR102492530B1，其中热辐射装置可以利用热电或珀耳帖效应，因此可以最小化或防止由于过热引起的半导体器件的故障或操作速度延迟。进一步地，三星于 2020 年提出了专利申请 KR20220016680A，其中对 TIM 进行改进，具体地 TIM 可包括液态金属和设置在液态金属内部的细颗粒，以达到高散热效率。另外，三星于 2022 年提出了专利申请 US2024203821A1，其中冷却通道形成为具有液体冷却剂移动的液体通道区域，以及与液体通道区域连通并移动气体冷却剂的气体通道区域，即将流道散热设置在芯片内部且采用两相冷却结构以进一步改善散热效果。

综上分析，在三星的先进封装热管理技术中，热沉是专利布局最成熟的基础技术，后续对其他热管理技术也进行了不同程度的研发和专利布局；特别在近几年的专利申请中，三星致力于流道［如浸没式液冷技术（US2024203825A1：将芯片浸没在冷却剂中；CN118448412A：将整个封装浸没在冷却剂中）；在芯片内部设置流道技术（US2024203821A1）］和 TIM 散热技术（如 KR20220016680A：采用热界面为液态金属和设置在液态金属内部的比其导热率更高的金属细颗粒），因此，采用对整个封装浸没式液冷技术与在芯片内部设置流道技术和采用特殊材料的 TIM 散热技术是三星未来的热管理技术发展方向。

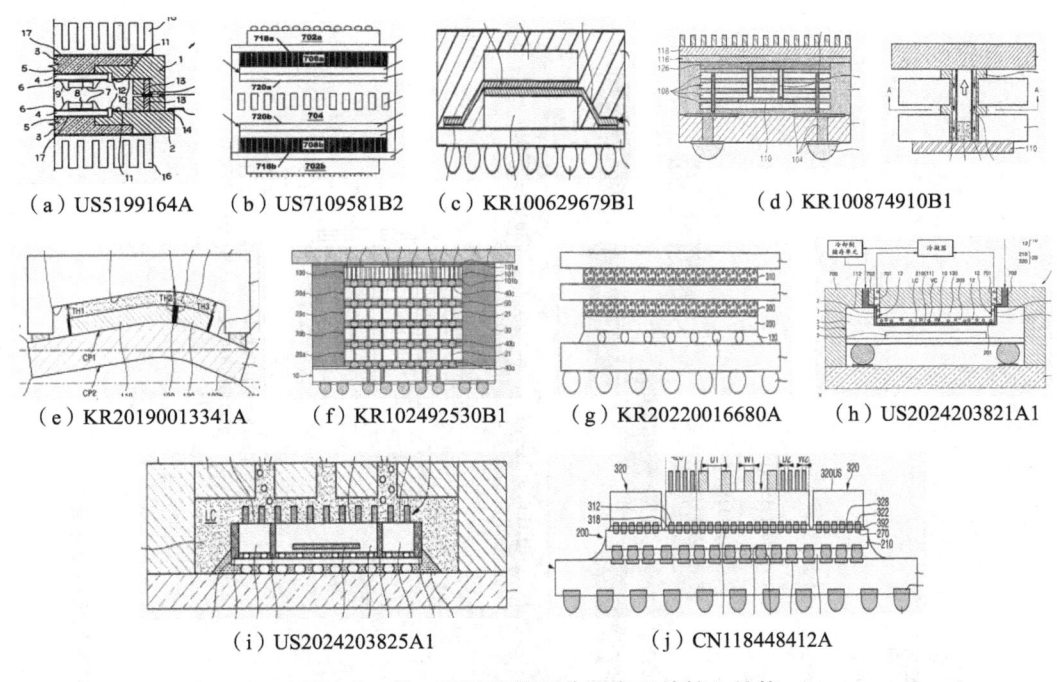

图7-1-41 三星热管理典型专利的核心结构

4) 关键架构-关键工艺-热管理技术协同方式

图7-1-42是以三星的典型3D IC堆叠架构（即X-Cube架构）及其在关键架构、关键工艺和热管理方面的核心改进为筛选基础，并按照时间演进将对选定的X-Cube架构的基础代表专利及对该专利涉及关键架构、关键工艺和热管理的外围专利申请进行布局梳理，其中外围专利主要是对同属于相同封装类型且封装结构相似的专利申请进行梳理。具体地说，三星2002—2019年涉及图7-1-42中右下角所示（也即三星US2005046002A1专利申请）的相同封装类型且封装结构相似专利申请共58件。该封装架构中核心技术点在于芯片电触焊盘通过RDL横向引至芯片边缘，然后通过TSV或侧面延伸的技术手段实现单芯片与另一单芯片之间电互连的连接路径，再次将已形成电互连路径的多个芯片通过诸如凸点或混合键合的凸点或键合技术形成芯片对芯片的堆叠结构，最后再经封装材料的外围封装以形成所需3D IC堆叠封装结构，亦属于三星X-Cube架构。

从架构角度来看，2004—2011年三星集中进行该封装关键架构的研发申请，研发热点集中于整体封装尺寸的降低以及提升封装电互连可靠性、获得低传输损耗和信号缩短路径的技术效果，并且这些热点的研究也是多行并进的。一句话总结，关键架构是沿着从芯片堆叠架构的实现到芯片架构的进一步减薄趋势创研的。从工艺角度来看，2002—2019年涉及RDL技术达17件，数量最多；接着依次为TSV技术、键合和凸点技术。可见，该架构中工艺改进核心点在于RDL技术，其次为TSV技术，这也与该架构中核心技术集中在RDL和TSV技术上是相呼应的。另外，2004—2011年内（上述架构集中创研阶段内）的工艺研究也较为活跃，且涉及工艺中各个技术分支，而工艺研

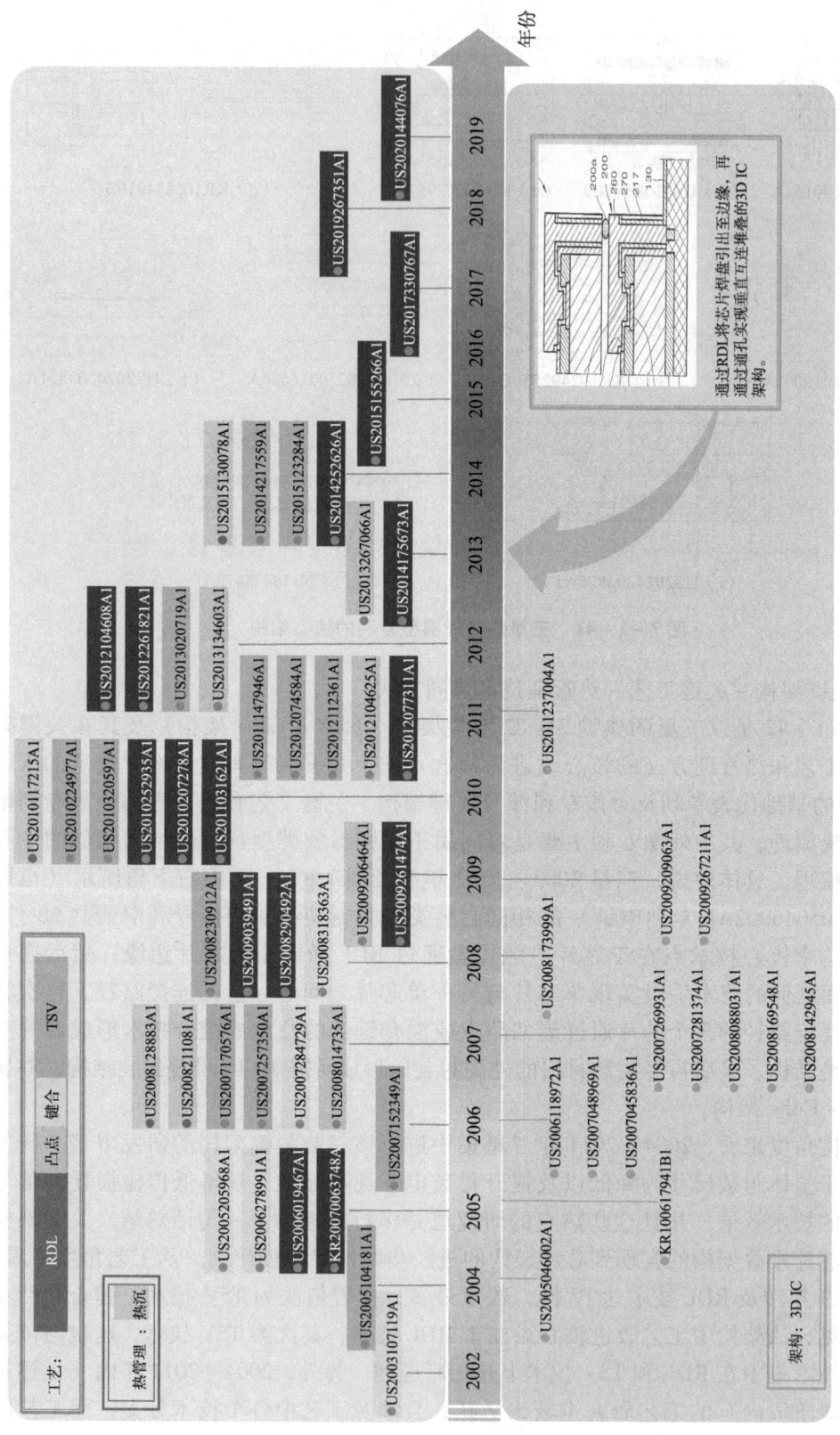

图 7-1-42 三星典型 X-Cube 架构及其系列申请技术路线

发核心点基本上是由键合技术到 TSV 技术和 RDL 技术，再到凸点技术，然后再转回 TSV 技术、RDL 技术。可见，在架构构建初期以实现架构内芯片之间电互连的键合技术为基础，随着架构构建完成，对其信号传输完整性、损耗、效率等需求的提升致使创新热点转变为 TSV 技术和 RDL 技术，再接着，随着架构整体尺寸的微缩，凸点技术也即凸点、铜凸点等凸点技术手段也随之应用其中并得以优化改进。2012—2019 年，以架构为核心发明点的申请量为空白但以工艺为核心发明点的申请持续进行，并逐步由凸点、TSV、RDL 的多方申请转向 RDL 专精特攻方向，这也与三星前述工艺侧重点在于 RDL 技术是相对应的，同时也说明 RDL 技术在 X – Cube 架构中尤以图 7 – 1 – 42 所示的封装结构中是研发聚焦点。从热管理角度来看，该架构中涉及热管理的发明核心点的专利申请为 4 件，且均为热沉的散热技术手段。这一方面说明热管理技术在架构中属于辅助技术而非基础、支撑的核心技术，另一方面说明热管理技术可按需设置，且热管理技术可独立地研发再将已研发的热管理技术适用于架构中。

总之，三星上述 X – Cube 架构以关键工艺为实现基础，并随着架构的改进而对相应工艺进行技术革新，同时将热管理辅助工艺联合发展并与架构相适配以达到关键架构 – 关键工艺 – 热管理协同发展的效果。

5）技术协同下的专利布局壁垒

通过上述对三星典型架构和核心工艺的分析可知，三星主流封装架构为 3D 架构的 X – Cube 架构且其工艺核心为 RDL 工艺。依据本书前期数据标引中施引专利项数和所属架构类型筛选出三星专利文献 KR100537892B1，为 X – Cube 架构中 3D IC 堆叠的基础专利文献，它的扩展同族为 6 个，自引证次数为 37 次，家族被引证次数为 1163 次，可见，该文献为三星 3D IC 堆叠封装架构中的基础性专利文献。三星及竞争对手围绕该专利展开了一系列的研发和专利布局。为了探究三星上述专利技术核心点的继续再研路径或方式，以及围绕该基础专利的辐射外围专利或引证和被引证专利发明核心的布局方式，以该专利为基础进行以下分析并梳理三星自引证文件来说明巨头企业的架构、工艺和热管理的技术协同发展路径与基于该协同发展的布局。

图 7 – 1 – 43 为 KR100537892B1 专利文献的核心构思图。在该专利文献中，通过在与芯片相邻的划线中形成连接通孔并使用 RDL 将器件芯片焊盘连接到连接通孔，然后通过晶片级制造芯片堆叠体封装，封装体中芯片之间通过各自的连接通孔实现电连接，且除了连接通孔之外，芯片堆叠体封装可以包括形成在垂直相邻的芯片和/或下部芯片与基板之间的连接凸块以实现电学通路。可见，该专利文献中的封装结构整体属于 3D IC 堆叠封装类型且属于三星 X – Cube 架构类型，而该架构得以实现的基础工艺则在于 RDL 技术、凸块技术和 TSV 技术。因此该专利文献也被称为基础专利。

如图 7 – 1 – 44 所示，对三星基础专利 KR100537892B1 自引证专利进行梳理，以期获得三星在涉及上述基础专利的专利布局特点。基础专利 KR100537892B1 的所有自引证文件按照关键架构、关键工艺和热管理进行梳理来看，其自引证主要集中于关键架构和关键工艺方面，而在热管理方面占比最小。

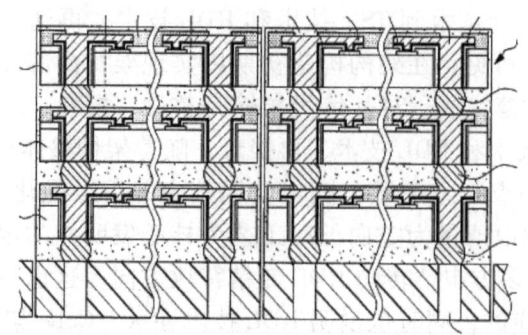

图 7－1－43　三星 KR100537892B1 基础专利核心构思图

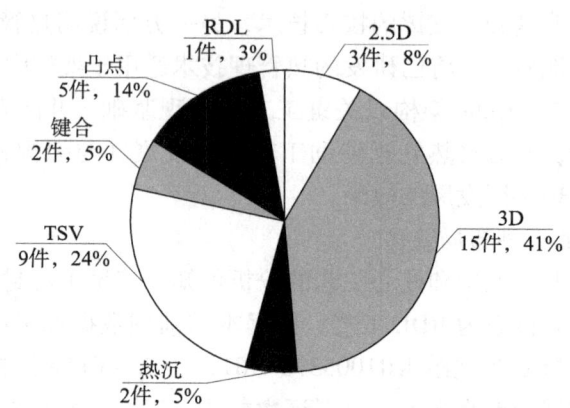

图 7－1－44　三星基础专利 KR100537892B1 自引证专利技术构成布局

其中，关键架构自引证进一步集中于 3D 架构，次之为 2.5D 架构，而在 FO 扇出架构欠缺。可见，以 3D 架构为基础的自引专利不仅在 3D 同类型架构中存在，还扩展至 2.5D 架构，而在 FO 扇出架构方面欠缺反映了先进封装技术的主流封装架构在于 2.5D、3D 架构技术，同时也反映了 2.5D、3D 架构技术的融合发展或类似结构替代延伸的架构技术发展方向。

关键工艺自引证专利进一步集中于 TSV 技术，其次为凸点技术，接着依次为键合技术和 RDL 技术。可见，在该基础专利的 3D IC 堆叠封装结构中最重要的支撑技术也是创研聚焦技术，均在于 TSV 技术，而对于已经基本固定成型的芯片电触点位置延伸至芯片边缘的 3D IC 堆叠封装结构，RDL 技术主要起到延伸至边缘的基础实现作用。由此，RDL 技术对于该基础专利封装架构来说属于基本成熟技术，也即非研发聚焦点技术。

热管理自引证专利仅涉及热沉技术且数量最少，分别为 KR100843213B1、KR101624972B1。对上述热沉技术的自引专利文献同样从架构、工艺和热管理角度再梳理后发现，其再自引文献所涉及的先进封装技术各不相同且侧重技术也不相同：架构技术方面两篇文献均只集中于 3D 架构，工艺技术方面一篇文献不涉及工艺，另一文献涉及工艺技术中 RDL 技术和 TSV 技术，而热管理方面均只涉及热沉散热技术，但数量不尽相同。可见，虽然该热管理方面在所属基础专利中的一级自引数量不多，但这两篇文献的二级自引专利又涉及关键架构、关键工艺和热管理的多方面技术，这说明三星在热管理方面专利布局虽然数量占比不大，但技术挖掘和技术延伸方向涉及先进封装技术相对较全面。这两篇热沉文献的二级自引证专利还包括4篇相同的架构技术方面的专利文献，这也说明各专利文献之间技术关联且布局交叉，更说明了三星对基础技术的较高知识产权保护意识和全面专利权防护力。

进一步地，如表7－1－5所示，综合上述两篇基础专利文献（也即三星KR100537892B1和KR100843213B1）的关键架构、关键工艺和热管理以及下级技术分支方面的自引文献数量统计能够看出，前文中基础专利涉及的具体的X－Cube架构的布局特点如下：以关键架构为布局基础且着重向关键工艺布局转变，并以热管理布局为技术辅助的整体布局策略。进一步地，关键架构方面扇出FO架构中自引文献空白则可作为技术研发发力点，3D架构主要反映自引文献对本身架构的扩展布局，而2.5D架构为薄弱自引领域则可作为次级关注领域，也可作为技术研发关注点。关键工艺方面四个下级技术分支中均有文献布局，而在TSV技术中布局最多，其次为RDL技术，而凸点、键合技术相差不大，可见，关键工艺领域为三星着重关注领域，也即为专利壁垒较高领域。热管理领域相较于关键架构和关键工艺的自引文献量是最少的且均集中于被动热管理的热沉技术分支，一方面说明热管理领域并非三星的技术研发重点领域，另一方面说明三星热管理技术研发局限。因此热管理领域可作为三星集中发力领域，且热管理中主动热管理技术更可作为研发热点领域，也即发力布局领域。

表7－1－5　三星基础专利KR100843213B1、KR100537892B1
自引证专利关键架构－关键工艺－热管理布局梳理

单位：件

三星电子	关键架构			关键工艺				热管理	
	FO	2.5D	3D	重布线RDL	凸点技术	键合技术	硅通孔TSV	主动	被动
KR100843213B1	薄弱点	次关注点	14	17	5	5	12	薄弱点	4
KR100537892B1		3	15	1	5	2	9		2
总计		3	29	18	10	7	21		6
	32			56				6	

综上，通过对三星专利申请及布局分析与基础专利的技术延伸和自引证的分析，并进一步地结合表7－1－5上述两篇基础专利的自引用专利文献的统计，归纳和总结三星的布局策略：一是注重技术布局地域及市场竞争力提升，主要包括以先进封装技术集中区域美国为其最重要的专利布局地域，同时进军中国市场，在扩大其市场占有率的同时也提升其市场竞争力；二是注重领先技术的专利防护并且积极进行技术革新，主要包括RDL技术与Cube架构相辅相成地发展，同时引入浸没式液冷、液冷与热沉融合等多种先进热管理技术，形成关键架构－关键工艺－热管理多行并发的发展路径。

上述多种布局手段进一步巩固了三星在先进封装领域的市场地位，形成关键架构－关键工艺循环互促的大范围、高密度的专利布局格局，进而构建强有力的专利防护壁垒。

（3）英特尔

1）关键架构专利布局

图7-1-45为英特尔关键架构在全球和中国专利申请的技术构成占比对比，从图中可以看出，英特尔在全球和中国的专利均主要布局在2.5D架构，占比分别达到59%和62%；而对于3D架构在全球和中国的专利布局量相对较少，分别为31%和28%；对于FO架构在全球和中国的专利布局量更少，仅均为10%。这充分说明了英特尔深耕2.5D架构，其技术积累坚实，研发优势显著。

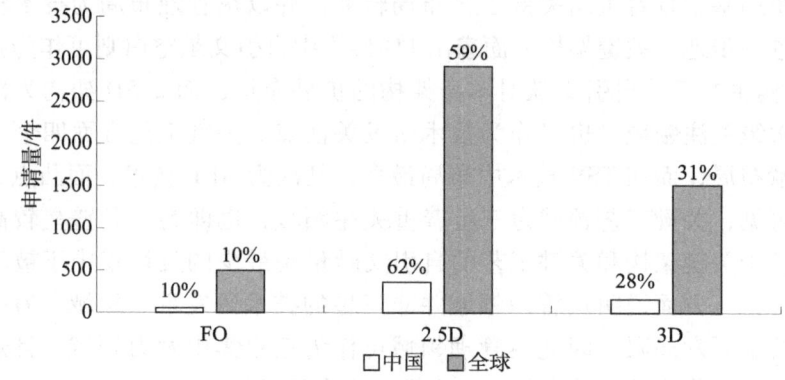

图7-1-45　英特尔关键架构全球和中国专利申请技术构成占比对比

图7-1-46是英特尔关键架构全球专利申请技术构成动态迁移。从图中可看出，1997年英特尔首先在2.5D和3D架构进行布局，自2000年开始在FO布局，并且由于技术的突破，2000年关于2.5D和FO的申请量有明显增长，2002年之后由于3D封装技术的发展，英特尔开始在3D封装方面加大布局。2009年后，英特尔在先进封装方面进入快速发展期，2.5D和3D的申请量快速增加，其中2.5D在申请量和占比上远超3D和FO架构，并逐渐以2.5D封装架构为主，即英特尔的技术创新主要在2.5D封装架构上。

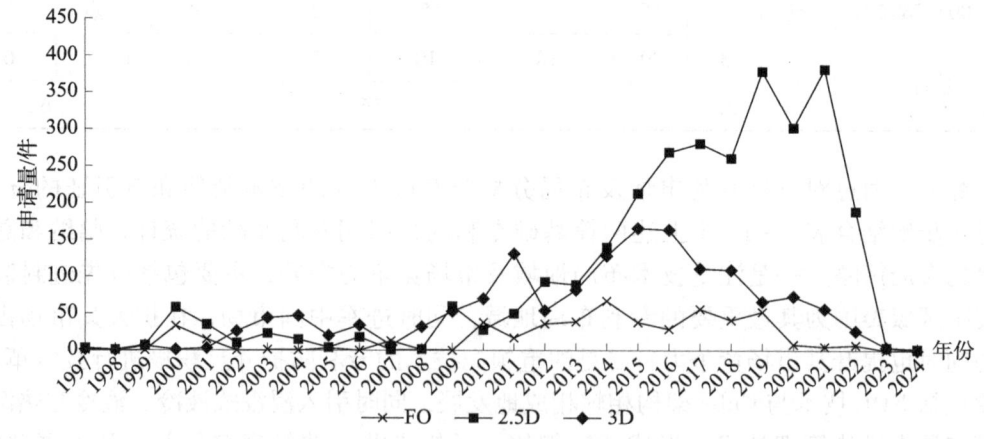

图7-1-46　英特尔关键架构全球专利申请技术构成动态迁移

图 7-1-47 是英特尔关键架构中国专利申请技术构成动态迁移。英特尔于 2000 年开始在中国布局 FO 和 2.5D 先进封装架构，说明英特尔在中国布局先进封装架构较全球晚，随后多年一直发展较缓慢。2009 年后，英特尔在中国的先进封装技术进入快速发展期，2.5D 和 3D 架构的申请量快速增加，其中 2.5D 在申请量和占比上远超 3D 和 FO 架构，并逐渐以 2.5D 封装架构为主，即英特尔的技术创新主要在 2.5D 和 3D 封装架构上。

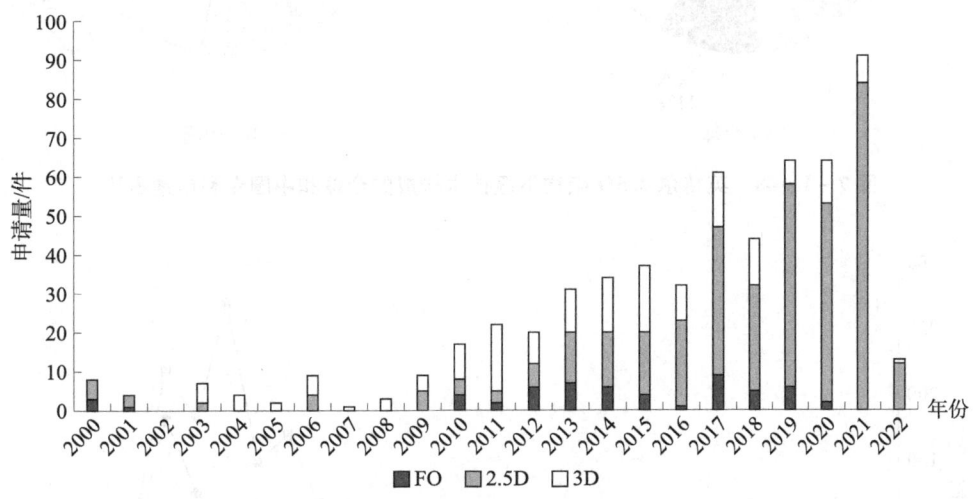

图 7-1-47 英特尔关键架构中国专利申请技术构成动态迁移

基于上述分析结果可知，英特尔关键架构技术以 2.5D 架构为其创研聚焦点，本小节主要针对英特尔的 2.5D 架构技术进行分析。

图 7-1-48 为英特尔 2.5D 架构下级技术构成的全球和中国专利申请占比。从图中可以看出，英特尔 2.5D 架构全球申请中主要包括桥接、单面、嵌入和双面四种类型，分别占比 48%、38%、11% 和 3%，可以看出英特尔 2.5D 封装架构技术主要发力点在于桥接。继续针对英特尔在中国的 2.5D 进行分析，英特尔在中国的 2.5D 架构申请同样包括桥接、单面、嵌入和双面，占比则分别达到 53%、35%、10% 和 2%，从中可以看出英特尔 2.5D 封装架构技术主要发力点同样在于桥接。由此，进一步说明 2.5D 架构中桥接技术对于英特尔来说是其先进封装技术中的代表性架构技术，也是其创研投入最集中之处。

图 7-1-49 为英特尔 2.5D 架构下级技术构成全球专利申请动态迁移。1997 年英特尔首先在单面技术进行布局，1998 年开始布局桥接技术，1999 年在双面技术进行布局，到 2000 年开始布局嵌入技术，并且由于技术的突破，2000 年关于单面的申请量有明显增长。2008 年后，英特尔在先进封装方面进入快速发展期，开始在桥接方面重点发力，桥接技术迅速成为 2.5D 架构申请量占比最大的技术分支，即英特尔 2.5D 架构技术的技术创新主要在桥接。

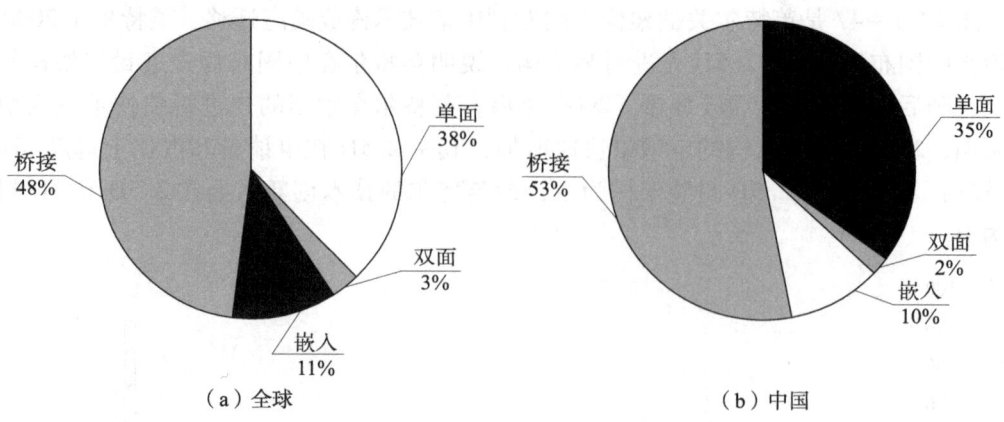

图 7-1-48 英特尔 2.5D 架构下级技术构成的全球和中国专利申请占比

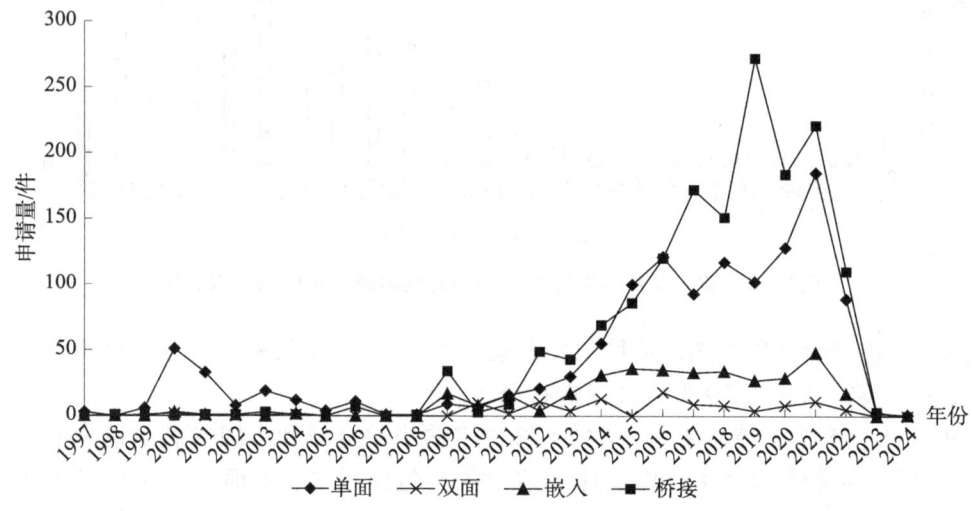

图 7-1-49 英特尔 2.5D 架构下级技术构成全球专利申请动态迁移

图 7-1-50 是英特尔 2.5D 架构下级技术构成中国专利申请动态迁移。英特尔于 2000 年开始在中国布局单面先进封装架构,说明英特尔在中国布局先进封装架构较全球晚,随后多年一直发展较缓慢,直到 2006 年才开始在中国布局桥接技术,嵌入技术和双面技术则直到 2009 年、2010 年才开始布局。2012 年后英特尔在中国加快布局,2.5D 架构中的桥接技术申请量快速增加,占比上远超单面技术、双面技术和嵌入技术,并逐渐发展为 2.5D 封装架构的主要技术分支,即英特尔在 2.5D 的技术创新主要是桥接技术。

根据前文对英特尔封装平台典型封装技术的介绍可知,英特尔 2.5D 架构中的典型架构技术在于 EMIB(Embedded Multi-die Interconnect Bridge)架构技术,具体结构参见图 7-1-51。EMIB 是在有机基板中埋入若干超薄的(厚度一般小于 100μm)、高密度的硅桥,实现局部高密度芯片的互连。EMIB 是由英特尔提出并积极应用的,属于有基板类封装,因为 EMIB 中没有设置 TSV,因此也被划分到基于 XY 平面延伸的先进封

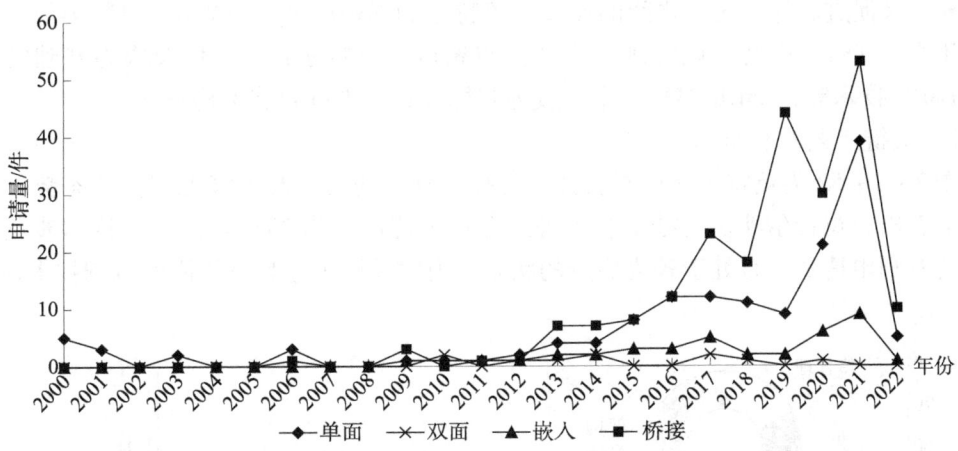

图 7-1-50　英特尔 2.5D 架构下级技术构成中国专利申请动态迁移

装技术。从标准封装到 EMIB 架构封装，更多的芯片被统一封装，凸点间距从 100μm 变为 36～55μm。此外，与传统 2.5D 封装相比，由于不需要 TSV，因此 EMIB 技术具有较高的封装良率以及无须额外工艺等优点。对于传统的 SoC 芯片，CPU、GPU、内存控制器及 IO 控制器都只能使用一种工艺制造；而采用 EMIB 技术，对工艺要求高的 CPU、GPU 单元，可以使用 10nm 工艺，IO 单元、通信单元可以使用 14nm 工艺，内存部分则可以使用 22nm 工艺，EMIB 先进封装技术可以把三种不同工艺整合到一起成为一个处理器，适应灵活的业务需求。EMIB 技术最早由英特尔的 Mahajan 和 Sane 于 2008 年提出，记载在 2008 年 3 月 31 日提交的专利申请 US2009244874A1 中，后又经 Braunisch 和 Starkston 等改进，已发展成为英特尔最具代表性的先进封装技术之一，已用于其多款 FPGA 产品，如 Agilex FPGA 和 Direct RF FPGA。

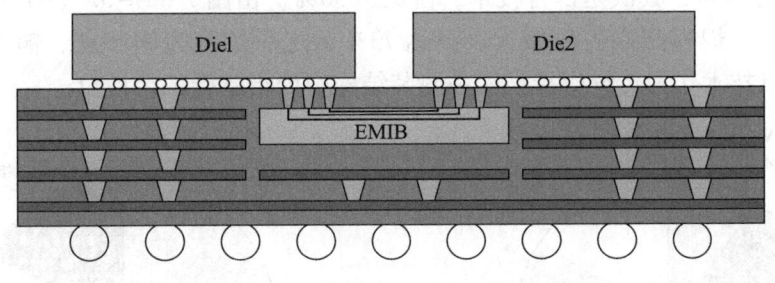

图 7-1-51　英特尔 EMIB 技术示意图

小型化和高性能集成水平的需求正在推动半导体工业中的复杂封装方法向前发展。管芯分割能够实现小型化，但需要精细的管芯到管芯互连。EMIB 是一项突破，其优势在于不需要在大尺寸硅转接板上制备 TSV，因此工艺相对简单，成本更加低廉，实现了用于单个封装上异构管芯之间高密度互连更低成本和更简单的 2.5D 封装方法。EMIB 代替具有 TSV 的昂贵的硅中介层，将小的硅桥接芯片嵌入封装中，实现高密度的管芯到管芯连接。简单来说，EMIB 就是使用嵌入在封装基板中的微小硅桥（silicon bridges）来促进芯片－芯片之间的连接。英特尔的 EMIB 概念与 2.5D 封装类似，但区别在于没有 TSV，因此可以实现更高的凸点密度。英特尔以 EMIB 架构为基础发展至 Co－EMIB 技术等，EMIB 架构技术已成为其标签式的先进封装架构技术。

2）关键工艺专利布局

图 7－1－52 为英特尔先进封装技术各技术分支的占比及关键工艺申请态势。从图中能够看出，英特尔涉及关键工艺改进的专利申请占比为 25%。并且英特尔涉及关键工艺的专利申请量一直处于较为稳定的状态，说明关键工艺具有稳固的基础技术地位。

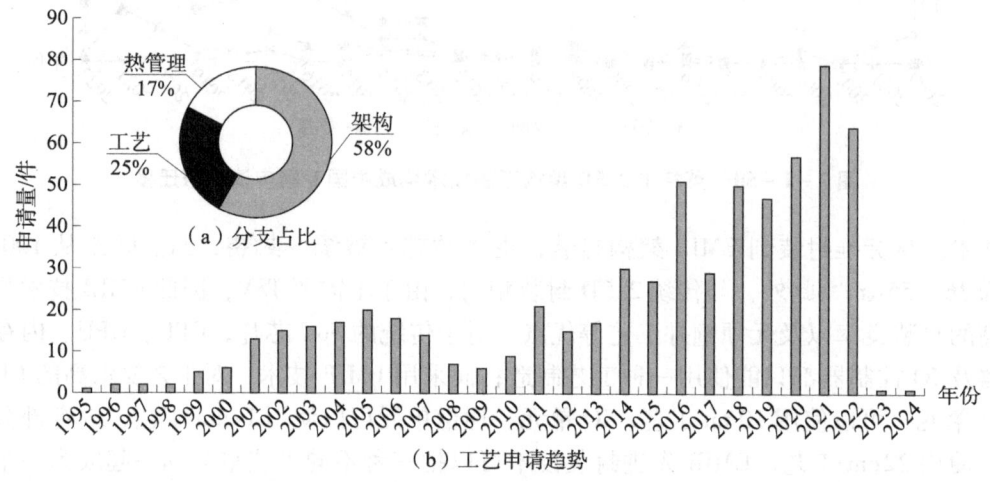

图 7－1－52　英特尔先进封装技术各技术分支的占比及关键工艺申请态势

图 7－1－53（a）为英特尔关键工艺技术构成占比分析，（b）为英特尔凸点技术构成占比。由图 7－1－53（a）中可以看出，英特尔的关键工艺技术中占比最高的是凸点技术，高达 44%；其次是键合技术，占比达 30%。由图 7－1－53（b）中可以看出，在凸点技术中，焊料凸点占比最大，高达 73%；之后依次为铜凸点、铜柱凸点技术，因此焊料凸点技术作为传统焊接技术在封装结构中处于基础工艺地位。

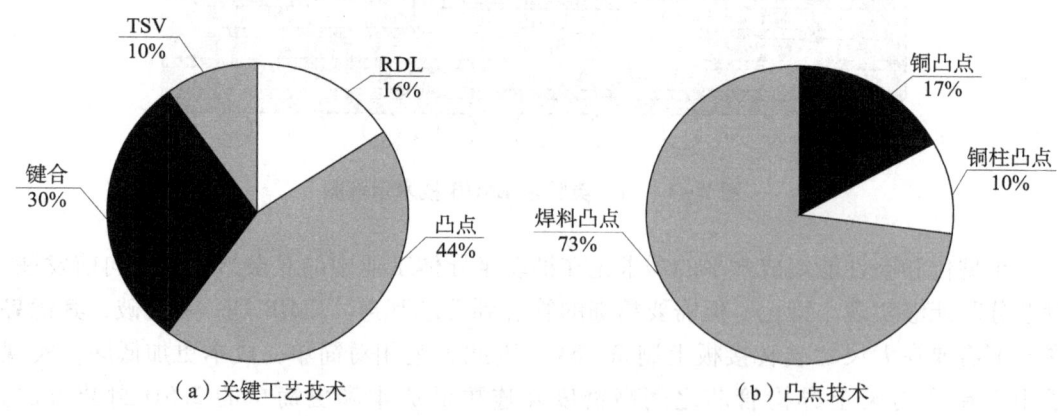

图 7－1－53　英特尔关键工艺技术构成占比分析

表7-1-6为英特尔关键架构与关键工艺技术中各下级技术分支之间关联申请专利占比的对比。从表中能够看出，英特尔所采用的关键工艺技术，无论是凸点技术，还是键合、RDL技术，在2.5D架构技术中都是占比最大的，说明英特尔研发侧重在于2.5D架构的应用；其次是3D架构的研发，而对于FO架构的研发最弱，这也说明英特尔的关键架构技术研发侧重在于2.5D和3D架构技术。

表7-1-6 英特尔关键架构与关键工艺的下级技术分支之间关联申请专利占比

	RDL	凸点	键合	TSV
FO	·	·	·	
2.5D	●	●	●	·
3D	·	●	●	

注：表中圆圈大小代表申请量多少。

图7-1-54为英特尔铜凸点技术与关键架构关联的专利申请态势及占比情况。同时参照图7-1-53（b），可以看出，虽然铜凸点在凸点技术中占比不大，仅为17%，但在先进封装中主要采取铜凸点技术以达到更小间距、更高密度的电连接目的。在与先进封装架构关联度中，铜凸点技术除了在英特尔常规2.5D架构中普遍使用之外，还在3D架构中得以大范围使用。结合图7-1-54可看出，正如图中2018年显示，3D架构中铜凸点技术的专利申请量超过2.5D架构中铜凸点技术的专利申请量，这正是英特尔Foveros技术于2018年底正式公布所带来的结果，也是十几年来唯独一次涉及上述技术的3D架构申请量超过2.5D架构申请量，从另一个方面也印证了铜凸点技术在3D架构也即Foveros尤以Foveros Omni中得以空前重视，并进行大量的专利布局。

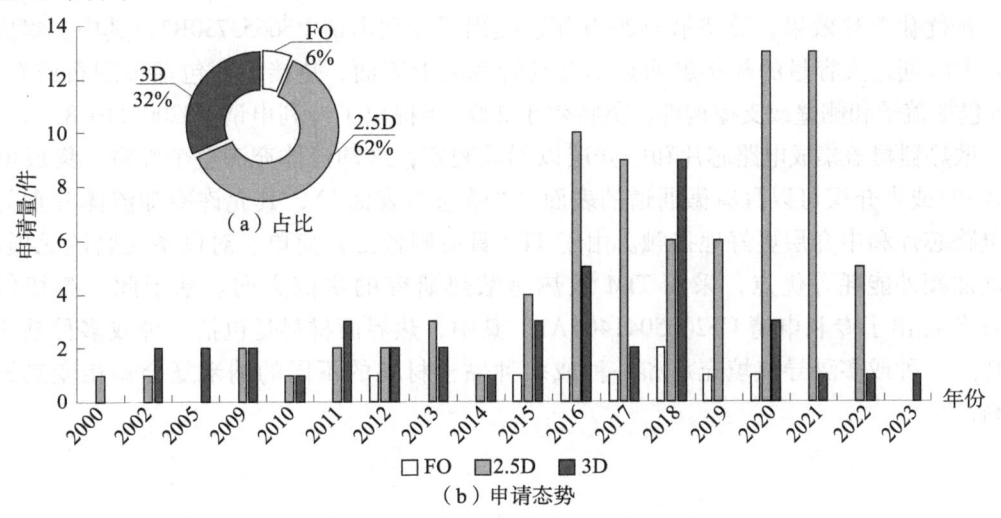

图7-1-54 英特尔铜凸点与关键架构关联申请态势及占比

众所周知，先进封装能有效提高芯片内部的互连密度和通信速度，封装技术更新迭代也意味着封装尺寸与互连密度的不断精细提升，而与其直接关联的凸点技术也成为创新热点，英特尔持续追求凸点尺寸，也即凸点间距的极致微缩。表7-1-7为英特尔2.5D、3D主流架构中使用凸点技术的凸点间距随时间的演进变化。英特尔的先进封装架构由EMIB迭代至Foveros，进一步地更新至Foveros Direct无凸点的混合键合直接互连技术，其中，封装架构中芯片之间或芯片与中介层之间或芯片与桥构件之间的电互连凸点间距由55μm至10μm及以下。这也进一步说明了英特尔在凸点技术方面的全球领先地位和雄厚的研发技术积累。

表7-1-7 英特尔2.5D、3D架构中使用凸点技术的凸点间距随时间的演进变化　　单位：μm

架构	年份			
	2021	2022	2023	2024
EMIB	55		45	
Foveros	50	45		
Foveros Omni			25	
Foveros Direct				10

3）热管理专利布局

图7-1-55示出了英特尔热管理技术路线图，图7-1-56中示出了英特尔热管理技术演进中典型专利的核心结构图。热管理技术首次出现在由英特尔于2000年提交的专利申请US6709898B1中，其中，散热器具有至少一个凹槽，从散热器的第一表面延伸到散热器中。微电子管芯通过导热黏合剂材料附接到每个凹部的底表面，即英特尔最早的热管理技术是热沉散热技术。热沉散热技术是热管理最传统的散热技术。为了进一步优化散热效果，英特尔于2000年还提出了专利申请US6653730B2，其中，集成散热器HIS通过大容量的热接触面热耦合到管芯的上表面，热接触面包括金刚石或石墨；IHS包括盖子和侧壁或支撑构件。英特尔于2001年提出了专利申请US2003110788A1，其中，散热器覆盖集成电路芯片和中介层以形成腔室，冷却流体充满整个腔室。集成电路芯片和/或中介层可以具有微通道的表面（"微通道表面"），其允许冷却流体分别与集成电路芯片和中介层更好地接触。由于TIM具有制备工艺简单、对设备无腐蚀无损害、不增加额外能耗等优点，采用TIM散热是散热研究的主流方向。基于此，英特尔于2003年提出了专利申请US2005041406A1，其中，热界面材料是包括一种或多种基质聚合物、一种或多种导热填充剂和一种或多种黏土材料的不同的纳米复合物相变热界面材料。

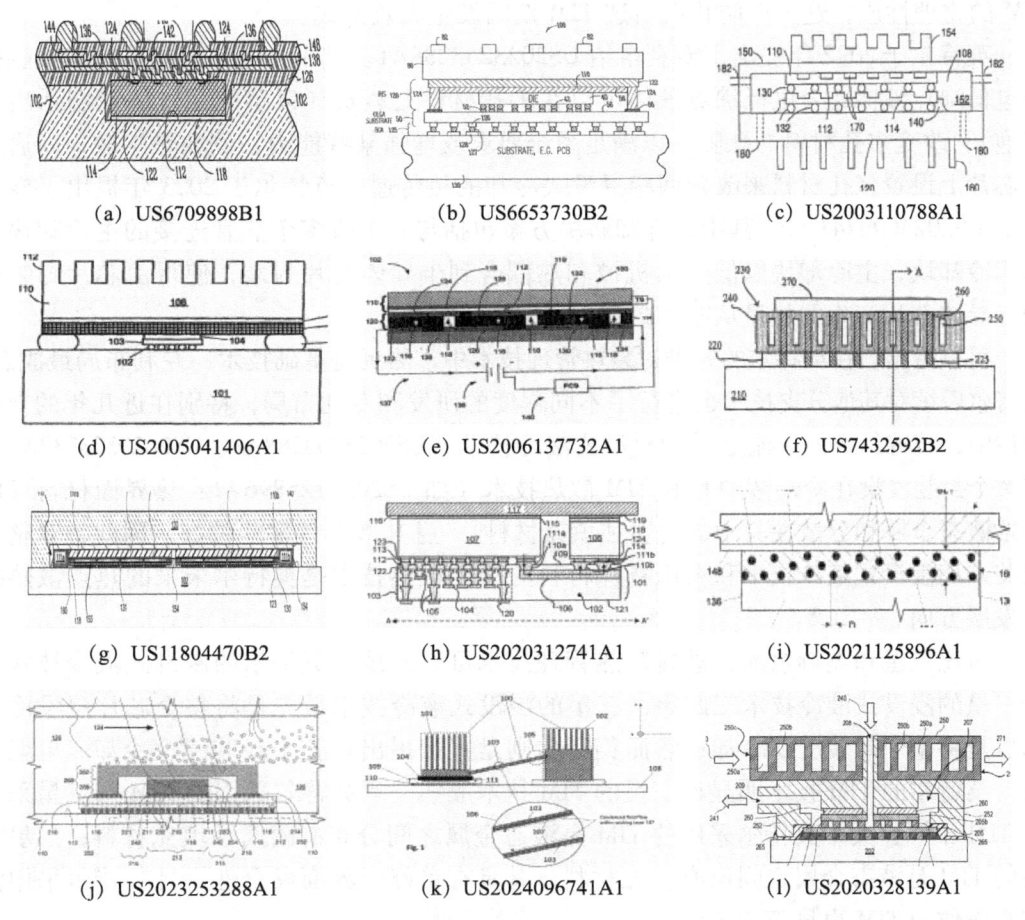

图 7-1-55 英特尔热管理技术路线图

图 7-1-56 英特尔热管理技术演进中典型专利的核心结构

由于热电制冷技术具有结构简单、体积小、控制灵活、环保、能耗低等优点,英特尔于 2004 年提出了专利申请 US2006137732A1,其中,在 TEC 和管芯之间不存在安装材料,TEC 包括成对 n 型电极和 p 型电极。为了进一步改善散热效果,英特尔于 2005 年提出了专利申请 US7432592B2,其中,装置包括衬底、管芯、冷却解决方案和管芯,冷却解决方案包括衬底、通孔和微通道,管芯可包括通孔,即在芯片之间设置流道。英特尔于 2019 年提出了专利申请 US11804470B2,其中,无源散热器可以由一种或多种不同的基板/中介层材料形成，例如硅（Si）、碳化硅（SiC）等，以提高热导率，晶圆级无源散热器中介层可为多芯片封装中的堆叠芯片提供改进的热解决方案和翘曲控制。英特尔于2019年提出了专利申请US2020312741A1，其中，TEC模块通过焊接接头接合到热接合焊盘，热解决方案是散热器，所指示的热通量路径包括在热点与TEC模块之间的热焊盘、热通孔、热迹线到热通孔和热焊盘，即采用热沉、热电制冷、散热凸点相接合的散热技术，提高散热效率。英特尔于2019年提出了专利申请US2021125896A1，其中，TIM可以包括液态金属和分散在其中的耐腐蚀填充材料（例如，多个颗粒），液态金属可以是镓、铟和锡的合金，所述耐腐蚀填充材料改变了所述TIM的物理性质，这可以防止在所述TIM期间发生失效模式。

英特尔于2022年提出了专利申请US2023253288A1。其中，与集成电路封装接触的介电低沸点液体，介电低沸点液体可以在多孔材料上蒸发（以蒸气或气体状态示出为气泡），改变多孔材料的孔隙率以满足系统要求或增强某些能力，例如热扩散，即通过在芯片上设置多孔材料来改善两相浸没式冷却的热传递。英特尔于2023年提出了专利申请US2024096741A1，其中，冷却解决方案包括与一个或多个热管连接的主冷却块和远程冷却块，主冷却块以低热阻机械和热耦合到半导体芯片封装，使得由芯片封装内的半导体芯片产生的热量从芯片封装传递到主冷却块。

可以看出，在英特尔的先进封装热管理技术中，热沉是基础技术，专利布局最成熟。英特尔后续对其他分支技术也进行了不同程度的研发和专利布局，特别在近几年的专利申请中，英特尔致力于流道［如浸没式液冷技术（US2023253288A1、US2020328139A1）：将整个封装浸没在冷却液中］和TIM散热技术（如US2021125896A1：热界面材料可以包括液态金属和分散在其中的耐腐蚀填充材料），且其散热效率非常好。因此，对整个封装采用浸没式液冷技术和采用特殊材料的TIM散热技术是英特尔未来的热点散热技术发展方向。

对比三星和英特尔的先进封装热管理技术可以发现，英特尔的浸没式液冷技术领先三星的浸没式液冷技术三四年：三星的浸没式液冷技术最先是将整个芯片浸没冷却而后是将整个封装浸没冷却；然而英特尔则是直接提出将整个封装浸没冷却。也就是说，英特尔的TIM技术明显比三星的TIM技术成熟，且英特尔采用的TIM与三星采用的TIM不同：其中英特尔采用的TIM是液态金属之间分布有耐腐蚀填充材料；三星采用的TIM是液态金属之间没有填充材料，其具有良好的界面黏合性；且英特尔采用液态金属作为TIM也早于三星。

因此，英特尔热管理技术的未来热点技术领先三星，即对于未来热点技术而言，三星具有明显追随英特尔的趋势。这足以看出英特尔具有对先进封装热管理技术的未来热点技术的敏锐性、先导性。

4）架构-工艺-热管理技术协同方式

英特尔的专利布局呈现前后紧密连接的特点，其重点专利多呈现出多次引证与被引证的状况。英特尔将研发重点放在桥接领域，并进行了大量的专利布局。为深入分析英特尔专利技术的发展特点，本部分从英特尔涉及EMIB的专利中筛选出引证率最高的重要基础专利，通过对其被引证情况进行分析，以期对 EMIB 的技术发展情况进行梳理。

这里选择重要基础专利 US2010327424A1（US8227904B2，申请日为 2009 年 6 月 24 日），并对引文频次（简单同族合并）进行分析，进而分析英特尔在该领域的布局方式。

图 7-1-57 表示的是英特尔基于 US2010327424A1 的技术延伸发展路线图。从时间维度来看，英特尔在 2011—2021 年期间，关于架构、工艺、热管理的改进是协同发展的。从关键架构方面来看，改进还是主要的方向，特别是在 2017 年，一是这一年英特尔有大量引用该基础专利的专利申请，二是将 EMIB 结构引入光电共封装中。架构也由常规硅桥管芯逐渐发展为玻璃桥，以及对玻璃桥芯片进行尺寸的减薄改进等。

在关键工艺方面，2012 年的专利申请 US92363366B2 中提出了有机硅桥的制备工艺，在 2013 年提出的申请 US9349703B2 中记载了通过喷墨印刷形成桥结构，接着在 2015 年分别提出了桥热压键合、桥互连件焊接工艺、迹线/焊盘/通孔工艺改进等，在 2020 年提出的专利涉及焊料工艺的改进。可见在核心工艺方面的改进主要是凸点和 RDL，也涉及键合工艺。

在热管理方面，其改进由热沉、TIM 逐渐发展而来。随着先进封装所集成的芯片越来越多，封装结构越来越复杂，热管理最终朝向浸没式液冷的方向发展。从上述分析可知，关于散热的改进主要基于架构本身，将传统的散热方式应用到相应的架构中。

5）技术协同下的专利布局壁垒

图 7-1-58 显示了专利 US2010327424A1 的历年引文频次。从图中可以看出，从 2012 年开始该专利被大量引用，并于 2017 年达到最大值 30 次。随着先进封装技术的进步，其引用频次逐年降低，但 2022 年仍然有 7 次。英特尔从 2011 年开始引用该专利并逐年增加，并于 2017 年达到峰值的 13 次。

该专利从 2010—2022 年连续 13 年被后续的专利技术所引用，得到了本领域专利申请人的持续关注，说明此项专利具有开创性的技术贡献，对于先进封装技术非常重要。经研究发现，此项专利即英特尔 EMIB 技术的早期雏形。

2017 年的被引用频次大幅增加，这是因为英特尔在 2017 年首次推出 EMIB 技术，激发英特尔及行业内其他重要申请人就该 EMIB 架构中的核心技术手段（桥接技术）进行布局。

图 7-1-59 是引用 US2010327424A1 的主要申请人分析。从图中可以看出，英特尔引用该专利次数最多，占比高达 30%；此外，还有大量半导体公司都多次引用该专利，这些公司包括 IBM、赛灵思、台积电、三星、高通、日月光以及通富微电；其中 IBM、赛灵思、台积电、三星、高通是英特尔在该领域的重要竞争对手。值得注意的是，除上述引证主要申请人以外，另外 52 家申请人对该重点基础专利的引用占比高达 35%，这也说明 2010—2022 年这段时期内半导体先进封装领域创新主体的较高活跃度，对于涉及先进封装 EMIB 技术高度关注。经研究分析发现，英特尔还将该核心技术引用到硅衬底中的衍射光栅结构技术中，这一点也需要给予一定的关注。

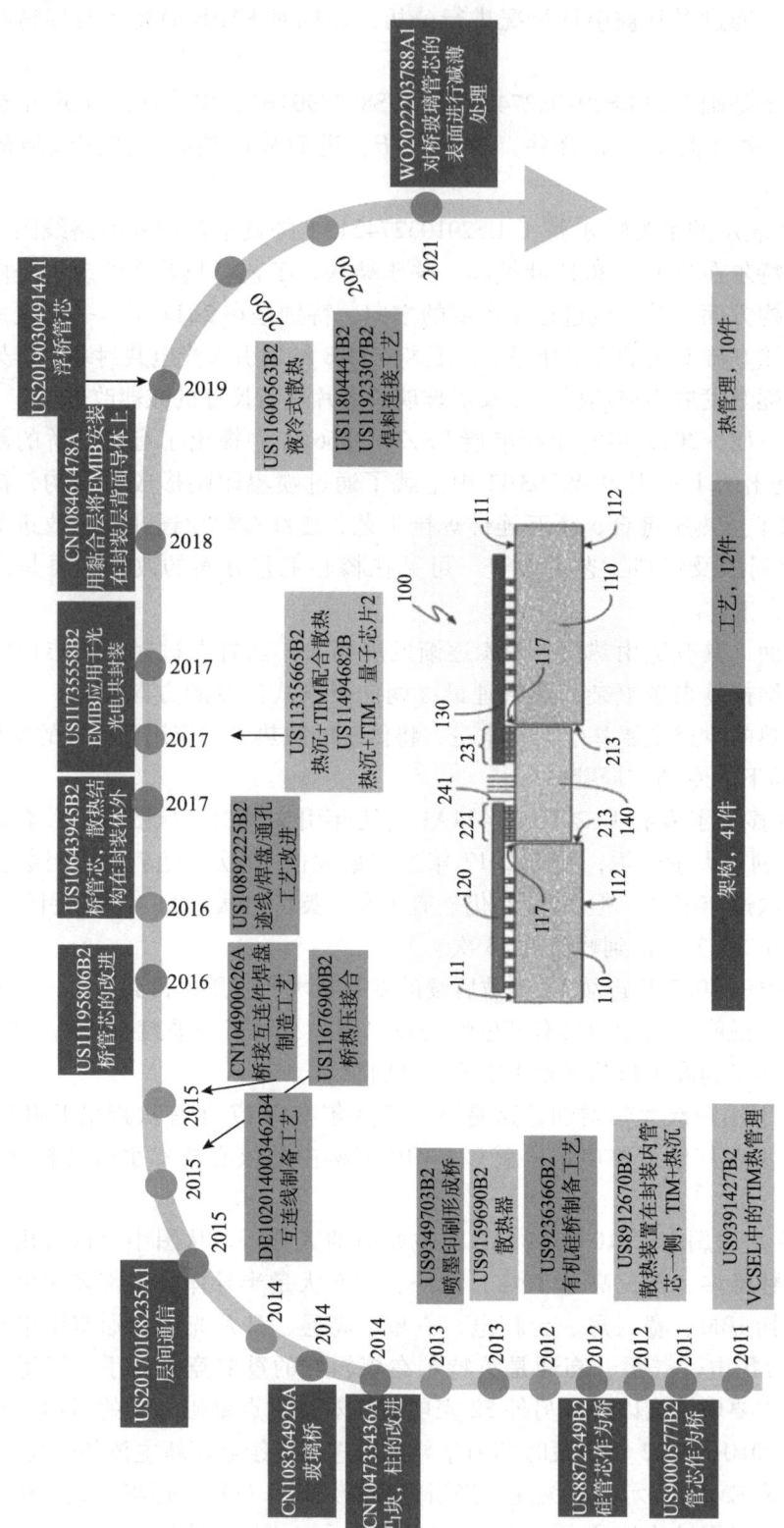

图7-1-57 英特尔基于US20103274241A1的技术延伸发展路线图

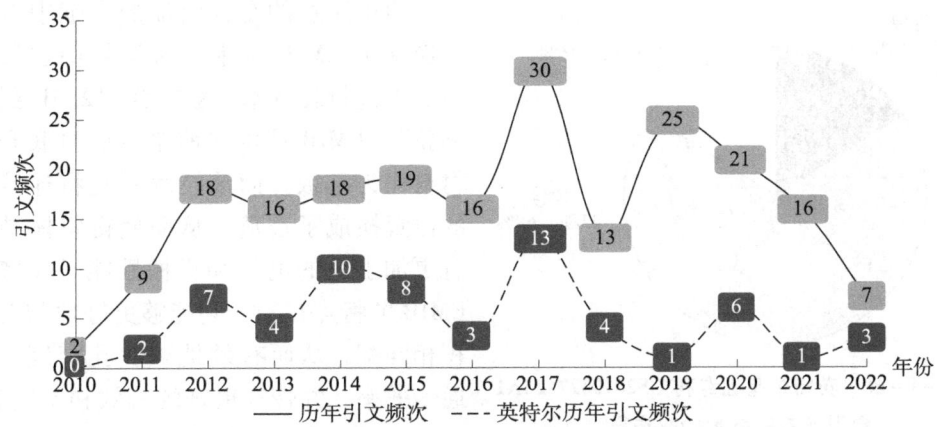

图 7-1-58 专利 US2010327424A1 的历年引文频次

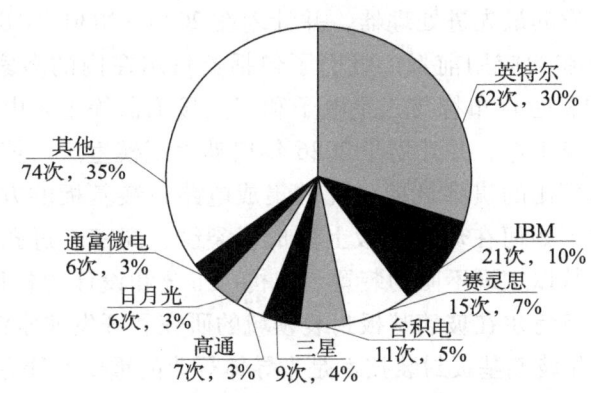

图 7-1-59 引用 US2010327424A1 的主要申请人分析

英特尔引用重点基础专利 US2010327424A1 的专利一共 63 项。对上述 63 项专利进行分析发现其中 61 项均围绕该专利布局。图 7-1-60 示出了英特尔针对 US2010327424A1 的 EMIB 架构相关外围专利分布图。英特尔围绕该专利布局了很多原理相同、技术方案不同的专利，形成一个庞大的外围专利网。这些专利申请主要是对桥接转接板本身进行改进，从桥接转接板适用的架构改进、制备工艺的改进、桥接芯片的热管理三个方面入手。在架构改进方面，主要是扩展桥互连件的主体，可以采用迹线/路由、芯片本身来做互连桥，还包括对基板本身的改进。在制备工艺改进方面，主要是改进桥互连件的制备方式，例如可以通过焊接、热压接合、喷墨打印的方式制备，此外还涉及封装的顺序改进。这种对基础专利进行外围专利布局的方式奠定了英特尔在桥接转接板技术领域的霸主地位，并用来抵御他人对其专利的进攻，以此形成"关键技术本身的拓展和改进"的专利布局网。

图 7-1-60 主要是英特尔关于关键技术 EMIB 本身的拓展改进。可以看出，在对英特尔涉及 US2010327424A1 的自引证专利中，大部分还是基于架构的改进，涉及热管理和工艺的较少。

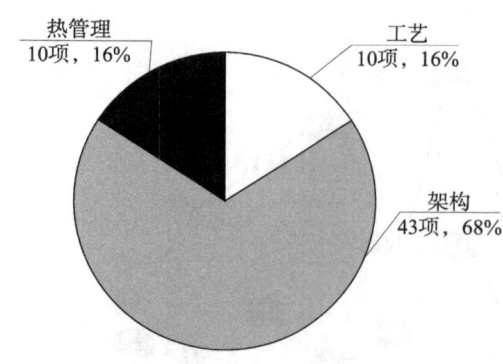

图 7-1-60 英特尔基础专利 US2010327424A1 自引证专利技术构成布局

值得注意的是，引证的文献中有涉及玻璃基板 EMIB 技术，这是英特尔最新推出的先进封装技术，被誉为"2.5D 封装的创新"。EMIB 技术之前是以硅衬底和有机材料作为基板，而该技术则是将连接基板的位置换成了玻璃，从而使得整体结构拥有更加出色的电气和机械性能。玻璃基板 EMIB 的特点在于，它能够更好地与芯片面积相匹配，从而有效地减少孔密度，提升通信效率，并带来更好的能效和温度表现。关于玻璃基板，英特尔正在积极开发和应用以提升其处理器的性能。根据相关报道，英特尔于 2023 年 9 月推出了基于下一代先进封装的玻璃基板开发的最先进处理器，并计划在 2026—2030 年实现量产。玻璃基板因其卓越的性能和潜在的应用前景，吸引了包括英特尔在内的多家科技巨头的关注。2024 年 3 月，三星电机也宣布将与三星电子和三星显示器等主要电子子公司合作，共同开展玻璃基板的研发工作，并计划于 2026 年启动大规模生产。英特尔还申请了多项专利，涉及具有高深宽比的贯穿玻璃过孔的集成电路封装基板的方法、系统、设备和制品。这些专利描述了如何在玻璃基板上形成无裂纹、高密度过孔，并通过激光辅助蚀刻工艺调整工艺参数以实现不同的装置、架构、工艺和设计的各种形状和深度过孔。这些技术细节表明，英特尔在玻璃基板封装领域的研究和开发非常深入且具有创新性。英特尔的 EMIB 技术和玻璃基板封装技术是半导体行业的重要发展方向之一。通过将这两项先进技术进行融合，英特尔不仅提升了芯片的功能性和可靠性，还推动了整个行业的技术进步。

热管理技术的改进占到一定的比例，这一方面说明热管理技术在先进封装中的重要性，另一方面也体现出英特尔对于先进封装热管理的重视程度。英特尔在涉及热管理的专利中，TIM 有较高的占比。这是因为 TIM 在英特尔的处理器设计中扮演着至关重要的角色，特别是在提高散热效率和延长设备寿命方面。在英特尔的处理器中，TIM 广泛应用于集成导热器（IHS）和散热器之间，以提供高效的热交换，这也是热管理特定的组合方式。英特尔使用了多种类型的 TIM 以满足不同的散热需求，并不断推动 TIM 的技术创新，以应对下一代高功率芯片的冷却挑战。英特尔开发了一种针对每个结构进行定制的 TIM 技术，可以有效地针对热点进行冷却。此外，英特尔还研究了使用固体颗粒和液态金属协同掺杂策略来制备具有高热导率和低杨氏模量的 TIM，这种材料在高低温循环测试中表现出很好的应用可靠性。TIM 不仅对英特尔自身的产品有重要影响，也对整个电子行业产生了深远的影响。随着 TIM 市场的不断扩大，英特尔作为该领域的领先企业之一，持续投入巨大力量进行科学研究和技术研发，以保持其在全球市场的竞争优势。总之，TIM 在英特尔的处理器设计中起着关键作用，通过有效改善热传递，确保了电子设备的性能、使用寿命和稳定性。

表7-1-8示出的是英特尔基础专利文献US2010327424A1的关键架构、关键工艺和热管理以及下级技术分支方面的自引文献数量统计。能够看出,该基础专利涉及具体的EMIB架构的布局特点——以关键架构为布局基础且向关键工艺和热管理布局转变的整体布局策略,进一步地,关键架构中扇出FO架构和3D中自引文献空白则可作为技术研发发力点。在关键工艺四个下级技术分支中,在RDL技术中布局最多,其次为凸点、键合技术,TSV为布局薄弱点。可见,关键架构领域为英特尔着重关注领域,也即专利壁垒较高领域;热管理领域大多集中于被动热管理的技术分支,在热管理领域,主动热管理技术更可作为研发热点领域,也即发力布局领域。随着架构集成度、高功耗的集中发展,热管理技术必然成为绕不过去的技术瓶颈,同时也给出了后续技术创研和中国赶超的创新方向。上述多种布局手段进一步巩固了英特尔在先进封装领域的市场地位,形成关键架构-关键工艺循环互促的大范围、高密度的专利布局格局,进而构建起强有力的专利防护壁垒。

表7-1-8 英特尔基础专利US2010327424A1
自引证专利架构-工艺-热管理布局梳理

单位:件

英特尔	关键架构			关键工艺				热管理	
	FO	2.5D	3D	RDL	凸点	键合	TSV	主动	被动
	薄弱点	41	薄弱点	7	2	1	薄弱点	1	9
总计		41			10				10

7.1.4 国际巨头技术协同融合策略

(1)台积电

1)关键架构方面

在布局方面,起步较早,发展迅速;在技术分支方面,发展均衡,布局完备。在专利布局方面,台积电从2010年开始在先进封装架构方面进行重点布局,在2021年申请量达到800件,布局的主要市场是美国,占比55%;其次是中国,占比为34%。在各技术分支方面,台积电最早布局的是3D架构,之后在2.5D架构方面进行持续布局,开发了CoWoS-S、CoWoS-R、CoWoS-L;为了进一步降低封装成本,又在FO架构方面进行布局,开发了InFO-oS、InFO-SoIS、InFO-CoW等技术。由于AI的需求,上述三个架构逐渐融合,界限越来越模糊。台积电在2022—2023年收购育霈科技早期扇出架构专利,可能是为其进军面板级扇出做技术储备。

2)关键工艺方面

在各技术分支方面均有布局。在关键工艺方面,台积电布局较早,在凸点、RDL、键合等方面均有不少布局,其中凸点占比25%、键合占比为31%、RDL占比为34%。在台积电键合技术领域内,金属键合起始最早且申请量增加迅速,而混合键合晚于金属键合近10年,但申请量的增加速度快于金属键合,尤其是2020年之后,混合键合技术呈喷发式增加，已然成为键合互连技术中的主流技术。

3）热管理方面

重点布局 TIM。在热管理方面，台积电对先进封装架构中的不同散热技术进行了持续的研究和专利布局，主要是从被动散热向主动散热发展。在被动散热中，对 TIM 进行了多方位布局，主要是对材料的改进。

4）关键架构 – 关键工艺 – 热管理协同布局

台积电在关键工艺的支撑下对先进封装架构进行布局，在发展过程中为了解决散热问题，在热管理方面也进行了布局，关键工艺、关键架构、热管理技术的发展是相辅相成的。例如在对 InFO – SoIS 架构进行专利布局时，关键架构的改进是主线，改进的方向是将 LSI 结构嵌入 SoIS 的 RDL 层内，进而提高 I/O 密度；在对关键架构改进的过程中涉及关键工艺，主要是对 RDL 的改进和凸点的改进，可见关键工艺的改进是由关键架构改进衍生而来的。在热管理方面，主要是基于实际需求以及集成度。在上述过程中，对关键架构进行改进进而提高 I/O 密度，提高集成度；I/O 密度又对关键工艺提出新的要求，促进了关键工艺的优化；集成度又对热管理提出较高的要求。同时，关键工艺和热管理的优化，又能够促进关键架构中信号传输速率的提高以及功耗的降低等。

5）技术协同下的专利布局壁垒

台积电在专利布局方面较为完备，形成较高的壁垒。以 US2011291288A1 为例进行分析，在二级分支下，热管理的主动热管理是薄弱点；在三级分支下，FO 架构中的面板级扇出是薄弱点，2.5D 架构中的双面和嵌入是薄弱点，主动热管理中的流道是薄弱点。上述的多处布局薄弱点则恰恰是其他申请人可重点研发和优先布局的技术领域。

（2）三星

1）关键架构方面

三星专利起步较早，但 2015 年开始呈井喷式增长；布局地域集中于美国，但同样重视中国市场；技术构成着重于 3D 架构，但大尺寸、高规格面板级的扇出 FO 架构后起之势强劲。

在专利申请方面，三星虽起步较早，但快速发展于 2015 年开始，是晚于台积电的，而布局地域中以美国为最大的目标市场，甚至超过其在韩国本土的专利申请量，接着以中国为其次级布局市场。可见，三星对其关键架构技术无论是在业内技术领先布局还是市场占有率布局方面均是同等重视的。在技术构成方面，三星以 3D 架构为主，其次为 2.5D 架构，最后为其 FO 架构。可见，三星在不同类型的架构领域中投入比例各有侧重，其中在 3D 架构中，芯片 – 芯片申请量占比最大，而芯片 – 芯片对应至三星 X – Cube 架构技术，这也说明 X – Cube 架构已成为三星关键架构技术中的代表技术。进一步地，通过对比前文中关于三星与台积电的分析，可发现三星早期先进封装技术发展策略或研发侧重与台积电不同，造成其在关键架构技术方面无论专利申请数量、专利布局范围还是市场占有率、技术更新速度均略逊于台积电。

2）关键工艺方面

三星关键工艺整体专利申请呈逐年递增态势，而各技术分支中侧重于 RDL 技术，于2015年之后尤以RDL技术中配置技术增速显著。

在关键工艺方面，三星在RDL技术分支内申请量突出，申请量占比达49%；进一步从三星聚焦的RDL技术分支的细分来看，RDL配置申请量最多，接着依次为RDL结构、RDL制备方法；从申请态势来看，2014年之前三个技术分支呈现增速较缓且数量差异较少的态势，而2014年之后直至2018年达到第一次顶峰申请量，在此期间，RDL配置和RDL结构的技术从2015年陡然增加，其与三星在此时间节点与台积电发生激烈竞争，进入先进封装技术"一哥"之争分水岭相关。

3）热管理方面

逐步以液冷散热或热沉与液冷融合的热管理技术为未来研发方向。在热管理方面，三星热管理技术起始较早，发展周期跨度较大，涉及多种热管理技术，而对整个封装采用浸没式液冷技术和在芯片内部设置流道技术与采用特殊材料的TIM散热技术相融合是三星未来的热管理技术发展方向。

4）关键架构-关键工艺-热管理协同布局

三星先进封装技术，整体是在架构的发展阶段中依据其结构或性能改进需求对工艺进行相应的改进研发，同时将热管理技术作为辅助支撑技术进行适配应用。

在架构构建初期以实现架构内芯片之间电互连的键合技术为基础，随着架构构建完成，其信号传输完整性、损耗、效率等需求的提升致使创新热点转变为TSV技术和RDL技术。随着架构整体尺寸的微缩，凸点技术（凸点、铜凸点等）也应用其中并得以优化改进。从热管理角度来看，一方面，热管理技术在架构中属于辅助技术而非基础、支撑的核心技术；另一方面，热管理技术可按需设置，且可独立地研发，再将已研发的热管理技术适用于架构中。

5）技术协同下的专利布局壁垒

三星布局聚焦点明显，存在布局薄弱点，关键架构布局相对全面，关键工艺布局重点突出而热管理布局相对欠缺。

前文中涉及具体的X-Cube架构的布局特点概况，是以关键架构为布局基础且着重向关键工艺布局转变，并以热管理布局为技术辅助的整体布局策略。其中，X-Cube架构与扇出FO架构的延伸方向为空白；而关键工艺各个技术构成方面布局相对较多且相对均衡，即关键工艺领域为三星着重关注领域，同时为专利壁垒较高领域；热管理技术中三星集中于被动热管理技术，由此，主动热管理技术可作为中国相关创新主体的发力布局领域。

（3）英特尔

1）关键架构方面

英特尔专利布局较早，且发展较为迅速；后期2.5D和3D的申请增长更为快速。在技术分支的专利布局方面，英特尔注重2.5D布局，占到一半以上；对于3D的布局相对较多，FO的布局量最少。英特尔先进封装的创新主要在2.5D和3D封装架构上。

在英特尔的2.5D架构中，主要包括桥接、单面，占比分别为48%、38%，英特尔2.5D封装架构技术主要发力点在桥接，并且基于桥接技术大力发展了EMIB技术。

2）关键工艺方面

在关键工艺方面，英特尔布局较早，涉及关键工艺的专利申请量一直处于较为稳定的状态，在各技术分支方面均有布局。

英特尔在凸点、键合、RDL 等关键工艺均有不少布局，凸点占比为 44%，键合为 30%，RDL 为 16%；在凸点技术中，焊料凸点占比最大，高达 73%，这也说明了传统焊接技术在封装结构中处于基础工艺地位。

3）热管理方面

在热管理方面，英特尔最早的热管理技术是热沉散热技术。随之很快就出现了主动热管理的流道技术，英特尔的该技术出现较早，之后又布局了 TIM 技术和热电制冷技术。

在近几年的专利申请中，英特尔致力于流道（如浸没式液冷技术：将整个封装浸没在冷却液中）和 TIM 散热技术（TIM 可以包括液态金属和分散在其中的耐腐蚀填充材料），且其散热效率非常好，因此，对整个封装采用浸没式液冷技术和采用特殊材料的 TIM 散热技术是英特尔未来的热点散热技术发展方向。

4）关键架构－关键工艺－热管理协同布局

英特尔在关键架构、关键工艺、热管理的改进是协同发展的。英特尔的专利布局呈现前后紧密连接的特点，其重点专利多呈现出多次引证与被引证的状况。英特尔将研发重点放在桥接领域，并进行了大量的专利布局。

英特尔在关键工艺的支撑下对先进封装关键架构进行布局，在发展过程中为了解决散热问题，在热管理方面也进行了布局，关键工艺、关键架构、热管理技术的发展是相辅相成的。例如，在 EMIB 架构进行专利布局时，对关键架构的改进是主线，架构改进的方向是将硅桥管芯逐渐发展为玻璃桥，并对玻璃桥芯片进行尺寸的减薄改进；并且在关键架构方面，还尝试把 EMIB 应用于光电共封装中。

在对关键架构改进的过程中涉及关键工艺，主要是对 RDL 的改进和凸点的改进以及键合工艺的改进，可见关键工艺的改进是由关键架构改进衍生而来的。

最后在热管理方面，其改进由热沉、TIM 逐渐发展而来，而随着先进封装所集成的芯片越来越多，封装结构越来越复杂，热管理最终朝向浸没式液冷的方向发展。从上述分析可知，英特尔关于散热的改进主要是基于架构本身，将传统的散热方式应用到相应的架构中。

5）技术协同下的专利布局壁垒

英特尔在先进封装的部分技术领域专利布局方面较为完备，形成较高的壁垒。以 US2010327424A1 为例进行分析，在关键架构的二级分支下，FO 架构和 3D 架构是技术薄弱点；在关键工艺的二级分支下，TSV 是技术薄弱点。上述的多处布局薄弱点恰恰是中国申请人可重点研发和优先布局的技术领域。

（4）总体结论

国际巨头申请人无论在关键架构的专利保护，还是在关键工艺和热管理的技术更新迭代方面，均是以相互促进、互为支撑的特点多向并行发展的。在关键架构－

关键工艺 - 热管理的技术协同发展和"三领域"专利布局方面可概括得出：

① 关键架构的专利跨"域"申请，此处"域"不仅是指申请人除本土之外跨"地域"进行专利申请形成强有力的专利防护网，而且是指申请人除在关键架构本身之外还在由关键架构至关键工艺和/或热管理延伸的"技术领域"方面进行融合申请。

② 关键技术本身的拓展和改进，是指包含关键架构、关键工艺和热管理在内的"三领域"关键技术中，核心发明点在于结构维度、材料维度、制程节点维度、电性能和物理尺寸维度等的多维度。

③ 关键架构与关键工艺交织循环发展，是指专利申请中核心发明点不仅包含关键架构中核心关键工艺的制造方法、参数等，还包含关键工艺在关联的特定关键架构中的材料改进、制程缩短、成本降低等多角度研发创新。

④ 热管理技术"量"与"面"的双重薄弱点，为中国的着重发力点。纵观"三巨头"在关键架构、关键工艺及两者融合的方面中，均布局集中且技术壁垒较高，而在热管理技术布局相对薄弱。在热管理方面，无论是申请文献量还是涉及下级分支的覆盖面均是最少的，这也说明热管理技术还集中使用传统散热手段且属于"三技术"中的辅助支持技术。而随着架构集成度的提升和芯片高功耗的发展需求，热管理技术必然成为绕不过去的技术瓶颈，这提供了中国创新主体后续技术创研和赶超的方向。

7.2 中国重点企业技术发展与协同分析

7.2.1 重点企业概述

台积电、三星和英特尔等封装巨头由于起步早、技术成熟，其专利申请处于数量级的优势地位；中国重点企业为了突破技术围堵，注重自主知识产权，积极进行专利布局。因此，课题组针对中国重点企业的专利布局情况进行了详细分析，通过对标封装巨头企业，发掘中国重点企业专利布局的特点，挖掘专利布局中的不足，为其专利布局、知识产权保护提供更好的发展建议。考虑到长电科技与华天是中国封测厂商的代表，在2023年全球封测市场占有率排名中分列世界第三、第六位，并拥有各自的先进封装技术平台；华为在中国封测供应链扮演着整合者的角色，并在先进封装技术研发上持续发力；盛合晶微是前后道工艺融合厂商的代表，开发有三维多芯片集成加工技术平台，并为华为产业链进行2.5D CoWoS封装；华进是以企业为创新主体的"产学研用"相结合的新创新体系典型，致力于先进封装核心技术研发，因此本节选取长电科技、华天、盛合晶微、华进、华为这五家企业作为研究对象，对其专利布局区域、专利技术构成、专利布局特点、重点平台（专利）等进行分析。

从表7-2-1可以看出，华为比较注重专利的海外布局，除了在中国进行布局外，在美国、欧洲也有相当量的布局，在日本和韩国也进行了少量布局；另外，还有较多的国际申请待进入国家阶段，说明华为采用专利布局进行保护的意愿很强烈。盛合晶微除了在中国进行布局外，还在美国进行了一定量的布局；而华进、长电科技、华天在海外布局量则非常有限。中国的先进半导体技术一直受到封锁，因此，中国的企业想要"走出去"，尽早进行海外布局就显得相当关键。

表 7-2-1 中国重点企业先进封装领域的专利布局区域对比   单位：件

申请人	中国	国际申请	美国	欧洲	日本	韩国	其他
华为	292	207	80	77	11	11	20
盛合晶微	477	31	79	0	0	0	0
华进	599	36	14	0	0	0	0
长电科技	483	13	18	1	0	0	2
华天	331	10	4	2	2	2	0

封装巨头在关键架构、关键工艺、热管理方面都进行了相当量的布局，且其在这三方面存在联动，专利布局比较系统，并形成了以核心专利为中心的专利簇。参考图 7-2-1，虽然中国重点企业在各分支也都有专利布局，但是各分支申请量都不大，且技术分支分布也不均匀，存在技术薄弱点。长电科技在关键架构方面主要集中于 FO 以及以 FO 为基础的 2.5D/3D 架构；相应的关键工艺方面凸点技术比较突出，RDL 技术次之，而键合和 TSV 技术比较薄弱。盛合晶微在关键架构方面的重点在 FO；相应的关键工艺方面比较突出的为 RDL 和凸点，而键合和 TSV 技术比较薄弱。华天在关键架构方面比较重视 FO 以及 FO 与外围 TSV 结构结合的 3D 架构；相应的关键工艺比较突出的为凸点技术，且 TSV 技术相较于其他企业也有较多布局。华进在架构方面在 FO 布局量较大，2.5D 和 3D 也有一定量的布局，相较于其他企业其在关键工艺方面较为突出的技术为 TSV。华为在先进封装领域入局较晚，虽各个分支均有布局，但均不突出。建议中国重点企业之间能够相互合作、取长补短，努力向封装巨头企业看齐。

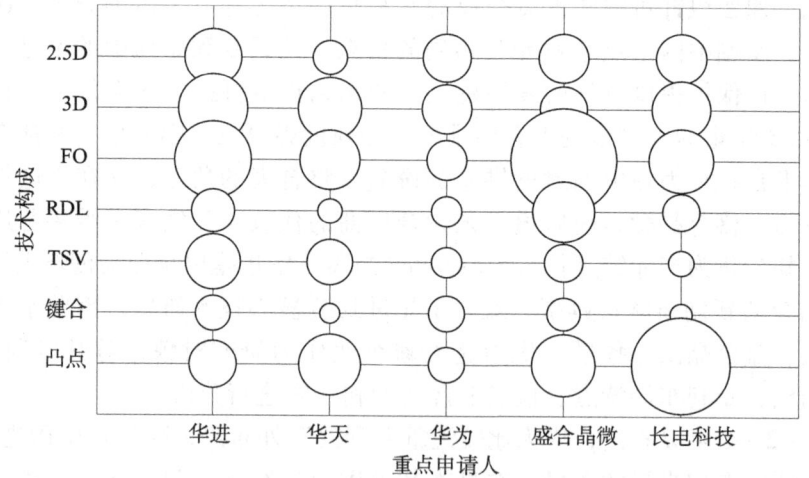

图 7-2-1 中国重点企业先进封装领域的专利技术构成对比
注：图中气泡大小表示专利申请量多少。

7.2.2 长电科技

长电科技是全球领先的集成电路制造和技术服务提供商，提供全方位的芯片成品制造一站式服务，包括集成电路的系统集成、设计仿真、技术开发、产品认证、晶圆中测、晶圆级中道封装测试、系统级封装测试、芯片成品测试并可向世界各地的半导体客户提供直运服务。通过高集成度的晶圆级（WLP）、2.5D/3D、系统级（SiP）封装技术、高性能的 Flip Chip 和引线互连封装技术，长电科技的产品、服务和技术涵盖了主流集成电路系统应用，包括网络通信、移动终端、高性能计算、汽车电子、大数据存储、AI 与物联网、工业智造等领域。

图 7-2-2 是长电科技的发展历程，长电科技前身是成立于 1972 年的江阴晶体管厂，2000 年改制为江苏长电科技股份有限公司。

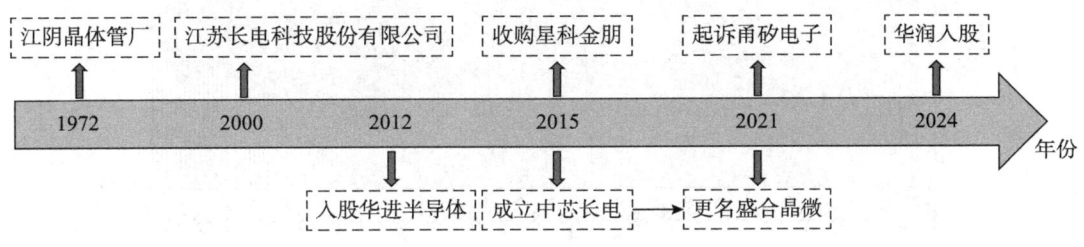

图 7-2-2 长电科技发展历程

2012 年长电科技与中国科学院微电子所、通富微电、华天等单位共同投资建立华进。根据长电科技 2024 年半年度报告，华进是长电科技的联营企业，长电科技不仅在股权上持有华进的部分股份，而且在实际业务中与华进也有交易往来。

长电科技 2015 年通过收购新加坡星科金朋实现营收规模快速扩张。自收购星科金朋后，长电科技在封测行业中的国际地位迅速提高，并稳居行业前三。此外，星科金朋的加入使长电科技获得了先进的封装技术，包括晶圆级扇出和系统级封装，这些技术在全球处于领先地位。同年，长电科技与中芯国际合作创立的中芯长电也成功投产，主要用于 12 英寸晶圆级凸块封装。长电科技与中芯长电的合作不仅体现在股权方面，更是通过产业链的垂直整合和技术协调，提升双方在半导体封测领域的竞争力。由于美国的不断封锁，2021 年中芯国际抛售了其持有的股份，中芯长电也改名为盛合晶微。值得注意的是，2020 年 12 月美国商务部将中芯国际及其子公司列入"实体清单"，中芯长电也在其中。

2021 年长电科技起诉甬矽电子。据甬矽电子的招股说明书可知，长电科技的诉求包括不正当竞争和专利申请权及专利权属纠纷：在不正当竞争案中，长电科技控告徐某华、林某斌、何某鸿、李某等侵犯其商业秘密，最终该案达成和解。可见，长电科技作为中国老牌封测厂，培养了大量的人才。

2024 年 3 月长电科技收购晟碟半导体（上海），收购后有利于扩大公司在存储及运算电子领域的市场份额并加深与客户的合作。2024 年华润入主长电科技。

（1）专利技术发展

图7-2-3是长电科技、盛合晶微、星科金朋、华进专利申请量占比对比图。从图7-2-3可知，长电科技的子公司星科金朋在先进封装领域入局早，早在2000年就已经开始专利布局，长电科技2008年开始进行专利申请，在收购星科金朋后，长电科技的申请量比2015年之前有显著提高。此外，华进作为联营企业，成立后申请量每年也较稳定；盛合晶微的前身为中芯长电，在2021年更名后，2021年之前的专利权也均归到盛合晶微，2014年之后，每年的申请量也比较稳定。长电科技作为老牌的封测厂，带动了华进和盛合晶微的专利布局。

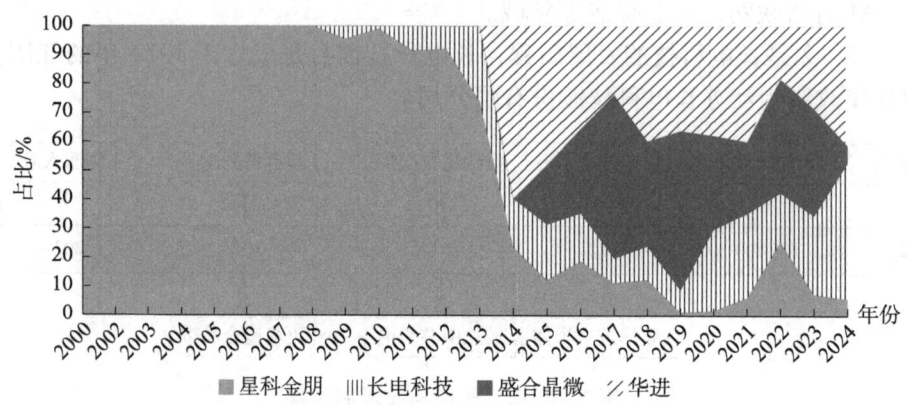

图7-2-3　长电科技、盛合晶微、星科金朋、华进专利申请量占比对比

（2）XDFOI平台与技术协同

图7-2-4是长电科技先进封装领域的专利技术构成。从图7-2-4可知，长电科技的专利布局重点在FO架构。在计算系统封装和扩展需求的推动下，FO-WLP有了巨大的变化，可实现多芯片、2.5D、3D封装，且长电科技的上述封装结构也基本上是基于FO来实现的。基于架构与工艺的呼应，长电科技在关键工艺的专利布局重点在凸点，但是从图7-2-4的右侧图可以看出，关于凸点技术，其布局的重点仍放在传统的焊料凸点上，而在可以实现更好的电性能和热性能以及更窄节距的铜柱凸点和铜凸点上的布局比较少，这与在第5章分析的相比于其他凸点技术，焊料凸点技术基于成本、工艺难度等因素在FO架构中应用最为广泛相一致。而申请人通富微电在铜柱凸点和铜凸点技术均有较大数量的专利布局，长电科技可以寻求与之合作来进一步发展架构技术并提高产品性能。

长电科技基于FO技术推出XDFOI™全系列产品。XDFOI™ Chiplet高密度多维异构集成系列工艺已按计划进入稳定量产阶段。

该技术是一种面向Chiplet的极高密度、多扇出型封装高密度异构集成解决方案，利用协同设计理念实现了芯片成品集成与测试一体化，涵盖2D、2.5D、3D集成技术。以2.5D集成技术为例，XDFOI有以下优势：第一，在工艺流程中，芯片级倒装后没有高温固化工艺（<250摄氏度），有利于集成对高温敏感的高带宽内存；第二，实现更好的翘曲控制、芯片偏移控制、更高的布线密度；第三，在贴装前对芯片进行测试，

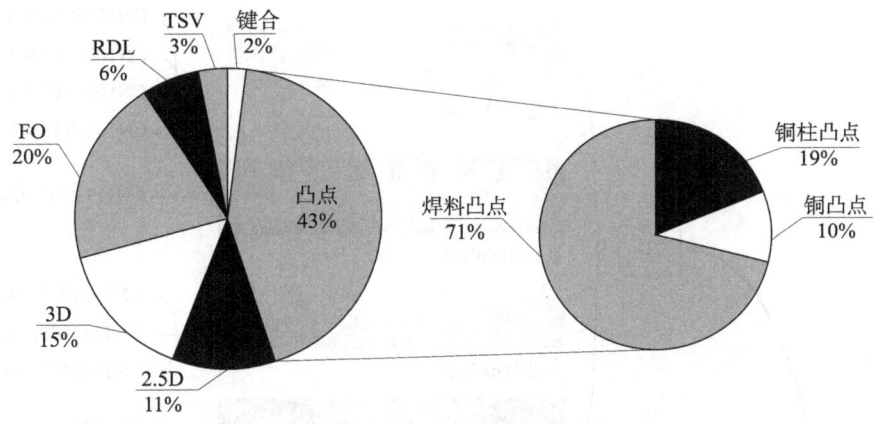

图7-2-4 长电科技先进封装领域的专利技术构成占比

可以提高成品良率；第四，可以基于 TSV-less 实现 2.5D Chiplet 封装，具备成本优势；第五，结构可以嵌入芯片，具有可拓展性。在技术方面，2.5D XDFOI 具有微凸块、极高密度布线、芯片倒装、晶圆级塑封、解键合等核心技术，最细线宽线距可达 1.5μm，布线层数 5 层以上。XDFOI 工艺步骤包括：①高密度 RDL 设置；②倒装芯片设置；③塑封；④去除临时载体；⑤植球。长电科技对于 XDFOI 也申请了大量的专利，用于实现 2D、2.5D 以及 3D 封装，图 7-2-5 为长电科技 XDFOI 平台的专利布局情况。

7.2.3 华　　天

华天成立于 2003 年 12 月 25 日，主要从事集成电路封装测试业务。作为全球集成电路封测知名企业，华天为客户提供封装设计、封装仿真、引线框封装、基板封装、晶圆级封装、晶圆测试及功能测试、物流配送等一站式服务。公司拥有 Bumping、SIP、FC、TSV、Fan-Out、WLP 等封装技术和能力，产品主要应用于计算机、网络通信、消费电子及智能移动终端、物联网、工业自动化控制、汽车电子等电子整机和智能化领域。

图 7-2-6 是华天发展历程。华天前身是成立于 1969 年的国营永红器材厂，后经历改制重组于 2003 年成立天水华天股份有限公司（以下简称"天水华天"），天水华天定位以中低端引线框架封装和 LED 封装为主。

2008 年成立华天（西安）有限公司（以下简称"西安华天"），西安华天立足于中端封装。

2012 年华天与中国科学院微电子所、长电科技、通富微电等单位共同投资建立华进。华进通过以企业为创新主体的产学研相结合的模式，开展系统级封装/集成先导技术研究，研发 2.5D/3D TSV 互连及集成关键技术（如 TSV 制造、凸点制造、TSV 背露、芯片堆叠等），为产业界提供系统解决方案。

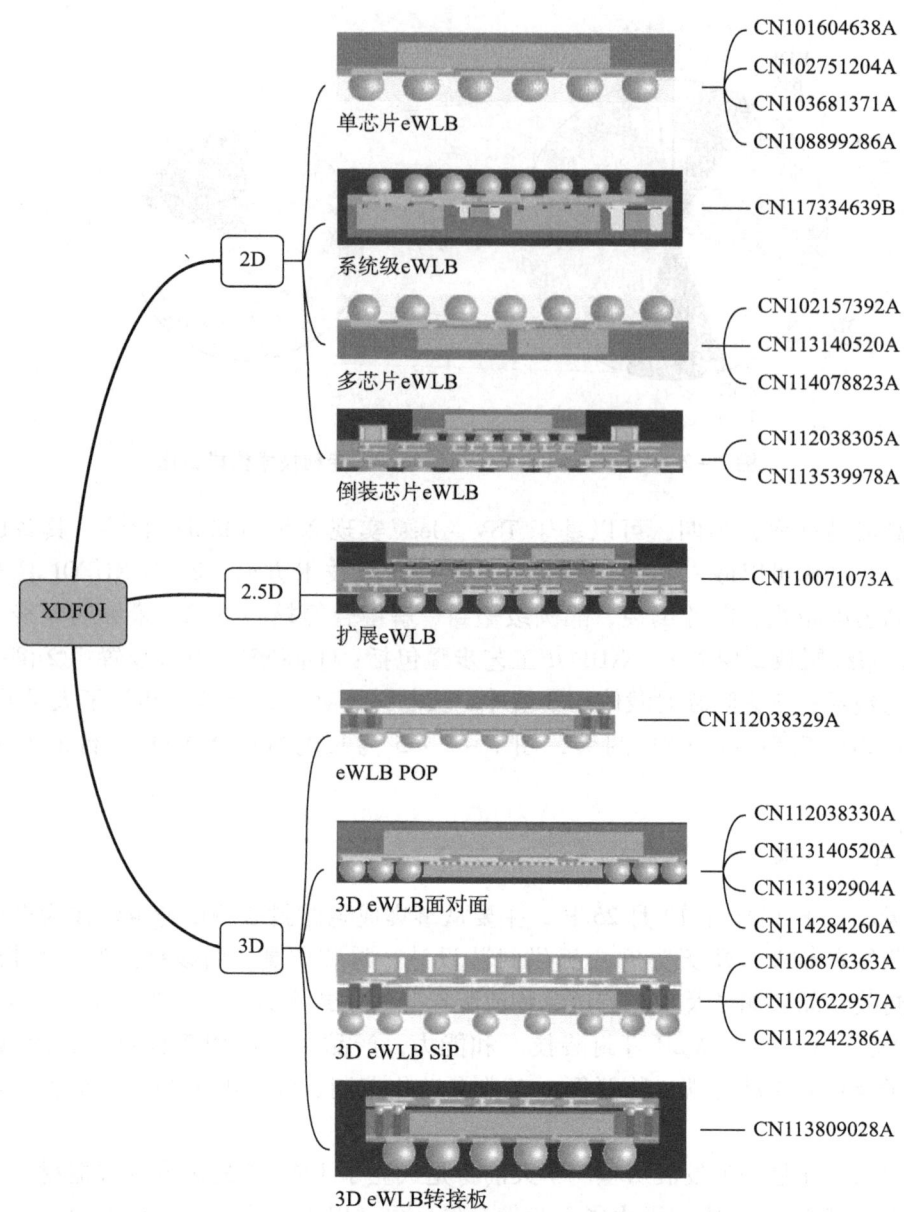

图 7-2-5 长电科技 XDFOI 平台的专利布局

2011 年华天参股昆山西钛微电子科技有限公司（以下简称"昆山西钛"），2013 年通过增持实现控股，昆山西钛同年正式更名为华天（昆山）有限公司（以下简称"昆山华天"）。2011 年华天参股昆山西钛时，昆山西钛是全球唯一实现使用 TSV 技术进行芯片级封装（CSP）量产且良品率达到 95% 以上的厂商。华天参股昆山西钛显示华天开始全力布局高端封装。通过参股，华天正式进入 TSV 封装领域，成为中国少数几家掌握 TSV 技术的封装测试企业。

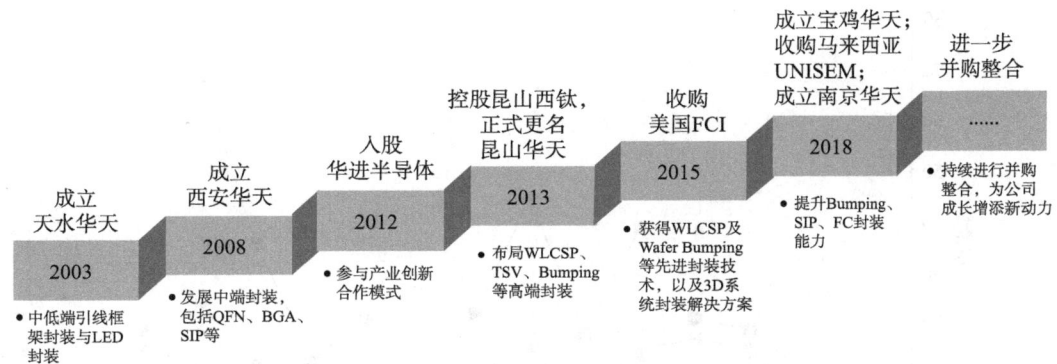

图 7-2-6 华天发展历程

2015年，华天收购美国FCI公司，FCI公司是一家在Bumping和FC（Flip-Chip）等方面技术领先的厂商。本次收购，进一步提高了华天在Bumping和FC方面的封装技术水平。值得一提的是，同年长电科技并购新加坡星科金朋，这是一个"蛇吞象"式的跨境要约收购。华天对美国FCI公司和昆山西钛的收购显示了其稳健的经营风格，在收购对象的选择上针对性强，并且倾向于具有突出技术优势的中小体量企业：两家企业体量不大，但在TSV、Bumping、FC技术上具有一定优势。华天通过对它们的收购在短时间内获取、补强了TSV、Bumping、FC技术能力，补齐了自身的技术短板，为此后先进封装技术的开发布局做了技术储备。在如今中美科技战、对华限制趋严的情况下，中国头部封装企业可考虑借鉴华天经验，尝试发现有突出技术优势的"专精特新"企业，寻求与之合作或投资并购。

2018年成立了华天（宝鸡）有限公司、华天（南京）有限公司，并收购了马来西亚UNISEM公司。UNISEM是马来西亚著名OSAT企业，拥有Bumping、SiP、FC等先进封装技术和生产能力，此次收购进一步提高了华天的先进封装产能，加快了华天完善全球化产业布局的步伐。

（1）专利技术发展

图7-2-7是华天先进封装领域各分支逐年申请趋势。从图中可知，在2010年以前申请量较少，此时华天尚未涉足先进封装，产品主要集中于中低端封装产品。

此后，华天开始布局先进封装，得益于凸点技术和3D封装技术的发展，申请量出现了较快增长，并在2014年达到了一个峰值。这期间的专利申请主要涉及多芯片堆叠式封装，芯片通过键合线引出。具有代表性的专利CN102437147A（申请日：2011年12月9日）涉及密节距小焊盘铜线键合双IC芯片堆叠封装件及其制备方法，该发明专利荣获第十九届中国专利优秀奖。

华天于2015年开始扇出封装技术的开发，并推出了将芯片放入硅基板凹槽、扇出面使用焊球进行引出的硅基埋入扇出封装技术（embedded Silicon Fan-Out，eSiFO）；其后，在eSiFO技术的基础上，华天利用TSV实现上下芯片间的信号互连，推出了埋入系统集成技术（embedded System in Chip，eSinC）；2022年，面向2.5D先进封装赛

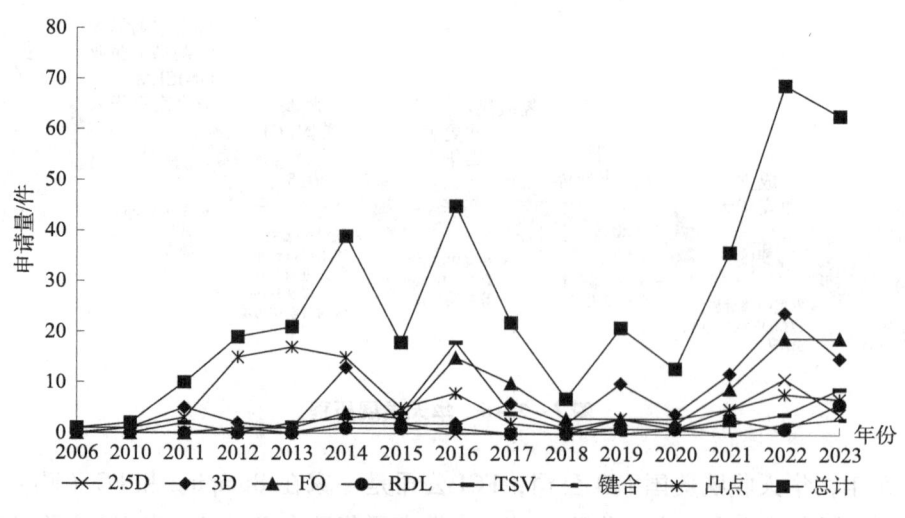

图7-2-7 华天先进封装领域各分支逐年申请趋势

道，华天开始致力打造 eSinC 2.5D 封装技术平台，以此迎合 AI 时代高端封测需求。与研发工作同步，华天进行了相关专利的申请布局，表现在申请量曲线上就是在 2016 年、2019 年、2022 年申请量分别出现了峰值。

(2) 3D Matrix 平台与技术协同

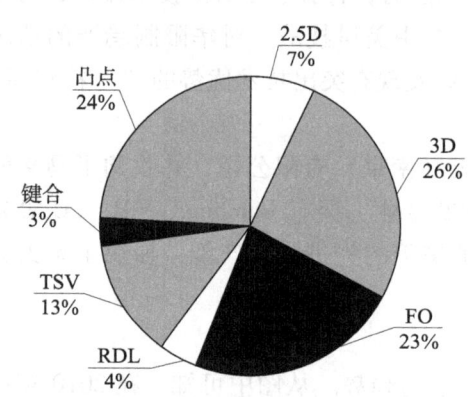

图7-2-8 华天先进封装领域技术构成占比

图7-2-8是华天先进封装领域的专利技术构成。从图7-2-8可知，华天在3D、凸点、FO、TSV 这些技术分支申请了较多的专利，在2.5D、键合和RDL技术分支申请量较少。不同技术分支的申请占比显示出华天的优势技术和不足所在：在工艺方面，华天在凸点、TSV 技术上具有一定技术积累，基于此，在架构上开发出 eSiFO 这种扇出技术和 3D eSinC 技术。但是，华天的3D封装主要是封装-封装结构，这与华天技术构成中键合、RDL 技术积累不足相对应；并且由于芯片-芯片结构相比封装-封装结构对 TSV 的工艺要求更苛刻，因此这也显示出华天在高端 TSV 工艺制程上的不足。关于2.5D 技术分支，华天正在发力，努力打造自身的 eSinC 2.5D 封装技术平台，可预期未来该技术分支的申请量会持续增长。

图7-2-9是华天三维晶圆级封装平台3D Matrix 以及代表专利布局。3D Matrix 平台由 TSV、eSiFO、3D SiP 构成。其中，关于 TSV 技术，华天 2009 年 7 月实现 TSV 首样，2010 年 4 月 TSV 产品实现量产，是中国少数几家掌握 TSV 技术的封装测试企业；已有 8 英寸/12 英寸 TSV 封装生产线，主要应用于图像传感器（CIS）的封装，主要为 MVP（Micro Via Process）、MVP Plus 和 Vertical Via（直孔）的工艺。华天 TSV 技术的

一个重要来源是对昆山西钛的收购，昆山西钛曾是全球唯一实现使用 TSV 技术进行 CSP 封装量产并且良率达到 95% 以上的厂商。通过收购昆山西钛，华天快速掌握了 TSV 技术能力。

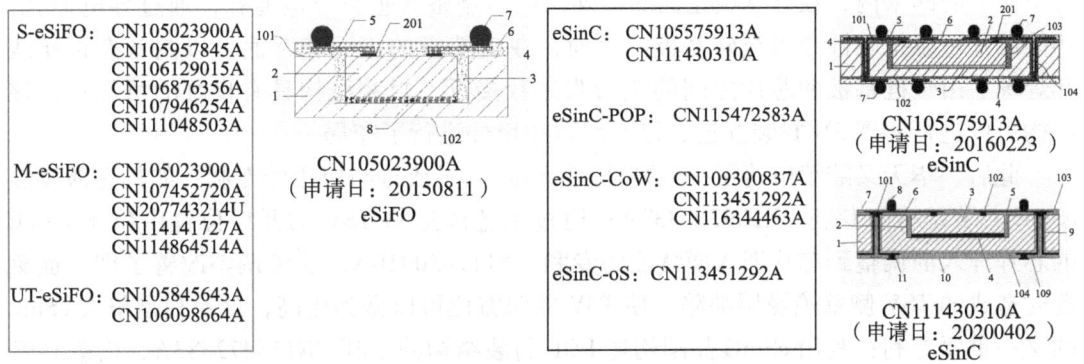

图 7-2-9　华天三维晶圆级封装平台 3D Matrix 及代表专利布局

eSiFO 主要用于扇出封装，使用硅基板为载体，通过在硅基板上刻蚀凹槽，将芯片正面向上放置且固定于凹槽内，芯片表面和硅圆片表面构成了一个扇出面。在这个面上进行多层布线，并制作引出端焊球，最后切割、分离、封装。eSiFO 包括单芯片封装（S-eSiFO）、多芯片封装（M-eSiFO）、超大尺寸的 eSiFO（XL-eSiFO）以及超薄的 eSiFO（UT-eSiFO）。在着力开发硅基扇出封装技术之前，华天的扇出结构采用传统以塑封料作为芯片载体的形式，如专利 CN104485320A（申请日：2014 年 12 月 30 日）。2015 年，华天开始开发扇出封装技术，在技术路线确定上，着眼其已具备的硅刻蚀、Bumping 工艺能力，考虑到硅基体散热性好、翘曲小并能与上述工艺较好融合，最终开发了将芯片放入硅基板凹槽、扇出面使用焊球进行引出的 eSiFO 技术。与技术开发工作同步，华天也进行了相关专利的申请布局。

华天关于 eSiFO 技术最早申请的专利是申请日为 2015 年 8 月 11 日的专利 CN105023900A。该专利在欧洲、美国、日本、韩国也进行了布局，是 eSiFO 技术的基础专利。该专利公开了一种埋入硅基板扇出型封装结构及其制造方法，采用硅基体取代模塑料作为扇出的基体，充分利用硅基体的优势，能够制作精细布线。利用成熟的硅刻蚀工艺，可以精确刻蚀孔、槽等结构。硅基体的散热性好，有利于提高封装的散热性。硅基体圆片具有更小的翘曲，可以获得更小的布线线宽，适于高密度封装。

其后，华天以基础专利为起点在不同方面进行改进，申请了一系列后续专利：如减薄 eSiFO 封装结构厚度的专利 CN105845643A；减缓 eSiFO 封装结构电磁干扰的专利 CN105957845A、CN106169428A；保证封装体表面平整度的专利 CN106098664A；降低对硅凹槽刻蚀深度和凹槽底部刻蚀均匀性要求的专利 CN106876356A；集成散热结构的 eSiFO 封装结构专利 CN107946254A；基于 eSiFO 封装结构的多芯片封装结构专利 CN106129015A、CN107452720A、CN207743214U、CN114141727A。

在开发了 eSiFO 技术之后，华天又在 eSiFO 技术的基础上通过在凹槽外侧制作

Via-Last TSV 实现垂直互连开发出 eSinC 技术，利用 eSinC 可以实现 3D SIP（三维系统级封装）。华天 eSinC 的基础专利是申请于 2016 年 5 月 11 日的专利 CN105575913A。该专利公开了一种埋入硅基板扇出型 3D 封装结构，该封装结构中，功能芯片嵌入硅基板正面上的凹槽内，在硅基板正面凹槽外的区域制备有垂直导电通孔，通过导电通孔，功能芯片可以把电性导出至硅基板的背面，在硅基板的正面和背面可以制备有再布线和焊球。由于硅基板和芯片之间的热膨胀系数接近，封装结构具有良好的可靠性，该结构可以进行实现 3D 封装互连，该专利也在境外进行了布局。

此后，华天又陆续申请了一系列涉及 eSinC 技术改进与应用的专利：如具有薄厚度 eSinC 封装结构的专利 CN109300837A；通过工艺改进将 TSV 的开口位置由位于 eSinC 的芯片埋入面调整到芯片埋入面背面的专利 CN111430310A，这种调整改善了埋入面刻孔时造成的 TSV 侧壁绝缘层缺陷，使 TSV 的深宽比可以做到更高，该专利是华天 eSinC 的又一重要专利；利用 eSinC 晶圆构造 POP 封装结构的专利 CN115472583A，构造 CoW 或 oS 封装结构的专利 CN113451292A、CN116344463A 等。

华天的 eSinC 技术在埋入芯片的凹槽外侧制作 TSV，TSV 深宽比可以做到 5∶1。公司的 3D 封装产品主要集中在由 eSinC 晶圆堆叠形成的 POP 封装，缺少基于堆叠芯片互连的 3D 产品，这些显示出华天在 TSV 技术能力上与台积电等行业巨头还存在差距。先进封装技术涉及众多前道晶圆制造技术，拥有前道晶圆制造的背景和经验非常重要，封装环节的 TSV 工艺就是典型的例子。封装相关的 TSV 工艺使用到了类似前道晶圆制造的 TSV 技术，并且对设备、无尘室等级和技术精度等都有较高的要求，从行业的领先企业来看，例如台积电、英特尔和三星等企业无不拥有晶圆制造的背景和经验。在对华技术制裁的大背景下，寻求与具有 TSV 制造技术优势的集成电路制造、设备厂商合作，不失为一条提升自身 TSV 技术能力的现实路径。

关于制造厂商，作为中国最具实力的芯片代工企业，中芯国际在 TSV 的制造工艺方面有大量的技术积累，并且随着近年来先进封装的重要性愈发凸显，中芯国际也开始了封装相关 TSV 结构的技术开发和专利布局工作，这为华天与中芯国际的 TSV 技术合作提供了可能。关于设备厂商，中微半导体是中国最大的半导体等离子体刻蚀设备和化学薄膜设备供应商，其深硅刻蚀设备可实现 90∶1 的高深宽比刻蚀。由企业性质决定，其技术主要集中于 TSV 相关的刻蚀设备（能够实现高深宽比刻蚀的设备）以及相应的 TSV 制造方法，且其 TSV 制造方法主要是 TSV 的刻蚀方法。实际上，华天与中微半导体具有良好的合作基础：在昆山华天的前身昆山西钛时期，中微半导体就是昆山西钛在硅通孔刻蚀设备方面的一个重要合作伙伴。未来，二者可以考虑进一步加强合作，使双方的专利技术流动起来，利用各自的经验、技术，提升 TSV 刻蚀工艺、设备的技术水平。

7.2.4 盛合晶微

盛合晶微创立于 2014 年，原名为中芯长电半导体有限公司，中芯长电由中芯国际和长电科技等共同成立，后由于美国制裁更名为盛合晶微。

(1) 专利技术发展

图7-2-10是盛合晶微专利技术构成以及重点申请人在RDL和凸点技术的专利申请对比情况。观察盛合晶微在先进封装架构方面的专利构成，集中在FO架构，在2.5D与3D架构方面有一定布局，这说明FO是盛合晶微的技术创新主要发力点。在先进封装工艺方面，RDL和凸点技术在工艺构成中占到了3/4，尤其是RDL技术，专利布局数量远远超过了中国其他重要申请人，这说明凸点是盛合晶微的重要技术，RDL

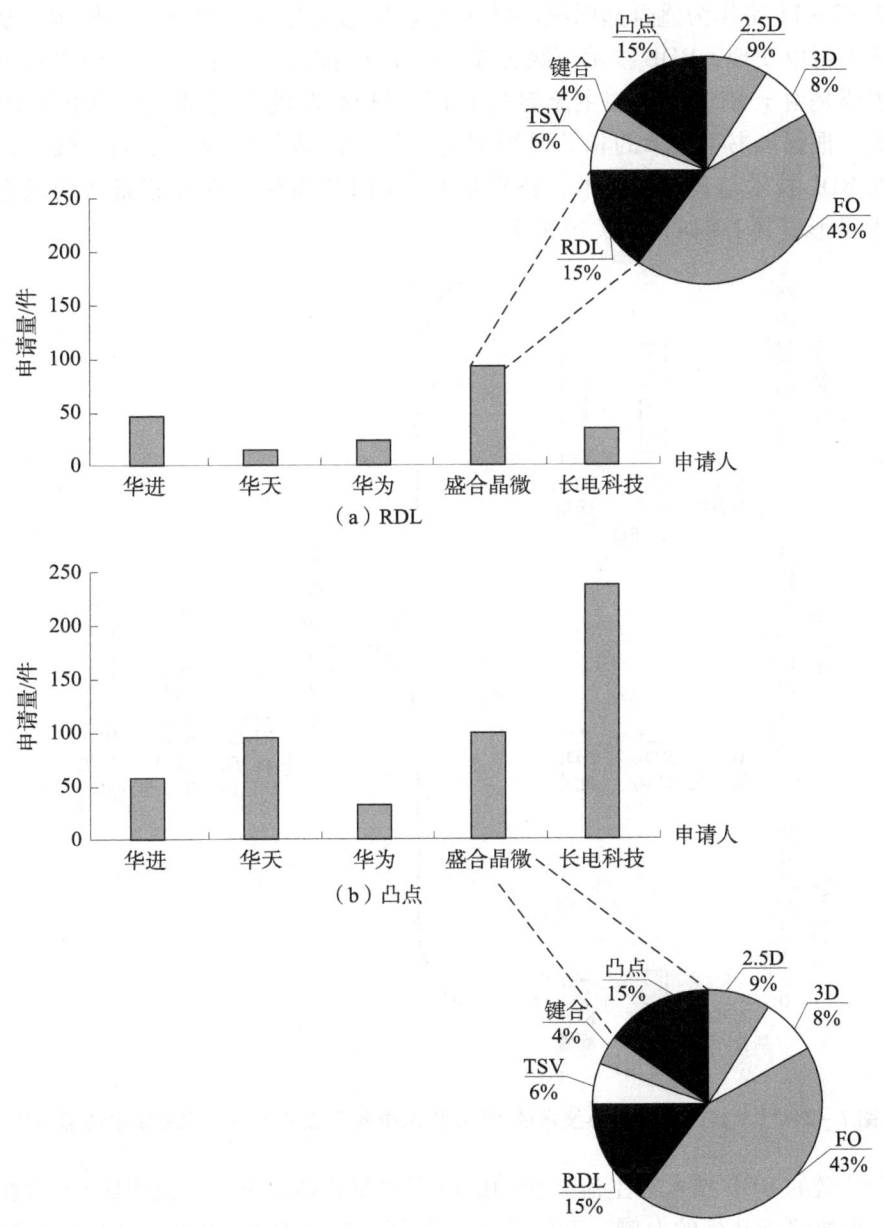

图7-2-10　盛合晶微专利技术构成以及重点申请人
在RDL和凸点技术的专利申请对比情况

更是盛合晶微的核心技术。盛合晶微的三维多芯片集成加工技术平台SmartPoser™，通过不同技术规格、多种方式垂直互连和平面互连技术的组合应用，加上多层、细线宽的双面RDL技术，结合芯片倒装及表面被动贴装等封装工艺的创新运用，实现了芯片模块化和微型化的高度集成加工。该技术平台的形成基础正是盛合晶微的RDL、凸点工艺技术和FO架构技术。

（2）SmartPoser™平台与技术协同分析

图7-2-11是作为盛合晶微核心技术的RDL技术中各下级分支与架构关联申请量对比。从中可以发现，RDL技术下级分支中的RDL配置与封装主流架构关联申请量最多，这主要是由于RDL配置与主流架构中FO架构关联的申请量大大超出了RDL其他技术分支。根据本书第5章的相关研究结论，RDL配置与架构关联程度最高，由于盛合晶微的RDL技术与其架构技术，特别是其中的FO架构间存在着紧密的联系，因此RDL技术是形成其FO架构的关键技术。

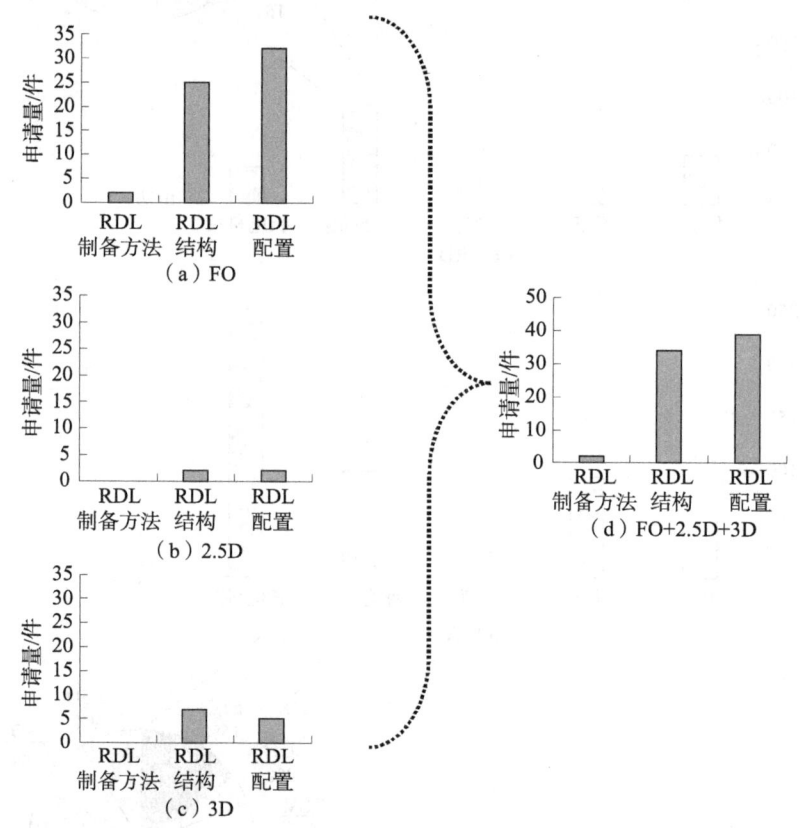

图7-2-11 盛合晶微核心技术的RDL技术中各下级分支与架构关联申请量对比

盛合晶微的RDL技术在主流架构中的应用主要包括四类：一是RDL技术在基板中的应用，可放置于基板的上侧、下侧或上下两侧；二是RDL技术直接与芯片的结合应用，可直接键合于芯片的键合焊盘表面或设置于芯片层上下两侧；三是RDL技术可与硅桥结合应用或直接替代硅桥作为桥接互连件应用，其中与硅桥的结合具体可设置于硅桥上或下的一侧或者两侧；四是 RDL 技术可在 3D 堆叠封装中 POP 类型的上层封装或下层封装的扇出引出层应用，还可在 3D 堆叠封装中 IC 集成类型中直接侧面引出的电触点应用。上述四类 RDL 技术依据先进封装结构的设计需求而在相应的 FO 扇出、2.5D、3D 这三种主流架构中或芯片层，或基板层，或转接板层中进行电流/信号的输入/输出，进一步可依据架构的集成度、传输率或功耗来设计 RDL 层的放置位置及数量。

在 FO 扇出架构方面，于 2021 年 2 月申请的发明专利申请 CN116586789A 将布线层与芯片电触点结构直接键合连接；2023 年 7 月申请的发明专利申请 CN116759406A 将芯片堆叠体贴合于下布线层的上表面，下布线层上表面还固定有位于芯片堆叠体外围的供电组件，上布线层电连接芯片堆叠体及供电组件。在 2.5D 架构方面，于 2022 年 8 月申请的发明专利申请 CN115023031A 中通过重布线层对高密度互连基板线路进行扇出，其中重布线层充当中介层，以提高基板结构可实现的线路密度；2022 年 9 月申请的发明专利申请 CN115458417A 中通过连接桥实现上下层的互连，提高 I/O 线路密度，在第二再布线层上连接第一功能芯片及元器件做高密度连接封装；CN115132593A 将 RDL 层结构与硅转接板直接电键合连接；2023 年 3 月申请的发明专利申请 CN116344359A 中将 TSV 桥接基板及第一类型芯片键合设置在重布线层的上表面。在 3D 架构方面，2021 年 6 月申请的发明专利申请 CN115602552A 将 RDL 层运用在 3D 系统级封装结构中；2022 年 4 月申请的发明专利申请 CN114975417A 在 POP 类型中上层、下层封装中均设置 RDL 重布线层，以形成高密度高集成线宽线距，制程时间短，效率高，可使封装结构的厚度大幅降低；2022 年 12 月申请的实用新型专利申请 CN219575637U 中构成 3D 系统集成 3D FO 结构；2024 年 5 月申请的发明专利申请 CN118448351A、CN118471903A 中形成侧面显露金属布线层的芯片电连接结构，不需要错位就能实现 3D 堆栈封装，因此封装面积小，且不需要昂贵的 TSV 工艺制程，成本较低。

盛合晶微拥有独特的三维多芯片集成封装结构方案和平台技术 SmartPoser™，并由该平台衍生出了 5G 天线芯片集成方案 SmartAiP™。下面将从盛合晶微已申请专利入手，厘清盛合晶微工艺平台技术发展路线，如图 7-2-12 所示。

盛合晶微于 2015 年申请了专利 CN105161465A，涉及具有单面 RDL 的扇出晶圆级芯片封装方法，避免了黏合层与半导体芯片直接黏合而造成半导体芯片被污染的问题，提高了晶圆级封装的良率。此时盛合晶微的架构技术还属于传统 FO 架构，尚不具备三维集成能力。

其后，申请专利 CN105118823A，专利公开的堆叠型芯片封装在扇出结构的上下表面分别形成 RDL 层，构成双面 RDL，半导体芯片及互连结构均嵌入塑封层中，互连结构使用了导电柱代替 TSV 用于垂直方向互连。该专利是 SmartPoser™ 技术平台的早期专利，显示出平台在高密度 3D 集成等方面的广阔应用前景。此时围绕平台还有一些问题需要进行完善，如 RDL 的线宽/间距、嵌入芯片的厚度及黏附等问题。此后，聚焦于平台早期存在的问题，盛合晶微进行了持续的技术改进，并申请了相关专利。

专利 CN105225965A 在制作具有堆叠型封装能力的扇出型封装结构时，首先在载体上制作再分布引线层，然后再将芯片与再分布引线层连接，避免了传统塑封过程因塑封材料加热固化过程中的收缩使得芯片与再分布引线层发生偏移的问题，缓解了窄线宽/间距 RDL 带来的工艺问题。此外，通过模压法结合分隔膜得到塑封层，后形成的塑封层上表面低于先形成的第一凸块结构顶部，避免了塑封层的减薄与激光开孔过程，也就避免了减薄过程导致的电路结构损坏。

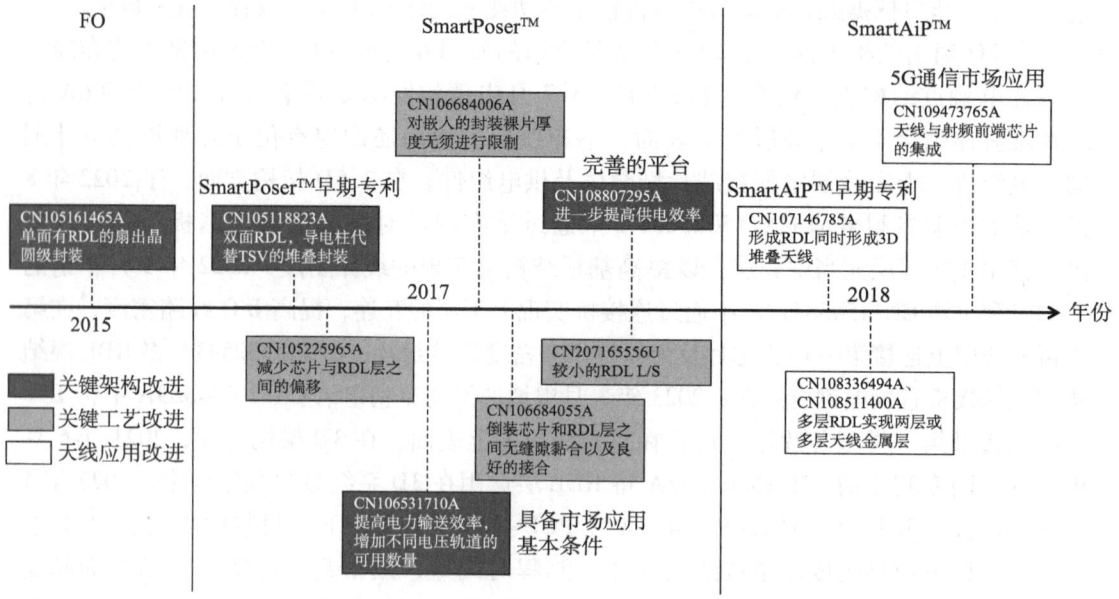

图 7-2-12　盛合晶微工艺平台技术发展路线图

2017 年申请的专利 CN106531710A 采用现有的有源元件和无源元件形成 2.5D 中间层，再将电系统裸芯（如 ASIC）集成到 2.5D 中间层的顶部，得到 3D 堆栈结构，直接在电系统裸芯下方紧密集成供电系统裸芯，提高了电力输送效率，增加了不同电压轨道的可用数量。这使 SmartPoser™ 技术平台具备了在具体市场领域进行应用的必要条件。

专利 CN106684006A 公开的双面扇出型晶圆级封装方法，采用电极凸块通过塑封层中通孔直接附着于 RDL 层上，实现不断增加厚度（尤其是大于 500μm）的塑封层上通孔的填充，因此对封装裸片的厚度无须进行限制，即使封装裸片的厚度很厚，也可以实现通孔填充。

专利 CN106684055A 的扇出型晶圆级封装结构中，塑封层填充满倒装芯片和 RDL 层之间的连接缝隙并包裹倒装芯片，为倒装芯片和 RDL 层之间提供了无缝隙黏合以及良好的接合结构，避免了界面分层的风险，提高了封装结构的可靠性，使 SmartPoser™ 技术更加适用于高集成度器件封装。

为了进一步提高供电效率，使平台能够满足实际开发场景，专利 CN108807295A 通过将与外接电源电连接的导电部与供电模块电连接于同一金属垫上，且导电部靠近供电模块环绕设置，从而用较短的传输路径进行供电，抑制了寄生电阻，提高了供电效率；在 RDL 层的形成工艺中，控制金属层的形成顺序，避免了金属阻挡层形成工艺以及减少了载体去除后 RDL 层表面的光刻，降低工艺复杂度，并有效抑制底切，有利于小线宽线距条件下稳定供电的实现。

专利 CN207165556U 的 RDL 层采用与其材料相同的单一材料作为种子层,在对种子层进行刻蚀时不存在侧切现象,所述 RDL 层中金属线的线宽及线间距均比较小;将所述 RDL 层应用于封装结构中时,在相同的尺寸内可以得到更多的供电轨道。

在 SmartPoser™ 技术平台日趋成熟的背景下,平台被应用到如天线芯片开发等具体领域。专利 CN107146785A 的 3D 堆叠天线的扇出型封装结构,在形成所述重新布线层的同时在其外侧形成 3D 堆叠天线,在不增加额外工艺步骤及制作成本的情况下,实现了 3D 堆叠天线的制备。这是盛合晶微 SmartAiP™ 工艺的早期专利。专利 CN108336494A、CN108511400A 的天线封装结构采用多层 RDL 层互连的方法,可实现两层或多层天线金属层的整合,且可以实现多个天线封装结构之间的直接垂直互连,提高天线的效率及性能,且天线封装结构及方法整合性较高。基于前期技术积累申请的专利 CN109473765A,提供了一种新型封装天线结构及封装方法,使用两层封装层、两层金属连接柱及两层天线金属层将封装天线结构中的天线传送功能模块及天线接收功能模块通过三维封装的方式进行封装,有效减小了封装天线的体积。另外,三维封装的方式,有效缩短了封装天线结构中元件的信号传输线路,使封装天线的电连接性能及天线效能得到很大提高,从而减少封装天线的功耗以及电磁波的衰减。最后,在各有源器件之间设置电磁防护柱或电磁防护框,有效降低各封装天线中元件之间的电磁干扰,提高天线效能。该专利显示 SmartAiP™ 工艺平台的天线产品已具有较高产业利用价值。

盛合晶微基于其在 RDL、凸点工艺上的技术优势,推出以双面 RDL+高垂直凸柱为标志的三维多芯片集成加工技术平台 SmartPoser™,此后从工艺、架构角度对该平台进行不断完善,平台最终在 5G 通信市场领域得到成功应用。盛合晶微的技术发展道路显示了其客观务实、致力自主创新的技术开发态度,基于自身特点扬长避短,选用双面 RDL 和高垂直铜柱实现高密度三维集成,避免了 TSV 的良率问题。

7.2.5 华　　进

华进全称是"华进封装先导技术研发中心有限公司",成立于 2012 年,起步相对较晚。在 2013 年开始进行先进封装方面的专利申请,主要致力于半导体封测/系统集成的先导技术研发,如研发 2.5D/3D TSV 互连及集成关键技术,包括 TSV 制造、凸点制造、TSV 背露、芯片堆叠等。

(1) 专利技术发展

图 7-2-13 给出了华进先进封装领域专利技术构成占比情况。在专利技术构成方面,华进布局量最大的是 FO,其次是 3D 和 2.5D,但随着时间推移,其在 2.5D 领域的申请量逐渐增大,FO 领域申请量明显减少。主要是 FO 技术相对简单,且能避开光刻机的限制,因此成为中国企业发展的一个重要方向;但是随着对高性能产品的需求,企业开始重视 2.5D 等互连更短的封装架构。

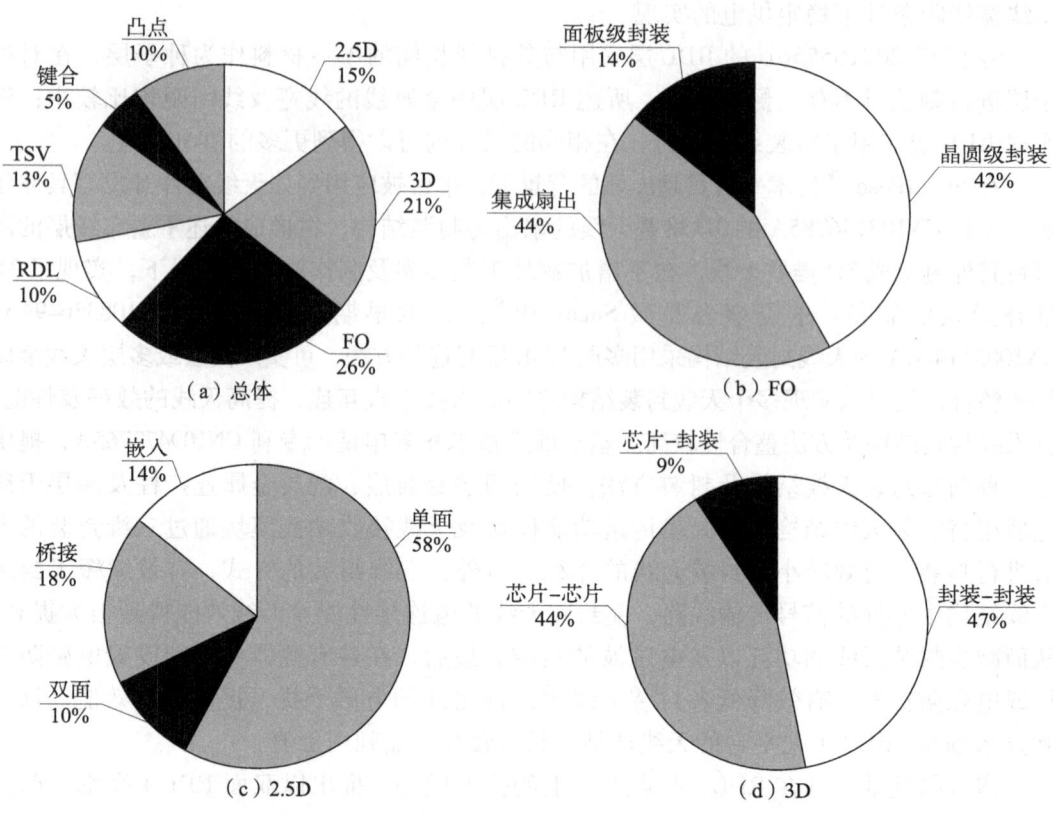

图 7-2-13 华进先进封装领域专利技术构成占比

具体分析各封装架构的下级分支可以看出华进在架构方面的布局比较全面。在 FO 领域中,集成扇出与晶圆级封装的占比接近,分别为 44%、42%;面板级封装由于出现较晚,占比最少,仅为 14%。在 2.5D 领域,单面技术占比最高,为 58%,超过了一半;其次桥接和嵌入,分别为 18%、14%;双面申请量最少,占比仅为 10%。在 3D 领域,封装-封装和芯片-芯片的申请量差距不大,占比分别为 47%、44%;芯片-封装的申请相对较少,约为 9%。

华进在成立之初便集中精力开发 TSV 技术,因此,相对于其他技术,TSV 技术以及与之相关的正背面互连(包括 RDL 和凸点)的布局量比较大,而键合技术则发展比较薄弱。

(2)技术协同

基于其公司定位,华进技术研发的另一个特点是合作。图 7-2-14 给出了华进在先进封装领域与其他公司的联合申请情况,可以看出其与"专精特新"公司上海先方以及科研院所中国科学院微电子所均有较多的合作,另外,与高校上海交通大学和北京大学也有合作。

第7章 横向技术协同融合发展分析

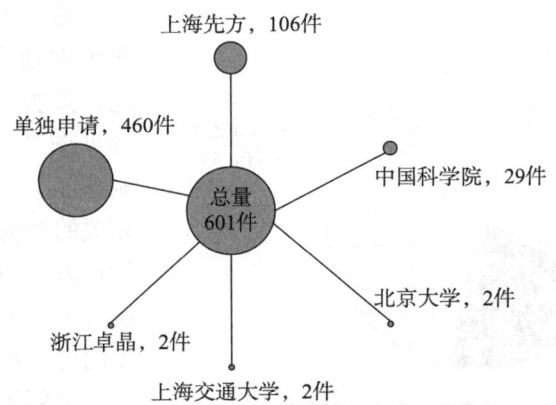

图7-2-14 华进先进封装领域联合申请情况

华进是中国科学院微电子所牵头成立的公司，成立之初在国家和行业的定位是以技术积累为主的非营利机构，因此其具有一定的技术积累。下面分析其在先进封装领域的重点技术。

一方面，华进在无需TSV来实现2.5D/3D架构的技术上进行了布局，具体参见图7-2-15。可以看出，其主要是利用凸点实现三维POP、利用焊盘和RDL将芯片与桥接元件（转接板）连接实现2.5D架构、利用芯片错位以及导电柱和重布线实现三维芯片与芯片的堆叠，以期避开TSV的使用，进而突破围堵。

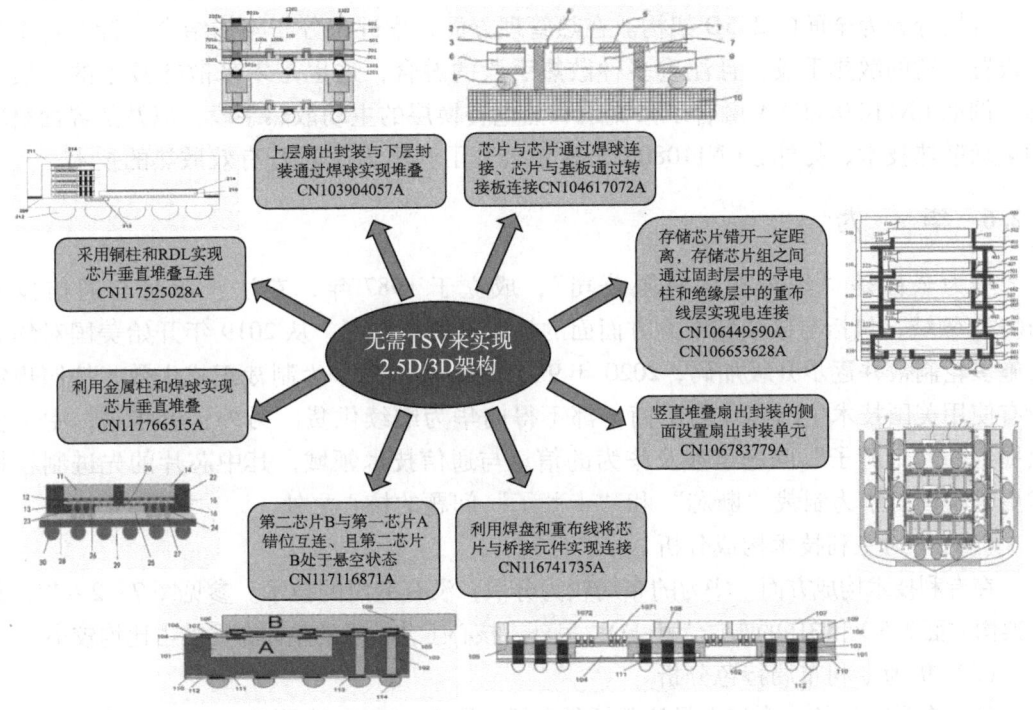

图7-2-15 华进无需TSV实现2.5D/3D结构专利布局

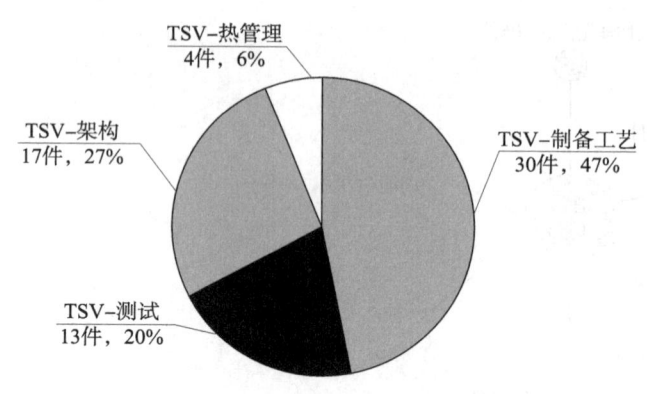

图 7-2-16 华进 TSV 技术专利布局

另一方面，华进成立之初便集中精力开发 TSV 技术，因此，其技术布局也较为全面。参见图 7-2-16，其在 TSV-制备工艺、TSV-测试、与 TSV 相关的架构以及与 TSV 相关的热管理方面均进行了布局。在 TSV 制备工艺方面，大部分技术也是专门针对封装中的 TSV 结构进行的，主要涉及背面露头、正/背面互连（包括 RDL）、通孔制备、整个制备工艺的改进等。在 TSV 制备工艺方面，其申请的"一种 TSV 露头工艺"（CN103219282A）获得了第二十一届中国专利奖银奖，华进也基于上述技术向其他企业提供了 2.5D/3D 集成封装技术服务；申请的 CN104201166A 公开了一种转接板制造工艺，先在基板上进行植球工艺形成凸点，然后将铜柱嵌入凸点中形成铜柱凸点结构，之后利用塑封工艺将铜柱凸点结构进行塑封，最后利用湿法或干法工艺将铜柱上表面露出来，该工艺避开了传统转接板需要借助光刻机进行 TSV 刻蚀，降低了制作难度；CN103700621A 和 CN104923925A 等公开了在玻璃基板上制备通孔的方法，为先进的 TGV 技术打下基础。在架构方面，华进布局了芯片-芯片的 3D 结构，以及单面、嵌入、桥接等较为全面的 2.5D 架构。在热管理方面，华进充分与架构结合，针对各个架构设置合适的散热手段，且注重多种散热手段的融合，这也是未来散热技术的发展方向，例如 CN110783288A 融合了微流道和热电转换层的主动散热手段，以及热界面材料的被动散热技术；另外，CN110808233A 还公开了利用 TSV 进行有效散热的技术。

7.2.6 华 为

华为全称是"华为技术有限公司"，成立于 1987 年，专注于信息与通信技术（ICT）领域，包括与该领域中方方面面的技术研发与应用。从 2019 年开始美国对华为实施多轮制裁并逐步升级加码，2020 年 9 月 15 日美国对华为制裁正式生效，按照规定所有使用美国技术生产芯片的厂商，都不得向华为继续供货。另外，近年来，中央多次提到的"卡脖子"问题也涉及华为的信息与通信技术领域，其中芯片的先进制程技术更是美国对华为制裁"断芯"和"卡脖子"问题的核心之处。

（1）华为专利技术构成分析

在专利技术构成方面，华为的布局较为分散，没有突出的技术。参见图 7-2-17，其在架构方面 2.5D 和 3D 的布局大于 FO；另外，核心工艺技术的整体布局的占比均较小。

（2）华为专利布局特色分析

华为专利布局的一个特点是注重境外布局，图 7-2-18 和图 7-2-19 给出了华为先进封装技术的专利布局区域和专利同族个数情况。从专利布局区域来看，华为在中国的专利申请量占比为42%，同时向WIPO提交了30%的专利申请，在欧洲、美国的专利申请量占比分别为11%、11%，而在韩国、日本和德国布局的专利申请量占比则分别为2%、2%和1%。由此可见，华为不仅重视中国的专利布局，在海外，例如欧洲、美国、韩国、日本等也进行了一定的布局，而这些国家或地区也正是国际上先进封装技术较为发达的区域。从同族个数分布看，其一大部分专利都进行了海外申请。从已公布的专利数据分析可以看出，虽然华为在这些国家或地区进行了专利布局，但是其整体布局量有限，也没有形成以核心专利为基础的专利簇，因此尚未构成完整的知识产权保护体系。

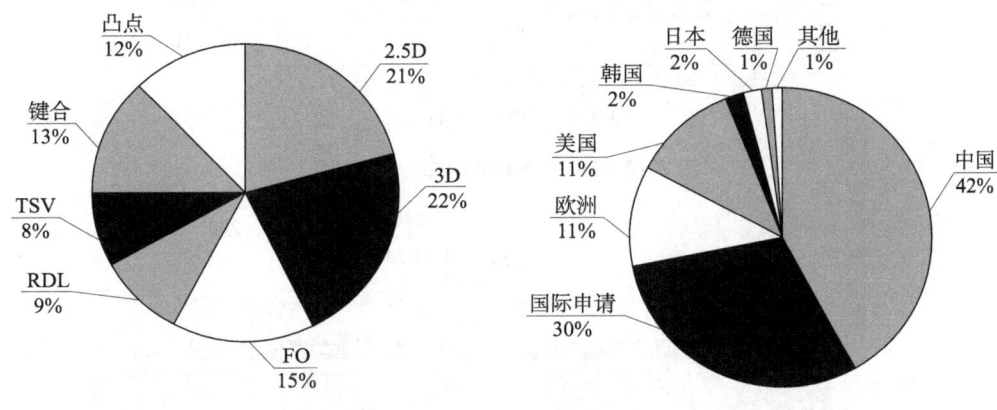

图7-2-17 华为先进封装领域技术构成占比　　图7-2-18 华为专利布局区域分布

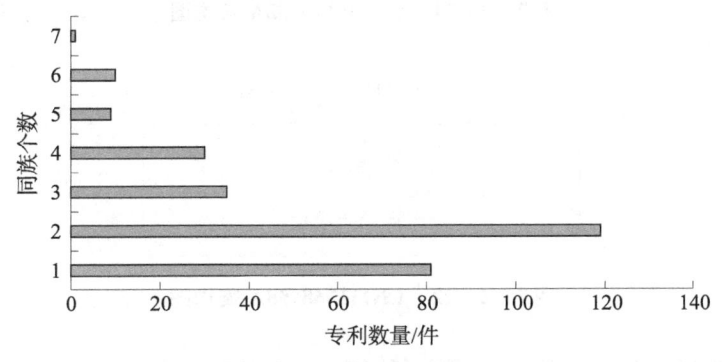

图7-2-19 华为同族个数分布

（3）华为技术发展分析

华为作为芯片设计公司，在先进封装技术方面入局较晚，尚未形成自己的封装平台，也未形成成熟独特的封装架构。下面分析华为在先进封装领域的主要技术。

如图7-2-20至图7-2-22所示，首先，针对现有技术中的InFo_PoP进行改进，CN104064551A通过在第二芯片20的至少两个晶粒211之间增加通孔，从而使得晶粒上向四周扇出输入输出走线，可以直接通过该晶粒周围的通孔电性连接上芯片，从而减小占用布线层中的布线空间资源，提高布线空间的资源利用率，而且还会减小晶粒与第一芯片10之间的走线长度，降低信号的负载，提高信号的性能；CN108140632A通过将裸芯片 260 并行设置在重布线结构 240 上，避免了裸芯片叠加带来的散热问题，同时，互连金属层 244 的设计使得裸芯片间直接通过重布线结构 240 进行数据通信，工艺简单，且设计难度低，有效地降低了工艺成本；CN111968958A 在 CN108140632A 的基础上，将互连金属线 144/244 设置为包括至少一段在水平平面内弯曲的弧线或折线，可以避免互连金属线组因温度循环而产生应力时的无法延伸而断裂，提高相邻两个芯片之间的传输可靠性。

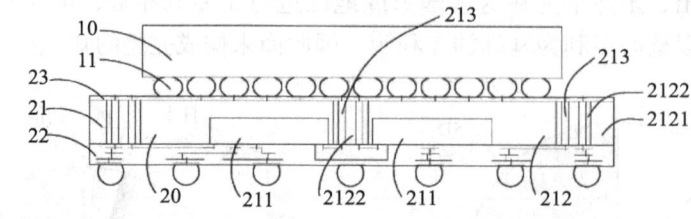

图 7 – 2 – 20　CN104064551A 架构图

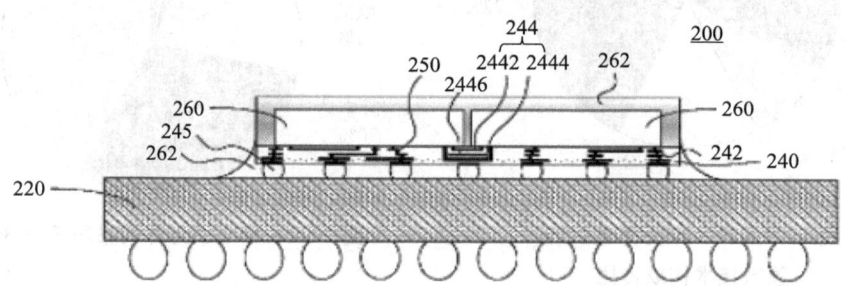

图 7 – 2 – 21　CN108140632A 架构图

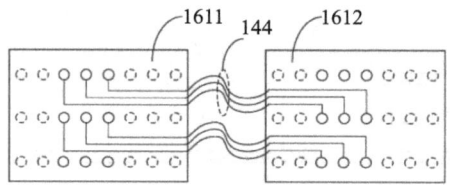

图 7 – 2 – 22　CN111968958A 架构图

其次，华为通过改变芯片布局或者利用现有的 RDL 和金属柱工艺来避免 TSV 的使用。如图 7 – 2 – 23 所示，CN114287057A 将两芯片以面对面的方式直接键合连接并通过诸如导电通孔或键合引线方式实现三维堆叠封装中部分封装结构的双面引出的电连接结构，在后续堆叠外部芯片时避免使用 TSV，进而达到降低生产成本的同时缩短信号传输路径，提高芯片间通信速度的目的。如图 7 – 2 – 24 所示，CN117832187A 将后道工序转接层（Back End Of Line，BEOL）分割成相互独立设置的至少一个互连转接部和至少一个冗余转接部，任意相邻两个转接部之间填充有第一填充料，各互连转接部上设置有与该互连转接部电连接的至少一个芯片；在该半导体封装中，采用后道工序转接层与芯片互连，可以省掉 TSV 相关工艺，从而可以降低封装成本，并且由于后道工序转接层被分割成了相互独立的至少一个互连转接部和至少一个冗余转接部，可以缓解后道工序转接层发生形变和残余应力过大的问题，降低后道工序转接层产生裂纹等封装可靠性的风险。

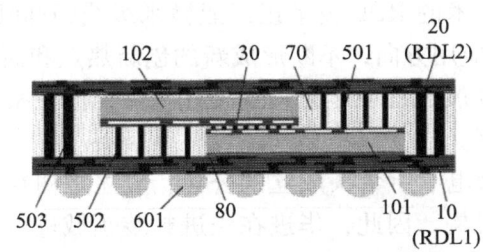

图 7-2-23　CN114287057A 架构图

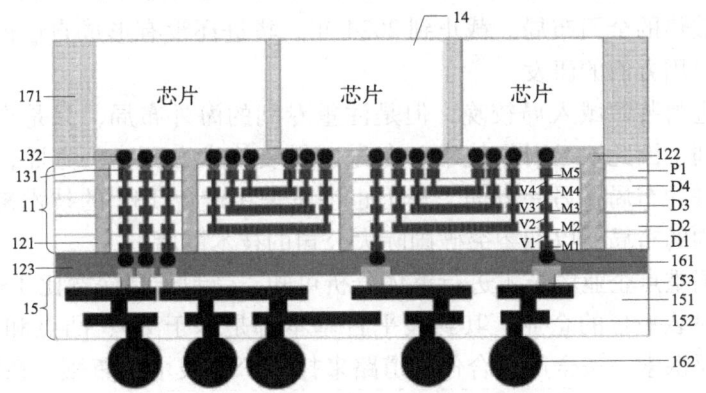

图 7-2-24　CN117832187A 架构图

7.2.7　小　结

中国重点企业在先进封装关键架构、关键工艺、热管理技术的协同方面布局少，在各技术分支专利申请量都不大，且分布亦不均匀，存在各自的技术薄弱点。另外，没有形成类似于封装"三巨头"的以核心专利为基础，而后从关键工艺、关键架构和热管理等方面进行全方位改进的专利网，未形成强大的专利壁垒。

长电科技属于中国先进封装的龙头企业，为中国先进封装技术的发展提供了技术和人才支撑。但是，受限于 TSV 技术，其 2.5D/3D 架构的实现仍基于 FO、凸点、RDL 技术，虽然能够降低成本，但是对于例如 AI 等的高端应用，性能仍有所欠缺。另外，其核心的凸点技术仍集中于焊料凸点，凸点间距和尺寸有待进一步缩小以更好地服务高性能封装结构。

华天于 2011 年开始在先进封装领域布局，并一直保持一定的申请量，主要的目标市场区域是中国，在美国、日本、韩国和欧洲也有一定的布局，主要布局的技术是硅基扇出。从技术角度来说，华天很好利用了自身的 TSV 和 Bumping 技术，先后开发出 eSiFO 和 eSinC 技术，但是高深宽比 TSV 技术能力的不足制约了其先进封装产品中互连密度的进一步提高。

一方面，盛合晶微在 RDL 和扇出方面具有一定技术优势，RDL 和扇出技术贯穿 FO、2.5D 和 3D 三个先进封装架构，并催生了其三维多芯片集成加工技术平台 Smart-Poser™，作为公司核心技术的 RDL 技术正以亚微米级线距/间距为改进目标，以 RDL 替代基板和/或转接板为应用方向，不断形成新的创新热点和研发方向；另一方面，盛合晶微在其架构与平台发展过程中尽量避免使用 TSV，但在某些方面也尝试使用 TSV 技术来提高信号传输效率。

华进是中国科学院微电子所牵头成立的公司，成立之初在国家和行业的定位是以技术积累为主的非营利机构，因此，华进在先进封装领域进行了较为全面的布局。其专利布局主要有两条线路：一是利用凸点、RDL、金属柱等技术难度稍低的工艺实现无需 TSV 的 2.5D/3D 架构；二是基于自身的技术积累以及合作关系，进行对 TSV 工艺、测试、架构和散热的全面布局。截止到 2024 年，华进还没有形成自己的封装平台，仍需进一步加强应用方面的研发。

华为在先进封装领域入局较晚，但是注重专利的海外布局，只是申请量不大且没有形成核心专利，因此缺乏引领技术。在先进封装技术方面，一方面，华为注重对现有成熟技术改进的布局，另一方面，华为也注重采用避免 TSV 的技术来实现 2.5D/3D 等先进封装结构的布局，以期望突破国际大公司的技术围堵。

通过对中国重点企业的技术进行整体分析可知，受制于高深宽比 TSV 技术的不足，中国具有成熟封装平台的企业，其封装平台基本都是基于 FO、凸点和 RDL 技术实现的。因此，需要探索一条全产业合作的道路来打破 TSV 技术的瓶颈。在制造厂商方面，作为中国最具实力的芯片代工企业，中芯国际在 TSV 的制造工艺方面有大量的技术积累；并且，随着近年来先进封装的重要性愈发凸显，中芯国际也开始了封装相关 TSV 结构的技术开发和专利布局工作，这为它们的 TSV 技术合作提供了可能。在设备厂商方面，中微半导体是中国最大的半导体等离子体刻蚀设备和化学薄膜设备供应商，其深硅刻蚀设备可实现 90∶1 的高深宽比刻蚀。未来，设备、制造和封测企业可以考虑进一步加强合作，使各方的专利技术流动起来，利用各自的经验、技术，提升 TSV 刻蚀工艺、设备的技术水平。

7.3 "专精特新"企业专利技术特色发展分析

7.3.1 概 述

2012 年 4 月 26 日，国务院发布《国务院关于进一步支持小型微型企业健康发展的意见》（国发〔2012〕14 号），首次提出"鼓励小型微型企业发展现代服务业、战略性新兴产业、现代农业和文化产业，走'专精特新'和与大企业协作配套发展的道路，加快从要素驱动向创新驱动的转变"。[1]

---

[1] 国务院. 国务院关于进一步支持小型微型企业健康发展的意见［EB/OL］. (2012-04-26)［2024-10-15］. https://www.gov.cn/zwgk/2012-04/26/content_2123937.htm.

"专精特新"企业是指具有"专业化、精细化、特色化、新颖化"特征的中小企业，企业规模须符合《中小企业划型标准》。政府以"专精特新"企业为基础，培育一批主营业务突出、竞争力强、成长性好的"专精特新小巨人"，引导其成长为制造业单项冠军。对于"专精特新"企业发展中遇到的困难，中小企业主管部门"一企一策"给予帮助，如财政专项资金、税收优惠、企业知识产权保护、技术创新支持、市场开拓扶持、融资增信等。

经公告的"专精特新"企业有效期为三年，每次到期后由认定部门组织复核，复核通过的，有效期延长三年。本书统计的"专精特新"企业为截至2024年8月仍然有效的省级或者国家级认定的"专精特新"企业。

图7-3-1展示了"专精特新"企业AI芯片先进封装关键技术专利申请量/项前30名。大部分"专精特新"企业的专利数量并不多，这是因为这些企业的规模还较小，部分公司刚刚创立，其技术积累还较少。除了华进和矽磐微电子外，其他"专精特新"企业在AI先进封装关键技术领域的专利数量均小于100项。

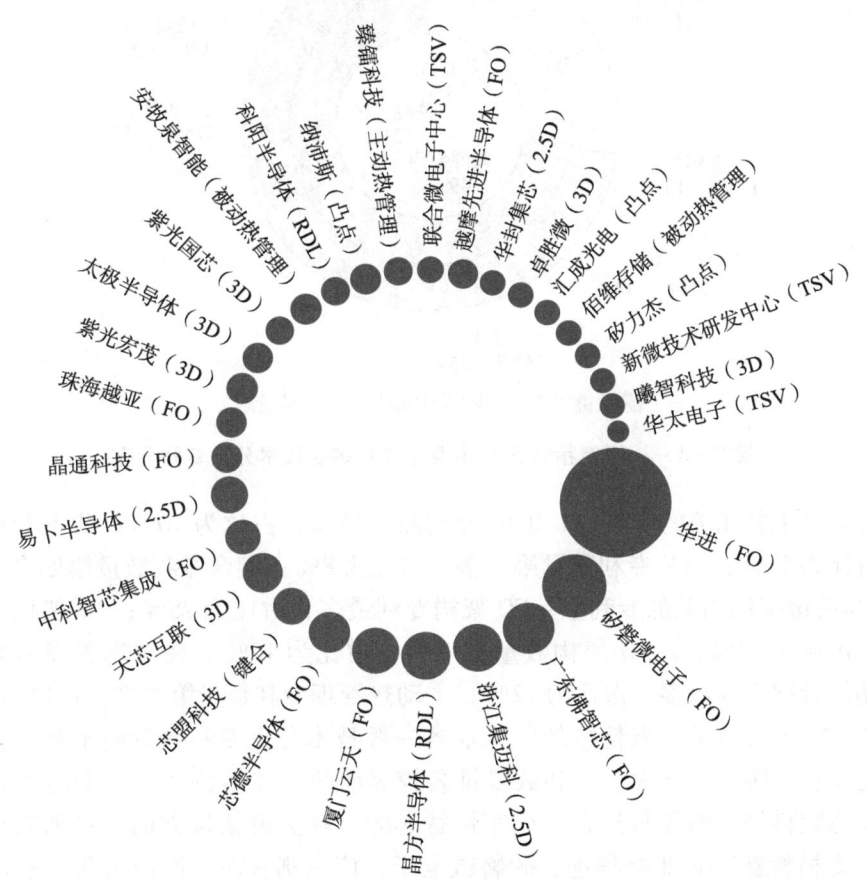

图7-3-1 "专精特新"企业AI芯片先进封装关键技术专利申请量前30名

"专精特新"企业中AI芯片先进封装关键技术专利申请数量的前三名是华进、矽磐微电子、广东佛智芯。华进的专利申请量是最大的，华进作为江苏省无锡市落实中央打造以企业为创新主体的新创新体系典型，在江苏省/无锡市政府、国家 02 重大专项与国家封测产业链技术创新战略联盟的共同支持下于 2012 年 9 月在江苏无锡新区注册成立，专注于系统级封装与集成先导技术研发与产业化。华进于 2022 年成功获批"专精特新小巨人"。华进由中科微投和长电科技、通富微电、华天、深南电路、苏州晶方、安捷利（苏州）、中科物联、兴森快捷等多家单位共同投资而建立。

7.3.2 专利技术分布

图 7-3-2 展示了"专精特新"企业各技术分支专利分布。可以看到"专精特新"企业在关键架构上的专利布局是较多的，这也说明了关键架构确实是近年来的热门方向。

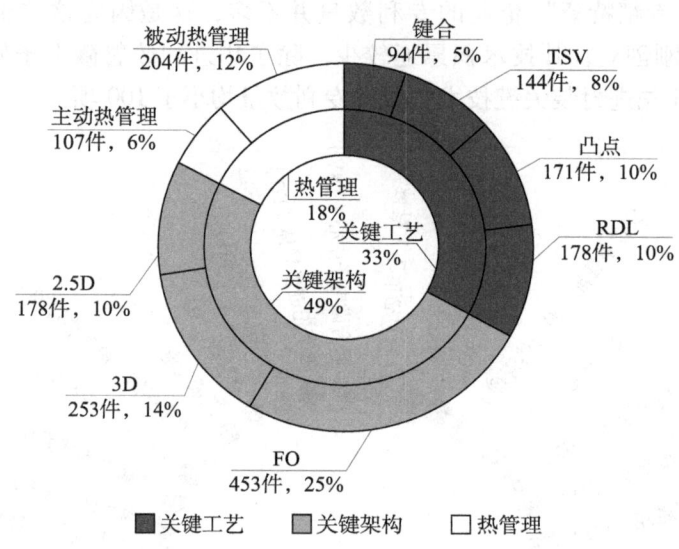

图 7-3-2 "专精特新"企业先进封装各技术分支专利分布

在与关键工艺相关的专利中，RDL 专利数量最多，占比为 10%；凸点专利数量第二多，占比为 10%；TSV 专利数量第三多，占比为 8%；键合专利数量第四多，占比为 5%。在与关键架构相关的专利中，FO 架构专利最多，占比为 25%；3D 架构专利数量第二多，占比为 14%；2.5D 架构数量第三多，占比为 10%。在与热管理相关的专利中，被动热管理专利最多，占比为 12%；主动热管理专利数量第二多，占比为 6%。

图 7-3-3 展示了"专精特新"企业各一级技术分支专利数量前十名。在一级技术分支上，在关键工艺方面，专利数量排名较靠前的"专精特新"企业有华进、晶方半导体、芯盟科技、浙江集迈科、广东佛智芯等。在关键架构方面，专利数量排名较靠前的"专精特新"企业有华进、矽磐微电子、广东佛智芯、厦门云天、浙江集迈科等。在热管理方面，专利数量排名较靠前的"专精特新"企业有华进、广东佛智芯、矽磐微电子、浙江集迈科、芯德半导体等。

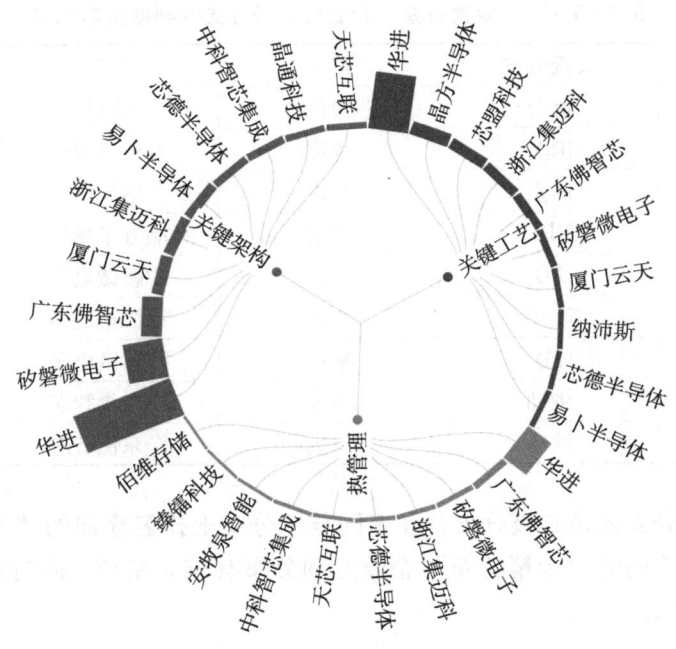

图7-3-3 "专精特新"企业各一级技术分支专利数量前十名

图7-3-4（见文前彩色插图第6页）展示了"专精特新"企业各二级分支专利数量前三名。在二级技术分支上，键合技术专利数量的前三名是芯盟科技、华进、浙江集迈科；TSV技术专利数量的前三名是华进、浙江集迈科、晶方半导体；凸点技术专利数量的前三名是华进、纳沛斯、汇成光电；RDL技术专利数量的前三名是华进、晶方半导体、广东佛智芯；FO架构专利数量的前三名是华进、矽磐微电子、广东佛智芯；2.5D架构专利数量的前三名是华进、浙江集迈科、易卜半导体；3D架构专利数量的前三名是华进、矽磐微电子、紫光宏茂；主动热管理专利数量的前三名是华进、广东佛智芯、安牧泉智能；被动热管理专利数量的前三名是华进、广东佛智芯、矽磐微电子。

从表7-3-1可以看到，华进在各个分支的专利数量排名都是非常靠前的，除了键合技术排名第二，其他技术的专利数量排名都是第一，这是因为华进的专利总量是比较大的，在各个分支的数量也都比较大。广东佛智芯在主动热管理、被动热管理、FO架构、RDL这四个分支的排名都在前三，在主动热管理、被动热管理的专利数量排名都在第二，可以看到广东佛智芯较集中在热管理方向的研究，同时也有关注到对RDL技术和FO架构的研究。矽磐微电子在FO架构、3D架构和被动热管理这三个分支的专利数量排名在前三。浙江集迈科在键合技术、TSV技术和2.5D架构这三个分支上专利数量排名在前三。晶方半导体在TSV技术和RDL技术这两个分支上的专利数量排名在前三。芯盟科技、纳沛斯、汇成光电、易卜半导体、紫光宏茂、安牧泉智能只在一个技术分支的专利数量上排名前三。

表7-3-1 "专精特新"企业各二级分支专利数量前三名

一级分支	二级分支	第一	第二	第三
关键工艺	键合	芯盟科技	华进	浙江集迈科
	TSV	华进	浙江集迈科	晶方半导体
	凸点	华进	纳沛斯	汇成光电
	RDL	华进	晶方半导体	广东佛智芯
关键架构	FO	华进	矽磐微电子	广东佛智芯
	2.5D	华进	浙江集迈科	易卜半导体
	3D	华进	矽磐微电子	紫光宏茂
热管理	主动	华进	广东佛智芯	安牧泉智能
	被动	华进	广东佛智芯	矽磐微电子

无论是一级分支还是二级分支，在不同技术分支上排名靠前的"专精特新"企业是不太一样的，不同的"专精特新"企业专利分布有较大差别，同时在技术分支上的侧重点是不一样的。

7.3.3 地域分析

图7-3-5展示了AI芯片先进封装专利量排名前30"专精特新"企业地域分布。从地域分布来看，"专精特新"企业呈现出明显的地域集中性，江苏省的"专精特新"企业数量是最多的，有10家；浙江省、广东省和上海市的"专精特新"企业数量也较多，浙江省有5家，广东省有4家，上海市有4家；重庆市和湖南省均2家；陕西省、福建省和北京市则只有1家。可以看到具有AI芯片先进封装研发能力的"专精特新"企业主要分布在长三角和珠三角这些沿海地区，内陆地区的相关"专精特新"企业较少。

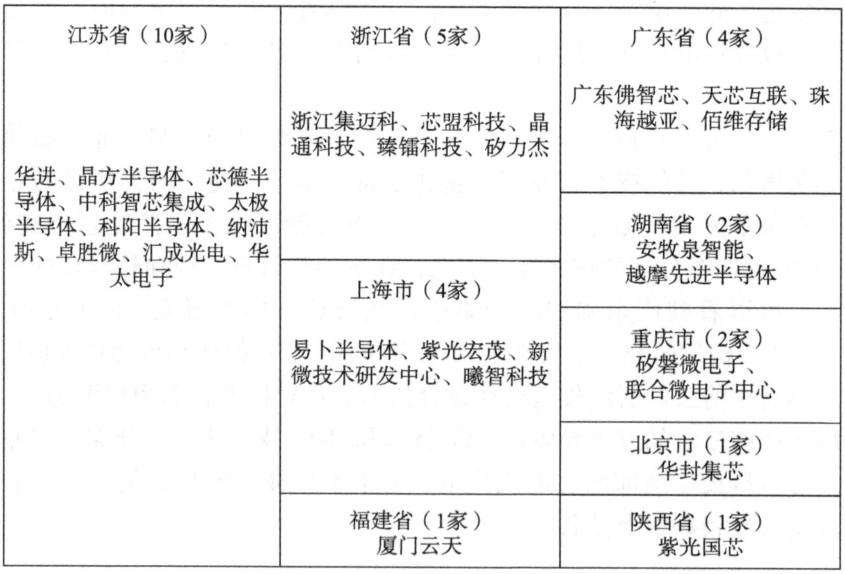

江苏省（10家）	浙江省（5家）	广东省（4家）
华进、晶方半导体、芯德半导体、中科智芯集成、太极半导体、科阳半导体、纳沛斯、卓胜微、汇成光电、华太电子	浙江集迈科、芯盟科技、晶通科技、臻镭科技、矽力杰	广东佛智芯、天芯互联、珠海越亚、佰维存储
		湖南省（2家）安牧泉智能、越摩先进半导体
	上海市（4家）易卜半导体、紫光宏茂、新微技术研发中心、曦智科技	重庆市（2家）矽磐微电子、联合微电子中心
		北京市（1家）华封集芯
	福建省（1家）厦门云天	陕西省（1家）紫光国芯

图7-3-5 AI芯片先进封装专利量排名前30"专精特新"企业地域分布

7.3.4 代表性"专精特新"企业分析

7.3.4.1 芯盟科技

芯盟科技是一家 AI 芯片研发及生产商,主要专注于超高性能异构类脑 AI 芯片、物联网核心处理器芯片、AI 算法、应用软件开发,以及物联网应用方案业务,成立于 2018 年 11 月。

芯盟科技涉及 AI 芯片先进封装关键技术的专利有 46 项,[1] 其中涉及键合技术的有 36 项。从图 7-3-6 可以看出,其专利在键合技术领域的集中度非常高,而且在"专精特新"企业中键合技术的专利数量是最高的。芯盟科技有多项专利是和浙江清华长三角研究院一同提出的,其中涉及 AI 先进封装核心技术的有 7 项,可见其注重与高校科研院所的技术合作。

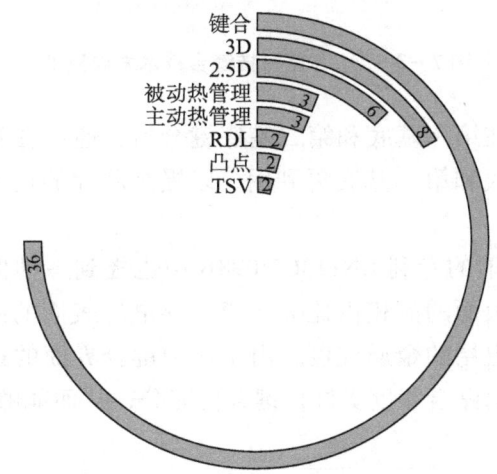

图 7-3-6 芯盟科技 AI 芯片先进封装关键技术各技术分支专利数量

注:图中数字表示专利量,单位为项。

图 7-3-7 展示了芯盟科技键合技术的发展路线,芯盟科技历年申请的专利技术中均涉及键合技术。可以看到,芯盟科技的专利在集成芯片的时候多用到键合技术,其对键合技术的改进涉及提升键合质量、提升键合效率、使键合的模块可以替换等。下面对其几项重点专利进行分析。

芯盟科技 2019 年申请的专利 CN110098140B 中提到了一种低温晶圆直接键合机台和晶圆键合方法,现有解键合技术仍存在解键合的成功率不佳的问题。该解键合机台设计有缺失检测单元,用于检测预键合晶圆对是否存在缺失,然后通过解键合单元将存在缺失的预键合晶圆对分离,以提高解键合的成功率。

芯盟科技和浙江清华长三角研究院在 2020 年申请的专利 CN111430297B 中提到了一种半导体结构的形成方法,当可剥离模块出现制造缺陷,或者需要形成具有不同功

---

[1] 因一件专利可能涉及多种技术,故存在重复计算的情况。以后类似情况不再赘述。

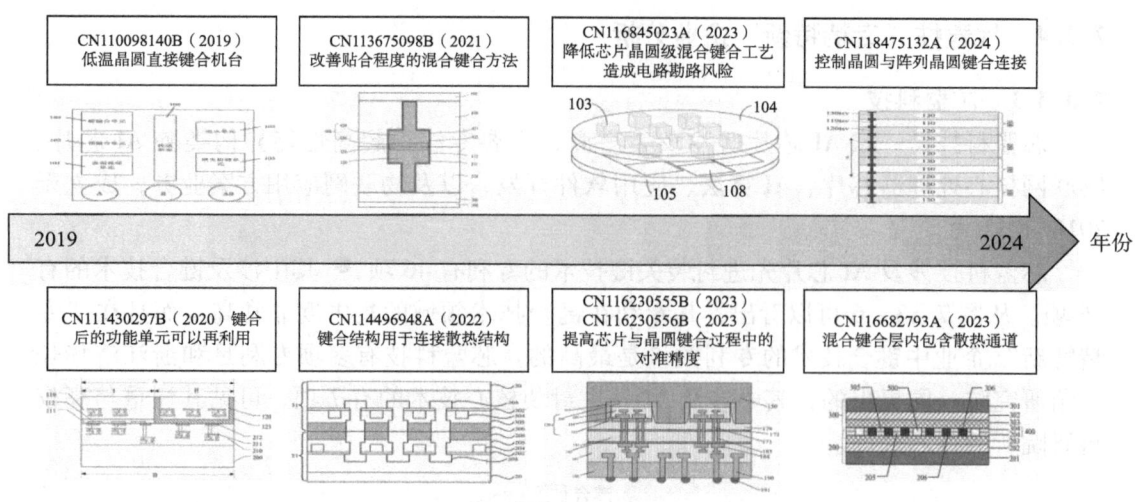

图 7-3-7 芯盟科技键合技术发展路线

能模块的芯片时,能够在第一基底和第二基底键合后,通过去除可剥离膜和可剥离模块,对键合后的第一基底和第二基底再利用,以提高芯片的良率,并且减少芯片的制造时间和成本。

2021 年芯盟科技申请的专利 CN113675098B 中也提到一种低温键合技术。该方案在键合时,第二导电层表面的晶相占比大于第一导电层表面的晶相占比,第二导电层的金属纯度高于第一导电层的金属纯度。由于作为键合界面的第二导电层粗糙度均较低,所以键合过程中界面贴合程度更好,键合更充分,从而能够减小器件的接触电阻,延长使用寿命。

2023 年芯盟科技申请的专利 CN116230556B 中提供一种晶圆键合结构及其形成方法。各芯片结构与目标晶圆在键合之前,预先在各芯片载体上进行集成,因此,在对所述芯片结构以及第一混合键合插塞进行活化处理后,至芯片结构与目标晶圆完成键合期间,需要的操作时间较短,芯片结构表面的活化处理不容易失效,进一步提升键合的效果。

7.3.4.2 易卜半导体

上海易卜半导体有限公司是集半导体先进封装技术的研发、设计、工艺、制造、仿真和验证于一体的科技型创新企业。易卜半导体的半导体先进封装技术涵盖自主研发的晶圆级扇出型封装、Chiplet 和 2.5D/3D 芯片封装等。易卜半导体已经在上海宝山建成研发和生产基地,包括 7000 平方米的洁净厂房、2300 多平方米的动力厂房及 1800 多平方米的研发实验大楼。一期产线已经通线,并通过 ISO9001 认证,ISO14001、ISO45001 的体系认证,部分工艺流程已经通过第三方可靠性试验认证,并已于 2023 年底达到批量生产标准。

从图 7-3-8 可以看出,易卜半导体在 AI 芯片先进封装关键技术的专利集中在架构技术,尤其是 2.5D 架构,其 36 项涉及 AI 芯片先进封装关键技术专利中,有 16 项都涉及了 2.5D 架构，其 2.5D 架构专利数量在"专精特新"企业中排名第三。

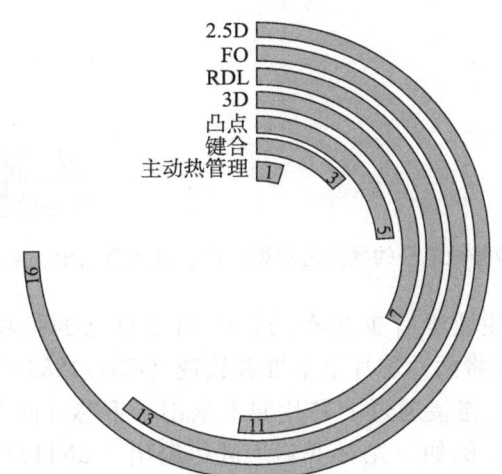

图 7-3-8　易卜半导体 AI 芯片先进封装关键技术各技术分支专利数量

注：图中数字表示专利量，单位为项。

易卜半导体在 2020 年申请的专利 CN112542391A 涉及一种芯片互连方法，有效地提高了对准效果。易卜半导体在 2022 年申请的专利 US2022230986A1 中涉及一种半导体组件封装方法，将至少一个第一半导体器件放置在互连板的第一侧上，使得第一对准焊料部分别与第三对准焊料部至少大致对准；接合第一对准焊料部和对应的第三对准焊料部以形成熔融或部分熔融状态的第一对准焊点，以进一步对准至少一个半导体器件与互连板；将至少一个第二半导体装置放置于互连板的第二侧，使得第二对准焊料部分别与第四对准焊料部至少大致对准；接合第二对准焊料部与对应的第四对准焊料部以形成熔融或部分熔融状态的第二对准焊点，以进一步对准第二半导体装置与互连板。

7.3.4.3　矽磐微电子和甬矽电子

矽磐微电子成立于 2018 年 9 月，由重庆润芯微电子有限公司持股 70.18%，华润微电子持股 14.04%，聚焦于面板级封装。2023 年 10 月，发布了 PLP 大尺寸面板级封装装片设备采购项目招标公告，标志着其正式开展面板级封装生产业务。

矽磐微电子的申请集中在晶圆级扇出领域，技术聚焦非常明显。矽磐微电子在扇出领域进行了多个技术路线的全面专利布局，如图 7-3-9 所示，首先是基础的树脂浇筑型扇出封装（CN112397460A），其次还有嵌入树脂基板或玻璃、金属治具的凹槽（腔）内的嵌入型扇出（CN111755340A），将有源芯片和无源器件整体扇出的系统级扇出（CN112133695A）；最重要的是矽磐微电子在面板级扇出领域有较多专利布局，约占其先进封装的 1/6，用于改进面板级封装时典型的面板翘曲（CN111668112A）、对位精度（CN113327880A、CN113471086A）、芯片污染（CN111668109A）等。

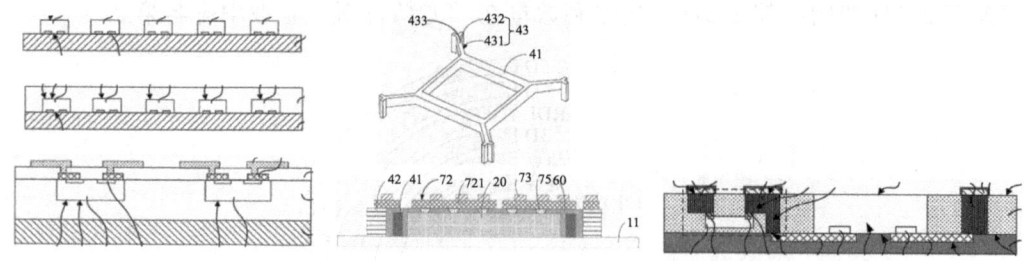

图7-3-9 矽磐微电子的树脂浇筑型扇出、嵌入型扇出、系统级扇出封装

矽磐微电子在3D领域也有少量布局,但均以自己的强项FO工艺来实现。如图7-3-10所示,例如将两片芯片上下堆叠放置(CN111883521A),但二者的接触界面不存在任何电连接,电连接通过上芯片向上扇出、下芯片向下扇出,然后在两侧将扇出层垂直接合来实现。例如,先对下芯片进行扇出(CN117373928A),然后将上层芯片放置在下芯片上,然后对上层芯片扇出,最后将上下芯片的扇出层互连。

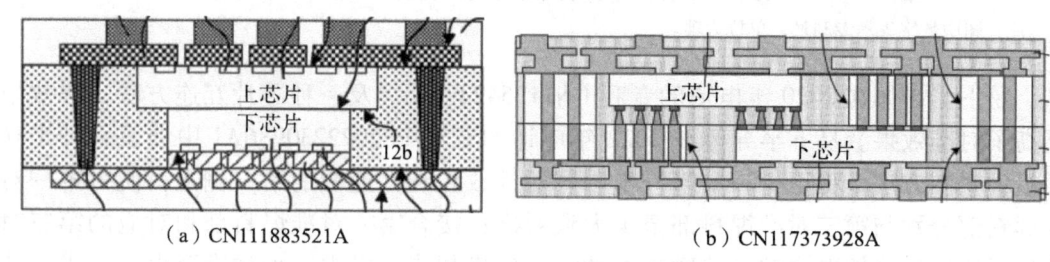

(a) CN111883521A (b) CN117373928A

图7-3-10 矽磐微电子的3D封装(以扇出封装技术来实现)

与矽磐微电子一样注重FO架构的还有甬矽电子,但二者的发展方式是不相同的。如图7-3-11所示,甬矽电子专利布局不像矽磐微电子那样集中,矽磐微电子非常集中于FO架构。

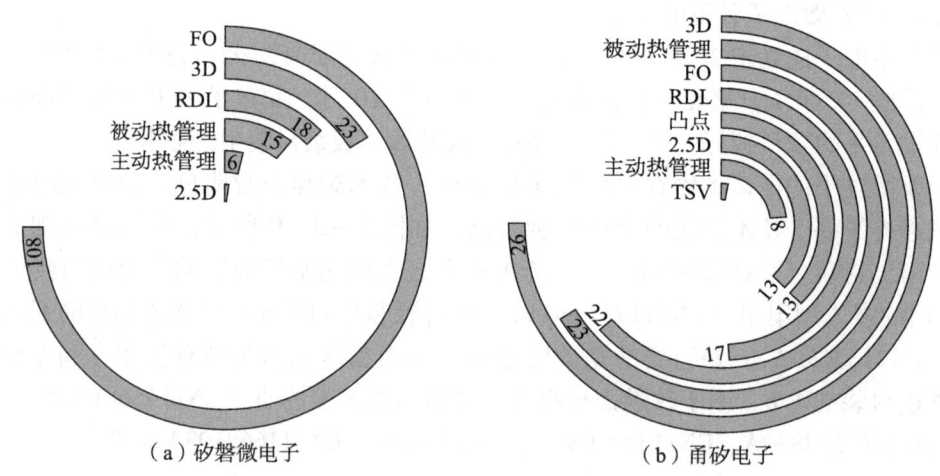

(a) 矽磐微电子 (b) 甬矽电子

图7-3-11 矽磐微电子和甬矽电子的专利构成

注:图中数字表示专利量,单位为项。

甬矽电子成立于 2017 年 11 月，科创板上市企业。根据 2022 年提交的《首次公开发行股票并在科创板上市招股说明书》，甬矽电子主营产品包括系统级封装（SiP）产品、高密度细间距凸点倒装产品等，当时尚无晶圆级扇出、2.5D、3D 封装的生产能力。根据 2024 年 5 月该公司的可转债发行预案，在募股项目建成后将形成年封装晶圆级扇出、2.5D、3D 封装产品 9 万片的产能。

甬矽电子在 FO 架构的专利申请，以常规晶圆级扇出为主，而能大量提升产能的面板级扇出则只有一件申请（CN117790424A），这和面板级扇出的技术难度较大有关，只有台积电等少数企业实现了实际量产。在常规晶圆级扇出方面，如图 7-3-12 所示，除了树脂浇筑型扇出（CN111933532A），甬矽电子还对嵌入型扇出进行了大量专利申请。嵌入型扇出主要是在基板或治具上首先形成槽，然后将芯片放进槽内，之后进行扇出，基板可以是树脂（CN117116776A）、玻璃（CN116469867A）等，能够防止芯片和基板之间的位移，降低基板应力。

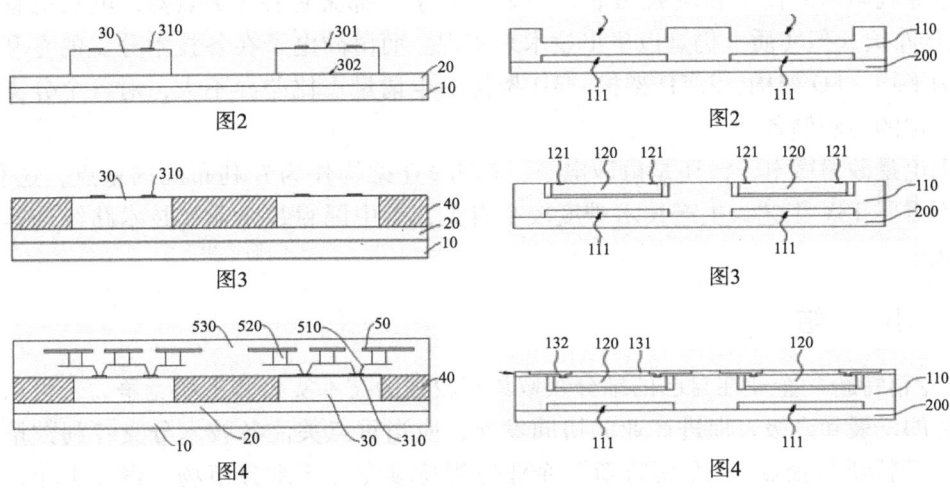

图 7-3-12　甬矽电子的树脂浇筑型扇出封装（左）、嵌入型扇出封装（右）

甬矽电子关于 3D 封装，以引线键合的 3D 堆叠为主（CN115831935A、CN112768437A、CN111554672A），如图 7-3-13 所示，不使用在芯片内打孔的 TSV 工艺，工艺难度小，能够以基础的生产设备实现芯片的三维堆叠，提升封装密度。但是也应看到，该结构的 3D 堆叠里面芯片之间的引线距离较大，远大于通过芯片间凸点键合或混合键合堆叠起来的 3D 芯片，这就导致芯片之间的通信速率较低、功耗较大。

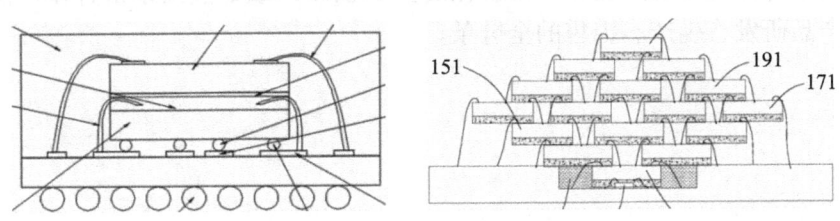

图 7-3-13　甬矽电子 3D 封装

甬矽电子关于2.5D的专利申请，以树脂型无TSV转接板为主，如图7-3-14所示，该技术不需要TSV工艺，工艺难度较小。

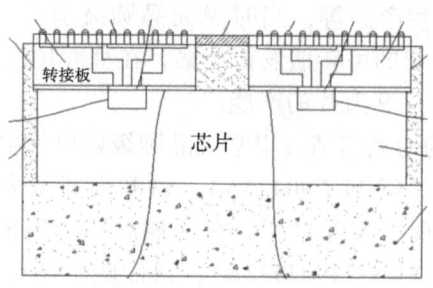

图7-3-14 甬矽电子的2.5D封装

矽磐微电子和甬矽电子二者的主要申请分支都在FO架构。二者的不同在于，矽磐微电子专利申请的技术领域聚焦非常明显，几乎全部聚焦在FO架构，虽然也有少量3D架构布局，但实质上仍是以扇出技术来实现。而甬矽电子在各技术分支的专利布局则较为平均，FO架构、2.5D架构、3D架构的申请量占比差异不大，对各个分支均进行了一定的专利储备。

无论是矽磐微电子，还是甬矽电子，都将FO架构作为专利布局的重点，这和FO架构不需要TSV工艺，生产技术难度较小有关，是中国封装企业在技术路线选择上的鲜明代表。

7.3.5 小　结

"专精特新"企业在自己的细分领域具有较强的技术实力和市场竞争力，可以推动产业链的发展和升级，促进产业的协同发展，应当重点关注各技术分支专利数量较多的"专精特新"企业。"专精特新"企业应当持续专注于细分市场，聚焦主业，不断提升创新能力，增强核心竞争力，努力成为制造业单项冠军企业，在改善经营管理、提升产品质量、实现创新发展方面发挥示范带动作用。

不少AI先进封装技术会涉及多项技术的融合，与"专精特新"企业技术互补的其他企业可以考虑与"专精特新"企业进行技术合作，通过和"专精特新"企业合作来弥补自身的短板。

高校/科研院所具有较强的研发能力和良好的创新氛围，"专精特新"企业作为市场中的活跃主体，是商品产业化、市场化的重要载体，二者应当紧密合作，优势互补，有效打通产品研发、生产、销售的全链条。

7.4 产业协同合作方式分析

7.4.1 全球创新主体合作方式分析

7.4.1.1 创新主体间合作

图7-4-1展示了AI芯片先进封装领域专利申请人数量占比。其中，申请人为1个的为31 416项，占比为88.6%；申请人为2个的为2189项，占比为6.2%；申请人为3个的为622项，占比为1.8%，申请人为4个的为501项，占比为1.4%；申请人≥5个的为750项，占比为2.0%。1个申请人的专利数量占绝大多数，多个申请人共同申请的数量占比为11.4%。

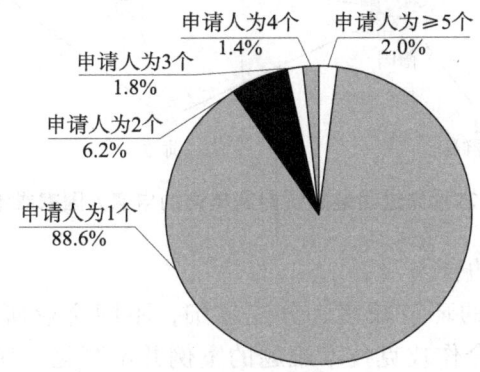

图7-4-1 AI芯片先进封装领域专利申请人数量占比

7.4.1.2 国家或地区间合作

分析AI芯片先进封装领域专利申请的申请人国家或地区可以发现，在多个申请人共同申请的专利中，申请人来自两个或两个以上的不同国家或地区，反映出该领域不同国家或地区之间存在一定的技术合作情况。这和AI芯片先进封装的技术难度大、涉及面广以及市场占有情况有一定关系。

图7-4-2展示了AI芯片先进封装领域专利申请的申请人国家或地区间合作情况。可以看出，美国是国家或地区间合作的核心国家，合作专利的数量最多，合作的国家或地区也最多。其次专利合作数量较多的是新加坡、韩国和德国，它们均与排在首位的美国有合作。中国在跨国家或地区的专利申请数量排在第二位，主要合作对象是美国。关于这些跨国家或地区合作的专利，部分是企业在不同国家或地区设置的分支公司间，进行了专利合作。

7.4.1.3 典型合作方式

先进封装领域内的合作模式多样，涵盖了从研发到生产的各个环节。下面是一些典型的合作方式。

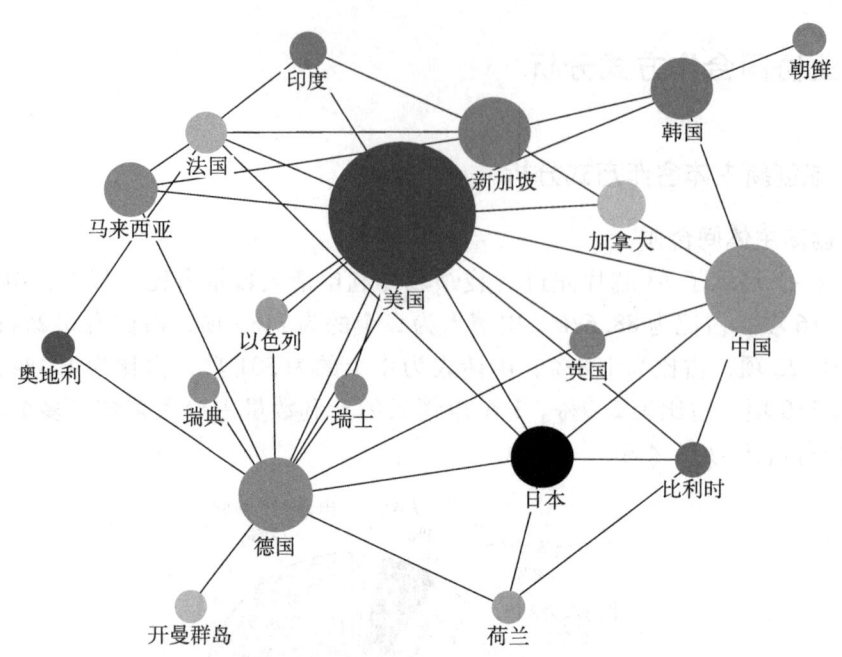

图7-4-2　AI芯片先进封装领域专利申请的申请人国家或地区间合作情况

（1）龙头企业之间的合作

由于先进封装涉及的环节较多，分支较细，不同企业研发的重点也各有侧重，因此，在龙头企业之间合作攻克技术难题的案例并不罕见。比如，英特尔、台积电、三星等全球先进封装领域的龙头企业组成了一个联盟，旨在开发 Chiplet Interconnect Express（UCIe）单芯片封装标准，以促进封装和堆叠技术的合作。采用 Chiplet 架构的设计可以帮助降低集成电路设计和系统客户的成本。该设计利用先进封装技术，通过整合不同制程的芯片，并实现差异化堆叠，以拓展芯片应用。

（2）制造企业与封装企业之间的合作

在先进封装领域，芯片制造企业与封装企业之间存在着多种合作方式。这种合作对于实现更高效的芯片集成、降低成本、缩短产品上市时间以及提高整体性能至关重要。例如，制造企业与封装企业可能共同研发新的封装技术，如英特尔与台积电合作研发多芯片封装技术，这种合作有助于加快新技术的商业化进程；制造企业与封装企业可能会形成上下游产业链合作，例如制造企业为封装企业提供专用的晶圆，海力士与美国印第安纳州的企业合作，建立先进封装的研发线，这种合作有助于确保供应链的安全性和稳定性。

制造企业与封装企业可能会共同出资成立合资公司，共同承担风险和收益。例如，盛合晶微在江苏省江阴市的一座控股的 300mm 凸块加工合资厂，这种模式有助于双方更好地共享资源和技术。

另外，制造企业还可能会向封装企业提供特定的封装技术授权，这样可以帮助封装企业快速掌握新技术，而制造企业也可以从中获得技术许可费用。

（3）高校与企业之间的合作

高校与企业可以广泛开展产学研合作，合作进行技术研究和人才培养，例如金玉丰教授所在的北京大学信息工程学院与产业界的紧密合作，还有中国科学院等科研院所与企业之间的合作。另外，企业和高校可以共建联合实验室，共同进行新技术的研发。

（4）国内与国外的合作

国内与国外的合作既包括国内企业引进国外先进技术，并与外国企业合作进行本地化研发，也包括国内企业在境外设立研发中心，与当地科研院所合作，比如中芯国际在美国硅谷设有分支机构。

在芯片先进封装领域，各种形式的合作都非常普遍。这些合作模式不仅限于单一层面，而是涉及从研发到生产的各个阶段，通过资源整合、技术共享等方式推动行业进步和发展。随着技术的不断演进和市场的全球化，这类合作的重要性将会更加凸显。

通过以上分析可知，鉴于一些联盟的技术封锁，中国在创新主体合作方面，可以重点关注与高校和科研院所的合作，精准匹配两者在该领域的有效存量专利，对其中的高价值专利进行转化运用；同时，对于研发过程中的技术难题，与成熟的高校和科研院所的研发团队积极对接，通过"揭榜挂帅""订单式研发"等方式，形成合力。

7.4.2 中国产学研合作分析

7.4.2.1 重要发明团队梳理

图7-4-3展示了AI芯片先进封装领域中国主要发明人团队及涉及的申请人网络。其中的重要发明人团队包括于大全团队、王新潮团队、石磊团队、郁发新团队、金玉丰团队、刘胜团队、林正忠团队等，涉及华进、华天、长电科技、通富微电、盛合晶微等重要申请人。

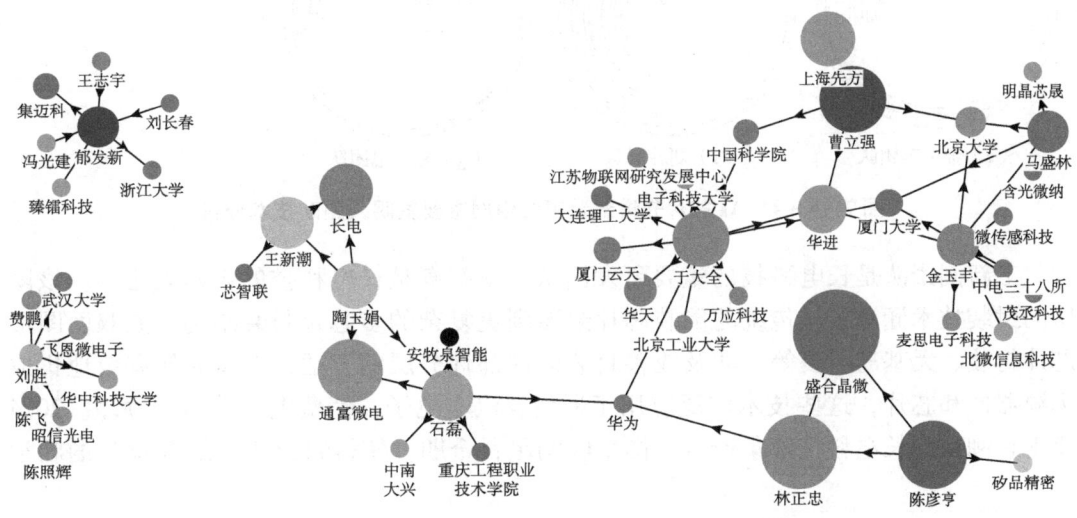

图7-4-3 AI芯片先进封装中国主要发明人团队和涉及的申请人网络

图 7-4-4 展示了 AI 芯片先进封装领域中国主要发明人团队技术分布。于大全团队在 AI 芯片先进封装领域有着显著的贡献和丰富的经验。于大全是厦门大学电子科学与技术学院教授,同时也是厦门云天半导体科技有限公司的董事长。于大全教授团队专注于 TSV、扇出型封装、3D 封装以及金刚石散热技术。2004 年,于大全博士毕业后,曾先后在德国和新加坡等的顶尖科研院所进行过芯片封装前沿技术的研究。2011 年,于大全在无锡江苏物联网研究发展中心建立了系统级封装实验室,并承担了 TSV 研发的国家重大专项课题任务,完成了高深宽比(≥6∶1)8/12 英寸 TSV 转接板全工艺的研发。于大全教授不仅在学术界背景深厚,还积极与产业界开展各种合作。于大全教授作为核心成员参与的"高密度可靠电子封装关键技术及成套工艺"项目荣获 2020 年度国家科学技术进步奖一等奖。❶ 于大全的厦门云天团队曾与华为进行过合作,在玻璃转接板集成芯片-金刚石散热技术上取得了突破性进展。这项技术利用金刚石的优异热导性能来提高芯片封装的散热效率,能够有效解决高性能芯片在运行过程中产生的热量问题,对于提升芯片性能和可靠性具有重要意义。

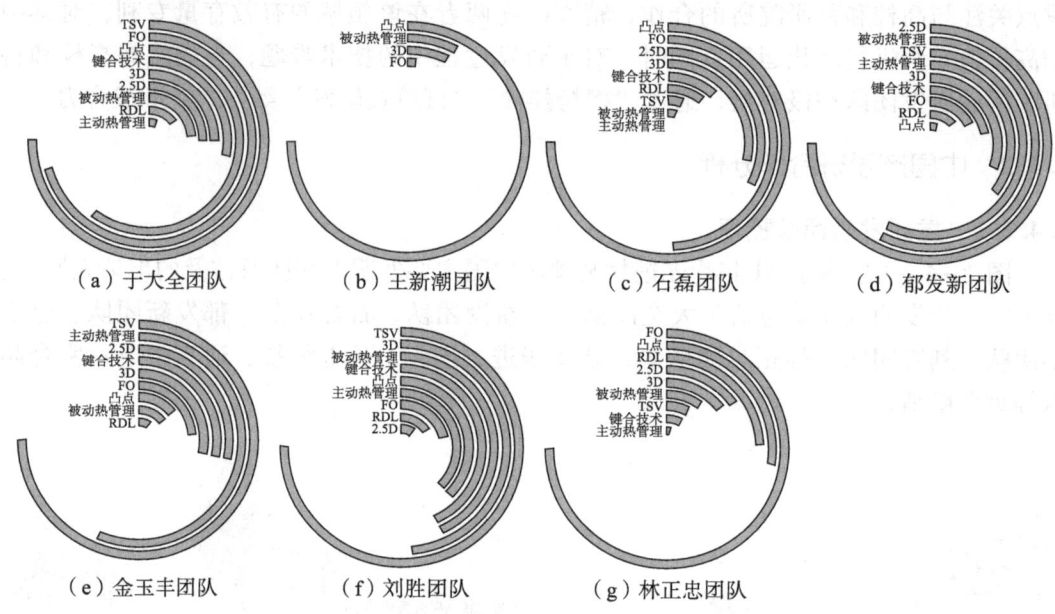

图 7-4-4 AI 芯片先进封装领域中国主要发明人团队技术分布

王新潮团队是长电科技的重要研发团队。王新潮是长电科技的创始人之一。该团队的封装技术涵盖了从传统的倒装芯片封装到更复杂的多芯片封装结构,如双面图形芯片封装、无基岛封装等,涉及改善封装体内部件分层的方法,以及如何有效地集成无源器件和芯片,这些技术广泛应用于通信、汽车电子、消费电子等多个领域。2014 年王新潮帮助长电科技筹集资金中国来收购星科金朋,使得封测业"蛇吞象"的壮举

---

❶ 面孔 | 国家科学技术进步奖一等奖!打造先进封装技术的大工人![EB/OL].(2022-08-30)[2024-10-15].http://alumni.dlut.edu.cn/info/1041/8038.htm.

得以完美收官。❶ 长电科技是领先的集成电路封装测试企业之一，王新潮团队的贡献对于推动公司技术进步起到了重要作用，推动了公司在芯片先进封装技术领域的发展，其技术成果帮助长电科技在先进封装领域保持领先地位。

石磊团队是通富微电子股份有限公司的重要研发团队。石磊拥有复旦大学博士学位，曾担任通富微电的副董事长、总裁，是先进封装领域的知名专家，获得了国务院政府特殊津贴专家、科技部创新型领军人才等荣誉。石磊团队在芯片先进封装技术领域进行了深入的研究和开发，发展了多种先进封装技术，尤其是在扇出型封装、系统级封装、晶圆级封装、高密度封装等先进技术方面取得了显著成果。2021年，由通富微电作为主要完成单位、总裁石磊作为主要完成人的"高密度高可靠电子封装关键技术及成套工艺"项目获国家科技进步奖一等奖，并获得习近平总书记等中央领导的亲切接见。❷ 通富微电在石磊团队的带领下，在先进封装领域保持着领先地位。

郁发新团队是集迈科微电子有限公司（以下简称"集迈科微"）的重要科研团队。郁发新拥有哈尔滨工业大学通信与信息系统专业本科、硕士及博士学位，曾就职于 UT 斯达康公司，担任浙江大学求是特聘教授、博士生导师，也是集迈科的创始人之一。❸ 集迈科微专注于高性能化合物射频器件工艺、高集成度三维异构射频和数字微系统工艺、高可靠封装代工服务，为新一代无线通信、基站、物联网等领域提供服务，公司计划投资 10 亿元人民币用于建设一条年产 5 万片高集成度三维异构微系统生产线。郁发新及其团队在集迈科微中负责研发高性能的射频器件和微系统集成技术，特别是在先进封装领域，集迈科微在郁发新团队的努力下，发展了高集成度三维异构射频和数字微系统工艺，这些技术对于提高封装密度、降低功耗以及提高性能至关重要。集迈科微凭借其在先进封装技术方面的优势，在高性能射频器件和微系统集成领域占据了一席之地。

金玉丰教授于 1999 年获得东南大学博士学位，现任北京大学信息工程学院教授、博士生导师，同时也是微米纳米加工技术国家重点实验室主任和微电子研究院副院长。金玉丰教授的研究领域集中在集成微系统的设计、处理和封装，特别是微电子的先进封装技术方面。金玉丰教授与其合作者马盛林共同编写了先进电子封装技术与关键材料丛书 *TSV 3D RF Integration: HR - Si Interposer Technology* 一书，该书详细介绍了三维集成技术中的硅中介层及 TSV 技术。金玉丰教授及其团队在先进封装技术方面进行了大量的技术创新，特别是在 3D 封装、硅中介层、TSV 等技术领域。金玉丰教授及其团队专注于三维集成技术，特别是使用硅中介层来实现芯片之间的高速互连、TSV 技术、微系统封装技术。金玉丰教授及其团队与多家企业和研究机构建立了合作关系，他的

---

❶ 关键人物丨长电创始人王新潮［EB/OL］．（2022 - 08 - 16）［2024 - 10 - 15］．https：//baijiahao. baidu. com/s? id =1741313916069191224&wfr = spider&for = pc．

❷ 德凯 DEKRA：走进通富微电［EB/OL］．（2022 - 08 - 16）［2024 - 10 - 15］．https：//baijiahao. baidu. com/s? id =1812396757496114892&wfr = spider&for = pc．

❸ 百度百科［EB/OL］．［2024 - 10 - 15］．https：//baike. baidu. com/item/% E9% 83% 81% E5% 8F% 91% E6% 96% B0/60080453?fr = ge_ala．

研究成果对推动中国乃至全球集成电路封装技术的进步产生了积极的影响。

林正忠团队是盛合晶微的重要研发团队，团队成员陈彦亨、吴政达等都是盛合晶微的核心研发人员，在芯片先进封装领域有着丰富的经验和专业知识。该团队专注于 12 英寸中段凸块和硅片级先进封装技术，特别强调三维多芯片集成封装技术的发展方向，其封装技术广泛应用于 5G、物联网、高端消费电子、汽车电子等新兴市场领域。❶ 盛合晶微已经进入了亚微米时代的先进封装技术领域，公司正在进行的超高密度互连三维多芯片集成封装项目将进一步提升其技术水平和服务能力。盛合晶微早在 2016 年就开始提供与 28nm 及 14nm 智能手机 AP 芯片配套的高密度凸块加工服务。

刘胜拥有斯坦福大学博士学位，是中国科学院院士并且是 ASME（美国机械工程师学会）会士和 IEEE（电气和电子工程师协会）会士。❷ 在 2000 年初回国后，刘胜担任了武汉大学动力与机械学院院长以及武汉大学工业科学研究院执行院长。刘胜从事芯片先进封装技术研究超过 30 年，专注于解决高密度芯片封装中的翘曲和异质界面开裂问题，这些问题都是影响 AI 芯片成品率的关键因素。他带领团队提出了芯片–封装结构及工艺多场多尺度协同设计方法，以解决上述问题。刘胜团队还攻克了晶圆级硅基埋入扇出封装等关键技术。刘胜团队与产业界紧密合作，研究成果已经被用于包括长电科技在内的国内外多家企业，刘胜团队的技术和产品支持了中国在先进封装行业和相关装备领域的快速发展。

通过分析以上重要发明人团队发现：各主要研发团队成员多为博士学历，且大多具有海外留学或海外研发工作经历，表明先进封装行业具有较高的门槛，相关高端人才的培养需要较长的周期，创新主体可通过引进相关领域的海外华人、留学生快速提高研发团队实力；这些发明团队的核心人员能够承担连接高校科研院所和企业之间桥梁的作用，这有利于科研成果转化运用。

7.4.2.2 "产学研"潜力分析

图 7-4-5 展示了"专精特新"企业和高校科研院所的专利合作情况，可以看到不少"专精特新"企业和高校科研院所有专利合作关系。具体而言，华进和上海交通大学在 TSV 技术领域合作专利 2 项，华进和北京大学在 TSV 技术领域合作专利 1 项；新微技术研发中心和上海工程技术大学在被动热管理技术领域合作专利 2 项；安牧泉智能和中南大学在凸点技术领域合作专利 2 项；芯盟科技和浙江清华长三角研究院在键合技术领域合作专利 4 项，在凸点、被动热管理、RDL 技术领域各合作专利 1 项。虽然厦门大学和厦门云天未同时申请过专利，但于大全作为发明人的 AI 芯片先进封装专利中，有 6 项申请人来自厦门大学，有 47 项来自厦门云天。于大全既是厦门云天的董事长，又是厦门大学的教授，间接地将厦门云天和厦门大学联系了起来。

---

❶ 澎湃. 盛合晶微三维多芯片集成封装项目开工 [EB/OL]. (2022-02-19)[2024-10-15]. https://m.thepaper.cn/baijiahao_16769869.

❷ 汪洋. 当选中国科学院院士的刘胜，是国内芯片封装技术的引领者 [EB/OL]. (2023-11-23)[2024-10-15]. https://baijiahao.baidu.com/s?id=1783277516821685702&wfr=spider&for=pc.

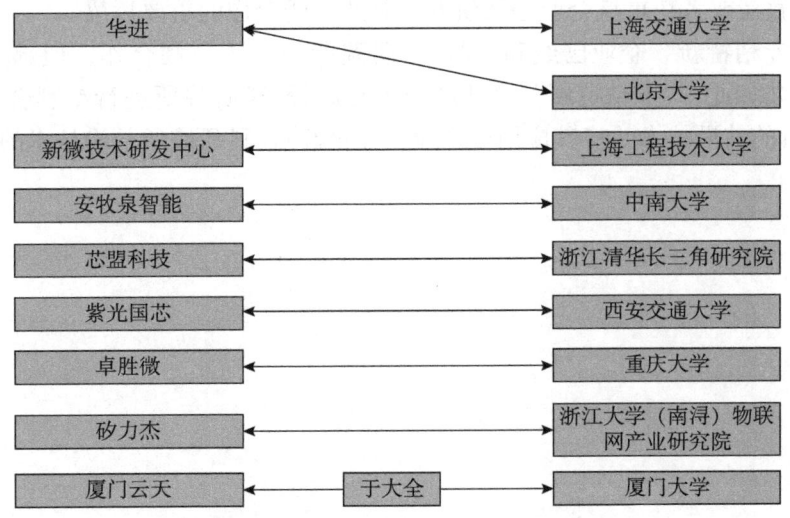

图 7-4-5 "专精特新"企业和高校科研院所的专利合作情况

此外，紫光国芯和西安交通大学、卓胜微和重庆大学、矽力杰和浙江大学（南浔）物联网产业研究院均曾有过专利合作，虽然其在先专利合作方向未涉及 AI 芯片先进封装，但是已经有过专利合作，这为日后在 AI 芯片先进封装领域合作奠定了良好的基础。

"专精特新"企业通过与高校科研院所的合作，可以获得更多的技术支持。高校/科研院所的研发能力较强，其中专家和学者可以为中小企业提供技术咨询和解决方案，帮助企业解决技术难题和瓶颈问题。同时，"专精特新"企业还可以借助高校/科研院所的人才培养体系，提升自身的技术水平和创新能力，这些都有助于提升中小企业的市场竞争力和可持续发展能力。"专精特新"企业的市场洞察力强，可以为高校/科研院所提供热点研究方向。"专精特新"企业通过与高校/科研院所合作实现优势互补。

7.4.3 小 结

大多数 AI 芯片先进封装专利都是单个创新主体独自进行申请的，多个创新主体共同申请的数量占比为 11.4%。美国是国家或地区间合作的核心，合作专利的数量最多，合作的国家或地区也最多。在芯片先进封装领域，各种形式的合作都非常普遍。这些合作模式不仅限于单一层面，而是涉及从研发到生产的各个阶段，通过资源整合、技术共享等方式推动行业进步和发展。随着技术的不断演进和市场的全球化，多元化合作的重要性将会更加凸显。在面对技术封锁时，中国在创新主体合作方面，可以重点关注企业与高校/科研院所的合作。

中国在 AI 芯片先进封装的主要团队有于大全团队、王新潮团队、石磊团队、郁发新团队、金玉丰团队、刘胜团队、林正忠团队等。这些团队在 AI 芯片先进封装领域已经有了一定的专利成果积累，是值得去重点关注的，核心成员毕业于国内外重点高校，在高校担任教授或者在重点企业担任研发,是产学研合作的重要桥梁。

部分"专精特新"企业已经和高校/科研院所进行了专利合作,但部分"专精特新"企业并非如此。"专精特新"企业应当多与高校/科研院所进行专利合作,关注高校/科研院所的前沿技术并将其应用于产业,注重高校/科研院所前沿技术的孵化。

第8章 主要结论及措施建议

8.1 AI芯片先进封装技术与产业调查结论

（1）先进封装技术成为破解AI芯片技术瓶颈与国际封锁的关键举措

受摩尔定律物理极限的制约，传统工艺制程已难以满足AI芯片快速发展的需求。先进封装技术，通过垂直互连不同工艺节点的芯粒，实现了高密度集成与短互连路径，成为推动AI芯片技术发展、超越摩尔定律的关键所在。

面对美国对中国高端AI芯片产业实施的全链条封锁，尤其是高端制程技术路线的限制，创新主体在EUV光刻机领域短期内难以取得突破性进展的情况下，积极利用自主低制程工艺与先进封装技术的结合，开辟了一条突破光刻机封锁的新路径，为AI芯片产业的发展注入了新动力。

（2）强化产业链安全与突破共性核心技术乃当务之急

截至2024年，我国AI芯片先进封装产业链已趋于完善，涵盖了设计（如华为、芯原微电子等）、制造（如台积电、中芯国际等）、封装测试（如长电科技、通富微电、华天科技、甬矽电子等）及应用（如华为昇腾等）等多个环节，涌现出一批拥有自主知识产权的创新型企业，为AI芯片封装提供了多样化的解决方案。但是，当下产业链的关键环节和共性核心仍存在短板。在TSV制造、混合键合、凸点制备等方面，与国际巨头相比，差距明显。同时，在架构设计、封装工艺和热管理等方面缺乏全流程解决方案，技术融合和产业协同能力不足，行业人才也相对匮乏。此外，国际巨头成立的Chiplet标准联盟及推出的UCIe标准，因美国"视同出口"的规定不对中国开放，进一步加剧了共性核心技术"卡脖子"的风险，产业链安全亟待加强。

本书通过专利分析，揭示知识产权因素，特别是专利因素在产业发展中的重要作用，能够为破解封锁与保障产业链安全相关决策提供有力支撑。

8.2 专利全景分析主要结论

（1）我国创新势头强劲，但创新与专利质量尚待提升

截至2024年，全球专利技术的主要来源集中于中国、美国、日本及韩国。其中，美国凭借其强大的技术研发实力，在早期保持领先地位。中国虽起步较晚，但近年来专利申请量激增，至2017年以后专利申请量稳居首位，创新主体和发明人人数均最多，整体竞争力得到显著提升。

美国专利展现出强大的原创性和对核心技术的把控力，专利的平均被引证次数

（18.3 次）远高于中国（2.1 次）。同时，在同族数量以及授权首权字数等方面，中国与美国也存在显著差距。相较于美国，中国的专利质量有待进一步提升。

此外，从专利布局的角度来看，美国、日本、韩国企业具有强烈的海外专利布局意识，其中美国企业在全球多个国家或地区的专利布局最为广泛，这与其在全球市场的占有率领先相一致。相比之下，中国58%以上的专利未进行海外布局，海外市场保护意识相对薄弱。

（2）警惕专利联盟的整体压制与标准背后的技术封锁风险

自 2000 年以来，全球专利申请量已达 8.7 万件，其中中国、美国、日本和韩国占据主导地位，合计占比超过 90%。

统计显示，UCIe 2.5D、3D 标准的相关专利，主要由台积电、英特尔和三星所控制。2.5D 标准中，台积电、英特尔和三星的全球专利占比分别为 24.9%、18.5% 和 10.9%；3D 标准中，台积电拥有 2491 件，英特尔拥有 686 件，三星拥有 607 件。未来，专利竞争或将成为封锁的关键手段，头部企业掌握着大量关键专利。因此，需注意头部企业对产业的影响。

8.3 关键技术创新发展的结论

纵向定量分析表明，我国正处于从"能用芯片"向"够用芯片"的过渡阶段，积极致力于核心技术的研发。

（1）关键架构：国内建议以扇出（FO）架构为基础，融合 2.5D 和 3D 架构，实现具有自主知识产权的 AI 芯片协同封装架构的创新发展

1）AI 技术驱动关键架构迅猛发展

先进封装关键架构作为 AI 芯片先进封装的重要分支，自 2017 年以来，全球申请量进入快速增长阶段。2016 年，英伟达发布全球首个 AI 超级计算数据中心 GPU Tesla P100，引发了广泛关注，并推动了关键架构的蓬勃发展。中国尽管在该领域起步较晚，但后发优势明显，已具备一定的创新能力。

2）全球关键架构研发重点呈现差异化，龙头企业掌握核心技术

在 2021—2024 这四年中，中国在 FO 架构领域进行了重点布局；2.5D 架构成为主要国家或地区竞相布局的焦点，美国具有优势；3D 架构是韩国的重点发展方向，中国也积极进行布局。相关的核心技术主要由国际龙头企业所掌握，台积电、三星、英特尔这三家企业占据了全球总申请量的 30.9%，形成了较高的专利壁垒。中国的创新主体在 FO 架构方面具有明显优势。

3）FO 架构成本较低，存在发展机遇，我国企业应积极布局

FO 架构具备直接作为基板应用的特性，无须进行 TSV 制造，从而有效降低了生产成本。近年来，我国企业，诸如长电科技、华天科技等，已积极投身于该架构的研发与专利布局工作。

从技术分支角度分析，内埋式扇出技术面临较高的专利壁垒，集成式扇出技术的

专利竞争则尤为激烈。而面板级扇出技术，作为新兴领域，在提升产能方面展现出显著优势。鉴于此，建议国内企业紧抓技术发展的有利时机，可着重关注并致力于降低 RDL 的线宽/线距方向的研究，加速研发进程与专利布局。

4）2.5D 架构成为 AI 芯片主流，桥接与光电共封装成新趋势

2.5D 架构已成为 AI 芯片的主流选择，其中，单面架构作为基础架构，占据主导地位（占比 62%）。

在 2.5D 架构中，桥接架构通过采用无 TSV 的桥接方式实现芯片间的互连，成为降低成本的关键手段。同时，光电共封装技术也开始采用 2.5D 架构，玻璃基板也被应用于该架构中。我国需密切关注光电共封装、玻璃基板在关键架构中的专利申请态势及技术发展趋势，统筹规划国内相关产业的发展布局。

在单面架构的发展中，降低成本和提高集成度是主要方向。桥接架构已由水平方向的互连向垂直方向的互连拓展，并与扇出架构相结合。双面架构和嵌入架构则是由单面架构延伸发展而来，旨在进一步提升集成度并降低转接板成本。

5）3D 架构芯片中芯片－芯片是竞争核心，封装－封装融合扇出技术渐成趋势

在 3D 架构中，芯片－芯片堆叠连接是 AI 芯片中 HBM（高带宽存储器）的主要架构形式（占比 61%），是竞争的关键所在。该架构的改进主要集中在关键工艺环节，而封装技术的改进则主要体现在封装体连接器位置的优化上。

在 3D 架构领域，存储器厂商如海力士、三星和美光等具有较高的技术积累和专利壁垒。建议我国重点关注工艺的优化，特别是混合键合工艺。同时，封装技术与扇出技术的融合发展趋势也值得高度关注。

6）国际创新主体重视专利运营，推动行业发展

国际创新主体，例如英飞凌等，通过专利转让和许可等高效途径，迅速实现了科技成果的商业化进程，有效促进了相关行业的发展。专利运营不仅使创新主体得以回收研发投资，实现专利价值的最大化，还进一步推动了科学技术成果的广泛传播。我国应积极借鉴这些经验，持续深化专利运营工作，激励和引导创新主体积极开展专利转让和许可活动。

（2）关键工艺：工艺是架构的基础，应做好关键共性技术的科技攻关

1）为确保不同阶段的产业安全，建议规划短期、中期及长期发展目标

虽然中国在 AI 芯片先进封装工艺领域起步较晚，但新兴势力企业在特定技术领域（如盛合晶微的 RDL 技术等）展现出巨大潜力。RDL 技术在 FO、2.5D 及 3D 架构中均占据举足轻重的地位，对 FO 架构的支撑作用最为显著。相比之下，凸点、键合技术更多应用于 2.5D、3D 架构，而在 FO 架构中的应用则相对有限。TSV 技术则广泛应用于 3D 架构，其次是 2.5D 架构，FO 架构中应用最少。鉴于国内在 TSV、凸点及键合技术方面与国际先进水平存在的差距，短期内应优先发展 RDL 技术及其所支撑的 FO 架构，构建具有自主知识产权的封装平台，以实现"能用芯片"的阶段性目标。中期阶段，则需依托 RDL 等优势工艺与薄弱核心工艺的协同配合，在自主知识产权封装平台中寻求突破，逐步迈向"够用芯片"的阶段。长期而言，则应集中力量攻克关键共性工艺

难题，以期达成"好用芯片"的宏伟目标。

2）短期内应优先发展 RDL 技术及其所支撑的 FO 架构

TSV 技术是 2.5D 和 3D 架构的共性核心工艺。然而，我国部分企业在 TSV 制造工艺中受到刻蚀设备、镀覆水平的限制，良率较低。我国企业通常会选择重布线替代 TSV 制备的方式以实现所需电互连结构。建议国内立足通过 RDL 配置于芯片上下侧及周围塑封体中以实现垂直方向电互连，即以 RDL 替代 TSV 的低成本、高良率发展路径，力争实现具有自主知识产权的 AI 芯片先进封装技术路线。

3）中期要依托 RDL 等优势工艺与薄弱核心工艺的协同配合，在自主知识产权封装平台中寻求突破

我国在各个技术分支内均是起步最晚的，但聚焦于以铜柱凸点和铜凸点为主流的"新"凸点技术、以"无凸点"键合的微缩节距为目标的混合键合热点技术等。

我国可沿着"立足优势工艺（如 RDL）在自主知识产权架构中的使用，对围绕优势工艺进行配合的薄弱工艺（凸点、键合等）进行针对性优化，再对线距/间距（L/S）、凸点节距等参数进行攻关"的技术提升良性循环路径，实现高端 AI 芯片的"换道超车"。

4）长期来看，要集中力量攻克关键共性工艺难题

在 RDL 技术方面，建议主攻 FO 架构下的 RDL 配置，辅助优化 RDL 结构布局，并致力于突破 RDL 制备方法中的线距/间距缩小技术瓶颈；在凸点技术方面，建议重点研发铜凸点，并聚焦于直径及节距减小技术的创新与应用；在键合技术方面，建议依托"专精特新"企业（如武汉新芯等）在混合键合技术方面的深厚积累，加速研发进程，以期尽快缩小与台积电等领先企业在键合可靠性方面的差距；在 TSV 技术方面，建议聚焦导热、导电与缓冲复合的"一孔复用"技术，开展全工艺线研究，不断提升良率，并努力突破高深宽比的技术难题。

（3）热管理：保障 AI 芯片稳定运行的关键要素，我国亟须加速前沿技术的研发与布局

1）技术发展概况

主动热管理技术相较于被动热管理技术发展较为滞后。在主动热管理技术中，流道散热技术占据主流地位，而热电制冷技术发展相对滞后。在被动热管理技术方面，热沉散热技术作为最早出现且稳步发展的技术，已成为热管理的基础技术，占比最大。同时，TIM 技术发展迅速，是热点研发技术。

2）技术融合与发展方向

TIM 技术与流道散热技术因其自身优势及良好的散热效果，逐渐成为主要国家或地区大力发展的方向。热沉作为热管理的基础技术，最易与其他技术融合，其中与 TIM、流道的融合占比最大。在多种热管理方式的组合中，流道技术因其易于与先进封装集成且散热效果好的特点，成为融合的重点。台积电在热管理融合技术方面的专利申请量最多，积极探索了多种热管理融合方式。中国申请人也在围绕流道技术积极地进行融合布局。

3）具体技术进展

流道散热效果显著,有逐渐集成并接近热源的趋势。浸没式液冷技术因其降温效果最佳,成为主要发展方向。增大热沉与冷却流体接触面积的技术路径将成为研究布局的重点。

热沉技术主要从增大散热面积、使用新型散热材料以及与其他热管理技术进行融合三个方向进行改进。热沉技术的研究与布局将集中在通过增加表面积,增大与冷却液体接触面积,实现与液冷散热的更好融合。

TIM 技术作为重要且热门的热管理技术,其总体改进主线是基于材料的改进。TIM 技术将继续发挥重要作用,其中金属基 TIM 将是降低先进封装热阻的主要材料类型。

8.4　关键技术融合发展的结论

横向定性分析表明,国际巨头在关键架构、关键工艺与热管理技术领域的融合发展态势显著,但各有侧重。尽管其专利布局紧密,但仍存在一定的空白区域。

（1）技术融合与专利布局的总体策略高度一致,但各有侧重

国际巨头凭借关键架构、关键工艺与热管理的综合优势,构建了技术发展的网络并设立了专利保护壁垒。其技术融合与专利布局的总体策略高度一致：依托核心工艺技术,结合特色架构,根据关键架构需求提升关键工艺水平,并融合热管理技术,以打造系统的封装平台。通过紧密的技术迭代与协同创新,形成了核心工艺,实现特色架构、特色架构推动关键工艺突破、热管理精准适配打造特色封装平台的灵活且全面的 AI 芯片先进封装技术发展网络。同时,这些巨头积极同步部署专利,构建保护屏障,为技术创新提供强有力的知识产权保障。

然而,技术融合策略所倚重的技术领域有所不同。台积电在 FO、2.5D 和 3D 架构上全面发展,三星则专注 3D 架构,英特尔则深耕 2.5D 架构。台积电凭借工艺基础布局先进封装,并推进热管理创新,在 FO、2.5D 和 3D 架构领域全面发力,依靠全面的技术,如 CoWoS 与 InFO 技术,在 AI 芯片先进封装领域具有极大的优势。三星因其在高端存储器领域的领先地位,选择优先发展 3D 架构,以 X-Cube 技术为基础,重点布局和研发键合技术、TSV 技术、RDL 技术及凸点技术。英特尔则关注 2.5D 架构,其 EMIB 技术经历了从 TSV 技术成熟,到架构再到热管理的发展过程。

（2）国际巨头专利布局"面广量大",但仍有空白

国际巨头专利布局虽广,但在细分领域仍存空白。台积电专利布局全面,CoWoS 架构、工艺与热管理专利布局均衡。然而,在主动散热、面板级扇出及双面、嵌入式 2.5D 架构等细分领域,存在专利布局的空白。英特尔专注于 2.5D 架构,以 EMIB 为基础,在 RDL 与凸点技术方面布局较多,但在键合技术,尤其是混合键合技术方面布局相对薄弱。三星侧重于 3D 架构,以 X-Cube 为基础,重点布局和研发 TSV、RDL 技术,但在 FO 架构、主动散热以及将 RDL 金属层作为键合界面技术等方面布局不足。

8.5 产业协同发展的结论

横向定性分析结果表明,中国被排除在国际合作圈外,国内领军企业、"专精特新"企业、高校/科研院所已成为推动创新的重要力量,但尚未形成合作发展的网络。

(1)合作是 AI 芯片先进封装产业发展的主流,中国被排除在国际合作圈外

全球 AI 芯片先进封装产业版图中,合作为主流,但中国却被排除在以美国为核心的紧密合作圈外。美国凭借其科技实力与影响力,成为国际合作网络的核心,合作专利数量领先,范围广泛。新加坡、韩国、德国与美国合作紧密。中国专利合作主要局限于早期与美国的合作,且多由美国公司在中国分公司发起,技术合作主导权在美国,显示了中国面临的技术封锁严峻性。

(2)国内重点企业、"专精特新"企业、高校/科研院所各有优势,已成为推动创新的重要力量

1)国内重点企业技术相对集中,但存在技术短板,尚未形成技术融合发展网络

我国在先进封装技术领域已取得一定进展,以长电科技、华天科技、盛合晶微、华进等重点企业为代表。然而,技术发展相对集中且存在短板,各技术分支虽有专利布局,但分布不均衡,存在明显薄弱点。具体而言,在 FO 技术及对应的焊料凸点、RDL 技术方面表现较为突出,而在 TSV、键合技术及其支撑的 2.5D/3D 架构领域相对薄弱。

此外,我国重点企业尚未构建起有效的技术融合发展网络。在关键架构、关键工艺、热管理技术关键环节上,技术融合不足,技术交流、合作研发、资源共享机制尚不完善,致使技术进步步伐缓慢,难以形成合力,突破技术瓶颈。同时,国际技术封锁与制裁进一步加剧了这一困境,限制了先进技术的引进与国际标准的参与。

从专利布局情况来看,我国重点企业在海外市场的专利布局尚显有限,缺乏系统性和协同性,未能形成强有力的专利和技术壁垒,从而限制了技术的商业化与产业化进程。部分企业在核心技术专利保护方面存在短板,易受国际巨头专利侵权指控的困扰。

2)"专精特新"企业专利技术摸底显示技术专注度与聚集性显著

"专精特新"企业作为推动产业升级和经济高质量发展的重要力量,对其专利技术的摸底调研能够反映企业的创新能力和技术实力,为明确研发方向、推进"产学研"深度融合提供有力支撑。

分析发现,尽管"专精特新"企业的专利总数相对较少,但其技术专注度极高。以芯盟科技为例,该企业在 AI 芯片先进封装领域拥有 46 项专利,其中 78%集中于键合技术;易卜半导体拥有 36 项相关专利,其中 44%涉及 2.5D 架构;矽磐微电子则拥有 127 项专利,其中 85%与 FO 架构紧密相关。这些企业紧跟行业发展趋势,在关键架构、关键工艺、热管理领域的专利占比分别为 50%、33%、17%,与 AI 芯片先进封装

的重点发展方向高度契合。本书还对各二级分支的专利数量进行了梳理,并确定了各分支中专利数量排名前三的"专精特新"企业。

此外,通过地域分析发现,"专精特新"企业呈现出显著的集聚性,长三角区域尤为突出。其中,江苏省、上海市、浙江省分别有10家、4家、5家企业进入AI芯片先进封装专利量前30名行列。这些地区同时也是国内重点企业的聚集地,为国内重点企业与"专精特新"企业的合作提供了便利条件。

3)国内高校/科研院所可作为企业发展的重要支撑

高校/科研院所在技术和人才方面具备双重优势,能够有效满足AI芯片先进封装领域对跨学科复合型人才的需求,成为推动企业发展的重要支撑力量。

自2010年以来,高校/科研院所在技术创新中表现活跃,共申请966项专利(高校605项,科研院所361项),占总量的11.3%,其中中国科学院(226项)、中国电子科技集团(197项)、清华大学(59项)、复旦大学(56项)、北京大学(52项)、厦门大学(46项)等位居前列。尽管专利数量上不及企业,但高校/科研院所已积累了强大的研发实力和深厚的技术基础。

在人才方面,高校/科研院所的优势同样显著。在AI芯片先进封装领域的1031家创新主体中,高校/科研院所占比18.7%(其中高校135家,科研院所58家)。重要发明人团队的人才实力尤为突出,如厦门大学的于大全团队、浙江大学的郁发新团队、北京大学的金玉丰团队、武汉大学的刘胜团队等,这些团队已与多家知名企业开展了深入的研发合作。

4)国内领军企业核心技术和优势产品的技术引领能力亟须强化

华为等国内AI芯片领域的领军企业,在先进封装领域的入局时间相对较晚,专利技术布局显得较为分散,在封装架构方面,2.5D和3D技术的占比尚不高,且封装工艺布局也存在不足,尚未能形成具有核心竞争力的专利集群。

作为芯片设计与应用公司,华为在AI芯片先进封装领域尚未成功构建起自身的封装平台和成熟架构。虽然其优势产品(如昇腾系列AI芯片)已经实现量产,但关于先进封装核心技术的专利信息披露却较为有限,这使得优势产品的技术带动作用未能得到充分发挥。

5)产业链的整合发展能力有待加强

台积电、三星、英特尔等国际巨头凭借其强大的产业链整合能力,成功引领了AI芯片先进封装上下游产业的发展。例如,台积电牵头成立了硅基光电子产业联盟,旨在加速技术进步,解决AI设备的能效问题,并推动全球相关标准的制定。面对未来AI芯片在算力与性能方面的国际竞争,对先进封装技术的深度融合需求愈发迫切。因此,加强产业上下游企业的紧密合作与精准重组,对于突破核心技术瓶颈、优化整合产业链具有至关重要的作用。

8.6 措施建议

（1）强化新型举国体制，兼顾长远与当下，激活优势资源，促进国内产业内循环

1）着眼长远：实现关键共性技术与前沿引领技术的重大突破

面对国际巨头在关键领域的显著优势，国内企业在短期内全面赶超具有挑战，应制定并实施长远的应对策略。为此，建议充分发挥新型举国体制的独特优势，政府与行业机构应主动统筹，促进核心创新主体间的紧密合作。重点企业、"专精特新"企业及高校/科研院所应各展所长，协同推进关键共性技术的攻关与前沿引领技术的研发，以避免资源重复投入与恶性竞争。

在关键共性技术攻关方面，应重点解决TSV深宽比、TSV热/电可靠性及混合键合等技术难题。具体而言，高校/科研院所应深化对TSV与混合键合在原理、材料、工艺特性等方面的基础研究，为技术攻关提供坚实的理论支撑；"专精特新"企业应依托其在细分领域的专业优势与创新实力，加速理论技术向产业实践的转化；重点企业则需凭借其资金、技术积累及市场影响力，引领关键共性技术在良率提升等方面的产业化应用，推动产业链上下游的协同发展。在专利布局策略上，需紧跟技术趋势，从补短板、巩固现有布局及前瞻储备三方面着手。借鉴国际领先企业的做法，精准识别并补足RDL超小线间距、混合键合牢固性、凸点间距亚微米级研发、TSV性能优化等专利链的薄弱环节；围绕研发热点，规避侵权风险，将RDL与2.5D/3D架构融合、铜凸点技术、TSV功能多样化等作为布局核心；同时，前瞻性地探索超多层RDL、铟凸点、新型混合键合材料等预研技术，以满足中长期专利储备的需求。

在光电共封、玻璃通孔（TGV）等前沿技术领域，全球顶尖企业正加速技术研发与专利布局，我国有望抢占先机。国内企业需在新技术研发初期即与高校及科研院所紧密合作，快速转化研究成果为专利资产。以光电共封技术为例，英特尔以484项专利领先全球，台积电（256项）和日本旭硝子（59项）紧随其后。为应对挑战，2024年9月3日，台积电等行业巨头成立了"SEMI硅光子产业联盟"，旨在打破美国垄断。同时，中国企业如盛合晶微（全球第六）、华为（全球第11）、华进及中国科学院等，正积极研发与专利布局，展现出强大的创新力。尤为值得关注的是，中国科学院、清华大学、北京大学、华中科技大学及浙江大学等高校/科研院所，在光电共封技术的理论研究方面拥有深厚底蕴与卓越能力。

建议国内企业，紧密跟踪光电共封领域FO、2.5D、3D等典型架构的专利申请趋势，以及国际领先企业的技术发展动态，以期抢占技术高地；统筹规划国内光电共封产业的研发与专利布局，充分发挥高校/科研院所在基础研究方面的深厚潜力，与头部企业强大的产业优势相结合，加速推动具有自主知识产权的高端光电共封产品化进程；在专利布局方面，国内企业不仅要注重国内市场的精耕细作，更要放眼国际市场，特别是美国、韩国、日本等关键地区，以构建全面的专利保护网，为日后自主创新技术的国际化之路奠定坚实基础。

2）立足当前形势：探索非传统技术路线以保障芯片国家安全

在美国对高算力 AI 芯片制造能力的严格限制，并且传统 TSV 互连技术在短期内难以取得突破的情况下，为确保在高端 AI 芯片供应受限时，国产芯片能够或基本实现同等功能替代，"无 TSV 堆叠"等非传统技术路线成为了关键。为此，提出以下建议：一是充分利用高校/科研院所的技术资源，深化对键合界面粗糙度、RDL 线宽/间距缩小等基础技术的研究，为非传统技术路线的性能和良率突破提供坚实支撑。二是鼓励领军企业或重点企业承担攻克多层 RDL 等前沿预研技术的任务，补齐 RDL 超小线间距等专利短板，进一步巩固 RDL 与 2.5D、3D 架构的融合优势。同时，前瞻性地储备超多层 RDL 等预研技术，为非传统技术路线的产业化与专利竞争打下坚实基础。三是依托国内庞大的 AI 芯片市场需求，积极推动这一技术路线的成熟与发展。同时，需加速科技重大专项的布局，加大对非传统技术路线的支持力度，通过加强研发、优化资源配置，力争在非对称竞争中实现技术飞跃，为 AI 芯片的国产替代与"换道超车"奠定坚实基础。

3）盘活优势资源：强化技术融合与专利布局联动，激发"专精特新"企业专利潜能，突破专利封锁

国内企业应积极借鉴国际领先企业的成功经验，构建以自主知识产权为核心的技术与专利竞争体系。为此，建议精准把握技术融合发展的内在规律，遵循"核心工艺筑基、特色架构设计、工艺与热管理协同优化、先进封装平台构建"的递进策略，加强技术研发与专利布局，旨在打造具有国际竞争力的全球领先封装技术平台。

同时，深化国内领军企业、重点企业与"专精特新"企业的合作。建议通过深入剖析国际巨头专利布局的薄弱环节，充分激发"专精特新"企业的技术优势，采取资源共享、联合研发、技术交流等多种合作模式，实施精准策略，开展有针对性的专利布局，共同构建专利反制防线。

对"专精特新"企业的专利技术摸底发现，"专精特新"企业与重点企业携手共进，能够显著促进产业技术发展。例如，拥有 TSV 技术优势的昆山西钛被华天收购，使华天迅速获得 TSV 技术能力，为其后续先进封装技术平台的构建奠定了坚实基础。此外，还发现众多潜在合作关系，例如，头部封测企业长电科技在 FO 架构技术上成熟稳健，但在 RDL 技术线宽/间距缩小方面仍有提升空间，而"专精特新"企业广东佛智芯在此领域表现突出，双方合作前景广阔。另一"专精特新"企业华进，自创立起便专注于 2.5D、3D TSV 互连及集成技术研发，其"一种 TSV 露头工艺"荣获中国专利奖银奖。该技术使得封测企业无需昂贵设备即可制造 TSV 转接板。基于此，华进能够为骨干企业提供 2.5D、3D 集成封装的 TSV 制造技术服务，推动技术优势的落地应用。

4）强化国内产业内循环：整合前后道工序企业优势，深化协同合作

随着 AI 芯片先进封装技术的持续演进，工艺复杂度与产品精度显著提升，关键工艺日益依赖于前道平台的支持，这促使晶圆制造、封测以及整个集成电路产业链必须深化合作。国内在高深宽比 TSV 技术上存在短板，主流封装平台多基于 FO、凸点和

RDL 技术。鉴于 TSV 技术是 2.5D、3D 封装中垂直互连的核心，且需要前道工艺辅助，面对外部技术制裁，封测企业与掌握 TSV 技术的国内晶圆制造企业和设备供应商的合作，成为突破 TSV 技术的关键途径。

具体而言，中芯国际等国内前道芯片代工厂在 TSV 制造上积累深厚，且随着前后道融合加速，已开始涉足后道封装相关的 TSV 技术开发与专利布局，为前道与后道企业在 TSV 领域的合作开辟了新空间。同时，中微半导体作为领先的半导体等离子体刻蚀设备供应商，刻蚀设备已实现 90∶1 的高深宽比刻蚀。

基于此，建议国内前道设备厂商、晶圆制造企业及后道封测企业应依托各自的技术优势，紧密合作，优化国内产业链内循环，共同促进行业的健康发展。

（2）以产业需求为导向，加速"产学研"深度融合，鼓励科研人员兼职，促进专利转化运用

在 AI 芯片先进封装领域，我国高校与科研院所虽技术与人才底蕴深厚，但与企业间的合作，特别是高校的专利转化，仍有待深化。统计显示，企业间专利合作占比高达 75.5%，而企业与高校/科研院所的合作仅占 21.7%。高校/科研院所专利产业化率偏低，而受让企业均为行业领军企业。这表明高校/科研院所专利转化的瓶颈与潜力并存。

建议企业主导，通过专利分析等手段，精准对接高校/科研院所的技术优势，推动优势学科与企业需求的融合发展。同时，高校/科研院所应深入企业一线，参与"订单式研发"，实现技术问题的早发现、早解决。国内已涌现出多起成功案例，如华为的"火花奖"，通过企业"出题"、高校/科研机构"解题"的方式，为高校/科研院所专利转化运用提供新路径。

可以鼓励科研人员兼职产业，高校/科研院所科研人员参与产业，有利于直接加速专利的转化运用。政策层面已出台《关于进一步支持和鼓励事业单位科研人员创新创业的指导意见》等，激发了科研人员的创新活力。以厦门大学于大全教授团队为例，其在 TGV 转接板领域的成果显著，申请多项相关专利，团队主要成员直接参与厦门云天的研发，成功实现相关专利成果的转化运用。

已经梳理了部分企业和高校的技术匹配关系：华进和北京大学、上海交通大学——TSV 技术；新微技术研发中心和上海工程技术大学——被动热管理技术；安牧泉智能和中南大学——凸点技术；芯盟科技和浙江清华长三角研究院——键合技术等。

（3）构筑专利联盟，防范国际联盟与标准背后的专利风险

在国际竞争日益激烈的 AI 芯片领域，美国不仅实施市场断供策略，还通过知识产权纷争来遏制我国产业发展。我国需采取切实有效的应对策略，一方面，加快自身发展步伐，加大专利布局力度，灵活运用专利收储和许可等手段，提升知识产权储备水平。另一方面，国内相关部门应加大政策扶持力度，引导重要创新主体形成紧密的合作关系，构建专利联盟，联合国内各方力量应对国际专利挑战。例如，统筹中国科学院、中电五十八所、清华大学等科研院所与高校在前沿引领技术方面的优势，以及通富微电、长电科技等制造类企业在关键共性技术方面的优势，以联合共赢、共同发展

的思路，整合高价值专利创造资源，从应用层面布局高价值专利，建立具有自主知识产权的标准体系。此外，还建议进一步加大专利审查政策扶持力度，针对重点创新主体提供特色审查服务，提升专利质量和数量，为应对国际专利争端打下坚实基础。

（4）平衡国家安全与产业链开放，强化高端芯片产业引领作用

华为作为集成电路产业链的关键整合者，在 AI 芯片领域取得了显著成就，并构建了具有竞争力的生态体系。然而，华为在 AI 芯片先进封装领域的专利合作主要集中于顶尖高校及科研院所（如中国科学院微电子研究所、浙江大学等），与国内企业的合作尚显不足，限制了技术与经验的广泛传播。同时，尽管华为昇腾系列 AI 芯片已实现量产，但供应链的开放性仍有待提升，其产业引领的潜力尚未得到充分发挥。

为此，建议在保障国家安全的前提下，适度深化华为与国内上下游企业的合作。依托华为在行业内的强大整合能力，拓宽产业链，吸引更多企业加入其生态体系，共同推动先进封装产业的升级发展。

（5）构建"产学研教 + 知识产权"合作新生态，推动教育科技人才事业协同发展

知识产权是连接企业、高校/科研院所和教育机构的重要纽带，能够促进技术创新、人才培养和产业发展的深度融合，构筑"产学研教 + 知识产权"合作新生态，推动教育科技人才体制机制的一体改革。

建议由知识产权部门协同相关部门，共同搭建基于专利信息的合作平台。该平台集成企业技术与人才需求信息发布，高校/科研院所技术成果、专利资源及人才信息展示，以及成果转化与人才对接机制，旨在强化校企间的信息交流与人才合作，促进"产学研"深度融合的合作生态加速形成。在此基础上，建议进一步推动建立联合研发中心与教学实习基地，为技术创新与人才培养提供支撑。

建议企业充分利用专利发明人信息，精准识别并引进所需人才，拓宽人才引进渠道；同时，通过专利合作、技术转让等多种方式，丰富人才使用方式。

建议高校/科研院所紧密对接企业技术需求与研发方向，有针对性地开展科研项目与人才培养工作。同时，借鉴国际先进经验，如韩国半导体特色研究生院模式，鼓励校企联合开展科研、培训与课程开发工作。此外，建议调整硕博招生政策，增加专业硕士名额，吸纳产业专家入校任教，为学生提供更多实践与就业机会，实现资源共享与优势互补，推动教育科技人才事业协同发展。

（6）拓展国际合作渠道，深化与"一带一路"非热点国家联系，助力突破技术封锁

强化与非热点国家的联系，不仅有助于我国突破美国的半导体封锁，还能促进全球半导体产业的多元化发展。虽然"四方联盟"在 AI 芯片先进封装领域占据主导地位，但诸如新加坡、亚美尼亚、阿联酋和沙特等"一带一路"非热点国家，也掌握着部分对中国至关重要的产能与技术，且未加入美国的出口管制体系或《瓦森纳协定》。因此，加强与这些国家的经贸联系，短期内有望成为跳出美国半导体封锁的关键。

新加坡拥有强大的产能和宽松的美资监管环境，其本土微电子研究所（IME）及德国英飞凌在新加坡的研发总部，在 AI 芯片架构设计方面颇具实力。在晶圆制造领

域，新加坡还拥有5个晶圆制造厂，包括联华电子、世界先进半导体等低监控企业。在封测领域，新加坡微电子研究所的知识溢出效应吸引了中国的投资与收购，如台资日月光占据新加坡封测市场20%~25%的份额，中国长电科技收购本土星朋科技。亚美尼亚则凭借苏联的技术遗产，成为半导体设计领域的后起之秀，拥有近2万名专业人才，吸引了多家国际知名企业设立研发中心，成为高加索地区的芯片科技中心。阿联酋与沙特虽未建立大规模半导体厂，但凭借强大的算力与投资实力，在全球半导体价值链中占据重要位置。阿联酋主权财富基金更是全球第三大晶圆代工企业格罗方德的大股东，并广泛投资于晶圆制造与半导体设计企业。

产业链中创新主体之间的合作模式展现出多样化特点，涵盖了从研发到生产的各个环节，旨在通过资源整合与技术共享推动行业进步。在"四方联盟"技术封锁下，中国创新主体需灵活调整合作策略。在加强国内合作的基础上，积极探索国际合作多元化路径，如与非热点国家合作、引进国外先进技术进行本地化研发、海外设立研发中心与当地科研院所合作。

附　录　申请人名称约定表

约定名称	对应申请人名称
爱普生	精工爱普生株式会社
	精工爱普生股份有限公司
安靠	Amkor
	安靠科技
安牧泉智能	长沙安牧泉智能科技有限公司
博世	罗伯特博世
长电科技	江苏长电科技股份有限公司
	江阴长电先进封装有限公司
	长电科技管理有限公司
	长电科技（滁州）有限公司
长江存储	长江存储科技有限责任公司
长鑫存储	长鑫存储技术有限公司
东京威力	东京威力科创股份有限公司
东芝	株式会社東芝
	东芝股份有限公司
	株式会社东芝
	东芝存储器株式会社
	日商东芝记忆体股份有限公司
富士通	富士通株式会社
	富士通股份有限公司
高通	高通股份有限公司
海力士	爱思开海力士有限公司
	海力士半导体有限公司
	SK海力士半导体（中国）有限公司
华封集芯	北京华封集芯电子有限公司

续表

约定名称	对应申请人名称
华虹宏力	上海华虹宏力半导体制造有限公司
	上海华虹NEC电子有限公司
	华虹半导体（无锡）有限公司
	上海宏力半导体制造有限公司
华进	华进半导体封装先导技术研发中心有限公司
华天	华天科技（昆山）电子有限公司
	华天科技（西安）有限公司
	华天科技（南京）有限公司
	天水华天科技股份有限公司
	山东华天科技集团股份有限公司
华为	华为技术有限公司
IBM	国际商业机器公司
晶通科技	杭州晶通科技有限公司
科阳半导体	苏州科阳半导体有限公司
兰姆	兰姆研究股份公司
力成科技	力成科技股份有限公司
联发科	联发科技股份有限公司
联合微电子中心	联合微电子中心有限责任公司
罗姆	罗姆股份有限公司
美光	美光科技公司
纳沛斯	江苏纳沛斯半导体有限公司
南亚科技	南亚科技股份有限公司
日本电气	日本电气株式会社
	NEC CORP
日立	株式会社日立产业机器
日月光	日月光半导体制造股份有限公司
瑞萨	瑞萨电子株式会社
三菱	三菱电机株式会社
三星	三星电子株式会社
	三星电管株式会社
	三星显示有限公司
	三星电机股份有限公司
	三星电机株式会社

续表

约定名称	对应申请人名称
三洋	三洋电机株式会社
	三洋化成工业株式会社
	三洋零件欧洲有限公司
盛合晶微	盛合晶微半导体（江阴）有限公司
松下	松下电器产业株式会社
索尼	索尼公司
	索尼株式会社
台积电	台湾积体电路制造股份有限公司
太极半导体	太极半导体（苏州）有限公司
通富微电	南通富士通微电子股份有限公司
	通富微电子股份有限公司
	南通通富微电子有限公司
	厦门通富微电子有限公司
	通富微电子股份有限公司技术研发分公司
武汉新芯	武汉新芯集成电路制造有限公司
矽力杰	矽力杰半导体技术（杭州）有限公司
矽磐微电子	矽磐微电子（重庆）有限公司
矽品精密	矽品精密工业股份有限公司
曦智科技	上海曦智科技有限公司
新微技术研发中心	上海新微技术研发中心有限公司
星科金朋	星科金朋私人有限公司
	星科金朋半导体有限公司
	新科金朋有限公司
易卜半导体	上海易卜半导体有限公司
应用材料	应用材料公司
	美商应用材料股份有限公司
	应用材料股份有限公司
英帆萨斯	英帆萨斯公司
英飞凌	英飞凌科技股份有限公司

续表

约定名称	对应申请人名称
英特尔	英特尔公司
	英特尔股份有限公司
	美商英特尔股份有限公司
	美商英特尔公司
	英特尔 IP 公司
	英特尔移动通信有限责任公司
甬矽电子	甬矽电子（宁波）股份有限公司
越摩先进半导体	湖南越摩先进半导体有限公司
臻镭科技	浙江臻镭科技股份有限公司
帧观德芯	深圳帧观德芯科技有限公司
中电五十八所	中国电子科技集团公司第五十八研究所
中国科学院	中国科学院微电子研究所
	中国科学院上海微系统与信息技术研究所
	中国科学院半导体研究所
	中国科学院深圳先进技术研究院
	中国科学院自动化研究所
	中国科学院理化技术研究所
	中国科学院物理研究所
	中国科学院长春光学精密机械与物理研究所
	中国科学院电工研究所
	中国科学院国家空间科学中心
中科智芯集成	江苏中科智芯集成科技有限公司
中芯国际	中芯国际集成电路制造（上海）有限公司
	中芯国际集成电路制造（天津）有限公司
	中芯国际集成电路制造（深圳）有限公司
	中芯国际集成电路制造（北京）有限公司
卓胜微	江苏卓胜微电子股份有限公司
紫光国芯	西安紫光国芯半导体股份有限公司
紫光宏茂	紫光宏茂微电子（上海）有限公司